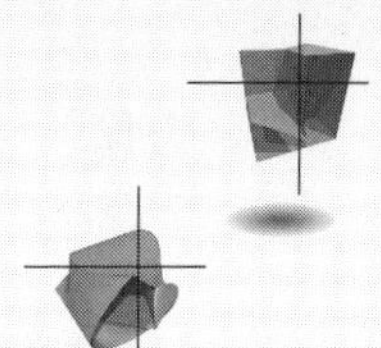

大学編入のための数学問題集 改訂版

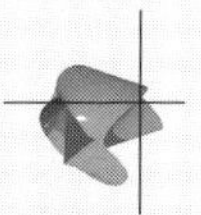

碓氷久

齋藤純一

篠原知子

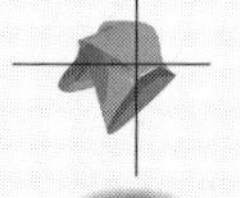

西浦孝治

野々村和晃

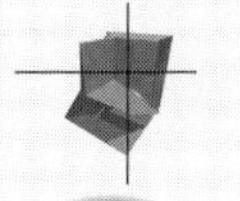

前田善文

村上享

山岸弘幸

共著

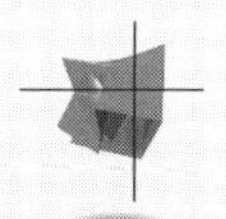

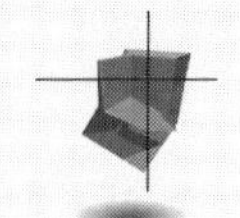

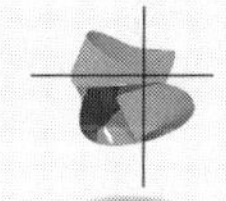

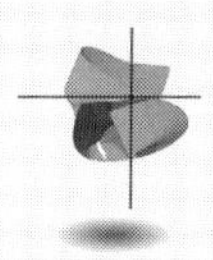

大日本図書

はじめに

理工系大学に編入学しようとする学生が自分で勉強できるように，この本を作りました．そのためには，ただ問題と模範解答を並べただけではいけないと考えました．どうしてそうするのかがわからなければ，その問題の解答はわかっても他の似た問題は解けないということになってしまいます．また，解答としてはそれで十分であっても，読者にとっては途中がわからないというようなこともあり得ます．そこで，解答の随所に，私達からのメッセージをちりばめました．ここではこれが大事，こう考えるとわかりやすい，ここに注意してほしいなど，編入学試験のための勉強をしている学生に私達数学教員が言いたいことを，いろいろな形で書き込んでいます．それがこの本の特徴です．目指したのは「**解答で勉強できる問題集**」です．

今回の改訂では，頻繁に出題される典型的で基本的な問題を例題としました．例題も，ほとんどが編入学試験で出題されたものですが，すぐに解答が見られるようになっています．まずは，解答を見ないで自分で解いてみる方がいいですが，解き方がわからなかったり，途中で止まってしまったときなどは，解答を見ながら，解き方を思い出すなどしてください．不足している知識などがある場合は，そのあたりのことをしっかり勉強して，確実にできるようにしてください．難易度としては，教科書の例題や問の中の簡単なものと同レベルですが，実際にこのような問題が多く出題されています．このような問題について，きちんと理解してしっかりと解くことができれば，編入学試験問題の多くのものに立ち向かっていけます．

学力試験を受けずに推薦での進学を考えている人も，この本を使って勉強してください．自分の学力を確認して不足しているところを補い，やや難しい問題に挑戦してできるようにしておくことは，その後の勉強に必ず役立ちます．大学院に進学するときの基礎ともなるでしょう．

著者一同，少しでも役に立つものにしたいという一心で取り組みましたが，まだまだ不備な点も多いかと思います．お気付きの点などご指摘をいただければ幸いです．

この本の構成と使い方

章は大日本図書の教科書 * に合わせてあり，各章をいくつかの節に分け，さらにいくつかの小節に分けています．最初から順番通りに勉強する必要はなく，どこから勉強しても構いません．志望する大学の出題傾向を調べ，その項目を優先的に勉強してもいいでしょう．

問題編と解答編に分かれていて，それぞれ次のようになっています．

問題編

各小節の最初に，そこで扱う内容の概略が書いてあります．

要項 1 要項は，主に例題で使う，重要事項，重要な考え方などです．教科書とは異なる書き方をしているところもあり，教科書には書いていない内容もあります．しっかり理解して使いこなしてください．

例題 1 頻繁に出題される，典型的で基本的な問題を例題としました．

解 例題については，すぐ後に解答があります．「はじめに」でも書いたように，まずは，解答を見ないで自分で解いてみてください．例題についても，必要なときには，**別解** や 〈注〉 を入れていることがあります．

小節によっては，例題ではなく問で始まっていることがあります．その場合の問は，より基本的なものです．できない場合は，必ずできるようにしてください．

A▷ **1** 問題の難易度を A，B，C で表しています．

A：教科書の問レベルの問題

B：少し工夫をしたり新しい考え方をするような，やや難しい問題

C：かなり難しい問題

* 新基礎数学改訂版，新微分積分 I 改訂版，新微分積分 II 改訂版，新線形代数改訂版，新応用数学改訂版，新確率統計改訂版

第３章 §4.2 ベクトル空間については，授業で扱っていない場合が多いため，問題に入る前に簡単な解説をしました．きちんとした証明は省略したところが多いですが，概念がつかみやすくなるように，例をたくさん入れました．また，例題も多く入れてあります．どのように考えて，どのように答えればよいのかを理解してください．

最後の第６章では，よく出題される問題を合わせて模擬試験という形にしてあります．早い内にやってみてもいいですし，一通り勉強してからやってもいいでしょう．時間を決めて解いてみるのもいいと思います．３回分ありますから，適宜，利用してください．

注意

- 問題文は，言葉づかいや記号などを，もとの問題と変えてある場合があります．
- 小問の番号などを変えたものがあります．
- いくつかの大学で同じような問題が出題されていても，一部を除いて，基本的には大学名は一つだけしか記載してありません．
- $\boldsymbol{R}$ は実数全体の集合を表します．もとの問題では　$\mathbf{R}$, $\boldsymbol{R}$, R, R, $\mathbb{R}$ などいろいろな表記が使われていますが，この本では主に $\boldsymbol{R}$ を使いました．

  $\boldsymbol{R}^n$ は n 個の実数の組全体からなる集合

  $$\boldsymbol{R}^n = \left\{ \begin{pmatrix} x_1 \\ x_2 \\ \vdots \\ x_n \end{pmatrix} \middle| \; x_1,\ x_2,\ \cdots,\ x_n \in \boldsymbol{R} \right\}$$ です．
- ベクトルの表記には，矢印のついた文字 $\vec{a}$, $\vec{x}$, $\vec{u}$, $\cdots$ を使う場合と，太文字 $\boldsymbol{a}$, $\boldsymbol{x}$, $\boldsymbol{u}$, $\cdots$ を使う場合があり，どちらも同じように使われます．慣れておきましょう．

解答編

ポイント 1 ポイントは，主にそれ以降の解答で使う，重要事項，重要な考え方などです．教科書とは異なる書き方をしているところもあり，教科書には書いていない内容もあります．しっかり理解して使いこなしてください．

---

1 **問題の最初のこの部分には，この問題の方針やヒントなどを書きました．**

(1) **小問の最初のこの部分には，この小問の方針やヒントなどを書きました．**

ここに解答が書かれます．

コメント，使う公式，考え方，式変形の仕方など

(2) ・・・・・・・・・・・・

別解 いろいろな方法を知ってもらうために，なるべく多くの別解を入れました．

〈注〉 注意するところや注釈などを書いています．

- （付箋）は，付箋をイメージしたものです．コメント，使う公式，考え方，式変形の仕方などを書きました．「質問に来た学生に一言」という気持ちで書いています．ここに書いた公式などは覚えておきましょう．

その問題を解けるだけではなく，考え方などがわかるように書いたつもりです．ただできればよいということではなく，解答のいろいろな部分を読んでください．

すぐにはできない問題もあると思いますが，ある程度の時間は考えてみてください．できてもできなくても解答をよく読んでください．いろいろなタイプの問題を集めてありますから，いろいろな考え方が身に付くはずです．少し難しい問題になると，パターンを覚えて似たような問題を繰り返し解くという勉強方法では対処できなくなります．考え方を理解して自分のものにし，他の問題を解くときにその考え方を使えるようにするという気持ちで勉強してください．

一通り勉強した後は，この本で勉強して身に付けたことを使って，志望大学の過去の問題をはじめ，いろいろな問題を解いてみてください．

編入学試験を受けるときの注意（学校での普段の試験のときから意識しておく）

問題を解いたら，最後にもう一度問題文を読んで，問われていることに答えているかどうか確認しましょう．

目次

1章　微分積分 I

§1　微分

1　極限

関数の極限は微分の定義にも用いられる重要な概念である．極限を求めよという問題も多く出題され，他の問題の中で極限を求めないといけない場合もある．いろいろなタイプの不定形の極限の扱い方を思い出しておこう．特にロピタルの定理が重要である．

不定形の極限　不定形となる原因を探り，解消する．

① $\infty-\infty$ 型では ∞ となる部分の差をとりたいが，$\sqrt{\ }$ の中に入っている場合は，そのままでは差をとれないから，有理化して差をとれるようにする．分母が $\infty+\infty$ となっても，それは $\to\infty$ ということだから扱いやすい．

② $\dfrac{0}{0}$ 型では，0 となる因子で約分する．$\displaystyle\lim_{\theta\to0}\frac{\sin\theta}{\theta}=1$ も利用する．

③ $x\to\infty$ のときの $\dfrac{\infty}{\infty}$ 型では，分母・分子を x で割って $\dfrac{1}{x}\to0$ を使う．

④ $\dfrac{0}{0}$ 型，$\dfrac{\infty}{\infty}$ 型では，ロピタルの定理を使うことができる．
$0\times\infty$ 型なども，$\dfrac{0}{0}$ 型，$\dfrac{\infty}{\infty}$ 型に変形して考える．

例題 1　次の極限値を求めよ．

(1) $\displaystyle\lim_{x\to\infty}\left(\sqrt{x^2+x-2}-x+1\right)$　（東北大）

(2) $\displaystyle\lim_{x\to1}\frac{x^3-3x+2}{2x^3-x^2-4x+3}$　（佐賀大）

(3) $\displaystyle\lim_{x\to0}\frac{x-\sin^{-1}x}{x^3}$　（愛媛大）

(4) $\displaystyle\lim_{x\to\infty}x\{\log(3x+1)-\log3x\}$　（佐賀大）

(5) $\displaystyle\lim_{x\to0}\frac{\log(\cos x)}{x^2}$　（京都工芸繊維大）

解 (1) **要項１①，③を使う．**

$$与式 = \lim_{x\to\infty}\frac{\left(\sqrt{x^2+x-2}-(x-1)\right)\left(\sqrt{x^2+x-2}+(x-1)\right)}{\sqrt{x^2+x-2}+(x-1)}$$

$$= \lim_{x\to\infty}\frac{x^2+x-2-(x^2-2x+1)}{\sqrt{x^2+x-2}+x-1} = \lim_{x\to\infty}\frac{3x-3}{\sqrt{x^2+x-2}+x-1}$$

$$= \lim_{x\to\infty}\frac{3-\frac{3}{x}}{\sqrt{1+\frac{1}{x}-\frac{2}{x^2}}+1-\frac{1}{x}} = \frac{3}{2}$$

(2) **要項１② を使う．$x=1$ を代入して 0 になる多項式は $x-1$ で割り切れる．**

$$与式 = \lim_{x\to 1}\frac{(x-1)(x^2+x-2)}{(x-1)(2x^2+x-3)} = \lim_{x\to 1}\frac{x^2+x-2}{2x^2+x-3}$$

$$= \lim_{x\to 1}\frac{(x-1)(x+2)}{(x-1)(2x+3)} = \lim_{x\to 1}\frac{x+2}{2x+3} = \frac{3}{5}$$

ロピタルの定理でもよい

(3) **要項１④を使う．$\frac{0}{0}$ 型の不定形であり，ロピタルの定理を繰り返し用いる．**

H はロピタルの定理

$$与式 \overset{⇩H}{=} \lim_{x\to 0}\frac{1-\frac{1}{\sqrt{1-x^2}}}{3x^2} \overset{⇩H}{=} \lim_{x\to 0}\frac{\frac{-x}{\sqrt{(1-x^2)^3}}}{6x} = \lim_{x\to 0}\frac{-1}{6\sqrt{(1-x^2)^3}} = -\frac{1}{6}$$

〈注〉 ロピタルの定理は $\frac{0}{0}$ 型，$\frac{\infty}{\infty}$ 型であることを確認してから使う．

別解　$\theta=\sin^{-1}x$ とおくと　$x=\sin\theta$

繰り返し H⇩

$$与式 = \lim_{\theta\to 0}\frac{\sin\theta-\theta}{\sin^3\theta} = \lim_{\theta\to 0}\left\{\frac{\sin\theta-\theta}{\theta^3}\cdot\left(\frac{\theta}{\sin\theta}\right)^3\right\} = \lim_{\theta\to 0}\frac{\sin\theta-\theta}{\theta^3} = -\frac{1}{6}$$

(4) **要項１④を使う．$\infty\times 0$ 型の不定形は $\frac{0}{0}$ 型の不定形に変形する．**

$$与式 = \lim_{x\to\infty}\frac{\log\frac{3x+1}{3x}}{\frac{1}{x}} \overset{⇩H}{=} \lim_{x\to\infty}\frac{\frac{3}{3x+1}-\frac{1}{x}}{-\frac{1}{x^2}}$$

$\left(\log\dfrac{3x+1}{3x}\right)' = \{\log(3x+1)-\log 3x\}'$

$$= \lim_{x\to\infty}\frac{-x^2\{3x-(3x+1)\}}{(3x+1)x} = \lim_{x\to\infty}\frac{x}{3x+1} = \lim_{x\to\infty}\frac{1}{3+\frac{1}{x}} = \frac{1}{3}$$

⇧③

(5) **要項１④，②を使う．ロピタルの定理で変形して $\lim_{x\to 0}\frac{\sin x}{x}=1$ を用いる．**

$$与式 \overset{⇩H}{=} \lim_{x\to 0}\frac{\frac{-\sin x}{\cos x}}{2x} = \lim_{x\to 0}\left(-\frac{1}{2}\right)\cdot\frac{\sin x}{x}\cdot\frac{1}{\cos x} = -\frac{1}{2}\cdot 1\cdot\frac{1}{1} = -\frac{1}{2}$$

A▷ **1** 次の極限値を求めよ.

(1) $\displaystyle\lim_{x\to\infty}\left(\sqrt{2x^2+x+1}-\sqrt{2}x\right)$ (香川大)

(2) $\displaystyle\lim_{x\to\infty}\left(\sqrt{\log x+\sqrt{\log x}}-\sqrt{\log x-\sqrt{\log x}}\right)$ (千葉大)

(3) $\displaystyle\lim_{x\to 0}\frac{\sin 3x}{\tan x}$ (横浜国立大)

(4) $\displaystyle\lim_{x\to 1}\left[\frac{(x^2+x-2)\sin(2x-2)}{(x^2+2x-3)(x-1)}\right]^3$ (秋田大)

(5) $\displaystyle\lim_{x\to 0}\frac{2\sin^{-1}x-\sin^{-1}(2x)}{x^3}$ (愛媛大)

(6) $\displaystyle\lim_{x\to\infty}x\left\{\frac{\pi}{2}-\tan^{-1}(2x)\right\}$ (佐賀大)

(7) $\displaystyle\lim_{x\to+0}x\log\sin x$ (愛媛大)

(8) $\displaystyle\lim_{x\to\infty}x^2\left(1-\cos\frac{1}{x}\right)$ (秋田大)

(9) $\displaystyle\lim_{x\to 0+0}\left(\frac{1}{\log(1+x)}-\frac{1}{x\cos x}\right)$ (千葉大)

要項2

不定形の極限　1^∞ 型，0^0 型などは対数をとって考える.

$$\lim_{x\to c}\log f(x)=\alpha \text{ ならば } \lim_{x\to c}f(x)=e^\alpha$$

例題2　次の極限値を求めよ.

$$\lim_{x\to 0}(\cos x+\tan x)^{\frac{1}{\sin x}}$$ (愛媛大)

解　**要項2を使う．対数をとってロピタルの定理が使えるように式変形をする.**

0の近くで $(\cos x+\tan x)^{\frac{1}{\sin x}}>0$ であり，対数をとって極限値を求めると

$$\lim_{x\to 0}\log(\cos x+\tan x)^{\frac{1}{\sin x}}=\lim_{x\to 0}\frac{\log(\cos x+\tan x)}{\sin x}$$ $\dfrac{\mathbf{0}}{\mathbf{0}}$ 型

$$=\lim_{x\to 0}\frac{\dfrac{-\sin x+\dfrac{1}{\cos^2 x}}{\cos x+\tan x}}{\cos x}=\lim_{x\to 0}\frac{-\sin x+\dfrac{1}{\cos^2 x}}{\cos^2 x+\sin x}=\frac{0+1}{1+0}=1$$

よって　$\displaystyle\lim_{x\to 0}(\cos x+\tan x)^{\frac{1}{\sin x}}=e^1=e$

B▷ **2** 次の極限値を求めよ．

(1) $\displaystyle\lim_{x\to\infty}\left(1+\frac{1}{2x}\right)^x$ （佐賀大）

(2) $\displaystyle\lim_{x\to 0}\left(\frac{\sin x}{x}\right)^{\frac{1}{1-\cos x}}$ （東北大）

(3) $\displaystyle\lim_{x\to +0} x^{\tan x}$ （滋賀県立大）

B▷ **3** 以下の極限は存在するか，存在すればその値を求めよ．

$$\lim_{x\to 0}\frac{\sin^{-1}x}{(1+\cos x)\log(1+x)}$$ （新潟大）

B▷ **4** 次の極限値を求めよ．

(1) $\displaystyle\lim_{x\to 0} x\left(\frac{e^{\frac{1}{x}}-1}{e^{\frac{1}{x}}+1}\right)$ （はこだて未来大）

(2) $\displaystyle\lim_{x\to\infty}\frac{x-\cos x}{x}$ （お茶の水女子大）

2　微分の計算

基本的な関数の微分，積の微分，商の微分，合成関数の微分を正しくできるようにすることが大事である．合成関数の微分は置き換えを行わずにできるようにしておくと，積分の計算などで役に立つ．対数微分法や媒介変数表示された関数の微分もできるようにしておこう．定義に従って微分することもできるようにしておこう．

合成関数の微分法　合成関数 $y=f(g(x))$ において，$g(x)=u$ とおくと $y=f(u)$，$u=g(x)$ となる．このとき

$$y'=\frac{dy}{dx}=\frac{dy}{du}\,\frac{du}{dx}=f'(u)g'(x)=f'(g(x))g'(x)$$

例題3　次の関数を微分せよ．

(1) $y=\log(\log x)$ （金沢大）

(2) $y=\dfrac{\sin 3x}{1+\cos 3x}$ （埼玉大）

解 (1) **合成関数の微分を使う．**

$$y' = \frac{1}{\log x} \times (\log x)' = \frac{1}{\log x} \times \frac{1}{x} = \frac{1}{x \log x}$$

(2) **商の微分と合成関数の微分を使う．**

$$\begin{aligned} y' &= \frac{(\sin 3x)'(1+\cos 3x) - \sin 3x(1+\cos 3x)'}{(1+\cos 3x)^2} \\ &= \frac{\cos 3x \cdot 3 \cdot (1+\cos 3x) - \sin 3x \cdot (-\sin 3x) \cdot 3}{(1+\cos 3x)^2} \\ &= \frac{3\cos 3x + 3\cos^2 3x + 3\sin^2 3x}{(1+\cos 3x)^2} = \frac{3(\cos 3x + 1)}{(1+\cos 3x)^2} = \frac{3}{1+\cos 3x} \end{aligned}$$

$$\left(\frac{f}{g}\right)' = \frac{f'g - fg'}{g^2}$$

A▷ **5** 次の関数を微分せよ．

(1) $y = \left(x + \dfrac{1}{x}\right)^4$ （佐賀大）

(2) $y = \sqrt{1 + e^x}$ （北見工業大）

(3) $y = \cos^3(x^2 + 1)$ （鹿児島大）

(4) $y = x^2 \sin \dfrac{1}{x}$ （東京海洋大）

(5) $y = \dfrac{-e^{-x}}{e^x + e^{-x}}$ （福井大）

(6) $y = \dfrac{2x}{\log 6x}$ （佐賀大）

(7) $y = \log \dfrac{2x}{1 + \sin x}$ （佐賀大）

(8) $y = \log\left(\sin^2\left(3x + e^{-x^2}\right)\right)$ （鹿児島大）

(9) $y = \cos(x \sin 2x)$ （三重大）

(10) $y = \sin^{-1}(x^2 - 1)\quad (0 < x < \sqrt{2})$ （室蘭工業大）

対数微分法　関数 $y = f(x)$ について，両辺の絶対値の自然対数をとり，その両辺を x について微分する方法を対数微分法という．$\log|y| = \log|f(x)|$ の左辺の x についての微分は

$$\frac{d}{dx}(\log|y|) = \frac{d}{dy}(\log|y|)\frac{dy}{dx} = \frac{1}{y}y' = \frac{y'}{y}$$

例題4　次の関数を微分せよ．

$y = x^{\cos x}$　$(x > 0)$　（三重大）

解　**底も指数も定数でない場合は，対数微分法を用いる．**

$y = x^{\cos x} > 0$ より両辺の自然対数をとると　$\log y = \log x^{\cos x} = \cos x \log x$

両辺を x について微分すると　$\dfrac{y'}{y} = -\sin x \log x + \dfrac{\cos x}{x}$

よって　$y' = y\left(-\sin x \log x + \dfrac{\cos x}{x}\right) = x^{\cos x}\left(-\sin x \log x + \dfrac{\cos x}{x}\right)$

A▷ **6**　次の関数を微分せよ．

(1) $y = \dfrac{(x+1)^2}{(x+2)^3(x+3)^4}$　（東京海洋大）

(2) $y = 2^{\cos x}$　（室蘭工業大）

(3) $y = x^{2x}$　$(x > 0)$　（三重大）

要項5　**高次導関数**　第 n 次導関数は次のようにして求める．

- 何回か微分して第 n 次導関数を推測し，必要に応じて，数学的帰納法で証明する．
- 2つの関数の積 $f(x)g(x)$ については，ライプニッツの公式を用いる．

$$(f(x)g(x))^{(n)} = \sum_{k=0}^{n} {}_n\mathrm{C}_k f^{(n-k)}(x)g^{(k)}(x)$$

例題5　次の関数の第 n 次導関数を求めよ．

(1) $y = \sin x$　（佐賀大）

(2) $y = x^2 \cos x$　（新潟大）

解　(1) $y' = \cos x = \sin\left(x + \dfrac{\pi}{2}\right)$，$y'' = -\sin x = \sin(x + \pi)$，

$y''' = -\cos x = \sin\left(x + \dfrac{3}{2}\pi\right)$，$y^{(4)} = \sin x = \sin(x + 2\pi)$ より，

$y^{(n)} = \sin\left(x + \dfrac{n}{2}\pi\right)$ と予測できる．数学的帰納法で証明する．

(i) $n = 1$ のとき，$y' = \cos x = \sin\left(x + \dfrac{\pi}{2}\right)$ より成り立つ．

(ii) $n=k$ のき，$y^{(k)}=\sin\left(x+\dfrac{k}{2}\pi\right)$ が成り立つと仮定すると

$$y^{(k+1)}=(y^{(k)})'=\left\{\sin\left(x+\frac{k}{2}\pi\right)\right\}'=\cos\left(x+\frac{k}{2}\pi\right)$$
$$=\sin\left\{\left(x+\frac{k}{2}\pi\right)+\frac{\pi}{2}\right\}=\sin\left(x+\frac{k+1}{2}\pi\right)$$

よって，$n=k+1$ のときも成り立つ.

(i), (ii) より，すべての自然数 n について　$y^{(n)}=\sin\left(x+\dfrac{n}{2}\pi\right)$

〈注〉 この問題の答えとしては

$$y^{(n)}=\begin{cases}\sin x & (n=4k)\\ \cos x & (n=4k+1)\\ -\sin x & (n=4k+2)\\ -\cos x & (n=4k+3)\end{cases}\quad (k\text{ は }0\text{ 以上の整数})$$

でもよい.

(2) (1) と同様に，$(\cos x)^{(n)}=\cos\left(x+\dfrac{n}{2}\pi\right)$ となることを示すことができる.

ライプニッツの公式を用いると，$(x^2)'=2x$，$(x^2)''=2$，$(x^2)^{(3)}=0$ より

$$y^{(n)}={}_n\mathrm{C}_0(\cos x)^{(n)}x^2+{}_n\mathrm{C}_1(\cos x)^{(n-1)}(x^2)'+{}_n\mathrm{C}_2(\cos x)^{(n-2)}(x^2)''$$
$$+{}_n\mathrm{C}_3(\cos x)^{(n-3)}(x^2)^{(3)}+\cdots+{}_n\mathrm{C}_n\cos x(x^2)^{(n)}$$
$$=\cos\left(x+\frac{n}{2}\pi\right)\cdot x^2+n\cos\left(x+\frac{n-1}{2}\pi\right)\cdot 2x$$
$$+\frac{n(n-1)}{2}\cos\left(x+\frac{n-2}{2}\pi\right)\cdot 2+0+\cdots+0$$
$$=x^2\cos\left(x+\frac{n}{2}\pi\right)+2nx\cos\left(x+\frac{n-1}{2}\pi\right)$$
$$+n(n-1)\cos\left(x+\frac{n-2}{2}\pi\right)$$

〈注〉 (1) の結果を用いると

$$(\cos x)^{(n)}=\{(\sin x)'\}^{(n)}=\{(\sin x)^{(n)}\}'=\left\{\sin\left(x+\frac{n}{2}\pi\right)\right\}'$$
$$=\cos\left(x+\frac{n}{2}\pi\right)$$

A▷ **7** 次の関数の第 n 次導関数を求めよ.

(1) $y=\dfrac{1}{ax+1}$　$(a\neq 0)$ （広島大）

(2) $y=x^2e^x$ （はこだて未来大）

A▷ **8**　関数 $f(x)$ の導関数 $f'(x)$ は次のように定義される．

$$f'(x) = \lim_{h \to 0} \frac{f(x+h) - f(x)}{h}$$

この定義に従って次の関数の導関数を求めよ．

(1) $f(x) = x^2 + x - 6$

(2) $f(x) = \dfrac{1}{x^2 + x}$　（東京海洋大）

A▷ **9**　$x = a\cos^3 t,\ y = a\sin^3 t\ \ (a > 0)$ のとき，$\dfrac{dy}{dx}$，$\dfrac{d^2y}{dx^2}$ を求めよ．　（広島大）

関数の連続　極限値 $\lim_{x \to a} f(x)$ が存在し

$$\lim_{x \to a} f(x) = f(a)$$

が成り立つとき，$f(x)$ は点 $x = a$ において連続であるという．

関数の微分可能性

$$f'(a) = \lim_{x \to a} \frac{f(x) - f(a)}{x - a}$$

が存在するとき，$f(x)$ は点 $x = a$ において微分可能であるという．

例題6　関数 $f(x)$ が次式で与えられているとする．

$$f(x) = \begin{cases} x^n \sin \dfrac{1}{x} & (x \neq 0) \\ 0 & (x = 0) \end{cases}$$

このとき，以下の問いに答えよ．

(1) $n = 2$ のとき，$x = 0$ において f は微分可能であるか．

(2) $n = 2$ のとき，$f'(x)$ は $x = 0$ で連続であるか．

(3) $n = 3$ のとき，$f'(x)$ は $x = 0$ で連続であるか．　（筑波大）

解　**$x=0$ のときだけ違うから，$x=0$ における微分は定義に従って考える．**
$x \neq 0$ のときの微分は公式を利用して微分すればよい．

(1)　**要項 7 を使う．**

$$f'(0)=\lim_{x\to 0}\frac{f(x)-f(0)}{x-0}=\lim_{x\to 0}\frac{x^2\sin\frac{1}{x}-0}{x-0}=\lim_{x\to 0}x\sin\frac{1}{x}$$

$0 \leqq \left|\sin\frac{1}{x}\right| \leqq 1$ より　$0 \leqq \left|x\sin\frac{1}{x}\right| \leqq |x|$

$\lim_{x\to 0}|x|=0$ だから，はさみうちの原理より $\lim_{x\to 0}x\sin\frac{1}{x}=0$

192 ページのポイント 1

よって，$x=0$ において f は微分可能であり，$f'(0)=0$ である．

(2)　**要項 6 を使う．**

$x \neq 0$ のとき　$f'(x)=2x\sin\frac{1}{x}+x^2\cos\frac{1}{x}\cdot\left(-\frac{1}{x^2}\right)=2x\sin\frac{1}{x}-\cos\frac{1}{x}$

$\lim_{x\to 0}\cos\frac{1}{x}$ は振動するから，$\lim_{x\to 0}f'(x)$ は存在しない．

よって，$f'(x)$ は $x=0$ で連続でない．

(3)　**(1)，(2) と同様にして調べる．**

$$f'(0)=\lim_{x\to 0}\frac{f(x)-f(0)}{x-0}=\lim_{x\to 0}\frac{x^3\sin\frac{1}{x}-0}{x-0}=\lim_{x\to 0}x^2\sin\frac{1}{x}$$

$0 \leqq \left|\sin\frac{1}{x}\right| \leqq 1$ より　$0 \leqq \left|x^2\sin\frac{1}{x}\right| \leqq x^2$

$\lim_{x\to 0}x^2=0$ だから，はさみうちの原理より　$\lim_{x\to 0}x^2\sin\frac{1}{x}=0$　$\therefore$ $f'(0)=0$

$x \neq 0$ のとき　$f'(x)=3x^2\sin\frac{1}{x}+x^3\cos\frac{1}{x}\cdot\left(-\frac{1}{x^2}\right)=3x^2\sin\frac{1}{x}-x\cos\frac{1}{x}$

$0 \leqq \left|\cos\frac{1}{x}\right| \leqq 1$ より　$0 \leqq \left|x\cos\frac{1}{x}\right| \leqq |x|$

$\lim_{x\to 0}|x|=0$ だから，はさみうちの原理より　$\lim_{x\to 0}x\cos\frac{1}{x}=0$

したがって　$\lim_{x\to 0}f'(x)=3\lim_{x\to 0}x^2\sin\frac{1}{x}-\lim_{x\to 0}x\cos\frac{1}{x}=0$

$\lim_{x\to 0}f'(x)=0=f'(0)$ より，$f'(x)$ は $x=0$ で連続である．

B▷ **10**　$I=\{x\in\boldsymbol{R}\mid |x|<1\}$ とし，I 上の関数 $f(x)$ を

$$f(x)=\begin{cases}-\dfrac{\log(1-x)}{x} & (x\neq 0)\\ 1 & (x=0)\end{cases}$$

と定める．$f(x)$ は $x=0$ で連続であることを示せ．　　（広島大）

B▷ **11** 次の関数 $f(x)$ の $x=0$ における微分可能性を調べよ（a は定数）．ただし，逆三角関数は主値をとるものとする．

$$f(x)=\begin{cases} a|x|-x\tan^{-1}\dfrac{1}{x} & (x\neq 0) \\ 0 & (x=0) \end{cases}$$

（筑波大）

B▷ **12** 関数 $f:\boldsymbol{R}\to\boldsymbol{R}$ を

$$f(x)=\begin{cases} x^4\sin\dfrac{1}{x} & (x\neq 0) \\ 0 & (x=0) \end{cases}$$

と定める．

(1) f は $x=0$ で連続であることを証明せよ．

(2) f は $x=0$ で何回微分可能か．（東北大）

3　微分の応用

導関数を用いると，関数の変化の様子を調べることができる．導関数の値が正となる範囲では関数は増加し，負となる範囲では関数は減少する．その様子をまとめたものが増減表である．増減表を使うと，関数のグラフの概形を描くことができ，極値や最大値・最小値を求めたり，応用として不等式を証明することもできる．接線の方程式も求められるようにしておこう．接点の近くでは，関数の変化の様子が接線の傾きになる．

曲線 $y=f(x)$ 上の点 $(a,\ f(a))$ における接線の方程式は

$$y-f(a)=f'(a)(x-a)$$

例題7　曲線 $y=\log x$ の接線で原点を通るものの方程式を求めよ．（北見工業大）

解　$x=t$ に対応する点における接線の方程式を求め，条件を満たす t を定める．

$y'=\dfrac{1}{x}$ だから，$y=\log x$ のグラフ上の点 $(t,\ \log t)$ における接線の方程式は

$$y-\log t=\frac{1}{t}(x-t)$$

原点を通るから，$x=0,\ y=0$ を代入して　$-\log t=-1$　　$\therefore$　$t=e$

よって，求める接線の方程式は　$y=\dfrac{1}{e}x$

A▷ **13**　点 $(1,\ 4)$ を通る関数 $y=x^2+2x$ の接線は存在しないことを証明せよ．（佐賀大）

B▷ **14**　x の 4 次関数 $y=f(x)$ の 2 つの変曲点が $(2,\ 16)$，$(0,\ 0)$ であり，点 $(2,\ 16)$ における接線が x 軸に平行であるとき，$f(x)$ を求めよ．（宇都宮大）

例題8　関数 $f(x)=\dfrac{x}{1+x^2}$ の増減表を用いて，$f(x)$ のグラフの概形を描け．

（福井大）

解　**グラフの概形を描くために，$\lim\limits_{x\to-\infty}f(x)$ と $\lim\limits_{x\to\infty}f(x)$ を求める．**

$$f'(x)=\frac{1\cdot(1+x^2)-x\cdot 2x}{(1+x^2)^2}=\frac{1-x^2}{(1+x^2)^2}=-\frac{(x+1)(x-1)}{(1+x^2)^2}$$

$f'(x)=0$ を解くと　$x=\pm1$

増減表は次のようになる．

x	$\cdots$	-1	$\cdots$	1	$\cdots$
y'	$-$	0	$+$	0	$-$
y	↘	$-\dfrac{1}{2}$	↗	$\dfrac{1}{2}$	↘

$$\lim_{x\to-\infty}\frac{x}{1+x^2}=\lim_{x\to-\infty}\frac{\dfrac{1}{x}}{\dfrac{1}{x^2}+1}=0$$

$$\lim_{x\to\infty}\frac{x}{1+x^2}=\lim_{x\to\infty}\frac{\dfrac{1}{x}}{\dfrac{1}{x^2}+1}=0$$

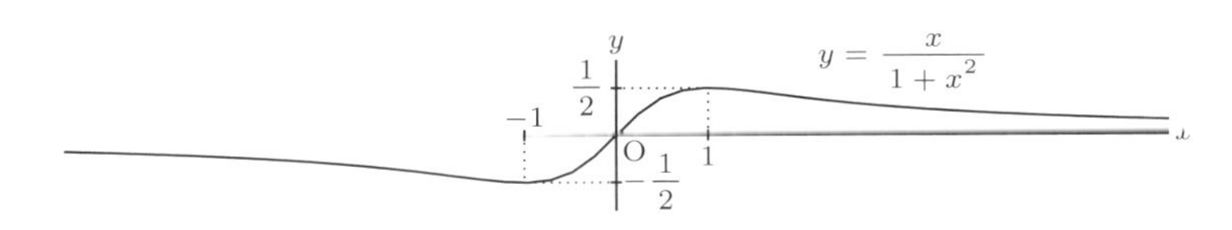

例題9　次の関数の与えられた範囲内での最大値と最小値を求めよ．

$$y=\frac{4\log x}{3x}\quad(x\geqq 1)$$

（三重大）

解　**最小値を調べるために，$\lim\limits_{x\to\infty}y$ を求める．**

$$y'=\frac{4}{3}\cdot\frac{\dfrac{1}{x}\cdot x-\log x\cdot 1}{x^2}=\frac{4(1-\log x)}{3x^2}$$

$y'=0$ を解くと　$x=e$

$$\lim_{x\to\infty} y = \lim_{x\to\infty} \frac{4\log x}{3x} = \lim_{x\to\infty} \frac{\frac{4}{x}}{3} = \lim_{x\to\infty} \frac{4}{3x} = 0$$

増減表は次のようになる.

x	1	$\cdots$	e	$\cdots$
y'		$+$	0	$-$
y	0	$\nearrow$	$\frac{4}{3e}$	$\searrow$

増減表と $\lim_{x\to\infty} y = 0$ より

$x = e$ のとき　最大値 $\frac{4}{3e}$

$x = 1$ のとき　最小値 0

B▷ **15** 関数 $f(x) = (x+3)\sqrt{-x^2-2x+3}$ $(-3 \leqq x \leqq 1)$ について, 次の問いに答えよ.

(1) $f(x)$ の導関数 $f'(x)$ を求めよ.

(2) $f(x)$ の最大値を求めよ.

(3) 極限 $\lim_{x\to -3+0} f'(x)$ と $\lim_{x\to 1-0} f'(x)$ を求めよ.　　（新潟大）

B▷ **16** x の関数 $f(x) = 2\sqrt{x+1} - \sqrt{x}$ $(x \geqq 0)$ を考える.

(1) $f(x)$ の増減を調べ, 極値を求めよ.

(2) $\lim_{x\to\infty} f(x)$ を求めよ.

(3) 関数 $y = \mathrm{Tan}^{-1}\left(\frac{1}{f(x)}\right)$ $(x \geqq 0)$ の値域を求めよ.　　（京都工芸繊維大）

B▷ **17** 関数 $f(x) = \arcsin x + 2\sqrt{1-x^2}$ について, 以下の問いに答えよ. ここで, x の範囲は $-1 \leqq x \leqq 1$ とする. また, 関数 $\arcsin x$ は $\sin x$ の逆関数であり, $-\frac{\pi}{2} \leqq \arcsin x \leqq \frac{\pi}{2}$ とする.

(1) $f(x)$ の最大値および最小値を求めよ.

(2) $y = \frac{d}{dx} f(x)$ が単調減少であることを示せ.

(3) $y = \frac{d}{dx} f(x)$ を xy 平面上に図示せよ.　　（東北大）

B▷ **18** 座標平面上の3点 $A(-2,\ 0)$, $B(2\cos\theta,\ 2\sin\theta)$, $C(2\cos 2\theta,\ 2\sin 2\theta)$ の線分 AC の長さ $\overline{AC}$ と線分 BC の長さ $\overline{BC}$ の和 $\overline{AC}+\overline{BC}$ の最大値を $0^\circ \leqq \theta \leqq 90^\circ$ の範囲で求めよ. (新潟大)

要項 9 **不等式の証明** $f(x) \geqq g(x)$ の証明

関数 $f(x)-g(x)$ の増減を調べて, 最小値が0以上であることを示せばよい.

例題10 n を $n \geqq 2$ となる自然数とし, t を $0<t<1$ となる実数とする. このとき, $(1-t)^n$ と $1-nt$ の大小関係を不等式で表せ. (新潟大)

解 $\boldsymbol{f(t)=(1-t)^n-(1-nt)}$ **の増減を調べる.**

$f(t)=(1-t)^n-(1-nt)$ とおくと

$$f'(t)=n(1-t)^{n-1}\cdot(-1)+n=n\{1-(1-t)^{n-1}\}$$

$0<t<1$ より, $0<1-t<1$ だから $f'(t)>0$

また, $t=0$ のとき $f(0)=0$

よって, 増減表より, $0<t<1$ のとき $f(t)>0$

したがって $(1-t)^n>1-nt$

t	0	$\cdots$	1
$f'(t)$		$+$	
$f(t)$	0	↗	$n-1$

B▷ **19** $\dfrac{2x}{\pi} \leqq \sin x \leqq x \ \left(0 \leqq x \leqq \dfrac{\pi}{2}\right)$ が成り立つことを示せ. (東北大)

B▷ **20** 実数 p, q は $p>1$, $q>1$ かつ $\dfrac{1}{p}+\dfrac{1}{q}=1$ を満たすとする. 関数 $f(x)$ を

$$f(x)=\frac{1}{p}x^p+\frac{1}{q}-x \quad (x>0)$$

とするとき, 次の問いに答えよ.

(1) $f(1)$ と $f'(x)$ を求めよ.

(2) すべての実数 $x>0$ に対して, $x \leqq \dfrac{1}{p}x^p+\dfrac{1}{q}$ が成り立つことを示せ.

(3) すべての実数 $\alpha>0$, $\beta>0$ に対して, $\alpha\beta \leqq \dfrac{1}{p}\alpha^p+\dfrac{1}{q}\beta^q$ が成り立つことを示せ. (信州大)

C▷ **21** 閉区間 $[a,\ b]$ で連続で，開区間 $(a,\ b)$ で微分可能である関数 $f(x)$ に対して，次の命題（平均値の定理）が成り立つ．

ある $c\ (a < c < b)$ が存在して

$$(*)\qquad \frac{f(b)-f(a)}{b-a} = f'(c)$$

次の問いに答えよ．

(1) $f(x) = x^2$ のとき，区間 $(a,\ b)$ において，$(*)$ が成り立つような c を求めよ．

(2) 閉区間 $[a,\ b]$ で連続かつ，開区間 $(a,\ b)$ で2回微分可能でつねに $f''(x) > 0$ を満たす関数 $f(x)$ を考える．このとき，区間 $(a,\ b)$ において関数

$$F(x) = \frac{f(b)(x-a)+f(a)(b-x)}{b-a} - f(x)$$

はつねに正であり，かつ $F(x)$ の極大値が区間 $(a,\ b)$ において，ただ1つだけ存在することを示せ．

(3) $b > a > 1$ とする．次の不等式が成り立つことを示せ．

$$\frac{b^2-a^2}{2ab} > \log\frac{b}{a}$$

（島根大）

C▷ **22** 次の方程式が開区間 $\left(-\sqrt{2},\ \sqrt{2}\right)$ で互いに異なる解をちょうど n 個もつことを証明せよ．

$$\frac{d^n}{dx^n}(x^2-2)^n = 0$$

（筑波大）

§2 積分

1 積分の計算

不定積分の計算は，微分してその関数になるもの，という考え方が重要である．まずは，基本的な関数の不定積分の公式を覚え，部分積分と置換積分の方法をしっかりマスターしよう．積分の計算は，微分の計算のようにそれだけで全てできるというわけにはいかない．有理関数の積分の手順，よく使う置換積分の置き方，部分積分を用いた複雑な定積分の計算，広義積分などをよく身につけたい．

A▷ **23** 次の不定積分を求めよ．

(1) $\displaystyle\int \frac{1}{e^{5x-5}}\,dx$ （福井大）

(2) $\displaystyle\int \frac{1}{\sqrt{1-3x}}\,dx$ （佐賀大）

(3) $\displaystyle\int \frac{dx}{\sqrt{2x-x^2}}$ （鹿児島大）

A▷ **24** 次の不定積分を求めよ．

(1) $\displaystyle\int \frac{x}{\sqrt{1-4x^2}}\,dx$ （愛媛大）

(2) $\displaystyle\int xe^{-x^2}\,dx$ （京都工芸繊維大）

(3) $\displaystyle\int \frac{2\tan^{-1}x}{x^2+1}\,dx$ （福井大）

(4) $\displaystyle\int \frac{dx}{9e^x+4e^{-x}+6}$ （岐阜大）

(5) $\displaystyle\int \frac{dx}{3x\log 3x}$ （福井大）

A▷ **25** 次の不定積分を求めよ．

(1) $\displaystyle\int \sqrt{x}\log x\,dx$ （東京都立大）

(2) $\displaystyle\int e^{-3x}\cos 4x\,dx$ （室蘭工業大）

(3) $\displaystyle\int x^2 e^{2x}\,dx$ （鹿児島大）

(4) $\displaystyle\int x^2 e^{x^3}\sin x^3\,dx$ （鹿児島大）

要項 10

有理式 $f(x)=\dfrac{g(x)}{h(x)}$（ただし，$g(x)$, $h(x)$ は多項式）の積分

① ($g(x)$ の次数) $\geqq$ ($h(x)$ の次数) の場合

$g(x)$ を $h(x)$ で割る．商が $s(x)$，余りが $r(x)$ のとき

$$f(x)=s(x)+\frac{r(x)}{h(x)}\quad\Big(\ (r(x)\text{ の次数})<(h(x)\text{ の次数})\ \Big)$$

となる．以下，($g(x)$ の次数) $<$ ($h(x)$ の次数) の場合について考える．

② $h(x)$ を実係数の範囲で因数分解し，$f(x)$ を部分分数に分解する．

③ (a) $\dfrac{\text{定数}}{1\text{ 次式}}$ の項　$\displaystyle\int\frac{dx}{x+p}=\log|x+p|+C$

(b) $\dfrac{\text{定数}}{(1\text{ 次式})^k}$ $(k\geqq 2)$ の項　$\displaystyle\int\frac{dx}{(x+p)^k}=-\frac{1}{k-1}\cdot\frac{1}{(x+p)^{k-1}}+C$

(c) $\dfrac{1\text{ 次以下の式}}{2\text{ 次式}}$ の項（分母が実係数の範囲で因数分解できない場合）

$\dfrac{1\text{ 次以下の式}}{x^2+px+q}=\dfrac{a(2x+p)+b}{x^2+px+q}$ と変形し，次の2つを使う．

x^2+px+q が実係数の範囲で因数分解できないから，$x^2+px+q=0$ は実数解をもたず，平方完成すると $x^2+px+q=(x+\alpha)^2+\text{正}>0$ となることに注意する．

(i) $\displaystyle\int\frac{2x+p}{x^2+px+q}\,dx=\log(x^2+px+q)+C$　（正だから絶対値は不要）

(ii) $x^2+px+q=(x+\alpha)^2+\beta^2$ と平方完成し

$$\int\frac{1}{x^2+px+q}dx=\int\frac{1}{(x+\alpha)^2+\beta^2}\,dx=\frac{1}{\beta}\tan^{-1}\frac{x+\alpha}{\beta}+C$$

例題11　次の不定積分を求めよ．

(1) $\displaystyle\int\frac{x^4+2x^3+4x^2+8x+2}{x^2+2x}\,dx$ （香川大）

(2) $\displaystyle\int\frac{2x}{x^2-2x+3}\,dx$ （埼玉大）

解 有理式の積分は，はじめに要項 10 ① を行う．

(1) $x^4+2x^3+4x^2+8x+2$ を x^2+2x で割ったときの商は x^2+4，余りは 2 より

$$\frac{x^4+2x^3+4x^2+8x+2}{x^2+2x}=x^2+4+\frac{2}{x(x+2)}$$

$\dfrac{2}{x(x+2)}=\dfrac{a}{x}+\dfrac{b}{x+2}$ とおくと　$a=1,\ b=-1$

$$与式=\int\left(x^2+4+\frac{1}{x}-\frac{1}{x+2}\right)dx=\frac{1}{3}x^3+4x+\log|x|-\log|x+2|+C$$

$$=\frac{1}{3}x^3+4x+\log\left|\frac{x}{x+2}\right|+C \quad (C\ は積分定数)$$

(2) $$与式=\int\frac{(2x-2)+2}{x^2-2x+3}dx=\int\frac{2x-2}{x^2-2x+3}dx+2\int\frac{1}{(x-1)^2+2}dx$$

$$=\log(x^2-2x+3)+\sqrt{2}\tan^{-1}\left(\frac{x-1}{\sqrt{2}}\right)+C \quad (C\ は積分定数)$$

A▷ **26** 次の不定積分を求めよ．

(1) $\displaystyle\int\frac{x^3-3x+1}{(x-1)^2(x+2)}dx$ （東北大）

(2) $\displaystyle\int\frac{x+2}{x^3-1}dx$ （東京海洋大）

要項 11　三角関数に関する積分

① $f(\sin x)\cos x$ は $t=\sin x$，$f(\cos x)\sin x$ は $t=\cos x$ と置換するとよい．

② $t=\tan\dfrac{x}{2}$ とおくと

$$\sin x=\frac{2t}{1+t^2},\ \cos x=\frac{1-t^2}{1+t^2},\ \tan x=\frac{2t}{1-t^2},\ dx=\frac{2}{1+t^2}dt \quad \cdots (*)$$

となり，三角関数の積分を有理式の積分にすることができる．

$(*)$ の求め方

$1+\tan^2\dfrac{x}{2}=\dfrac{1}{\cos^2\dfrac{x}{2}}$ より　$\cos^2\dfrac{x}{2}=\dfrac{1}{1+t^2}$

$$\sin x=2\sin\frac{x}{2}\cos\frac{x}{2}=2\tan\frac{x}{2}\cos^2\frac{x}{2}=\frac{2t}{1+t^2}$$

$$\cos x=2\cos^2\frac{x}{2}-1=\frac{1-t^2}{1+t^2},\ \tan x=\frac{2\tan\frac{x}{2}}{1-\tan^2\frac{x}{2}}=\frac{2t}{1-t^2}$$

$\dfrac{dt}{dx}=\dfrac{1}{2}\cdot\dfrac{1}{\cos^2\dfrac{x}{2}}=\dfrac{1}{2}(1+t^2)$ より　$dx=\dfrac{2}{1+t^2}dt$

(∗) は，右図を使って求めることもできる．

△OAB が二等辺三角形で △ABH が直角三角形

だから　$A = \dfrac{\pi - x}{2}$，$\angle \mathrm{ABH} = \dfrac{x}{2}$

$r^2 = (r - t)^2 + 1^2$ より　$r = \dfrac{1 + t^2}{2t}$

これより　$\sin x = \dfrac{2t}{1 + t^2}$，$\cos x = \dfrac{1 - t^2}{1 + t^2}$

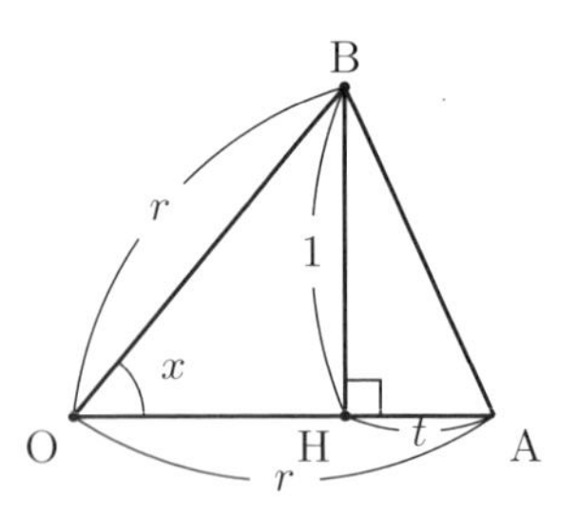

③　$\sqrt{a^2 - x^2}$ は $x = a\sin\theta$ と置換するとよい．θ は $-\dfrac{\pi}{2} \leqq \theta \leqq \dfrac{\pi}{2}$ とする．

④　$a^2 + x^2$ は $x = a\tan\theta$ と置換するとよい．θ は $-\dfrac{\pi}{2} < \theta < \dfrac{\pi}{2}$ とする．

⑤　ウォリス積分：n を 2 以上の整数とするとき

$$\int_0^{\frac{\pi}{2}} \cos^n\theta\, d\theta = \int_0^{\frac{\pi}{2}} \sin^n\theta\, d\theta = \begin{cases} \dfrac{n-1}{n}\cdot\dfrac{n-3}{n-2}\cdots\dfrac{3}{4}\cdot\dfrac{1}{2}\cdot\dfrac{\pi}{2} & (n\text{ が偶数}) \\ \dfrac{n-1}{n}\cdot\dfrac{n-3}{n-2}\cdots\dfrac{4}{5}\cdot\dfrac{2}{3} & (n\text{ が奇数}) \end{cases}$$

例題12　次の不定積分を求めよ．

(1) $\displaystyle\int \sin^3 x\, dx$　（豊橋技科大）

(2) $\displaystyle\int \frac{1}{1 + \sin x + \cos x}\, dx$　（東京都立大）

解　(1) **$\sin^2 x + \cos^2 x = 1$ より，$f(\cos x)\sin x$ の積分となる．**

与式 $= \displaystyle\int (1 - \cos^2 x)\sin x\, dx$　$t = \cos x$ とおくと，$dt = -\sin x\, dx$ より

与式 $= -\displaystyle\int (1 - t^2)\, dt = \frac{1}{3}t^3 - t + C = \frac{1}{3}\cos^3 x - \cos x + C$　（C は積分定数）

(2) **三角関数の有理式では要項 11 ② を用いる．**

$t = \tan\dfrac{x}{2}$ とおくと，$\cos x = \dfrac{1 - t^2}{1 + t^2}$，$\sin x = \dfrac{2t}{1 + t^2}$，$dx = \dfrac{2}{1 + t^2}dt$ より

与式 $= \displaystyle\int \frac{1}{1 + \frac{2t}{1 + t^2} + \frac{1 - t^2}{1 + t^2}} \cdot \frac{2}{1 + t^2}\, dt = \int \frac{1}{t + 1}\, dt$

$= \log|t + 1| + C = \log\left|\tan\dfrac{x}{2} + 1\right| + C$　（C は積分定数）

〈注〉 不定積分で置換した変数は元の変数に戻す．

A▷ **27** 次の不定積分を求めよ．

(1) $\displaystyle\int \frac{1}{(1+\sin^2 x)\tan x}\,dx$ （愛媛大）

(2) $\displaystyle\int \frac{1+\sin x}{\sin x(1+\cos x)}\,dx$ （名古屋工業大）

A▷ **28** 次の定積分の値を求めよ．

(1) $\displaystyle\int_0^1 x^2\sqrt{1-x^2}\,dx$ （名古屋大）

(2) $\displaystyle\int_{-1}^1 \frac{1}{(1+x^2)^2}\,dx$ （名古屋大）

A▷ **29** 次の広義積分を求めよ．

(1) $\displaystyle\int_0^\infty \frac{x^2+x+1}{(x^2+1)^2}\,dx$ （東京農工大）

(2) $\displaystyle\int_0^1 x\log x\,dx$ （京都大）

A▷ **30** 次の広義積分の収束・発散を判定せよ．

$\displaystyle\int_0^\infty \frac{dx}{x^2+3x}$ （金沢大）

B▷ **31** (1) $t=x+\sqrt{x^2-1}$ のとき，$\dfrac{dt}{dx}$ を求めよ．

(2) 積分 $\displaystyle\int \frac{1}{\sqrt{x^2-1}}\,dx$ を，上記 (1) のように，$t=x+\sqrt{x^2-1}$ とおいて，t の関数の積分に置換せよ．

(3) 不定積分 $\displaystyle\int \frac{1}{\sqrt{x^2-1}}\,dx$ を求めよ． （お茶の水女子大）

B▷ **32** a，b は定数で $a<b$ とする．$a<p<q<b$ を満たす p，q に対して，

$$I(p,\ q)=\int_p^q \frac{dx}{\sqrt{(b-x)(x-a)}}$$

とおく．このとき，次の問いに答えよ．

(1) $t=\sqrt{\dfrac{x-a}{b-x}}\quad(p\leqq x\leqq q)$ とおいて，置換積分法により $I(p,\ q)$ を求めよ．

(2) 極限 $I=\displaystyle\lim_{p\to a+0}\left\{\lim_{q\to b-0} I(p,\ q)\right\}$ を求めよ． （信州大）

C▷ **33**　N を自然数とする．このとき，次の各問いに答えよ．

(1) $y \geqq 0$ に対して，次が成り立つことを示せ．

$$e^y \geqq \frac{y^N}{N!}$$

(2) 広義積分 $\displaystyle\int_0^{\infty} e^{-2x}(1+x)^N\,dx$ の収束・発散を調べよ．

(3) 数列 $\{a_n\}$ を $\displaystyle\int_{\frac{1}{n+1}}^{\frac{1}{n}} t\left(1+\log\frac{1}{t}\right)^N dt \quad (n=1,\ 2,\ \cdots)$ で定める．このとき，極限 $\displaystyle\lim_{n\to\infty} a_n$ を求めよ．（お茶の水女子大）

2　積分の応用

定積分を用いて，平面図形の面積，立体の体積，曲線の長さなどを求めることができる．まずはこれらの公式をしっかり覚えよう．また，問題文を読み取り，グラフの概形を調べて式を立て，定積分の計算ができるように十分に練習を積んでおきたい．さらに，微分積分法の基本定理を用いて積分で表された関数を微分したり，区分求積法を用いて複雑な無限級数の値を求められるようにしておこう．

積分を用いて面積を求める問題では，はじめにグラフの概形を描き，交点を求める．次に上側の曲線を表す式から下側の曲線を表す式を引いて積分する．

例題13　曲線 $y=\cos^2\dfrac{x}{2}$ について，以下の問いに答えよ．

(1) 曲線のグラフを $0 \leqq x \leqq 2\pi$ の範囲で描け．

(2) $0 \leqq x \leqq 2\pi$ の範囲において，曲線と直線 $y=\dfrac{3}{4}$ で囲まれた部分の面積を求めよ．（鹿児島大）

解　(1) $y=\cos^2\dfrac{x}{2}=\dfrac{1+\cos x}{2}=\dfrac{1}{2}\cos x+\dfrac{1}{2}$ より，$y=\cos x$ のグラフを y 軸方向に $\dfrac{1}{2}$ 倍に縮小し，y 軸方向に $\dfrac{1}{2}$ 平行移動したものである．

したがって，グラフは右図のようになる．

(2) 交点の x 座標は $\dfrac{1+\cos x}{2}=\dfrac{3}{4}$ より　$\cos x=\dfrac{1}{2}$

したがって　$x=\dfrac{\pi}{3},\ \dfrac{5}{3}\pi$

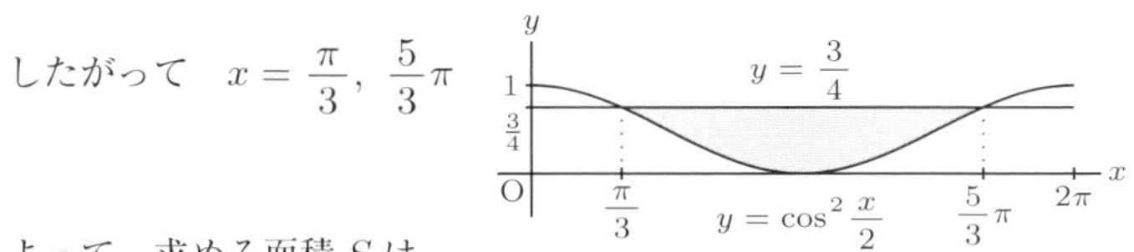

よって，求める面積 S は

$$S=\int_{\frac{\pi}{3}}^{\frac{5}{3}\pi}\left(\frac{3}{4}-\cos^2\frac{x}{2}\right)dx=\int_{\frac{\pi}{3}}^{\frac{5}{3}\pi}\left(\frac{3}{4}-\frac{1+\cos x}{2}\right)dx$$

$$=\int_{\frac{\pi}{3}}^{\frac{5}{3}\pi}\left(\frac{1}{4}-\frac{1}{2}\cos x\right)dx=\left[\frac{1}{4}x-\frac{1}{2}\sin x\right]_{\frac{\pi}{3}}^{\frac{5}{3}\pi}=\frac{\pi}{3}+\frac{\sqrt{3}}{2}$$

A▷ **34**　$0\leqq x\leqq\pi$ のとき，2つの曲線 $y=-\sin x$ と $y=\sin 2x$ で囲まれた図形の面積を求めよ．

（山口大）

B▷ **35**　次に示す関数 $f(x)$ について，以下の設問に答えよ．

$$f(x)=\frac{1}{3}x^3-4x+10$$

(1) 関数 $f(x)$ の極値をすべて求めよ．

(2) 曲線 $y=f(x)$ 上の点 $(3,\ 7)$ における接線 $y=g(x)$ と曲線 $y=f(x)$ が囲む領域のうち，領域 $\{(x,\ y)\mid x\geqq 0,\ y\geqq 0\}$ に含まれる部分の面積を求めよ．

（豊橋技科大）

B▷ **36**　以下の設問 (1)，(2) に答えよ．

(1) 曲線 $y=\log_e x$ 上の点 $(1,\ 0)$ における接線が曲線 $y=ae^x$ の接線でもあるとき，定数 a の値を求めよ．

(2) この接線，曲線 $y=ae^x$，および y 軸で囲まれた部分の面積を求めよ．（三重大）

要項 13　曲線 $y=f(x)$ $(a\leqq x\leqq b)$ の長さ ℓ は

$$\ell=\int_a^b\sqrt{1+\{f'(x)\}^2}\,dx=\int_a^b\sqrt{1+(y')^2}\,dx$$

例題14　曲線 $y = \dfrac{2}{3}x^{\frac{3}{2}}$ $(0 \leqq x \leqq 1)$ の長さを求めよ．　（はこだて未来大）

解　$$\int_0^1 \sqrt{1 + \left\{\left(\frac{2}{3}x^{\frac{3}{2}}\right)'\right\}^2}\,dx = \int_0^1 \sqrt{1 + \left(x^{\frac{1}{2}}\right)^2}\,dx = \int_0^1 \sqrt{1+x}\,dx$$
$$= \left[\frac{2}{3}(1+x)^{\frac{3}{2}}\right]_0^1 = \frac{2}{3}(2\sqrt{2} - 1)$$

A▷ **37**　以下の関数で表される曲線がある．区間 $-4 \leqq x \leqq 4$ における曲線の長さを求めよ．

$$y = 2\left(e^{\frac{x}{4}} + e^{-\frac{x}{4}}\right)$$
（新潟大）

A▷ **38**　放物線 $y = (x+2)^2$ の区間 $-3 \leqq x \leqq -2$ における曲線の長さ s を求めよ．

（広島大）

要項 14　体積を求める問題では，切り口の面積を積分する．

x 軸上の点 x を通り x 軸に垂直な平面による切り口の面積が $S(x)$ である立体の，平面 $x = a$，$x = b$ $(a < b)$ の間の部分の体積 V は

$$V = \int_a^b S(x)\,dx$$

曲線 $y = f(x)$ と x 軸および 2 直線 $x = a$，$x = b$ $(a < b)$ で囲まれた図形を x 軸のまわりに回転してできる回転体の体積 V は

$$V = \pi\int_a^b \{f(x)\}^2\,dx$$

例題15　曲線 $y = x + \dfrac{1}{\sqrt{x}}$ と直線 $y = x$，$x = 1$，$x = 4$ で囲まれた図形を A とする．下の問いに答えよ．

(1) 図形 A の面積を求めよ．

(2) 図形 A を x 軸のまわりに 1 回転してできる立体の体積を求めよ．　（宇都宮大）

解　(1) $1 \leqq x \leqq 4$ のとき $x + \dfrac{1}{\sqrt{x}} > x$ より A の面積 S は

$$S = \int_1^4 \left(x + \frac{1}{\sqrt{x}} - x\right) dx = \left[2\sqrt{x}\right]_1^4 = 2$$

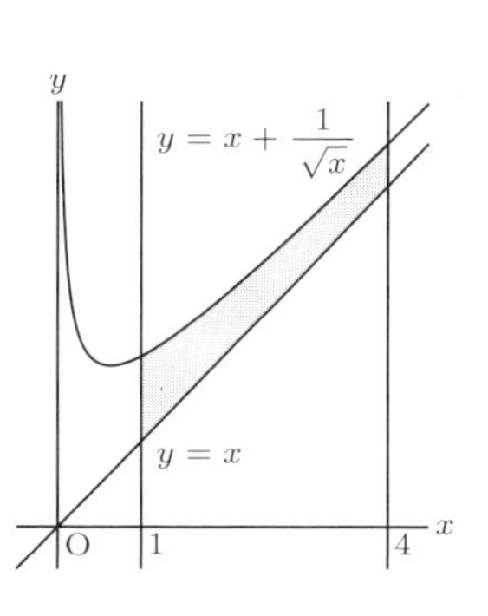

(2) A の回転体の体積 V は

$$V = \pi \int_1^4 \left\{\left(x + \frac{1}{\sqrt{x}}\right)^2 - x^2\right\} dx$$

$$= \pi \int_1^4 \left(2\sqrt{x} + \frac{1}{x}\right) dx$$

$$= \pi \left[\frac{4}{3}x\sqrt{x} + \log|x|\right]_1^4 = \pi\left(\frac{28}{3} + 2\log 2\right)$$

〈注〉 $V = \pi \int_1^4 \left\{\left(x + \frac{1}{\sqrt{x}}\right) - x\right\}^2 dx$ とはならない.

B▷ **39** $x^2 + (y-2)^2 = k^2$ を x 軸のまわりに回転してできる回転体の体積を求めよ．ただし，$0 < k < 2$ とする．　(東京都立大)

B▷ **40** 2つの曲線 $y = \cos 2x$ $(0 \leqq x \leqq \pi)$，$y = \sin x$ $(0 \leqq x \leqq \pi)$ とその曲線によって囲まれた図形 S について，次の問いに答えよ．

(1) 2つの曲線を図示し，また図形 S を斜線で図示せよ．

(2) 2つの曲線の交点の x 座標を求めよ．

(3) 図形 S を x 軸のまわりに1回転してできる立体の体積を求めよ．　(岩手大)

B▷ **41** 曲線 $y = 1 - \sqrt{x}$ と直線 $x = 0$ および $y = 0$ で囲まれた部分を y 軸のまわりに回転してできる立体の体積を求めよ．

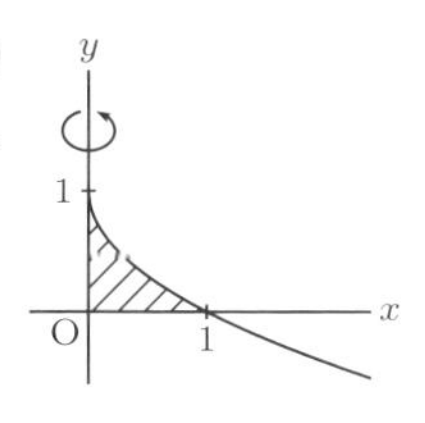

(福井大)

B▷ **42** 平面上の曲線 $y^2 = x - 1$ および直線 $y = x - 3$ について，下の問いに答えよ．

(1) これらの曲線と直線で囲まれた図形 S の面積を求めよ．

(2) (1)の図形 S を y 軸のまわりに1回転してできる立体の体積を求めよ．

(宇都宮大)

B▷ **43** xy 平面上で，$y=\sqrt{|x^3-\alpha^3|}$，$x=0$，$x=4$，$y=0$ で囲まれた部分を x 軸まわりに回転してできる立体を考える．

(1) 立体の体積を α の関数 $V(\alpha)$ として表せ．

(2) 体積 $V(\alpha)$ の最小値とそれを与える α を求めよ．　（東京都立大）

B▷ **44** C を区間 $0 \leqq t \leqq \dfrac{\pi}{2}$ で定義された媒介変数方程式
$x(t)=e^t\sin t$，$y(t)=e^t\cos t$ で表される xy 平面上の曲線とする．

(1) 導関数 $\dfrac{dx}{dt}$，$\dfrac{dy}{dt}$，$\dfrac{dy}{dx}$ をそれぞれ求めよ．

(2) 曲線 C の増減を調べ，xy 平面上にグラフをかけ．ただし，$e^{\frac{\pi}{4}} \fallingdotseq 2.19$ である．

(3) 曲線 C と x 軸，y 軸で囲まれた図形の面積 S を求めよ．　（九州大）

B▷ **45** 次の媒介変数で表された曲線 $x=f(t)=\cos^3 t$，$y=g(t)=\sin^3 t$ について以下の問いに答えよ．

(1) この曲線は通常何と呼ばれているか答えよ．

(2) $f'(t)$ と $g'(t)$ を求めよ．

(3) t の範囲を $0 \leqq t \leqq \dfrac{\pi}{2}$ とした時の曲線の長さ L を求めよ．　（高知大）

B▷ **46** 2次元の xy 平面内の楕円 $\dfrac{x^2}{a^2}+\dfrac{y^2}{b^2}=1$ に関する以下の問いに答えよ．ただし，$a>b>0$ であり，また楕円の離心率を $\tilde{e}=\dfrac{\sqrt{a^2-b^2}}{a}$ とする．

(1) 楕円の周囲の長さ L は

$$L=4a\int_0^{\frac{\pi}{2}}\sqrt{1-\tilde{e}^2\cos^2\theta}\,d\theta$$

で与えられることを示せ．

(2) 離心率 $\tilde{e}$ が0に十分近い値のとき，長さ L は近似的に

$$L=2\pi a\left(1-\frac{1}{4}\tilde{e}^2\right)$$

となることを示せ．　（奈良女子大）

B▷ **47** θ が $0 \leqq \theta \leqq \dfrac{\pi}{2}$ の範囲で変化するとき，$x = 2\cos\theta$，$y = 2\sin 2\theta$ で表される点 $(x,\ y)$ は1つの曲線を描く．この曲線の方程式を $y = f(x)$ とする．$y = f(x)$ の1点 $(a,\ b)$ における接線の方程式が $y = -2(x-c)$ となるとき，以下の問いに答えよ．

(1) a，b，c の値をそれぞれ求めよ．

(2) 区間 $0 \leqq x \leqq a$ における曲線 $y = f(x)$ と区間 $a \leqq x \leqq c$ における直線 $y = -2(x-c)$ と x 軸で囲まれる領域を x 軸のまわりに1回転してできる立体の体積を求めよ．　（大阪大）

B▷ **48** 極方程式 $r = 1 + \cos\theta$ $(0 \leqq \theta \leqq 2\pi)$ で表される曲線について，以下の問いに答えよ．

y r θ O x

(1) 曲線上の点の座標 $(x,\ y)$ を θ を用いて表せ．

(2) 曲線上の $\theta = \dfrac{\pi}{4}$ における点を P とする．点 P における曲線の接線の方程式を x と y を用いて表せ．

(3) 曲線に囲まれた領域の面積を求めよ．

(4) 曲線の全長を求めよ．　（豊橋技科大）

B▷ **49** $y = \tan x$ の逆関数を $y = \arctan x$ と書く．ある y の値に対して $y = \tan x$ を満たす x は多数存在するが，定義域を $-\dfrac{\pi}{2} < x < \dfrac{\pi}{2}$ に限る場合，$y = \tan x$ は単射となり一意に逆関数を定義することができる．この定義域における $y = \tan x$ の逆関数を $y = \mathrm{Arctan}\, x$ と書くこととする．上記の定義域において，次の問いに答えよ．

(1) $y = \mathrm{Arctan}\, x$ について，$\dfrac{dy}{dx} = \dfrac{1}{1+x^2}$ を証明せよ．

(2) 次の無限級数 S の値を求めよ．

$$S = \lim_{n\to\infty}\left(\frac{n}{n^2+1} + \frac{n}{n^2+2^2} + \frac{n}{n^2+3^2} + \cdots + \frac{n}{n^2+n^2}\right)$$

（筑波大）

C▷ **50** (1) $f(x)$ は $(-\infty,\ +\infty)$ で定義された連続関数とする．$F(x)=\displaystyle\int_{-x}^{x} f(t)\,dt$ とおくとき，導関数 $F'(x)$ を $f(x)$ を用いて表せ．

(2) $f(x)$ は $(-\infty,\ +\infty)$ で定義された下に凸な連続関数とする．このとき，すべての $x>0$ に対して次の不等式が成り立つことを示せ．

$$2xf(0) \leqq \int_{-x}^{x} f(t)\,dt$$

（島根大）

2章 微分積分 II

§1 関数の展開

1 数列の極限

数列に関する知識，特に等比数列の極限が公比によることはしっかり覚えておく．さらに，数学的帰納法を用いた証明は，様々な問題，特に漸化式が与えられている問題にも適用できるようにしたい．もちろん，漸化式の知識は必須である．極限値を求める際，対数を用いる問題があることにも注意する．

要項 15

① **不定形の極限値** $\dfrac{0}{0}$, $\dfrac{\infty}{\infty}$, $\infty - \infty$ 型の不定形

基本的な式変形，分母や分子の有理化，文字の置き換えによる関数の極限で対応する．（1 ページ要項 1，3 ページ要項 2 参照）

② **はさみうちの原理**

3 つの数列 $\{a_n\}$, $\{b_n\}$, $\{c_n\}$ について，常に $a_n \leqq b_n \leqq c_n$ であり，かつ

$\displaystyle\lim_{n\to\infty} a_n = \lim_{n\to\infty} c_n = \alpha$（$\alpha$ は定数）ならば $\displaystyle\lim_{n\to\infty} b_n = \alpha$ である．

③ $|r| < 1$ のとき $\displaystyle\lim_{n\to\infty} r^n = 0$

例題16 次の極限値を求めよ．

(1) $\displaystyle\lim_{n\to\infty}\left(\sqrt{n^2+5n}-\sqrt{n^2+n}\right)$ （奈良女子大）

(2) $\displaystyle\lim_{n\to\infty}\sqrt[n]{3^n+2^n}$ （長岡技科大）

(3) $\displaystyle\lim_{n\to\infty}\left(1+\frac{1}{n}+\frac{1}{n^2}\right)^n$ （茨城大）

(4) $\displaystyle\lim_{n\to\infty}\frac{10^n}{n!}$ （新潟大）

解　**要項 15 を用いる.**

(1) $$\lim_{n\to\infty}(\sqrt{n^2+5n}-\sqrt{n^2+n})=\lim_{n\to\infty}\frac{n^2+5n-(n^2+n)}{\sqrt{n^2+5n}+\sqrt{n^2+n}}$$
$$=\lim_{n\to\infty}\frac{4n}{\sqrt{n^2+5n}+\sqrt{n^2+n}}=\lim_{n\to\infty}\frac{4}{\sqrt{1+\frac{5}{n}}+\sqrt{1+\frac{1}{n}}}=2$$

(2) $$\lim_{n\to\infty}\sqrt[n]{3^n+2^n}=\lim_{n\to\infty}\sqrt[n]{3^n}\sqrt[n]{1+\left(\frac{2}{3}\right)^n}=3\lim_{n\to\infty}\sqrt[n]{1+\left(\frac{2}{3}\right)^n}=3\cdot 1=3$$

(3) $x=\dfrac{1}{n}$ とおくと, $n\to\infty$ のとき $x\to+0$
$$\lim_{n\to\infty}\log\left(1+\frac{1}{n}+\frac{1}{n^2}\right)^n=\lim_{x\to+0}\log(1+x+x^2)^{\frac{1}{x}}=\lim_{x\to+0}\frac{\log(1+x+x^2)}{x}$$
$$=\lim_{x\to+0}\frac{1+2x}{1+x+x^2}=1$$ ⇦ ロピタルの定理

よって $\displaystyle\lim_{n\to\infty}\log\left(1+\frac{1}{n}+\frac{1}{n^2}\right)^n=1$ 　∴ $\displaystyle\lim_{n\to\infty}\left(1+\frac{1}{n}+\frac{1}{n^2}\right)^n=e$

(4) $k>11$ に対して, $\dfrac{10}{k}<\dfrac{10}{11}$ であることを利用する.
$$0\leqq\frac{10^n}{n!}=\frac{10}{1}\cdot\frac{10}{2}\cdots\frac{10}{10}\cdot\frac{10}{11}\cdot\frac{10}{12}\cdots\frac{10}{n}\leqq\frac{10}{1}\cdot\frac{10}{2}\cdots\frac{10}{10}\cdot\left(\frac{10}{11}\right)^{n-10}$$
$\displaystyle\lim_{n\to\infty}\left(\frac{10}{11}\right)^{n-10}=0$ 　ゆえに, はさみうちの原理より $\displaystyle\lim_{n\to\infty}\frac{10^n}{n!}=0$

A▷ **51** 　次の極限値を求めよ. ただし, (2) の α, β は任意の実数とする.

(1) $\displaystyle\lim_{n\to\infty}\sqrt[n]{4^n+3^n}$ 　　（千葉大）

(2) $\displaystyle\lim_{n\to\infty}\left(1+\frac{\alpha}{n}+\frac{\beta}{n\sqrt{n}}\right)^n$ 　　（東北大 改）

B▷ **52** 　ℓ, m, n を自然数として, 次の極限を求めよ.

(1) $\displaystyle\lim_{\ell\to\infty}\left(1-\frac{1}{\ell}\right)^{2\ell}$

(2) x が有理数であるとき, $\displaystyle\lim_{n\to\infty}\left[\lim_{m\to\infty}\left\{\cos(m!\,\pi x)\right\}^{2n}\right]$

(3) x が無理数であるとき, $\displaystyle\lim_{m\to\infty}\left[\lim_{n\to\infty}\left\{\cos(m!\,\pi x)\right\}^{2n}\right]$ 　　（大阪公立大）

要項 16　**相加平均と相乗平均の関係**

$a>0,\ b>0$ のとき $\quad\dfrac{a+b}{2}\geqq\sqrt{ab}$ 　（等号成立は $a=b$ のとき）

例題17 数列 $\{a_n\}$ を

$$a_1 = 3, \quad a_{n+1} = \frac{1}{2}\left(a_n + \frac{3}{a_n}\right) \qquad (n = 1,\ 2,\ 3\cdots)$$

によって定めるとき，次の (1)〜(3) に答えよ．

(1) $n \geqq 1$ であるすべての n に対して，$a_n > \sqrt{3}$ であることを証明せよ．

(2) $n \geqq 1$ であるすべての n に対して，$a_{n+1} - \sqrt{3} < \dfrac{1}{2}(a_n - \sqrt{3})$ であることを証明せよ．

(3) $\displaystyle\lim_{n\to\infty} a_n = \sqrt{3}$ であることを証明せよ． （京都大）

解 (1) **数学的帰納法で証明する．**

$n=1$ のとき　$a_1 = 3 > \sqrt{3}$ より成り立つ．

$n=k$ のとき，$a_k > \sqrt{3}$ が成り立つと仮定する．相加・相乗平均の関係より

$$a_{k+1} = \frac{1}{2}\left(a_k + \frac{3}{a_k}\right) \geqq \sqrt{a_k \cdot \frac{3}{a_k}} = \sqrt{3}$$

$\boldsymbol{a_k > \sqrt{3} > 0,\ \dfrac{3}{a_k} > 0}$

等号は $a_k = \dfrac{3}{a_k}$ すなわち $a_k = \pm\sqrt{3}$ のときに限り成り立つが，

$a_k > \sqrt{3}$ より　$a_{k+1} > \sqrt{3}$ 　よって，$n = k+1$ のときも成り立つ．

したがって，数学的帰納法よりすべての自然数 n に対して，$a_n > \sqrt{3}$ である．

(2) $\boldsymbol{a_{n+1} - \sqrt{3} - \dfrac{1}{2}(a_n - \sqrt{3}) < 0}$ **を証明する．**

$a_{n+1} = \dfrac{1}{2}\left(a_n + \dfrac{3}{a_n}\right)$ と $a_n > \sqrt{3}$ より

$$a_{n+1} - \sqrt{3} - \frac{1}{2}(a_n - \sqrt{3}) = \frac{1}{2}\left(\frac{3}{a_n} - \sqrt{3}\right) = \frac{\sqrt{3}}{2a_n}(\sqrt{3} - a_n) < 0$$

よって，すべての自然数 n に対して，$a_{n+1} - \sqrt{3} < \dfrac{1}{2}(a_n - \sqrt{3})$ である．

(3) $0 < a_n - \sqrt{3} < \dfrac{1}{2}(a_{n-1} - \sqrt{3}) < \dfrac{1}{2^2}(a_{n-2} - \sqrt{3}) < \cdots < \dfrac{1}{2^{n-1}}(a_1 - \sqrt{3})$

$\displaystyle\lim_{n\to\infty} \frac{1}{2^{n-1}}(a_1 - \sqrt{3}) = 0$ より　$\displaystyle\lim_{n\to\infty}(a_n - \sqrt{3}) = 0$ 　**要項 15②より**

ゆえに　$\displaystyle\lim_{n\to\infty} a_n = \sqrt{3}$

B▷ **53** 数列 $\{a_n\}_{n=1}^{\infty}$ が

$$a_1 = 1,\ a_n = \frac{a_{n-1} + 2}{a_{n-1} + 1} \quad (n \geqq 2)$$

と定められている．以下の問いに答えよ．

(1) a_2, a_3 を求めよ.

(2) $n \geqq 2$ に対して, $a_n - \sqrt{2} = -\dfrac{\sqrt{2}-1}{a_{n-1}+1}(a_{n-1} - \sqrt{2})$ が成り立つことを示せ.

(3) $\displaystyle\lim_{n\to\infty} a_n = \sqrt{2}$ を示せ.　（奈良女子大）

B▷ **54**　数列 0, 1, 1, 2, 3, 5, 8, 13, $\cdots$ は

$$f_0 = 0,\ f_1 = 1,\ f_{k+1} = f_k + f_{k-1} \quad (k = 1,\ 2,\ \cdots)$$

という漸化式によって生成される. k が十分大きな値になると, $\dfrac{f_{k+1}}{f_k}$ はどのような値に収束するか.　（筑波大）

B▷ **55**　r を $|r| < \dfrac{1}{2}$ をみたす実数とする. 実数列 $\{a_n\}$, $\{b_n\}$, $\{c_n\}$ が, 任意の自然数 n に対し以下の関係式をみたすとする.

$$a_{n+1} = r(b_n + c_n),\ b_{n+1} = r(c_n + a_n),\ c_{n+1} = r(a_n + b_n)$$

以下の問いに答えよ.

(1) $\displaystyle\lim_{n\to\infty}(a_n + b_n + c_n) = 0$ となることを示せ.

(2) $\displaystyle\lim_{n\to\infty}(a_n - b_n) = \lim_{n\to\infty}(a_n - c_n) = 0$ となることを示せ.

(3) $\displaystyle\lim_{n\to\infty} a_n = 0$ となることを示せ.　（奈良女子大）

B▷ **56**　(1) x, y, z, w を正の実数とする. 次の不等式を示せ.

$$\sqrt[4]{xyzw} \leqq \frac{x+y+z+w}{4}$$

(2) $a \leqq b$ を満たす正の実数 a, b に対し, 2つの数列 $\{a_n\}$, $\{b_n\}$ を

$$a_1 = a,\ b_1 = b,$$
$$a_{n+1} = \sqrt[4]{a_n b_n^{\,3}},\quad b_{n+1} = \frac{a_n + 3b_n}{4} \qquad (n = 1,\ 2,\ 3,\ \cdots)$$

により定める. このとき, 次の不等式を示せ.

$$a_n \leqq b_n \quad (n = 1,\ 2,\ 3,\ \cdots)$$

(3) (2) の数列 $\{a_n\}$ は単調非減少数列であることを示せ. また, (2) の数列 $\{b_n\}$ は単調非増加数列であることを示せ.

(4) (2) の数列 $\{a_n\}$ と $\{b_n\}$ はともに収束することを示せ．さらに，数列 $\{a_n\}$ の極限値と数列 $\{b_n\}$ の極限値は等しいことを示せ．（広島大）

C▷ **57**　$\boldsymbol{R}$ の区間 $I=[0,\infty)$ 上の関数 f を

$$f(x)=\frac{x}{1+x^2}\quad (x\in I)$$

と定める．I 上の関数の列 $\{f_n\}_{n=0}^{\infty}$ を

(∗) $f_0(x)=0,\ f_{n+1}(x)=f_n(x)+\{f(x)\}^2-\{f_n(x)\}^2\quad (x\in I,\ n=0,\ 1,\ 2,\cdots)$

と帰納的に定める．以下の問いに答えよ．

(1) f の I における最大値を求めよ．

(2) 任意の非負整数 n と任意の $x\in I$ に対して，次が成り立つことを示せ．

$$0\leqq f_n(x)\leqq f(x)$$

(3) 任意の非負整数 n と任意の $x\in I$ に対して，次が成り立つことを示せ．

$$f(x)-f_n(x)\leqq f(x)\{1-f(x)\}^n$$

(4) $\{f_n\}_{n=0}^{\infty}$ は f に I 上で一様収束することを示せ．（東北大）

2　級数とべき級数

等比数列の和およびシグマ記号の性質を覚えておく．級数の収束性や収束半径についての出題も見られる．正項級数や交代級数の性質を用いた級数の収束性についても理解しておきたい．

例題18　次の級数の収束，発散を調べ，収束する場合はその値を求めよ．

(1) $\displaystyle\sum_{n=1}^{\infty}\frac{1}{n(n+2)}$（新潟大）

(2) $\displaystyle\sum_{n=1}^{\infty}(n-2)\left(\frac{1}{2}\right)^n$ $\left(\text{ただし，}\lim_{n\to\infty}nr^n=0\ \ (|r|<1)\text{ を用いてよい}\right)$（大阪大）

解　(1) **第 n 部分和を $n\to\infty$ とする．**

$$\sum_{k=1}^{n}\frac{1}{k(k+2)}=\frac{1}{2}\sum_{k=1}^{n}\left(\frac{1}{k}-\frac{1}{k+2}\right)$$

$$= \frac{1}{2}\left\{\left(\frac{1}{1}-\frac{1}{3}\right)+\left(\frac{1}{2}-\frac{1}{4}\right)+\left(\frac{1}{3}-\frac{1}{5}\right)+\cdots+\left(\frac{1}{n}-\frac{1}{n+2}\right)\right\}$$
$$= \frac{1}{2}\left(\frac{1}{1}+\frac{1}{2}-\frac{1}{n+1}-\frac{1}{n+2}\right)$$

前に項が 2 つ残るときは，後ろにも 2 つの項が残る

よって　$\displaystyle\sum_{n=1}^{\infty}\frac{1}{n(n+2)} = \lim_{n\to\infty}\sum_{k=1}^{n}\frac{1}{k(k+2)} = \frac{3}{4}$

(2) **数列 $\{a_n\}$ が等差数列，数列 $\{b_n\}$ が公比 r の等比数列のとき，$S_n = \displaystyle\sum_{k=1}^{n}a_kb_k$ を $S_n - rS_n$ の計算によって，求めることができる.**

まず，$\displaystyle\sum_{n=1}^{\infty}n\left(\frac{1}{2}\right)^n$ の値を求める．$S_n = \displaystyle\sum_{k=1}^{n}k\left(\frac{1}{2}\right)^k$ とおくと

$$\begin{array}{rl} S_n = & \frac{1}{2}+2\left(\frac{1}{2}\right)^2+3\left(\frac{1}{2}\right)^3+4\left(\frac{1}{2}\right)^4+\cdots+n\left(\frac{1}{2}\right)^n \\ -)\ \frac{1}{2}S_n = & \left(\frac{1}{2}\right)^2+2\left(\frac{1}{2}\right)^3+3\left(\frac{1}{2}\right)^4+\cdots+(n-1)\left(\frac{1}{2}\right)^n+n\left(\frac{1}{2}\right)^{n+1} \\ \hline \frac{1}{2}S_n = & \frac{1}{2}+\left(\frac{1}{2}\right)^2+\left(\frac{1}{2}\right)^3+\left(\frac{1}{2}\right)^4+\cdots+\left(\frac{1}{2}\right)^n-n\left(\frac{1}{2}\right)^{n+1} \end{array}$$

よって　$S_n = 1+\frac{1}{2}+\left(\frac{1}{2}\right)^2+\left(\frac{1}{2}\right)^3+\cdots+\left(\frac{1}{2}\right)^{n-1}-n\left(\frac{1}{2}\right)^n$

$$= \frac{1-\left(\frac{1}{2}\right)^n}{1-\frac{1}{2}} - n\left(\frac{1}{2}\right)^n = 2-\left(\frac{1}{2}\right)^{n-1}-n\left(\frac{1}{2}\right)^n$$

$|r|<1$ のとき $\displaystyle\lim_{n\to\infty}nr^n = 0$ だから　$\displaystyle\lim_{n\to\infty}n\left(\frac{1}{2}\right)^n = 0$

よって　$\displaystyle\sum_{n=1}^{\infty}n\left(\frac{1}{2}\right)^n = \lim_{n\to\infty}S_n = 2$　また　$\displaystyle\sum_{n=1}^{\infty}\left(\frac{1}{2}\right)^n = 1$

$|r|<1$ のとき $\displaystyle\sum_{n=1}^{\infty}r^n = \frac{r}{1-r}$

ゆえに　$\displaystyle\sum_{n=1}^{\infty}(n-2)\left(\frac{1}{2}\right)^n = \sum_{n=1}^{\infty}n\left(\frac{1}{2}\right)^n - 2\sum_{n=1}^{\infty}\left(\frac{1}{2}\right)^n = 0$

A▷ **58** 次の級数の収束，発散を調べ，収束する場合はその値を求めよ.

(1) $\displaystyle\sum_{n=1}^{\infty}\left\{\frac{2}{3^{n-1}}+3\left(-\frac{4}{5}\right)^{n-1}\right\}$　　(2) $\displaystyle\sum_{n=1}^{\infty}\frac{1}{\sqrt{n+1}+\sqrt{n}}$

(3) $\displaystyle\sum_{n=1}^{\infty}\frac{n+1}{3(n+2)}$　　（北海道大）

B▷ **59** (1) 級数 $\displaystyle\sum_{n=1}^{\infty}\frac{1}{n}$ は収束しないことを示せ.

(2) 級数 $\displaystyle\sum_{n=1}^{\infty}\left(\frac{1}{n}-\sin\left(\frac{1}{n}\right)\right)$ は収束することを示せ.　　（東北大）

B▷ **60** 次の級数の収束域を求めよ．

$$\frac{2}{1\cdot 3}+\frac{3x}{2\cdot 4}+\frac{4x^2}{3\cdot 5}+\cdots$$

（東京科学大）

B▷ **61** (1) $x>0$ に対して，次の関数を定義する．

$$\Gamma(x)\equiv\int_0^\infty u^{x-1}e^{-u}\,du$$

任意の正の整数 n に対して，$\Gamma(n+1)=n!$ が成り立つことを示せ．

(2) 次の定積分を $u=-(n+1)\log x$ $\left(\Longleftrightarrow x=e^{-\frac{u}{n+1}}\right)$ とする置換積分により計算せよ．ただし，n は任意の正の整数を表す．

$$\int_0^1 x^n(\log x)^n\,dx$$

(3) 以下の恒等式を証明せよ．

$$\int_0^1 x^{-x}\,dx=\sum_{n=1}^\infty n^{-n}\quad\left\{=\lim_{n\to\infty}(1+2^{-2}+3^{-3}+\cdots+n^{-n})\right\}$$

ただし，(2) の結果，および，次のマクローリン展開の結果を用いること．

$$x^{-x}=e^{(-x\log x)}=\sum_{n=0}^\infty\frac{(-x\log x)^n}{n!}$$

また，積分 $\int$ と和 $\sum$ の順序は交換してもよいとする．（筑波大）

C▷ **62** 一般項が $a_n\geqq 0$ の級数（正項級数）$\displaystyle\sum_{n=1}^\infty a_n$ に対して，次を示せ．

(1) $\displaystyle\sum_{n=1}^\infty a_n$ が収束するとき，$\displaystyle\sum_{n=1}^\infty\frac{a_n}{1+a_n}$ および $\displaystyle\sum_{n=1}^\infty\frac{a_n}{1+na_n}$ は収束する．

(2) $\displaystyle\sum_{n=1}^\infty\frac{a_n}{1+a_n}$ が収束するとき，$\displaystyle\sum_{n=1}^\infty a_n$ は収束する．

(3) $\displaystyle\sum_{n=1}^\infty\frac{a_n}{1+na_n}$ が収束しても，$\displaystyle\sum_{n=1}^\infty a_n$ は収束しないことがある．その具体的な例を示せ．

(4) $\displaystyle\sum_{n=1}^\infty a_n$ の収束，発散に関係なく $\displaystyle\sum_{n=1}^\infty\frac{a_n}{1+n^2a_n}$ は収束する．（徳島大）

C▷ **63** 次の (1)〜(4) に答えよ．ただし，log は自然対数を表す．

(1) k を自然数とし，$f(x)$ を $k \leqq x \leqq k+1$ で連続な狭義単調減少関数とする．このとき，次の不等式が成り立つことを示せ．

$$\int_k^{k+1} f(x)dx < f(k)$$

(2) $x > 1$ において関数 $g(x) = \dfrac{1}{x(\log x)^2}$ は狭義単調減少であることを示せ．

(3) k を 3 以上の自然数とする．(2) で定義した関数 $g(x)$ に対し，不等式

$$g(k) < \frac{1}{\log(k-1)} - \frac{1}{\log k}$$

が成り立つことを示せ．

(4) $n = 2,\ 3,\ \cdots$ に対して，$T_n = \displaystyle\sum_{k=2}^{n} \frac{1}{k(\log k)^2}$ とおく．極限値 $\displaystyle\lim_{n\to\infty} T_n$ が存在することを示せ．（京都大）

3　テイラー展開とマクローリン展開

基本的な関数の n 次導関数の導出はできるようにしておく．基本的な関数のマクローリン展開は覚えておくと便利である（要項 18）．また，剰余項の利用法も知っておこう．

(1) **テイラーの定理**　関数 $f(x)$ が a を含む区間 I で n 回微分可能であるとき，I に含まれる任意の x に対して，次の等式を満たす θ が存在する．

$$f(x) = f(a) + f'(a)(x-a) + \frac{f''(a)}{2!}(x-a)^2 + \cdots + \frac{f^{(n-1)}(a)}{(n-1)!}(x-a)^{n-1} + R_n$$

ただし　剰余項 $R_n = \dfrac{f^{(n)}(a+\theta(x-a))}{n!}(x-a)^n$，$0 < \theta < 1$

(2) **マクローリンの定理**　(1) において，$a = 0$ とする．

(3) **テイラー展開とマクローリン展開**　剰余項が $\displaystyle\lim_{n\to\infty} R_n = 0$ となるとき

テイラー展開

$$f(x) = \sum_{n=0}^{\infty} \frac{f^{(n)}(a)}{n!}(x-a)^n = f(a) + f'(a)(x-a) + \frac{f''(a)}{2!}(x-a)^2 + \cdots$$

マクローリン展開

$$f(x) = \sum_{n=0}^{\infty} \frac{f^{(n)}(0)}{n!}x^n = f(0) + f'(0)x + \frac{f''(0)}{2!}x^2 + \cdots$$

要項18 以下のマクローリン展開は覚えておくとよい．

① $e^x = \sum_{n=0}^{\infty} \frac{1}{n!} x^n = 1 + x + \frac{1}{2!}x^2 + \frac{1}{3!}x^3 + \cdots$

② $\sin x = \sum_{n=0}^{\infty} \frac{(-1)^n}{(2n+1)!} x^{2n+1} = x - \frac{1}{3!}x^3 + \frac{1}{5!}x^5 - \frac{1}{7!}x^7 + \cdots$

③ $\cos x = \sum_{n=0}^{\infty} \frac{(-1)^n}{(2n)!} x^{2n} = 1 - \frac{1}{2!}x^2 + \frac{1}{4!}x^4 - \frac{1}{6!}x^6 + \cdots$

④ $\frac{1}{1-x} = \sum_{n=0}^{\infty} x^n = 1 + x + x^2 + x^3 + \cdots$ （ただし $|x| < 1$）

マクローリン展開はただ1通りに決まるから，たとえば，④の変数 x を $-x$ に置き換えることにより，$\frac{1}{1+x}$ のマクローリン展開を求めることもできる．ただし，変数を置き換えた場合は収束半径等に注意する．また，収束半径内で項別微分および項別積分ができるから，たとえば，$\frac{1}{(1-x)^2}$ のマクローリン展開を求めたいときは，④の両辺を微分すればよい．

例題19 (1) 次の関数のマクローリン展開を計算し，3次の項まで示せ．

$$f(x) = e^x + e^{-x}$$

（新潟大）

(2) $y = \sin^2 x$ を $x = 0$ のまわりでテイラー展開して，x の4次の項まで求めよ．

（新潟大）

(3) 関数 $f(x) = \log(1 + \sin x)$ のマクローリン展開を x^3 の項まで求めよ．（山梨大）

解 (1) $f^{(n)}(x) = e^x + (-1)^n e^{-x}$，$f^{(n)}(0) = 1 + (-1)^n$

$f^{(2k)}(0) = 2$，$f^{(2k+1)}(0) = 0$ $(k = 0, 1, 2, \cdots)$ より

$$f(x) = f(0) + f'(0)x + \frac{1}{2!}f''(0)x^2 + \frac{1}{3!}f'''(0)x^3 + \cdots = 2 + x^2 + \cdots$$

(2) $y' = 2\sin x \cos x = \sin 2x$，$y'' = 2\cos 2x$，$y''' = -4\sin 2x$，$y^{(4)} = -8\cos 2x$

$x = 0$ のとき $y = 0$，$y' = 0$，$y'' = 2$，$y''' = 0$，$y^{(4)} = -8$ より

$$y = 0 + 0x + \frac{2}{2!}x^2 + \frac{0}{3!}x^3 + \frac{-8}{4!}x^4 + \cdots = x^2 - \frac{1}{3}x^4 + \cdots$$

(3) $f'(x) = \frac{\cos x}{1 + \sin x}$，$f''(x) = -\frac{1}{1 + \sin x}$，$f'''(x) = \frac{\cos x}{(1 + \sin x)^2}$

$f(0) = 0$，$f'(0) = 1$，$f''(0) = -1$，$f'''(0) = 1$ より

$$f(x) = f(0) + f'(0)x + \frac{1}{2!}f''(0)x^2 + \frac{1}{3!}f'''(0)x^3 + \cdots = x - \frac{1}{2}x^2 + \frac{1}{6}x^3 + \cdots$$

別解　**要項 18 を利用する.**

(1) $e^x \ = 1 + x + \dfrac{1}{2!}x^2 + \dfrac{1}{3!}x^3 + \cdots$　　（この x を $-x$ で置き換える）

$e^{-x} = 1 - x + \dfrac{1}{2!}x^2 - \dfrac{1}{3!}x^3 + \cdots$　　$\therefore\ e^x + e^{-x} = 2 + x^2 + \cdots$

(2) (i) $\sin^2 x = \dfrac{1}{2}(1 - \cos 2x) = \dfrac{1}{2}\left\{1 - \left(1 - \dfrac{1}{2!}(2x)^2 + \dfrac{1}{4!}(2x)^4 - \cdots\right)\right\}$

$= x^2 - \dfrac{1}{3}x^4 + \cdots$

(ii) $\sin^2 x = \left(x - \dfrac{1}{3!}x^3 + \cdots\right)^2 = x^2 - 2x \cdot \dfrac{1}{3!}x^3 + \cdots = x^2 - \dfrac{1}{3}x^4 + \cdots$

(3) $\dfrac{1}{1+x} = 1 - x + x^2 - \cdots$　$(|x| < 1)$ を項別積分して

$\log(1+x) = \displaystyle\int \frac{1}{1+x}\,dx = x - \frac{1}{2}x^2 + \frac{1}{3}x^3 - \cdots + C$

上の式で，$x = 0$ とすると $C = 0$，x を $\sin x = x - \dfrac{1}{3!}x^3 + \cdots$ で置き換えて

$\log(1 + \sin x)$

$= \left(x - \dfrac{1}{3!}x^3 + \cdots\right) - \dfrac{1}{2}\left(x - \dfrac{1}{3!}x^3 + \cdots\right)^2 + \dfrac{1}{3}\left(x - \dfrac{1}{3!}x^3 + \cdots\right)^3 - \cdots$

$= x - \dfrac{1}{3!}x^3 - \dfrac{1}{2}x^2 + \dfrac{1}{3}x^3 + \cdots = x - \dfrac{1}{2}x^2 + \dfrac{1}{6}x^3 + \cdots$

A▷ **64**　(1) 関数 $f(x) = \sqrt{e^{3x}}$ をマクローリン展開したとき，x の 0，1，2，n 次の項を求めよ．　（北海道大）

(2) 関数 $f(x) = \dfrac{1}{\sqrt{1+x}}$ のマクローリン級数を x^3 の項まで求めよ．（東京都立大）

(3) 関数 $f(x) = \log\left(\dfrac{1+x}{1-x}\right)$ $(-1 < x < 1)$ を $x = 0$ の近傍でテイラー展開し，x の 3 乗の項まで求めよ．　（奈良女子大）

(4) 関数 $f(x) = \cosh x$ をマクローリン展開し，0 でない最初の 3 項を求めよ．　（お茶の水女子大）

(5) 関数 $f(x) = \dfrac{\cos x}{x^2 + 1}$ に対し，$f(x)$ のマクローリン展開 を x^4 の項までで打ち切って得られる高々 4 次の多項式 $g(x)$ を求めよ．　（名古屋工業大）

(6) 関数 $f(x) = e^x \cos x$ のマクローリン展開を x^4 の項まで求めよ．　（北海道大）

例題20　関数 $f(x)=\sin 2x$ の $x=\dfrac{\pi}{2}$ における $\left(x-\dfrac{\pi}{2}\right)^4$ の項までのテイラー展開を求めよ．ただし，ここでは剰余項は求めなくてよい．（筑波大）

解　$f'(x)=2\cos 2x,\ f''(x)=-2^2\sin 2x,\ f'''(x)=-2^3\cos 2x,\ f^{(4)}(x)=2^4\sin 2x$

$f\left(\dfrac{\pi}{2}\right)=0,\ f'\left(\dfrac{\pi}{2}\right)=-2,\ f''\left(\dfrac{\pi}{2}\right)=0,\ f'''\left(\dfrac{\pi}{2}\right)=2^3,\ f^{(4)}\left(\dfrac{\pi}{2}\right)=0$ より

$$f(x)=f\left(\frac{\pi}{2}\right)+f'\left(\frac{\pi}{2}\right)\left(x-\frac{\pi}{2}\right)+\frac{1}{2!}f''\left(\frac{\pi}{2}\right)\left(x-\frac{\pi}{2}\right)^2$$
$$+\frac{1}{3!}f'''\left(\frac{\pi}{2}\right)\left(x-\frac{\pi}{2}\right)^3+\frac{1}{4!}f^{(4)}\left(\frac{\pi}{2}\right)\left(x-\frac{\pi}{2}\right)^4+\cdots$$
$$=-2\left(x-\frac{\pi}{2}\right)+\frac{2^3}{3!}\left(x-\frac{\pi}{2}\right)^3+\cdots=-2\left(x-\frac{\pi}{2}\right)+\frac{4}{3}\left(x-\frac{\pi}{2}\right)^3+\cdots$$

A▷ **65**　関数 $f(x)=\log x$ の $x=1$ におけるテイラー級数を $\displaystyle\sum_{k=1}^{\infty}a_k(x-b)^k$ の形で求めよ．（佐賀大）

A▷ **66**　以下の各問いに答えよ．ただし，log はすべて自然対数とする．

(1) $f(x)=\log(1-x)$　$(|x|<1)$ のマクローリン展開を求めよ．ただし，剰余項の評価はしなくてもよい．

(2) $0<x<1$ において $\dfrac{x}{x-1}<\log(1-x)$ であることを示せ．

(3) $\log 2019$ の値の 10 進小数第 2 位を四捨五入することにより小数第 1 位まで求めよ．ただし，必要ならば $\log 2=0.693147$ の近似値を用いてよい．（お茶の水女子大）

例題21　マクローリン展開を用いて，次の式の値を求めよ．

$$\lim_{x\to 0}\frac{x^3-6(x-\sin x)}{x^5}$$

（富山大）

解　$x^3-6(x-\sin x)=x^3-6x+6\displaystyle\sum_{n=0}^{\infty}\frac{(-1)^n}{(2n+1)!}x^{2n+1}=6\sum_{n=2}^{\infty}\frac{(-1)^n}{(2n+1)!}x^{2n+1}$

これより

$$\frac{x^3-6(x-\sin x)}{x^5}=6\sum_{n=2}^{\infty}\frac{(-1)^n}{(2n+1)!}x^{2(n-2)}=\frac{6}{5!}+6\sum_{n=3}^{\infty}\frac{(-1)^n}{(2n+1)!}x^{2(n-2)}$$

よって　$\displaystyle\lim_{x\to 0}\frac{x^3-6(x-\sin x)}{x^5}=\frac{6}{5!}=\frac{1}{20}$

別解　**$\sin x$ の $n=6$ としてマクローリンの定理を適用する．$o(x^5)=R_6=-\dfrac{\sin\theta x}{6!}x^6$**

$\sin x=x-\dfrac{1}{3!}x^3+\dfrac{1}{5!}x^5+o(x^5)$（ただし o はランダウの記号）より

$$与式=\lim_{x\to 0}\frac{x^3-6\left\{x-\left(x-\frac{1}{3!}x^3+\frac{1}{5!}x^5+o(x^5)\right)\right\}}{x^5}$$

$$=\lim_{x\to 0}\left(\frac{1}{20}+6\frac{o(x^5)}{x^5}\right)=\frac{1}{20}\qquad \because\ \lim_{x\to 0}\frac{o(x^5)}{x^5}=0$$

A▷ **67**　関数 $f(x)$ は開区間 $\left(-\dfrac{\pi}{2},\dfrac{\pi}{2}\right)$ において

$$f(x)=\log\cos x$$

で定義されているとする．このとき次の問いに答えよ．ただし対数は自然対数である．

(1) $f'(x)$，$f''(x)$，$f'''(x)$ を求めよ．

(2) $f(x)$ の2次までのマクローリン展開を求めよ．また，剰余項 $R_3(x)$ を求めよ．

(3) 極限 $\displaystyle\lim_{n\to\infty}\cos^n\left(\frac{1}{\sqrt{n}}\right)$ を求めよ．　　（信州大）

B▷ **68**　(1) 関数 $f(x)=e^x$ をマクローリン展開（$x=0$ のまわりでテイラー展開）せよ．

(2) 以下の性質 (A) を用いて，次の極限値を求めよ．

$$\lim_{n\to\infty}\frac{1}{n}\left(\frac{n}{1!}+\frac{n-1}{2!}+\cdots+\frac{2}{(n-1)!}+\frac{1}{n!}\right)$$

(A) 数列 $\{a_n\}_{n=1}^{\infty}$ に対して，$\displaystyle\lim_{n\to\infty}a_n=\alpha$ のとき

$$\lim_{n\to\infty}\frac{a_1+\cdots+a_n}{n}=\alpha$$

が成り立つ．

(3) 上の性質 (A) を証明せよ．　　（筑波大）

§2 偏微分

1 偏導関数

基本的な関数の導関数の公式や積や商の微分の公式，合成関数の微分法など，1変数関数の微分で学んだことを身に付けておきたい．その上で，2変数関数の合成関数の微分や陰関数の微分，全微分の計算などもできるようにしておこう．

2章 §2

A▷ **69** 次の関数 z の偏導関数 $\dfrac{\partial z}{\partial x}$, $\dfrac{\partial z}{\partial y}$ を求めよ.

(1) $z = \dfrac{3y}{x}$ （富山大）

(2) $z = y\sin(x^2 + xy)$ （北見工業大）

(3) $z = (1 + x^2 y)^y$ （岐阜大）

要項 19 合成関数の微分法

① $z = f(x,\ y)$, $x = x(t)$, $y = y(t)$ のとき

$$\frac{dz}{dt} = \frac{\partial z}{\partial x}\frac{dx}{dt} + \frac{\partial z}{\partial y}\frac{dy}{dt}$$

② $z = f(x,\ y)$, $x = x(u,\ v)$, $y = y(u,\ v)$ のとき

$$\frac{\partial z}{\partial u} = \frac{\partial z}{\partial x}\frac{\partial x}{\partial u} + \frac{\partial z}{\partial y}\frac{\partial y}{\partial u}, \quad \frac{\partial z}{\partial v} = \frac{\partial z}{\partial x}\frac{\partial x}{\partial v} + \frac{\partial z}{\partial y}\frac{\partial y}{\partial v}$$

例題22 x, y の関数 u, v を $u = xy$, $v = e^{x^2+y^2}$ で定める.
x, y の関数 $g(x,\ y) = \sin(uv)$ に対して，$\dfrac{\partial g}{\partial x}$, $\dfrac{\partial g}{\partial y}$ を x, y で表せ. （神戸大）

解 要項 19②を用いる.

$$\frac{\partial g}{\partial x} = \frac{\partial g}{\partial u}\frac{\partial u}{\partial x} + \frac{\partial g}{\partial v}\frac{\partial v}{\partial x} = \cos(uv)\cdot v\cdot y + \cos(uv)\cdot u\cdot e^{x^2+y^2}\cdot 2x$$

$$= \cos(xye^{x^2+y^2})\cdot e^{x^2+y^2}\cdot y + \cos(xye^{x^2+y^2})\cdot xy\cdot e^{x^2+y^2}\cdot 2x$$

$$= y(2x^2+1)e^{x^2+y^2}\cos(xye^{x^2+y^2})$$

$$\frac{\partial g}{\partial y} = \frac{\partial g}{\partial u}\frac{\partial u}{\partial y} + \frac{\partial g}{\partial v}\frac{\partial v}{\partial y} = \cos(uv)\cdot v\cdot x + \cos(uv)\cdot u\cdot e^{x^2+y^2}\cdot 2y$$

$$= \cos(xye^{x^2+y^2}) \cdot e^{x^2+y^2} \cdot x + \cos(xye^{x^2+y^2}) \cdot xy \cdot e^{x^2+y^2} \cdot 2y$$

$$= x(2y^2+1)e^{x^2+y^2}\cos(xye^{x^2+y^2})$$

〈注〉 $g(x,\ y)$ は x と y を入れかえても同じ関数だから，$\dfrac{\partial g}{\partial x}$ を求めた後，x と y を入れかえても $\dfrac{\partial g}{\partial y}$ が得られる．

B▷ **70** $z = f(x,\ y)$ は xy 平面上で定義された C^2 級関数とする．変数 $u,\ v$ に対して，$x = u+v,\ y = uv$ のとき，以下の等式を示せ．

$$\frac{\partial^2 z}{\partial u^2} - 2\frac{\partial^2 z}{\partial u \partial v} + \frac{\partial^2 z}{\partial v^2} = (x^2-4y)\frac{\partial^2 z}{\partial y^2} - 2\frac{\partial z}{\partial y}$$

（筑波大）

B▷ **71** $z = f(x,\ y),\ x = e^u \cos v,\ y = e^u \sin v$ のとき，以下の等式を示せ．

$$\frac{\partial^2 z}{\partial u^2} + \frac{\partial^2 z}{\partial v^2} = (x^2+y^2)\left(\frac{\partial^2 z}{\partial x^2} + \frac{\partial^2 z}{\partial y^2}\right)$$

（佐賀大）

C▷ **72** 関数 $f(x,\ y)$ を次のように定義する．以下の問いに答えよ．

$$f(x,\ y) = \begin{cases} \dfrac{xy(x^2-y^2)}{x^2+y^2} & (x,\ y) \neq (0,\ 0) \\ 0 & (x,\ y) = (0,\ 0) \end{cases}$$

(1) $(x,\ y) = (0,\ 0)$ での x についての偏微分係数 $f_x(0,\ 0)$ を求めよ．

(2) $k \neq 0$ に対して $(x,\ y) = (0,\ k)$ での x についての偏微分係数 $f_x(0,\ k)$ を求めよ．

(3) 偏導関数 $f_x(x,\ y)$ の $(x,\ y) = (0,\ 0)$ での y に関する偏微分係数 $f_{xy}(0,\ 0)$ の定義を f_x を用いて書け．

(4) $f_{xy}(0,\ 0)$ を求めよ．

（筑波大）

A▷ **73** 変数 $x,\ y$ が次の式を満たすとき，導関数 $\dfrac{dy}{dx}$ を求めよ．

$$x^4y + 4y = 2y^3 + 8$$

（富山大）

A▷ **74** 次の式で与えられる陰関数 $z = f(x,\ y)$ の偏導関数 $\dfrac{\partial z}{\partial x},\ \dfrac{\partial z}{\partial y}$ を求めよ．

$$\frac{x}{y} + \frac{y}{z} + \frac{z}{x} = 1$$

（筑波大）

B▷ **75**　$x^2+xy+2y^2=1$ なる式から定まる陰関数 y について，以下の問いに答えよ．

(1) 導関数 $\dfrac{dy}{dx}$ を求めよ．

(2) 2 次導関数 $\dfrac{d^2y}{dx^2}$ を求めよ．　（熊本大）

C▷ **76**　次のように $F(x,\ y)$ を定める．

$$F(x,\ y)=x^3-3xy+y^2-3y$$

$F(x,\ y)=0$ で定められる x の陰関数 y について，以下の各問いに答えよ．

(1) $\dfrac{dy}{dx}=0$ となる x の値とそのときの y の値の組 $(x,\ y)$ をすべて求めよ．

(2) (1) で求めた x の各値における $\dfrac{d^2y}{dx^2}$ の値を求めよ．

(3) (1) で求めた x の各値において陰関数 y は極大となるか，極小となるか，そのいずれでもないかを答えよ．　（神戸大）

2　テイラーの定理，全微分，接平面，極限

テイラーの定理，全微分，接平面の方程式を関連付けて把握する．2 変数関数の極限を求める方法や，連続性の判定もできるようにしておこう．

A▷ **77**　次の極限を調べ，それが存在する場合は極限値を求め，存在しない場合はその理由を述べよ．

(1) $\displaystyle\lim_{(x,y)\to(1,\pi)}\frac{\cos xy}{x^2+y^2-2}$　　(2) $\displaystyle\lim_{(x,y)\to(0,0)}\frac{x^2y}{x^2+y^2+y^4}$

(3) $\displaystyle\lim_{(x,y)\to(1,1)}\frac{(x-1)^3+y^3-1}{(x^2-1)^3-y+1}$　（信州大）

A▷ **78**　$z=2x^3+x^2y+3y^2+1$ の $x=1,\ y=3$ における接平面の方程式を求めよ．（香川大）

B▷ **79**　3 次元の xyz 空間において，楕円体 $\dfrac{x^2}{a^2}+\dfrac{y^2}{b^2}+\dfrac{z^2}{c^2}=1$ の面上の点 $(x_0,\ y_0,\ z_0)$ における接平面の方程式を求めよ．ただし，$a,\ b,\ c$ はいずれも正の実数とする．（奈良女子大）

B▷ **80**　(1) t を実数とする．xyz 空間内の3変数関数 $g(x,\ y,\ z)$ を次式で定義する．

$$g(x,\ y,\ z) = xe^{xy} - z$$

曲面 $g(x,\ y,\ z) = 0$ 上の点 $(t,\ 1,\ te^t)$ における接平面の方程式を求めよ．

(2) 設問 (1) で求めた接平面は t の値によらずある定点 P を通る．定点 P の座標を求めよ．　　（大阪大）

B▷ **81**　$x + 2y + z + e^{2z} - 1 = 0$ から定まる陰関数 $z = f(x,\ y)$ について，以下の問いに答えよ．

(1) 偏導関数 $\dfrac{\partial z}{\partial x}$, $\dfrac{\partial z}{\partial y}$, $\dfrac{\partial^2 z}{\partial x^2}$, $\dfrac{\partial^2 z}{\partial y\,\partial x}$, $\dfrac{\partial^2 z}{\partial y^2}$ を求めよ．

(2) $z = f(x,\ y)$ が表す曲面上の点 $(x,\ y,\ z) = (-2,\ 1,\ 0)$ における接平面の方程式を求めよ．

(3) $f(x,\ y)$ の原点 $(x,\ y) = (0,\ 0)$ における2変数のテイラー展開を2次の項まで求めよ．　　（筑波大）

要項 20

全微分　$\Delta z = f(x,\ y) - f(a,\ b)$, $\Delta x = x - a$, $\Delta y = y - b$

$\Delta z = f_x(a,\ b)\Delta x + f_y(a,\ b)\Delta y + \varepsilon$ とおくとき

$f(x,\ y)$ が点 $(a,\ b)$ で全微分可能　$\iff \displaystyle\lim_{(\Delta x, \Delta y)\to(0,0)} \frac{\varepsilon}{\sqrt{(\Delta x)^2 + (\Delta y)^2}} = 0$

$z = f(x,\ y)$ の全微分は　$dz = f_x dx + f_y dy$

例題23　$f(x,\ y) = \begin{cases} \dfrac{6xy^2}{2x^2 + 3y^2} & (x,\ y) \neq (0,\ 0) \\ 0 & (x,\ y) = (0,\ 0) \end{cases}$ について，次の問いに答えよ．

(1) $f(x,\ y)$ は点 $(0,\ 0)$ で連続であることを示せ．

(2) $f(x,\ y)$ の点 $(0,\ 0)$ における偏微分係数 $f_x(0,\ 0)$, $f_y(0,\ 0)$ を求めよ．

(3) $f(x,\ y)$ は点 $(0,\ 0)$ で全微分可能であるかどうか調べよ．　　（金沢大）

解 (1) **$\displaystyle\lim_{(x,y)\to(0,0)} f(x,\ y)=f(0,\ 0)$ が成り立つことを示す．**

極座標を考えて $x=r\cos\theta,\ y=r\sin\theta$ とおくと

$$f(r\cos\theta,\ r\sin\theta)=\frac{6r\cos\theta(r\sin\theta)^2}{2(r\cos\theta)^2+3(r\sin\theta)^2}=\frac{6r\cos\theta\sin^2\theta}{2\cos^2\theta+3\sin^2\theta}$$

$(x,\ y)\to(0,\ 0)$ のとき $r=\sqrt{x^2+y^2}\to 0$ より

$$\lim_{(x,y)\to(0,0)} f(x,\ y)=\lim_{r\to 0} f(r\cos\theta,\ r\sin\theta)=0=f(0,\ 0)$$

したがって，$f(x,\ y)$ は点 $(0,\ 0)$ で連続である．

(2) **1つの式で表せない定義式が変わる点での偏微分は定義に従って求める．**

$$f_x(0,\ 0)=\lim_{h\to 0}\frac{f(0+h,\ 0)-f(0,\ 0)}{h}=\lim_{h\to 0}\frac{\dfrac{0}{2h^2}-0}{h}=\lim_{h\to 0}0=0$$

$$f_y(0,\ 0)=\lim_{h\to 0}\frac{f(0,\ 0+h)-f(0,\ 0)}{h}=\lim_{h\to 0}\frac{\dfrac{0}{3h^2}-0}{h}=\lim_{h\to 0}0=0$$

(3) **要項20の全微分可能性を用いる．**

$\Delta z=f(\Delta x,\ \Delta y)-f(0,\ 0)$ とおくと　$\Delta z=f_x(0,\ 0)\Delta x+f_y(0,\ 0)\Delta y+\varepsilon$

$f(0,\ 0)=f_x(0,\ 0)=f_y(0,\ 0)=0$ より　$\varepsilon=\Delta z=f(\Delta x,\ \Delta y)$

$\Delta x=\Delta r\cos\theta,\ \Delta y=\Delta r\sin\theta$ とおくと

$$\frac{\varepsilon}{\sqrt{(\Delta x)^2+(\Delta y)^2}}=\frac{f(\Delta r\cos\theta,\ \Delta r\sin\theta)}{\Delta r}=\frac{6\cos\theta\sin^2\theta}{2\cos^2\theta+3\sin^2\theta}$$

$(\Delta x,\ \Delta y)\to(0,\ 0)$ のとき $\Delta r\to 0$ であるが，この値は θ によって変わり，極限値をもたない．よって，$f(x,\ y)$ は点 $(0,\ 0)$ で全微分可能でない．

C▷ **82** 関数 $f(x,y)$ は

$$f(x,\ y)=\begin{cases} xy\sin\dfrac{1}{\sqrt{x^2+y^2}} & ((x,\ y)\neq(0,\ 0)) \\ 0 & ((x,\ y)=(0,\ 0)) \end{cases}$$

で定義されているとする．このとき，次の問いに答えよ．

(1) $f_x(0,\ 0)$ と $f_y(0,\ 0)$ を求めよ．

(2) $f(x,\ y)$ は点 $(0,\ 0)$ で全微分可能であることを示せ．

(3) $f_x(x,\ y)$ を求めよ．また，$f_x(x,\ y)$ は点 $(0,\ 0)$ で不連続であることを示せ．

（信州大）

A▷ **83**　次の関数の全微分を求めよ．

(1) $f(x,\ y)=xy$　　（鹿児島大）

(2) $u=f(x,\ y,\ z)=\sqrt{x^2+y^2+z^2}$　　（福井大）

C▷ **84**　2変数関数 $f(x,\ y)=e^{-x^2-y^2}$ について，以下の問いに答えよ．

(1) $\dfrac{\partial f}{\partial x}$, $\dfrac{\partial f}{\partial y}$ を計算せよ．　　(2) $f(x,\ y)$ の全微分を計算せよ．

(3) $\dfrac{\partial^2 f}{\partial x^2}$, $\dfrac{\partial^2 f}{\partial y^2}$, $\dfrac{\partial^2 f}{\partial x \partial y}$ を計算せよ．

(4) $(x,\ y)=(0,\ 0)$ を中心とする $f(x,\ y)$ のテイラー展開を2次まで求めよ．

(5) $(x,\ y)=(1,\ 1)$ を中心とする $f(x,\ y)$ のテイラー展開を2次まで求めよ．

(6) xyz 空間で方程式 $z=f(x,\ y)$ が表す曲面 S について，S 上の点 $\mathrm{P}(1,\ 1,\ f(1,\ 1))$ における接平面の方程式を求めよ．　　（筑波大）

3　極大・極小

2変数関数のグラフ（曲面）の全体をとらえるためには極値を調べることが重要である．それゆえ編入学試験において，2変数関数の極値問題は出題頻度が高い．極値を調べる際，ヘッシアン H（要項21）が $H>0$, $H<0$ のときは極値判定は容易であるが，$H=0$ のときは判定が困難である．その場合は，極値をとり得る点 $x=a$, $y=b$ における $f(a,\ b)$ の値とその近くの点における $f(x,\ y)$ の値の比較を行うとよい．

2変数関数 $z=f(x,\ y)$ の極値判定

① $f_x(x,\ y)=f_y(x,\ y)=0$ を満たす点 $(x,\ y)$ を求める．

（この点で極値をとる可能性がある．）

② ヘッシアン $H=f_{xx}f_{yy}-\left(f_{xy}\right)^2=\begin{vmatrix} f_{xx} & f_{xy} \\ f_{yx} & f_{yy} \end{vmatrix}$　（ただし $f_{xy}=f_{yx}$）

①で求めた点における H の値を調べる．

(i) $H>0$ ならば極値　　(ii) $H<0$ ならば極値ではない

(iii) $H=0$ ならば判定不能

③ $H>0$ ならば　(i) $f_{xx}>0$ のとき極小　(ii) $f_{xx}<0$ のとき極大

例題24 $f(x,y)=2x^3+xy^2+9x^2+y^2-2$ とする.

(1) $\dfrac{\partial f}{\partial x}(x,\ y)=\dfrac{\partial f}{\partial y}(x,\ y)=0$ を満たす点 $(x,\ y)$ をすべて求めよ.

(2) $z=f(x,\ y)$ の極値を求めよ. （東京農工大）

解 (1) $\dfrac{\partial f}{\partial x}=6x^2+y^2+18x=0,\ \dfrac{\partial f}{\partial y}=2xy+2y=2(x+1)y=0$

$\dfrac{\partial f}{\partial y}=0$ より　$x=-1$ または $y=0$　それぞれを $\dfrac{\partial f}{\partial x}=0$ に代入する.

$x=-1$ のとき　$6+y^2-18=y^2-12=0$ より　　$y=\pm 2\sqrt{3}$

$y=0$ のとき　　$6x^2+18x=6x(x+3)=0$ より　　$x=0,\ -3$

求める点は　$(-1,\ 2\sqrt{3}),\ (-1,\ -2\sqrt{3}),\ (0,\ 0),\ (-3,\ 0)$

(2) $\dfrac{\partial^2 f}{\partial x^2}=12x+18=6(2x+3),\ \dfrac{\partial^2 f}{\partial x\partial y}=2y,\ \dfrac{\partial^2 f}{\partial y^2}=2x+2=2(x+1)$

$$H=\frac{\partial^2 f}{\partial x^2}\frac{\partial^2 f}{\partial y^2}-\left(\frac{\partial^2 f}{\partial x\partial y}\right)^2=12(2x+3)(x+1)-4y^2$$

点 $(-1,\ \pm 2\sqrt{3})$ で, $H=-48<0$ より, 極値をとらない

点 $(0,\ 0)$ で, $H=36>0,\ \dfrac{\partial^2 f}{\partial x^2}=18>0$ より, 極小値 -2

点 $(-3,\ 0)$ で, $H=72>0,\ \dfrac{\partial^2 f}{\partial x^2}=-18<0$ より, 極大値 25

A▷ **85** 次の関数の極値を求めよ.

(1) $f(x,\ y)=x^3+3xy^2-y^3+3x^2-9x$ （東京海洋大）

(2) $f(x,\ y)=(x^2+y^2+4)^2-12(x-y)^2$ （宇都宮大）

(3) $f(x,\ y)=-\sin^3 x+2\sin x\cos^2 y\quad (0<x<\pi,\ 0<y<\pi)$ （信州大）

(4) $f(x,\ y)=e^{2x}(x^2+y^2)$ （愛媛大）

(5) $f(x,\ y)=-\log(x^2+y^2+1)+\dfrac{2}{3}(x+y)$ （名古屋工業大）

要項 22　**ヘッシアン $H=0$ のときの極値判定**

曲面を z 軸に平行な平面で切断し，切断面が停留点（$f_x=0,\ f_y=0$）の近くで，上に凸と下に凸の場合があること（反例）を示し，極値ではないことをいう．

〈注〉 判定方法はこれですべてではなく，個別に考える必要がある．

例題25　関数 $f(x,\ y)=x^4+y^4-4(x-y)^2$ の極値を求めよ．（京都工芸繊維大）

解　$f_x=4x^3-8(x-y)=0,\ f_y=4y^3+8(x-y)=0$

$f_x+f_y=0$ より　$x^3+y^3=(x+y)(x^2-xy+y^2)=0$

$x^2-xy+y^2=0$ の場合は $x^2-xy+y^2=\left(x-\dfrac{1}{2}y\right)^2+\dfrac{3}{4}y^2=0$ より　$x=y=0$

これは $x+y=0$ を満たすから，$x+y=0$ の場合のみ考えればよい．

$x+y=0$ の場合は $y=-x$ を $f_x=0$ に代入すると　$x^3-4x=x(x+2)(x-2)=0$

よって　$x=0,\ \pm2$

したがって，極値をとり得る点は　$(0,\ 0),\ (\pm2,\ \mp2)$（複号同順）

$f_{xx}=12x^2-8=4(3x^2-2),\ f_{xy}=8,\ f_{yy}=12y^2-8=4(3y^2-2)$

$H=16(3x^2-2)(3y^2-2)-64=48(3x^2y^2-2x^2-2y^2)$

点 $(\pm2,\ \mp2)$（複号同順）で，$H>0,\ f_{xx}>0$ より，極小値 -32

点 $(0,\ 0)$ で，$H=0$ であり，ヘッシアンでは判定不能である．

平面 $y=x$ での切断面では $f(x,\ x)=2x^4>0=f(0,\ 0)\ (x\neq0)$ となるが，

平面 $y=0$ での切断面では $f(x,\ 0)=x^2(x^2-4)$ より

$0<|x|<2$ のとき $f(x,\ 0)<0=f(0,\ 0)$

したがって，点 $(0,\ 0)$ の近くで $f(0,\ 0)=0$ よりも大きい値も小さい値もとるから，

点 $(0,\ 0)$ で極値をとらない．

B▷ **86**　関数 $f(x,\ y)=x^3y-3x^2y+2y^3$ の極値を求めよ．必要ならば，$f(0,\ y)$ の増減を調べよ．（東京海洋大）

B▷ **87** 関数 $f(x,\ y) = \sin x + \sin y + \sin(x+y)$, $0 < x < 2\pi$, $0 < y < 2\pi$ の極大点，極小点及びそのときの値を求めよ．（東北大）

B▷ **88** $a > 0$ を定数とする．このとき，2 変数関数 $f(x,\ y) = x^3 + y^3 - 3x^2 - 3y^2$ の $D = \{(x,\ y) \mid -a \leqq x \leqq a,\ -a \leqq y \leqq a\}$ における最大値を求めよ．

（東京科学大）

B▷ **89** $\boldsymbol{R}^2$ で定義された関数 $f(x,\ y) = (2x^2 + y^2)e^{-x^2-y^2}$ を考える．

(1) 点 $(1,\ -1)$ において，$f(x,\ y)$ の変化率（方向微分）が最大となる方向，およびその最大値を求めよ．

(2) $f(x,\ y)$ の極値を求めよ．

(3) $x^2 + y^2 \geqq 1$ において，不等式 $0 < f(x,\ y) \leqq \dfrac{2}{e}$ が成り立つことを示せ．

(4) $\boldsymbol{R}^2$ における $f(x,\ y)$ の最大値，最小値を求めよ．（筑波大）

C▷ **90** a を負でない実数とするとき，関数 $f(x,\ y) = x^4 + y^4 - 4axy$ の極値を求めよ．また，極値をとるときの x, y の値を求めよ．（東京科学大）

C▷ **91** a, b を実数とし，xy 平面上で定義された実数値関数

$$f(x,\ y) = x^4 - 2x^2y + ay^2 - by$$

を考える．$(x_0,\ y_0)$ が関数 $f(x,\ y)$ の極小点であるとは，正の実数 δ が存在して，$|x - x_0| < \delta$, $|y - y_0| < \delta$ を満たす任意の点 $(x,\ y)$ について

$$f(x,\ y) \geqq f(x_0,\ y_0)$$

が成立することとする．以下の問いに答えよ．

（a の値によって場合分けして解答せよ．）

(1) $b > 0$ のとき，$f(x,\ y)$ の極小点の個数を求めよ．

(2) $b = 0$ のとき，$f(x,\ y)$ の極小点の個数を求めよ．（東京科学大）

4　条件付き極値と最大値・最小値問題

最大値・最小値問題の考え方は数学のみならず，工学や経済学などでも応用される重要問題である．この問題は多変数関数の条件付き極値問題として扱われることが多く，ラグランジュの未定乗数法を利用した解法はしっかりと身に付けたい．

ラグランジュの未定乗数法

条件 $\varphi(x,\ y)=0$ のもとで，関数 $z=f(x,\ y)$ の極値をとる点において

$$\frac{f_x}{\varphi_x}=\frac{f_y}{\varphi_y}\quad(\varphi_x\neq 0,\ \varphi_y\neq 0)\qquad\cdots(*)$$

$(*)$ の右辺を λ（ラグランジュの未定乗数）とおいて整理した連立方程式

$$f_x-\lambda\varphi_x=0,\quad f_y-\lambda\varphi_y=0,\quad \varphi=0$$

を解くと，極値をとり得る点を求めることができる．

連続関数の最大値・最小値

始点と終点が一致する閉曲線上で連続な関数 $z=f(x,\ y)$ は最大値と最小値をもつ．最大値，最小値をとる点は，極値をとり得る点である．

例題26　$g(x,\ y)=\dfrac{x^2}{4}+y^2-1=0$ の条件で，$f(x,\ y)=xy$ の関係が成り立っている．このとき，以下の問いに答えよ．

(1) y を x の関数とするとき，$g(x,\ y)=0$ の両辺を x で微分して，$\dfrac{dy}{dx}$ を x と y の式で求めよ．

(2) y が x の関数であることに注意し，設問 (1) の結果を用いて，$\dfrac{df}{dx}$ を x と y の式で求めよ．

(3) $f(x,\ y)$ が極値を取るときの x と y の関係式を，設問 (2) の結果を用いて求めよ．

(4) $f(x,\ y)$ が極値を取るときの $g(x,\ y)$ 上の点をすべて求めよ．

(5) $g(x,\ y)=0$ のもと，$f(x,\ y)$ の最大値と最小値を求めよ．　（秋田大 改）

解 (1) $\dfrac{x}{2}+2y\dfrac{dy}{dx}=0$ より $\dfrac{dy}{dx}=-\dfrac{x}{4y}$ $(y\neq 0)$

(2) $\dfrac{df}{dx}=\dfrac{d}{dx}(xy)=y+x\dfrac{dy}{dx}-y-\dfrac{x^2}{4y}=\dfrac{4y^2-x^2}{4y}$ $(y\neq 0)$

(3) $\dfrac{df}{dx}=\dfrac{(2y+x)(2y-x)}{4y}=0$ と $y\neq 0$ より $x=\pm 2y$

(4) (3) の $x=\pm 2y$ を $g=0$ に代入すると

$g=\dfrac{(\pm 2y)^2}{4}+y^2-1=2y^2-1=0$ より $y=\pm\dfrac{\sqrt{2}}{2}$

よって，極値をとり得る点は $\left(\pm\sqrt{2},\ \pm\dfrac{\sqrt{2}}{2}\right)$，$\left(\pm\sqrt{2},\ \mp\dfrac{\sqrt{2}}{2}\right)$（複号同順）

(5) 最大値 $f\left(\pm\sqrt{2},\ \pm\dfrac{\sqrt{2}}{2}\right)=1$，最小値 $f\left(\pm\sqrt{2},\ \mp\dfrac{\sqrt{2}}{2}\right)=-1$（複号同順）

〈注〉 (1) $g_x+g_y\dfrac{dy}{dx}=0$ より $\dfrac{dy}{dx}=-\dfrac{g_x}{g_y}$ $(g_y\neq 0)$

(2)，(3) $\dfrac{df}{dx}=f_x+f_y\dfrac{dy}{dx}=f_x-f_y\dfrac{g_x}{g_y}=0$ より $\dfrac{f_x}{g_x}=\dfrac{f_y}{g_y}$

(4) $\dfrac{f_x}{g_x}=\dfrac{f_y}{g_y}=\lambda$ とおくと $f_x=\lambda g_x$，$f_y=\lambda g_y$

A▷ **92** $x^2+y^2=4$ の条件の下で，$f(x,\ y)=4x+2xy$ の最小値，最大値を求めよ．また，最小，最大となるときの x と y の値も示せ． （筑波大）

A▷ **93** 関数 $f(x,\ y)=3x^2y$ について，条件 $2x^4+y^4=48$ の下での $f(x,\ y)$ の極値を求めよ． （名古屋工業大）

B▷ **94** 条件 $\dfrac{x^2}{a^2}+\dfrac{y^2}{b^2}+\dfrac{z^2}{c^2}=1$ のもとで，$f(x,\ y,\ z)=x^2+y^2-z^2$ の最大値，最小値を求めよ．ただし，$a>b>c>0$ とする． （東京科学大）

C▷ **95** $\boldsymbol{R}^2$ 上の関数 f を

$$f(x,\ y)=2x^2+2y^2+xy-2x+2y \qquad \left((x,y)\in\boldsymbol{R}^2\right)$$

と定める．以下の問いに答えよ．

(1) f の極値を求めよ．

(2) $\boldsymbol{R}^2$ の閉領域 $E=\left\{(x,\ y)\in\boldsymbol{R}^2 \mid x^2+y^2\leqq 1\right\}$ における f の最大値と最小値を求めよ． （東北大）

B▷ **96** 半径 a の球に内接する直円柱のうちで，体積が最大になる直円柱の高さと体積を求めよ．

(鹿児島大)

B▷ **97** 円筒形の容器がある．上面と底面に使われている板材の単位面積当たりの重量は，側面に使われている板の3倍である．次の問いに答えよ．ただし，容器の半径を r(cm)，高さを h(cm)，重量を W(g)，容積を V(cm^3)，側面に使われている板の単位面積当たりの重量を w(g/cm^2)，円周率を π とする．また．板の厚みは無視できるほど薄い．

(1) W を r, h, w および π を用いて表せ．

(2) V を r, h, π を用いて表せ．

(3) V を一定として，最も小さい W でこの容器を作った時の r と h の比を求めよ．

(東京海洋大)

§3　重積分

1　重積分の計算

重積分の計算はできるようにしておこう．2重積分は1変数の積分を2回行うことになるから，基本的な積分ができるようにしておく．問題によっては積分順序の変更や変数変換を行う．変数変換では領域の形と関数の形で変換式を考える必要がある．

累次積分　重積分を累次積分で計算するとき，積分する順序は関数の形や領域の形によって変わる．領域によって積分順序は次のようになる．

$D=\{(x,\ y)\mid a\leqq x\leqq b,\ \varphi_1(x)\leqq y\leqq \varphi_2(x)\}$ のとき

$$\iint_D f(x,\ y)\,dxdy=\int_a^b\left\{\int_{\varphi_1(x)}^{\varphi_2(x)} f(x,\ y)\,dy\right\}dx$$

$D=\{(x,\ y)\mid c\leqq y\leqq d,\ \psi_1(y)\leqq x\leqq \psi_2(y)\}$ のとき

$$\iint_D f(x,\ y)\,dxdy=\int_c^d\left\{\int_{\psi_1(y)}^{\psi_2(y)} f(x,\ y)\,dx\right\}dy$$

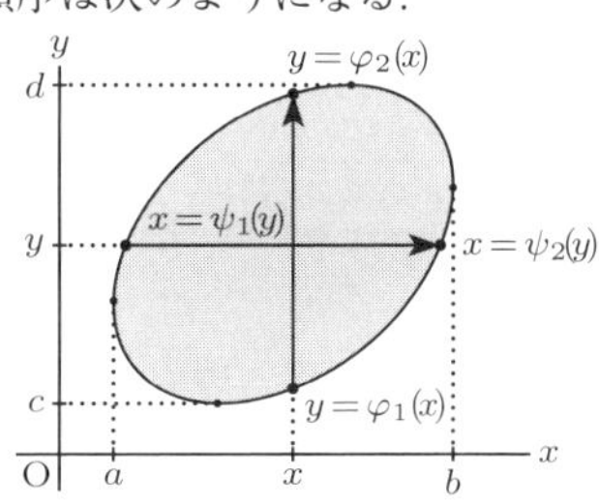

例題27　D を（　）内の不等式の表す領域とするとき，次の2重積分の値を求めよ．

(1) $\displaystyle\iint_D xy^2\,dxdy$　　$(x\geqq 0,\ y\leqq 1,\ y\geqq x)$　　（北見工業大）

(2) $\displaystyle\iint_D e^{x^3}\,dxdy$　　$(\sqrt{y}\leqq x\leqq 1,\ 0\leqq y\leqq 1)$　　（東京農工大）

解　領域を図示し，変数の範囲に注意して積分する．

(1) D は $0\leqq y\leqq 1,\ 0\leqq x\leqq y$ として x から先に積分する．

$$与式=\int_0^1\left\{\int_0^y xy^2\,dx\right\}dy=\int_0^1\left[\frac{1}{2}x^2y^2\right]_0^y dy$$

$$=\int_0^1\frac{1}{2}y^4\,dy=\left[\frac{1}{10}y^5\right]_0^1=\frac{1}{10}$$

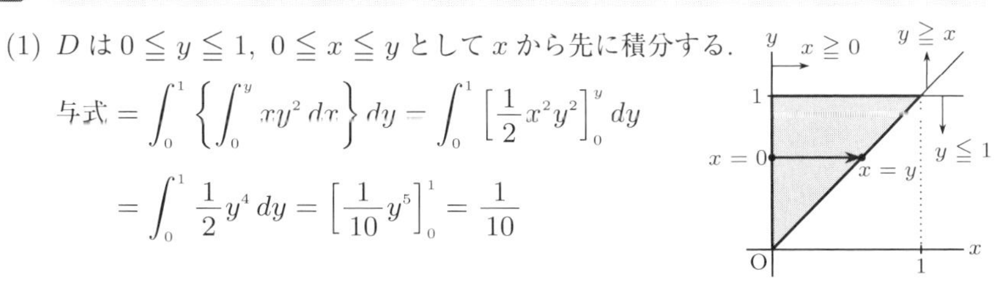

(2) D は $0\leqq x\leqq 1,\ 0\leqq y\leqq x^2$ と表し直してから，y から先に積分する．

$$与式=\int_0^1\left\{\int_0^{x^2}dy\right\}e^{x^3}\,dx=\int_0^1 x^2e^{x^3}\,dx$$

$$=\left[\frac{1}{3}e^{x^3}\right]_0^1=\frac{1}{3}(e-1)$$

$t=x^3$ とおいて置換積分してもよい

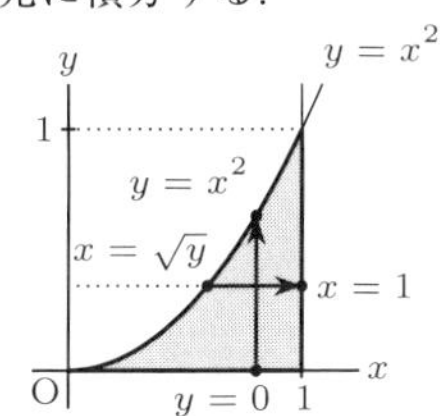

A▷ **98** D を（ ）内の不等式の表す領域とするとき，次の2重積分の値を求めよ．

(1) $\displaystyle\iint_D (x+y)^2\,dxdy$ 　$(0 \leqq y \leqq x \leqq 1)$ （広島大）

(2) $\displaystyle\iint_D (x^2+y^2)\,dxdy$ 　$(x \geqq 0,\ y \geqq 0,\ x+y \leqq 2)$ （宮崎大）

(3) $\displaystyle\iint_D \frac{dxdy}{\sqrt{(x^2-2y+4)^3}}$ 　$(2x^2-1 \leqq y \leqq x^2)$ （名古屋工業大）

A▷ **99** D を（ ）内の不等式の表す領域とするとき，次の2重積分の値を求めよ．

(1) $\displaystyle\iint_D y^2 e^{x^4}\,dxdy$ 　$(y \leqq x \leqq 1,\ 0 \leqq y \leqq 1)$ （大阪公立大）

(2) $\displaystyle\iint_D \frac{2x}{1+y^4}\,dxdy$ 　$(0 \leqq x \leqq 1,\ x^2 \leqq y \leqq 1)$ （佐賀大）

要項 26　**極座標による2重積分**　$x = r\cos\theta,\ y = r\sin\theta$ とすると

$$\iint_D f(x,\ y)\,dxdy = \iint_D f(r\cos\theta,\ r\sin\theta)\,r\,drd\theta$$

ヤコビアンの r を掛け忘れないように注意する．$(dxdy = r\,drd\theta)$

例題28　D を（ ）内の不等式の表す領域とするとき，次の2重積分の値を求めよ．

$\displaystyle\iint_D e^{x^2+y^2}\,dxdy$ 　$(x^2+y^2 \leqq 1)$ （名古屋工業大）

解　**$dxdy = r\,drd\theta$ に注意して，要項26を用いる．**

$x = r\cos\theta,\ y = r\sin\theta$ とおくと，D は $0 \leqq r \leqq 1,\ 0 \leqq \theta \leqq 2\pi$ で表されるから

$$与式 = \iint_D e^{r^2}\cdot r\,drd\theta = \int_0^{2\pi}\left\{\int_0^1 re^{r^2}\,dr\right\}d\theta = \left[\frac{1}{2}e^{r^2}\right]_0^1\int_0^{2\pi}d\theta = \pi\,(e-1)$$

A▷ **100** D を（ ）内の不等式の表す領域とするとき，次の2重積分の値を求めよ．

(1) $\displaystyle\iint_D \frac{1}{1+x^2+y^2}\,dxdy$ 　$(x^2+y^2 \leqq 1,\ 0 \leqq x \leqq y)$ （愛媛大）

(2) $\displaystyle\iint_D x^2\,dxdy$ 　$(x^2+y^2 \leqq 2,\ y \geqq x)$ （神戸大）

(3) $\displaystyle\iint_D \frac{x+y}{x^2+y^2+1}\,dxdy$ 　$(x^2+y^2 \leqq 3,\ x+y \geqq 0)$ （名古屋工業大）

B▷ **101**　$0 < a < 1$ に対し $D_a = \left\{(x,\ y) \mid a^2 \leqq x^2 + y^2,\ 0 \leqq x \leqq 1,\ 0 \leqq y \leqq \sqrt{3}x\right\}$ とするとき，次の重積分 I_a を計算し，極限値 $\displaystyle\lim_{a \to +0} I_a$ を求めよ．

$$I_a = \iint_{D_a} \frac{x+y}{x^2+y^2}\,dxdy$$

（金沢大）

例題29　次の2重積分を求めよ．

$$\iint_D \frac{y}{x}\,dxdy \qquad D : x^2 + y^2 \leqq 4x,\ y \geqq 0$$

（香川大）

解　**領域の境界線が原点を通る円である場合も極座標変換する．**

$x = r\cos\theta,\ y = r\sin\theta$ を領域の不等式 $x^2 + y^2 \leqq 4x$ に代入すると

$$r^2 \leqq 4r\cos\theta \quad すなわち \quad r \leqq 4\cos\theta \quad (\cos\theta \geqq 0)$$

よって，領域 D は $0 \leqq \theta \leqq \dfrac{\pi}{2},\ 0 \leqq r \leqq 4\cos\theta$ で表される．

境界線 $x^2 + y^2 = 4x$ は原点を通る円

$$与式 = \int_0^{\frac{\pi}{2}} \left\{\int_0^{4\cos\theta} \frac{r\sin\theta}{r\cos\theta} \cdot r\,dr\right\} d\theta$$

$$= \int_0^{\frac{\pi}{2}} \left[\frac{1}{2}r^2\right]_0^{4\cos\theta} \frac{\sin\theta}{\cos\theta}\,d\theta$$

$$= 8\int_0^{\frac{\pi}{2}} \sin\theta\cos\theta\,d\theta = 8\left[\frac{1}{2}\sin^2\theta\right]_0^{\frac{\pi}{2}} = 4$$

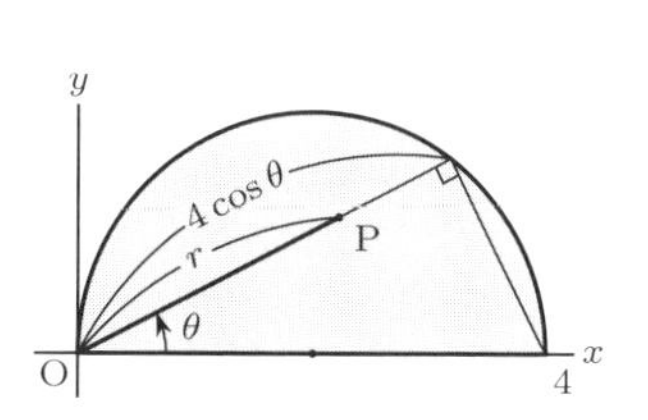

B▷ **102**　D を（　）内の不等式の表す領域とするとき，次の2重積分の値を求めよ．

(1) $\displaystyle\iint_D y^2\,dxdy \qquad \left(x^2 + y^2 \leqq 4x,\ y \geqq 0\right)$　（山梨大）

(2) $\displaystyle\iint_D \sqrt{x}\,dxdy \qquad \left(x^2 + y^2 \leqq x\right)$　（佐賀大，和歌山大）

(3) $\displaystyle\iint_D \sqrt{x^2+y^2}\,dxdy \qquad \left((x-1)^2 + (y-1)^2 \leqq 2\right)$　（名古屋工業大）

C▷ **103**　$D = \left\{(x,\ y) \mid x^2 + y^2 \leqq 1,\ x^2 + (y-1)^2 \geqq 1,\ x \geqq 0,\ y \geqq 0\right\}$ とする．

重積分

$$\iint_D x\,e^{x^2+y^2}\,dxdy$$

を求めよ．

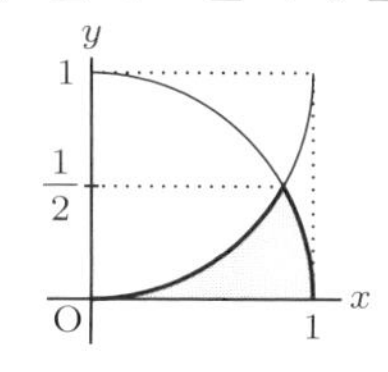

（九州大 改）

要項 27　**2重積分の変数変換**　$x=\varphi(u,\ v),\ y=\psi(u,\ v)$ のとき

$$\iint_D f(x,\ y)\,dxdy=\iint_D f(\varphi(u,\ v),\ \psi(u,\ v))\left|\frac{\partial(x,\ y)}{\partial(u,\ v)}\right|dudv$$

ヤコビアン $J(u,\ v)=\dfrac{\partial(x,\ y)}{\partial(u,\ v)}=\begin{vmatrix} x_u & x_v \\ y_u & y_v \end{vmatrix}$

⇧ 絶対値であることに注意

例題30　D を（　）内の不等式の表す領域とするとき，次の2重積分の値を求めよ．

$$\iint_D (x+y)^2 e^{2(x-y)}\,dxdy \qquad \left(|x+y| \leqq 1,\ |x-y| \leqq 1\right)$$

（電気通信大）

解　領域 D と被積分関数にある $x+y$ と $x-y$ に着目して

変数変換を $\begin{cases} u=x+y \\ v=x-y \end{cases}$ とし，$\begin{cases} x=\dfrac{1}{2}(u+v) \\ y=\dfrac{1}{2}(u-v) \end{cases}$ と変形すると

D は $-1 \leqq u \leqq 1,\ -1 \leqq v \leqq 1$ で表される．

$$\frac{\partial(x,\ y)}{\partial(u,\ v)}=\begin{vmatrix} x_u & x_v \\ y_u & y_v \end{vmatrix}=\begin{vmatrix} \frac{1}{2} & \frac{1}{2} \\ \frac{1}{2} & -\frac{1}{2} \end{vmatrix}=-\frac{1}{2}$$

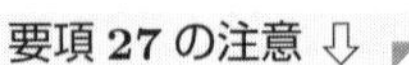

よって　$dxdy=\left|\dfrac{\partial(x,\ y)}{\partial(u,\ v)}\right|dudv=\dfrac{1}{2}dudv$

与式 $=\displaystyle\int_{-1}^{1}\int_{-1}^{1} u^2 e^{2v}\,\frac{1}{2}dudv=\frac{1}{2}\int_{-1}^{1}\left\{\int_{-1}^{1} e^{2v}\,dv\right\}u^2\,du$

$=\dfrac{1}{6}\,(e^2-e^{-2})$

〈注〉 $\sinh x=\dfrac{e^x-e^{-x}}{2}$ を利用すれば，上記の例題の答えは $\dfrac{1}{6}\,(e^2-e^{-2})=\dfrac{1}{3}\sinh 2$ と表すことができる．

B▷ **104**　D を（　）内の不等式の表す領域とするとき，次の2重積分の値を求めよ．

(1) $\displaystyle\iint_D (2x+y)^3 \sin(x-y)\,dxdy \qquad \left(0 \leqq 2x+y \leqq \pi,\ 0 \leqq x-y \leqq \pi\right)$

（東京海洋大）

(2) $\displaystyle\iint_D \frac{e^{x+y}\cos(x+y)}{(x-y)^2+\pi^2}\,dxdy \qquad \left(|x|+|y| \leqq \pi\right)$　（東京科学大）

要項 28　**ウォリス積分の補足**（知っていると便利に使える）

a，b は 0，$\pm\dfrac{\pi}{2}$，$\pm\pi$，$\pm\dfrac{3\pi}{2}$，$\pm 2\pi$，$\cdots$ のいずれかとする．

$I_0=\displaystyle\int_a^b dx$，$I_1=\displaystyle\int_a^b \sin x\,dx$ とすると　$n=1,\ 2,\ 3,\ \cdots$ のとき

$$I_n=\int_a^b \sin^n x\,dx$$

$$=\begin{cases}\dfrac{n-1}{n}\cdot\dfrac{n-3}{n-2}\cdot\dfrac{n-5}{n-4}\cdots\dfrac{5}{6}\cdot\dfrac{3}{4}\cdot\dfrac{1}{2}\cdot I_0 & (n:\text{偶数})\\[2ex] \dfrac{n-1}{n}\cdot\dfrac{n-3}{n-2}\cdot\dfrac{n-5}{n-4}\cdots\dfrac{6}{7}\cdot\dfrac{4}{5}\cdot\dfrac{2}{3}\cdot I_1 & (n:\text{奇数})\end{cases}$$

また $I_n=\displaystyle\int_a^b \cos^n x\,dx$ のときも $I_1=\displaystyle\int_a^b \cos x\,dx$ に注意すれば上記の式になる．

例

$$\int_0^{\pi}\sin^5 x\,dx=\frac{4}{5}\cdot\frac{2}{3}\cdot I_1=\frac{4}{5}\cdot\frac{2}{3}\cdot\int_0^{\pi}\sin x\,dx=\frac{4}{5}\cdot\frac{2}{3}\cdot 2=\frac{16}{15}$$

$$\int_{-\frac{\pi}{2}}^{\frac{\pi}{2}}\cos^6 x\,dx=\frac{5}{6}\cdot\frac{3}{4}\cdot\frac{1}{2}\cdot I_0=\frac{5}{6}\cdot\frac{3}{4}\cdot\frac{1}{2}\cdot\int_{-\frac{\pi}{2}}^{\frac{\pi}{2}}dx=\frac{5}{6}\cdot\frac{3}{4}\cdot\frac{1}{2}\cdot\pi=\frac{5}{16}\pi$$

〈注〉下記 **例題31** では，対称性を考慮して解答すると，最後は $\displaystyle\int_0^{\frac{\pi}{2}}\cos^4\theta\,d\theta$ であるが，対称性を考慮しないと $\displaystyle\int_0^{2\pi}\cos^4\theta\,d\theta$ を計算することになる．要項 28 を利用すると

$$\int_0^{2\pi}\cos^4\theta\,d\theta=\frac{3}{4}\cdot\frac{1}{2}\cdot I_0=\frac{3}{4}\cdot\frac{1}{2}\cdot\int_0^{2\pi}d\theta=\frac{3}{4}\cdot\frac{1}{2}\cdot 2\pi=\frac{3}{4}\pi$$

楕円座標変換　　$x=ar\cos\theta$，$y=br\sin\theta$ で変換するとき

ヤコビアン　$\dfrac{\partial(x,\ y)}{\partial(u,\ v)}=abr$　　$\therefore\ dxdy=abr\,drd\theta$

例題31　次の重積分を求めよ．ただし，a，b は正の実数とする．

$$\iint_D x^4\,dxdy \qquad D:\frac{x^2}{a^2}+\frac{y^2}{b^2}\leqq 1$$

（東京科学大）

解　D は楕円領域である．楕円座標 $x=ar\cos\theta$，$y=br\sin\theta$ で変換すると

D は $0\leqq r\leqq 1$，$0\leqq\theta\leqq 2\pi$ で表せる．

$$\frac{\partial(x,\ y)}{\partial(u,\ v)}=\begin{vmatrix}x_r & x_\theta\\ y_r & y_\theta\end{vmatrix}=\begin{vmatrix}a\cos\theta & -ar\sin\theta\\ b\sin\theta & br\cos\theta\end{vmatrix}=abr\,(\cos^2\theta+\sin^2\theta)=abr$$

よって　$dxdy=abr\,drd\theta$

被積分関数のグラフ，領域ともに x 軸に関しても y 軸に関しても対称だから

$$与式 = \iint_D (ar\cos\theta)^4 \cdot abr\,dr\,d\theta = 4a^5b\int_0^{\frac{\pi}{2}}\left\{\int_0^1 r^5\,dr\right\}\cos^4\theta\,d\theta$$

$$= 4a^5b\int_0^{\frac{\pi}{2}}\frac{1}{6}\cos^4\theta\,d\theta = \frac{2}{3}a^5b\int_0^{\frac{\pi}{2}}\cos^4\theta\,d\theta = \frac{2}{3}a^5b\cdot\frac{3}{4}\cdot\frac{1}{2}\cdot\frac{\pi}{2} = \frac{\pi}{8}a^5b$$

A▷ **105**　D を（　）内の不等式の表す領域とするとき，次の2重積分の値を求めよ．

(1) $\displaystyle\iint_D x^2\,dxdy$　　$\left(\dfrac{x^2}{a^2}+\dfrac{y^2}{b^2} \leqq 1,\ a>0,\ b>0\right)$（滋賀県立大，鳥取大）

(2) $\displaystyle\iint_D (x^2+y^2)\,dxdy$　$(x^2+3y^2 \leqq 1)$　（北海道大）

要項 30　領域 $D=\{(x,\ y)\mid x+y \leqq a,\ x \geqq 0,\ y \geqq 0\}$ $(a>0)$ や関連した領域における重積分の変数変換について

(1) 直線 $x+y=u$ の x 軸との交点と y 軸との交点を $v:(1-v)$ に内分した点で領域内の点 $\mathrm{P}(x,\ y)$ は

$x=u(1-v),\ y=uv$

$J(u,\ v)=u$　　$D: 0 \leqq u \leqq a,\ 0 \leqq v \leqq 1$

この変換では $u,\ v$ の範囲が定数から定数である．

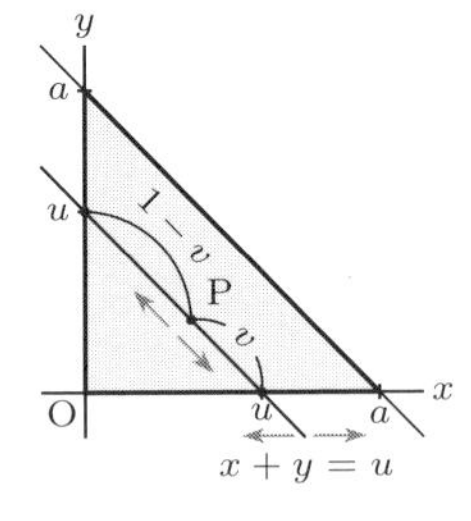

〈注〉　3重積分で領域 $D=\{(x,\ y,\ z)\mid x+y+z \leqq a,\ x \geqq 0,\ y \geqq 0,\ z \geqq 0\}$ のとき，$x=u(1-v),\ y=uv(1-w),\ z=uvw$ と変数変換する．

$J(u,\ v,\ w)=u^2v$　　$D: 0 \leqq u \leqq a,\ 0 \leqq v \leqq 1,\ 0 \leqq w \leqq 1$

(2) 直線 $x+y=u$ と直線 $x-y=v$ との交点で領域内の点 $\mathrm{P}(x,\ y)$ は

$x=\dfrac{1}{2}(u+v),\ y=\dfrac{1}{2}(u-v)$

$J(u,\ v)=-\dfrac{1}{2}$　　$D: 0 \leqq u \leqq a,\ -u \leqq v \leqq u$

この変換では v の範囲が u に依存している．

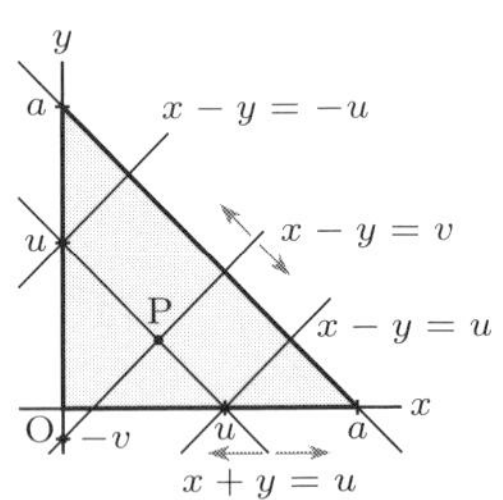

例題32　D を（　）内の不等式の表す領域とするとき，次の2重積分の値を求めよ．

$\displaystyle\iint_D y\,dxdy$　　$(y \leqq 2x,\ x \leqq 2y,\ x+y \leqq 3)$　（高知大）

解　$u=x+y,\ uv=y$ とおくと　$x=u(1-v),\ y=uv$

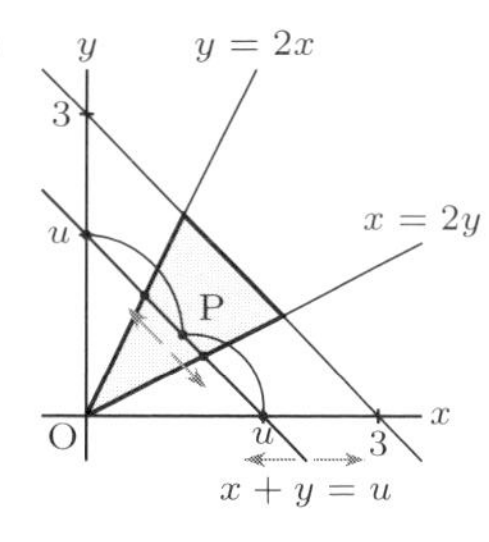

$y \leqq 2x$ より　$uv \leqq 2u(1-v)$　　$\therefore\ v \leqq \dfrac{2}{3}$

$x \leqq 2y$ より　$u(1-v) \leqq 2uv$　　$\therefore\ \dfrac{1}{3} \leqq v$

よって　$D: 0 \leqq u \leqq 3,\ \dfrac{1}{3} \leqq v \leqq \dfrac{2}{3}$

$$与式 = \iint_D uv \cdot u\,dudv = \int_0^3 \left\{ \int_{\frac{1}{3}}^{\frac{2}{3}} v\,dv \right\} u^2\,du = \frac{3}{2}$$

別解　$x+y=u,\ x-y=v$ とおくと　$x=\dfrac{1}{2}(u+v),\ y=\dfrac{1}{2}(u-v)$

$y \leqq 2x$ より　$u-v \leqq 2(u+v)$　　$\therefore\ -\dfrac{u}{3} \leqq v$

$x \leqq 2y$ より　$u+v \leqq 2(u-v)$　　$\therefore\ v \leqq \dfrac{u}{3}$

よって　$D: 0 \leqq u \leqq 3,\ -\dfrac{u}{3} \leqq v \leqq \dfrac{u}{3}$

$$与式 = \iint_D \frac{1}{2}(u-v) \cdot \left| -\frac{1}{2} \right| dudv$$

$$= \frac{1}{4} \int_0^3 \left\{ \int_{-\frac{u}{3}}^{\frac{u}{3}} (u-v)\,dv \right\} du$$

$$= \frac{1}{4} \int_0^3 \left[uv - \frac{1}{2}v^2 \right]_{-\frac{u}{3}}^{\frac{u}{3}} du = \frac{1}{4} \int_0^3 \frac{2}{3}u^2\,du$$

$$= \frac{1}{6} \left[\frac{1}{3}u^3 \right]_0^3 = \frac{3}{2}$$

〈注〉　領域 D を次の 2 つの領域に分けて積分することもできる.

$D_1: 0 \leqq x \leqq 1,\ \dfrac{1}{2}x \leqq y \leqq 2x$ と $D_2: 1 \leqq x \leqq 2,\ \dfrac{1}{2}x \leqq y \leqq 3-x$

B▷ **106**　D を（　）内の不等式の表す領域とするとき, 次の 2 重積分の値を求めよ.

(1) $\displaystyle\iint_D (x+y)^{10}\,dxdy$　　$(x \geqq 0,\ y \geqq 0,\ x+y \leqq 1)$　　（大阪公立大）

(2) $\displaystyle\iint_D xy\,dxdy$　　$(x+3y \geqq 0,\ x-y \geqq 0,\ x+y \leqq 2)$　　（東京海洋大）

(3) $\displaystyle\iint_D y\,dxdy$　　$(y \leqq 3x,\ x \leqq 3y,\ x+y \leqq 4)$　　（電気通信大）

(4) $\displaystyle\iint_D \frac{x+y}{1+(x-y)^2}\,dxdy$　　$(x+y \leqq 1,\ x \geqq 0,\ y \geqq 0)$　　（電気通信大）

(5) $\displaystyle\iint_D \frac{dxdy}{x^2+y^2}$　　$(1 \leqq x+y \leqq 2,\ x \geqq 0,\ y \geqq 0)$　　（信州大）

例題33　D を（　）内の不等式の表す領域とするとき，次の2重積分の値を求めよ．

$$\iint_D (x+y)^4\,dxdy \qquad \left(x^2+2xy+2y^2 \leqq 1\right)$$

（神戸大）

解　$x^2+2xy+2y^2 \leqq 1$ を $(x+y)^2+y^2 \leqq 1$ と変形し，

$x+y=r\cos\theta,\ y=r\sin\theta\ \ (0 \leqq r \leqq 1,\ 0 \leqq \theta \leqq 2\pi)$ とおく．

$x=r\cos\theta-r\sin\theta,\ y=r\sin\theta$ より

$$J(r,\ \theta)=\begin{vmatrix}\cos\theta-\sin\theta & -r\sin\theta-r\cos\theta \\ \sin\theta & r\cos\theta\end{vmatrix}=r$$

$$与式=\iint_D r^4\cos^4\theta\cdot r\,drd\theta=\int_0^{2\pi}\left\{\int_0^1 r^5\,dr\right\}\cos^4\theta\,d\theta=\frac{1}{6}\int_0^{2\pi}\cos^4\theta\,d\theta$$

$$=\frac{1}{6}\cdot\frac{3}{4}\cdot\frac{1}{2}\cdot\int_0^{2\pi}d\theta=\frac{\pi}{8}$$

55ページの要項28ウォリス積分

B▷**107**　D を（　）内の不等式の表す領域とするとき，次の2重積分の値を求めよ．

(1) $\displaystyle\iint_D (x+y)^2\,dxdy \qquad \left(x^2+2xy+5y^2 \leqq 1\right)$　（東京農工大）

(2) $\displaystyle\iint_D (x-y)^2\,dxdy \qquad \left(x^2-xy+y^2 \leqq 1\right)$　（神戸大）

B▷**108**　積分 $\displaystyle\int_0^3\left(\int_0^1 e^{\max\{x^2,\ 9y^2\}}\,dy\right)dx$ を求めよ．　（金沢大）

C▷**109**　D を（　）内の不等式の表す領域とするとき，次の2重積分の値を求めよ．

(1) $\displaystyle\iint_D \frac{xy}{\left(\sqrt{25-6x^2+15y^2}\right)^3}\,dxdy \quad \left(x^2+y^2 \leqq 4,\ 0 \leqq y \leqq \sqrt{3}x\right)$　（茨城大）

(2) $\displaystyle\iint_D xy\,dxdy \qquad \left(x^2-4 \leqq y^2 \leqq x^2-1,\ 4 \leqq x^2+y^2 \leqq 9,\ x \geqq 0,\ y \geqq 0\right)$

（九州大）

C▷**110**　D は $\boldsymbol{R}^2$ 内の有界閉領域で直線 $y=x$ について線対称であるとする．

積分 $\displaystyle\iint_D \frac{x^2-y^2}{1+x^4+y^4}\,dxdy$ を求めよ．　（神戸大）

2 重積分の応用

2 重積分を用いて体積，曲面積，重心などを求めることができるようにしておく．その際，どの領域で何を積分すればよいのかをきちんと把握しておくことが大切である．式を書くことができれば，後は前小節で学んだようにきちんと計算をすればよい．また，広義積分の計算もできるようにしておこう．

例題34 図に示されている，曲面 $z=\sqrt{x+y}$ と平面 $x+y=1$ および 3 つの座標平面で囲まれた立体の体積を求めよ． （佐賀大）

解 $D: x+y \leqq 1,\ x \geqq 0,\ y \geqq 0$ だから，体積 V は

$$V=\iint_D \sqrt{x+y}\,dxdy=\int_0^1\left\{\int_0^{1-x}(x+y)^{\frac{1}{2}}\,dy\right\}dx$$

$$=\int_0^1\left[\frac{2}{3}(x+y)^{\frac{3}{2}}\right]_0^{1-x}dx$$

$$=\frac{2}{3}\int_0^1\left(1-x^{\frac{3}{2}}\right)dx=\frac{2}{3}\left[x-\frac{2}{5}x^{\frac{5}{2}}\right]_0^1=\frac{2}{5}$$

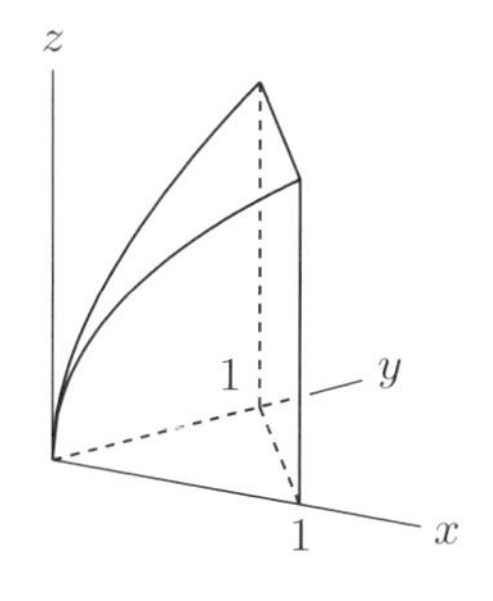

〈注〉 56 ページの要項 30(1) を使っても計算できる．

B▷ **111** 次の体積を求めよ．

(1) 面 $z=x^2+y^2$ と面 $z=x$ で囲まれた部分 （広島大）

(2) 領域 $x^2+y^2+z^2 \leqq 4,\ z \geqq 0$ と領域 $x^2+(y-1)^2 \leqq 1$ の共通部分 （神戸大）

C▷ **112** $z=\dfrac{1}{xy},\ x>0,\ y>0$ を満たす 3 次元空間内の曲面 S について

(1) $(x,\ y)=(1,\ 2)$ における曲面 S の接平面の方程式と法線の方程式を求めよ．

(2) 曲面 S 上で，平面 $x+3y+9z+18=0$ との距離が最も近い点の座標を求めよ．

(3) 6 つの平面 $x=0,\ x=2,\ y=0,\ y=2,\ z=0,\ z=2$ で囲まれる立方体を曲面 S で分割して得られる 2 つの領域のうち，原点を含まない方の領域の体積を求めよ． （筑波大）

要項 31

曲面積　曲面 $z=f(x,\ y)$ の領域 D に対応する部分の面積は

$$\iint_D \sqrt{f_x{}^2+f_y{}^2+1}\,dxdy=\iint_D \sqrt{\left(\frac{\partial z}{\partial x}\right)^2+\left(\frac{\partial z}{\partial y}\right)^2+1}\,dxdy$$

例題35　xy 平面上の閉領域を $D=\left\{(x,\ y)\mid x^2+y^2\leqq 1\right\}$ と定める．曲面 $z=x^2-y^2$ の D に対応する部分の面積を求めよ．（神戸大）

解　$\dfrac{\partial z}{\partial x}=2x$，$\dfrac{\partial z}{\partial y}=-2y$ より，面積 S は

$$S=\iint_D \sqrt{(2x)^2+(-2y)^2+1}\,dxdy$$

$$=\int_0^{2\pi}\left\{\int_0^1 r\sqrt{4r^2+1}\,dr\right\}d\theta\ \text{（極座標変換）}$$

$$=\int_0^{2\pi}\left[\frac{1}{12}\left(4r^2+1\right)^{\frac{3}{2}}\right]_0^1 d\theta=\frac{\pi}{6}(5\sqrt{5}-1)$$

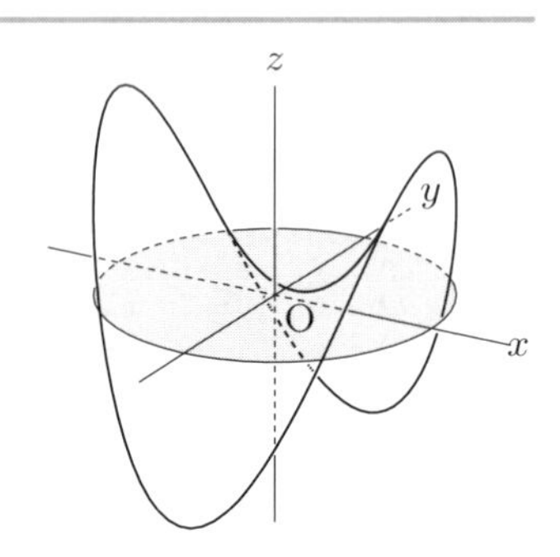

B▷ **113**　次の曲面の（　）内の不等式の表す領域 D に対応する部分の面積を求めよ．

(1) 球面 $x^2+y^2+z^2=a^2\ (a>0)$　　$(D: x^2+y^2\leqq ax)$　　（千葉大 改）

(2) 円柱面 $x^2+z^2=4$　　$(D: x^2+y^2\leqq 4)$　　（愛媛大）

要項 32

3次元極座標　$x=r\sin\theta\cos\varphi$，$y=r\sin\theta\sin\varphi$，$z=r\cos\theta$

$(0\leqq\theta\leqq\pi,\ 0\leqq\varphi\leqq 2\pi)$　　ヤコビアン $J(r,\ \theta,\ \varphi)=r^2\sin\theta$

〈注〉 原点を中心とする半径 r の球面上に点 $\mathrm{P}(x,\ y,\ z)$ をとる．図は $z>0$ としている．点Pから z 軸への垂線の足を $\mathrm{H_1}$，xy 平面への垂線の足を $\mathrm{H_2}$ とし，$\overrightarrow{\mathrm{OP}}$ と z 軸の正の向きとのなす角を $\theta\ (0\leqq\theta\leqq\pi)$ とすると，三角関数の定義からわかるように

$$z=\mathrm{H_1}\text{の } z \text{ 座標}=r\cos\theta,\ \mathrm{OH_2}=r\sin\theta$$

また，$\overrightarrow{\mathrm{OH_2}}$ と x 軸の正の向きとのなす角を φ とすると，2次元極座標と同様に

$$x=r\sin\theta\cos\varphi,\ y=r\sin\theta\sin\varphi$$

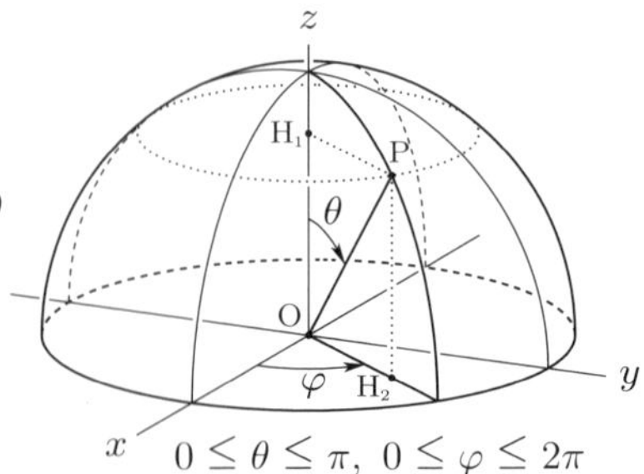

よって $x = r\sin\theta\cos\varphi,\ y = r\sin\theta\sin\varphi,\ z = r\cos\theta\ (0 \leqq \theta \leqq \pi,\ 0 \leqq \varphi \leqq 2\pi)$

$$J(r,\ \theta,\ \varphi) = \begin{vmatrix} x_r & x_\theta & x_\varphi \\ y_r & y_\theta & y_\varphi \\ z_r & z_\theta & z_\varphi \end{vmatrix} = \begin{vmatrix} \sin\theta\cos\varphi & r\cos\theta\cos\varphi & -r\sin\theta\sin\varphi \\ \sin\theta\sin\varphi & r\cos\theta\sin\varphi & r\sin\theta\cos\varphi \\ \cos\theta & -r\sin\theta & 0 \end{vmatrix}$$

$$= r^2\sin\theta \begin{vmatrix} \sin\theta\cos\varphi & \cos\theta\cos\varphi & -\sin\varphi \\ \sin\theta\sin\varphi & \cos\theta\sin\varphi & \cos\varphi \\ \cos\theta & -\sin\theta & 0 \end{vmatrix} = r^2\sin\theta$$

3 行目で展開

例題36 $V = \{(x,\ y,\ z) \mid x^2 + y^2 + z^2 \leqq 1\}$ とする．次の 3 重積分の値を求めよ．

$$\iiint_V (x^2 + y^2)\, e^{-(x^2+y^2+z^2)^{5/2}}\, dxdydz$$ （大阪公立大）

解 3 次元極座標 $x = r\sin\theta\cos\varphi,\ y = r\sin\theta\sin\varphi,\ z = r\cos\theta$ で変換する．

領域は $0 \leqq r \leqq 1,\ 0 \leqq \theta \leqq \pi,\ 0 \leqq \varphi \leqq 2\pi$ と変換される．

$x^2 + y^2 = r^2\sin^2\theta(\cos^2\varphi + \sin^2\varphi) = r^2\sin^2\theta$ より

$$与式 = \iiint_V r^2\sin^2\theta \cdot e^{-r^5} \cdot r^2\sin\theta\, drd\theta d\varphi = \int_0^{2\pi}\int_0^{\pi}\left\{\int_0^1 r^4 e^{-r^5}\, dr\right\}\sin^3\theta\, d\theta d\varphi$$

$$= \left[-\frac{e^{-r^5}}{5}\right]_0^1 \int_0^{2\pi}\left\{\int_0^{\pi}\sin^3\theta\, d\theta\right\}d\varphi = \frac{1 - e^{-1}}{5}\int_0^{2\pi}\left\{\frac{2}{3}\int_0^{\pi}\sin\theta\, d\theta\right\}d\varphi$$

$$= \frac{1 - e^{-1}}{5}\cdot\frac{2}{3}\cdot 2\cdot 2\pi = \frac{8}{15}(1 - e^{-1})\pi$$

55 ページのウォリス積分

B▷ **114** 領域 V に関する次の 3 重積分の値を求めよ．

(1) $V : x^2 + y^2 + z^2 \leqq 1,\ x \geqq 0,\ y \geqq 0$ に対して $\displaystyle\iiint_V z^2\, dxdydz$ （新潟大）

(2) xz 平面において，曲線 $z = \sqrt{8 - x^2}$ $(0 \leqq x \leqq 2\sqrt{2})$，直線 $z = x$ と z 軸で囲まれた領域を z 軸のまわりに回転して得られる立体 V に対して

$$\iiint_V \sqrt{x^2 + y^2 + z^2}\, dxdydz$$ （神戸大）

(3) $V : \dfrac{x^2}{a^2} + \dfrac{y^2}{b^2} + \dfrac{z^2}{c^2} \leqq 1$ に対して $\displaystyle\iiint_V x^2y^2\, dxdydz$

ただし，$a,\ b,\ c$ は正の定数である． （東京科学大）

(4) 球 $x^2 + y^2 + z^2 \leqq 3$ と円柱 $x^2 - 2x + y^2 \leqq 0$ の共通部分 V に対して

$$\iiint_V |z|\, dxdydz$$ （東京科学大）

例題37　次の広義2重積分の値を求めよ．

$$\iint_D \frac{x\log(x^2+y^2)}{x^2+y^2}\,dxdy \quad (D: 0 < x^2+y^2 \leqq 1,\ x \geqq 0,\ y \geqq 0)$$ （筑波大）

解　**関数の値が定義されていない原点を除いた領域で積分してから極限をとる.**

ε を $0 < \varepsilon < 1$ とし，領域を $D_\varepsilon : \varepsilon^2 \leqq x^2+y^2 \leqq 1,\ x \geqq 0,\ y \geqq 0$ とする．

領域は極座標で変換すると　$\varepsilon \leqq r \leqq 1,\ 0 \leqq \theta \leqq \dfrac{\pi}{2}$

$$\iint_{D_\varepsilon} \frac{x\log(x^2+y^2)}{x^2+y^2}\,dxdy = \int_0^{\frac{\pi}{2}} \left\{ \int_\varepsilon^1 \frac{r\cos\theta\log r^2}{r^2}\cdot r\,dr \right\} d\theta$$

$$= 2\int_0^{\frac{\pi}{2}} \left\{ \int_\varepsilon^1 \log r\,dr \right\} \cos\theta\,d\theta = 2\int_0^{\frac{\pi}{2}} \Big[r\log r - r \Big]_\varepsilon^1 \cos\theta\,d\theta$$

$$= 2\int_0^{\frac{\pi}{2}} (-1 - \varepsilon\log\varepsilon + \varepsilon)\cos\theta\,d\theta = 2(-1 - \varepsilon\log\varepsilon + \varepsilon)$$

$$\iint_D \frac{x\log(x^2+y^2)}{x^2+y^2}\,dxdy = \lim_{\varepsilon\to+0} \iint_{D_\varepsilon} \frac{x\log(x^2+y^2)}{x^2+y^2}\,dxdy$$

$$= \lim_{\varepsilon\to+0} 2(-1 - \varepsilon\log\varepsilon + \varepsilon) = -2$$ **ロピタルの定理から** $\boldsymbol{\lim_{\varepsilon\to+0} \varepsilon\log\varepsilon = 0}$

B▷ **115**　次の広義積分の値を求めよ．

(1) $\displaystyle\iint_D (x^2-y^2)^2\,e^{y-x}\,dxdy \qquad (D: -1 \leqq x+y \leqq 1,\ y-x \leqq 1)$ （金沢大）

(2) $\displaystyle\iint_{x\geqq 0,\ y\geqq 0} e^{-x^2-xy-y^2}\,dxdy$ （東京科学大）

(3) $\displaystyle\iiint_V \frac{dxdydz}{(x^2+y^2+z^2+1)^2} \qquad (V: x+y \geqq 0)$ （筑波大）

C▷ **116**　曲面 $f(x,\ y) = \tan^{-1}\dfrac{x}{y}$ の 領域 $D = \{(x,\ y) \mid x \geqq 0,\ y \geqq 0,\ x^2+y^2 \leqq 1\}$ に対応する部分の面積を求めよ． （九州大）

B▷ **117**　次の領域の重心を求めよ．

(1) 領域 $D = \left\{(x,\ y) \;\middle|\; x^2+y^2 \leqq 1,\ \sqrt{2}x^2 \leqq y \right\}$ （東北大）

(2) 領域 $V = \left\{(x,\ y,\ z) \;\middle|\; x^2+y^2+z^2 \leqq a^2,\ z \geqq 0 \right\}$（半球体） （広島大）

§4　微分方程式

1　1階微分方程式

1階微分方程式の基本は変数分離形，同次形，線形であり，発展はベルヌーイ形，全微分形，クレーロー形である．問題の微分方程式が，どの形であるかを正確に判別して，それぞれの解法に従って解くことが重要である．

変数分離形 $\dfrac{dy}{dx}=f(x)g(y)$

左辺と右辺に変数を分離した形に変形　$\dfrac{1}{g(y)}\dfrac{dy}{dx}=f(x)$

x で積分　$\displaystyle\int\frac{1}{g(y)}\frac{dy}{dx}\,dx=\int\frac{1}{g(y)}\,dy$　すなわち　$\displaystyle\int\frac{1}{g(y)}\,dy=\int f(x)\,dx$

不定積分を計算して整理する．

例題38　次の微分方程式は変数分離形である．一般解を求めよ．

(1) $\dfrac{dy}{dx}=2x(y^2+1)$　（京都工芸繊維大）

(2) $\dfrac{dy}{dx}+y\sin x=0$　（福井大）

解　(1) $\displaystyle\int\frac{1}{1+y^2}\,dy=\int 2x\,dx$ より　$\tan^{-1}y=x^2+C$

よって　$y=\tan(x^2+C)$　（C は任意定数）

(2) $y\neq 0$ のとき　$\displaystyle\int\frac{1}{y}\,dy=-\int\sin x\,dx$ より　$\log|y|=\cos x+c$　（c は任意定数）

よって，$y=\pm e^ce^{\cos x}$ となり，$C=\pm e^c$ $(C\neq 0)$ とおくと　$y=Ce^{\cos x}$

この式は $C=0$ とすると解 $y=0$ を含むから，一般解は　$y=Ce^{\cos x}$（C は任意定数）

A▷ **118**　次の微分方程式の一般解を求めよ．

(1) $\dfrac{dy}{dx}=xe^{-2y}$　（山口大）

(2) $(x^2+2)\dfrac{dy}{dx}-xy=0$　（鳥取大）

(3) $\dfrac{dy}{dx}=\dfrac{y+2}{x+2}$ （佐賀大）

(4) $\dfrac{dy}{dx}=\dfrac{(1+y^2)x}{(1+x^2)y}$ （大阪公立大）

(5) $x\dfrac{dy}{dx}=y^2-1$ （佐賀大）

(6) $x\sqrt{1+y^2}+y\sqrt{1+x^2}\dfrac{dy}{dx}=0$ （横浜国立大，東京科学大）

要項 34　**同次形 $\dfrac{dy}{dx}=f\left(\dfrac{y}{x}\right)$**

$u=\dfrac{y}{x}$ とおく．$y=xu \xrightarrow{\text{積の微分}} \dfrac{dy}{dx}=u+x\dfrac{du}{dx}$　これらを代入すると

$u+x\dfrac{du}{dx}=f(u)$　これは x と u についての変数分離形 $\dfrac{1}{f(u)-u}\dfrac{du}{dx}=\dfrac{1}{x}$ となる．

例題39　次の微分方程式は同次形である．一般解を求めよ．

$\dfrac{dy}{dx}=\dfrac{2xy}{x^2-y^2}$ （横浜国立大，東京都立大，佐賀大，埼玉大）

解　右辺の分母と分子に $\dfrac{1}{x^2}$ を掛けると $\dfrac{dy}{dx}=\dfrac{2\dfrac{y}{x}}{1-\left(\dfrac{y}{x}\right)^2}$

$u=\dfrac{y}{x}$ とおくと　$u+x\dfrac{du}{dx}=\dfrac{2u}{1-u^2}$　したがって　$x\dfrac{du}{dx}=\dfrac{u(1+u^2)}{1-u^2}$

$u\neq 0$ の場合　$\dfrac{1-u^2}{u(1+u^2)}\dfrac{du}{dx}=\dfrac{1}{x}$ より　$\displaystyle\int\frac{1-u^2}{u(1+u^2)}du=\int\frac{1}{x}dx$

$\dfrac{1-u^2}{u(1+u^2)}=\dfrac{1}{u}-\dfrac{2u}{1+u^2}$ だから　$\log|u|-\log(1+u^2)=\log|x|+c$（$c$ は任意定数）

$\log\dfrac{|u|}{(1+u^2)|x|}=c$ より　$\dfrac{u}{(1+u^2)x}=\pm e^c$　$C=\pm e^c$ とおくと　$\dfrac{y}{x^2+y^2}=C$

$u=0$ の場合の $y=0$ も解になる（$C=0$）．一般解は　$\dfrac{y}{x^2+y^2}=C$（C は任意定数）

〈注〉 $C\neq 0$ のときは　$x^2+\left(y-\dfrac{1}{2C}\right)^2=\left(\dfrac{1}{2C}\right)^2$ となって，円になる．

A▷ **119**　次の微分方程式の一般解を求めよ．

(1) $\dfrac{dy}{dx}=\dfrac{2xy}{2x^2+y^2}$ （富山大）

(2) $\dfrac{dy}{dx}=\dfrac{x-y}{x+y}$ （横浜国立大）

(3) $x\tan\dfrac{y}{x}-y+x\dfrac{dy}{dx}=0$ （京都大，宮崎大）

(4) $x\dfrac{dy}{dx} = y + \sqrt{x^2 + y^2}$　　（佐賀大，埼玉大，福井大，横浜国立大）

非斉次 1 階線形微分方程式 $\dfrac{dy}{dx} + P(x)y = Q(x)$ $\cdots$ ①

基本的には定数変化法を用いて解く．

(i) 斉次形 $\dfrac{dy}{dx} + P(x)y = 0$ の一般解を変数分離形によって解く．

解を $y = Cy_1(x)$ (C は任意定数) とする．

(ii) $y = uy_1(x) \cdots$ ②　（任意定数 C を x の関数 $u = C(x)$ で置き換える）

これを①に代入し，$\dfrac{du}{dx}\,y_1(x) = Q(x)$ から u の一般解を求める．

u の一般解を②に代入して，①の一般解を求める．

例題40　次の方程式は 1 階線形微分方程式である．一般解を求めよ．

$$\frac{dy}{dx} + y\sin x = \sin 2x$$

（宮崎大）

解　(i) 斉次形 $\dfrac{dy}{dx} + (\sin x)y = 0$ の一般解を求める．

$\displaystyle\int \frac{1}{y}\,dy = -\int \sin x\,dx$ より　$\log|y| = \cos x + c$　(c は任意定数)

$C = \pm e^c$ とおくと，(i) の一般解は　$y = Ce^{\cos x}$　(C は任意定数)

(ii) 定数 C を x の関数 $u = C(x)$ で置き換えて　$y = u\,e^{\cos x}$

$$\frac{dy}{dx} = \frac{du}{dx}\,e^{\cos x} + u\,e^{\cos x}\cdot(-\sin x) = \frac{du}{dx}\,e^{\cos x} - u\,e^{\cos x}\sin x$$

非斉次微分方程式に代入して　$\dfrac{du}{dx}\,e^{\cos x} = \sin 2x = 2\sin x\cos x$

$$u = \int 2\cos x\,(\sin x\cdot e^{-\cos x})\,dx = 2\cos x\cdot e^{-\cos x} - 2\int(-\sin x)\,e^{-\cos x}\,dx$$
$$= 2e^{-\cos x}(\cos x + 1) + C$$

$y = u\,e^{\cos x}$ に代入すると，求める一般解は

$$y = 2(\cos x + 1) + Ce^{\cos x}\quad (C \text{ は任意定数})$$

〈注〉 1 階線形微分方程式 $y' + P(x)y = Q(x)$ の一般解の公式

$$y = e^{-\int P(x)dx}\left(\int Q(x)e^{\int P(x)dx}\,dx + C\right)$$

この公式を用いて解くこともできる．$\displaystyle\int P(x)\,dx = \int \sin x\,dx = -\cos x$，

$\displaystyle\int Q(x)e^{\int P(x)dx}\,dx = 2e^{-\cos x}(\cos x + 1) + C$ より　$y = 2(\cos x + 1) + Ce^{\cos x}$

A▷ **120** 次の微分方程式の一般解を求めよ.

(1) $x\dfrac{dy}{dx}-y=x\log x$ （静岡大）

(2) $\dfrac{dy}{dx}+2y\cos x=\cos x$ （電気通信大）

(3) $\dfrac{dy}{dx}\sin x+y\cos x=x$ （静岡大）

(4) $\dfrac{dy}{dx}+y\tan x=\sin 2x$ （佐賀大，電気通信大）

(5) $\dfrac{dy}{dx}+y\cos x=\sin x\cos x$ （北海道大，岐阜大）

要項36 **ベルヌーイの微分方程式 $\dfrac{dy}{dx}+P(x)y=Q(x)y^n$ $(n\neq 0,1)$**

$y\neq 0$ のとき，1階線形微分方程式に変形して解く.

(i) 両辺に y^{-n} を掛けて　$y^{-n}\dfrac{dy}{dx}+P(x)y^{1-n}=Q(x)$ $(n\neq 0,1)$

(ii) $z=y^{1-n}$ とおくと，$\dfrac{dz}{dx}=(1-n)y^{-n}\dfrac{dy}{dx}$ より

$$\frac{dz}{dx}+(1-n)P(x)z=(1-n)Q(x)$$

例題41 次の微分方程式はベルヌーイ形である．一般解を求めよ.

$x\dfrac{dy}{dx}+y=3x^4y^3$ （京都大）

解 $\dfrac{dy}{dx}+\dfrac{1}{x}y=3x^3y^3$ と変形すると，ベルヌーイの微分方程式である.

(i) $y\neq 0$ のとき，両辺に y^{-3} を掛けて　$y^{-3}\dfrac{dy}{dx}+\dfrac{1}{x}y^{-2}=3x^3$

(ii) $z=y^{-2}$ とおくと　$\dfrac{dz}{dx}=-2y^{-3}\dfrac{dy}{dx}$

よって　$\dfrac{dz}{dx}-\dfrac{2}{x}\cdot z=-6x^3$　（1階線形微分方程式）

(iii) 斉次形 $\dfrac{dz}{dx}-\dfrac{2}{x}z=0$ の一般解は　$z=Cx^2$　（C は任意定数）

(iv) 定数 C を x の関数 $u=C(x)$ で置き換えて　$z=ux^2$

$\dfrac{dz}{dx}=x^2\dfrac{du}{dx}+2xu$　非斉次方程式に代入し　$\dfrac{du}{dx}=-6x$

よって　$u=-3x^2+C$　$\therefore$　$z=-3x^4+Cx^2$

$z=y^{-2}$ より，一般解は　$y^2=\dfrac{1}{-3x^4+Cx^2}$　（C は任意定数）

$y=0$ は一般解に含まれないから特異解である.

A▷ **121**　次の微分方程式の一般解を求めよ．

(1) $\dfrac{dy}{dx} = \dfrac{y}{x} + xy^2$　（筑波大）

(2) $\dfrac{dy}{dx} + \dfrac{y}{x} = -x^3y^3$　（佐賀大）

要項 37　**全微分方程式 $f(x,\ y)dx + g(x,\ y)dy = 0$**

特に，$f_y(x,\ y) = g_x(x,\ y)$ が成り立つとき，完全微分方程式という．

曲線 $u(x,\ y) = C$（C は定数）について，陰関数定理より，$\dfrac{dy}{dx} = -\dfrac{u_x}{u_y}$ だから

$u_x(x,\ y)dx + u_y(x,\ y)dy = 0$　（関数 $u(x,\ y)$ の全微分の形）

$u_{xy} = u_{yx}$ だから，対応する $u_x(x,\ y) = f(x,\ y)$，$u_y(x,\ y) = g(x,\ y)$ を満たす関数 $u(x,\ y)$ を求めると，$u(x,\ y) = C$ が完全微分方程式の一般解である．

例題42　次の微分方程式の一般解を求めよ．

$(y^2 + 1)dx + (2xy + \cos y)dy = 0$　（鹿児島大）

解　$(y^2 + 1)_y = (2xy + \cos y)_x = 2y$ が成り立つことより，完全微分方程式である．

$u_x = y^2 + 1 \cdots$ ① と $u_y = 2xy + \cos y \cdots$ ② を満たす関数 u を求める．

①から　$u = \displaystyle\int (y^2 + 1)\,dx = xy^2 + x + v(y)$　（$v(y)$ は y だけの関数）

この u を y で微分して②式と合わせると　$u_y = 2xy + \dfrac{dv}{dy} = 2xy + \cos y$

$\dfrac{dv}{dy} = \cos y$ より $v = \sin y$ とする．よって　$u = xy^2 + x + \sin y$

ゆえに，一般解は　$xy^2 + x + \sin y = C$　（C は任意定数）

A▷ **122**　次の微分方程式の一般解を求めよ．

(1) $(y - 3x^2 + 2)dx + (x - y^2 + 2y)dy = 0$　（東京都立大）

(2) $(y + e^x \sin y)dx + (x + e^x \cos y)dy = 0$　（京都大）

要項 38　全微分方程式 $f(x,\ y)dx + g(x,\ y)dy = 0$ が完全微分方程式ではないが，$\varphi(x,\ y)$ を掛けることによって，$\varphi(x,\ y)f(x,\ y)dx + \varphi(x,\ y)g(x,\ y)dy = 0$ が完全微分方程式になるとき，$\varphi(x,\ y)$ を積分因子という．

例題43　次の全微分方程式の積分因子は $x^\alpha y^\beta$ の形を持つ．この方程式の一般解を，積分因子の未定係数の α と β を求めた上で定数 C を用いて求めよ．

$$(2x^2y+2y^2)dx+(x^3+3xy)dy=0$$

（京都大）

解　$(2x^2y+2y^2)_y \neq (x^3+3xy)_x$ より，完全微分方程式ではない．

この微分方程式の両辺に $x^\alpha y^\beta$ を掛けると　($x^\alpha y^\beta \neq 0$ とする)

$$(2x^{\alpha+2}y^{\beta+1}+2x^\alpha y^{\beta+2})dx+(x^{\alpha+3}y^\beta+3x^{\alpha+1}y^{\beta+1})dy=0$$

$$\begin{cases}(2x^{\alpha+2}y^{\beta+1}+2x^\alpha y^{\beta+2})_y = 2(\beta+1)x^{\alpha+2}y^\beta+2(\beta+2)x^\alpha y^{\beta+1}\\(x^{\alpha+3}y^\beta+3x^{\alpha+1}y^{\beta+1})_x = (\alpha+3)x^{\alpha+2}y^\beta+3(\alpha+1)x^\alpha y^{\beta+1}\end{cases}$$

完全微分方程式となるためには　$2(\beta+1)=\alpha+3,\ 2(\beta+2)=3(\alpha+1)$

この連立方程式を解くと $\alpha=\beta=1$ である．よって，積分因子は　xy

ゆえに，$(2x^3y^2+2xy^3)dx+(x^4y+3x^2y^2)dy=0$ は完全微分方程式である．

$u_x=2x^3y^2+2xy^3 \cdots$ ① と $u_y=x^4y+3x^2y^2 \cdots$ ② を満たす関数 u を求める．

①から $u=\displaystyle\int(2x^3y^2+2xy^3)\,dx=\frac{1}{2}x^4y^2+x^2y^3+v(y)$　($v(y)$ は y だけの関数)

この u を y で微分して②式と合わせると　$u_y=x^4y+3x^2y^2+\dfrac{dv}{dy}=x^4y+3x^2y^2$

$\dfrac{dv}{dy}=0$ より $v=0$ とする．よって　$u=\dfrac{1}{2}x^4y^2+x^2y^3$

ゆえに，一般解は　$\dfrac{1}{2}x^4y^2+x^2y^3=C$　($xy\neq 0$，C は任意定数)

B▷ **123**　次の全微分方程式の一般解を，定数 C を用いて求めよ．なお，(1), (2) は積分因子をそれぞれ [　] 内の関数とせよ．(3) は積分因子も求めよ．

(1) $(y+2xy)dx+xdy=0$　$\left[e^{2x}\right]$　（静岡大）

(2) $(2\sin y\cos x-2)dx+\cos y\sin x\,dy=0$ $(0<x<\pi)$　$\left[\sin x\right]$　（京都大）

(3) $(x^2-y^3)dx+3xy^2dy=0$　（福井大）

要項39　**クレーローの微分方程式**　$\boldsymbol{y=x\dfrac{dy}{dx}+f\left(\dfrac{dy}{dx}\right)}$

$p=\dfrac{dy}{dx}$ とおき，$y=px+f(p)$ の両辺を x について微分すると

$p=p+xp'+f'(p)\,p'$　よって，$p'\left(x+f'(p)\right)=0$ より　$p'=0,\ x+f'(p)=0$

(i) $p' = 0$ のとき　$p = C$ より　一般解 $y = Cx + f(C)$ （C は任意定数）

(ii) $x + f'(p) = 0$ のとき　特異解（$y = px + f(p)$ から p を消去，一般解の包絡線）

例題44　以下の微分方程式を解け．また，特異解のグラフは一般解のグラフにどのように関係づけられるかを答えよ．

$$y = x\frac{dy}{dx} + \frac{1}{2}\left(\frac{dy}{dx}\right)^2$$

（福井大）

解　$p = \dfrac{dy}{dx}$ とおくと，$y = xp + \dfrac{1}{2}p^2 \cdots$ ① となる．①の両辺を x で微分すると

$p = p + xp' + pp'$　よって　$p'(x + p) = 0$　$\therefore$　$p' = 0$ または $x + p = 0$

(i) $p' = 0$ のとき　$p = C$ より　一般解 $y = Cx + \dfrac{1}{2}C^2$　（C は任意定数）

(ii) $p = -x$ のとき　①に代入して

特異解 $y = -\dfrac{1}{2}x^2$

特異解 $y = -\dfrac{1}{2}x^2$ のグラフは，一般解 $y = Cx + \dfrac{1}{2}C^2$ の包絡線である．

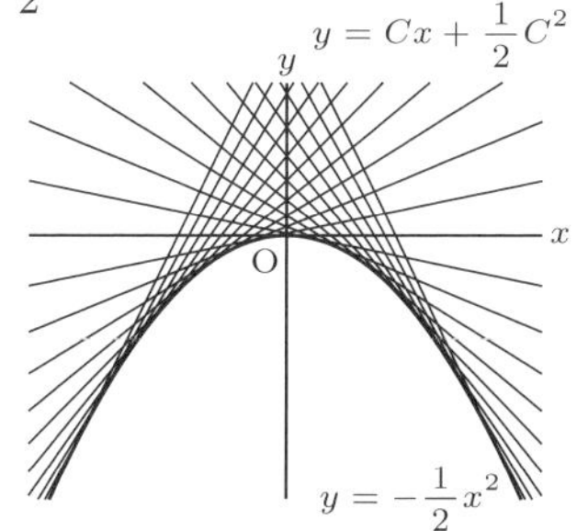

A ▷ **124**　次の微分方程式を解け．

$$y = xp - e^p \quad ただし\ p = \frac{dy}{dx}$$

（東京都立大）

例題45　次の微分方程式の一般解を求め，（　）内の条件を満たす解を求めよ．

$$\frac{dy}{dx} = y^2 + y \qquad （初期条件 : x = 0 のとき\ y = 1）$$

（福井大）

解　$\displaystyle\int \frac{1}{y^2 + y}\,dy = \int dx$ より

$$\int\left(\frac{1}{y} - \frac{1}{y+1}\right)dy = \log\left|\frac{y}{y+1}\right| = x + c \quad （c は任意定数）$$

よって，$\dfrac{y}{y+1} = Ce^x$ $(C = \pm e^c)$ より一般解は　$y = \dfrac{Ce^x}{1 - Ce^x}$　（C は任意定数）

$x = 0$ のとき $y = 1$ を満たすから　$C = \dfrac{1}{2}$　したがって，解は　$y = \dfrac{e^x}{2 - e^x}$

2章 §4

B▷ **125**　次の微分方程式の一般解を求め，（　）内の条件を満たす解を求めよ．

(1) $x + y\dfrac{dy}{dx} = 0$　　($x = 0$ のとき $y = 2$)　　（京都大）

(2) $\cos x \cos^2 y + \dfrac{dy}{dx} \sin^2 x \sin y = 0$　　$\left(x = \dfrac{\pi}{2}\right.$ のとき $\left.y = 0\right)$（お茶の水女子大）

(3) $\dfrac{dy}{dx} + 3y = \cos 2x$　　($x = 0$ のとき $y = 1$)　　（三重大）

(4) $(2x - y + 1)dx + (2y - x - 1)dy = 0$　($x = 0$ のとき $y = 3$)　　（京都大）

| 2 | 2階微分方程式

基本は定数係数2階線形微分方程式である．特性方程式から斉次方程式の一般解を求めること，非斉次項から予想して非斉次方程式の特殊解を求められるようにしておくことが必要である．オイラーの微分方程式，高階微分方程式，連立微分方程式，非線形微分方程式も求められるようにしておくことも大切である．また，関数や変数を置き換えることもあるため，対処する方法を身に付けておく必要がある．

〈注〉　本節では，$y' = \dfrac{dy}{dx}$，$y'' = \dfrac{d^2y}{dx^2}$ である．

要項 40　**定数係数斉次2階線形微分方程式 $y'' + ay' + by = 0$**　(a，b は実数定数)

特性方程式 $\lambda^2 + a\lambda + b = 0$ の解から，一般解は次のようになる．

(i)　$\lambda = \alpha,\ \beta$　(α，β は異なる実数）のとき　　$y = C_1 e^{\alpha x} + C_2 e^{\beta x}$

(ii)　$\lambda = \alpha$　(2重解）のとき　　$y = e^{\alpha x}(C_1 x + C_2)$

(iii)　$\lambda = p + iq$　(p，q は実数）のとき　　$y = e^{px}(C_1 \cos qx + C_2 \sin qx)$

例題46　次の微分方程式の一般解を求めよ．

$y'' - y' + y = 0$　　（宮崎大）

解　特性方程式 $\lambda^2 - \lambda + 1 = 0$ の解（特性解）は $\lambda = \dfrac{1}{2} \pm \dfrac{\sqrt{3}}{2}i$ だから

$$y = e^{\frac{x}{2}}\left(C_1 \cos \frac{\sqrt{3}}{2}x + C_2 \sin \frac{\sqrt{3}}{2}x\right)\quad (C_1,\ C_2 \text{ は任意定数})$$

定数係数非斉次 2 階線形微分方程式 $y'' + ay' + by = f(x)$（a, b は定数）

（i）$f(x) = 0$ の斉次線形微分方程式を解く．一般解を u とおく．

（ii）非斉次線形微分方程式を満たす 1 つの解（特殊解）y_1 を見つける．

（iii）求める一般解は　$y = y_1 + u$　（特殊解 ＋ 斉次線形微分方程式の一般解）

1 つの解を見つけるために，次の表を参考に解を予想する．

線形微分方程式 $y'' + ay' + by = f(x)$　$(b \neq 0)$

関数 $f(x)$ の基本的な形	斉次形の一般解の形	予想する解の形
n 次多項式		n 次多項式
指数関数 $e^{\alpha x}$	下の 2 つの場合以外	$Ae^{\alpha x}$
	$C_1e^{\alpha x} + C_2e^{\beta x}$	$Axe^{\alpha x}$
	$(C_1 + C_2x)e^{\alpha x}$	$Ax^2e^{\alpha x}$
三角関数	下の場合以外	$A\cos qx + B\sin qx$
$\cos qx$ または $\sin qx$	$C_1\cos qx + C_2\sin qx$	$x(A\cos qx + B\sin qx)$
指数関数 × 三角関数	下の場合以外	$e^{px}(A\cos qx + B\sin qx)$
$e^{px}\cos qx$ または $e^{px}\sin qx$	$e^{px}(C_1\cos qx + C_2\sin qx)$	$xe^{px}(A\cos qx + B\sin qx)$

〈注〉(1) 予想する解の形が斉次形の解のとき，それに x を掛けて予想する．

指数関数の例では，普通は $Ae^{\alpha x}$ で予想するが、

○ それが斉次形の解の場合（2 段目）は x を掛けた $Axe^{\alpha x}$ で予想する．

○ それも斉次形の解の場合（3 段目）はさらに x を掛けた $Ax^2e^{\alpha x}$ で予想する．

ということである．

(2) $b = 0$ の場合は，y' についての 1 階線形微分方程式になる．

例題47　次の微分方程式の一般解を求めよ．

(1) $y'' + 4y' + 4y = 4x^2 + 6$　（鹿児島大）

(2) $y'' + 6y' + 10y = 4e^{-2x}$　（鹿児島大）

(3) $y'' - y' - 2y = 4\sin 2x$　（鹿児島大）

解　**斉次線形微分方程式の一般解を求め，要項 41 を参考にして特殊解を見つける．**

(1) 斉次線形微分方程式の特性方程式 $\lambda^2+4\lambda+4=0$ の解は　$\lambda=-2$（2重解）

斉次形一般解は　$y=(C_1+C_2x)\,e^{-2x}$　（C_1，C_2 は任意定数）

特殊解を $y=Ax^2+Bx+C$ と予想する．　$y'=2Ax+B$，$y''=2A$

微分方程式に代入すると

$$y''+4y'+4y=4Ax^2+(8A+4B)x+(2A+4B+4C)=4x^2+6$$

$4A=4$，$8A+4B=0$，$2A+4B+4C=6$ より　$A=1$，$B=-2$，$C=3$

一般解は　$y=x^2-2x+3+(C_1+C_2x)\,e^{-2x}$　（C_1，C_2 は任意定数）

(2) 斉次線形微分方程式の特性方程式 $\lambda^2+6\lambda+10=0$ の解は　$\lambda=-3\pm i$

斉次形の一般解は　$y=e^{-3x}(C_1\cos x+C_2\sin x)$　（C_1，C_2 は任意定数）

特殊解を $y=Ae^{-2x}$ と予想する．　$y'=-2Ae^{-2x}$，$y''=4Ae^{-2x}$

微分方程式に代入すると

$$y''+6y'+10y=2Ae^{-2x}=4e^{-2x}\quad\text{よって}\quad A=2$$

一般解は　$y=2e^{-2x}+e^{-3x}(C_1\cos x+C_2\sin x)$　（C_1，C_2 は任意定数）

(3) 斉次線形微分方程式の特性方程式 $\lambda^2-\lambda-2=0$ の解は　$\lambda=-1,\ 2$

斉次形の一般解は　$y=C_1e^{-x}+C_2e^{2x}$　（C_1，C_2 は任意定数）

特殊解を $y=A\cos 2x+B\sin 2x$ と予想する．

$$y'=-2A\sin 2x+2B\cos 2x,\ y''=-4A\cos 2x-4B\sin 2x$$

微分方程式に代入すると

$$y''-y'-2y=(-6A-2B)\cos 2x+(2A-6B)\sin 2x=4\sin 2x$$

$-6A-2B=0$，$2A-6B=4$ より　$A=\dfrac{1}{5}$，$B=-\dfrac{3}{5}$

一般解は　$y=\dfrac{1}{5}\cos 2x-\dfrac{3}{5}\sin 2x+C_1e^{-x}+C_2e^{2x}$　（C_1，C_2 は任意定数）

A▷ **126**　次の微分方程式の一般解を求めよ．

(1) $y''-4y'+4y=2x+3$　（お茶の水女子大）

(2) $y''+3y'+y=x^2+3x+1$　（大阪大）

(3) $y''+y'-2y=e^{3x}$　（北海道大）

(4) $y'' + 2y' + 5y = e^x$ （名古屋大）

(5) $y'' - 5y' + 6y = \sin 2x$ （鳥取大）

(6) $y'' + 2y' + 2y = 10\cos 2x$ （岩手大）

例題48 次の微分方程式の一般解を求めよ．

(1) $y'' + 2y' - 3y = e^{-3x}$ （九州大）

(2) $y'' + 9y = 3\sin 3x$ （富山大）

(3) $y'' - 6y' + 13y = e^{3x}\cos 2x$

解 (1) 特性方程式 $\lambda^2 + 2\lambda - 3 = 0$ の解は　$\lambda = -3,\ 1$

斉次形の一般解は　$y = C_1 e^{-3x} + C_2 e^x$　（非斉次項 e^{-3x} が斉次形の解）

特殊解を $y = Axe^{-3x}$ と予想する．

$p(x) = Ae^{-3x}$ とおくと，$p''(x) + 2p'(x) - 3p(x) = 0$ を満たす．

後述の注を参照

特殊解は $y = xp(x)$ と書ける．$y' = xp'(x) + p(x)$，$y'' = xp''(x) + 2p'(x)$

微分方程式の左辺に代入すると

$$y'' + 2y' - 3y = x\bigl(p''(x) + 2p'(x) - 3p(x)\bigr) + 2p'(x) + 2p(x)$$
$$= -6Ae^{-3x} + 2Ae^{-3x} = -4Ae^{-3x}$$

非斉次項 e^{-3x} と比較すると　$A = -\dfrac{1}{4}$

一般解は　$y = -\dfrac{1}{4}xe^{-3x} + C_1 e^{-3x} + C_2 e^x$　（C_1，C_2 は任意定数）

(2) 特性方程式 $\lambda^2 + 9 = 0$ の解は　$\lambda = \pm 3i\ (0 \pm 3i)$

斉次形の一般解は　$y = C_1\cos 3x + C_2\sin 3x$　（非斉次項 $\sin 3x$ は斉次形の解）

特殊解を $y = x(A\cos 3x + B\sin 3x)$ と予想する．

$p(x) = A\cos 3x + B\sin 3x$ とおくと，$p''(x) + 9p(x) = 0$ を満たす．

特殊解は $y = xp(x)$ と書ける．$y' = xp'(x) + p(x)$，$y'' = xp''(x) + 2p'(x)$

微分方程式に代入すると

$$y'' + 9y = x\bigl(p''(x) + 9p(x)\bigr) + 2p'(x) = 2p'(x) = 3\sin 3x$$

$p'(x) = -3A\sin 3x + 3B\cos 3x$ より　$A = -\dfrac{1}{2}$，$B = 0$

一般解は　$y = -\dfrac{1}{2}x\cos 3x + C_1\cos 3x + C_2\sin 3x$　（C_1，C_2 は任意定数）

(3) 特性方程式 $\lambda^2 - 6\lambda + 13 = 0$ の解は　$\lambda = 3 \pm 2i$

斉次形の一般解は　$y = e^{3x}(C_1 \cos 2x + C_2 \sin 2x)$　(非斉次項を含む)

特殊解を $y = xe^{3x}(A\cos 2x + B\sin 2x)$ と予想する．

$p(x) = e^{3x}(A\cos 2x + B\sin 2x)$ とおくと　(斉次形の解の形)

$$p''(x) - 6p'(x) + 13p(x) = 0 \text{ を満たす．}$$

特殊解は $y = xp(x)$ と書ける．$y' = xp'(x) + p(x)$，$y'' = xp''(x) + 2p'(x)$

$$p'(x) = 3p(x) + e^{3x}(-2A\sin 2x + 2B\cos 2x)$$

$$\therefore \quad y'' - 6y' + 13y = x\bigl(p''(x) - 6p'(x) + 13p(x)\bigr) + 2p'(x) - 6p(x)$$

$$= 2e^{3x}(-2A\sin 2x + 2B\cos 2x) = e^{3x}\cos 2x$$

$A = 0$，$B = \dfrac{1}{4}$ より，一般解は

$y = \dfrac{1}{4}xe^{3x}\sin 2x + e^{3x}(C_1\cos 2x + C_2\sin 2x)$　(C_1，C_2 は任意定数)

〈注〉 上記 (1)〜(3) の解答は $p(x)$ を使用しないで直接計算して解いてもよいが，$p(x)$ が斉次形の解であることを利用すると解答のように計算が煩雑にならずにすむ．

B▷ **127** 次の微分方程式の一般解を求めよ．

(1) $y'' - 2y' - 3y = 8e^{3x}$　(大阪大)

(2) $y'' + 6y' + 9y = 3e^{-3x}$　(東京農工大)

(3) $y'' + y = \cos x$　(名古屋大，福井大)

(4) $y'' + 4y = \sin 2x$　(北海道大)

B▷ **128** 次の微分方程式の一般解を求めよ．

(1) $y'' + y = 2e^x \sin x$　(広島大)

(2) $y'' - 2y' + y = x\sin x$　(北海道大)

(3) $y'' - y' - 2y = 18xe^{2x}$　(東京農工大)

(4) $y'' - 2y' + y = (3x+1)e^x$　(東京農工大)

例題49 次の微分方程式の一般解を求めよ．

$$y'' + 4y' + 5y = 2\cos x + 3e^{-x}$$ （鹿児島大）

解 **右辺が $2\cos x$ の場合と $3e^{-x}$ の場合の特殊解をそれぞれ見つける．**

特性方程式 $\lambda^2 + 4\lambda + 5 = 0$ の解は　$\lambda = -2 \pm i$

斉次形の一般解は　$y = e^{-2x}(C_1 \cos x + C_2 \sin x)$

(i) $p(x) = A\cos x + B\sin x$ とおき，$2\cos x$ の特殊解を $y = p(x)$ と予想する．

$p'(x) = -A\sin x + B\cos x,\ p''(x) = -p(x)$ より

$$y'' + 4y' + 5y = 4p'(x) + 4p(x) = 4(A+B)\cos x + 4(B-A)\sin x$$

$4(A+B) = 2,\ 4(B-A) = 0$ より　$A = \frac{1}{4},\ B = \frac{1}{4}$

$\therefore\ \ y = \frac{1}{4}(\cos x + \sin x)$

(ii) $3e^{-x}$ の特殊解を $y = Ce^{-x}$ と予想する．$y' = -Ce^{-x},\ y'' = Ce^{-x}$

$y'' + 4y' + 5y = 2Ce^{-x} = 3e^{-x}$　よって　$C = \frac{3}{2}$　$\therefore\ \ y = \frac{3}{2}e^{-x}$

以上より，一般解は

$$y = \frac{1}{4}(\cos x + \sin x) + \frac{3}{2}e^{-x} + e^{-2x}(C_1 \cos x + C_2 \sin x)$$ （C_1，C_2 は任意定数）

B▷ **129** 次の微分方程式の一般解を求めよ．

(1) $y'' - 3y' + 2y = 4x + 6e^{3x}$ （鳥取大）

(2) $y'' + 3y' + 2y = e^x + \cos x$ （佐賀大）

要項42 **オイラーの微分方程式　$x^2y'' + axy' + by = f(x)$**

変数変換 $x = e^t$ により　$\frac{dx}{dt} = x,\ \frac{dy}{dt} = xy',\ \frac{d^2y}{dt^2} = xy' + x^2y''$

これを用いて，次の定数係数線形微分方程式に変形することができる．

$$\frac{d^2y}{dt^2} + (a-1)\frac{dy}{dt} + by = f(e^t)$$

例題50 次の微分方程式の一般解を求めよ．

$$x^2y'' - 3xy' + 3y = x^5$$ （新潟大）

解　$x>0$ として，$x=e^t$ の変数変換により　$\dfrac{dx}{dt}=e^t=x$

$\dfrac{dy}{dt}=\dfrac{dy}{dx}\dfrac{dx}{dt}=y'x=xy'$，$\dfrac{d^2y}{dt^2}=\dfrac{d(xy')}{dx}\dfrac{dx}{dt}=(y'+xy'')x=xy'+x^2y''$

$xy'=\dfrac{dy}{dt}$，$x^2y''=\dfrac{d^2y}{dt^2}-\dfrac{dy}{dt}$ を $x^2y''-3xy'+3y=x^5$ に代入して

$$\frac{d^2y}{dt^2}-4\frac{dy}{dt}+3y=e^{5t}$$

特性方程式 $\lambda^2-4\lambda+3=0$ の解は　$\lambda=1,\ 3$　斉次形の一般解は　$y=C_1e^t+C_2e^{3t}$

特殊解を $y=Ae^{5t}$ と予想すると　$y'=5Ae^{5t}$，$y''=25Ae^{5t}$

微分方程式に代入すると

$$\frac{d^2y}{dt^2}-4\frac{dy}{dt}+3y=25Ae^{5t}-4\cdot5Ae^{5t}+3Ae^{5t}=8Ae^{5t}=e^{5t}$$

よって　$A=\dfrac{1}{8}$　ゆえに，一般解は　$y=\dfrac{1}{8}e^{5t}+C_1e^t+C_2e^{3t}$

$e^t=x$ に注意して x の関数に戻すと，$x>0$ のときの一般解は

$$y=\frac{1}{8}x^5+C_1x+C_2x^3$$

この一般解は $x>0$ で考えたが，$x\leqq0$ を含めても微分方程式を満たす．

したがって，一般解は　$y=\dfrac{1}{8}x^5+C_1x+C_2x^3$　(C_1，C_2 は任意定数)

別解　斉次形 $x^2y''-3xy'+3y=0$ の解を $y=x^\alpha$ とおき，微分方程式に代入すると

$$\alpha(\alpha-1)x^\alpha-3\alpha x^\alpha+3x^\alpha=0\qquad \text{よって}\quad \alpha^2-4\alpha+3=0\quad \therefore\ \alpha=1,\ 3$$

斉次形の一般解は　$y=C_1x+C_2x^3$

特殊解を $y=Ax^5$ と予想すると，$x^2y''-3xy'+3y=8Ax^5=x^5$ より　$A=\dfrac{1}{8}$

したがって，一般解は　$y=\dfrac{1}{8}x^5+C_1x+C_2x^3$　(C_1，C_2 は任意定数)

B▷ **130**　次の微分方程式の一般解を求めよ．

(1) $x^2y''-4xy'+6y=0$　(東京大)

(2) $x^2y''+xy'-y=x$　(京都工芸繊維大，静岡大)

(3) $x^2y''-3xy'+4y=x^2$　(名古屋工業大)

(4) $x^2y''+3xy'-3y=\log x$　$(x>0)$　(大阪大)

B▷ **131**　関数 $y=y(x)$ $(x>1)$ に関する微分方程式

$$(x-1)^2\frac{d^2y}{dx^2}+2(x-1)\frac{dy}{dx}-6y=4x-4\qquad(*)$$

を考える．変数変換 $x(t) = e^t + 1\ (-\infty < t < \infty)$ により，$z(t) = y(x(t))$ とおく．微分方程式 $(*)$ の一般解を求めよ．（京都工芸繊維大）

B ▷ **132**　(1) $f(x) = \log(1 + x^2)$ とする．$f''(x)$ を求めよ．

(2) $u = e^{-x}y$ とおいて，微分方程式 $y'' - 2y' + y = 0$ の一般解を求めよ．

(3) 微分方程式 $y'' - 2y' + y = \dfrac{2(1 - x^2)}{(1 + x^2)^2}e^x$ の一般解を求めよ．（徳島大）

C ▷ **133**　微分方程式 $y'' + \dfrac{x - 1}{x}y' - \dfrac{1}{x}y = xe^{-x}$　$(*)$ について

(1) $y'' + \dfrac{x - 1}{x}y' - \dfrac{1}{x}y = 0$ の基本解の 1 つが $y_1 = e^{-x}$ であることを示せ．

(2) 微分方程式 $(*)$ の一般解を $y = ue^{-x}$ とおいて解け．（名古屋大）

B ▷ **134**　$-\dfrac{\pi}{4} < x < \dfrac{\pi}{4}$ で定義された関数 y について，次の微分方程式の一般解を以下の設問の手順にしたがって求めることを考える．

$$\frac{d^2y}{dx^2} + 4y = \frac{1}{\cos 2x} \qquad (*)$$

(1) 微分方程式 $\dfrac{d^2y}{dx^2} + 4y = 0$ の 2 つの 1 次独立解 y_1，y_2 を実関数の形で求め，そのロンスキ行列式 $W(y_1,\ y_2)$ を計算せよ．

$$W(y_1,\ y_2) = \begin{vmatrix} y_1 & y_2 \\ \dfrac{dy_1}{dx} & \dfrac{dy_2}{dx} \end{vmatrix} = y_1\frac{dy_2}{dx} - y_2\frac{dy_1}{dx}$$

(2) 式 $(*)$ の特殊解が，$\dfrac{du}{dx}y_1 + \dfrac{dv}{dx}y_2 = 0$ を満たす $u(x)$，$v(x)$ を用いて $y = u(x)y_1 + v(x)y_2$ という形に書けると仮定したとき，$u(x)$，$v(x)$ それぞれが満たす 1 階の微分方程式を導き，$(*)$ の一般解を求めよ．（東京大）

B ▷ **135**　次の高階微分方程式の一般解を求めよ．

(1) $y''' - y'' + 3y' + 5y = 0$　（広島大）

(2) $y''' - 3y'' + 3y' - y = x^2 - 6x + 6$　（三重大）

例題51　次の y を含まない非線形微分方程式の一般解を求めよ．

$$3y'' - (y')^2 + 9 = 0$$
（広島大）

解　$y' = p$ とおくと　$y'' = p'$　よって　$3\dfrac{dp}{dx} - p^2 + 9 = 0$

$p \neq \pm 3$ のとき，変数分離形 $\dfrac{3}{p^2-9}\dfrac{dp}{dx} = 1$　よって $\displaystyle\int \frac{3}{p^2-9}\,dp = \int dx$

$$\frac{3}{p^2-9} = \frac{1}{2}\left(\frac{1}{p-3} - \frac{1}{p+3}\right) \text{より}\quad \frac{1}{2}\log\left|\frac{p-3}{p+3}\right| = x + c\ （c \text{は任意定数}）$$

ゆえに　$\dfrac{p-3}{p+3} = C_1 e^{2x}$　これを p について解くと

$$p = -3\cdot\frac{C_1e^{2x}+1}{C_1e^{2x}-1} = -3\cdot\frac{C_1e^x + e^{-x}}{C_1e^x - e^{-x}}\quad （p = y' \text{より，これを積分}）$$

一般解は　$y = -3\log|C_1e^x - e^{-x}| + C_2$（$C_1$，$C_2$ は任意定数）

$p = 3$ のとき，$y = 3x + C$　（C は任意定数）

これは，一般解で $C_1 = 0$ としたときの解である．

$p = -3$ のとき，$y = -3x + C$　（C は任意定数）

これは，一般解に含まれないから特異解である．

A▷ **136**　次の微分方程式の一般解を求めよ．

(1) $y'' - \sqrt{1+y'} = 0$　（東北大）

(2) $y' = y'' + (y')^2$　（京都大）

例題52　次の x を含まない非線形微分方程式の一般解を求めよ．

$$(y-1)y'' + 2(y')^2 = 0$$
（岩手大）

解　$y' = \dfrac{dy}{dx} = p$ とおくと　$y'' = \dfrac{d^2y}{dx^2} = \dfrac{dp}{dx} = \dfrac{dp}{dy}\dfrac{dy}{dx} = \dfrac{dp}{dy}p = p\dfrac{dp}{dy}$

$y' = p$，$y'' = p\dfrac{dp}{dy}$ を微分方程式に代入すると　$p\left\{(y-1)\dfrac{dp}{dy} + 2p\right\} = 0$

$p \neq 0$ のとき，$(y-1)\dfrac{dp}{dy} + 2p = 0$　（$y \neq 1$ として）$\displaystyle\int \frac{1}{p}\,dp = -\int \frac{2}{y-1}\,dy$

$\log|p| = -2\log|y-1| + c$　（c は任意定数）　よって　$p = \dfrac{dy}{dx} = \dfrac{c_1}{(y-1)^2}$

$\displaystyle\int (y-1)^2\,dy = \int c_1\,dx$　よって　$\dfrac{1}{3}(y-1)^3 = c_1x + c_2$

ゆえに　$y=1+\sqrt[3]{C_1x+C_2}$　($C_1=3c_1$, $C_2=3c_2$ は定数) ($y=1$ を含む)

$p=0$ のとき，解は $y=C$ で一般解に含まれる ($C_1=0$, $C=1+\sqrt[3]{C_2}$ のとき).

A▷ **137**　次の微分方程式の一般解を求めよ.

(1) $yy''+(y')^2-5y'=0$　(東京大)

(2) $2yy''=(y')^2-1$　(北海道大)

例題53　次の連立微分方程式の初期条件を満たす解を求めよ.

ここでは，$x=x(t)$, $y=y(t)$, $x'=\dfrac{dx}{dt}$, $y'=\dfrac{dy}{dt}$ である.

$$\begin{cases} x'=\ \ \ x-y \\ y'=-x+y \end{cases}\qquad (t=0 \text{ のとき } x=1,\ y=3)$$

(横浜国立大)

解　第1式 $y=-x'+x$ を第2式に代入して　$x''-2x'=0$

x の一般解は　$x=C_1+C_2e^{2t}$　(C_1, C_2 は任意定数)

これを第1式 $y=-x'+x$ に代入して，y の一般解は　$y=C_1-C_2e^{2t}$

初期条件より　$C_1=2$, $C_2=-1$

よって，求める解は　$x=2-e^{2t}$, $y=2+e^{2t}$

〈注〉 例題の解で e^{2t} を消去すると，解曲線 $x+y=4$ を得る.

B▷ **138**　次の連立微分方程式の初期条件を満たす解を求めよ.

ここでは，$x=x(t)$, $y=y(t)$, $x'=\dfrac{dx}{dt}$, $y'=\dfrac{dy}{dt}$ である.

(1) $$\begin{cases} x'-3x+y=-2e^{2t} \\ 6x+y'-4y=4e^{2t} \end{cases}\qquad (t=0 \text{ のとき } x=4,\ y=1)$$　(東京農工大)

(2) $$\begin{cases} 2x'-\ y'=3x+e^{2t} \\ x'+2y'=\ y+e^{2t} \end{cases}\qquad (t=0 \text{ のとき } x=1,\ y=0)$$　(大阪大)

3章 線形代数

§1 ベクトル

1 空間内の図形

ある図形上の点の座標を $(x,\ y,\ z)$ とするときに，$x,\ y,\ z$ が満たす式をその図形の方程式という．図形の方程式を用いることで，幾何学の問題に代数的な計算でアプローチできるようになる．直線，平面，球面の方程式を理解し，応用問題に活用できるようにしておこう．

要項 43　ベクトルと空間図形

① 内積 $\vec{a}\cdot\vec{b}=|\vec{a}|\ |\vec{b}|\cos\theta$

② $\vec{a}\neq\vec{0},\ \vec{b}\neq\vec{0}$ のとき　$\vec{a}\perp\vec{b} \iff \vec{a}\cdot\vec{b}=0$

③ $\vec{a}\neq\vec{0},\ \vec{b}\neq\vec{0}$ のとき　$\vec{a}\,/\!/\,\vec{b} \iff \vec{b}=m\vec{a}$ を満たす実数 m が存在する

④ 点 $(x_0,\ y_0,\ z_0)$ を通り，方向ベクトルが $\vec{v}=(v_1,\ v_2,\ v_3)$ の直線の方程式

$$\frac{x-x_0}{v_1}=\frac{y-y_0}{v_2}=\frac{z-z_0}{v_3}\quad (v_1\neq 0,\ v_2\neq 0,\ v_3\neq 0)$$

媒介変数表示は　$x=x_0+v_1t,\ y=y_0+v_2t,\ z=z_0+v_3t$（$t$ は実数）

⑤ 点 $(x_0,\ y_0,\ z_0)$ を通り，法線ベクトルが $\vec{n}=(a,\ b,\ c)$ の平面の方程式

$$a(x-x_0)+b(y-y_0)+c(z-z_0)=0$$

⑥ 中心 $(x_0,\ y_0,\ z_0)$，半径 r の球の方程式

$$(x-x_0)^2+(y-y_0)^2+(z-z_0)^2=r^2$$

例題54　原点Oの xyz 空間に点 $\mathrm{A}(2,\ 1,\ 3)$，点 $\mathrm{B}(3,\ -2,\ 1)$ が与えられている．このとき，次の問いに答えよ．

(1) $\overrightarrow{\mathrm{OA}}$ と $\overrightarrow{\mathrm{OB}}$ のなす角 θ を求めよ．ただし，$0\leqq\theta<\pi$ とする．

(2) $\overrightarrow{\mathrm{OA}}$ と $\overrightarrow{\mathrm{OB}}$ に垂直な単位ベクトル $\vec{n}$ を求めよ．

(3) 3点O，A，Bを通る平面 α の方程式を求めよ．

(4) 点 C$(-1,\ -2,\ 3)$，点 D$(5,\ 6,\ 5)$ の両端を直径とする球 S の方程式を求めよ．

(5) 平面 α が球 S を 2 つの半球に分割することを示せ．　　（岩手大）

解 (1) **ベクトルのなす角を求めるには，内積（要項 43①）から求める．**

$$\cos\theta = \frac{\overrightarrow{\mathrm{OA}}\cdot\overrightarrow{\mathrm{OB}}}{|\overrightarrow{\mathrm{OA}}||\overrightarrow{\mathrm{OB}}|} = \frac{2\cdot3+1\cdot(-2)+3\cdot1}{\sqrt{2^2+1^2+3^2}\sqrt{3^2+(-2)^2+1^2}} = \frac{1}{2} \qquad \therefore\ \theta = \frac{\pi}{3}$$

(2) **要項 43②を用いる．**

$\vec{n} = (x,\ y,\ z)$ とおくと，$\vec{n}\cdot\overrightarrow{\mathrm{OA}} = 0,\ \vec{n}\cdot\overrightarrow{\mathrm{OB}} = 0,\ |\vec{n}| = 1$ より

$$\begin{cases} 2x+y+3z=0\cdots① \\ 3x-2y+z=0\cdots② \\ x^2+y^2+z^2=1\cdots③ \end{cases}$$

この連立方程式を解く．解き方はいろいろある．例えば，①，②から 2 つの変数を残りの 1 つの変数で表して，それらを③に代入してもよい．

② × 3 − ①，① × 2 + ② より　$y = x,\ z = -x$

これを③に代入して　$x = \pm\dfrac{1}{\sqrt{3}}$　　$\therefore\ \vec{n} = \pm\dfrac{1}{\sqrt{3}}(1,\ 1,\ -1)$

別解　$\overrightarrow{\mathrm{OA}}$，$\overrightarrow{\mathrm{OB}}$ に垂直なベクトルを $(x,\ y,\ z)$ とおく．

$$\begin{cases} 2x+y+3z=0 \\ 3x-2y+z=0 \end{cases}$$

これより，$x = 1$ のとき $y = 1,\ z = -1$ である．

よって $\overrightarrow{\mathrm{OA}}$，$\overrightarrow{\mathrm{OB}}$ に垂直なベクトルの 1 つは $(1,\ 1,\ -1)$ でその大きさが

$\sqrt{1^2+1^2+(-1)^2} = \sqrt{3}$ だから　$\vec{n} = \pm\dfrac{1}{\sqrt{3}}(1,\ 1,\ -1)$

〈注〉 2 つのベクトルに垂直なベクトルを外積 $\overrightarrow{\mathrm{OA}}\times\overrightarrow{\mathrm{OB}} = (7,\ 7,\ -7)$ によって，求めることもできる．

(3) **要項 43⑤を用いる．**

平面 α は原点を通り，(2) より法線ベクトルの 1 つが $(1,\ 1,\ -1)$ だから

$x+y-z=0$

(4) **要項 43⑥を用いる．**

球 S の中心を P とすると，P は線分 CD の中点だから

$$\left(\frac{-1+5}{2},\ \frac{-2+6}{2},\ \frac{3+5}{2}\right) = (2,\ 2,\ 4)$$

半径は　$\mathrm{PC} = \sqrt{3^2+4^4+1^2} = \sqrt{26}$　　$\therefore\ (x-2)^2+(y-2)^2+(z-4)^2 = 26$

3章 §1

(5) 球 S の中心 P(2, 2, 4) は，平面 α の方程式 $x+y-z=0$ を満たす．

よって，平面 α は球 S の中心 P を通り，S を2つの半球に分割する．

A▷ **139** 直交座標系 O-xyz において，点 A(1, 0, 1) および点 B(−2, 2, 0) がある．以下の問いに答えよ．

(1) △OAB において ∠AOB を求めよ．また，△OAB の面積 S を求めよ．

(2) 点 A，点 B を通る直線 ℓ の方程式を求めよ

(3) 原点 O を中心とする半径 R の球面：$x^2+y^2+z^2=R^2$ が直線 ℓ と点 Q で接するとき，半径 R ならびに点 Q の座標を求めよ．　　　　(鹿児島大)

A▷ **140** $2x+y+2z=3$ で表される平面 A と，$x^2+y^2+z^2=5^2$ で表される球面 S がある．球面 S を平面 A で切ったとする．このとき，この平面 A で切った球面 S の切り口部分の面積を求めよ．　　　　(三重大)

点 $(x_0,\ y_0,\ z_0)$ と平面 $ax+by+cz+d=0$ との距離は

$$\frac{|ax_0+by_0+cz_0+d|}{\sqrt{a^2+b^2+c^2}}$$

例題55 (1) 空間内の3点 (1, 0, 0), (0, 1, 0), (0, 0, 2) を通る平面の方程式を求めよ．ただし，ここでの座標系は直交座標系とする．

(2) 原点から平面までの最短距離を求めよ．　　　　(鹿児島大)

解 (1) **3点を通る平面の方程式を求める．**

平面の方程式を $ax+by+cz+d=0$ とし，3点の座標を代入すると

$$\begin{cases} a+d=0 \\ b+d=0 \\ 2c+d=0 \end{cases} \quad \therefore \quad a=-d,\ b=-d,\ c=-\frac{1}{2}d$$

$d=-2$ とすると，求める方程式は　$2x+2y+z-2=0$

(2) **要項 44 を用いる.**

求める最短距離は，原点と平面 $2x+2y+z-2=0$ との距離だから

$$\frac{|2\cdot 0+2\cdot 0+0-2|}{\sqrt{2^2+2^2+1^2}}=\frac{2}{3}$$

別解　**原点を通り平面に垂直な直線と，平面との共有点を求める.**

原点を通り平面に垂直な直線と平面との共有点を H とすると，求める最短距離は OH である．直線 OH は，原点を通り，方向ベクトルが，平面 $2x+2y+z-2=0$ の法線ベクトル $(2,\ 2,\ 1)$ だから，その方程式は

$x=2t,\ y=2t,\ z=t$（t は実数）

2 つの図形の共有点の座標は連立方程式の解になる．直線を媒介変数で表すとよい.

これを平面の方程式に代入して　$4t+4t+t-2=0$　　$\therefore\ t=\dfrac{2}{9}$

よって，$\mathrm{H}\left(\dfrac{4}{9},\ \dfrac{4}{9},\ \dfrac{2}{9}\right)$ より　$\mathrm{OH}=\sqrt{\left(\dfrac{4}{9}\right)^2+\left(\dfrac{4}{9}\right)^2+\left(\dfrac{2}{9}\right)^2}=\dfrac{2}{3}$

〈注〉 別解の点 H を，点から平面に下ろした垂線の足という．要項 44 の公式は，別解の方法で導くことができる．別解の解き方でできるようにしておくとよい．

3章 §1

A▷ **141**　3 次元空間上に存在する 3 点 $\mathrm{A}(0,\ 1,\ -1)$, $\mathrm{B}(2,\ 0,\ 3)$, $\mathrm{C}(1,\ 1,\ 0)$ について，次の問いに答えよ．

(1) 3 点 A, B, C を通る平面の方程式を求めよ．

(2) (1) の平面の単位法線ベクトルを求めよ．

(3) 原点を通り，(2) の単位法線ベクトルに平行な直線の方程式を求めよ．

(4) (1) の平面と (3) の直線との交点の座標を求めよ．　（岩手大）

A▷ **142**　xyz 座標空間に 3 点 $\mathrm{A}(1,\ 0,\ 0)$, $\mathrm{B}(0,\ 1,\ 0)$, $\mathrm{C}(0,\ 0,\ 2)$ があるとする．このとき，以下の問いに答えよ．

(1) 2 つのベクトル $\overrightarrow{\mathrm{CA}}$, $\overrightarrow{\mathrm{CB}}$ と直交するベクトルを求めよ．

(2) 3 点 A, B, C を通る平面の方程式を求めよ．

(3) (2) の平面に関して，点 $\mathrm{D}(0,\ 0,\ 1)$ と対称な点を E とする．点 E の座標を求めよ．　（秋田大）

B▷ **143** 直交座標系 $(x,\ y,\ z)$ において，直線 $\ell : x-1=-y+3=-z-5$ および点 A(4, 5, 2) に対し，以下の問いに答えよ．

(1) ℓ および A を含む平面を α とする．α の方程式を求めよ．

(2) A から ℓ に垂線 AH を引くとき，H の座標を求めよ．

(3) 原点 O から α に垂線 OH′ を引くとき，H′ の座標を求めよ．

(4) 四面体 OAHH′ の体積を求めよ．（東京都立大）

A▷ **144** 平面 P の方程式を $x+y+\alpha z+1=0$，平面 Q の方程式を $x+\alpha y+z-1=0$ とする．平面 P と Q のなす角が直角となるような α の値を求めよ．（鹿児島大）

A▷ **145** $-x+2\sqrt{2}y-4z=1$ で表される平面 A と，$2x+2z=1$ で表される平面 B がある．この2つの平面に関する以下の各問いに答えよ．

(1) この2つの平面のなす角は何度になるか求めよ．

(2) この2つの平面の交線の方程式を求めよ．

(3) この2つの平面の交線を含み，かつ原点を通る平面の方程式を求めよ．

（三重大）

A▷ **146** 2つのベクトル $\overrightarrow{A}=(a,\ 7,\ -3)$，$\overrightarrow{B}=(-2,\ b,\ 3)$ について，$\overrightarrow{A}-3\overrightarrow{B}$ と $2\overrightarrow{A}+\overrightarrow{B}$ が平行になるときの a，b の値を求めよ．（東京都立大）

A▷ **147** 空間に3点 P, A, B がある．点 A から直線 PB に下ろした垂線と，直線 PB との交点を R とする．

(1) $\boldsymbol{a}=\overrightarrow{\mathrm{PA}}$，$\boldsymbol{b}=\overrightarrow{\mathrm{PB}}$ とするとき，$\overrightarrow{\mathrm{PR}}=\dfrac{\boldsymbol{a}\cdot\boldsymbol{b}}{|\boldsymbol{b}|^2}\boldsymbol{b}$ となることを示せ．

(2) P(3, −6, 9)，A(−3, 2, 5)，B(−1, −3, 8) に対して，R の座標を求めよ．

（福井大）

B▷ **148** 点Oを原点とする xyz 空間に3点 $A(2,\ 1,\ k)$，$B(0,\ 2,\ 0)$，$C(2,\ 0,\ 0)$ がある．ただし，k は正の実数である．線分BC，OCの中点をそれぞれD，Eとする．$\overrightarrow{OA}=\vec{a}$，$\overrightarrow{OB}=\vec{b}$，$\overrightarrow{OC}=\vec{c}$ とするとき，以下の問いに答えよ．

(1) $\overrightarrow{AD}$，$\overrightarrow{AE}$ を $\vec{a}$，$\vec{b}$，$\vec{c}$ を用いてそれぞれ表せ．

(2) $\angle DAE=30^\circ$ となるときの k を求めよ．

(3) $k=1$ のとき，原点から点A，B，Cを通る平面におろした垂線を ℓ_1 とし，平面との交点をHとする．

(i) $\overrightarrow{OH}=s\vec{a}+t\vec{b}+(1-s-t)\vec{c}$ と表すとき，実数 s，t を求めよ．

(ii) 点A，Dを通る直線を ℓ_2 とするとき，直線 ℓ_1 と直線 ℓ_2 の最短距離を求めよ．

（東北大）

3章 §1

B▷ **149** 座標空間において3つの平面

$$x+3z=a,\quad x+(a+1)y-z=-1,\quad x+6y-9z=a-6$$

の共通部分が直線 l であるとき，定数 a の値および直線 l の方程式を求めよ．

（名古屋工業大）

B▷ **150** a，b，c，r を実数として，3次元空間（xyz - 空間）内の3つの平面を次のように定義する．

平面 $S_1=\{(x,\ y,\ z)\mid x+2y+z=a\}$

平面 $S_2=\{(x,\ y,\ z)\mid -2x+y+z=b\}$

平面 $S_3=\{(x,\ y,\ z)\mid 2x+5y+rz=c\}$

このとき，以下の各問いに答えよ．

(1) 任意の a，b，c の値に対して常に3つの平面の共通部分 $S_1\cap S_2\cap S_3$ が1点となるための r に関する条件を求めよ．

(2) r が前問 (1) の条件を満たさないとする．このとき，以下の (i) と (ii) のそれぞれについて，$S_1 \cap S_2 \cap S_3$ は「空集合」「1点」「直線」「平面」のいずれになるかを答えよ．「空集合」となる場合には，その理由を示すこと．それ以外の場合には，集合 $S_1 \cap S_2 \cap S_3$ を具体的に求めること．

(i) $a = b = c = 0$ の場合

(ii) $a = 1,\ b = 2,\ c = 3$ の場合　　（九州大）

C▷ **151** 右図を参照して，以下の問いに答えよ．

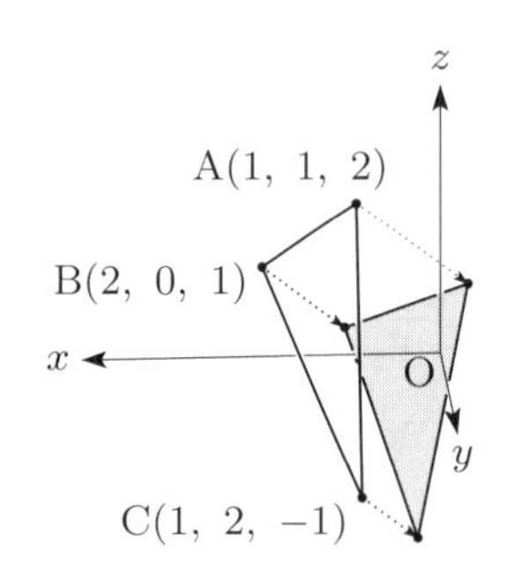

(1) 3次元空間内に x 軸，y 軸，z 軸からなる直交座標系を考え，頂点 A(1, 1, 2), B(2, 0, 1), C(1, 2, −1) からなる三角形 ABC と，ベクトル (1, 1, 1) に垂直な原点 O を通る平面 P を考える．このとき三角形 ABC の，(−1, −1, −1) 方向に無限遠から入射する平行光線 $\boldsymbol{R}$ による平面 P への投影図の面積を求めよ．

(2) 四面体 ABCD の平行光線 $\boldsymbol{R}$ による平面 P への投影を考える．四面体 ABCD が 0 でない体積を持ち，なおかつ頂点 D の投影が三角形 ABC の投影図に内包されるとき，頂点 D の座標が満たす必要条件を求めよ．ただし，頂点 D の座標 $(d_x,\ d_y,\ d_z)$ は条件 $4d_x + 3d_y + d_z - 9 > 0$ を満たすとする．　　（東京大）

2　線形独立・線形従属

与えられたベクトルの組が，線形独立であるか線形従属であるかを判定できるようにしておきたい．また，グラム・シュミットの正規直交化法は，対称行列を対角化する直交行列を求めるためにも使うから，必ずできるようにしておこう．

要項45 ① ベクトルの組 $\boldsymbol{x}_1, \boldsymbol{x}_2, \cdots, \boldsymbol{x}_n$ が1次独立，1次従属（線形独立，線形従属）であることの定義

$c_1\boldsymbol{x}_1 + c_2\boldsymbol{x}_2 + \cdots + c_n\boldsymbol{x}_n = \boldsymbol{0}$ とするとき

$c_1 = c_2 = \cdots = c_n = 0$ となる（それ以外では成り立たない）

$\Longrightarrow$ $\boldsymbol{x}_1, \boldsymbol{x}_2, \cdots, \boldsymbol{x}_n$ は1次独立（線形独立）

$c_1 = c_2 = \cdots = c_n = 0$ とは限らない（それ以外の解をもつ）

$\Longrightarrow$ $\boldsymbol{x}_1, \boldsymbol{x}_2, \cdots, \boldsymbol{x}_n$ は1次従属（線形従属）

② $\boldsymbol{x}_1, \boldsymbol{x}_2, \cdots, \boldsymbol{x}_n$ が n 次列ベクトルの場合

それらを並べて作った正方行列 $A = (\boldsymbol{x}_1\ \boldsymbol{x}_2\ \cdots\ \boldsymbol{x}_n)$ に対して

$|A| \neq 0 \Longrightarrow \boldsymbol{x}_1, \boldsymbol{x}_2, \cdots, \boldsymbol{x}_n$ は1次独立（線形独立）

$|A| = 0 \Longrightarrow \boldsymbol{x}_1, \boldsymbol{x}_2, \cdots, \boldsymbol{x}_n$ は1次従属（線形従属）

例題56 以下のベクトルの各組は一次独立か，もしくは一次従属か答えよ．

(1) $\boldsymbol{x}_1 = \begin{pmatrix} 1 \\ 2 \end{pmatrix}$, $\boldsymbol{x}_2 = \begin{pmatrix} 3 \\ 4 \end{pmatrix}$　　(2) $\boldsymbol{x}_1 = \begin{pmatrix} 1 \\ 2 \\ 3 \end{pmatrix}$, $\boldsymbol{x}_2 = \begin{pmatrix} 4 \\ 5 \\ 6 \end{pmatrix}$, $\boldsymbol{x}_3 = \begin{pmatrix} 7 \\ 8 \\ 9 \end{pmatrix}$

(3) $\boldsymbol{x}_1 = \begin{pmatrix} 1 \\ 2 \\ 3 \end{pmatrix}$, $\boldsymbol{x}_2 = \begin{pmatrix} 3 \\ 2 \\ 1 \end{pmatrix}$, $\boldsymbol{x}_3 = \begin{pmatrix} 1 \\ -2 \\ 3 \end{pmatrix}$　　（埼玉大）

解 (1) $c_1\boldsymbol{x}_1 + c_2\boldsymbol{x}_2 = \boldsymbol{0}$ とすると

$c_1\begin{pmatrix} 1 \\ 2 \end{pmatrix} + c_2\begin{pmatrix} 3 \\ 4 \end{pmatrix} = \begin{pmatrix} 0 \\ 0 \end{pmatrix}$ より　$\begin{pmatrix} 1 & 3 \\ 2 & 4 \end{pmatrix}\begin{pmatrix} c_1 \\ c_2 \end{pmatrix} = \begin{pmatrix} 0 \\ 0 \end{pmatrix}$

$A = \begin{pmatrix} 1 & 3 \\ 2 & 4 \end{pmatrix}$, $\boldsymbol{c} = \begin{pmatrix} c_1 \\ c_2 \end{pmatrix}$ とすると　$A\boldsymbol{c} = \boldsymbol{0}$

$|A| = -2 \neq 0$ より A^{-1} が存在し，両辺に左から A^{-1} を掛けると　$\boldsymbol{c} = \boldsymbol{0}$

よって，$c_1 = 0$, $c_2 = 0$ となるから，$\boldsymbol{x}_1, \boldsymbol{x}_2$ は1次独立である．

(2) $c_1\boldsymbol{x}_1+c_2\boldsymbol{x}_2+c_3\boldsymbol{x}_3=\boldsymbol{0}$ とすると

$$c_1\begin{pmatrix}1\\2\\3\end{pmatrix}+c_2\begin{pmatrix}4\\5\\6\end{pmatrix}+c_3\begin{pmatrix}7\\8\\9\end{pmatrix}=\begin{pmatrix}0\\0\\0\end{pmatrix} \text{ より } \begin{pmatrix}1&4&7\\2&5&8\\3&6&9\end{pmatrix}\begin{pmatrix}c_1\\c_2\\c_3\end{pmatrix}=\begin{pmatrix}0\\0\\0\end{pmatrix}$$

$$A=\begin{pmatrix}1&4&7\\2&5&8\\3&6&9\end{pmatrix},\ \boldsymbol{c}=\begin{pmatrix}c_1\\c_2\\c_3\end{pmatrix} \text{ とすると }\quad A\boldsymbol{c}=\boldsymbol{0}$$

$|A|=0$ より，$A\boldsymbol{c}=\boldsymbol{0}$ は $c_1=0$，$c_2=0$，$c_3=0$ 以外の解ももつ．

よって，$\boldsymbol{x}_1$，$\boldsymbol{x}_2$，$\boldsymbol{x}_3$ は1次従属である．

(3) 同様に行列式を求めると，$\begin{vmatrix}1&3&1\\2&2&-2\\3&1&3\end{vmatrix}=-32\neq 0$ より，1次独立である．

〈注〉 このように，要項45②が成り立つ．

A▷ **152** $\boldsymbol{R}^3$ のベクトル $\boldsymbol{a}=\begin{pmatrix}2\\-1\\1\end{pmatrix}$，$\boldsymbol{b}=\begin{pmatrix}2\\-1\\2\end{pmatrix}$，$\boldsymbol{c}=\begin{pmatrix}1\\-1\\2\end{pmatrix}$ が1次独立であることを示せ．また，$\boldsymbol{x}=\begin{pmatrix}1\\-5\\-3\end{pmatrix}$ を $\boldsymbol{a}$，$\boldsymbol{b}$，$\boldsymbol{c}$ の1次結合で表せ．　(信州大)

A▷ **153** x を実数とするとき，以下の3つのベクトルが一次従属となる x を求めよ．

$$\boldsymbol{a}=\begin{pmatrix}x\\2\\1\end{pmatrix},\ \boldsymbol{b}=\begin{pmatrix}2\\x\\0\end{pmatrix},\ \boldsymbol{c}=\begin{pmatrix}3\\3\\x\end{pmatrix}$$

(福井大)

要項 46　ベクトル $\boldsymbol{v}_1$，$\boldsymbol{v}_2$，$\cdots\boldsymbol{v}_n$ を並べて作った行列 $A=(\boldsymbol{v}_1\ \boldsymbol{v}_2\cdots\ \boldsymbol{v}_n)$ に対して

$\operatorname{rank} A=n \implies \boldsymbol{v}_1,\ \boldsymbol{v}_2,\ \cdots,\ \boldsymbol{v}_n$ は1次独立（線形独立）

$\operatorname{rank} A\neq n \implies \boldsymbol{v}_1,\ \boldsymbol{v}_2,\ \cdots,\ \boldsymbol{v}_n$ は1次従属（線形従属）

行列 A が正方行列でないときは，階数を調べる方法が有効である．

例題57 aを実数とする．ベクトル $\boldsymbol{v}_1$, $\boldsymbol{v}_2$, $\boldsymbol{v}_3$, $\boldsymbol{v}_4$ を

$$\boldsymbol{v}_1=\begin{pmatrix}1\\0\\1\\-1\end{pmatrix},\ \boldsymbol{v}_2=\begin{pmatrix}1\\2\\0\\-1\end{pmatrix},\ \boldsymbol{v}_3=\begin{pmatrix}2\\1\\1\\-4\end{pmatrix},\ \boldsymbol{v}_4=\begin{pmatrix}1\\a\\a^2\\a^3\end{pmatrix}$$

と定める．以下の問いに答えよ．

(1) ベクトルの組 $\{\boldsymbol{v}_1,\ \boldsymbol{v}_2,\ \boldsymbol{v}_3\}$ が一次独立であることを示せ．

(2) ベクトルの組 $\{\boldsymbol{v}_1,\ \boldsymbol{v}_2,\ \boldsymbol{v}_3,\ \boldsymbol{v}_4\}$ が一次独立とならないような a の値をすべて求めよ． （奈良女子大）

解 (1) $c_1\boldsymbol{v}_1+c_2\boldsymbol{v}_2+c_3\boldsymbol{v}_3=\boldsymbol{0}$ とすると

$$\begin{pmatrix}1&1&2\\0&2&1\\1&0&1\\-1&-1&-4\end{pmatrix}\begin{pmatrix}c_1\\c_2\\c_3\end{pmatrix}=\begin{pmatrix}0\\0\\0\\0\end{pmatrix}$$

係数行列を行基本変形すると

$$\begin{pmatrix}1&1&2\\0&2&1\\0&-1&-1\\0&0&-2\end{pmatrix}\longrightarrow\begin{pmatrix}1&1&2\\0&1&1\\0&2&1\\0&0&1\end{pmatrix}\longrightarrow\begin{pmatrix}1&1&2\\0&1&1\\0&0&-1\\0&0&1\end{pmatrix}\longrightarrow\begin{pmatrix}1&1&2\\0&1&1\\0&0&1\\0&0&0\end{pmatrix}$$

よって，$c_1=0$, $c_2=0$, $c_3=0$ となり，$\boldsymbol{v}_1$, $\boldsymbol{v}_2$, $\boldsymbol{v}_3$ は1次独立である．

(2) $c_1\boldsymbol{v}_1+c_2\boldsymbol{v}_2+c_3\boldsymbol{v}_3+c_4\boldsymbol{v}_4=\boldsymbol{0}$ とすると

$$\begin{pmatrix}1&1&2&1\\0&2&1&a\\1&0&1&a^2\\-1&-1&-4&a^3\end{pmatrix}\begin{pmatrix}c_1\\c_2\\c_3\\c_4\end{pmatrix}=\begin{pmatrix}0\\0\\0\\0\end{pmatrix}$$

(1) と同様に係数行列を行基本変形すると

$$\begin{pmatrix} 1 & 1 & 2 & 1 \\ 0 & 1 & 1 & -a^2+1 \\ 0 & 0 & 1 & -2a^2-a+2 \\ 0 & 0 & 0 & a^3-4a^2-2a+5 \end{pmatrix}$$

1次独立とならないのは，$c_1=0$，$c_2=0$，$c_3=0$，$c_4=0$ 以外の解をもつとき

だから　$a^3-4a^2-2a+5=0$

よって，$(a-1)(a^2-3a-5)=0$ より　$a=1,\ \dfrac{3\pm\sqrt{29}}{2}$

別解　$A=(\boldsymbol{v}_1\ \boldsymbol{v}_2\ \boldsymbol{v}_3\ \boldsymbol{v}_4)$ に対して

$|A|=-(a^3-4a^2-2a+5)=-(a-1)(a^2-3a-5)=0$ より　$a=1,\ \dfrac{3\pm\sqrt{29}}{2}$

〈注〉 例題の解法をみると，要項46 のようになることがわかる．(1) では，$\operatorname{rank} A=3$，(2) では，$\operatorname{rank} A \neq 4$ から求めることができる．

B▷ **154**　$\boldsymbol{R}$ を実数全体の集合とする．次の $\boldsymbol{R}^4$ のベクトルについて，以下の問いに答えよ．

$$\boldsymbol{a}=\begin{pmatrix} 1 \\ -1 \\ 4 \\ 0 \end{pmatrix},\ \boldsymbol{b}=\begin{pmatrix} 4 \\ -2 \\ 7 \\ 1 \end{pmatrix},\ \boldsymbol{c}=\begin{pmatrix} 3 \\ 1 \\ 0 \\ 2 \end{pmatrix},\ \boldsymbol{d}=\begin{pmatrix} -2 \\ 0 \\ 1 \\ k \end{pmatrix}$$

(1) $\boldsymbol{a}$，$\boldsymbol{b}$，$\boldsymbol{c}$ が一次独立であることを示せ．

(2) $\boldsymbol{a}$，$\boldsymbol{b}$，$\boldsymbol{d}$ が一次従属となるように k の値を定めよ．　（佐賀大）

B▷ **155**　$\boldsymbol{R}^4$ の3つのベクトル

$$\boldsymbol{v}_1=\begin{pmatrix} 2 \\ 1 \\ -2 \\ -1 \end{pmatrix},\ \boldsymbol{v}_2=\begin{pmatrix} -1 \\ 2 \\ 1 \\ 1 \end{pmatrix},\ \boldsymbol{v}_3=\begin{pmatrix} 1 \\ 8 \\ -1 \\ 1 \end{pmatrix}$$

が1次独立であるかどうかを調べよ．　（京都工芸繊維大）

例題58 ベクトル $\overrightarrow{A}$, $\overrightarrow{B}$, $\overrightarrow{C}$ は一次独立であるとする．これら $\overrightarrow{A}$, $\overrightarrow{B}$, $\overrightarrow{C}$ の一次結合である以下のような3つのベクトル $\overrightarrow{P}$, $\overrightarrow{Q}$, $\overrightarrow{R}$ を考える．

$$\overrightarrow{P}=\alpha\overrightarrow{A}+\overrightarrow{B}+\overrightarrow{C},\ \overrightarrow{Q}=\overrightarrow{A}+\beta\overrightarrow{B}+\overrightarrow{C},\ \overrightarrow{R}=\overrightarrow{A}+\overrightarrow{B}+\gamma\overrightarrow{C}$$

ただし，α, β, γ は定数とする．上記の3つのベクトル $\overrightarrow{P}$, $\overrightarrow{Q}$, $\overrightarrow{R}$ が一次独立であるためには，定数 α, β, γ に関して，$\alpha\beta\gamma-\alpha-\beta-\gamma+2\neq 0$ が成り立たなければならないことを証明せよ． （福井大）

解 **1次独立の定義（87ページ要項45①）を用いる．**

$c_1\overrightarrow{P}+c_2\overrightarrow{Q}+c_3\overrightarrow{R}=\vec{0}$ とすると

$$(\alpha c_1+c_2+c_3)\overrightarrow{A}+(c_1+\beta c_2+c_3)\overrightarrow{B}+(c_1+c_2+\gamma c_3)\overrightarrow{C}=\vec{0}$$

$\overrightarrow{A}$, $\overrightarrow{B}$, $\overrightarrow{C}$ は1次独立だから　$\alpha c_1+c_2+c_3=0,\ c_1+\beta c_2+c_3=0,\ c_1+c_2+\gamma c_3=0$

すなわち $\begin{pmatrix}\alpha & 1 & 1\\ 1 & \beta & 1\\ 1 & 1 & \gamma\end{pmatrix}\begin{pmatrix}c_1\\ c_2\\ c_3\end{pmatrix}=\begin{pmatrix}0\\ 0\\ 0\end{pmatrix}$

$\overrightarrow{P}$, $\overrightarrow{Q}$, $\overrightarrow{R}$ が1次独立であるための条件は，この方程式が $c_1=0$, $c_2=0$, $c_3=0$ 以外の解をもたないことだから

$$\begin{vmatrix}\alpha & 1 & 1\\ 1 & \beta & 1\\ 1 & 1 & \gamma\end{vmatrix}\neq 0 \qquad \therefore\ \ \alpha\beta\gamma-\alpha-\beta-\gamma+2\neq 0$$

A▷ **156** $\boldsymbol{a}_1$, $\boldsymbol{a}_2$, $\cdots$, $\boldsymbol{a}_r$ が互いに直交するとき，これらのベクトルは1次独立であることを示せ．ただし，$\boldsymbol{a}_1\neq\boldsymbol{0}$, $\boldsymbol{a}_2\neq\boldsymbol{0}$, $\cdots$, $\boldsymbol{a}_r\neq\boldsymbol{0}$ とする． （室蘭工業大）

B▷ **157** $A=(\boldsymbol{a}_1\ \boldsymbol{a}_2\ \boldsymbol{a}_3)$ と $B=(\boldsymbol{b}_1\ \boldsymbol{b}_2\ \boldsymbol{b}_3)=(\boldsymbol{e}_1-\boldsymbol{e}_2\ \ \boldsymbol{e}_2+\boldsymbol{e}_3\ \ 2\boldsymbol{e}_1+3\boldsymbol{e}_3)$ は3次正方行列（$\boldsymbol{a}_j$, $\boldsymbol{b}_j$ はそれぞれ行列 A, B の第 j 列，$\boldsymbol{e}_j$ は3次単位行列の第 j 列）とし，写像 $f:\boldsymbol{R}^3\to\boldsymbol{R}^3$ を $f(\boldsymbol{x})=A\boldsymbol{x}$ と定める．

(1) $\{\boldsymbol{b}_1,\ \boldsymbol{b}_2,\ \boldsymbol{b}_3\}$ は1次独立であることを示せ．

(2) $f(\boldsymbol{b}_1)$, $f(\boldsymbol{b}_2)$, $f(\boldsymbol{b}_3)$ をそれぞれ $\boldsymbol{a}_1$, $\boldsymbol{a}_2$, $\boldsymbol{a}_3$ の式として表せ．

3章 §1

(3) $\boldsymbol{a}_1 + \boldsymbol{a}_3 = \boldsymbol{a}_2$ ならば $\{f(\boldsymbol{b}_1),\ f(\boldsymbol{b}_2),\ f(\boldsymbol{b}_3)\}$ は1次従属であることを示せ．

（大阪公立大）

B▷ **158** $\boldsymbol{a}_1$, $\boldsymbol{a}_2$, $\boldsymbol{a}_3$ は空間の3次元ベクトルとして，以下の設問に答えよ．

(1) $\boldsymbol{a}_1$, $\boldsymbol{a}_2$, $\boldsymbol{a}_3$ が一次独立であるための必要十分条件は，$\boldsymbol{a}_1$, $\boldsymbol{a}_1+\boldsymbol{a}_2$, $\boldsymbol{a}_1+\boldsymbol{a}_2+\boldsymbol{a}_3$ が一次独立であることを証明せよ．

(2) $\boldsymbol{a}_1$, $\boldsymbol{a}_2$, $\boldsymbol{a}_3$ が一次独立で $\boldsymbol{a} = \boldsymbol{a}_1 + \lambda_2\boldsymbol{a}_2 + \lambda_3\boldsymbol{a}_3$ とおくと，$\boldsymbol{a}$, $\boldsymbol{a}_2$, $\boldsymbol{a}_3$ は一次独立であることを証明せよ．ただし，λ_2, λ_3 は実定数である．

(3) $\boldsymbol{a}_1$, $\boldsymbol{a}_2$, $\boldsymbol{a}_3$ が一次独立で $\boldsymbol{a} = \lambda_1\boldsymbol{a}_1 + \lambda_2\boldsymbol{a}_2 + \lambda_3\boldsymbol{a}_3$ とする．$\boldsymbol{a}_1 - \boldsymbol{a}$, $\boldsymbol{a}_2 - \boldsymbol{a}$, $\boldsymbol{a}_3 - \boldsymbol{a}$ が一次独立であるための必要十分条件は，$\lambda_1 + \lambda_2 + \lambda_3 \neq 1$ であることを証明せよ．ただし，λ_1, λ_2, λ_3 は実定数である．

(4) 空間に直交座標系 O-xyz が与えられているものとする．図に示すように，x 軸上の点 A に対し $\boldsymbol{a}_1 = \overrightarrow{\mathrm{OA}}$，$y$ 軸上の点 B に対し $\boldsymbol{a}_2 = \overrightarrow{\mathrm{OB}}$，空間内の点 C に対し $\boldsymbol{a}_3 = \overrightarrow{\mathrm{OC}}$ とする．点 C から xy 平面に垂線 CD を引くとき，ベクトル $\boldsymbol{d} = \overrightarrow{\mathrm{OD}}$ を $\boldsymbol{a}_1$ と $\boldsymbol{a}_2$ の線形結合で表せ．

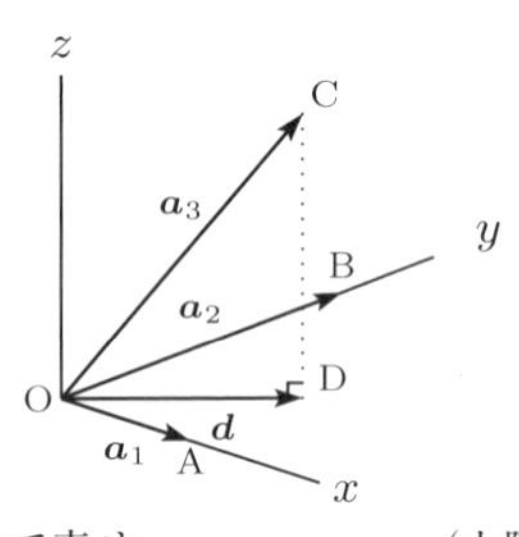

（大阪大）

B▷ **159** 三角形 ABC と点 P が $3\overrightarrow{\mathrm{PA}} + 4\overrightarrow{\mathrm{PB}} + \overrightarrow{\mathrm{PC}} = \vec{0}$ を満たすとき，次の問いに答えよ．

(1) $\overrightarrow{\mathrm{AB}} = \vec{b}$, $\overrightarrow{\mathrm{AC}} = \vec{c}$ とおく．このとき，$\overrightarrow{\mathrm{AP}}$ を $\vec{b}$, $\vec{c}$ を用いて表せ．

(2) 点 P が三角形 ABC の内部にあることを示せ．

(3) 面積の比 $\triangle\mathrm{PAB} : \triangle\mathrm{PBC} : \triangle\mathrm{PCA}$ を求めよ．

（新潟大）

要項 47　**グラム・シュミットの直交化法**

与えられた $\boldsymbol{R}^3$ のベクトル $\{\boldsymbol{a}_1,\ \boldsymbol{a}_2,\ \boldsymbol{a}_3\}$ から，次のようにして，正規直交系（大きさ1のベクトルで，互いに直交するベクトルの組）$\{\boldsymbol{u}_1,\ \boldsymbol{u}_2,\ \boldsymbol{u}_3\}$ を作る方法を，グラム・シュミットの直交化法という．

(1)　$\boldsymbol{u}_1 = \dfrac{\boldsymbol{a}_1}{|\boldsymbol{a}_1|}$ とする．　（$\boldsymbol{u}_1$ は $\boldsymbol{a}_1$ の大きさを1にしたもの）

(2)　$\boldsymbol{b}_2 = \boldsymbol{a}_2 - (\boldsymbol{a}_2 \cdot \boldsymbol{u}_1)\boldsymbol{u}_1$ とおき $\boldsymbol{u}_2 = \dfrac{\boldsymbol{b}_2}{|\boldsymbol{b}_2|}$ とする．

（$\boldsymbol{b}_2$ は $\boldsymbol{a}_1$ と $\boldsymbol{a}_2$ で張られる平面の上にあり，$\boldsymbol{u}_1$ と垂直なもの）

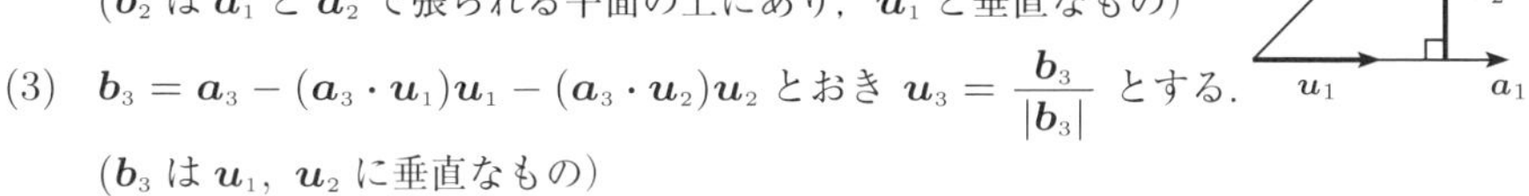

(3)　$\boldsymbol{b}_3 = \boldsymbol{a}_3 - (\boldsymbol{a}_3 \cdot \boldsymbol{u}_1)\boldsymbol{u}_1 - (\boldsymbol{a}_3 \cdot \boldsymbol{u}_2)\boldsymbol{u}_2$ とおき $\boldsymbol{u}_3 = \dfrac{\boldsymbol{b}_3}{|\boldsymbol{b}_3|}$ とする．

（$\boldsymbol{b}_3$ は $\boldsymbol{u}_1$，$\boldsymbol{u}_2$ に垂直なもの）

〈注〉 $\boldsymbol{b}_2 = \boldsymbol{a}_2 - (\boldsymbol{a}_2 \cdot \boldsymbol{u}_1)\boldsymbol{u}_1$，$|\boldsymbol{u}_1| = 1$ より，$\boldsymbol{b}_2 \cdot \boldsymbol{u}_1 = \boldsymbol{a}_2 \cdot \boldsymbol{u}_1 - (\boldsymbol{a}_2 \cdot \boldsymbol{u}_1)\boldsymbol{u}_1 \cdot \boldsymbol{u}_1 = 0$ となる．$\boldsymbol{b}_3 = \boldsymbol{a}_3 - (\boldsymbol{a}_3 \cdot \boldsymbol{u}_1)\boldsymbol{u}_1 - (\boldsymbol{a}_3 \cdot \boldsymbol{u}_2)\boldsymbol{u}_2$ についても，$\boldsymbol{b}_3 \cdot \boldsymbol{u}_1 = 0$，$\boldsymbol{b}_3 \cdot \boldsymbol{u}_2 = 0$ が成り立つ．これより，$\boldsymbol{b}_2 \perp \boldsymbol{u}_1$，$\boldsymbol{b}_3 \perp \boldsymbol{u}_1$，$\boldsymbol{b}_3 \perp \boldsymbol{u}_2$ がわかる．

例題59　次に示す $\boldsymbol{R}^3$ の基底をグラム・シュミットの正規直交化法（シュミットの正規直交化法）を用いて正規直交化せよ．

$$\boldsymbol{a}_1 = \begin{pmatrix} 1 \\ 1 \\ 0 \end{pmatrix},\ \boldsymbol{a}_2 = \begin{pmatrix} 1 \\ 1 \\ -1 \end{pmatrix},\ \boldsymbol{a}_3 = \begin{pmatrix} 0 \\ -1 \\ 2 \end{pmatrix}$$

（香川大）

解　$\boldsymbol{u}_1 = \dfrac{1}{|\boldsymbol{a}_1|}\boldsymbol{a}_1 = \dfrac{1}{\sqrt{2}}\begin{pmatrix} 1 \\ 1 \\ 0 \end{pmatrix}$

$$\boldsymbol{b}_2 = \boldsymbol{a}_2 - (\boldsymbol{a}_2 \cdot \boldsymbol{u}_1)\boldsymbol{u}_1 = \begin{pmatrix} 1 \\ 1 \\ -1 \end{pmatrix} - \sqrt{2} \cdot \frac{1}{\sqrt{2}}\begin{pmatrix} 1 \\ 1 \\ 0 \end{pmatrix} = \begin{pmatrix} 0 \\ 0 \\ -1 \end{pmatrix}$$

$$\boldsymbol{u}_2 = \frac{1}{|\boldsymbol{b}_2|}\boldsymbol{b}_2 = \begin{pmatrix} 0 \\ 0 \\ -1 \end{pmatrix}$$

$$\boldsymbol{b}_3 = \boldsymbol{a}_3 - (\boldsymbol{a}_3 \cdot \boldsymbol{u}_1)\boldsymbol{u}_1 - (\boldsymbol{a}_3 \cdot \boldsymbol{u}_2)\boldsymbol{u}_2$$

$$= \begin{pmatrix} 0 \\ -1 \\ 2 \end{pmatrix} - \left(-\frac{1}{\sqrt{2}}\right) \cdot \frac{1}{\sqrt{2}} \begin{pmatrix} 1 \\ 1 \\ 0 \end{pmatrix} - (-2) \begin{pmatrix} 0 \\ 0 \\ -1 \end{pmatrix} = \frac{1}{2} \begin{pmatrix} 1 \\ -1 \\ 0 \end{pmatrix}$$

$$\boldsymbol{u}_3 = \frac{1}{|\boldsymbol{b}_3|}\boldsymbol{b}_3 = \frac{1}{\sqrt{2}} \begin{pmatrix} 1 \\ -1 \\ 0 \end{pmatrix}$$

したがって　$\boldsymbol{u}_1 = \frac{1}{\sqrt{2}} \begin{pmatrix} 1 \\ 1 \\ 0 \end{pmatrix}$，$\boldsymbol{u}_2 = \begin{pmatrix} 0 \\ 0 \\ -1 \end{pmatrix}$，$\boldsymbol{u}_3 = \frac{1}{\sqrt{2}} \begin{pmatrix} 1 \\ -1 \\ 0 \end{pmatrix}$

B▷ **160**　次に示す3つの3次元ベクトル $\boldsymbol{a}_1$，$\boldsymbol{a}_2$ および $\boldsymbol{a}_3$ について以下の問いに答えよ．

$$\boldsymbol{a}_1 = \begin{pmatrix} 1 \\ 1 \\ 0 \end{pmatrix},\ \boldsymbol{a}_2 = \begin{pmatrix} 0 \\ 1 \\ 1 \end{pmatrix},\ \boldsymbol{a}_3 = \begin{pmatrix} 1 \\ 0 \\ 1 \end{pmatrix}$$

(1) $\boldsymbol{a}_1$，$\boldsymbol{a}_2$ および $\boldsymbol{a}_3$ は線形独立（1次独立）であることを示せ．

(2) $\boldsymbol{a}_1$ を正規化せよ．

(3) グラム・シュミットの直交化を用いて，$\boldsymbol{a}_1$，$\boldsymbol{a}_2$ および $\boldsymbol{a}_3$ を正規直交化せよ．ただし，$\boldsymbol{a}_1$，$\boldsymbol{a}_2$ および $\boldsymbol{a}_3$ の順に正規直交基底を求めよ．（熊本大）

B▷ **161**　ベクトル空間 $\boldsymbol{R}^3$ の内積を，$\boldsymbol{a} = \begin{pmatrix} a_1 \\ a_2 \\ a_3 \end{pmatrix}$，$\boldsymbol{b} = \begin{pmatrix} b_1 \\ b_2 \\ b_3 \end{pmatrix} \in \boldsymbol{R}^3$ に対して

$$(\boldsymbol{a},\ \boldsymbol{b}) = a_1b_1 + 2a_2b_2 + 3a_3b_3$$

により定義する．$\boldsymbol{R}^3$ を通常の内積ではなく，この内積に関する計量ベクトル空間とみなすとき，次の問いに答えよ．

(1) $\boldsymbol{a}$，$\boldsymbol{b}$，$\boldsymbol{c} \in \boldsymbol{R}^3$ が正規直交系であるならば，$\boldsymbol{a}$，$\boldsymbol{b}$，$\boldsymbol{c}$ は一次独立であることを示せ．

(2) $\boldsymbol{a} = \frac{1}{\sqrt{2}} \begin{pmatrix} 1 \\ 0 \\ -1 \end{pmatrix}$，$\boldsymbol{b} = \frac{1}{\sqrt{5}} \begin{pmatrix} 1 \\ -2 \\ 1 \end{pmatrix}$，$\boldsymbol{c} = \frac{1}{\sqrt{3}} \begin{pmatrix} 1 \\ 1 \\ 1 \end{pmatrix}$ とおく．$\boldsymbol{a}$，$\boldsymbol{b}$，$\boldsymbol{c}$ は一次独立であるが，正規直交系ではないことを示せ．

(3) (2) の $\boldsymbol{a}$，$\boldsymbol{b}$，$\boldsymbol{c}$ をシュミットの直交化法を用いて直交化せよ．（高知大）

§2 行列と行列式

1 行列

行列の和，差，積などの計算と逆行列を求めることをできるようにしておきたい．また，転置行列，逆行列，正則行列，対称行列，交代行列，直交行列などの用語の定義を正確に把握し，証明問題などにも対処できるようにしておこう．

行列 A の転置行列は ${}^tA$ や A^T で表すが，本書では ${}^tA$ を用いる．

A▷ **162** 次のベクトルと行列の演算を行え．

(1) $\begin{pmatrix} 1 & 2 & 3 \end{pmatrix}\begin{pmatrix} 1 \\ 1 \\ 2 \end{pmatrix}$　(2) $4\begin{pmatrix} 1 & 3 \\ -3 & -1 \end{pmatrix} - 3\begin{pmatrix} 2 & 4 \\ 1 & 3 \end{pmatrix}$

(3) $\begin{pmatrix} 1 \\ 1 \\ 2 \end{pmatrix}\begin{pmatrix} 1 & 2 & 3 \end{pmatrix}$　(4) ${}^t\begin{pmatrix} -2 & 0 \\ 1 & 1 \\ 0 & 1 \end{pmatrix}\begin{pmatrix} 1 & 4 \\ 2 & 5 \\ 3 & 6 \end{pmatrix}$

(5) $\begin{pmatrix} \cos\dfrac{\pi}{6} & -\sin\dfrac{\pi}{6} \\ \sin\dfrac{\pi}{6} & \cos\dfrac{\pi}{6} \end{pmatrix}^3 \begin{pmatrix} 1 \\ 2 \end{pmatrix}$　（福井大）

A▷ **163** 次の行列の逆行列を求めよ．

(1) $\begin{pmatrix} 1 & -1 & -3 \\ 1 & 1 & -1 \\ -1 & 1 & 5 \end{pmatrix}$　（お茶の水女子大）(2) $\begin{pmatrix} 2 & 0 & 1 & 0 \\ 0 & -1 & 1 & -2 \\ 1 & 0 & 1 & 0 \\ 0 & 1 & 1 & 3 \end{pmatrix}$　（京都大）

A▷ **164** 次の行列の階数を求めよ．

$$\begin{pmatrix} 0 & -2 & 0 & -6 \\ 2 & 4 & -2 & 10 \\ 2 & 2 & -2 & 4 \end{pmatrix}$$

（福井大）

要項 48

① 転置行列 ${}^tA$　$m \times n$ 行列 A について行と列を交換した $n \times m$ 行列

$${}^t({}^tA) = A,\quad {}^t(A+B) = {}^tA + {}^tB,\quad {}^t(AB) = {}^tB\,{}^tA$$

② 対称行列　${}^tA = A$ を満たす行列

③ 交代行列　${}^tA = -A$ を満たす行列

④ 直交行列　${}^tAA = E$ を満たす行列

2次正方行列 $A = (\vec{u}\ \vec{v})$ が直交行列のとき　$|\vec{u}| = 1,\ |\vec{v}| = 1,\ \vec{u}\cdot\vec{v} = 0$

例題60　行列 $A = \begin{pmatrix} a & b \\ \frac{1}{2} & c \end{pmatrix}$

が直交行列となるような $a,\ b,\ c$ の組をすべて求めよ.　（筑波大）

解　**要項 48④を用いる.**

$\vec{u} = \begin{pmatrix} a \\ \frac{1}{2} \end{pmatrix},\ \vec{v} = \begin{pmatrix} b \\ c \end{pmatrix}$ とすると, $|\vec{u}| = 1,\ |\vec{v}| = 1,\ \vec{u}\cdot\vec{v} = 0$ より

$$a^2 + \left(\frac{1}{2}\right)^2 = 1,\ b^2 + c^2 = 1,\ ab + \frac{1}{2}c = 0$$

これより　$(a,\ b,\ c) = \left(\dfrac{\sqrt{3}}{2},\ \pm\dfrac{1}{2}, \mp\dfrac{\sqrt{3}}{2}\right),\ \left(-\dfrac{\sqrt{3}}{2},\ \pm\dfrac{1}{2}, \pm\dfrac{\sqrt{3}}{2}\right)$（複号同順）

〈注〉　${}^tAA = \begin{pmatrix} a & \frac{1}{2} \\ b & c \end{pmatrix}\begin{pmatrix} a & b \\ \frac{1}{2} & c \end{pmatrix} = \begin{pmatrix} a^2 + \frac{1}{4} & ab + \frac{c}{2} \\ ab + \frac{c}{2} & b^2 + c^2 \end{pmatrix} = \begin{pmatrix} 1 & 0 \\ 0 & 1 \end{pmatrix} = E$

より求めることもできる.

A▷ **165**　次の行列が直交行列となるように, (1) では $a,\ b$, (2) では $a,\ b,\ c$ の値を求めよ.

(1) $\begin{pmatrix} \frac{1}{\sqrt{5}} & a \\ \frac{2}{\sqrt{5}} & b \end{pmatrix}$　（鹿児島大）

(2) $\begin{pmatrix} \frac{1}{\sqrt{2}} & 0 & a \\ \frac{1}{\sqrt{3}} & b & \frac{1}{\sqrt{3}} \\ c & \frac{-2}{\sqrt{6}} & \frac{1}{\sqrt{6}} \end{pmatrix}$　（佐賀大）

例題61　2次の正方行列 $A=\begin{pmatrix} a & b \\ c & d \end{pmatrix}$ について，次の問いに答えよ．

(1) 次の等式を満たすことを示せ．

$$A^2-(a+d)A+(ad-bc)E=O$$

ただし，E は単位行列，O は零行列である．

(2) $A=\begin{pmatrix} 2 & -1 \\ 1 & 4 \end{pmatrix}$ のとき，$A^4-5A^3+10A^2+7A+3E$ を求めよ．　（岩手大）

解　(1) $左辺=\begin{pmatrix} a^2+bc & ab+bd \\ ac+cd & bc+d^2 \end{pmatrix}-(a+d)\begin{pmatrix} a & b \\ c & d \end{pmatrix}+(ad-bc)\begin{pmatrix} 1 & 0 \\ 0 & 1 \end{pmatrix}$

$=O$

(2) (1)より　$A^2-6A+9E=O$

整式 $x^4-5x^3+10x^2+7x+3$ を x^2-6x+9 で割ったときの商は x^2+x+7，余りは $40x-60$ だから

$$与式=(A^2-6A+9E)(A^2+A+7E)+40A-60E$$

$$=20(2A-3E)=20\begin{pmatrix} 1 & -2 \\ 2 & 5 \end{pmatrix}$$

〈注〉 (1)の等式が成り立つことをケイリー・ハミルトンの定理という．109ページ要項51を参照せよ．

A▷ **166**　$A=\begin{pmatrix} 2 & -1 \\ 1 & 3 \end{pmatrix}$ のとき，以下の行列

$$2A^3-9A^2+10A+8E$$

を求めよ．ただし，E は単位行列とする．　（室蘭工業大）

3章 §2

B▷ **167** 行列 A と B を以下のように定める.

$$A = \begin{pmatrix} 1 \\ 0 \\ -1 \end{pmatrix} \begin{pmatrix} 1 & 1 & 0 \end{pmatrix}, \quad B = \begin{pmatrix} 1 \\ 1 \\ -1 \end{pmatrix} \begin{pmatrix} 1 & 2 & 1 \end{pmatrix}$$

このとき，以下の問いに答えよ.

(1) $A + B$ の階数 $\mathrm{rank}\,(A + B)$ を求めよ．さらに行列式 $\det\,(A + B)$ の値を求めよ.

(2) 正の整数 n に対し，A^n と B^n を求めよ.

(3) AB と BA を求めよ．さらに，正の整数 n に対し，$(A + B)^n$ を求めよ.

（電気通信大）

A▷ **168** a を定数とする．以下の行列が正則となる a の条件を求め，その条件の下，逆行列を求めよ.

$$\begin{pmatrix} 1 & 1 & -1 \\ 2 & 4 & 2 \\ -1 & 1 & a \end{pmatrix}$$

（新潟大）

B▷ **169** A を n 次実正方行列とする．単位行列，零行列をそれぞれ E, O で表す.

(1) $A^m = E$ となる正整数 m が存在すれば，A は正則行列であることを示せ.

(2) $A^m = O$ となる正整数 m が存在すれば，A は非正則行列であることを示せ.

(3) $A^m = O$ となる正整数 m が存在するとき，$E - A$ は正則であることを示せ．また，このとき，$E - A$ の逆行列を A で表せ.

（神戸大）

B▷ **170** n 次正方行列 A と B の交換子 $[A,\ B]$ を $AB - BA$ と定義する．次を示せ．ただし O は零行列を表すものとする.

(1) $[A,\ [B,\ C]] + [B,\ [C,\ A]] + [C,\ [A,\ B]] = O$

(2) A と B が交代行列ならば，$[A,\ B]$ も交代行列である.

(3) A と $[A,\ B]$ が可換ならば，任意の正整数 n に対して $[A^n,\ B] = n[A,\ B]A^{n-1}$ である.

（筑波大）

B▷ **171** A, B, C 及び X, Y, Z, W を n 次行列とし，A, B を正則とする．以下の問いに答えよ．

(1) $2n$ 次行列

$$P=\begin{pmatrix} O & A \\ B & C \end{pmatrix}, \quad Q=\begin{pmatrix} X & Y \\ Z & W \end{pmatrix}$$

の積 PQ を求めよ．ただし O は n 次零行列である．

(2) P^{-1} を A, B, C を用いて表せ．（岐阜大）

B▷ **172** a を $a \neq 0$ なる実数として，4 次正方行列 A を次のように定義する．

$$A=\begin{pmatrix} 1 & a & 0 & 0 \\ a & 1 & a & 0 \\ 0 & a & 1 & a \\ 0 & 0 & a & 1 \end{pmatrix}$$

このとき，A の階数 (rank) を求めよ．（九州大）

2 行列式

行や列の基本変形や展開を使って，行列式の値を求められるようにしておこう．また，文字を含む行列式の因数分解もできるようにしておきたい．これらのことは，固有値を求めるときなどにも使われる．

A▷ **173** 次の行列式の値を求めよ．

(1) $\begin{vmatrix} 2 & 4 & -2 \\ -3 & -1 & 5 \\ 2 & 1 & 4 \end{vmatrix}$（鹿児島大）　(2) $\begin{vmatrix} 1 & 3 & 1 & -2 \\ 1 & -2 & 1 & 0 \\ -3 & 1 & 2 & 3 \\ 0 & 2 & -4 & 2 \end{vmatrix}$（横浜国立大）

A▷ **174** 行列式に関する，次の各問いに答えよ．

(1) $\begin{vmatrix} 103 & 103 & 101 \\ 98 & 100 & 101 \\ 99 & 97 & 98 \end{vmatrix}$ の値を求めよ．　(2) $\begin{vmatrix} 1 & a & b^2 & 1 \\ 1 & a^2 & b^3 & c \\ 1 & a^3 & b^4 & c^2 \\ 1 & a^4 & b^5 & c^3 \end{vmatrix}$ を因数分解せよ．

3章 §2

(3) 方程式 $\begin{vmatrix} 1 & x & 1 & a \\ x & 1 & a & 1 \\ 1 & a & 1 & x \\ a & 1 & x & 1 \end{vmatrix} = 0$ を解け．ただし，a は実定数とする．（新潟大）

A▷ **175** ベクトル $\overrightarrow{A} = (1,\ 1,\ -1)$，$\overrightarrow{B} = (2,\ 0,\ -1)$，$\overrightarrow{C} = (2,\ 1,\ -2)$ の張る平行六面体の体積を求めよ．（東京都立大）

A，B，C が n 次正方行列，O が n 次零行列のとき $\begin{vmatrix} A & O \\ C & B \end{vmatrix} = |A||B|$

例題62　行列

$$A = \begin{pmatrix} 1+a & 1 & 1 & 1 \\ 1 & 1+a & 1 & 1 \\ 1 & 1 & 1+a & 1 \\ 1 & 1 & 1 & 1+a \end{pmatrix}, \quad B = \begin{pmatrix} 2 & 0 & 0 & 0 \\ 0 & 3 & 0 & 0 \\ 0 & 0 & 1 & 2 \\ 0 & 0 & 3 & 4 \end{pmatrix}$$

について，以下の問いに答えよ．ただし，a は定数とする．

(1) 行列 A が逆行列を持たないような a の値をすべて求めよ．

(2) 行列式 $|AB|$ を計算せよ．（名古屋工業大）

解 (1) **A が逆行列を持たない $\Longleftrightarrow$ $|A| = 0$ （314ページポイント27）を用いる．**

$$|A| = \begin{vmatrix} 4+a & 4+a & 4+a & 4+a \\ 1 & 1+a & 1 & 1 \\ 1 & 1 & 1+a & 1 \\ 1 & 1 & 1 & 1+a \end{vmatrix} = (4+a)\begin{vmatrix} 1 & 1 & 1 & 1 \\ 1 & 1+a & 1 & 1 \\ 1 & 1 & 1+a & 1 \\ 1 & 1 & 1 & 1+a \end{vmatrix}$$

$$= (4+a)\begin{vmatrix} 1 & 1 & 1 & 1 \\ 0 & a & 0 & 0 \\ 0 & 0 & a & 0 \\ 0 & 0 & 0 & a \end{vmatrix} = (4+a)\begin{vmatrix} a & 0 & 0 \\ 0 & a & 0 \\ 0 & 0 & a \end{vmatrix} = (4+a)a^3$$

A が逆行列を持たない条件は，$|A| = 0$ だから　$a = -4,\ 0$

(2) **A, B が n 次正方行列のとき $|AB| = |A||B|$**

$|B| = 2\cdot 3\cdot(1\cdot 4 - 2\cdot 3) = -12$ $\therefore$ $|AB| = |A||B| = -12a^3(a+4)$

B▷ **176** 行列 $A = \begin{pmatrix} 0 & 1 & 1 & a \\ -1 & 0 & 1 & b \\ -1 & -1 & 0 & 1 \\ -a & -b & -1 & 0 \end{pmatrix}$ について，次の問いに答えよ．ただし，a, b は実数とする．

(1) A の行列式を計算せよ．

(2) A が逆行列をもつための条件を a と b を用いて表せ．

(3) a と b が (2) の条件を満たすとき，A の逆行列を求めよ． （信州大）

B▷ **177** (1) 以下の行列 A に関して行列式 $\det A$ を求めよ．

$$A = \begin{pmatrix} 1 & 2 & 3 \\ 0 & 3 & 1 \\ 3 & 1 & 2 \end{pmatrix}$$

(2) 前問 (1) の行列 A に関して余因子行列 $\mathrm{adj}\, A$ および逆行列 A^{-1} を求めよ．

(3) 以下の行列 B に関して余因子行列 $\mathrm{adj}\, B$ の行列式 $\det(\mathrm{adj}\, B)$ を求めよ．

$$B = \begin{pmatrix} 0 & a & 0 & 0 & 0 \\ b & c & 0 & a & b \\ c & a & 0 & b & c \\ a & b & c & a & b \\ c & a & 0 & b & 0 \end{pmatrix}$$

（東京都立大）

B▷ **178** (1) $A = \begin{pmatrix} a+b & a & a \\ a & a+c & a \\ a & a & a+d \end{pmatrix}$ に対して, $|A| = abcd\left(\dfrac{1}{a}+\dfrac{1}{b}+\dfrac{1}{c}+\dfrac{1}{d}\right)$

となることを示せ．ただし，$abcd \neq 0$ とする．

(2) 行列 $A_n = (a_{ij})$ $(1 \leqq i \leqq n,\ 1 \leqq j \leqq n,\ n$ は3以上の整数$)$ を

$$a_{ij} = a_0 + a_i\delta_{ij},\ a_i : 実数\ (1 \leqq i \leqq n)$$

で定義するとき

$$|A_n| = a_0a_1\cdots a_{n-1}a_n\left(\frac{1}{a_0}+\frac{1}{a_1}+\cdots+\frac{1}{a_{n-1}}+\frac{1}{a_n}\right)$$

となることを示せ．ただし，$a_0a_1\cdots a_{n-1}a_n \neq 0$ である．また，δ_{ij} は，$i=j$ のときに1，$i \neq j$ のときに0をとるものとする．　　　　（福井大）

B▷ **179** $n \times n$ 行列 A を

$$\begin{pmatrix} b & \cdots & \cdots & b & a \\ \vdots & & \iddots & a & b \\ \vdots & \iddots & \iddots & \iddots & \vdots \\ b & a & \iddots & & \vdots \\ a & b & \cdots & \cdots & b \end{pmatrix}$$

とおく．但し，n は2以上の整数，a，b は実数で，$a \neq 0$ であるとする．以下の問いに答えよ．

(1) 行列 A の行列式の値を a，b および n を用いて表せ．

(2) 行列 A の行列式の値が0となるようなすべての b に対して，b を a と n を用いて表せ．

(3) (2) で求めたそれぞれの b に対応する行列 A の階数を求めよ．　　　　（筑波大）

B▷ **180** 次の行列の行列式を計算し，それが0となる x の値をすべて求めよ．

$$\begin{pmatrix} 1 & \omega & 1 & x \\ \omega & 1 & 2 & x^2 \\ \omega^2 & \omega^2 & 4 & x^3 \\ 1 & \omega & 8 & x^4 \end{pmatrix}$$

ただし，$\omega = \dfrac{-1+\sqrt{-3}}{2}$ である．　　　　（お茶の水女子大）

B▷ **181**　3 以上の自然数 n に対して，n 次正方行列

$$\begin{pmatrix} 5 & 2 & 0 & \cdots & 0 \\ 2 & 5 & 2 & \ddots & \vdots \\ 0 & 2 & 5 & \ddots & 0 \\ \vdots & \ddots & \ddots & \ddots & 2 \\ 0 & \cdots & 0 & 2 & 5 \end{pmatrix}$$

を A_n とする．すなわち，A_n の $(i,\ j)$ 成分は，$i=j$ のとき 5，$|i-j|=1$ のとき 2，それ以外のとき 0 である．A_n の行列式の値を a_n とするとき，以下の問いに答えよ．

(1) a_3，a_4 を求めよ．　(2) a_{n+2} を a_{n+1} と a_n を用いて表せ．

(3) a_n を求めよ．　（信州大）

B▷ **182**　n を自然数とする．次の n 次正方行列の行列式の値 D_n を求めよ．

$$D_n = \begin{vmatrix} 1 & -1 & 0 & 0 & \cdots & 0 \\ -1 & 1 & -1 & 0 & \cdots & 0 \\ 0 & -1 & 1 & -1 & \cdots & 0 \\ \vdots & \ddots & \ddots & \ddots & \ddots & \vdots \\ 0 & \cdots & 0 & -1 & 1 & -1 \\ 0 & \cdots & 0 & 0 & -1 & 1 \end{vmatrix}$$

（東京科学大）

3　連立方程式

連立 1 次方程式を解く方法としては，（ガウスの）消去法，クラメルの公式，そして，連立 1 次方程式を行列を使って表し，逆行列を掛けることによって解く方法がある．また，階数を用いて，連立 1 次方程式の解が存在するかどうかを判定することができる．

A▷ **183**　次の連立一次方程式をガウスの消去法（掃き出し法）を用いて解け．

$$\begin{pmatrix} 1 & 2 & -1 \\ 2 & -1 & -1 \\ 2 & -2 & 1 \end{pmatrix}\begin{pmatrix} x \\ y \\ z \end{pmatrix} = \begin{pmatrix} 2 \\ -3 \\ 1 \end{pmatrix}$$

（福井大）

A▷ **184** 次の連立方程式を行列とベクトルを用いて書き直し，クラメルの公式を用いて解け．

$$\begin{cases} 2x - y + z = 7 \\ x + 2y - 3z = -1 \\ x - 3y - z = -2 \end{cases}$$

（福井大）

A▷ **185** 連立一次方程式 $\begin{cases} 2x - y - 3z = 2 \\ x - 3y - 2z = 5 \\ -x + y + z = -3 \end{cases}$ について，次の各問いに答えよ．

(1) この連立一次方程式を，行列 A を用いて $A\boldsymbol{x} = \boldsymbol{b}$ と表したときの A を求めよ．ただし，$\boldsymbol{x}$ と $\boldsymbol{b}$ はベクトルであり，$\boldsymbol{x} = \begin{pmatrix} x \\ y \\ z \end{pmatrix}$, $\boldsymbol{b} = \begin{pmatrix} 2 \\ 5 \\ -3 \end{pmatrix}$ とする．

(2) A の逆行列 A^{-1} を求めよ．　　(3) この連立一次方程式を解け．　（宮崎大）

A▷ **186** 次の連立一次方程式を解け．

$$\begin{cases} -5x + 15y + z - 8w = 0 \\ 4x - 12y - 5z - 2w = 21 \\ 2x - 6y - z + 2w = 3 \end{cases}$$

（佐賀大）

n 変数連立1次方程式 $A\boldsymbol{x} = \boldsymbol{b}$ について，A を係数行列，A と $\boldsymbol{b}$ を並べた行列 $(A \mid \boldsymbol{b})$ を拡大係数行列という．

$A\boldsymbol{x} = \boldsymbol{b}$ の解が存在する $\iff$ $\mathrm{rank}\,A = \mathrm{rank}(A \mid \boldsymbol{b})$

$A\boldsymbol{x} = \boldsymbol{b}$ の解がただ1つ存在する $\iff$ $\mathrm{rank}\,A = \mathrm{rank}(A \mid \boldsymbol{b}) = n$

例題63 k を実定数とするとき，x, y, z を未知数とする連立1次方程式

$\begin{cases} x - y + z = -1 \\ 2x - y + 2z = -1 \\ x - y + k^2 z = k \end{cases}$ について，以下の問いに答えよ．

(1) 解をもたないような k の値を求めよ．

(2) 解を無数にもつような k の値と，そのときの一般解を求めよ．

(3) 解をただ1つもつための k の条件と，そのときの解を求めよ．　（信州大）

解 (1) 拡大係数行列を行基本変形すると

$$\left(\begin{array}{ccc|c} 1 & -1 & 1 & -1 \\ 2 & -1 & 2 & -1 \\ 1 & -1 & k^2 & k \end{array}\right) \longrightarrow \left(\begin{array}{ccc|c} 1 & -1 & 1 & -1 \\ 0 & 1 & 0 & 1 \\ 0 & 0 & k^2-1 & k+1 \end{array}\right)$$

$$\longrightarrow \left(\begin{array}{ccc|c} 1 & 0 & 1 & 0 \\ 0 & 1 & 0 & 1 \\ 0 & 0 & (k+1)(k-1) & k+1 \end{array}\right)$$

求める条件は，（係数行列の階数）＜（拡大係数行列の階数）より

$$(k+1)(k-1)=0 \text{ かつ } k+1 \neq 0 \qquad \therefore \quad k=1$$

(2) 求める条件は　$(k+1)(k-1)=0$ かつ $k+1=0$　　$\therefore$　$k=-1$

このとき，$x+z=0$，$y=1$ より　$x=-t$，$y=1$，$z=t$（t は任意の数）

〈注〉 検算は

・$t=0$ としたもの $\big((x,\ y,\ z)=(0,\ 1,\ 0)\big)$ が解になること

・t の係数 $\big((x,\ y,\ z)=(-1,\ 0,\ 1)\big)$ を代入して 0 になること

を確認すればよい．

(3) 求める条件は　$(k+1)(k-1) \neq 0$　　$\therefore$　$k \neq \pm 1$

このとき　$x=-\dfrac{1}{k-1}$，$y=1$，$z=\dfrac{1}{k-1}$

B▷ **187** 次の 3 変数連立一次方程式を考える．

$$\begin{cases} cx_1+x_2+x_3=2c \\ x_1+cx_2+x_3=c+1 \\ x_1+x_2+cx_3=3c-1 \end{cases}$$

ただし，c は定数である．このとき，以下の問いに答えよ．

(1) 一意の解が得られるときのすべての c の値を求めよ．また，それぞれの c に対応する解を求めよ．

(2) 解が存在しないときのすべての c の値を求めよ．

(3) 解が一組より多くなるときのすべての c の値を求めよ．また，それぞれの c に対応する解を求めよ．　　（筑波大）

3章 §2

B▷ **188** 実数 x, y, z に関する連立1次方程式について，以下の問いに答えよ．

$$\begin{cases} x+2y+z=0 \\ -2x+3y-z=0 \\ -x+ky+z=0 \end{cases}$$

(1) 連立1次方程式が $x=y=z=0$ 以外の解をもつための定数 k の値を求めよ．

(2) k が (1) の値を取るときの解を求めよ．ただし，$z=t$（任意の実数）とおいてよい．（東京都立大）

B▷ **189** $\boldsymbol{a}=\begin{pmatrix}1\\3\\2\\4\end{pmatrix}$, $\boldsymbol{b}=\begin{pmatrix}4\\2\\3\\1\end{pmatrix}$, $\boldsymbol{c}=\begin{pmatrix}5t\\t+4\\2t+3\\-t+6\end{pmatrix}$ とする．ここで t は実数である．

(1) $\boldsymbol{a}$, $\boldsymbol{b}$, $\boldsymbol{c}$ が線形独立となるための条件を求めよ．

(2) $\begin{pmatrix}0\\0\\0\\1\end{pmatrix}\perp\boldsymbol{c}$ となる $\boldsymbol{c}$ を $\boldsymbol{d}$ とする．$\boldsymbol{d}$ を求めよ．

(3) 次の連立一次方程式の解 $\boldsymbol{x}$ を求めよ．

$$\begin{pmatrix}\boldsymbol{a}\ \boldsymbol{b}\ \boldsymbol{c}\ \boldsymbol{d}\end{pmatrix}\boldsymbol{x}=\begin{pmatrix}0\\0\\0\\0\end{pmatrix}$$

（筑波大）

B▷ **190** 次の連立1次方程式が解をもつように a, b を定めて，これを解け．

$$\begin{cases} 3x-2y+z=3 \\ 2x-3y-z+w=1 \\ 2x-8y-6z+4w=a \\ -x-6y-7z+4w=b \end{cases}$$

（東京海洋大）

B▷ **191** x, y, z, w を未知数とする次の連立一次方程式を，実数 a, b の値に応じて解け．

$$\begin{cases} 2x+y+3z+5w=0 \\ 3x+y+5z+6w=-1 \\ -x+y-3z+aw=3 \\ 4x+y+7z+7w=b \end{cases}$$

（東京科学大）

§3 固有値とその応用

1 固有値とその応用

固有値と固有ベクトルを求めて対角化せよ，という問題は多くの大学で出題されている．さらに，対角化を利用することで，A^n を求めること，2次形式の標準化，漸化式，最大最小問題，微分方程式などへの応用がある．一般に，行列の積を用いて表される式は複雑になることが多いが，固有ベクトルを用いて行列を対角化することによって式が簡単にできる，という考え方が基本にある．

本節では断りがない限り，問題文に登場した n 次正方行列 A に対して，n 次単位行列を E，n 次零行列を O，n 次零ベクトルを $\mathbf{0}$，固有値を λ，対応する固有ベクトルを $\boldsymbol{x}$ とする．固有値は固有方程式 $|A-\lambda E|=0$，固有ベクトルは方程式 $(A-\lambda E)\boldsymbol{x}=\mathbf{0}$ を用いる．

例題64 $A=\begin{pmatrix}3 & -2\\ 1 & 0\end{pmatrix}$ とおくとき，下の問いに答えよ．

(1) A の固有値と固有ベクトルを求めよ．

(2) $P^{-1}AP$ が対角行列になるような2次正方行列 P を1つあげよ．また，$P^{-1}AP$ と P^{-1} を求めよ．

(3) 自然数 n について，A^n を求めよ．（長岡技科大）

解 (1) A の固有方程式は

$$|A-\lambda E|=\begin{vmatrix}3-\lambda & -2\\ 1 & -\lambda\end{vmatrix}=\begin{vmatrix}1-\lambda & -2\\ 1-\lambda & -\lambda\end{vmatrix}=(1-\lambda)(2-\lambda)=0$$

固有値は　$\lambda=1,\ 2$

固有値 λ に対する固有ベクトル $\boldsymbol{x}$ は $(A-\lambda E)\boldsymbol{x}=\mathbf{0}$ を解けばよい．

$\lambda=1$ の場合　$\begin{pmatrix}2 & -2\\ 1 & -1\end{pmatrix}\to\begin{pmatrix}1 & -1\\ 0 & 0\end{pmatrix}$ より　$x-y=0$　$\therefore\ y=x$

よって　$\boldsymbol{x}=c_1\begin{pmatrix}1\\ 1\end{pmatrix}$　$(c_1\neq 0)$

$\lambda = 2$ の場合　$\begin{pmatrix} 1 & -2 \\ 1 & -2 \end{pmatrix} \to \begin{pmatrix} 1 & -2 \\ 0 & 0 \end{pmatrix}$ より　$x - 2y = 0$　$\therefore\ x = 2y$

よって　$\boldsymbol{x} = c_2 \begin{pmatrix} 2 \\ 1 \end{pmatrix}$　$(c_2 \neq 0)$

(2) $P = \begin{pmatrix} 1 & 2 \\ 1 & 1 \end{pmatrix}$ とおくと　$P^{-1}AP = \begin{pmatrix} 1 & 0 \\ 0 & 2 \end{pmatrix}$, $P^{-1} = \begin{pmatrix} -1 & 2 \\ 1 & -1 \end{pmatrix}$

〈注〉 P は固有ベクトルを並べてつくる対角化行列，$P^{-1}AP$ は対角成分に固有値が並ぶ対角行列になる．P の固有ベクトルの順序を入れ換えて，$P = \begin{pmatrix} 2 & 1 \\ 1 & 1 \end{pmatrix}$ とすると，$P^{-1}AP = \begin{pmatrix} 2 & 0 \\ 0 & 1 \end{pmatrix}$, $P^{-1} = \begin{pmatrix} 1 & -1 \\ -1 & 2 \end{pmatrix}$ となる．

(3) $B = \begin{pmatrix} 1 & 0 \\ 0 & 2 \end{pmatrix}$ とおくと，$P^{-1}AP = B$ より $A = PBP^{-1}$ である．n 乗すると

$$A^n = (PBP^{-1})^n = PBP^{-1}PBP^{-1} \cdots PBP^{-1}PBP^{-1} = PB^nP^{-1}$$
$$= \begin{pmatrix} 1 & 2 \\ 1 & 1 \end{pmatrix} \begin{pmatrix} 1^n & 0 \\ 0 & 2^n \end{pmatrix} \begin{pmatrix} -1 & 2 \\ 1 & -1 \end{pmatrix} = \begin{pmatrix} -1 + 2^{n+1} & 2 - 2^{n+1} \\ -1 + 2^n & 2 - 2^n \end{pmatrix}$$

〈注〉 (3) の検算として，$n = 1$ を代入して確認すればよい．

A▷ **192**　行列 $B = \begin{pmatrix} 5 & -6 \\ -1 & 4 \end{pmatrix}$ の固有ベクトル $\boldsymbol{v}_1 = \begin{pmatrix} -3 \\ 1 \end{pmatrix}$ に対応する固有値 λ_1 を求めよ．また，行列 B の固有値 $\lambda_2 = 2$ に対応する大きさが1の固有ベクトル $\boldsymbol{v}_2$ をすべて求めよ．

(鹿児島大)

A▷ **193**　c を定数とする．行列 $A = \begin{pmatrix} 2 & 1 & 2 \\ 2 & 2 & 1 \\ 5 & 2 & c \end{pmatrix}$ が1を固有値としてもつとき，次の問いに答えよ．

(1) c の値を求めよ．

(2) A の固有値1に属する固有ベクトルで $\begin{pmatrix} x \\ y \\ 1 \end{pmatrix}$ の形のものを求めよ．

(東京農工大)

A▷ **194** 3次の正方行列 $A=\begin{pmatrix} -2 & a & 3 \\ 4 & 1 & -a \\ 10 & 2 & b \end{pmatrix}$ について，次の問いに答えよ．

(1) 行列 A が固有ベクトル $\begin{pmatrix} 1 \\ 0 \\ 2 \end{pmatrix}$ をもつとき，a と b の値を求めよ．

(2) 行列 A の固有値をすべて求めよ． （岩手大）

A▷ **195** 次の行列 A について，以下の問いに答えよ．

$$A=\begin{pmatrix} 1 & 4 & 4 \\ 4 & 1 & 4 \\ 4 & 4 & 1 \end{pmatrix}$$

(1) A の固有値をすべて求めよ．

(2) (1) で求めたすべての固有値に対して固有ベクトルを求めよ．

(3) A は対角化可能か述べよ．また，対角化可能ならば，$P^{-1}AP$ が対角行列となる行列 P を1つ求めよ． （筑波大）

ケイリー・ハミルトンの定理

n 次正方行列 A の固有多項式 $P_A(\lambda)=|A-\lambda E|=\sum_{j=0}^{n} p_j\lambda^j$ に対して，

$P_A(A)=\sum_{j=0}^{n} p_j A^j$（ただし $A^0=E$）とすると　$P_A(A)=O$

例題65 I を3次単位行列とし，A を3次実正方行列で固有値 2，1，-1 をもつものとする．以下の問いに答えよ．

(1) A^4 を A^2，A，I の線形結合で表せ．

(2) A は正則であることを示し，A^{-1} を A^2，A，I の線形結合で表せ．

(3) A^{-1} の行列式を求めよ． （東北大）

解　ケイリー・ハミルトンの定理を利用する．

(1) 固有値が $\lambda=2,\ 1,\ -1$ より　$P_A(\lambda)=|A-\lambda E|=(2-\lambda)(1-\lambda)(-1-\lambda)$

ケイリー・ハミルトンの定理より

$$(2I-A)(I-A)(-I-A)=-A^3+2A^2+A-2I=O \cdots ①$$

すなわち　$A^3=2A^2+A-2I$　両辺に A を掛けると

$$A^4=2A^3+A^2-2A=2(2A^2+A-2I)+A^2-2A=5A^2-4I$$

〈注〉 x^4 を x^3-2x^2-x+2 で割ると，商は $x+2$，余りは $5x^2-4$ である．$x^4=(x^3-2x^2-x+2)(x+2)+5x^2-4$ に対して，x に行列 A を代入し，①を適用しても $A^4=5A^2-4I$ が得られる．

(2) $P_A(0)=|A|=-2\neq 0$ より，A は正則である．

①より　$A(A^2-2A-I)=-2I$　　$\therefore\ A\left\{-\dfrac{1}{2}\left(A^2-2A-I\right)\right\}=I$

よって　$A^{-1}=-\dfrac{1}{2}\left(A^2-2A-I\right)$

〈注〉 行列式 $|A|$ の値は次のように求めることもできる．A は3次の正方行列で，3つの異なる固有値をもつから対角化可能である．対角化行列を P（正則行列）とおくと

$$|A|=|P^{-1}||A||P|=|P^{-1}AP|=\begin{vmatrix}2&0&0\\0&1&0\\0&0&-1\end{vmatrix}=2\cdot 1\cdot(-1)=-2$$

(3) $|A^{-1}|=\dfrac{1}{|A|}=-\dfrac{1}{2}$

A▷**196**　3行3列の行列 $A=\begin{pmatrix}-1&-1&-4\\-8&0&-10\\4&1&7\end{pmatrix}$ に関して，以下の問いに答えよ．

(1) 行列 A の固有値と固有ベクトルを求めよ．

(2) 行列 A に関する方程式 $A^3+aA^2+bA+cE=O$ の係数 $a,\ b,\ c$ を求めよ．ただし，E は3行3列の単位行列，O は零行列である．

(3) (2) の結果を用いて，下記の式で表される行列

$$A^5-5A^4+6A^3-A^2+8A-8E$$

を計算せよ．（大阪公立大）

A ▷ **197**　a は実数とする．行列 $A = \begin{pmatrix} 3 & 0 & 1 \\ a-1 & 1 & a-1 \\ -2 & 0 & 0 \end{pmatrix}$ が対角化可能のとき，a が満たす条件を求め，対角化せよ．　（信州大）

B ▷ **198**　行列 $A = \begin{pmatrix} 1 & -2 & 2 \\ 2 & 6 & -4 \\ 1 & 2 & 0 \end{pmatrix}$ に関する以下の問いに答えよ．

(1) E を 3 次単位行列とするとき，行列 $(A-2E)(A-3E)$ を求めよ．

(2) A の固有値をすべて求めよ．

(3) A の m 乗 A^m（m は非負整数）を $A^m = \lambda_1^m P_1 + \lambda_2^m P_2$ という形に表せ．ここで，P_1，P_2 は 3 次正方行列であり，P_1，P_2 の各成分，および λ_1，λ_2 は，m に依存しない定数である．　（電気通信大）

C ▷ **199**　3 次の実対称行列 $P = \begin{pmatrix} 5 & 1 & -2 \\ 1 & 6 & -1 \\ -2 & -1 & 5 \end{pmatrix}$ について，以下の問いに答えよ．

(1) 行列 P の固有値 λ_i $(i = 1, 2, 3)$ と対応する単位固有ベクトル $\boldsymbol{v}_i$ $(i = 1, 2, 3)$ を求めよ．ただし，$\lambda_1 \leqq \lambda_2 \leqq \lambda_3$ を満たすものとする．

(2) $V\,{}^tV$ を求めよ．ただし，$V = \begin{pmatrix} \boldsymbol{v}_1 & \boldsymbol{v}_2 & \boldsymbol{v}_3 \end{pmatrix}$ である．

(3) 行列 P は固有値・固有ベクトルに対して，$PV = VA$ が成り立つ．ここで，$A = \begin{pmatrix} \lambda_1 & 0 & 0 \\ 0 & \lambda_2 & 0 \\ 0 & 0 & \lambda_3 \end{pmatrix}$ である．このとき，$P = \lambda_1 P_1 + \lambda_2 P_2 + \lambda_3 P_3$ を満たす行列 P_1，P_2，P_3 が存在することが知られている．行列 P_1，P_2，P_3 を求めよ．

(4) 0 以上の整数 n に対して P^n を求めよ．　（三重大）

B ▷ **200**　行列 $\begin{pmatrix} 3 & 1+i \\ 1-i & 1 \end{pmatrix}$ の固有値を求めよ．また，その固有値の中で絶対値の最も大きな固有値に対する固有ベクトルを求めよ．ただし，i は虚数単位を表し，固有値と固有ベクトルは複素数の範囲で求めることとする．　（山口大）

B▷**201**　実数 a, b に対して $A = \begin{pmatrix} a^2 & ab & a \\ ab & b^2 & b \\ a & b & 1 \end{pmatrix}$ とおく.

(1) A の固有値をすべて求めよ.

(2) $P^{-1}AP$ が対角行列となるような正則行列 P を求めよ.　（東京科学大）

A▷**202**　行列 $A = \begin{pmatrix} 2 & 0 & 0 \\ 0 & 1 & 3 \\ 0 & 3 & 1 \end{pmatrix}$ に対し，以下の各問いに答えよ.

(1) A の固有値を求めよ.

(2) $P^{-1}AP$ が対角行列となる直交行列 P を1つ求めよ.　（九州大）

A▷**203**　$A = \begin{pmatrix} 2 & -1 & -1 \\ -1 & 2 & -1 \\ -1 & -1 & 2 \end{pmatrix}$ とするとき，次の問いに答えよ.

(1) A の固有値と固有ベクトルを求めよ.

(2) A を直交行列を用いて対角化せよ.　（島根大）

B▷**204**　以下の行列 A について，次の問いに答えよ.

$$A = \begin{pmatrix} -3 & 4 & 0 & 0 \\ -2 & 3 & 0 & 0 \\ 6 & 1 & 6 & 8 \\ -2 & -3 & -4 & -6 \end{pmatrix}$$

(1) A の固有値を求めよ.

(2) A の固有ベクトルを求めよ.

(3) $A^n \begin{pmatrix} 3 \\ 2 \\ -3 \\ 0 \end{pmatrix}$ $(n = 1,\ 2,\ \cdots)$ を求めよ.　（横浜国立大）

A▷**205**　正方行列 A に対して $\boldsymbol{x}$ をその固有ベクトル，λ を対応する固有値とする．次の命題を証明せよ．

(1) 各 $k=1,\ 2,\ \cdots$ について，$A^k\boldsymbol{x} \neq \boldsymbol{0}$ のとき，$A^k\boldsymbol{x}$ は A の固有ベクトルである．

(2) 行列 A が正則なら $\dfrac{1}{\lambda}$ は A の逆行列の固有値である．　（筑波大）

A▷**206**　$A=\begin{pmatrix} 4 & 1 & -3 \\ -2 & 1 & 2 \\ 1 & 1 & 0 \end{pmatrix}$ について，次の問い (1)～(3) に答えよ．

(1) A が固有値 3 と 1 をもつことを確かめ，固有値 3 に対する固有ベクトル $\boldsymbol{x}$ と固有値 1 に対する固有ベクトル $\boldsymbol{y}$ を 1 つずつ求めよ．

(2) (1) で求めた $\boldsymbol{y}$ に対して，$\boldsymbol{z}-A\boldsymbol{z}=\boldsymbol{y}$ を満たすベクトル $\boldsymbol{z}$ を 1 つ求めよ．

(3) (1), (2) の $\boldsymbol{x}$，$\boldsymbol{y}$，$\boldsymbol{z}$ を用いて行列 $P=(\boldsymbol{x}\ \boldsymbol{y}\ \boldsymbol{z})$ をつくるとき，$P^{-1}AP$ を求めよ．　（金沢大）

B▷**207**　次の 2 次正方行列に関する以下の問いに答えよ．

$$A=\begin{pmatrix} -9 & 2 \\ 2 & -7 \end{pmatrix}$$

(1) A の固有値をすべて求めよ．

(2) ある直交行列 P に対して，${}^tPAP=B$ が対角行列になるとき，対角行列 B を求めよ．ただし，${}^tP$ は P の転置行列である．

(3) $\boldsymbol{x}$ を 2 次元実ベクトルとして，

$$\max_{\|\boldsymbol{x}\|=1}\|A\boldsymbol{x}\|=\max_{\|\boldsymbol{x}\|=1}\|B\boldsymbol{x}\|$$

を示し，その値を求めよ．　（佐賀大）

例題66　xy 平面上における 2 次曲線 C

$$4x^2-2\sqrt{3}xy+6y^2=21$$

について考える．以下の問いに答えよ．

(1) $4x^2-2\sqrt{3}xy+6y^2=(x\quad y)A\begin{pmatrix} x \\ y \end{pmatrix}$ を満たす対称行列 A を求めよ．

(2) A の固有値 λ_1, λ_2 を求めよ．ただし，$\lambda_1 \leqq \lambda_2$ とする．

(3) (2) で求めた各固有値について，正規化された固有ベクトルを求めよ．

(4) A を $P^{-1}AP = \begin{pmatrix} \lambda_1 & 0 \\ 0 & \lambda_2 \end{pmatrix}$ の形に対角化する直交行列 P，およびその逆行列 P^{-1} を求めよ．

(5) 座標変換 $\begin{pmatrix} x \\ y \end{pmatrix} = P\begin{pmatrix} x' \\ y' \end{pmatrix}$ を行うとき，2次曲線 C を x', y' を用いて表せ．

(6) x' 軸および y' 軸を，それぞれ x, y を用いた直線の式で表せ．

(7) 2次曲線 C の概形を xy 平面上に描け．ただし，図中には x' 軸と y' 軸を明記すること．　　（筑波大）

解　**対称行列を直交行列（回転の行列）で対角化して，2次形式の標準形を求める．**

(1) $\boldsymbol{ax^2 + 2bxy + cy^2 = (x \quad y)\begin{pmatrix} a & b \\ b & c \end{pmatrix}\begin{pmatrix} x \\ y \end{pmatrix} \quad (ac - b^2 \neq 0)}$ **を用いる．**

$$A = \begin{pmatrix} 4 & -\sqrt{3} \\ -\sqrt{3} & 6 \end{pmatrix}$$

(2) 固有方程式は

$$|A - \lambda E| = \begin{vmatrix} 4-\lambda & -\sqrt{3} \\ -\sqrt{3} & 6-\lambda \end{vmatrix} = \lambda^2 - 10\lambda + 21 = (\lambda - 3)(\lambda - 7) = 0$$

よって，固有値は　$\lambda = 3,\ 7$　　$\therefore$　$\lambda_1 = 3,\ \lambda_2 = 7$

(3) 固有値 λ_i に対する固有ベクトル $\boldsymbol{x}_i$ は $(A - \lambda_i E)\boldsymbol{x}_i = \boldsymbol{0}$ $(i = 1,\ 2)$ を解けばよい．

$\lambda_1 = 3$ の場合 $\begin{pmatrix} 1 & -\sqrt{3} \\ -\sqrt{3} & 3 \end{pmatrix} \to \begin{pmatrix} 1 & -\sqrt{3} \\ 0 & 0 \end{pmatrix}$ $\therefore \boldsymbol{x}_1 = c_1\begin{pmatrix} \sqrt{3} \\ 1 \end{pmatrix}$ $(c_1 \neq 0)$

$\lambda_2 = 7$ の場合 $\begin{pmatrix} -3 & -\sqrt{3} \\ -\sqrt{3} & -1 \end{pmatrix} \to \begin{pmatrix} \sqrt{3} & 1 \\ 0 & 0 \end{pmatrix}$ $\therefore \boldsymbol{x}_2 = c_2\begin{pmatrix} -1 \\ \sqrt{3} \end{pmatrix}$ $(c_2 \neq 0)$

固有値 3, 7 に対する正規化された固有ベクトルはそれぞれ

$$\pm\frac{1}{2}\begin{pmatrix} \sqrt{3} \\ 1 \end{pmatrix},\ \pm\frac{1}{2}\begin{pmatrix} -1 \\ \sqrt{3} \end{pmatrix}$$

正規化とは大きさ1のベクトルにすること

(4) **対角成分を正の数（行列式 = 1）にとると回転の行列となる.**

$P = \frac{1}{2}\begin{pmatrix} \sqrt{3} & -1 \\ 1 & \sqrt{3} \end{pmatrix}$ とおくと　**θ 回転の行列 $\begin{pmatrix} \cos\theta & -\sin\theta \\ \sin\theta & \cos\theta \end{pmatrix}$**

$P^{-1} = \frac{1}{2}\begin{pmatrix} \sqrt{3} & 1 \\ -1 & \sqrt{3} \end{pmatrix}$, $P^{-1}AP = {}^tPAP = \begin{pmatrix} 3 & 0 \\ 0 & 7 \end{pmatrix}$

(5) $\boldsymbol{x} = \begin{pmatrix} x \\ y \end{pmatrix}$, $\boldsymbol{x}' = \begin{pmatrix} x' \\ y' \end{pmatrix}$ とおくと　$\boldsymbol{x} = P\boldsymbol{x}'$

$$4x^2 - 2\sqrt{3}xy + 6y^2 = {}^t\boldsymbol{x}A\boldsymbol{x} = {}^t(P\boldsymbol{x}')A(P\boldsymbol{x}') = {}^t\boldsymbol{x}'\left({}^tPAP\right)\boldsymbol{x}'$$

$$= (x' \quad y')\begin{pmatrix} 3 & 0 \\ 0 & 7 \end{pmatrix}\begin{pmatrix} x' \\ y' \end{pmatrix} = 3(x')^2 + 7(y')^2 = 21$$

よって　$\dfrac{(x')^2}{(\sqrt{7})^2} + \dfrac{(y')^2}{(\sqrt{3})^2} = 1$

(6) 線形変換 $\boldsymbol{x}' \longmapsto \boldsymbol{x} = P\boldsymbol{x}'$ で，x' 軸上の点 $(x',\ 0)$ と y' 軸上の点 $(0,\ y')$ は

$\begin{pmatrix} x' \\ 0 \end{pmatrix} \longmapsto \begin{pmatrix} x \\ y \end{pmatrix} = \frac{1}{2}\begin{pmatrix} \sqrt{3} & -1 \\ 1 & \sqrt{3} \end{pmatrix}\begin{pmatrix} x' \\ 0 \end{pmatrix} = \frac{x'}{2}\begin{pmatrix} \sqrt{3} \\ 1 \end{pmatrix}$ より　$y = \dfrac{x}{\sqrt{3}}$

$\begin{pmatrix} 0 \\ y' \end{pmatrix} \longmapsto \begin{pmatrix} x \\ y \end{pmatrix} = \frac{1}{2}\begin{pmatrix} \sqrt{3} & -1 \\ 1 & \sqrt{3} \end{pmatrix}\begin{pmatrix} 0 \\ y' \end{pmatrix} = \frac{y'}{2}\begin{pmatrix} -1 \\ \sqrt{3} \end{pmatrix}$ より　$y = -\sqrt{3}x$

x' 軸は xy 平面上の直線 $y = \dfrac{x}{\sqrt{3}}$（ただし，${}^t(\sqrt{3} \quad 1)$ を正の向き）

y' 軸は xy 平面上の直線 $y = -\sqrt{3}x$（ただし，${}^t(-1 \quad \sqrt{3})$ を正の向き）

にそれぞれ移される.

(7) 概形は右図のようになる.

太い実線が

2 次曲線 C すなわち (5) の楕円,

実線は x 軸と y 軸,

点線は x' 軸と y' 軸を表す.

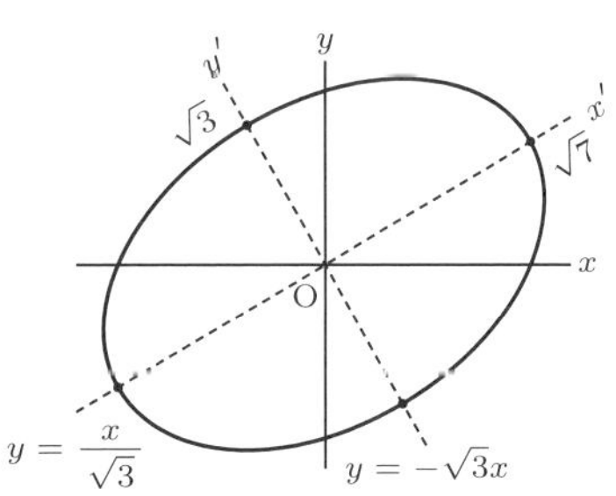

〈注〉　直交行列 $P = \frac{1}{2}\begin{pmatrix} \sqrt{3} & -1 \\ 1 & \sqrt{3} \end{pmatrix} = \begin{pmatrix} \cos 30^\circ & -\sin 30^\circ \\ \sin 30^\circ & \cos 30^\circ \end{pmatrix}$ は原点のまわりに 30° 回転する線形変換を表す行列であるが，$\boldsymbol{x} = P\boldsymbol{x}'$ で x' 軸と y' 軸が正の向きに 30° 回転して x 軸と y 軸に移されていないことに注意しよう．本問のように x' 軸と y' 軸がこの線形変換でそれぞれどんな直線に移されるかを調べることが重要である.

B▷ **208** 次の2次曲線 (a) について以下の設問に答えよ．

$$5x^2 + 2xy + 5y^2 + c = 0 \ \cdots \ (a)$$

(1) $\boldsymbol{x} = (x,\ y)^T$ として，式 (a) を $\boldsymbol{x}^T A\boldsymbol{x} + c = 0$ の形で表すときの対称行列 A を示せ．ただし，T は転置を表す．

(2) 行列 A の固有値を求めよ．

(3) $P^{-1}AP$ を対角行列にする正則行列 P とそのときの対角行列 $B = P^{-1}AP$ を求めよ．ただし，正則行列の列ベクトルの大きさは1とする．

(4) $\boldsymbol{x}' = (x',\ y')^T$ として設問(3)の正則行列 P を用いて $\boldsymbol{x} = P\boldsymbol{x}'$ で式 (a) を座標変換して得られる $\boldsymbol{x}'^T B\boldsymbol{x}' + c = 0$ の概形を x' 軸，y' 軸と共に描け．ただし，$c = -12$ とする．　（大阪大）

B▷ **209** 実変数 $x,\ y,\ z$ に対して関数 $f(x,\ y,\ z)$ を

$$f(x,\ y,\ z) = 3x^2 + 2y^2 + 4z^2 + 4xy + 4zx$$

により定める．このとき，条件 $x^2 + y^2 + z^2 = 1$ のもとで，$f(x,\ y,\ z)$ の最大値と最小値を求めよ．　（新潟大）

B▷ **210** 実数 t の実数値関数 $x_1 = x_1(t),\ x_2 = x_2(t)$ についての連立微分方程式

$$(*)\begin{cases} \dfrac{dx_1}{dt} = 6x_1 + 6x_2 \\ \dfrac{dx_2}{dt} = -2x_1 - x_2 \end{cases}$$

を考える．また，$A = \begin{pmatrix} 6 & 6 \\ -2 & -1 \end{pmatrix}$ とおく．

下の問いに答えよ．

(1) A の固有値，固有ベクトルを求めよ．

(2) $P^{-1}AP$ が対角行列となるような2次正方行列 P を1つあげよ．また，$P^{-1}AP$ を求めよ．

(3) P を前問(2)におけるものとし，実数 t の実数値関数 $y_1 = y_1(t),\ y_2 = y_2(t)$ を $\begin{pmatrix} y_1 \\ y_2 \end{pmatrix} = P^{-1}\begin{pmatrix} x_1 \\ x_2 \end{pmatrix}$ により定める．このとき $(*)$ を $y_1,\ y_2$ についての連立微分方程式に書き換えよ．また，$y_1,\ y_2$ を求めよ．

(4) $x_1,\ x_2$ を求めよ．　（長岡技科大）

B ▷ **211**　次の漸化式について考える．

$$\begin{cases} a_{n+1} = 7a_n - 6b_n \\ b_{n+1} = 3a_n - 2b_n \end{cases}, \quad \begin{cases} a_1 = 1 \\ b_1 = 0 \end{cases}$$

以下の問いに答えよ．

(1) $\begin{pmatrix} a_{n+1} \\ b_{n+1} \end{pmatrix} = A \begin{pmatrix} a_n \\ b_n \end{pmatrix}$ を満たす行列 A を求めよ．

(2) A の固有値と固有ベクトルを求めよ．

(3) $P^{-1}AP$ が対角行列となるような行列 P，およびその逆行列 P^{-1} を求めよ．

(4) a_n，b_n の一般項を求めよ．　（筑波大）

B ▷ **212**　$A = \begin{pmatrix} 0 & 1 & 0 \\ 0 & 0 & 1 \\ 6 & -11 & 6 \end{pmatrix}$ を3次正方行列とする．以下の問いに答えよ．

(1) A の固有値をすべて求めよ．さらに，求めた固有値それぞれに対して固有ベクトルを求めよ．

(2) $P^{-1}AP$ が対角行列となるような正則行列 P を1つ求めよ．

(3) n を2以上の整数とする．A^n を求めよ．

(4) 次の式で定義される数列 $\{a_n\}_{n=0}^{\infty}$ の一般項 a_n を求めよ．

$a_0 = a_1 = 0,\ a_2 = 1,\ a_n = 6a_{n-1} - 11a_{n-2} + 6a_{n-3}\ (n = 3, 4, 5, \cdots)$　（東北大）

例題67　2次正方行列 $A = \begin{pmatrix} 4 & 2 \\ 2 & 4 \end{pmatrix}$ およびベクトル $\boldsymbol{q}_0 = \begin{pmatrix} \sqrt{2} \\ 0 \end{pmatrix}$ を用いて以下のような漸化式を定義する．このとき，以下の設問に答えよ．

$\boldsymbol{q}_{n+1} = A\boldsymbol{q}_n$ （n は整数）

(1) $\varepsilon_n = \dfrac{{}^T\boldsymbol{q}_n A \boldsymbol{q}_n}{{}^T\boldsymbol{q}_n \boldsymbol{q}_n}$ および $\boldsymbol{p}_n = \dfrac{\boldsymbol{q}_n}{|\boldsymbol{q}_n|}$ とするとき，ε_n および $\boldsymbol{p}_n$ を求めよ．ここで，${}^T\boldsymbol{q}_n$ は $\boldsymbol{q}_n$ を転置したベクトルである．

(2) $\displaystyle\lim_{n\to\infty} \varepsilon_n$ および $\displaystyle\lim_{n\to\infty} \boldsymbol{p}_n$ を求めよ．　（福井大）

解　**A を直交行列 P で対角化し，$\boldsymbol{r}_n = {}^T\!P\boldsymbol{q}_n$ とおく．**

(1) A の固有値は 6, 2, それぞれに対する固有ベクトルは

$$c_1\begin{pmatrix}1\\1\end{pmatrix}\ (c_1 \neq 0),\ c_2\begin{pmatrix}-1\\1\end{pmatrix}\ (c_2 \neq 0)$$

$P = \dfrac{1}{\sqrt{2}}\begin{pmatrix}1 & -1\\1 & 1\end{pmatrix}$, $B = \begin{pmatrix}6 & 0\\0 & 2\end{pmatrix}$ とおくと，P は直交行列で　${}^TPAP = B$

よって，${}^TPA = B{}^TP$ だから，$\boldsymbol{q}_{n+1} = A\boldsymbol{q}_n$ より　${}^TP\boldsymbol{q}_{n+1} = B{}^TP\boldsymbol{q}_n$

ここで，$\boldsymbol{r}_n = {}^TP\boldsymbol{q}_n$ とおくと　$\boldsymbol{r}_{n+1} = B\boldsymbol{r}_n$，$\boldsymbol{r}_0 = {}^TP\boldsymbol{q}_0 = \begin{pmatrix}1\\-1\end{pmatrix}$

これより　$\boldsymbol{r}_n = B^n\boldsymbol{r}_0 = \begin{pmatrix}6^n & 0\\0 & 2^n\end{pmatrix}\begin{pmatrix}1\\-1\end{pmatrix} = \begin{pmatrix}6^n\\-2^n\end{pmatrix}$

$\boldsymbol{r}_n = {}^TP\boldsymbol{q}_n$ より　$\boldsymbol{q}_n = P\boldsymbol{r}_n = \dfrac{1}{\sqrt{2}}\begin{pmatrix}1 & -1\\1 & 1\end{pmatrix}\begin{pmatrix}6^n\\-2^n\end{pmatrix} = \dfrac{1}{\sqrt{2}}\begin{pmatrix}6^n + 2^n\\6^n - 2^n\end{pmatrix}$

$$|\boldsymbol{q}_n|^2 = {}^T\boldsymbol{q}_n\boldsymbol{q}_n = {}^T(P\boldsymbol{r}_n)P\boldsymbol{r}_n = {}^T\boldsymbol{r}_n({}^TPP)\boldsymbol{r}_n = {}^T\boldsymbol{r}_n\boldsymbol{r}_n = 6^{2n} + 2^{2n}$$

$${}^T\boldsymbol{q}_nA\boldsymbol{q}_n = {}^T(P\boldsymbol{r}_n)A(P\boldsymbol{r}_n) = {}^T\boldsymbol{r}_n\left({}^TPAP\right)\boldsymbol{r}_n = {}^T\boldsymbol{r}_nB\boldsymbol{r}_n = 6^{2n+1} + 2^{2n+1}$$

$$\varepsilon_n = \frac{{}^T\boldsymbol{q}_nA\boldsymbol{q}_n}{{}^T\boldsymbol{q}_n\boldsymbol{q}_n} = \frac{6^{2n+1} + 2^{2n+1}}{6^{2n} + 2^{2n}} = \frac{6\cdot 3^{2n} + 2}{3^{2n} + 1}$$　**$6^{2n} = 2^{2n}\cdot 3^{2n}$**

$$\boldsymbol{p}_n = \frac{\boldsymbol{q}_n}{|\boldsymbol{q}_n|} = \frac{1}{\sqrt{6^{2n} + 2^{2n}}\sqrt{2}}\begin{pmatrix}6^n + 2^n\\6^n - 2^n\end{pmatrix} = \frac{1}{\sqrt{2(3^{2n} + 1)}}\begin{pmatrix}3^n + 1\\3^n - 1\end{pmatrix}$$

(2) $\displaystyle\lim_{n\to\infty}\varepsilon_n = \lim_{n\to\infty}\frac{6 + 2\cdot 3^{-2n}}{1 + 3^{-2n}} = 6$　**$\displaystyle\lim_{n\to\infty}3^{-2n} = \lim_{n\to\infty}\left(\frac{1}{3}\right)^{2n} = 0$**

$$\lim_{n\to\infty}\boldsymbol{p}_n = \lim_{n\to\infty}\frac{1}{\sqrt{2(1 + 3^{-2n})}}\begin{pmatrix}1 + 3^{-n}\\1 - 3^{-n}\end{pmatrix} = \frac{1}{\sqrt{2}}\begin{pmatrix}1\\1\end{pmatrix}$$

B▷**213**　以下の行列 S に関する問いに答えよ．ただし，θ は実数である．

$$S = \begin{pmatrix}0 & \theta\\\theta & 0\end{pmatrix}$$

(1) 行列 S を対角化せよ．

(2) n を自然数とし，S^n を求めよ．

(3) 行列 S および実数 x を用いた指数関数はそれぞれ以下の式で定義される．$\exp(S)$ を計算せよ．

$$\exp(S) = \sum_{n=0}^{\infty}\frac{S^n}{n!}\qquad\left(e^x = \sum_{n=0}^{\infty}\frac{x^n}{n!}\right)$$

（福井大）

C▷ **214**　数列 x_n，y_n，z_n $(n=0,\ 1,\ 2,\ \cdots)$ を，次の漸化式で定義する．

$$\begin{pmatrix} x_{n+1} \\ y_{n+1} \\ z_{n+1} \end{pmatrix} = A \begin{pmatrix} x_n \\ y_n \\ z_n \end{pmatrix} \quad (n \geqq 0) \quad \text{ただし，} A = \begin{pmatrix} 2 & 1 & 0 \\ 1 & 2 & 0 \\ 1 & 1 & 1 \end{pmatrix}$$

であり，初期値 x_0，y_0，z_0 は実数で与えられているものとする．以下の問いに答えよ．

(1) 行列 A のすべての固有値と，それに対応する固有ベクトルを求めよ．

(2) A^n を求めよ．

(3) $x_0 > 0$，$y_0 > 0$，$z_0 > 0$ のとき，$\displaystyle\lim_{n\to\infty} \frac{y_n}{x_n}$ を求めよ．

(4) $\displaystyle\lim_{n\to\infty} \sqrt{x_n^2 + y_n^2 + z_n^2} < C$ となる定数 C $(C > 0)$ が存在するための，初期値 x_0，y_0，z_0 に関する必要十分条件を示せ．　（東京大）

C▷ **215**　2 つのメーカー X および Y からなる市場において，各メーカーのユーザー数を調査したい．毎年メーカー X のユーザーのうち $\dfrac{1}{10}$ がメーカー Y のユーザーとなり，一方で，メーカー Y のユーザーのうち $\dfrac{1}{5}$ がメーカー X のユーザーとなる．それ以外は同じメーカーのユーザーのままでいるものとし，ユーザーの総数は変化しない．このとき，以下の問いに答えよ．

(1) ある年におけるメーカー X，Y のユーザー数をそれぞれ x_n，y_n で表す．このとき翌年におけるそれぞれのメーカーのユーザー数 x_{n+1}，y_{n+1} を 2 次正方行列 A を使って以下の形で表す．行列 A を具体的に示せ．

$$\begin{pmatrix} x_{n+1} \\ y_{n+1} \end{pmatrix} = A \begin{pmatrix} x_n \\ y_n \end{pmatrix}$$

(2) A の固有値および固有ベクトルを求めよ．

(3) $P^{-1}AP$ が対角行列となるような行列 P を 1 つ求めるとともに，P の逆行列 P^{-1} を求めよ．

(4) 行列 A^n を求めよ．

(5) (4) の結果を使って，$n \to \infty$ としたときのメーカー X および Y のユーザーの比率を求めよ．　（筑波大）

§4 ベクトル空間

1 線形変換

線形変換は行列で表すことができる．与えられた性質を満たす線形変換を表す行列を求めることや，行列で表された線形変換による図形の像や原像を求めることができるようにしておこう．線形変換の基本性質にも注意する．

本小節ではベクトルは列ベクトルで表記する．

線形変換による図形の像　正則な行列の表す線形変換による図形の像を求めるには次の2通りの方法がある．もとの図形上の点を $(x,\ y)$，その点の像を $(x',\ y')$ とする．$x',\ y'$ は $x,\ y$ の式で表される．

① $x,\ y$ を媒介変数表示 → $x',\ y'$ を媒介変数で表す → 媒介変数を消去

② 逆変換を用いて $x,\ y$ を $x',\ y'$ で表す → もとの図形の方程式に代入

①は正則でない場合でも使える．②は媒介変数表示が難しい場合でも使える．

例題68　次の問いに答えよ．

(1) 平面上の点の x 軸への正射影となる線形変換 f_A を定める行列 A を示せ．

(2) 原点の周りに $\theta = 45^\circ$ 回転する線形変換 f_B を定める行列 B を示せ．

(3) $f_A,\ f_B$ の順番で変換する合成変換を求め，その変換により直線

$$\begin{pmatrix} x \\ y \end{pmatrix} = \begin{pmatrix} 1 \\ 2 \end{pmatrix} + t\begin{pmatrix} 2 \\ 1 \end{pmatrix}$$

が移された後の直線を求めよ．　　　　(佐賀大)

解　(1) x 軸への正射影は $(x,\ y) \longmapsto (x,\ 0)$ だから

$$\begin{pmatrix} x \\ 0 \end{pmatrix} = \begin{pmatrix} 1 & 0 \\ 0 & 0 \end{pmatrix}\begin{pmatrix} x \\ y \end{pmatrix} \qquad \therefore \quad A = \begin{pmatrix} 1 & 0 \\ 0 & 0 \end{pmatrix}$$

(2) $B = \begin{pmatrix} \cos 45^\circ & -\sin 45^\circ \\ \sin 45^\circ & \cos 45^\circ \end{pmatrix} = \dfrac{1}{\sqrt{2}}\begin{pmatrix} 1 & -1 \\ 1 & 1 \end{pmatrix}$

(3) $\begin{pmatrix} x' \\ y' \end{pmatrix} = A\begin{pmatrix} x \\ y \end{pmatrix}$, $\begin{pmatrix} x'' \\ y'' \end{pmatrix} = B\begin{pmatrix} x' \\ y' \end{pmatrix} = BA\begin{pmatrix} x \\ y \end{pmatrix}$

よって，合成変換 $f_B \circ f_A$ を表す行列は

$$BA = \frac{1}{\sqrt{2}}\begin{pmatrix} 1 & -1 \\ 1 & 1 \end{pmatrix}\begin{pmatrix} 1 & 0 \\ 0 & 0 \end{pmatrix} = \frac{1}{\sqrt{2}}\begin{pmatrix} 1 & 0 \\ 1 & 0 \end{pmatrix}$$

直線上の任意の点 $(1+2t,\ 2+t)$ の合成変換 $f_B \circ f_A$ による像を $(X,\ Y)$ とおくと

$$\begin{pmatrix} X \\ Y \end{pmatrix} = BA\begin{pmatrix} 1+2t \\ 2+t \end{pmatrix} = \frac{1}{\sqrt{2}}\begin{pmatrix} 1 & 0 \\ 1 & 0 \end{pmatrix}\begin{pmatrix} 1+2t \\ 2+t \end{pmatrix} = \frac{1}{\sqrt{2}}\begin{pmatrix} 1+2t \\ 1+2t \end{pmatrix}$$

$X = \dfrac{1}{\sqrt{2}}(1+2t)$, $Y = \dfrac{1}{\sqrt{2}}(1+2t)$ より　$Y = X$　よって　直線 $y = x$

〈注〉 求める方程式は x, y の表記に改める.

A▷ **216**　xy 平面上の曲線 $y = 2x^2$ を，原点のまわりに 45° 回転して得られる曲線の方程式を求めよ.　(新潟大)

A▷ **217**　2 次の正方行列 $A = \begin{pmatrix} 1 & 1 \\ 1 & 2 \end{pmatrix}$ に対し，下の問いに答えよ.

(1) A の逆行列 A^{-1} を求めよ.

(2) 曲線 $C : 5x^2 + 12xy + 8y^2 - 4 = 0$ の A による像 C' の方程式を求め，C' の概形を図示せよ.　(長岡技科大)

B▷ **218**　行列 $\begin{pmatrix} 2 & -1 \\ -4 & 2 \end{pmatrix}$ で定義される xy 平面の 1 次変換について，以下の問いに答えよ.

(1) 直線 $y = 3x$ の像を求めよ.

(2) 原点を通る直線のうち，その像が原点だけになるものを求めよ.

(3) 原点を通る直線のうち，その像がその直線自身になるものを求めよ.

(4) この 1 次変換による xy 平面の像を図示せよ.　(電気通信大)

A▷**219**　原点の回りの $\frac{\pi}{3}$ の回転により，方程式 $x^2-2\sqrt{3}xy+3y^2-2\sqrt{3}x+2ay+b=0$ が2次曲線 $y=x^2-1$ に移される場合，定数 a，b の値を求めよ．　（和歌山大）

例題69　$(x,\ y,\ z)$ 空間における平面 $2x+3y+4z+6=0$ を線形写像

$$\begin{pmatrix} X \\ Y \\ Z \end{pmatrix} = \begin{pmatrix} 1 & 1 & 0 \\ 0 & 3 & 2 \\ 2 & 0 & 0 \end{pmatrix}\begin{pmatrix} x \\ y \\ z \end{pmatrix}$$

によって写して得られる $(X,\ Y,\ Z)$ 空間の図形の方程式を求めよ．　（名古屋工業大）

解　**空間での線形変換も平面の場合と同様に計算する．**

$A=\begin{pmatrix} 1 & 1 & 0 \\ 0 & 3 & 2 \\ 2 & 0 & 0 \end{pmatrix}$ とおくと　$A^{-1}=\frac{1}{4}\begin{pmatrix} 0 & 0 & 2 \\ 4 & 0 & -2 \\ -6 & 2 & 3 \end{pmatrix}$

$\begin{pmatrix} x \\ y \\ z \end{pmatrix}=A^{-1}\begin{pmatrix} X \\ Y \\ Z \end{pmatrix}$ より　$x=\frac{1}{2}Z,\ y=\frac{2X-Z}{2},\ z=\frac{-6X+2Y+3Z}{4}$

これを $2x+3y+4z+6=0$ に代入すると

$$Z+\frac{3(2X-Z)}{2}-6X+2Y+3Z+6=0$$

$$\therefore\quad -6X+4Y+5Z+12=0$$

A▷**220**　xyz 空間のベクトル $\boldsymbol{A}=\begin{pmatrix} x \\ y \\ z \end{pmatrix}$ に対する線形変換について，以下の問いに答えよ．

(1) $\boldsymbol{A}$ を y 軸に対して対称移動させるような 3×3 行列を導出せよ．

(2) $\boldsymbol{A}$ を z 軸のまわりに角 θ だけ回転させるような 3×3 行列を導出せよ．（埼玉大）

B▷**221**　行列 $A=\begin{pmatrix} 1 & 1 & 0 \\ 1 & 0 & 1 \\ 0 & 1 & 1 \end{pmatrix}$ に対して3次元空間 $\boldsymbol{R}^3$ の原点を通る直線で次の性質をもつものを考える．

（性質）

この直線上の点 $\begin{pmatrix} x \\ y \\ z \end{pmatrix}$ を行列 A で変換した点 $\begin{pmatrix} x' \\ y' \\ z' \end{pmatrix} = A\begin{pmatrix} x \\ y \\ z \end{pmatrix}$ も，この直線上にある．

例えば $\begin{pmatrix} x \\ y \\ z \end{pmatrix} = k\begin{pmatrix} 1 \\ 1 \\ 1 \end{pmatrix}$（$k$ は任意の実数）と表される直線 ℓ_1 は，このような直線の 1 つである．この性質をもつ，ℓ_1 と異なる直線をすべてあげよ．（秋田大）

C▷ **222**　$f : \boldsymbol{R}^3 \to \boldsymbol{R}^3$ を平面 $x + z = 0$ に関する対称移動とし，$g : \boldsymbol{R}^3 \to \boldsymbol{R}^3$ を平面 $y - z = 0$ に関する対称移動とするとき，以下の問いに答えよ．

(1) 平面 $x + z = 0$ の原点を通る法線に点 $(x,\ y,\ z)$ からおろした垂線の足を P とするとき，点 P の座標を求めよ．

(2) $\boldsymbol{x} = \begin{pmatrix} x \\ y \\ z \end{pmatrix} \in \boldsymbol{R}^3$ に対し，$f(\boldsymbol{x}) = A\boldsymbol{x}$ となる 3 次正方行列 A を求めよ．

(3) 連立 1 次方程式 $\begin{cases} x + z = 0 \\ y - z = 0 \end{cases}$ を解け．

(4) 平面 $x + z = 0$ と平面 $y - z = 0$ のなす角 θ を求めよ．ただし，$0 \leqq \theta \leqq \dfrac{\pi}{2}$ とする．

(5) $g \circ f : \boldsymbol{R}^3 \to \boldsymbol{R}^3$ は原点を通る直線を軸とする回転移動となる．軸となる直線の方向ベクトルと回転する角度を答えよ．（電気通信大）

2　ベクトル空間

ベクトル空間（線形空間）と関連事項について，問題を解くために必要な解説を行なった後に，編入試験の問題を解く．大学では線形代数の講義でベクトル空間を学ぶ．より高度な数学の基礎となる理論であり，応用先も多岐にわたっているから，編入学前に自習しておくことを勧める．集合の記号を使うから，集合について復習しておくとよい．

定義　**ベクトル空間**

集合 V が以下の条件 (I) および (II) を満たすとき，V を**ベクトル空間（線形空間）**という．その要素をベクトルとよぶことにする．なお，$\boldsymbol{x}$，$\boldsymbol{y}$，$\boldsymbol{z}$ を V の任意の要素，a，b を任意の実数とする．

(I) V には和 $\boldsymbol{x}+\boldsymbol{y} \in V$ が定義され，以下の4つの条件を満たす．（和 $\boldsymbol{x}+\boldsymbol{y}$ について，$\boldsymbol{x}+\boldsymbol{y} \in V$ を満たすことを，V は**和について閉じている**，という）

(1) $\boldsymbol{x}+\boldsymbol{y}=\boldsymbol{y}+\boldsymbol{x}$

(2) $(\boldsymbol{x}+\boldsymbol{y})+\boldsymbol{z}=\boldsymbol{x}+(\boldsymbol{y}+\boldsymbol{z})$

(3) $\boldsymbol{x}+\boldsymbol{0}=\boldsymbol{x}=\boldsymbol{0}+\boldsymbol{x}$ となる $\boldsymbol{0}$ が存在する（零要素の存在）

(4) $\boldsymbol{x}+(-\boldsymbol{x})=\boldsymbol{0}=(-\boldsymbol{x})+\boldsymbol{x}$ となる $-\boldsymbol{x}$ が存在する（逆要素の存在）

(II) V には実数倍 $a\boldsymbol{x} \in V$ が定義され，以下の4つの条件を満たす．（実数倍 $a\boldsymbol{x}$ について，$a\boldsymbol{x} \in V$ を満たすことを，V は**実数倍について閉じている**，という）

(5) $(ab)\boldsymbol{x}=a(b\boldsymbol{x})$

(6) $(a+b)\boldsymbol{x}=a\boldsymbol{x}+b\boldsymbol{x}$

(7) $a(\boldsymbol{x}+\boldsymbol{y})=a\boldsymbol{x}+a\boldsymbol{y}$

(8) 実数の1に対して $1 \cdot \boldsymbol{x}=\boldsymbol{x}$

特に複素数倍が定義されたベクトル空間を，複素ベクトル空間という．いままでに学んだ平面ベクトルや空間ベクトルについて，平面ベクトル全体の集合または空間ベクトル全体の集合を考えれば，その集合は明らかに条件 (I) および (II) を満たしている．条件 (I) および (II) を満たす集合は他にもある．例えば，n を自然数とするとき，

n 個の実数の組全体からなる集合

$$\boldsymbol{R}^n=\left\{\left.\begin{pmatrix} x_1 \\ x_2 \\ \vdots \\ x_n \end{pmatrix} \right| x_1,\ x_2,\ \cdots,\ x_n \in \boldsymbol{R}\right\}$$

行列の集合

$$M=\left\{\left.\begin{pmatrix} a & b \\ c & d \end{pmatrix} \right| a,\ b,\ c,\ d \in \boldsymbol{R}\right\}$$

n 次以下の多項式全体からなる集合

$$P_n = \{a_0 + a_1x + a_2x^2 + \cdots + a_nx^n \mid a_0,\ a_1,\ \cdots,\ a_n \in \boldsymbol{R}\}$$

である．これらの集合は，条件 (I) および (II) を満たしている．

例 2 次以下の多項式全体からなる集合を

$$P_2 = \{a + bx + cx^2 \mid a,\ b,\ c \in \boldsymbol{R}\}$$

とする．$\boldsymbol{v}_1 = a_1 + b_1x + c_1x^2 \in P_2$，$\boldsymbol{v}_2 = a_2 + b_2x + c_2x^2 \in P_2$，$k \in \boldsymbol{R}$ に対して，和と実数倍を，通常の和と実数倍として，次のように定義する．

$$\boldsymbol{v}_1 + \boldsymbol{v}_2 = (a_1 + a_2) + (b_1 + b_2)x + (c_1 + c_2)x^2,\quad k\boldsymbol{v}_1 = ka_1 + kb_1x + kc_1x^2$$

$(a_1 + a_2)$，$(b_1 + b_2)$，$(c_1 + c_2)$，ka_1，kb_1，$kc_1 \in \boldsymbol{R}$ より

$$\boldsymbol{v}_1 + \boldsymbol{v}_2 \in P_2,\quad k\boldsymbol{v}_1 \in P_2$$ （P_2 は和および実数倍について閉じている）

P_2 は条件 (I) および (II) を満たすから，ベクトル空間である．

定義 **部分空間**

ベクトル空間 V の部分集合 U について，任意の $\boldsymbol{x}$，$\boldsymbol{y} \in U$ と任意の $a \in \boldsymbol{R}$ に対して

$$\boldsymbol{x} + \boldsymbol{y} \in U,\quad a\boldsymbol{x} \in U$$

が成り立つとき，U を V の**部分空間**という．

U は和および実数倍について閉じているということであり，部分空間 U も条件 (I) および (II) を満たすから，ベクトル空間である．

例 $V = \boldsymbol{R}^3$ の部分集合 $U = \left\{ \begin{pmatrix} x_1 \\ x_2 \\ 0 \end{pmatrix} \middle|\ x_1,\ x_2 \in \boldsymbol{R} \right\}$ を考える．

任意の $\boldsymbol{x} = \begin{pmatrix} x_1 \\ x_2 \\ 0 \end{pmatrix}$，$\boldsymbol{y} = \begin{pmatrix} y_1 \\ y_2 \\ 0 \end{pmatrix} \in U$ と任意の $a \in \boldsymbol{R}$ に対して

$\boldsymbol{x} + \boldsymbol{y} = \begin{pmatrix} x_1 + y_1 \\ x_2 + y_2 \\ 0 \end{pmatrix} \in U$，$a\boldsymbol{x} = \begin{pmatrix} ax_1 \\ ax_2 \\ 0 \end{pmatrix} \in U$ よって，U は V の部分空間である．

次に，$V = \boldsymbol{R}^3$ の部分集合 $W = \left\{ \begin{pmatrix} x_1 \\ x_2 \\ 1 \end{pmatrix} \middle|\ x_1,\ x_2 \in \boldsymbol{R} \right\}$ を考える．

$\boldsymbol{x} = \begin{pmatrix} x_1 \\ x_2 \\ 1 \end{pmatrix}$, $\boldsymbol{y} = \begin{pmatrix} y_1 \\ y_2 \\ 1 \end{pmatrix} \in W$ に対して，$\boldsymbol{x} + \boldsymbol{y} = \begin{pmatrix} x_1 + y_1 \\ x_2 + y_2 \\ 2 \end{pmatrix} \notin W$ となるから W は V の部分空間ではない．

例　$V = \boldsymbol{R}^3$ のベクトル $\boldsymbol{v_1} = \begin{pmatrix} 1 \\ 0 \\ 2 \end{pmatrix}$, $\boldsymbol{v_2} = \begin{pmatrix} 2 \\ 1 \\ 3 \end{pmatrix}$ に対して，V の部分集合

$$U = \{a_1\boldsymbol{v}_1 + a_2\boldsymbol{v}_2 \mid a_1,\ a_2 \in \boldsymbol{R}\}$$

を考える．任意の $\boldsymbol{x} = a_1\boldsymbol{v}_1 + a_2\boldsymbol{v}_2$, $\boldsymbol{y} = b_1\boldsymbol{v}_1 + b_2\boldsymbol{v}_2 \in U$ と任意の $c \in \boldsymbol{R}$ に対して

$$\boldsymbol{x} + \boldsymbol{y} = (a_1 + b_1)\boldsymbol{v}_1 + (a_2 + b_2)\boldsymbol{v}_2 \in U, \quad c\boldsymbol{x} = ca_1\boldsymbol{v}_1 + ca_2\boldsymbol{v}_2 \in U$$

が成り立つから，U は V の部分空間である．U を $\{\boldsymbol{v}_1,\ \boldsymbol{v}_2\}$ で**生成される**（**張られる**）V の部分空間という．

例　$P_2 = \{a + bx + cx^2 \mid a,\ b,\ c \in \boldsymbol{R}\}$, $P_1 = \{a + bx \mid a,\ b \in \boldsymbol{R}\}$ とすると，P_1 はベクトル空間 P_2 の部分集合となる．任意の $\boldsymbol{v}_1 = a_1 + b_1x$, $\boldsymbol{v}_2 = a_2 + b_2x \in P_1$ と任意の $k \in \boldsymbol{R}$ に対して

$$\boldsymbol{v}_1 + \boldsymbol{v}_2 = (a_1 + a_2) + (b_1 + b_2)x \in P_1, \quad k\boldsymbol{v}_1 = ka_1 + kb_1x \in P_1$$

が成り立つから，P_1 は P_2 の部分空間である．

定義　**基底・次元**

V をベクトル空間とする．V のベクトルの組 $\{\boldsymbol{v}_1,\ \boldsymbol{v}_2,\ \cdots,\ \boldsymbol{v}_n\}$ に対して，次の (1), (2) が成り立つとき，$\{\boldsymbol{v}_1,\ \boldsymbol{v}_2,\ \cdots,\ \boldsymbol{v}_n\}$ は V の**基底**であるという．

(1)　$\boldsymbol{v}_1,\ \boldsymbol{v}_2,\ \cdots,\ \boldsymbol{v}_n$ は線形独立である．

(2)　V は $\{\boldsymbol{v}_1,\ \boldsymbol{v}_2,\ \cdots,\ \boldsymbol{v}_n\}$ で生成される（張られる）．

ベクトル空間における線形独立は空間ベクトルのときと同様に定義される．(2) は V の任意のベクトル $\boldsymbol{x}$ が $\boldsymbol{v}_1,\ \boldsymbol{v}_2,\ \cdots,\ \boldsymbol{v}_n$ の線形結合によって

$$\boldsymbol{x} = c_1\boldsymbol{v}_1 + \boldsymbol{v}_2 + \cdots + c_n\boldsymbol{v}_n \quad (c_1,\ c_2,\ \cdots,\ c_n \in \boldsymbol{R})$$

と表されることである．基底は1つには定まらないが，基底の要素の個数は1つに決まる．この個数をベクトル空間 V の**次元**といい，$\dim V$ で表す．$V = \{\boldsymbol{0}\}$ の次元は0と定義する．次元が0の場合，基底の要素の個数が0だから，基底はないと考える．U が V の部分空間であるとき，$\dim U \leqq \dim V$ が成り立つ．

(1) と (2) から，V の任意のベクトル $\boldsymbol{x}$ は $\boldsymbol{x} = c_1\boldsymbol{v}_1 + \cdots + c_n\boldsymbol{v}_n$ と一意（ただ１通り）に表されることがわかり，次のことがいえる．

n 次元ベクトル空間 V の基底 $\{\boldsymbol{v}_1,\ \boldsymbol{v}_2,\ \cdots,\ \boldsymbol{v}_n\}$ を決める．

$$V \ni \boldsymbol{x} = c_1\boldsymbol{v}_1 + \cdots + c_n\boldsymbol{v}_n = (\boldsymbol{v}_1\ \cdots\ \boldsymbol{v}_n)\begin{pmatrix} c_1 \\ \vdots \\ c_n \end{pmatrix} \longleftrightarrow \begin{pmatrix} c_1 \\ \vdots \\ c_n \end{pmatrix} \in \boldsymbol{R}^n$$

V のベクトル $\boldsymbol{x}$ は $\boldsymbol{R}^n$ のベクトルと１対１に対応がつく．

〈注〉 この対応は基底のとり方による．

例　$V = \boldsymbol{R}^n$ の次のベクトルを考える．

$$\boldsymbol{e}_1 = \begin{pmatrix} 1 \\ 0 \\ 0 \\ \vdots \\ 0 \end{pmatrix},\quad \boldsymbol{e}_2 = \begin{pmatrix} 0 \\ 1 \\ 0 \\ \vdots \\ 0 \end{pmatrix},\quad \cdots,\quad \boldsymbol{e}_n = \begin{pmatrix} 0 \\ 0 \\ \vdots \\ 0 \\ 1 \end{pmatrix}$$

$\boldsymbol{e}_1,\ \boldsymbol{e}_2,\ \cdots,\ \boldsymbol{e}_n$ は $|\boldsymbol{e}_1\ \boldsymbol{e}_2\ \cdots\ \boldsymbol{e}_n| = 1 \neq 0$ から線形独立である．任意の $\boldsymbol{x} \in \boldsymbol{R}^n$ は

$$\boldsymbol{x} = \begin{pmatrix} x_1 \\ x_2 \\ \vdots \\ x_n \end{pmatrix} = x_1\boldsymbol{e}_1 + x_2\boldsymbol{e}_2 + \cdots + x_n\boldsymbol{e}_n$$

と表される．$\{\boldsymbol{e}_1,\ \boldsymbol{e}_2,\ \cdots,\ \boldsymbol{e}_n\}$ を $V = \boldsymbol{R}^n$ の標準基底といい，$\dim \boldsymbol{R}^n = n$ である．

例　$P_2 = \{a + bx + cx^2 \mid a,\ b,\ c \in \boldsymbol{R}\}$ について，$a \cdot 1 + b \cdot x + c \cdot x^2 = 0$（多項式としての 0，すなわち，恒等的に 0）となるのは，$a = b = c = 0$ のときに限る．よって，1，x，x^2 は線形独立である．また，P_2 の任意の要素は，$a \cdot 1 + b \cdot x + c \cdot x^2$ と，1，x，x^2 の線形結合で表される．したがって，$\{1,\ x,\ x^2\}$ は P_2 の基底であり，$\dim P_2 = 3$ である．$\{1 + 2x,\ 3,\ 4x^2\}$ なども P_2 の基底になる．

例題70　$\boldsymbol{R}^3$ における次の３つのベクトルは $\boldsymbol{R}^3$ の基底になることを示せ．

$$\boldsymbol{v}_1 = \begin{pmatrix} 1 \\ -1 \\ 1 \end{pmatrix},\quad \boldsymbol{v}_2 = \begin{pmatrix} 0 \\ 1 \\ 1 \end{pmatrix},\quad \boldsymbol{v}_3 = \begin{pmatrix} 1 \\ 0 \\ 1 \end{pmatrix}$$

（富山大）

解　(i) $A = (\boldsymbol{v}_1\ \boldsymbol{v}_2\ \boldsymbol{v}_3)$ とおくと，$|A| = -1 \neq 0$ より $\boldsymbol{v}_1,\ \boldsymbol{v}_2,\ \boldsymbol{v}_3$ は線形独立である．

(ii) 任意の $\boldsymbol{x} \in \boldsymbol{R}^3$ が $\boldsymbol{v}_1$, $\boldsymbol{v}_2$, $\boldsymbol{v}_3$ の線形結合で表されることを示す．すなわち

$$\boldsymbol{x} = c_1\boldsymbol{v}_1 + c_2\boldsymbol{v}_2 + c_3\boldsymbol{v}_3 \quad \cdots \text{①}$$

となる定数 c_1, c_2, c_3 が存在することを示す．$\boldsymbol{c} = {}^t(c_1\ c_2\ c_3)$ とおくと，①は $\boldsymbol{x} = A\boldsymbol{c}$ と表され，$|A| \neq 0$ より A^{-1} が存在するから，$\boldsymbol{c} = A^{-1}\boldsymbol{x}$ とすればよい．

(i), (ii) より，$\{\boldsymbol{v}_1, \boldsymbol{v}_2, \boldsymbol{v}_3\}$ は $\boldsymbol{R}^3$ の基底である．

〈注〉 同様に，$\boldsymbol{R}^n$ の線形独立な n 個のベクトルは，$\boldsymbol{R}^n$ の基底となることを示すことができる．

例題71　$V = \left\{ \begin{pmatrix} x \\ y \\ z \end{pmatrix} \in \boldsymbol{R}^3 \,\middle|\, 3x + 4y - z = 0 \right\}$ が $\boldsymbol{R}^3$ の部分空間であることを示し，その基底を1組求めよ．　　　　（金沢大）

解　$z = 3x + 4y$ より，任意の $\boldsymbol{x} \in V$ は，次のように表される．

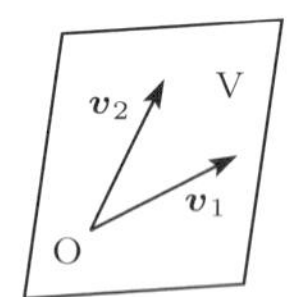

$$\boldsymbol{x} = \begin{pmatrix} x \\ y \\ z \end{pmatrix} = \begin{pmatrix} x \\ y \\ 3x + 4y \end{pmatrix} = x\begin{pmatrix} 1 \\ 0 \\ 3 \end{pmatrix} + y\begin{pmatrix} 0 \\ 1 \\ 4 \end{pmatrix}$$

$\boldsymbol{v}_1 = \begin{pmatrix} 1 \\ 0 \\ 3 \end{pmatrix}$, $\boldsymbol{v}_2 = \begin{pmatrix} 0 \\ 1 \\ 4 \end{pmatrix}$ とおくと，$c_1\boldsymbol{v}_1 + c_2\boldsymbol{v}_2 = \begin{pmatrix} c_1 \\ c_2 \\ 3c_1 + 4c_2 \end{pmatrix} = \begin{pmatrix} 0 \\ 0 \\ 0 \end{pmatrix}$ ならば $c_1 = c_2 = 0$ だから $\boldsymbol{v}_1$, $\boldsymbol{v}_2$ は線形独立である．

また任意の $\boldsymbol{x} = a_1\boldsymbol{v}_1 + a_2\boldsymbol{v}_2$, $\boldsymbol{y} = b_1\boldsymbol{v}_1 + b_2\boldsymbol{v}_2 \in V$ と任意の $c \in \boldsymbol{R}$ に対して

$$\boldsymbol{x} + \boldsymbol{y} = (a_1 + b_1)\boldsymbol{v}_1 + (a_2 + b_2)\boldsymbol{v}_2 \in V, \quad c\boldsymbol{x} = ca_1\boldsymbol{v}_1 + ca_2\boldsymbol{v}_2 \in V$$

よって，V は基底 $\{\boldsymbol{v}_1, \boldsymbol{v}_2\}$ で張られる部分空間である．また $\dim V = 2$ である．

〈注〉 $x = -\dfrac{4}{3}y + \dfrac{1}{3}z$ としたときは，任意の $\boldsymbol{x} \in V$ は

$$\boldsymbol{x} = \begin{pmatrix} x \\ y \\ z \end{pmatrix} = \begin{pmatrix} -\frac{4}{3}y + \frac{1}{3}z \\ y \\ z \end{pmatrix} = \frac{1}{3}y\begin{pmatrix} -4 \\ 3 \\ 0 \end{pmatrix} + \frac{1}{3}z\begin{pmatrix} 1 \\ 0 \\ 3 \end{pmatrix}$$ と表されるから

$\boldsymbol{u}_1 = \begin{pmatrix} -4 \\ 3 \\ 0 \end{pmatrix}$, $\boldsymbol{u}_2 = \begin{pmatrix} 1 \\ 0 \\ 3 \end{pmatrix}$ とおくと，$\{\boldsymbol{u}_1, \boldsymbol{u}_2\}$ は V の基底である．

このように線形空間の基底のとり方は一通りではない．

〈注〉 同様に，$\boldsymbol{R}^3$ 内の原点を通る平面は，2 次元ベクトル空間であることを示すことができる．

例題72　$V=\left\{\begin{pmatrix} x \\ y \\ z \end{pmatrix} \in \boldsymbol{R}^3 \;\middle|\; \dfrac{x}{2}=\dfrac{y}{-1}=\dfrac{z}{3}\right\}$ の基底と次元を求めよ．

解　$\dfrac{x}{2}=\dfrac{y}{-1}=\dfrac{z}{3}=t \ \ (t \in \boldsymbol{R})$ とおくと　$x=2t,\ y=-t,\ z=3t$

よって　$\boldsymbol{x}=\begin{pmatrix} x \\ y \\ z \end{pmatrix}=t\begin{pmatrix} 2 \\ -1 \\ 3 \end{pmatrix}$

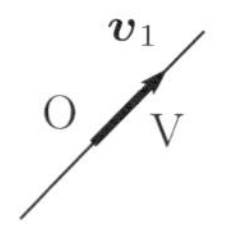

$\boldsymbol{v}_1=\begin{pmatrix} 2 \\ -1 \\ 3 \end{pmatrix}$ とおくと，$\boldsymbol{v}_1$ は線形独立である．

また任意の $\boldsymbol{x} \in V$ は，$\boldsymbol{x}=t\boldsymbol{v}_1 \ (t \in \boldsymbol{R})$ と表される．

よって，$\{\boldsymbol{v}_1\}$ は V の基底で，$\dim V=1$ である．

〈注〉 同様に，$\boldsymbol{R}^3$ 内の原点を通る直線は，1 次元ベクトル空間であることを示すことができる．

例題73　$V=\boldsymbol{R}^3$ のベクトル $\boldsymbol{v}_1=\begin{pmatrix} 2 \\ 0 \\ -1 \end{pmatrix}$，$\boldsymbol{v}_2=\begin{pmatrix} 4 \\ 3 \\ 1 \end{pmatrix}$ に対して，$\{\boldsymbol{v}_1,\ \boldsymbol{v}_2\}$ で生成される（張られる）V の部分空間を U とすると，U は原点を通る平面となる．平面の方程式を求めよ．　　（電通大 改）

解　任意の $x \in V$ は，次のように表される．

$$\boldsymbol{x}=\begin{pmatrix} x \\ y \\ z \end{pmatrix}=c_1\begin{pmatrix} 2 \\ 0 \\ -1 \end{pmatrix}+c_2\begin{pmatrix} 4 \\ 3 \\ 1 \end{pmatrix} \ (c_1,\ c_2 \in \boldsymbol{R}) \quad \therefore \begin{cases} x=2c_1+4c_2 & \cdots ① \\ y=3c_2 & \cdots ② \\ z=-c_1+c_2 & \cdots ③ \end{cases}$$

② より　$c_2=\dfrac{y}{3}$，③ より　$c_1=c_2-z=\dfrac{y}{3}-z$，① より　$x=2\left(\dfrac{y}{3}-z\right)+4\cdot\dfrac{y}{3}$

よって，求める平面の方程式は　$x-2y+2z=0$

別解　原点を通り，$\boldsymbol{v}_1 \times \boldsymbol{v}_2 = \begin{pmatrix} 3 \\ -6 \\ 6 \end{pmatrix} = 3\begin{pmatrix} 1 \\ -2 \\ 2 \end{pmatrix}$ を法線ベクトルとする平面だから

$$x - 2y + 2z = 0$$

〈注〉 $\{\boldsymbol{v}_1, \boldsymbol{v}_2\}$ は U の基底で，$\dim U=2$ である．

定義　**写像**

集合 X の任意の要素 x に集合 Y の要素 $y = f(x)$ をただ1つ定める対応 f を，集合 X から集合 Y への**写像**といい，$f : X \to Y$ と表す．関数は写像の1つである．写像 $f : X \to Y$ に対して，集合 $\{f(x) \in Y \mid x \in X\}$ を X の f による**像** (image) といい，$\mathrm{Im}\, f$ または $f(X)$ で表す．$\mathrm{Im}\, f = Y$ のとき，写像 f は**全射**であるという．

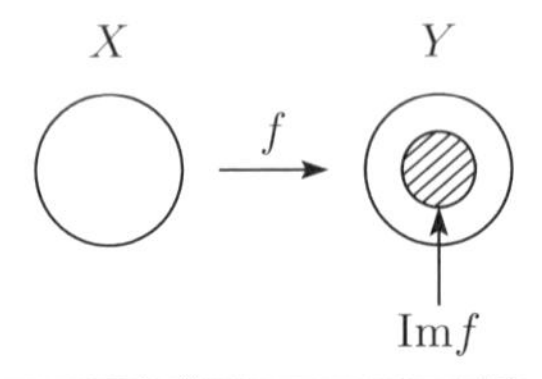

X の要素 x の像 $f(x)$ をすべて集めた集合が $\mathrm{Im}\, f$

任意の $x_1, x_2 \in X$ に対して，$x_1 \neq x_2$ ならば $f(x_1) \neq f(x_2)$ が成り立つとき，写像 f は**単射**であるという．全射かつ単射であるとき，写像 f は**全単射**であるという．

例題74　次の関数の $\mathrm{Im}\, f$ を求めよ．また，全射および単射について調べよ．

(1) $f : \boldsymbol{R} \to \boldsymbol{R},\ x \longmapsto y = x^2$　　(2) $f : \boldsymbol{R} \to \boldsymbol{R},\ x \longmapsto y = 2x$

解　(1) $\mathrm{Im}\, f = \{y \in \boldsymbol{R} \mid y \geqq 0\}$　$\mathrm{Im}\, f \neq \boldsymbol{R}$ だから，全射ではない．

また，$x_1 = -1,\ x_2 = 1$ に対して，$f(x_1) = f(x_2) = 1$ だから単射ではない．

(2) $\mathrm{Im}\, f = \boldsymbol{R}$　また任意の $x_1, x_2 \in \boldsymbol{R}$ $(x_1 \neq x_2)$ に対して，$2x_1 \neq 2x_2$ より全単射である．

定義　**線形写像**

ベクトル空間 V からベクトル空間 W への写像 $f : V \to W$ について，任意の $\boldsymbol{x}, \boldsymbol{y} \in V$ と任意の $a \in \boldsymbol{R}$ に対して

$$f(\boldsymbol{x} + \boldsymbol{y}) = f(\boldsymbol{x}) + f(\boldsymbol{y}),\quad f(a\boldsymbol{x}) = af(\boldsymbol{x})$$

が成り立つとき，f を**線形写像**という．特に，$W = V$ の場合の線形写像を線形変換という．

例題75 次の写像 f は線形写像であることを示せ.

(1) $f: \boldsymbol{R}^2 \to \boldsymbol{R}^2$, $f\begin{pmatrix} x_1 \\ x_2 \end{pmatrix} = \begin{pmatrix} x_1 + 2x_2 \\ 2x_1 - x_2 \end{pmatrix}$

(2) $P_2 = \{a + bx + cx^2 \mid a,\ b,\ c \in \boldsymbol{R}\}$, $P_1 = \{a + bx \mid a,\ b \in \boldsymbol{R}\}$ に対して

$f: P_2 \to P_1$, $f(a + bx + cx^2) = b + 2cx$ (「微分する」という写像)

解 線形写像の定義を満たすことを示す.

(1) 任意の $\boldsymbol{u} = \begin{pmatrix} u_1 \\ u_2 \end{pmatrix}$, $\boldsymbol{v} = \begin{pmatrix} v_1 \\ v_2 \end{pmatrix} \in \boldsymbol{R}^2$ と任意の $a \in \boldsymbol{R}$ に対して

$$f(\boldsymbol{u} + \boldsymbol{v}) = f\begin{pmatrix} u_1 + v_1 \\ u_2 + v_2 \end{pmatrix} = \begin{pmatrix} u_1 + v_1 + 2(u_2 + v_2) \\ 2(u_1 + v_1) - (u_2 + v_2) \end{pmatrix}$$

$$= \begin{pmatrix} u_1 + 2u_2 \\ 2u_1 - u_2 \end{pmatrix} + \begin{pmatrix} v_1 + 2v_2 \\ 2v_1 - v_2 \end{pmatrix} = f(\boldsymbol{u}) + f(\boldsymbol{v})$$

$$f(a\boldsymbol{u}) = f\begin{pmatrix} au_1 \\ au_2 \end{pmatrix} = \begin{pmatrix} au_1 + 2au_2 \\ 2au_1 - au_2 \end{pmatrix} = a\begin{pmatrix} u_1 + 2u_2 \\ 2u_1 - u_2 \end{pmatrix} = af(\boldsymbol{u})$$

よって, f は線形写像である.

(2) 任意の $\boldsymbol{v}_1 = a_1 + b_1x + c_1x^2$, $\boldsymbol{v}_2 = a_2 + b_2x + c_2x^2 \in P_2$ と $k \in \boldsymbol{R}$ に対して

$$f(\boldsymbol{v}_1 + \boldsymbol{v}_2) = f\bigl((a_1 + a_2) + (b_1 + b_2)x + (c_1 + c_2)x^2\bigr)$$
$$= (b_1 + b_2) + 2(c_1 + c_2)x = (b_1 + 2c_1x) + (b_2 + 2c_2x)$$
$$= f(\boldsymbol{v}_1) + f(\boldsymbol{v}_2)$$

$$f(k\boldsymbol{v}_1) = f(ka_1 + kb_1x + kc_1x^2) = kb_1 + 2kc_1x = k(b_1 + 2c_1x)$$
$$= kf(\boldsymbol{v}_1)$$

よって, f は線形写像である.

〈注〉 $m \times n$ 行列 A と n 次元ベクトル $\boldsymbol{x}$ に対して, $f(\boldsymbol{x}) = A\boldsymbol{x}$ と定義すると

$$f(\boldsymbol{x} + \boldsymbol{y}) = A(\boldsymbol{x} + \boldsymbol{y}) = A\boldsymbol{x} + A\boldsymbol{y} = f(\boldsymbol{x}) + f(\boldsymbol{y})$$

$$f(k\boldsymbol{x}) = A(k\boldsymbol{x}) = kA\boldsymbol{x} = kf(\boldsymbol{x})$$

よって, ベクトルに行列を掛けて定義される写像は線形写像である.

〈注〉 一般に, $\bigl(g(x) + h(x)\bigr)' = g'(x) + h'(x)$, $(kg(x))' = kg'(x)$ が成り立つから, 「微分する」という写像は線形写像になる.

線形写像 $f : V \to W$ による像 $\mathrm{Im}\, f$ は W の部分空間になる．また，V の部分集合 $\{\boldsymbol{x} \in V \mid f(\boldsymbol{x}) = \boldsymbol{0}\}$ を f の**核**（kernel）といい，$\mathrm{Ker}\, f$ と表す．$\mathrm{Ker}\, f$ は V の部分空間になる．$\mathrm{Ker}\, f$ は写像 f によって原点に写される集合である．

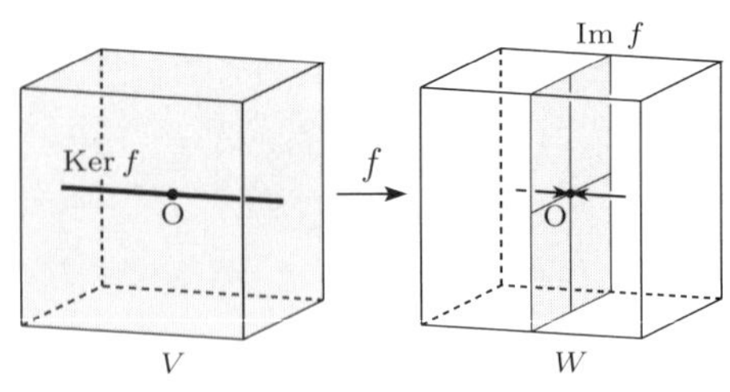

線形写像の像と核について，**次元定理**と呼ばれる次の公式が成り立つ．

$$\dim \mathrm{Ker}\, f + \dim \mathrm{Im}\, f = \dim V$$

核の次元＋像の次元＝定義域の次元

例題76　線形写像 $f : V \to W$ について，次を示せ．

(1) $\mathrm{Im}\, f$ は W の部分空間である．

(2) $\mathrm{Ker}\, f$ は V の部分空間である．

解　**部分空間の定義を満たすことを示す．**

(1) $\mathrm{Im}\, f$ は W の部分集合である．

$\boldsymbol{y}_1$，$\boldsymbol{y}_2 \in \mathrm{Im}\, f$ とすると，$f(\boldsymbol{u}_1) = \boldsymbol{y}_1$，$f(\boldsymbol{u}_2) = \boldsymbol{y}_2$ となる $\boldsymbol{u}_1$，$\boldsymbol{u}_2 \in V$ が存在する．また $a \in \boldsymbol{R}$ とする．f は線形写像だから

$$\boldsymbol{y}_1 + \boldsymbol{y}_2 = f(\boldsymbol{u}_1) + f(\boldsymbol{u}_2) = f(\boldsymbol{u}_1 + \boldsymbol{u}_2) \in \mathrm{Im}\, f$$

$$a\boldsymbol{y}_1 = af(\boldsymbol{u}_1) = f(a\boldsymbol{u}_1) \in \mathrm{Im}\, f$$

よって，$\mathrm{Im}\, f$ は W の部分空間である．

(2) $\mathrm{Ker}\, f$ は V の部分集合である．

$\boldsymbol{x}_1$，$\boldsymbol{x}_2 \in \mathrm{Ker}\, f$ とすると　$f(\boldsymbol{x}_1) = \boldsymbol{0}$，$f(\boldsymbol{x}_2) = \boldsymbol{0}$（$\boldsymbol{0}$ は W の零要素）

また $a \in \boldsymbol{R}$ とする．f は線形写像だから

$$f(\boldsymbol{x}_1 + \boldsymbol{x}_2) = f(\boldsymbol{x}_1) + f(\boldsymbol{x}_2) = \boldsymbol{0} + \boldsymbol{0} = \boldsymbol{0} \quad \therefore \quad \boldsymbol{x}_1 + \boldsymbol{x}_2 \in \mathrm{Ker}\, f$$

$$f(a\boldsymbol{x}_1) = af(\boldsymbol{x}_1) = a\boldsymbol{0} = \boldsymbol{0} \quad \therefore \quad a\boldsymbol{x}_1 \in \mathrm{Ker}\, f$$

よって，$\mathrm{Ker}\, f$ は V の部分空間である．

〈注〉　これが基本的な証明方法である．実際の問題では，問題に合わせた用語を使う．

例題77 次の線形写像 f について，$\mathrm{Im}\, f$ および $\mathrm{Ker}\, f$ の基底と次元を求めよ．

(1) $f : \boldsymbol{R}^2 \to \boldsymbol{R}^2,\ f\begin{pmatrix} x_1 \\ x_2 \end{pmatrix} = \begin{pmatrix} x_1 + 2x_2 \\ 2x_1 - x_2 \end{pmatrix}$

(2) $f : \boldsymbol{R}^2 \to \boldsymbol{R}^2,\ f\begin{pmatrix} x_1 \\ x_2 \end{pmatrix} = \begin{pmatrix} x_1 + x_2 \\ 2x_1 + 2x_2 \end{pmatrix}$

解 (1) 任意の $\begin{pmatrix} x_1 \\ x_2 \end{pmatrix} \in \boldsymbol{R}^2$ に対して　$f\begin{pmatrix} x_1 \\ x_2 \end{pmatrix} = x_1\begin{pmatrix} 1 \\ 2 \end{pmatrix} + x_2\begin{pmatrix} 2 \\ -1 \end{pmatrix}$

$\boldsymbol{v}_1 = \begin{pmatrix} 1 \\ 2 \end{pmatrix}$，$\boldsymbol{v}_2 = \begin{pmatrix} 2 \\ -1 \end{pmatrix}$ とおくと，$\begin{vmatrix} 1 & 2 \\ 2 & -1 \end{vmatrix} = -5 \neq 0$ より，$\boldsymbol{v}_1$，$\boldsymbol{v}_2$ は線形独立である．また任意の $\boldsymbol{y} \in \mathrm{Im}\, f$ は $\boldsymbol{y} = x_1\boldsymbol{v}_1 + x_2\boldsymbol{v}_2$ と表される．よって，$\{\boldsymbol{v}_1,\ \boldsymbol{v}_2\}$ は $\mathrm{Im}\, f$ の基底で，$\dim \mathrm{Im}\, f = 2$ である．

$\mathrm{Ker}\, f = \left\{ \begin{pmatrix} x_1 \\ x_2 \end{pmatrix} \in \boldsymbol{R}^2 \;\middle|\; \begin{matrix} x_1 + 2x_2 = 0 \\ 2x_1 - x_2 = 0 \end{matrix} \right\}$ より　$\mathrm{Ker}\, f = \{\boldsymbol{0}\}$

よって，$\mathrm{Ker}\, f$ の基底はなく，$\dim \mathrm{Ker}\, f = 0$ である．

(2) 任意の $\begin{pmatrix} x_1 \\ x_2 \end{pmatrix} \in \boldsymbol{R}^2$ に対して　$f\begin{pmatrix} x_1 \\ x_2 \end{pmatrix} = (x_1 + x_2)\begin{pmatrix} 1 \\ 2 \end{pmatrix}$

$\boldsymbol{v}_1 = \begin{pmatrix} 1 \\ 2 \end{pmatrix}$ とおくと，任意の $\boldsymbol{y} \in \mathrm{Im}\, f$ は $\boldsymbol{y} = c\boldsymbol{v}_1$ $(c \in \boldsymbol{R})$ と表される．よって，$\{\boldsymbol{v}_1\}$ は $\mathrm{Im}\, f$ の基底で，$\dim \mathrm{Im}\, f = 1$ である．

$\mathrm{Ker}\, f = \left\{ \begin{pmatrix} x_1 \\ x_2 \end{pmatrix} \in \boldsymbol{R}^2 \;\middle|\; \begin{matrix} x_1 + x_2 = 0 \\ 2x_1 + 2x_2 = 0 \end{matrix} \right\}$

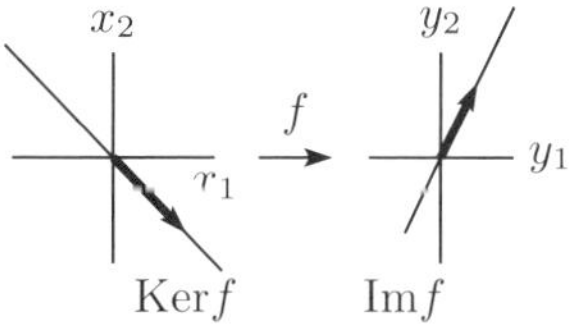

であり，連立方程式を解くと　$x_2 = -x_1$

$\boldsymbol{u}_1 = \begin{pmatrix} 1 \\ -1 \end{pmatrix}$ とおくと，任意の $\boldsymbol{x} \in \mathrm{Ker}\, f$ は $\boldsymbol{x} = c\boldsymbol{u}_1$ $(c \in \boldsymbol{R})$ と表される．

よって，$\{\boldsymbol{u}_1\}$ は $\mathrm{Ker}\, f$ の基底で，$\dim \mathrm{Ker}\, f = 1$ である．

〈注〉 (1)，(2) ともに，次元定理 $\dim \mathrm{Ker}\, f + \dim \mathrm{Im}\, f = \dim \boldsymbol{R}^2 = 2$ が成り立っていることを確認する．

〈注〉 (1) の線形写像は行列を用いると $\begin{pmatrix} y_1 \\ y_2 \end{pmatrix} = \begin{pmatrix} 1 & 2 \\ 2 & -1 \end{pmatrix} \begin{pmatrix} x_1 \\ x_2 \end{pmatrix}$ と表される．

$A = \begin{pmatrix} 1 & 2 \\ 2 & -1 \end{pmatrix}$ を線形写像 f の表現行列という．(1) の解答から，表現行列 A の列ベクトルが $\mathrm{Im}\,f$ の基底の候補であることがわかる．列ベクトルが線形従属のときは，列ベクトルの中から線形独立なベクトルをすべて取り出せば，$\mathrm{Im}\,f$ の基底を得ることができる．特に「行列の階数 = 線形独立な列ベクトルの最大個数」(363 ページのポイント 40) より，$\mathrm{rank}\,A = \dim \mathrm{Im}\,f$ であることがわかる．そのことを意識して 358 ページのポイント 39 を見るとよい．また，連立方程式 $A\begin{pmatrix} x_1 \\ x_2 \end{pmatrix} = \begin{pmatrix} 0 \\ 0 \end{pmatrix}$ の解の集合が $\mathrm{Ker}\,f$ である．

◆線形写像の表現行列

$\boldsymbol{R}^2$ から $\boldsymbol{R}^2$ への写像 f を $\begin{pmatrix} x_1 \\ x_2 \end{pmatrix} \longmapsto \begin{pmatrix} y_1 \\ y_2 \end{pmatrix} = \begin{pmatrix} a_{11} & a_{12} \\ a_{21} & a_{22} \end{pmatrix} \begin{pmatrix} x_1 \\ x_2 \end{pmatrix}$ ⋯ ① と定義すると，f は線形写像となる．逆に，$\boldsymbol{R}^2$ から $\boldsymbol{R}^2$ への線形写像はすべて ① の形で表される．行列 $A = \begin{pmatrix} a_{11} & a_{12} \\ a_{21} & a_{22} \end{pmatrix}$ を f の表現行列という．一般に，次のことが成り立つ．

$\boldsymbol{R}^n$ から $\boldsymbol{R}^m$ への線形写像 f は m 行 n 列の行列 A を使って

$$f(\boldsymbol{x}) = A\boldsymbol{x}$$

と表すことができる．

一般のベクトル空間 V, W の間の線形写像 $f: V \longrightarrow W$ に対しても同様の行列を定義しよう．

$$\begin{array}{ccccc}
V & \xrightarrow{f} & W & & \\
\Downarrow & & \Downarrow & & \\
\boldsymbol{v} = x_1\boldsymbol{v}_1 + \cdots + x_n\boldsymbol{v}_n & \longmapsto & f(\boldsymbol{v}) = y_1\boldsymbol{w}_1 + \cdots + y_m\boldsymbol{w}_m & & \\
\updownarrow & & \updownarrow & & \\
\begin{pmatrix} x_1 \\ \vdots \\ \vdots \\ x_n \end{pmatrix} & \longmapsto & \begin{pmatrix} y_1 \\ \vdots \\ y_m \end{pmatrix} = \begin{pmatrix} & & \\ & A & \\ & & \end{pmatrix} \begin{pmatrix} x_1 \\ \vdots \\ \vdots \\ x_n \end{pmatrix} & \cdots ② & \\
\Cap & & \Cap \quad\quad\quad \uparrow & & \\
\boldsymbol{R}^n & \longrightarrow & \boldsymbol{R}^m \quad\quad \text{表現行列} & &
\end{array}$$

V, W をそれぞれ n 次元，m 次元のベクトル空間とし，$\{\boldsymbol{v}_1, \cdots, \boldsymbol{v}_n\}$ を V の基底，$\{\boldsymbol{w}_1, \cdots, \boldsymbol{w}_m\}$ を W の基底とする．127 ページで述べたことにより，任意の $\boldsymbol{v} \in V$ は $\boldsymbol{R}^n$ のベクトルと対応し，$f(\boldsymbol{v}) \in W$ は $\boldsymbol{R}^m$ のベクトルと対応するから，$\boldsymbol{R}^n$ から $\boldsymbol{R}^m$ への線形写像ができ，これを m 行 n 列の行列 A で表すことができる．この行列 A を線形写像 f の基底 $\{\boldsymbol{v}_1, \cdots, \boldsymbol{v}_n\}$, $\{\boldsymbol{w}_1, \cdots, \boldsymbol{w}_m\}$ に関する**表現行列**という．

行列 A は次のようにして構成することもできる．V の基底 $\{\boldsymbol{v}_1, \cdots, \boldsymbol{v}_n\}$ に対して，$f(\boldsymbol{v}_1), \cdots, f(\boldsymbol{v}_n) \in W$ だから，W の基底と定数を用いて

$$f(\boldsymbol{v}_1) = a_{11}\boldsymbol{w}_1 + \cdots + a_{m1}\boldsymbol{w}_m, \ \cdots, \ f(\boldsymbol{v}_n) = a_{1n}\boldsymbol{w}_1 + \cdots + a_{mn}\boldsymbol{w}_m$$

と表される．これらは行列を用いて

$$(f(\boldsymbol{v}_1) \ \cdots \ f(\boldsymbol{v}_n)) = (\boldsymbol{w}_1 \ \cdots \ \boldsymbol{w}_m)\begin{pmatrix} a_{11} & \cdots & a_{1n} \\ \vdots & \ddots & \vdots \\ a_{m1} & \cdots & a_{mn} \end{pmatrix} \cdots ③$$

と表される．$A = \begin{pmatrix} a_{11} & \cdots & a_{1n} \\ \vdots & \ddots & \vdots \\ a_{m1} & \cdots & a_{mn} \end{pmatrix}$ とすると，② が成り立つことを確かめよう．

線形写像の性質と ③ を用いると

$$\begin{aligned} f(\boldsymbol{v}) &= f(x_1\boldsymbol{v}_1 + \cdots + x_n\boldsymbol{v}_n) = x_1 f(\boldsymbol{v}_1) + \cdots + x_n f(\boldsymbol{v}_n) \\ &= \big(f(\boldsymbol{v}_1) \ \cdots \ f(\boldsymbol{v}_n)\big)\begin{pmatrix} x_1 \\ \vdots \\ x_n \end{pmatrix} = (\boldsymbol{w}_1 \ \cdots \ \boldsymbol{w}_m)\, A\begin{pmatrix} x_1 \\ \vdots \\ x_n \end{pmatrix} \cdots ④ \end{aligned}$$

一方

$$f(\boldsymbol{v}) = y_1\boldsymbol{w}_1 + \cdots + y_m\boldsymbol{w}_m = (\boldsymbol{w}_1 \ \cdots \ \boldsymbol{w}_m)\begin{pmatrix} y_1 \\ \vdots \\ y_m \end{pmatrix} \cdots ⑤$$

基底に関するベクトルの表し方が 1 通りであることから，④, ⑤ を比較すると，② が成り立つことがわかる．

〈注〉 ① の行列 A は，$\boldsymbol{R}^2$ の基底を $\left\{ \begin{pmatrix} 1 \\ 0 \end{pmatrix}, \begin{pmatrix} 0 \\ 1 \end{pmatrix} \right\}$ とした場合の f の表現行列である．

例 $P_2 = \{a + bx + cx^2 \mid a, \ b, \ c \in \boldsymbol{R}\}$, $P_1 = \{a + bx \mid a, \ b \in \boldsymbol{R}\}$ に対して

$$f : P_2 \longrightarrow P_1, \quad f(a + bx + cx^2) = b + 2cx$$

とすると，f は線形写像である．$\{1, \ x, \ x^2\}$ は P_2 の基底，$\{1, \ x\}$ は P_1 の基底である．f の基底 $\{1, \ x, \ x^2\}$, $\{1, \ x\}$ に関する表現行列を求めよう．

3章 §4

$$
\begin{array}{ccccc}
P_2 & \xrightarrow{f} & P_1 & & \\
\cup & & \cup & & \\
a+bx+cx^2 & \longmapsto & b+2cx & & \\
\updownarrow & & \updownarrow & & \\
\begin{pmatrix} a \\ b \\ c \end{pmatrix} & \longmapsto & \begin{pmatrix} b \\ 2c \end{pmatrix} & = \begin{pmatrix} & A & \end{pmatrix} & \begin{pmatrix} a \\ b \\ c \end{pmatrix} \\
\cap & & \cap & & \\
\boldsymbol{R}^3 & \longrightarrow & \boldsymbol{R}^2 & &
\end{array}
$$

となる A を求めると，$A=\begin{pmatrix} 0 & 1 & 0 \\ 0 & 0 & 2 \end{pmatrix}$ である．これが表現行列である．

〈注〉 ③を用いて，$\bigl(f(1) \;\; f(x) \;\; f(x^2)\bigr)=(0 \;\; 1 \;\; 2x)=(1 \;\; x)A$ となる A を求めてもよい．

次に，P_1 の基底を $\{1+2x,\ 3\}$ に変えた場合の f の基底 $\{1,\ x,\ x^2\}$，$\{1+2x,\ 3\}$ に関する表現行列を求めよう．

$$
\begin{array}{ccccc}
P_2 & \xrightarrow{f} & P_1 & & \\
\cup & & \cup & & \\
a+bx+cx^2 & \longmapsto & b+2cx & = c(1+2x)+\dfrac{b-c}{3}\cdot 3 & \\
\updownarrow & & \updownarrow & & \\
\begin{pmatrix} a \\ b \\ c \end{pmatrix} & \longmapsto & \begin{pmatrix} c \\ \dfrac{b-c}{3} \end{pmatrix} & = \begin{pmatrix} & B & \end{pmatrix} & \begin{pmatrix} a \\ b \\ c \end{pmatrix} \\
\cap & & \cap & & \\
\boldsymbol{R}^3 & \longrightarrow & \boldsymbol{R}^2 & &
\end{array}
$$

となる B を求めると，$B=\begin{pmatrix} 0 & 0 & 1 \\ 0 & \dfrac{1}{3} & -\dfrac{1}{3} \end{pmatrix}$ である．これが表現行列である．

〈注〉 ③を用いて，$\bigl(f(1) \;\; f(x) \;\; f(x^2)\bigr)=(0 \;\; 1 \;\; 2x)=(1+2x \;\; 3)B$ となる B を求めてもよい．

〈注〉 実際の問題で線形写像の表現行列を求めるときは，③の式を利用するとよい．

例題78　行列 $A = \begin{pmatrix} 1 & 2 \\ 2 & 1 \end{pmatrix}$ について次の問いに答えよ．

(1) 行列 A の固有値 λ_1, λ_2 $(\lambda_1 \geqq \lambda_2)$ と，それぞれに対する固有ベクトル $\boldsymbol{u}_1$, $\boldsymbol{u}_2$ を求めよ．

(2) $\{\boldsymbol{u}_1, \boldsymbol{u}_2\}$ は $\boldsymbol{R}^2$ の基底である．行列 A で表される線形写像を $f : \boldsymbol{R}^2 \to \boldsymbol{R}^2$ とするとき，$\{\boldsymbol{u}_1, \boldsymbol{u}_2\}$ に関する f の表現行列 B を求めよ．

解 (1) 固有方程式は

$$|A - \lambda E| = \begin{vmatrix} 1-\lambda & 2 \\ 2 & 1-\lambda \end{vmatrix} = (1-\lambda)^2 - 4 = (3-\lambda)(-1-\lambda) = 0$$

よって，固有値は　$\lambda_1 = 3$, $\lambda_2 = -1$　それぞれに対する固有ベクトルは

$$\boldsymbol{u}_1 = c_1 \begin{pmatrix} 1 \\ 1 \end{pmatrix} \ (c_1 \neq 0),\ \boldsymbol{u}_2 = c_2 \begin{pmatrix} -1 \\ 1 \end{pmatrix} \ (c_2 \neq 0)$$

(2) $f(\boldsymbol{u}_1) = A\boldsymbol{u}_1 = 3\boldsymbol{u}_1$, $f(\boldsymbol{u}_2) = A\boldsymbol{u}_2 = -\boldsymbol{u}_2$ が成り立つから

$$(f(\boldsymbol{u}_1)\ f(\boldsymbol{u}_2)) = (3\boldsymbol{u}_1\ \ -\boldsymbol{u}_2) = (\boldsymbol{u}_1\ \boldsymbol{u}_2)B$$

これより，表現行列は　$B = \begin{pmatrix} 3 & 0 \\ 0 & -1 \end{pmatrix}$

〈注〉 $(f(\boldsymbol{u}_1)\ f(\boldsymbol{u}_2)) = (A\boldsymbol{u}_1\ A\boldsymbol{u}_2) = A(\boldsymbol{u}_1\ \boldsymbol{u}_2)$ より

$$A(\boldsymbol{u}_1\ \boldsymbol{u}_2) = (f(\boldsymbol{u}_1)\ f(\boldsymbol{u}_2)) = (\boldsymbol{u}_1\ \boldsymbol{u}_2)B$$

$P = (\boldsymbol{u}_1\ \boldsymbol{u}_2)$ とおくと，$AP = PB$ より，$P^{-1}AP = B$ となる．固有ベクトルを $\boldsymbol{R}^2$ の基底とすると，行列 A で表される線形変換 f の表現行列は対角行列になる．

部分空間であること，線形写像であることを証明するには，その定義を満たすことを示せばよい．Ker f, Im f が部分空間になることは証明できるようにしておきたい．Ker f, Im f も含め，部分空間については，その基底を求められるようにしておこう．線形写像の表現行列の概念はやや難しいかもしれないが，具体的な写像と基底が与えられたときの表現行列を求めることができれば，かなりの問題に対処できるであろう．

例題79　$A = \begin{pmatrix} 2 & 4 & 1 & 4 \\ 1 & 2 & 2 & 5 \\ 3 & 6 & 2 & 7 \end{pmatrix}$ によって定まる $\boldsymbol{R}^4$ から $\boldsymbol{R}^3$ への線形写像を T とおく．すなわち，$T(\boldsymbol{x}) = A\boldsymbol{x}$ である．ただし，$\boldsymbol{R}^n$ は n 次元実ベクトル空間を表す．(1) ～ (4) に答えよ．

(1) 像 $T(\boldsymbol{R}^4)$ の次元を求めよ．

(2) 像 $T(\boldsymbol{R}^4)$ の基底を1組つくれ．

(3) $\mathrm{Ker}\,(T)$ の次元を求めよ．ただし，$\mathrm{Ker}\,(T)$ は $\boldsymbol{R}^4$ の部分空間であり，次のように定められる．

$$\mathrm{Ker}\,(T) = \{\boldsymbol{x} \in \boldsymbol{R}^4 \mid T(\boldsymbol{x}) = \boldsymbol{0}\}$$

(4) $\mathrm{Ker}\,(T)$ の基底を1組つくれ．　　（京都大）

解　(1) A の列ベクトルを順に $\boldsymbol{v}_1$，$\boldsymbol{v}_2$，$\boldsymbol{v}_3$，$\boldsymbol{v}_4$ とおく．A を行基本変形すると

$$\begin{pmatrix} 2 & 4 & 1 & 4 \\ 1 & 2 & 2 & 5 \\ 3 & 6 & 2 & 7 \end{pmatrix} \longrightarrow \begin{pmatrix} 1 & 2 & 2 & 5 \\ 2 & 4 & 1 & 4 \\ 3 & 6 & 2 & 7 \end{pmatrix} \xrightarrow[\text{の消去法}]{\text{ガウス・ジョルダン}} \begin{pmatrix} 1 & \boxed{2} & 0 & \boxed{1} \\ 0 & 0 & 1 & \boxed{2} \\ 0 & 0 & 0 & 0 \end{pmatrix}$$

変形後の行列の列ベクトルを順に $\boldsymbol{v}'_1$，$\boldsymbol{v}'_2$，$\boldsymbol{v}'_3$，$\boldsymbol{v}'_4$ とすると

$$\boldsymbol{v}'_2 = 2\boldsymbol{v}'_1,\ \boldsymbol{v}'_4 = \boldsymbol{v}'_1 + 2\boldsymbol{v}'_3$$

行変形で $\boldsymbol{v}_1$，$\boldsymbol{v}_2$，$\boldsymbol{v}_3$，$\boldsymbol{v}_4$ と $\boldsymbol{v}'_1$，$\boldsymbol{v}'_2$，$\boldsymbol{v}'_3$，$\boldsymbol{v}'_4$ の線形関係は変わらないから

$$\boldsymbol{v}_2 = 2\boldsymbol{v}_1,\ \boldsymbol{v}_4 = \boldsymbol{v}_1 + 2\boldsymbol{v}_3$$

点線内の数値が係数となる

$\{\boldsymbol{v}_1, \boldsymbol{v}_3\}$ は線形独立だから，$\{\boldsymbol{v}_1, \boldsymbol{v}_3\}$ が $T(\boldsymbol{R}^4)$ の基底であり，$\dim T(\boldsymbol{R}^4) = 2$

〈注〉　この問題の場合だと，(1, 3) 成分を0にするところまで変形することが重要で，このような形まで変形する方法をガウス・ジョルダンの消去法という．

(2) $T(\boldsymbol{R}^4)$ の基底は　$\{\boldsymbol{v}_1, \boldsymbol{v}_3\}$

(3) 次元定理より $\dim \mathrm{Ker}\,(T) + \dim T(\boldsymbol{R}^4) = \dim \boldsymbol{R}^4$ が成り立つから

$$\dim \mathrm{Ker}\,(T) = 4 - 2 = 2$$

(4) (1) より　$-2\boldsymbol{v}_1 + \boldsymbol{v}_2 = \boldsymbol{0}$，$-\boldsymbol{v}_1 - 2\boldsymbol{v}_3 + \boldsymbol{v}_4 = \boldsymbol{0}$ となるから

$$\boldsymbol{u}_1 = \begin{pmatrix} -2 \\ 1 \\ 0 \\ 0 \end{pmatrix},\ \boldsymbol{u}_2 = \begin{pmatrix} -1 \\ 0 \\ -2 \\ 1 \end{pmatrix} \text{とおくと}\quad A\boldsymbol{u}_1 = \boldsymbol{0},\ A\boldsymbol{u}_2 = \boldsymbol{0}$$

したがって　$\boldsymbol{u}_1,\ \boldsymbol{u}_1 \in \mathrm{Ker}\,(T)$．$\boldsymbol{u}_1, \boldsymbol{u}_2$ は線形独立であり，(3) より

$\dim \mathrm{Ker}\,(T) = 2$ だから，$\{\boldsymbol{u}_1, \boldsymbol{u}_2\}$ は $\mathrm{Ker}\,(T)$ の基底である．

別解　**線形変換 $\boldsymbol{f}$ を表す行列 $\boldsymbol{A}$ を列基本変形と行基本変形することによって $\mathbf{Im}\,\boldsymbol{f}$ と $\mathbf{Ker}\,\boldsymbol{f}$ の基底と次元がわかる．**

(1) $$\boldsymbol{x} \longmapsto \boldsymbol{x}' = T(\boldsymbol{x}) = A\boldsymbol{x} = \begin{pmatrix} 2 & 4 & 1 & 4 \\ 1 & 2 & 2 & 5 \\ 3 & 6 & 2 & 7 \end{pmatrix}\begin{pmatrix} x_1 \\ x_2 \\ x_3 \\ x_4 \end{pmatrix}$$

$$= x_1\begin{pmatrix} 2 \\ 1 \\ 3 \end{pmatrix} + x_2\begin{pmatrix} 4 \\ 2 \\ 6 \end{pmatrix} + x_3\begin{pmatrix} 1 \\ 2 \\ 2 \end{pmatrix} + x_4\begin{pmatrix} 4 \\ 5 \\ 7 \end{pmatrix}$$

より A を列基本変形することで $T(\boldsymbol{R}^4)$ の基底と次元がわかる．

$$A = \begin{pmatrix} 2 & 4 & 1 & 4 \\ 1 & 2 & 2 & 5 \\ 3 & 6 & 2 & 7 \end{pmatrix} \longrightarrow \begin{pmatrix} 0 & 0 & 1 & 0 \\ -3 & -6 & 2 & -3 \\ -1 & -2 & 2 & -1 \end{pmatrix} \longrightarrow \begin{pmatrix} 1 & 0 & 0 & 0 \\ -4 & 3 & 0 & 0 \\ 0 & 1 & 0 & 0 \end{pmatrix}$$

$$\boldsymbol{v}_1 = \begin{pmatrix} 1 \\ -4 \\ 0 \end{pmatrix},\ \boldsymbol{v}_2 = \begin{pmatrix} 0 \\ 3 \\ 1 \end{pmatrix} \text{とおく．}\ \{\boldsymbol{v}_1,\ \boldsymbol{v}_2\} \text{が } T(\boldsymbol{R}^4) \text{ の基底であり}$$

$\dim T(\boldsymbol{R}^4) = 2$

(2) $T(\boldsymbol{R}^4)$ の基底は　$\{\boldsymbol{v}_1,\ \boldsymbol{v}_2\}$

(3) **連立方程式 $\boldsymbol{Ax} = \boldsymbol{0}$ を解く．まず，別解ではない方の (1) の行基本変形をする．**

$x_1 + 2x_2 + x_4 = 0,\ x_3 + 2x_4 = 0$ から　$x_1 = -2x_2 - x_4,\ x_3 = -2x_4$

$$\begin{pmatrix} x_1 \\ x_2 \\ x_3 \\ x_4 \end{pmatrix} = c_1\begin{pmatrix} -2 \\ 1 \\ 0 \\ 0 \end{pmatrix} + c_2\begin{pmatrix} -1 \\ 0 \\ -2 \\ 1 \end{pmatrix} \text{より，} \boldsymbol{u}_1 = \begin{pmatrix} -2 \\ 1 \\ 0 \\ 0 \end{pmatrix},\ \boldsymbol{u}_2 = \begin{pmatrix} -1 \\ 0 \\ -2 \\ 1 \end{pmatrix} \text{とおく．}$$

$\{\boldsymbol{u}_1,\ \boldsymbol{u}_2\}$ が $\mathrm{Ker}\,(\boldsymbol{R}^4)$ の基底であり，$\dim \mathrm{Ker}\,(\boldsymbol{R}^4) = 2$

(4) $\mathrm{Ker}\,(\boldsymbol{R}^4)$ の基底は　$\{\boldsymbol{u}_1,\ \boldsymbol{u}_2\}$

〈注〉　次元定理 $\dim \mathrm{Ker}\,(T) + \dim T(\boldsymbol{R}^4) = 2 + 2 = 4 = \dim \boldsymbol{R}^4$ が確認できる．

3章 §4

A▷**223**　空間ベクトルを $\boldsymbol{a}_1 = \begin{pmatrix} 1 \\ 1 \\ 0 \end{pmatrix}$, $\boldsymbol{a}_2 = \begin{pmatrix} 2 \\ -1 \\ 3 \end{pmatrix}$ とおく．

(1) $\{\boldsymbol{a}_1,\ \boldsymbol{a}_2\}$ からグラム・シュミットの正規直交化法を用いて，正規直交系 $\{\boldsymbol{u}_1,\ \boldsymbol{u}_2\}$ を求めよ．

(2) (1) で求めた $\boldsymbol{u}_1$, $\boldsymbol{u}_2$ を含む $\boldsymbol{R}^3$ の正規直交基底を1組求めよ．（名古屋工業大）

A▷**224**　$\boldsymbol{R}^3$ から $\boldsymbol{R}^3$ への線形写像 f が

$$\begin{pmatrix} 2 \\ 1 \\ -1 \end{pmatrix} \text{を} \begin{pmatrix} 5 \\ 1 \\ -11 \end{pmatrix} \text{に，} \begin{pmatrix} 2 \\ 3 \\ 2 \end{pmatrix} \text{を} \begin{pmatrix} 16 \\ 13 \\ 4 \end{pmatrix} \text{に，} \begin{pmatrix} -1 \\ 0 \\ 1 \end{pmatrix} \text{を} \begin{pmatrix} 0 \\ 2 \\ 8 \end{pmatrix} \text{に，}$$

それぞれ写すとする．このとき，以下の問いに答えよ．

(1) 線形写像 f を表す行列 A を求めよ．

(2) 線形写像 f の核 $(\mathrm{Ker} f)$ と像 $(\mathrm{Im}\, f)$ の次元と基底をそれぞれ求めよ．（お茶の水女子大）

A▷**225**　$\boldsymbol{R}^3$ 上の1次変換 f を $f\left(\begin{pmatrix} x_1 \\ x_2 \\ x_3 \end{pmatrix}\right) = \begin{pmatrix} x_1 + 2x_2 + 4x_3 \\ 2x_1 + 4x_2 + 9x_3 \\ x_1 + 2x_2 - 8x_3 \end{pmatrix}$ と定め，$\boldsymbol{R}^3$ の部分空間 W_1 を $W_1 = \left\{ \begin{pmatrix} x_1 \\ x_2 \\ x_3 \end{pmatrix} \in \boldsymbol{R}^3 \;\middle|\; x_1 - x_3 = 0 \right\}$ とする．

(1) $\boldsymbol{x} \in \boldsymbol{R}^3$ に対して，$f(\boldsymbol{x}) = A\boldsymbol{x}$ をみたす行列 A を求めよ．

(2) f の像 $\mathrm{Im} f = \{f(\boldsymbol{x}) \mid \boldsymbol{x} \in \boldsymbol{R}^3\}$ の次元と1組の基底を求めよ．

(3) f の核 $\mathrm{Ker}\, f = \{\boldsymbol{x} \in \boldsymbol{R}^3 \mid f(\boldsymbol{x}) = \boldsymbol{0}\}$ の次元と1組の基底を求めよ．

(4) $W_2 = W_1 \cap (\mathrm{Im}\, f)$ の次元と1組の基底を求めよ．（大阪公立大）

A▷**226**　(1) $\boldsymbol{e}_1$, $\boldsymbol{e}_2$, $\boldsymbol{e}_3$ を $\boldsymbol{R}^3$ の標準的な基底とし，$\boldsymbol{R}^3$ の線形写像 f を次で定義する．

$$f(\boldsymbol{e}_1) = \boldsymbol{e}_1 + \boldsymbol{e}_3,\ f(\boldsymbol{e}_2) = 2\boldsymbol{e}_1 - \boldsymbol{e}_2,\ f(\boldsymbol{e}_3) = \boldsymbol{e}_1 + \boldsymbol{e}_2 + 3\boldsymbol{e}_3$$

このとき，標準的な基底 $\boldsymbol{e}_1$, $\boldsymbol{e}_2$, $\boldsymbol{e}_3$ に関する f の表現行列を求めよ．

(2) $\boldsymbol{R}^3$ の部分空間 V を $V = \{\boldsymbol{v} \in \boldsymbol{R}^3 \mid f(\boldsymbol{v}) = \boldsymbol{0}\}$ で定義する．V の基底を求めよ．　　（金沢大）

A▷ **227**　3 次元の列ベクトルからなる線形空間を V^3 とし，f を $V^3 \to V^3$ の線形写像とする．

$$\boldsymbol{a}_1 = \begin{pmatrix} 1 \\ 2 \\ 1 \end{pmatrix},\ \boldsymbol{a}_2 = \begin{pmatrix} 0 \\ -1 \\ 2 \end{pmatrix},\ \boldsymbol{a}_3 = \begin{pmatrix} 2 \\ 3 \\ 0 \end{pmatrix},\ \boldsymbol{b}_1 = \begin{pmatrix} 7 \\ -1 \\ -3 \end{pmatrix},\ \boldsymbol{b}_2 = \begin{pmatrix} 2 \\ 4 \\ -6 \end{pmatrix}$$

$$\boldsymbol{b}_3 = \begin{pmatrix} 8 \\ -2 \\ 0 \end{pmatrix},\ \boldsymbol{e}_1 = \begin{pmatrix} 1 \\ 0 \\ 0 \end{pmatrix},\ \boldsymbol{e}_2 = \begin{pmatrix} 0 \\ 1 \\ 0 \end{pmatrix},\ \boldsymbol{e}_3 = \begin{pmatrix} 0 \\ 0 \\ 1 \end{pmatrix}$$

として以下の小問に答えよ．

(1) $\{\boldsymbol{a}_1, \boldsymbol{a}_2, \boldsymbol{a}_3\}$, および $\{\boldsymbol{b}_1, \boldsymbol{b}_2, \boldsymbol{b}_3\}$ は V^3 の基底となることを示せ．

(2) $f(\boldsymbol{a}_1) = \boldsymbol{b}_1$, $f(\boldsymbol{a}_2) = \boldsymbol{b}_2$, $f(\boldsymbol{a}_3) = \boldsymbol{b}_3$ のとき，$f(\boldsymbol{e}_1)$, $f(\boldsymbol{e}_2)$, $f(\boldsymbol{e}_3)$ を $\boldsymbol{e}_1$, $\boldsymbol{e}_2$, $\boldsymbol{e}_3$ の線形結合として表せ．

(3) $\{\boldsymbol{e}_1, \boldsymbol{e}_2, \boldsymbol{e}_3\}$ に関する f の表現行列 A を求めよ．

(4) 行列 A の固有値，固有ベクトルを求めよ．

(5) A^n を求めよ．ただし，n は $n \geqq 1$ の整数である．　　（筑波大）

A▷ **228**　行列 $A = \begin{pmatrix} 1 & 2 & 1 \\ -1 & 4 & 1 \\ 2 & -4 & 0 \end{pmatrix}$ に対して，線形写像 $f : \boldsymbol{R}^3 \to \boldsymbol{R}^3$ を $f(\boldsymbol{x}) = A\boldsymbol{x}$ $(\boldsymbol{x} \in \boldsymbol{R}^3)$ で定めるとき，以下の問いに答えよ．

(1) 連立 1 次方程式 $A\boldsymbol{x} = \lambda\boldsymbol{x}$ が零ベクトルでない解 $\boldsymbol{x} \in \boldsymbol{R}^3$ をもつとする．このような実数 λ の値をすべて求めよ．

(2) (1) で求めたそれぞれの λ に対して，$\boldsymbol{R}^3$ の部分空間 $V_\lambda = \{\boldsymbol{x} \in \boldsymbol{R}^3 \mid A\boldsymbol{x} = \lambda\boldsymbol{x}\}$ の基底を求めよ．

(3) $\boldsymbol{R}^3$ の基底 $\boldsymbol{B} = (\boldsymbol{p}_1, \boldsymbol{p}_2, \boldsymbol{p}_3)$ をうまくとると，f の基底 $\boldsymbol{B}$ に関する表現行列 M は対角行列となる．このような $\boldsymbol{B}$ および M を 1 組求めよ．　　（電気通信大）

A▷ **229**　(3, 4) 型行列 $A = \begin{pmatrix} 1 & 1 & 2 & 2 \\ 1 & 1 & 8 & 4 \\ 2 & 1 & 1 & 1 \end{pmatrix}$ に対して，写像 $f_A : \boldsymbol{R}^4 \to \boldsymbol{R}^3$ を $f_A(\boldsymbol{x}) = A\boldsymbol{x}$ と定める．このとき，次の問いに答えよ．

(1) f_A は線形写像であることを示せ．

(2) f_A の核 $\mathrm{Ker}\, f_A$ に属するベクトルをすべて求めよ．

(3) f_A の像 $f_A(\boldsymbol{R}^4)$ の基底を求めよ．

(4) $f_A(\boldsymbol{y}) = \begin{pmatrix} 1 \\ 0 \\ 2 \end{pmatrix}$ を満たすベクトル $\boldsymbol{y}$ をすべて求めよ．もしそのような $\boldsymbol{y}$ が存在しない場合はその理由を述べよ．　（島根大）

B▷ **230**　a を実数，$A = \begin{pmatrix} 1 & 1 & a \\ 1 & a & 1 \\ a & 1 & 1 \end{pmatrix}$ とする．線形写像 $f : \boldsymbol{R}^3 \longrightarrow \boldsymbol{R}^3$ を $f(X) = AX$ と定める．f の核を $\mathrm{Ker}\, f$，像を $\mathrm{Im}\, f$ で表す．必要なら a による場合分けを行い，それぞれの場合に $\mathrm{Ker}\, f$，$\mathrm{Im}\, f$ の次元を求めよ．さらに $\mathrm{Ker}\, f$，$\mathrm{Im}\, f$ の基底をそれぞれ1組ずつ求めよ．　（島根大）

B▷ **231**　$\boldsymbol{R}^3$ の部分集合 L を $L = \left\{(x,\ y,\ z) \in \boldsymbol{R}^3 \;\middle|\; \dfrac{x-1}{2} = \dfrac{y-2}{3} = \dfrac{z-3}{4}\right\}$ とおく．次の問いに答えよ．

(1) L を含む最小の $\boldsymbol{R}^3$ の部分ベクトル空間 V の基底と次元を求めよ．

(2) V の直交補空間を求めよ．　（神戸大）

B▷ **232**　$\boldsymbol{v}_1 = \begin{pmatrix} 1 \\ 0 \\ 1 \end{pmatrix}$，$\boldsymbol{v}_2 = \begin{pmatrix} 0 \\ 1 \\ 1 \end{pmatrix} \in \boldsymbol{R}^3$ に対して，線形写像 $f : \boldsymbol{R}^3 \longrightarrow \boldsymbol{R}^3$ を次式で定義する．　$f(\boldsymbol{x}) = (\boldsymbol{x},\ \boldsymbol{v}_1)\boldsymbol{v}_1 + (\boldsymbol{x},\ \boldsymbol{v}_2)\boldsymbol{v}_2\ (\boldsymbol{x} \in \boldsymbol{R}^3)$

ただし，$(\boldsymbol{x},\ \boldsymbol{v}_i)$ は $\boldsymbol{x}$ と $\boldsymbol{v}_i$ の $\boldsymbol{R}^3$ における標準内積とする $(i = 1, 2)$．さらに，W を $\boldsymbol{v}_1$，$\boldsymbol{v}_2$ で生成される $\boldsymbol{R}^3$ の部分空間とし，線形写像 $g : W \longrightarrow W$ を

$g(\boldsymbol{x}) = f(\boldsymbol{x})$ $(f(\boldsymbol{x}) \in W)$ で定義するとき，以下の問いに答えよ．

(1) f の核 $\mathrm{Ker} f$ の基底を求めよ．

(2) W の基底 $\boldsymbol{v}_1$, $\boldsymbol{v}_2$ に関する g の表現行列 A を求めよ．

(3) A の固有値をすべて求めよ．（電気通信大）

B▷ **233** p, q を実数とし，3 次正方行列 A, B を次の通りとする．

$$A = \begin{pmatrix} 1 & 2 & -1 \\ 3 & 1 & 2 \\ 2 & 3 & -1 \end{pmatrix}, \quad B = \begin{pmatrix} p & 0 & 5 \\ 0 & 5 & 5 \\ 7 & 0 & q \end{pmatrix}$$

さらに，線形写像 $f : \boldsymbol{R}^3 \to \boldsymbol{R}^3$, $g : \boldsymbol{R}^3 \to \boldsymbol{R}^3$ をそれぞれ

$$f(\boldsymbol{x}) = A\boldsymbol{x}, \quad g(\boldsymbol{x}) = B\boldsymbol{x} \quad (\boldsymbol{x} \in \boldsymbol{R}^3)$$

で定義する．このとき，以下の問いに答えよ．

(1) f の像 $\mathrm{Im}\, f$ の次元を求め，その基底を 1 組求めよ．

(2) $\boldsymbol{R}^3$ のベクトル $\boldsymbol{x} = \begin{pmatrix} x \\ y \\ z \end{pmatrix}$ が $\mathrm{Im}\, f$ に含まれるための x, y, z の条件を求めよ．

(3) $g(\mathrm{Im}\, f) \subset \mathrm{Im}\, f$ となるような p, q の値を求めよ．

ただし，$g(\mathrm{Im}\, f) = \{g(\boldsymbol{x}) \mid \boldsymbol{x} \in \mathrm{Im}\, f\}$ とする．（電気通信大）

C▷ **234** 実数を成分とする n 次正方行列全体の集合を $M_n(\boldsymbol{R})$ とおく．$M_n(\boldsymbol{R})$ は通常の和とスカラー倍で $\boldsymbol{R}$ 上のベクトル空間になっている．$M_n(\boldsymbol{R})$ の元 A に対し，

$$L(A) = \{B \in M_n(\boldsymbol{R}) \mid AB = BA\}$$

とおく．このとき，次の問いに答えよ．

(1) $L(A)$ は $M_n(\boldsymbol{R})$ の部分空間であることを示せ．

(2) $L(A)$ は行列の積について閉じていること，つまり任意の B, $C \in L(A)$ に対し，$BC \in L(A)$ となることを示せ．

(3) $n = 2$ として，$A = \begin{pmatrix} 1 & 1 \\ 0 & 1 \end{pmatrix}$ の場合にベクトル空間 $L(A)$ の基底を 1 組求め，$L(A)$ の次元を答えよ．（高知大）

C ▷ **235**　3次以下の実係数多項式全体のなす集合

$$V = \{a_0 + a_1x + a_2x^2 + a_3x^3 \mid a_0,\ a_1,\ a_2,\ a_3 \in \boldsymbol{R}\}$$

を考え，V の元を $\boldsymbol{R}$ 上の実数値関数と考える．V の2つの元 f，g と実数 s に対して，和 $f+g \in V$ とスカラー倍 $sf \in V$ を

$$(f+g)(x) = f(x) + g(x),\quad (sf)(x) = s(f(x))$$

で定めると，V は $\boldsymbol{R}$ 上の有限次元ベクトル空間となる．

V から4次元実列ベクトル空間 $\boldsymbol{R}^4$ への線形写像 $\phi : V \longrightarrow \boldsymbol{R}^4$ を

$$\phi(f) = \begin{pmatrix} f(-1) \\ f'(-1) \\ f(1) \\ f'(1) \end{pmatrix}$$

で定める．ただし，f' は f の導関数である．以下の問いに答えよ．

(1) V と $\boldsymbol{R}^4$ の基底に関する ϕ の表現行列を求めよ．ただし V の基底は $\{1,\ x,\ x^2,\ x^3\}$，$\boldsymbol{R}^4$ の基底は $\{\boldsymbol{e}_1,\ \boldsymbol{e}_2,\ \boldsymbol{e}_3,\ \boldsymbol{e}_4\}$ とし，次のように定める．

$$\boldsymbol{e}_1 = \begin{pmatrix} 1 \\ 0 \\ 0 \\ 0 \end{pmatrix},\quad \boldsymbol{e}_2 = \begin{pmatrix} 0 \\ 1 \\ 0 \\ 0 \end{pmatrix},\quad \boldsymbol{e}_3 = \begin{pmatrix} 0 \\ 0 \\ 1 \\ 0 \end{pmatrix},\quad \boldsymbol{e}_4 = \begin{pmatrix} 0 \\ 0 \\ 0 \\ 1 \end{pmatrix}$$

(2) 3次以下の実係数多項式 f で，$f(-1) = 3$，$f'(-1) = 2$，$f(1) = -1$，$f'(1) = 2$ を満たすものが存在するかどうか答えよ．存在する場合はそのような多項式をすべて求め，存在しない場合はそれを証明せよ．（東北大）

C ▷ **236**　$f(x) = a_0 + a_1 \cos x + a_2 \sin x$ (a_0，a_1，a_2は実定数) の形の実関数全体が作る実線形空間 V に内積

$$(g,\ h) = \int_{-\pi}^{\pi} g(x)h(x)\,dx \quad (g,\ h \in V)$$

を導入する．以下の問いに答えよ．

(1) 3つの関数 1，$\cos x$，$\sin x$ は互いに直交することを示し，これらを正規化して正規直交基底をつくれ．

(2) 線形変換 $F : f(x) \mapsto f(x+c)$ について，(1) で得られた正規直交基底に関する表現行列を求めよ．ここで c は実定数である．（筑波大）

4章 応用数学

§1 ベクトル解析

1 ベクトル解析

ベクトル解析は，流体工学や電磁気学などの工学分野で応用される．勾配・発散・回転の意味と性質を理解し，ガウスの定理やストークスの定理を応用できるようにする．外積や勾配・発散・回転の定義を正確に身に付け，きちんと計算ができ，応用できるようにしておこう．外積については図形との関連を理解しておく．

φ をスカラー場，$\boldsymbol{a}=(a_1,\ a_2,\ a_3)$ をベクトル場とする．

勾配　$\mathrm{grad}\,\varphi=\nabla\varphi=\left(\dfrac{\partial}{\partial x},\ \dfrac{\partial}{\partial y},\ \dfrac{\partial}{\partial z}\right)\varphi=\left(\dfrac{\partial\varphi}{\partial x},\ \dfrac{\partial\varphi}{\partial y},\ \dfrac{\partial\varphi}{\partial z}\right)$

点Pにおける，単位ベクトル $\boldsymbol{e}$ 方向への**方向微分係数**　$(\nabla\varphi)_{\mathrm{P}}\cdot\boldsymbol{e}$

発散　$\mathrm{div}\,\boldsymbol{a}=\nabla\cdot\boldsymbol{a}=\left(\dfrac{\partial}{\partial x},\ \dfrac{\partial}{\partial y},\ \dfrac{\partial}{\partial z}\right)\cdot(a_1,\ a_2,\ a_3)=\dfrac{\partial a_1}{\partial x}+\dfrac{\partial a_2}{\partial y}+\dfrac{\partial a_3}{\partial z}$

回転　$\mathrm{rot}\,\boldsymbol{a}=\nabla\times\boldsymbol{a}=\begin{vmatrix}\boldsymbol{i} & \boldsymbol{j} & \boldsymbol{k}\\ \dfrac{\partial}{\partial x} & \dfrac{\partial}{\partial y} & \dfrac{\partial}{\partial z}\\ a_1 & a_2 & a_3\end{vmatrix}$

$$=\left(\frac{\partial a_3}{\partial y}-\frac{\partial a_2}{\partial z},\ \frac{\partial a_1}{\partial z}-\frac{\partial a_3}{\partial x},\ \frac{\partial a_2}{\partial x}-\frac{\partial a_1}{\partial y}\right)$$

例題80　ベクトル場 $\boldsymbol{A}(x,\ y,\ z)=xye^z\boldsymbol{i}+x\log_e(z)\boldsymbol{j}+yz^4\sin(2x)\boldsymbol{k}$，スカラー場 $\phi(x,\ y,\ z)=xyz$ について，次の問いに答えよ．ただし，$\boldsymbol{i}$，$\boldsymbol{j}$，$\boldsymbol{k}$ はそれぞれ直角座標系の x，y，z 軸方向の単位ベクトルとする．

(1)　回転 $\mathrm{rot}\,\boldsymbol{A}$ を求めよ．　　(2)　勾配 $\mathrm{grad}\,\phi$ を求めよ．

(3)　点 $\mathrm{P}(1,\ 1,\ 2)$ における，単位ベクトル $\boldsymbol{u}=\dfrac{2}{3}\boldsymbol{i}-\dfrac{2}{3}\boldsymbol{j}+\dfrac{1}{3}\boldsymbol{k}$ の方向への ϕ の方向微分係数 $\dfrac{d\phi}{du}$ を求めよ．　（富山大）

解　$\boldsymbol{A}=(A_1,\ A_2,\ A_3)$ とおく．

(1) $\mathrm{rot}\,\boldsymbol{A}=\nabla\times\boldsymbol{A}=\left(\dfrac{\partial A_3}{\partial y}-\dfrac{\partial A_2}{\partial z},\ \dfrac{\partial A_1}{\partial z}-\dfrac{\partial A_3}{\partial x},\ \dfrac{\partial A_2}{\partial x}-\dfrac{\partial A_1}{\partial y}\right)$

$$=\left(z^4\sin(2x)-\frac{x}{z},\ xye^z-2yz^4\cos(2x),\ \log_e(z)-xe^z\right)$$

(2) $\mathrm{grad}\ \phi=\nabla\phi=\left(\dfrac{\partial\phi}{\partial x},\ \dfrac{\partial\phi}{\partial y},\ \dfrac{\partial\phi}{\partial z}\right)=(yz,\ zx,\ xy)$

(3) $\dfrac{d\phi}{du}=(\nabla\phi)_{\mathrm{P}}\cdot\boldsymbol{u}=(2,\ 2,\ 1)\cdot\dfrac{1}{3}(2,\ -2,\ 1)=\dfrac{1}{3}$

A▷ **237**　$\boldsymbol{r}=(x,\ y,\ z)$, $r=|\boldsymbol{r}|=\sqrt{x^2+y^2+z^2}$ とする．以下の量を計算せよ．

(1)　r の勾配 ∇r　　(2)　$\dfrac{1}{r}$ の勾配 $\nabla\dfrac{1}{r}$　　(3)　$\boldsymbol{r}$ の発散 $\nabla\cdot\boldsymbol{r}$

(4) $\boldsymbol{\omega}=(0,\ 0,\ \omega)$　(ω は正の実定数）とするときの，$\boldsymbol{v}=\boldsymbol{\omega}\times\boldsymbol{r}$ の回転 $\nabla\times\boldsymbol{v}$

（奈良女子大）

A▷ **238**　スカラー関数 $f=x^2+y^2+2z$ とするとき，次を求めよ．

(1)　$\nabla f\ \left(=\mathrm{grad}\ (f)\right)$　　(2)　$\nabla\cdot(\nabla f)\ \left(=\mathrm{div}\big(\mathrm{grad}(f)\big)\right)$

(3)　$\nabla\times(\nabla f)\ \left(=\mathrm{rot}\big(\mathrm{grad}(f)\big)\right)$

(4)　点 A(1, 0, 0) から点 B(0, 1, 0) に向かう経路 C 上の線積分 $\displaystyle\int_C(\nabla f)\cdot d\boldsymbol{r}$

ただし，$d\boldsymbol{r}$ は線積分における線素ベクトルを表す．また，経路 C は任意に設定してよい．

（室蘭工業大）

C▷ **239**　原点と正規直交する基底ベクトル $\boldsymbol{e}_x$, $\boldsymbol{e}_y$, $\boldsymbol{e}_z$ をもち，それぞれの基底ベクトルに対応する座標を x, y, z とするユークリッド空間を考える．

(1) $V=xy(x^2+y^2+z^2)$ とする．∇V を基底ベクトルと x, y, z を用いて表せ．

(2) 以下に示す $\boldsymbol{f}$ に対して，$\nabla W=\boldsymbol{f}$ となるスカラー関数 $W(x,\ y,\ z)$ が存在するかを考える．ここで，W の2階偏導関数は連続であり，$W(0,\ 0,\ 0)=0$ とする．W が存在するならばそれをひとつ示し，W が存在しないならばそれを証明せよ．

(i) $\boldsymbol{f}=(2x+yz)\boldsymbol{e}_x+(2y+zx)\boldsymbol{e}_y+(xy+1)\boldsymbol{e}_z$

(ii) $\boldsymbol{f}=(2x+yz)\boldsymbol{e}_x+(2y+z)\boldsymbol{e}_y+(xy+1)\boldsymbol{e}_z$

（名古屋大）

B▷ **240** ベクトルの面積分を次の手順にしたがって求めよ．

$$\int_S (x\boldsymbol{i}+3y^2\boldsymbol{j})\cdot d\boldsymbol{S} \qquad \text{曲面 } S: 2x+y+2z=6,\ x \geqq 0,\ y \geqq 0,\ z \geqq 0$$

(1) 曲面 S 上の点の位置ベクトルを $\boldsymbol{r}=a\boldsymbol{i}+b\boldsymbol{j}+c\boldsymbol{k}$ とするとき，a, b, c を求めよ．

(2) 曲面 S の接線ベクトル $\dfrac{\partial \boldsymbol{r}}{\partial x}$, $\dfrac{\partial \boldsymbol{r}}{\partial y}$ をそれぞれ求めよ．

(3) 面積素 $d\boldsymbol{S}$ は $d\boldsymbol{S}=\dfrac{\partial \boldsymbol{r}}{\partial x}\times\dfrac{\partial \boldsymbol{r}}{\partial y}\,dxdy$ で与えられる．$d\boldsymbol{S}$ を求めよ．

(4) $\displaystyle\int_S (x\boldsymbol{i}+3y^2\boldsymbol{j})\cdot d\boldsymbol{S}$ を求めよ． （北海道大）

B▷ **241** xyz 空間上のベクトル場 $\boldsymbol{A}=x\boldsymbol{i}+2y\boldsymbol{j}+3z\boldsymbol{k}$ の面積分 $\displaystyle\int_S \boldsymbol{A}\cdot d\boldsymbol{S}$ を，発散定理を用いて求めよ．S は原点を中心とする半径 1 の球面とする． （埼玉大）

B▷ **242** 点 O(0, 0, 0) を原点とする xyz 空間において，中心を点 C(0, 0, 1)，半径を $\dfrac{1}{2}$ とする球面 S_1 がある．点 A(0, 0, 2) を通る直線を z 軸まわりに回転して得られる円錐面 S_2 が，球面 S_1 に接している．ただし，$z \leqq 2$ とする．

(1) 円錐面 S_2 と球面 S_1 の接点のひとつを B とするとき，$\cos\angle\mathrm{CAB}$ を求めよ．

(2) 円錐面 S_2 上の任意の点を $\mathrm{P}(x,\ y,\ z)$ とするとき，円錐面 S_2 の方程式を求めよ．

(3) ベクトル場 $\boldsymbol{F}$ を $\boldsymbol{F}=\left(x^3z,\ x^2yz,\ (x^2+y^2)z^2\right)$ とし，円錐面 S_2 と xy 平面で囲まれた閉曲面を S とする．面積分 $I=\displaystyle\int_S \boldsymbol{F}\cdot\boldsymbol{n}\,dS$ を求めよ．ただし，単位法線ベクトル $\boldsymbol{n}$ は S 内部から外向きに取るものとする． （東北大）

B▷ **243** 流体の密度を $\rho(x,\ y,\ z,\ t)$，速度を $\boldsymbol{v}(x,\ y,\ z,\ t)$ とする．湧き出しも吸い込みもないとき，連続の方程式（オイラーの連続方程式）

$$\frac{\partial \rho}{\partial t}+\nabla\cdot(\rho\boldsymbol{v})=0$$

が成り立つことを示せ． （金沢大）

C▷**244**　互いに異なる正の定数 a, b, c を考える．空間内の点 O(0, 0, 0), A(a, 0, 0), B(0, b, 0), C(0, 0, c) を頂点とする4面体を V とする．また V 内部にある点を P(x, y, z) とする．以下の問いに答えよ．

(1) 点 A, B, C, P を頂点とする4面体を V_1，点 O, B, C, P を頂点とする4面体を V_2，点 O, C, A, P を頂点とする4面体を V_3，点 O, A, B, P を頂点とする4面体を V_4 とする．4面体 V_1，V_2，V_3，V_4 の体積比 $\lambda_1 : \lambda_2 : \lambda_3 : \lambda_4$ を a, b, c, x, y, z を用いて表せ．ただし，λ_j $(j = 1, 2, 3, 4)$ は $0 \leqq \lambda_j \leqq 1$ および $\lambda_1 + \lambda_2 + \lambda_3 + \lambda_4 = 1$ を満たす実数とする．

(2) 関数 $\boldsymbol{\phi} = \boldsymbol{\phi}(x, y, z)$, $\boldsymbol{\psi} = \boldsymbol{\psi}(x, y, z)$ をそれぞれ

$$\boldsymbol{\phi} = \lambda_1 \nabla \lambda_2 - \lambda_2 \nabla \lambda_1 \quad \boldsymbol{\psi} = \lambda_2 \nabla \lambda_3 - \lambda_3 \nabla \lambda_2$$

で定める．関数 $\boldsymbol{\phi} = \boldsymbol{\phi}(x, y, z)$, $\boldsymbol{\psi} = \boldsymbol{\psi}(x, y, z)$ を，a, b, c, x, y, z を用いて表せ．

(3) 関数 $\boldsymbol{f} = \boldsymbol{f}(x, y, z)$ を

$$\boldsymbol{f}(x, y, z) = e^{x+y+z} \sin(x - z)\boldsymbol{\phi}(x, y, z) + x^2 \sin(-x + y)\boldsymbol{\psi}(x, y, z)$$

で定める．このとき，積分 $\displaystyle\int_{\ell_{\mathrm{AB}}} \boldsymbol{f} \cdot d\boldsymbol{r}$ を求めよ．ただし，ℓ_{AB} は点 A から B に進む方向を正とする線分，$\boldsymbol{r}$ は線分 ℓ_{AB} 上にある点の位置ベクトルである．

(4) 関数 $\boldsymbol{f}$ を前問で定めた関数とする．このとき，積分 $\displaystyle\int_S (\nabla \times \boldsymbol{f}) \cdot \boldsymbol{n}\, dS$ を求めよ．ただし，S は点 O, B, A を頂点とする三角形，$\boldsymbol{n}$ は z 成分が負となる S の単位法線である．　　　　（九州大）

§2 ラプラス変換・フーリエ解析

1 ラプラス変換

定数係数の線形微分方程式を解くためにラプラス変換・逆ラプラス変換が利用される．また，インパルス応答がシステムの伝達関数の逆ラプラス変換と等しくなるため，回路解析学や制御工学で利用されている．基本的な関数のラプラス変換は求められるようにしておく．また，ラプラス変換を利用した微分方程式の解き方もしっかり理解しておく．

関数 $f(t)$ は $t>0$ で定義され，実数の値をとるとする．実数 s に対して積分 $F(s)=\int_0^\infty e^{-st}f(t)\,dt$ が存在するとき，これを $f(t)$ の**ラプラス変換**といい $\mathcal{L}\big[f(t)\big]$ とかく．$f(t)$ を原関数，$F(s)$ を像関数という．

例題81　次の関数のラプラス変換を求めよ．

(1) $f(t)=e^{at}$

(2) $f(t)=\int_0^t \cos(t-\tau)\cos\tau\,d\tau$　　（福井大）

解 (1) $\mathcal{L}\big[e^{at}\big]=\int_0^\infty e^{-st}e^{at}\,dt=\int_0^\infty e^{-(s-a)t}\,dt=\left[-\frac{1}{s-a}e^{-(s-a)t}\right]_0^\infty$

$$=\frac{1}{s-a}\quad (s>a)$$

(2) $\int_0^t \cos(t-\tau)\cos\tau\,d\tau=\int_0^t \frac{1}{2}\big(\cos t+\cos(t-2\tau)\big)\,d\tau$

$$=\frac{1}{2}t\cos t-\frac{1}{4}\Big[\sin(t-2\tau)\Big]_0^t=\frac{1}{2}t\cos t+\frac{1}{2}\sin t$$

$$\mathcal{L}[f(t)]=\int_0^\infty\left\{\int_0^t \cos(t-\tau)\cos\tau\,d\tau\right\}e^{-st}\,dt=\frac{1}{2}\mathcal{L}[t\cos t]+\frac{1}{2}\mathcal{L}[\sin t]$$

$$=\frac{1}{2}\cdot\frac{s^2-1}{(s^2+1)^2}+\frac{1}{2}\cdot\frac{1}{s^2+1}=\frac{1}{2}\cdot\frac{s^2-1+s^2+1}{(s^2+1)^2}=\frac{s^2}{(s^2+1)^2}$$

別解　$\int_0^t \cos(t-\tau)\cos\tau\,d\tau=(\cos t)*(\cos t)$

たたみこみのラプラス変換だから

$$\mathcal{L}[f(t)]=\mathcal{L}[(\cos t)*(\cos t)]=\big(\mathcal{L}[\cos t]\big)^2=\left(\frac{s}{s^2+1}\right)^2=\frac{s^2}{(s^2+1)^2}$$

A▷**245**　$f(t)$ のラプラス変換を $F(s)=\int_0^\infty e^{-st}f(t)\,dt$ で定義する．$f'(t)$，$f''(t)$ のラプラス変換を，それぞれ $F(s)$ を用いて表せ．（東北大）

A▷**246**　次の問いに答えよ．

(1) $f(t)=\sin\omega t$ のラプラス変換が $F(s)=\dfrac{\omega}{s^2+\omega^2}$ であることを示せ．

(2) $f(t)=\cos\omega t$ のラプラス変換が $F(s)=\dfrac{s}{s^2+\omega^2}$ であることを示せ．

(3) $f(t)=a+bt$ のラプラス変換が $F(s)=\dfrac{as+b}{s^2}$ であることを示せ．（九州大）

B▷**247**　次の関数の逆ラプラス変換を求めよ．（ラプラス変換の表は与えられている）

(1)　$F(s)=\dfrac{2}{s(s+1)(s+2)}$　　(2)　$F(s)=\dfrac{-s+2}{s^2+2s+4}$　（九州大）

ラプラス変換を用いて，微分方程式・積分方程式を解く方法

① $\mathcal{L}[x(t)]=X(s)$ とする．

② 微分・積分方程式をラプラス変換して得られる X の代数方程式を解く．

③ この解を逆ラプラス変換し，x を求める．

例題82　ラプラス変換を用いて次の微分方程式を解け．

$$\frac{dx(t)}{dt}+3x(t)=0,\ x(0)=1$$（大分大）

解　微分方程式をラプラス変換すると　$sX-x(0)+3X=0$

初期条件 $x(0)=1$ を代入すると　$sX-1+3X=0$　これより　$X=\dfrac{1}{s+3}$

逆ラプラス変換すると　$x(t)=e^{-3t}$

B▷**248**　ラプラス変換を用いて次の積分方程式を解け．

(1) $x(t)+\int_0^t x(\tau)\,d\tau=\theta(t-1)$　ただし，$\theta(t)$ は単位階段関数である．（福井大）

(2) $\dfrac{dx(t)}{dt}+2x(t)-3\int_0^t x(\tau)\,d\tau=t,\ x(0)=-1$　（大阪大）

(3) $\int_0^t x(t-\tau)\cos\omega\tau\,d\tau=e^{at}\sin\omega t$　（九州大）

B▷ **249**　次の微分方程式を解け．

$x'' + 2x' + 5x = 5\sin t,\ x(0) = 0,\ x'(0) = 1$　（東京農工大）

B▷ **250**　はじめに，$\pm q_0[C]$ の電荷がコンデンサーに帯電している．時刻 $t = 0$ でスイッチを閉じて以降の LC 回路におけるコンデンサーに帯電している電荷 $q(t)$ について，ラプラス変換を用いて調べよ．また，この LC 回路に流れる電流の時間変化について求めよ．ただし，初期条件 $q'(0) = 0$ をおくこと．　（福井大）

| 2 | フーリエ解析

周期関数は，基本的な周期関数である三角関数の無限和として表すことができ，部分和を近似として利用することもできる．また，偏微分方程式への応用やスペクトル分解，サンプリング定理など工学への応用範囲は広い．基本的な関数のフーリエ級数およびフーリエ変換を求められるようにしておくこと．また，フーリエ級数を利用して無限級数の値を求める問題にも対処できるようにしておこう．定積分の性質やたたみこみなどを利用する問題もある．

周期 2ℓ の関数 $f(x)$ の**フーリエ級数**は

$$c_0 + \sum_{n=1}^{\infty}\left(a_n \cos\frac{n\pi x}{\ell} + b_n \sin\frac{n\pi x}{\ell}\right)$$

$$c_0 = \frac{1}{2\ell}\int_{-\ell}^{\ell} f(x)\,dx,\ a_n = \frac{1}{\ell}\int_{-\ell}^{\ell} f(x)\cos\frac{n\pi x}{\ell}\,dx,\ b_n = \frac{1}{\ell}\int_{-\ell}^{\ell} f(x)\sin\frac{n\pi x}{\ell}\,dx$$

$f(x)$ が区分的に滑らかであれば，フーリエ級数は $\dfrac{f(x-0) + f(x+0)}{2}$ に収束する．

例題83

(1) 周期 2π の関数 $f(x) = x\ (-\pi < x \leqq \pi)$ のフーリエ級数を求めよ．

(2) (1) の結果を利用して，等式 $\dfrac{1}{1} - \dfrac{1}{3} + \dfrac{1}{5} - \dfrac{1}{7} + \cdots = \dfrac{\pi}{4}$ を示せ．

（大阪大）

解　$f(x)$ が偶関数なら $b_n=0$，奇関数なら $c_0=0,\ a_n=0\ (n=1,2,\cdots)$

(1) $f(x)=x\ (-\pi<x\leqq\pi)$ は奇関数だから　$c_0=0,\ a_n=0$

$$b_n=\frac{1}{\pi}\int_{-\pi}^{\pi}x\sin nx\,dx=\frac{2}{\pi}\int_0^{\pi}x\sin nx\,dx$$　**$x\sin nx$ は偶関数**

$$=\frac{2}{\pi}\left\{\left[-\frac{1}{n}x\cos nx\right]_0^{\pi}-\int_0^{\pi}\left(-\frac{1}{n}\cos nx\right)dx\right\}$$

$$=-\frac{2\cos n\pi}{n}+\frac{2}{\pi}\left[\frac{1}{n^2}\sin nx\right]_0^{\pi}=-\frac{2(-1)^n}{n}=\frac{2(-1)^{n+1}}{n}$$

$f(x)$ のフーリエ級数は　$2\displaystyle\sum_{n=1}^{\infty}\frac{(-1)^{n+1}}{n}\sin nx$

(2) $x=\dfrac{\pi}{2}$ とすると，フーリエの収束定理より

$$\frac{\pi}{2}=2\sum_{n=1}^{\infty}\frac{(-1)^{n+1}}{n}\sin\frac{n\pi}{2}=2\left(\frac{1}{1}-\frac{1}{3}+\frac{1}{5}-\frac{1}{7}+\cdots\right)$$

したがって　$\dfrac{1}{1}-\dfrac{1}{3}+\dfrac{1}{5}-\dfrac{1}{7}+\cdots=\dfrac{\pi}{4}$

A▷**251**　次の周期 2π の関数 $f(x)$ のフーリエ級数を求めよ．

(1) $f(x)=x^2\quad(-\pi<x\leqq\pi)$　（北海道大，大阪大）

(2) $f(x)=\cos^2x+\cos x$　（大分大）

(3) $f(x)=\begin{cases}-1 & (-\pi<x\leqq 0)\\ 1 & (0<x\leqq\pi)\end{cases}$　（北海道大，岩手大）

(4) $f(x)=|\sin x|\quad(-\pi<x<\pi)$　（北海道大）

B▷**252**　(1) 周期 2π の関数 $f(x)=|x|\ (-\pi<x\leqq\pi)$ をフーリエ級数に展開せよ．

(2) (1) の結果を用いて，次をそれぞれ計算せよ．

(a) $\displaystyle\sum_{k=1}^{\infty}\frac{1}{(2k-1)^2}$　(b) $\displaystyle\sum_{k=1}^{\infty}\frac{1}{k^2}$　(c) $\displaystyle\sum_{k=1}^{\infty}\frac{(-1)^{k-1}}{k^2}$　（九州大）

C▷**253**　$\{f_k(x)\}_{k=1,2,\cdots}$ を閉区間 $I\ (\subset \boldsymbol{R})$ で定義された実数値連続関数の列とする．

2つの条件を考える．

条件1：　$\displaystyle\sum_{k=1}^{\infty}|f_k(x)|<\infty,\qquad x\in I$

条件2：　$\displaystyle\max_{x\in I}\left|\sum_{k=1}^{m}f_k(x)-\sum_{k=1}^{n}f_k(x)\right|\to 0\qquad(m,\ n\to\infty)$

条件1が満たされるとき，関数項級数 $\displaystyle\sum_{k=1}^{\infty} f_k(x)$ は I において絶対収束するという．

条件2が満たされるとき，関数項級数 $\displaystyle\sum_{k=1}^{\infty} f_k(x)$ は I において一様収束するという．

以下の問いに答えよ．

(1) $f(x)=|x|$ $(x\in[-\pi,\ \pi])$ のフーリエ級数

$$s(x)=\frac{a_0}{2}+\sum_{k=1}^{\infty}(a_k\cos kx+b_k\sin kx),\quad x\in[-\pi,\ \pi]$$

を求めよ．

(2) (1) で求めた級数 $s(x)$ が $[-\pi,\ \pi]$ において絶対収束することを示せ．

(3) (1) で求めた級数 $s(x)$ が $[-\pi,\ \pi]$ において一様収束することを示せ．（大阪大）

B▷ **254** 下図のような周期 2π の周期的パルス列 $f(x)$ を考える．

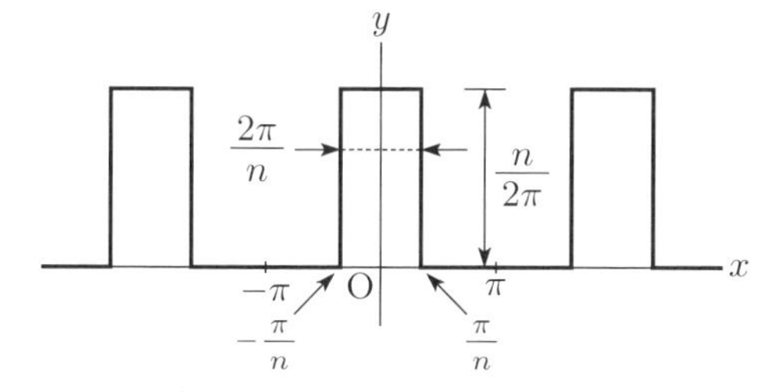

パルスの幅は $\dfrac{2\pi}{n}$，高さは $\dfrac{n}{2\pi}$ で与えられ，面積は常に1である（ただし n は2以上の整数）．この波形は y 軸に関して軸対称なので，次式のようなフーリエ級数に展開することができる．以下の設問に答えよ．

$$f(x)=\frac{a_0}{2}+\sum_{k=1}^{\infty}a_k\cos kx$$

(1) $n=2$ のとき，a_k $(k\geqq 1)$ を求めよ．

(2) 2以上の整数 n について，a_k $(k\geqq 1)$ を n の関数として表せ．

(3) (2) の結果において，n を ∞ に漸近させると，与えられたパルス列はデルタ関数列になる．この条件における a_k を求めよ．（北海道大）

4章 §2

C▷ **255** 次の問いに答えよ.

(1) α は整数でない実数とする. $\cos(\alpha x)$ $(-\pi < x < \pi)$ をフーリエ級数展開せよ.

すなわち

$$\cos(\alpha x) = \frac{a_0}{2} + \sum_{n=1}^{\infty}\Big\{a_n \cos(nx) + b_n \sin(nx)\Big\}, \quad -\pi < x < \pi$$

を満たす a_n $(n = 0, 1, 2, \cdots)$, b_n $(n = 1, 2, \cdots)$ を求めよ.

(2) y は $\sin y \neq 0$ を満たす実数とする. (1) の結果を利用して

$$\frac{1}{\sin y} = \frac{1}{y} + \sum_{n=1}^{\infty}(-1)^n\left\{\frac{1}{y+n\pi} + \frac{1}{y-n\pi}\right\}$$

が成立することを示せ.　(大阪大)

要項57

フーリエ変換　$\mathcal{F}[f(x)] = F(u) = \displaystyle\int_{-\infty}^{\infty} f(x)\, e^{-iux}\, dx$

逆フーリエ変換　$\mathcal{F}^{-1}[F(u)] = \dfrac{1}{2\pi}\displaystyle\int_{-\infty}^{\infty} F(u)\, e^{iux}\, du$

フーリエの積分定理　$\dfrac{f(x+0)+f(x-0)}{2} = \dfrac{1}{2\pi}\displaystyle\int_{-\infty}^{\infty} F(u)\, e^{iux}\, du$

反転公式　$f(x)$ が x で連続ならば　$f(x) = \mathcal{F}^{-1}[F(u)]$

例題84　次の問いに答えよ.

(1) 関数 $f(x)$ が右のように与えられている. $f(x) = \begin{cases} 0 & (|x| \geqq 1) \\ 1 & (|x| < 1) \end{cases}$

この関数 $f(x)$ のフーリエ変換 $F(\omega) = \displaystyle\int_{-\infty}^{\infty} f(x)\, e^{-i\omega x}\, dx$ を求めよ.　(福井大)

(2) $\displaystyle\int_0^{\infty} \frac{\sin x}{x}\, dx$ を求めよ.　(お茶の水女子大)

解 (1) **定義通りに計算すればよい.**

$$F(\omega) = \int_{-\infty}^{\infty} e^{-i\omega x} f(x)\, dx = \int_{-1}^{1} e^{-i\omega x}\, dx = \int_{-1}^{1} \cos\omega x\, dx - i\int_{-1}^{1} \sin\omega x\, dx$$

$$= 2\int_0^1 \cos\omega x\, dx = 2\left[\frac{1}{\omega}\sin\omega x\right]_0^1 = \frac{2\sin\omega}{\omega}$$

別解　$F(\omega) = \displaystyle\int_{-\infty}^{\infty} e^{-i\omega x} f(x)\, dx = \int_{-1}^{1} e^{-i\omega x}\, dx = \left[\frac{1}{-i\omega} e^{-i\omega x}\right]_{-1}^{1}$

$$= \frac{e^{-i\omega} - e^{i\omega}}{-i\omega} = \frac{2}{\omega}\cdot\frac{e^{i\omega} - e^{-i\omega}}{2i} = \frac{2\sin\omega}{\omega}$$

(2) **(1) の $f(x)$ と $F(\omega)$ について，フーリエの積分定理の式を書いてみる．**

(1) の $f(x)$ と $F(\omega)=\dfrac{2\sin\omega}{\omega}$ に積分定理を適用すると，$-1<x<1$ で

$$f(x)=\frac{1}{2\pi}\int_{-\infty}^{\infty}\frac{2\sin\omega}{\omega}e^{i\omega x}\,d\omega$$

$\dfrac{\sin\omega}{\omega}$ は偶関数

$x=0$ とすると　$1=\dfrac{1}{2\pi}\displaystyle\int_{-\infty}^{\infty}\frac{2\sin\omega}{\omega}\,d\omega=\frac{2}{\pi}\int_{0}^{\infty}\frac{\sin\omega}{\omega}\,d\omega$

よって　$\displaystyle\int_0^{\infty}\frac{\sin x}{x}\,dx=\int_0^{\infty}\frac{\sin\omega}{\omega}\,d\omega=\frac{\pi}{2}$　**定積分の値は積分変数によらない**

〈注〉 (2) は複素積分を使って求める問題として出題されたもの．(⇨ **271**)

A▷ **256** 次の各問いに答えよ．

(1) $f(x)=e^{-|x|}$ のフーリエ変換を求めよ．

(2) フーリエの積分定理（逆変換）を利用して，次の定積分を求めよ．

$$\int_0^{\infty}\frac{\cos u}{1+u^2}\,du$$

（九州大）

A▷ **257** 関数 $f(t)$ 及び $g(t)$ のフーリエ変換を $F(\omega)$ 及び $G(\omega)$ と表す．このとき，以下のフーリエ変換が $F(\omega)G(\omega)$ となることを示せ．

$$\int_{-\infty}^{+\infty}f(u)g(t-u)\,du$$

（福井大）

A▷ **258** f を周波数とするとき，時間 t の関数 $g(t)$ のフーリエ変換を次で与える．

$$\mathcal{F}[g(t)]=\int_{-\infty}^{\infty}g(t)e^{-i2\pi ft}\,dt$$

ある関数 $m(t)$ のフーリエ変換を $M(f)$ とするとき，$m(t)\cos(2\pi f_0t)$ のフーリエ変換が $M(f-f_0)$ および $M(f+f_0)$ を用いて表せることを示せ．（北海道大）

B▷ **259** f を周波数とするとき，時間 t の関数 $g(t)$ のフーリエ変換は

$$\mathcal{F}[g(t)]=\int_{-\infty}^{\infty}g(t)e^{-i2\pi ft}\,dt$$

で与えられる．また，時間 t の関数 $p(t)$ と $q(t)$ の畳み込みは

$$p(t)*q(t)=\int_{-\infty}^{\infty}p(\tau)q(t-\tau)\,d\tau$$

で与えられる．以下の設問に答えよ．

(1) 次の関数 $g(t)$ を横軸 t として図示せよ.

$$g(t) = \begin{cases} 1 & (|t| \leqq 1) \\ 0 & (|t| > 1) \end{cases}$$

(2) 次の関数 $h(t)$ を横軸 t として図示せよ.

$$h(t) = g(t) * g(t) = \int_{-\infty}^{\infty} g(\tau)g(t-\tau)\,d\tau$$

(3) $g(t)$ のフーリエ変換を求めよ.

(4) $h(t)$ のフーリエ変換を求めよ.　（北海道大）

§3　複素関数

1　複素関数

複素数については，絶対値，共役複素数，極形式などに関する基本的な計算を確実にし，正則関数に対してコーシー・リーマンの関係式が成立することを理解しておく．また，留数定理を利用した複素積分はしっかり求められるにしておこう．

要項58

複素数 z は，普通の表し方 $z = x+yi$ $(z = x+iy)$ と極形式 $z = re^{i\theta}$ の2通りあり，オイラーの公式 $e^{i\theta} = \cos\theta + i\sin\theta$ を使って，$re^{i\theta} = r\cos\theta + i\,r\sin\theta$ でつながっている．極形式は，積や累乗の計算がしやすい形である．

例題85　複素数 z について，以下の設問に答えよ.

(1) 方程式 $z^3 = 27$ を解け.

(2) z が複素平面上の原点を中心とする半径1の円周上を動くとき，1次変換 $w = \dfrac{1+iz}{1+z}$ により得られる w の軌跡を描け.　（北海道大）

解　(1) **累乗 (z^3) が扱いやすい極形式を使う.**

$z = re^{i\theta}$ $(r>0,\ 0 \leqq \theta < 2\pi)$ とおくと　$z^3 = r^3 e^{3\theta i}$

$27 = 3^3 e^{0i}$ だから　$r^3 e^{3\theta i} = 3^3 e^{0i}$

極形式において　$r_1 e^{i\theta_1} = r_2 e^{i\theta_2}$ のとき

(i) $r_1 = r_2$　(ii) $\theta_1 = \theta_2 + 2k\pi$ (k は整数)

絶対値を比較すると　$r = 3$

偏角を比較すると $0 \leqq 3\theta < 6\pi$ より　$3\theta = 0,\ 2\pi,\ 4\pi$　$\therefore\ \theta = 0,\ \dfrac{2}{3}\pi,\ \dfrac{4}{3}\pi$

よって　$z = 3e^{0i},\ 3e^{\frac{2}{3}\pi i},\ 3e^{\frac{4}{3}\pi i}$　$\therefore\ z = 3,\ -\dfrac{3}{2} + \dfrac{3\sqrt{3}}{2}i,\ -\dfrac{3}{2} - \dfrac{3\sqrt{3}}{2}i$

(2)　**z を w で表し，z が満たす式に代入する.**

z は単位円周 $|z| = 1$ である.

$w = \dfrac{1+iz}{1+z}$ より，$w + wz = 1 + iz$ となるから　$z = \dfrac{1-w}{w-i}$

$|z| = 1$ に代入して　$\left|\dfrac{1-w}{w-i}\right| = 1$

これより　$|w-1| = |w-i| \cdots (*)$

w の軌跡は w 平面で考えるから，通常，u, v の関係式で表すことになる.

両辺を 2 乗して　$|w-1|^2 = |w-i|^2$

$w = u + vi$ (u, v は実数) とおくと

$w - 1 = (u-1) + vi,\ w - i = u + (v-1)i$ だから

$(u-1)^2 + v^2 = u^2 + (v-1)^2$

これより　$v = u$

$w = u + vi$ の軌跡は右図のようになる.

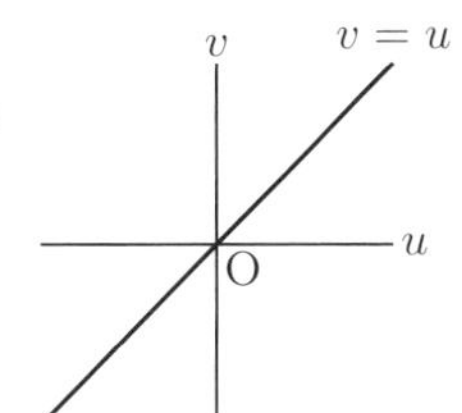

別解　$(*)$ 式を満たす w は 1 と i からの距離が等しい. w の軌跡は 1 と i を結ぶ線分の垂直二等分線 $v = u$ となる.

A▷ **260**　次の問いに答えよ.

(1)　複素数 z についての方程式 $z^2 = -i$ のすべての解を，$x + yi$（x, y は実数）の形で求めよ.

(2)　複素数 z は，等式 $z + \dfrac{1}{z} = \sqrt{2}$ を満たすとする. このとき，$z^8 + \dfrac{1}{z^3}$ がとりうるすべての値を $x + yi$（x, y は実数）の形で求めよ.　（宮崎大）

B▷ **261**　1 次分数関数 $w = \dfrac{z-i}{z+2}$ による，z 平面上の単位円 $|z| = 1$ の w 平面への像を求めよ.　（北海道大）

要項 59

オイラーの公式　$e^{i\theta} = \cos\theta + i\sin\theta$

指数関数　$z = x + iy$ のとき　$e^z = e^x(\cos y + i\sin y)$

三角関数　$\cos z = \dfrac{e^{iz} + e^{-iz}}{2}$, $\sin z = \dfrac{e^{iz} - e^{-iz}}{2i}$

対数関数　$\log z = \log|z| + i\arg z \ (z \neq 0)$　（無限多価関数）

べき関数　複素数 z, a に対して　$z^a = e^{a\log z}$　（無限多価関数）

例題86　$\cos z = 10$ を満たす z をすべて求め，$z = x + iy$ の形で表せ．ただし，解答に指数関数や三角関数を含んではならない．（東京大）

解　**複素数に関する 2 次方程式を導き解答する．**

$\cos z = \dfrac{e^{iz} + e^{-iz}}{2}$ より，与式は　$e^{iz} + e^{-iz} = 20$ と変形できる．

$w = e^{iz}$ とおくと　$w^2 - 20w + 1 = 0$ となるから，これを解いて　$w = 10 \pm 3\sqrt{11}$

$iz = \log w = \log|w| + i\arg w = \log(10 \pm 3\sqrt{11}) + 2n\pi i$　　$\mathbf{10 - 3\sqrt{11} > 0}$

$\therefore\ z = 2n\pi - i\log(10 \pm 3\sqrt{11})$　（n は整数）

A▷ **262**　方程式 $\sin z = 2$ を解け．（北海道大）

例題87　$(-i)^{\frac{1}{3}}$ をすべて求めて $a + ib$ の形で答えよ．a と b は実数とする．ただし，最終的な a と b の表式に三角関数を用いてはならない．（東京大）

解　**要項 59 にある「べき関数」の式を用いて，$a + ib$ の式を導く．**

$$(-i)^{\frac{1}{3}} = e^{\frac{1}{3}\log(-i)} = e^{\frac{1}{3}\left(\log|-i| + i\arg(-i)\right)} = e^{\frac{1}{3}i\left(\frac{3}{2}\pi + 2n\pi\right)} = e^{\left(\frac{\pi}{2} + \frac{2n\pi}{3}\right)i}$$

$$= \cos\left(\frac{\pi}{2} + \frac{2n\pi}{3}\right) + i\sin\left(\frac{\pi}{2} + \frac{2n\pi}{3}\right) \quad (n \text{ は整数})$$

$$\therefore\ (-i)^{\frac{1}{3}} = i,\ -\frac{\sqrt{3}}{2} - i\frac{1}{2},\ \frac{\sqrt{3}}{2} - i\frac{1}{2}$$

A▷ **263**　i^i，3^i それぞれについて実部と虚部を求めよ．（東京大）

要項 60 **コーシー・リーマンの関係式**

$f(z) = u(x,\ y) + iv(x,\ y)$ が正則 $\iff$ $u_x = v_y,\ u_y = -v_x$

このとき $f'(z) = u_x + iv_x = v_y - iu_y$

例題88 関数 $f(x,\ y) = \log(x^2 + y^2)$ について，以下の設問に答えよ．

(1) 原点を除いた領域において，ラプラス方程式を満足することを示せ．

(2) 広い意味の積分 $\displaystyle\iint_{x^2+y^2 \leqq 1} f(x,\ y)\,dxdy$ は存在するか．存在するときはその値を求めよ．

(3) 複素数 $z = x + iy$ の関数 $f(x,\ y) + ig(x,\ y)$ が，領域 $\mathrm{Re}\, z > 0$ $(x > 0)$ において正則となるように関数 $g(x,\ y)$ を定めよ． （筑波大）

解 **偏微分方程式 $f_{xx} + f_{yy} = 0$ をラプラス方程式 (調和方程式) と呼ぶ.**

(1) $f_x = \dfrac{2x}{x^2 + y^2}$， $f_{xx} = \dfrac{2(x^2 + y^2) - 2x \cdot 2x}{(x^2 + y^2)^2} = \dfrac{-2x^2 + 2y^2}{(x^2 + y^2)^2}$

同様に $f_{yy} = \dfrac{2x^2 - 2y^2}{(x^2 + y^2)^2}$ ゆえに $f_{xx} + f_{yy} = 0$

(2) 極座標変換により

$$\iint_{x^2+y^2 \leqq 1} f(x,\ y)\,dxdy = \lim_{a \to +0} \left\{ \int_a^1 2\log r \cdot r\,dr \right\} \int_0^{2\pi} d\theta$$

$$= \lim_{a \to +0} 2\pi \left\{ \Big[r^2 \log r \Big]_a^1 - \int_a^1 r\,dr \right\} = \lim_{a \to +0} 2\pi \left(-a^2 \log a - \left[\frac{r^2}{2} \right]_a^1 \right)$$

$$= \lim_{a \to +0} 2\pi \left(-a^2 \log a - \frac{1}{2} + \frac{1}{2}a^2 \right)$$

ロピタルの定理より $\displaystyle\lim_{a \to +0} a^2 \log a = \lim_{a \to +0} \frac{\log a}{\frac{1}{a^2}} = \lim_{a \to +0} \frac{a^2}{-2} = 0$

$$\therefore \iint_{x^2+y^2 \leqq 1} f(x,\ y)\,dxdy = -\pi$$

(3) 関数 $f + ig$ が正則ならば，コーシー・リーマンの関係式より $f_x = g_y,\ f_y = -g_x$

$g_y = f_x = \dfrac{2x}{x^2 + y^2}$ を y で積分すると

$g = 2x \cdot \dfrac{1}{x} \tan^{-1} \dfrac{y}{x} + \varphi(x) = 2\tan^{-1} \dfrac{y}{x} + \varphi(x)$ （$\varphi(x)$ は x の関数）

$$g_x = \frac{2}{1 + \left(\frac{y}{x} \right)^2} \cdot \left(-\frac{y}{x^2} \right) + \varphi'(x) = -\frac{2y}{x^2 + y^2} + \varphi'(x)$$

一方，$f_y = -g_x$ より　$g_x = -f_y = -\dfrac{2y}{x^2+y^2}$

これらを比較すると，$\varphi'(x) = 0$ となるから　$\varphi(x) = C$　(C は実数)

$$\therefore \quad g(x,\ y) = 2\tan^{-1}\frac{y}{x} + C \quad (C \text{ は実数})$$

A▷ **264**　$z = x + iy$，$u = x^2 - y^2 - x$ とする．u を実数部分として持つ正則関数 $w(z)$ とその微分 $\dfrac{dw}{dz}$ を z の関数として求めよ．ただし，解答に x, y を用いてはならない．

（東京大）

要項 61

α は $f(z)$ の孤立特異点とする．

$f(z)$ の $z = \alpha$ における**ローラン級数**

$$f(z) = \cdots + \frac{a_{-n}}{(z-\alpha)^n} + \cdots + \frac{a_{-1}}{z-\alpha} + a_0 + a_1(z-\alpha) + \cdots + a_n(z-\alpha)^n + \cdots$$

$z = \alpha$ における $f(z)$ の**留数** $\mathrm{Res}[f, \alpha] = a_{-1} = \dfrac{1}{2\pi i}\displaystyle\int_C f(z)\,dz$　$\left(\begin{array}{l}C \text{ は単純閉曲線で，}\\ \text{内部の特異点は}\alpha\text{のみ}\end{array}\right)$

α が1位の極のとき　$\mathrm{Res}[f, \alpha] = \displaystyle\lim_{z\to\alpha}(z-\alpha)f(z)$

α が k 位の極 ($k \geqq 2$) のとき　$\mathrm{Res}[f, \alpha] = \dfrac{1}{(k-1)!}\displaystyle\lim_{z\to\alpha}\frac{d^{k-1}}{dz^{k-1}}\left\{(z-\alpha)^k f(z)\right\}$

留数定理

単純閉曲線 C の内部にある特異点 $\alpha_1,\ \alpha_2, \cdots, \alpha_n$ を除き，C の周および内部で $f(z)$ が正則ならば

$$\int_C f(z)\,dz = 2\pi i\big(\mathrm{Res}[f,\ \alpha_1] + \cdots + \mathrm{Res}[f,\ \alpha_n]\big)$$

例題89　複素関数 $g(z) = \dfrac{1}{z(1-\cos z)}$ の極 $z = 0$ における位数と留数を求めよ．

（電気通信大）

解　$\cos z = 1 - \dfrac{1}{2!}z^2 + \dfrac{1}{4!}z^4 - \cdots$ より，$g(z) = \dfrac{1}{z^3\left(\dfrac{1}{2!} - \dfrac{1}{4!}z^2 + \dfrac{1}{6!}z^4 - \cdots\right)}$

となるから，$z = 0$ は3位の極である．$\mathrm{Res}[g,\ 0] = \displaystyle\lim_{z\to 0}\frac{1}{2!}\frac{d^2}{dz^2}z^3 g(z)$ を求める．

べき級数が項別微分できることから

$$\begin{aligned}\frac{d^2}{dz^2}z^3 g(z) &= \left\{\left(\frac{1}{2!} - \frac{1}{4!}z^2 + \frac{1}{6!}z^4 - \cdots\right)^{-1}\right\}'' \\ &= \left\{-\left(\frac{1}{2!} - \frac{1}{4!}z^2 + \frac{1}{6!}z^4 - \cdots\right)^{-2}\left(-\frac{1}{12}z + \frac{4}{6!}z^3 - \cdots\right)\right\}'\end{aligned}$$

$$= 2\left(\frac{1}{2!} - \frac{1}{4!}z^2 + \frac{1}{6!}z^4 - \cdots\right)^{-3}\left(-\frac{1}{12}z + \frac{4}{6!}z^3 - \cdots\right)^2$$

$$+\left(\frac{1}{2!} - \frac{1}{4!}z^2 + \frac{1}{6!}z^4 - \cdots\right)^{-2}\left(\frac{1}{12} - \frac{12}{6!}z^2 + \cdots\right)$$

$$\mathrm{Res}[g,\ 0] = \lim_{z\to 0}\frac{1}{2!}\left\{z^3 g(z)\right\}'' = \frac{1}{2}\cdot\left(\frac{1}{2}\right)^{-2}\cdot\frac{1}{12} = \frac{1}{6}$$

別解　$g(z) = \dfrac{1}{z^3\left(\dfrac{1}{2!} - \dfrac{1}{4!}z^2 + \dfrac{1}{6!}z^4 - \cdots\right)} = \dfrac{2}{z^3}\cdot\dfrac{1}{1 - \dfrac{2}{4!}z^2 + \dfrac{2}{6!}z^4 - \cdots}$

$h(z) = \dfrac{2}{4!}z^2 - \dfrac{2}{6!}z^4 + \cdots$ とおくと　$g(z) = \dfrac{2}{z^3}\cdot\dfrac{1}{1-h(z)}$

$z = 0$ の近くでは $|h(z)| < 1$ と考えてよいから　$g(z) = \dfrac{2}{z^3}\displaystyle\sum_{n=0}^{\infty}\Big(h(z)\Big)^n$

$h(z)$ は2次以上だから

$$g(z) = \frac{2}{z^3}\left(1 + \frac{2}{4!}z^2 + (4\text{ 次以上})\right) = \frac{2}{z^3} + \frac{1}{6}\cdot\frac{1}{z} + (1\text{ 次以上})$$

$\dfrac{1}{z}$ の係数が g の $z=0$ における留数だから　$\mathrm{Res}[g,\ 0] = \dfrac{1}{6}$

B▷ **265**　複素関数 $f(z) = \dfrac{\sin z}{z^2(z-i)}$ に対して，以下の問いに答えよ．

(1) $\sin i$ の実部と虚部を求めよ．

(2) $f(z)$ のすべての極とそれぞれの極の位数を求めよ．

(3) 複素積分 $\displaystyle\int_{|z|=2} f(z)\,dz$ （積分路は正の向きに1周）の値を求めよ．

（電気通信大）

積分の絶対値の評価

$C : z = z(t)$　$(a \leqq t \leqq b)$ のとき　$\displaystyle\int_C f(z)\,dz = \int_a^b f(z(t))\frac{dz}{dt}\,dt$

$$\left|\int_C f(z)\,dz\right| = \left|\int_a^b f(z(t))\frac{dz}{dt}\,dt\right| \leqq \int_a^b \left|f(z(t))\frac{dz}{dt}\right|dt$$

留数定理の利用

複素積分（留数定理）を利用して実数関数の定積分の値を求める方法

① 積分範囲が $0 \leqq t \leqq 2\pi$ の場合（$\sin z$，$\cos z$ を含む場合が多い）　**例題90**

⇨ $C : z = e^{it}$ $(0 \leqq t \leqq 2\pi)$ が単位円になることを使う．

② 積分範囲に ∞ が出てくる場合　**例題91**　**例題92**

⇨ 半径 R の半円などでの積分が $R \to \infty$ で0になることを使う．

例題90　$0<a<1$ とする．積分 $\displaystyle\int_0^{2\pi}\frac{1-a\cos\theta}{1-2a\cos\theta+a^2}\,d\theta$ の値を求めよ．

（大阪大）

解　曲線 $C: z=e^{i\theta}\ (0\leqq\theta\leqq 2\pi)$ とおく．　**要項63 ①を参照**

$z=e^{i\theta}$，$z^{-1}=e^{-i\theta}$ だから　$\cos\theta=\dfrac{e^{i\theta}+e^{-i\theta}}{2}=\dfrac{z+z^{-1}}{2}$

$\dfrac{dz}{d\theta}=ie^{i\theta}=iz \iff d\theta=\dfrac{1}{iz}dz$　よって

$$\int_0^{2\pi}\frac{1-a\cos\theta}{1-2a\cos\theta+a^2}\,d\theta=\int_C\frac{1-a\cdot\dfrac{z+z^{-1}}{2}}{1-2a\cdot\dfrac{z+z^{-1}}{2}+a^2}\cdot\frac{1}{iz}\,dz$$

$$=\frac{1}{2i}\int_C\frac{az^2-2z+a}{z\{az^2-(a^2+1)z+a\}}\,dz=\frac{1}{2i}\int_C\frac{az^2-2z+a}{z(z-a)(az-1)}\,dz$$

$f(z)=\dfrac{az^2-2z+a}{z(z-a)(az-1)}$ とおく．

$0<a<1$ より，$f(z)$ の孤立特異点のうち C の内部にあるものは 0，a で，それぞれ1位の極である．各留数は

$$\mathrm{Res}[f,\ 0]=\lim_{z\to 0}zf(z)=\lim_{z\to 0}\frac{az^2-2z+a}{(z-a)(az-1)}=1$$

$$\mathrm{Res}[f,\ a]=\lim_{z\to a}(z-a)f(z)=\lim_{z\to a}\frac{az^2-2z+a}{z(az-1)}=1$$

留数定理より

$$\int_0^{2\pi}\frac{1-a\cos\theta}{1-2a\cos\theta+a^2}\,d\theta=\frac{1}{2i}\int_C f(z)\,dz=\frac{1}{2i}\cdot 2\pi i\big(\mathrm{Res}[f,\ 0]+\mathrm{Res}[f,\ a]\big)$$

$$=2\pi$$

B▷**266**　次の問いに答えよ．

(1) $z=e^{i\theta}$ とおくとき，$\cos\theta$ を z の有理式で表せ．

(2) 複素関数 $f(z)=\dfrac{z}{(z^2+4z+1)^2}$ の極をすべて求めよ．さらに，絶対値が1より小さい極における留数を計算せよ．

(3) 定積分 $I=\displaystyle\int_0^{2\pi}\frac{d\theta}{(2+\cos\theta)^2}$ の値を求めよ．　（電気通信大）

B▷**267**　留数を用いて，次の定積分の値を求めよ．

$$\int_0^{2\pi}\frac{1}{5-3\sin\theta}\,d\theta$$

（大阪公立大）

例題91 実積分 $\displaystyle\int_0^\infty \frac{x}{1+x^4}\,dx$ を，留数の定理を用いて求めたい．適切な複素平面での積分路を定めて図示し，積分値を求めよ． （東京大）

解 複素関数 $f(z)=\dfrac{z}{1+z^4}$ とし，積分路 C を下図のように定める．

$C_1: z=t\ (0 \leqq t \leqq R)$，$C_R: z=Re^{it}\ \left(0 \leqq t \leqq \dfrac{\pi}{2}\right)$

C_2 の逆向き $-C_2$ を $-C_2: z=it\ (0 \leqq t \leqq R)$ とし，

閉曲線 C を $C=C_1+C_R+C_2$，$R>1$ とする．

$C=C_1+C_R+C_2$

$f(z)$ の特異点は $z^4=-1$ の解である．

$z^4=e^{(\pi+2n\pi)i}$ より $z=e^{\frac{2n+1}{4}\pi i}$ $(n=0,\ 1,\ 2,\ 3)$

$R>1$ とするのは，C の内部に特異点をつくることとはさみうちの原理を使うため

C の内部の孤立特異点は $z_0=e^{\frac{\pi}{4}i}$ であり，留数は

$$\mathrm{Res}[f,\ z_0]=\lim_{z\to z_0}(z-z_0)f(z)=\lim_{z\to z_0}\frac{z(z-z_0)}{1+z^4}$$

ロピタルの定理

$$=\lim_{z\to z_0}\frac{(z-z_0)+z}{4z^3}=\frac{1}{4z_0^2}=\frac{1}{4i}$$

$e^{\frac{\pi}{2}i}=i$

留数定理より $\displaystyle\int_C f(z)\,dz=2\pi i\,\mathrm{Res}[f,\ z_0]=\frac{\pi}{2}$

C_R 上では $dz=iRe^{it}dt$ だから

$$\int_{C_R}\frac{z}{1+z^4}\,dz=\int_0^{\frac{\pi}{2}}\frac{Re^{it}}{1+(Re^{it})^4}\,iRe^{it}dt=\int_0^{\frac{\pi}{2}}\frac{iR^2e^{2it}}{1+R^4e^{4it}}\,dt$$

積分の絶対値を評価すると

$$\left|\int_{C_R}\frac{z}{1+z^4}\,dz\right|=\left|\int_0^{\frac{\pi}{2}}\frac{iR^2e^{2it}}{1+R^4e^{i4t}}\,dt\right|\leqq\int_0^{\frac{\pi}{2}}\left|\frac{iR^2e^{2it}}{1+R^4e^{4it}}\right|dt$$

2つ目の〈注〉

$$\leqq\frac{R^2}{R^4-1}\int_0^{\frac{\pi}{2}}dt=\frac{\pi}{2}\cdot\frac{R^2}{R^4-1}\ \to\ 0 \qquad (R\to\infty)$$

したがって $\displaystyle\int_{C_R}\frac{z}{1+z^4}\,dz\ \to\ 0 \qquad (R\to\infty)$

$$\int_C f(z)\,dz=\int_{C_1}f(z)\,dz+\int_{C_R}f(z)\,dz+\int_{C_2}f(z)\,dz$$

$$=\int_0^R\frac{t}{1+t^4}\,dt+\int_{C_R}\frac{z}{1+z^4}\,dz+\int_R^0\frac{it}{1+(it)^4}\,i\,dt$$

$$=2\int_0^R\frac{t}{1+t^4}\,dt+\int_{C_R}\frac{z}{1+z^4}\,dz$$

ここで，$R\to\infty$ とすると $\displaystyle\frac{\pi}{2}=2\int_0^\infty\frac{x}{1+x^4}\,dx \quad \therefore\ \int_0^\infty\frac{x}{1+x^4}\,dx=\frac{\pi}{4}$

〈注〉 実数関数のときと同様に，$f(z)$，$g(z)$ が正則関数で，$f(\alpha)=0$，$g(\alpha)=0$ のとき，ロピタルの定理 $\displaystyle\lim_{z\to\alpha}\frac{f(z)}{g(z)}=\lim_{z\to\alpha}\frac{f'(z)}{g'(z)}$ が成り立つ．（$z=\alpha$ でのべき級数展開を用いれば証明できる）

〈注〉 $R^4e^{4it}=(R^4e^{4it}+1)+(-1)$ だから $|R^4e^{4it}|\leqq|R^4e^{4it}+1|+|-1|$

これより $|R^4e^{4it}+1|\geqq R^4-1$ となるから $\dfrac{1}{|R^4e^{4it}+1|}\leqq\dfrac{1}{R^4-1}$

このようなことは，使ってよいと思われるが，できれば説明する方がよい．

〈注〉 値だけなら，実数関数の定積分として，次のように求めることもできる．

$x^4+1=(x^2+1)^2-2x^2=(x^2+\sqrt{2}x+1)(x^2-\sqrt{2}x+1)$ と因数分解でき，さらに

$x^2+\sqrt{2}x+1=\left(x+\dfrac{\sqrt{2}}{2}\right)^2+\left(\dfrac{\sqrt{2}}{2}\right)^2$

$x^2-\sqrt{2}x+1=\left(x-\dfrac{\sqrt{2}}{2}\right)^2+\left(\dfrac{\sqrt{2}}{2}\right)^2$ だから

$$\int_0^\infty\frac{x}{1+x^4}\,dx=\frac{1}{2\sqrt{2}}\int_0^\infty\left\{\frac{1}{x^2-\sqrt{2}x+1}-\frac{1}{x^2+\sqrt{2}x+1}\right\}dx$$

$$=\lim_{R\to\infty}\frac{1}{2\sqrt{2}}\left[\frac{1}{\frac{\sqrt{2}}{2}}\tan^{-1}\left(\frac{x-\frac{\sqrt{2}}{2}}{\frac{\sqrt{2}}{2}}\right)-\frac{1}{\frac{\sqrt{2}}{2}}\tan^{-1}\left(\frac{x+\frac{\sqrt{2}}{2}}{\frac{\sqrt{2}}{2}}\right)\right]_0^R$$

$$=\lim_{R\to\infty}\frac{1}{2}\left[\tan^{-1}(\sqrt{2}x-1)-\tan^{-1}(\sqrt{2}x+1)\right]_0^R$$

$$=\frac{1}{2}\left(\left(\frac{\pi}{2}-\frac{\pi}{2}\right)-\left(-\frac{\pi}{4}-\frac{\pi}{4}\right)\right)=\frac{\pi}{4}$$

〈注〉 値だけなら，実数関数の定積分として，次のように求めることもできる．

$$\int_0^\infty\frac{x}{1+x^4}\,dx=\int_0^\infty\frac{1}{2}\cdot\frac{(x^2)'}{1+(x^2)^2}\,dx=\lim_{R\to\infty}\left[\frac{1}{2}\tan^{-1}x^2\right]_0^R=\frac{\pi}{4}$$

B▷ **268** 複素積分を用いて，次の定積分の値を求めよ．

$$\int_{-\infty}^\infty\frac{1}{x^4+16}\,dx$$

（大阪公立大）

C▷ **269** 次の問いに答えよ．

(1) $z^4+1=0$ となる複素数 z を求めよ．

(2) $x=\sqrt{\tan\theta}$ $\left(0<\theta<\dfrac{\pi}{2}\right)$ に対して，導関数 $\dfrac{dx}{d\theta}$ を x の式で表せ．

(3) 広義積分 $I=\displaystyle\int_0^{\frac{\pi}{2}}\sqrt{\tan\theta}\,d\theta$ を求めよ．

（電気通信大）

C▷ **270** 積分 $I = \int_0^\infty \frac{1}{x^b + 1}\,dx$ を考える．ただし，b は正の整数とする．この積分を計算するため，右図に示す複素平面上の扇形の周に沿う単一閉曲線 C を考え，以下のように経路 C_1，C_2，C_3 を定める．ただし，x，y は実数で，弧 $\overset{\frown}{\mathrm{AB}}$ は原点を中心とする半径 R $(R > 1)$ で中心角が $\frac{2\pi}{b}$ の円弧である．

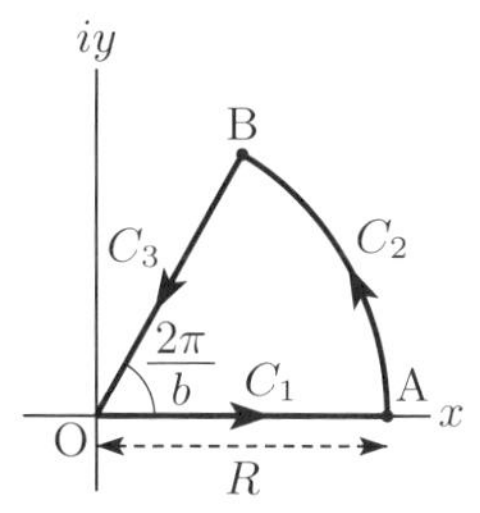

C_1：原点 O から線分 OA に沿って点 A に至る経路

C_2：点 A から弧 $\overset{\frown}{\mathrm{AB}}$ に沿って点 B に至る経路

C_3：点 B から線分 BO に沿って原点 O に至る経路

このとき，複素数 $z = x + iy$ について以下の問いに答えよ．

(1) $I_3 = \int_{C_3} \frac{1}{z^b + 1}\,dz$ を，$I_1 = \int_{C_1} \frac{1}{z^b + 1}\,dz$ を用いて表せ．

(2) 閉曲線 C で囲まれた領域内における $f(z) = \frac{1}{z^b + 1}$ の特異点を求め，そこでの留数を計算せよ．

(3) 留数定理および $\lim_{R\to\infty} \int_{C_2} \frac{1}{z^b + 1}\,dz = 0$ を用いて，I を計算せよ．ただし，i を用いずに表せ．　（大阪大）

例題92　以下の問いに答えよ．

(1) $R > 0$ に対し，$\Gamma_R = \{Re^{i\theta} \mid 0 \leqq \theta \leqq \pi\}$ とするとき，次を示せ．

$$\lim_{R\to\infty} \int_{\Gamma_R} \frac{z}{z^2 + 1} e^{iz}\,dz = 0$$

(2) 積分 $I = \int_{-\infty}^{\infty} \frac{x}{x^2 + 1} \sin x\,dx$ の値を求めよ．　（大阪大）

解　**$\lim f(z) = 0$ の場合は積分の絶対値の評価を用いてみる．**

(1) $z = Re^{i\theta}$ $(0 \leqq \theta \leqq \pi)$ とおくと，$dz = iRe^{i\theta}d\theta$ より

$R > 0$ を十分大きくとって積分路を作る

$$\int_{\Gamma_R} \frac{z}{z^2 + 1} e^{iz}\,dz = \int_0^\pi \frac{Re^{i\theta}}{(Re^{i\theta})^2 + 1} e^{iRe^{i\theta}}\, iRe^{i\theta}d\theta$$

$$= \int_0^\pi \frac{iR^2 e^{2i\theta} e^{iR\cos\theta} e^{-R\sin\theta}}{R^2 e^{2i\theta} + 1}\,d\theta$$

積分の絶対値を評価すると

$$\left|\int_{\Gamma_R} \frac{z}{z^2+1} e^{iz}\, dz\right| \leqq \int_0^\pi \left|\frac{iR^2 e^{2i\theta} e^{iR\cos\theta} e^{-R\sin\theta}}{R^2 e^{2i\theta}+1}\right| d\theta$$

$$= R^2 \int_0^\pi \frac{e^{-R\sin\theta}}{|R^2 e^{2i\theta}+1|}\, d\theta$$

例題91 2つ目の注 ⇨

$$\leqq \frac{R^2}{R^2-1} \int_0^\pi e^{-R\sin\theta}\, d\theta$$

ここで $\displaystyle\lim_{R\to\infty} \int_0^\pi e^{-R\sin\theta}\, d\theta = 0$ を示す． ⇦ $e^{-R\sin\theta} \leqq 1$ を使っても示せない

$\theta = \pi - \varphi$ と変数変換すると

$$\int_{\frac{\pi}{2}}^\pi e^{-R\sin\theta}\, d\theta = \int_{\frac{\pi}{2}}^0 e^{-R\sin(\pi-\varphi)}\, (-d\varphi) = \int_0^{\frac{\pi}{2}} e^{-R\sin\varphi}\, d\varphi$$

よって

$$\int_0^\pi e^{-R\sin\theta}\, d\theta = \int_0^{\frac{\pi}{2}} e^{-R\sin\theta}\, d\theta + \int_{\frac{\pi}{2}}^\pi e^{-R\sin\theta}\, d\theta = 2\int_0^{\frac{\pi}{2}} e^{-R\sin\theta}\, d\theta$$

$\sin\theta \geqq \dfrac{2}{\pi}\theta \ \left(0 \leqq \theta \leqq \dfrac{\pi}{2}\right) \cdots (*)$ より　下の〈注〉参照

$$\int_0^\pi e^{-R\sin\theta}\, d\theta = 2\int_0^{\frac{\pi}{2}} e^{-R\sin\theta}\, d\theta \leqq 2\int_0^{\frac{\pi}{2}} e^{-\frac{2R}{\pi}\theta}\, d\theta = 2\left[-\frac{\pi}{2R} e^{-\frac{2R}{\pi}\theta}\right]_0^{\frac{\pi}{2}}$$

$$= \frac{\pi}{R}\left(1 - e^{-R}\right)$$

これより

$$\left|\int_{\Gamma_R} \frac{z}{z^2+1} e^{iz}\, dz\right| \leqq \frac{R^2}{R^2-1} \int_0^\pi e^{-R\sin\theta}\, d\theta \leqq \frac{\pi R}{R^2-1}\left(1 - e^{-R}\right) \to 0 \quad (R \to \infty)$$

$$\therefore \quad \lim_{R\to\infty} \int_{\Gamma_R} \frac{z}{z^2+1} e^{iz}\, dz = 0$$

〈注〉 $(*)$ は第1章の **19** で示した． **19** の解答〈注〉のグラフも見よ．この範囲で $\sin\theta$ が上に凸であることと，両端で一致することから，すぐにわかる．

(2) 複素関数 $f(z) = \dfrac{z}{z^2+1} e^{iz}$ とし，積分路 C を次のように定める．

$C_1 : z = x \quad (-R \leqq x \leqq R)$

$\Gamma_R : z = Re^{i\theta} \quad \left(0 \leqq \theta \leqq \pi\right)$

$C = C_1 + \Gamma_R$

$f(z)$ の特異点は　$z = \pm i$

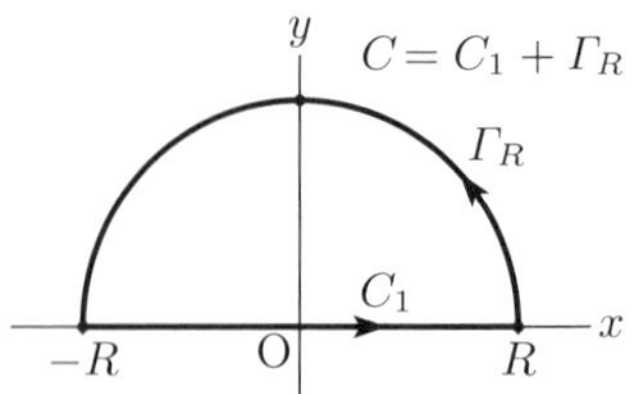

C の内部の孤立特異点は $z = i$，留数は $\mathrm{Res}[f,\ i] = \displaystyle\lim_{z\to i}(z-i)f(z) = \frac{1}{2e}$

だから　$\displaystyle\int_C f(z)\, dz = 2\pi i \mathrm{Res}[f,\ i] = \frac{\pi}{e} i$

$$\int_C f(z)\,dz = \int_{C_1} f(z)\,dz + \int_{\Gamma_R} f(z)\,dz = \int_{-R}^{R} f(x)\,dx + \int_{\Gamma_R} f(z)\,dz$$

において，$R \to \infty$ とすると，オイラーの公式より

$$\frac{\pi}{e}i = \int_{-\infty}^{\infty} \frac{x}{x^2+1}e^{ix}\,dx = \int_{-\infty}^{\infty} \frac{x}{x^2+1}\cos x\,dx + i\int_{-\infty}^{\infty} \frac{x}{x^2+1}\sin x\,dx$$

虚部を比較すると　$I = \displaystyle\int_{-\infty}^{\infty} \frac{x}{x^2+1}\sin x\,dx = \frac{\pi}{e}$

C▷ 271 $\displaystyle\int_C \frac{e^{iz}}{z}\,dz$ を右図のような複素平面上の経路 C で計算することにより，$\displaystyle\int_0^{\infty} \frac{\sin x}{x}\,dx$ の値を求めよ．

（お茶の水女子大）

C▷ 272 実積分 $J = \displaystyle\int_0^{\infty} \frac{\cos x}{(x^2+1)^2}\,dx$ の値を留数定理により求めることを考える．

(1) J の積分範囲を $[-\infty,\ \infty]$ と変形して，被積分関数に e^{ix} を用いて J を表せ．

(2) 関数 $f(z) = \dfrac{1}{(z^2+1)^2}$ とする．複素平面において，下図の半円 Γ（$\widehat{\mathrm{ADB}}$）の半径 R が十分に大きいとき，$\displaystyle\lim_{R\to\infty}\int_{\Gamma} f(z)\,dz = 0$ が成り立つことを示せ．

(3) 右図の C に関する周回積分を考えることにより，J の値を求めよ．

このとき，複素平面の上半平面において，$\displaystyle\lim_{R\to\infty}\int_{\Gamma} f(z)e^{iz}dz = 0$ であることを用いてよい．

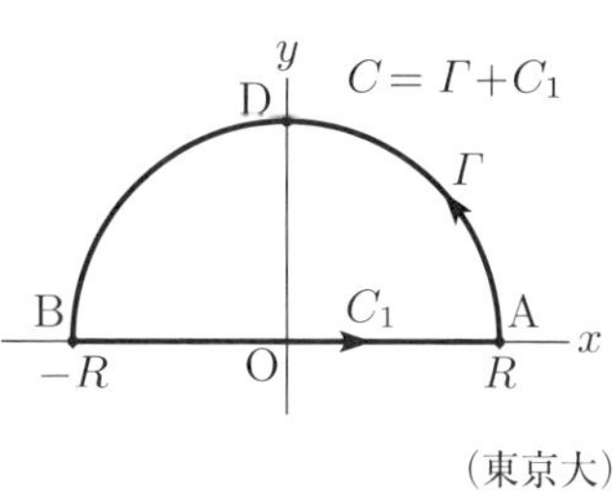

（東京大）

5章 確率統計

§1 確率統計

1 事象と確率

確率については，定義と基本性質をしっかり理解し，さいころやトランプを使用した問題などの基本的なものについては確実に求められるようにしておくこと．様々な試行における平均も求められるようにしておこう．

① 根元事象が N 通り，事象 A の根元事象が $n(A)$ 通りのとき，

事象 A の起こる確率は　$P(A)=\dfrac{n(A)}{N}$

② A，B が互いに排反であるとき　$P(A\cup B)=P(A)+P(B)$

③ A の余事象 $\overline{A}$ の起こる（A が起こらない）確率は　$P(\overline{A})=1-P(A)$

④ A が起こったときに B が起こる条件つき確率は

$$P_A(B)=P(B|A)=\frac{n(A\cap B)}{n(A)}=\frac{P(A\cap B)}{P(A)}$$

例題93　ジョーカーを除く52枚のトランプから1枚ずつ2枚のカードを取り出すとき，次の問いに答えよ．ただし，取り出したカードはもとにもどさないものとする．

(1) 1枚目に引いたカードがA（エース）である確率を求めよ．また，A（エース）以外のカードである確率を求めよ．

(2) 1枚目，2枚目ともにA（エース）である確率を求めよ．

(3) 2枚目に引いたカードがA（エース）である確率を求めよ．

(4) 1枚目に引いたカードは伏せたままにして，2枚目に引いたカードがA（エース）であったとき1枚目もA（エース）である確率を求めよ．　（三重大 改）

解　(1) **要項 64 ①, ③ を用いる.**

1 枚目に A（エース）を引く事象を A とすると

$$P(A) = \frac{n(A)}{N} = \frac{4}{52} = \frac{1}{13},\ P(\overline{A}) = 1 - \frac{1}{13} = \frac{12}{13}$$

(2) **要項 64 ④ を用いる.**

2 枚目に A（エース）を引く事象を B とすると

$$P(A \cap B) = P(A)P_A(B) = \frac{4}{52} \times \frac{3}{51} = \frac{1}{221}$$

別解　52 枚から 2 枚選ぶ選び方は ${}_{52}C_2$ 通りあり，その内 4 枚の A（エース）から 2 枚選ぶ選び方は ${}_4C_2$ 通りあるから　$\dfrac{{}_4C_2}{{}_{52}C_2} = \dfrac{1}{221}$

(3) **要項 64 ② を用いる.**

1 枚目に A（エース）を引く場合と，1 枚目に A（エース）以外のカードを引く場合の和をとればよいから

$$P(B) = \frac{4}{52} \times \frac{3}{51} + \frac{48}{52} \times \frac{4}{51} = \frac{1}{13}$$

(4) **要項 64 ④ を用いる.**

$$P_B(A) = \frac{P(A \cap B)}{P(B)} = \frac{\dfrac{1}{221}}{\dfrac{1}{13}} = \frac{1}{17}$$

別解　2 枚目の A（エース）をのぞいた 51 枚から A（エース）3 枚を選ぶことと同じだから　$\dfrac{3}{51} = \dfrac{1}{17}$

A▷ **273**　箱の中に 7 本の「はずれ」と 3 本の「当たり」が入っているくじがある．以下の設問に答えよ．なお，1 回につき，くじは 1 本引くものとする．また，特に断らない限り，続けてくじを引く場合，一度引いたくじは箱の中に戻すものとする．

(1) このくじを 1 回引いて，当たりが出る確率を求めよ．

(2) このくじを 3 回引いて，1 回も当たりが出ない確率を求めよ．

(3) このくじを 3 回引いて，1 回以上当たりが出る確率を求めよ．

(4) このくじを 3 回引いて，1 回だけ当たりが出る確率を求めよ．

(5) このくじを 3 回引いて，3 回連続で当たりが出る確率を求めよ．

(6) 一度引いたくじを箱の中に戻さないようにする．このとき，くじを3回引いて，3回連続で当たりが出る確率を求めよ．　（豊橋技科大）

A▷**274** 赤い玉がp（ただし，$0 < p < 1$）の割合で，青い玉がq（ただし，$0 < q < 1-p$）の割合で入っている箱がある．ここから玉を毎回一個取り出し，玉の色を確認した後すぐに玉を元の箱に戻すことにする．次の各問いに答えよ．

(1) 最初に赤い玉が取り出され，次に青い玉が取り出される確率を求めよ．

(2) $p = 0.2$，$q = 0.3$のときに，取り出した玉の色が順に『赤青青青赤青』となる確率を求めよ．

(3) 3回玉を取り出したとき，玉の色がすべて異なっており，しかも赤い玉と青い玉が含まれている確率を求めよ．　（和歌山大）

B▷**275** 4種類の数字0，1，2，3を用いて表される自然数を，小さい数から順番に1つずつ1枚のカードに書いて，［1］から［1210］まで用意する．これらの中から1枚のカードを取り出すとき，そのカードに書かれた数が3の倍数である確率を求めよ．　（新潟大）

B▷**276** n人がじゃんけんをする．各人ともそれぞれ独立に，グー，チョキ，パーを等しい確率で出すものとする．あいこ（勝敗がつかない場合）になる確率をp_nとする．下の問いに答えよ．

(1) p_2を求めよ．　(2) p_3を求めよ．　(3) p_nを求めよ．

（長岡技科大）

B▷**277** 袋の中に赤玉m個と白玉n個が入っている．この袋からでたらめに1個の玉を取り出す．取り出した玉は元に戻さない．この操作を繰り返し行ったとき，先に赤玉がなくなる確率を$P(m,\ n)$とする．次の問いに答えよ．

(1) $P(1,\ 2)$を求めよ．

(2) $P(2,\ 3)$ を求めよ．

(3) $P(m,\ n)$ を $m,\ n$ で表せ．　（長岡技科大）

B▷**278**　あるくじ引きにおいて，1回くじを引いて当たりの出る確率が $p=\dfrac{1}{3}$ である．A，B，Cの3人が，順番にくじを引く．一回一回のくじ引きの結果が独立であるものとして，以下の問いに答えよ．

(1) A → B → C の順でこのくじを1回ずつ引き，最初に当たりを出した人を勝ちとする．3人とも当たりを出さなかった場合は，勝者はいないものとする．Cが勝つ確率を求めよ．

(2) A → B → C → A → B → C → ⋯ の順で誰かが当たりを出すまでこのくじ引きを続けることとし，最初に当たりを出した人を勝ちとする．Cが勝つ確率を求めよ．　（福井大）

C▷**279**　1つの壺に白玉 a 個，黒玉 b 個が入っている．この壺から無作為に1個の玉を取り出す．この玉を壺に返し，その際に，取り出された玉と同じ色の玉を c 個壺に入れる．このような試行を繰り返す．n 番目に取り出した色が白である事象を A_n，黒である事象を B_n と記す．このとき

$$P(A_n)=\frac{a}{a+b},\ P(B_n)=\frac{b}{a+b}$$

が成り立つことを証明せよ．

C▷**280**　n を自然数，p を $0<p<1$ を満たす実数とする．また，点Xが地点Aか地点Bのどちらかにあるとする．Xに対し，次の規則に従って操作を行う．

規則　● XがAにあるときは，確率 p でXをAにとどめ，
　　確率 $1-p$ でXをBに移動させる．

　　● XがBにあるときは，必ずXをAに移動させる．

最初XがAにあるとする．n 回の操作の後にXがAにある確率を a_n で表す．

例えば $a_1 = p$ である．下の問いに答えよ．

(1) a_2 を求めよ．

(2) a_{n+1} を p と a_n を用いて表せ．

(3) 極限 $\lim_{n \to \infty} a_n$ を求めよ．　（長岡技科大）

C▷ **281** 図1のように，4つのマスが円状に並べられた双六を一人で行う．最初，駒は①に置かれている．1から6の目があるさいころを振り，1から4の目が出たとき右回りに一つ進み，5または6の目が出たとき左回りに一つ進む．1から6のさいころの目は等しい確率で出るものとする．n 回さいころを振ったときに駒が①のマスに居る確率を $a(n)$ とする．以下の問いに答えよ．

(1) $a(1)$，$a(2)$ を求めよ．

(2) $a(n)$ を求めよ．

図1：双六

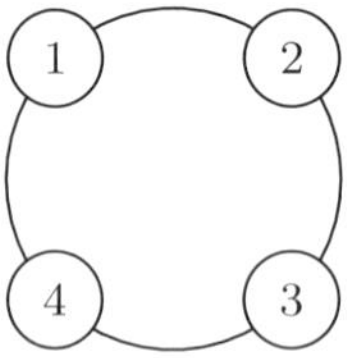

（名古屋大）

ベイズの定理

事象 A_1，A_2，$\cdots$，A_n は互いに排反で

$$A_1 \cup A_2 \cup \cdots \cup A_n = \Omega \text{ (全事象)}, \quad P(A_k) > 0 \quad (k = 1,\ 2,\ \cdots,\ n)$$

とする．このとき，$P(B) > 0$ である事象 B に対して

$$P_B(A_k) = \frac{P(A_k)P_{A_k}(B)}{P(B)} = \frac{P(A_k)P_{A_k}(B)}{\displaystyle\sum_{i=1}^{n} P(A_i)P_{A_i}(B)} \quad (k = 1,\ 2,\ \cdots,\ n)$$

が成り立つ．

$P_B(A_k)$ は**事後確率**と呼ばれ，$P(A_k|B)$ と表すこともある．同様に $P_{A_k}(B)$ を $P(B|A_k)$ と表すこともある．

例題94　ある会社は，A，B，C社から同じ製品を2：3：5の比率で購入している．A，B，C社の製品にはそれぞれ2.5%，1.5%，1.0%の割合で不良品が含まれていることがわかっている．このとき，次の (1), (2) に答えよ．

(1) 購入した製品の中から任意に取り出した製品 1 個が不良品である確率を求めよ．

(2) 購入した製品の中から任意に 1 個を取り出したところ，不良品であった．取り出した不良品が，① A 社の製品である確率，② B 社の製品である確率，③ C 社の製品である確率をそれぞれ求めよ．

（山梨大）

解　(1) それぞれの比率に不良品の割合をかけて和をとればよいから

$$\frac{2}{10}\times 0.025+\frac{3}{10}\times 0.015+\frac{5}{10}\times 0.01=0.0145$$

(2) **ベイズの定理（要項 65）を用いる．**

A 社 $\dfrac{\frac{2}{10}\times 0.025}{0.0145}=\dfrac{10}{29}$　　B 社 $\dfrac{\frac{3}{10}\times 0.015}{0.0145}=\dfrac{9}{29}$

C 社 $\dfrac{\frac{5}{10}\times 0.01}{0.0145}=\dfrac{10}{29}$

A▷ **282**　2 つの箱 A，B があって，箱 A には赤玉 1 個と白玉 5 個，箱 B には赤玉 5 個と白玉 1 個が入っている．このとき，以下の問いに答えよ．

(1) 任意に箱を選んで 1 個の玉を取り出したとき，その玉が赤玉である確率を求めよ．

(2) 任意に箱を選んで 1 個の玉を取り出し，元の箱に戻し，もう一度同じ箱から玉を取り出す．このとき，2 回連続して赤玉である確率を求めよ．

(3) 任意に箱を選んで 1 個の玉を取り出したら赤玉であった．その玉を元の箱に戻し，もう一度同じ箱から玉を取り出したとき，赤玉である確率を求めよ．

（山梨大）

B▷ **283**　n を自然数とする．箱 A には赤玉 1 個と白玉 2 個が入っている．箱 B には赤玉 2 個と白玉 1 個が入っている．まず箱 A と箱 B をでたらめに選ぶ．次に，選んだ箱から復元抽出で n 回繰り返し玉を取り出す．下の問いに答えよ．

(1) $n=1$ のとき，赤玉が取り出される確率を求めよ．

(2) n 回すべてで赤玉が取り出される確率 p_n を求めよ．

(3) n 回すべてで赤玉が取り出される条件の下で $n+1$ 回目も赤玉が取り出される条件つき確率 q_n を求めよ．（長岡技科大）

C▷ **284** プレーヤーの前には3つのドアがある．そのうちの1つには車（当たり）が隠されていて，他の2つのドアにはヤギ（はずれ）が隠されている．

- プレーヤーは3つの中から1つのドアを選択し待機する．
- ホストは答えを知っていて，残ったドア2つのドアからはずれのドアを開けて見せる．（プレーヤーが当たりを選んでいたら，2つのハズレのドアのうち1つを等確率で選択して開ける）
- プレーヤーは最初に選んだほうのドアを開ける（選択を変えない）か，ホストに開けられなかったドアを開ける（選択を変える）かを選ぶことができる．

プレーヤーが当たりを引くためには，どちらのドアを選ぶほうが確率が高いか答えよ．

要項 66　試行の結果得られる値 x が $x_1,\ x_2,\ \cdots,\ x_n$ のいずれかをとり，これらの値をとる事象の確率がそれぞれ $p_1,\ p_2,\ \cdots,\ p_n$ のとき

平均（期待値）　$\overline{x} = \displaystyle\sum_{i=1}^{n} x_i p_i$

分散　$v_x = \displaystyle\sum_{i=1}^{n} (x_i - \overline{x})^2 p_i,\quad v_x = \overline{x^2} - (\overline{x})^2$

例題95　1から6の目のサイコロがある．各目がでる確率を同じとする．次の問いに答えよ．

(1) 4個のサイコロを同時に振ったとき，目が互いに異なる確率を求めよ．

(2) 3個のサイコロを同時に振ったとき，サイコロの目の和が6である確率を求めよ．

(3) 2個のサイコロを同時に振ったとき，サイコロの目の和の期待値と分散を求めよ．

（山梨大）

解　(1)　**サイコロを「同時に振る」場合でも，サイコロを区別して順番に考える．**

4個のサイコロに1から4の番号をつけてその順で考えていく．

1番のサイコロの目はなんでもよい．2番のサイコロは1番のサイコロの目以外の目が出ればよいから $\dfrac{5}{6}$ となる．3番，4番に関しても同様に考えればよいから

$$\frac{5}{6} \times \frac{4}{6} \times \frac{3}{6} = \frac{5}{18}$$

(2)　3個のサイコロの目の和が6になる組み合わせは，(1, 1, 4)，(1, 2, 3)，(2, 2, 2) となる．それぞれの場合の数を求めて　$\dfrac{{}_3\mathrm{C}_1 + 3! + 1}{6^3} = \dfrac{5}{108}$

(3)　**計算ミス等を避けるため，サイコロの目の和の一覧表を作るとよい．**

目の和を x_i $(2 \leqq x_i \leqq 12)$，x_i となる確率を p_i $(i = 1, 2, \ldots, 11)$ とする．

$$\overline{x} = \sum_{i=1}^{11} x_i p_i = 2 \times \frac{1}{36} + 3 \times \frac{2}{36} + 4 \times \frac{3}{36} + \cdots + 12 \times \frac{1}{36} = 7$$

$$\overline{x^2} = \sum_{i=1}^{11} x_i^2 p_i = 2^2 \times \frac{1}{36} + 3^2 \times \frac{2}{36} + \cdots + 12^2 \times \frac{1}{36} = \frac{329}{6}$$

$$v_x = \overline{x^2} - \overline{x}^2 = \frac{329}{6} - 7^2 = \frac{35}{6}$$

C ▷ **285**　さいころを振って出た目の数だけマスを進む「すごろく」を考える．後戻りや，さいころの出た目の数をこえて進むことはないものとする．すごろくは振り出しの隣から，マスに 1, 2, $\cdots$ と番号付けがされており，その順にマスを進んでいく．

(1)　さいころを1回振ったときに進めるマスの数の期待値を求めよ．

(2)　振り出しから始めて，さいころを何回か振った後に，マス n に止まる確率を $n = 1, 2, 3, 4$ のそれぞれの場合において求めよ．

(3)　振り出しから始めて，さいころを何回か振った後に，マス n $(1 \leqq n \leqq 6)$ に止まる確率を ${}_p\mathrm{C}_q$ を用いて表し，その理由を説明せよ．ただし ${}_p\mathrm{C}_q$ は p 個の要素の中から q 個の要素を取り出す組合せ数を表す．　（筑波大）

C▷ **286** 正しく作られたサイコロを用いて，“3の倍数が出るまでサイコロを振り続ける”というゲームを行う．このとき以下の問題に答えよ．

(1) ちょうど n 回目に3の倍数が出る確率を P_n と表す．このとき，以下の極限値を求めよ．

$$\lim_{n \to \infty} \sum_{k=1}^{n} P_k$$

(2) 3の倍数が出たときに100円もらえるとすると，このゲームによる獲得金額の期待値を求めよ．

(3) 3の倍数が出たときにもらえる金額を，1回目なら100円，2回目なら $100(1+r)$ 円，3回目なら $100(1+r)^2$ 円というように，サイコロを振る回数が増えるに従って $(1+r)$ 倍する．ただし，$r>0$ とする．このとき，このゲームによる獲得金額の期待値が有限な値になるためには，正の値 r はある範囲内 $0<r<r_0$ にある必要がある．このような r_0 のうち，もっとも大きな値を求めよ．

（筑波大）

2　確率変数と確率分布

定義や性質をよく理解して確率を求めることができるようにしておく．主要な確率分布について，平均と分散を計算できるようにしておこう．

確率変数 X，Y のとるすべての値 x_i，y_j に対して

$$P(X=x_i,\ Y=y_j) = P(X=x_i)\cdot P(Y=y_j)$$

が成り立つとき確率変数 X，Y は互いに独立であるという．

確率変数 X のとる値が x_1，x_2，$\cdots$，x_n のとき

平均　$E[X] = \sum_{i=1}^{n} x_i P(X=x_i)$

分散　$V[X] = E[(X-\mu)^2] = E[X^2] - \left(E[X]\right)^2$　　$(\ \mu = E[X]\ )$

例題96 コインを3回投げたとき，表の出る回数を X，表と裏の出る回数の差の絶対値を Y とする．このとき，次の各問いに答えよ．

(1) X と Y が独立であるかどうかを理由とともに答えよ．

(2) $X+Y$ の確率分布表を求めよ．

(3) XY の平均と分散を求めよ． （和歌山大）

解 (1) $P(X=0)=\left(\frac{1}{2}\right)^3=\frac{1}{8}$

$Y=1$ となるのは，表2回裏1回か，表1回裏2回のときだから

$$P(Y=1)={}_3\mathrm{C}_1\left(\frac{1}{2}\right)^2\frac{1}{2}+{}_3\mathrm{C}_2\frac{1}{2}\left(\frac{1}{2}\right)^2=\frac{3}{8}+\frac{3}{8}=\frac{3}{4}$$

したがって　$P(X=0)\cdot P(Y=1)=\frac{3}{32}$

一方，$P(X=0,\ Y=1)=0$ だから，独立ではない．

(2) 起こり得る $(X,\ Y)$ の組は $(X,\ Y)=(0,\ 3),\ (1,\ 1),\ (2,\ 1),\ (3,\ 3)$

それぞれの確率は $P(0,\ 3)=\frac{1}{8}$，$P(1,\ 1)=\frac{3}{8}$，$P(2,\ 1)=\frac{3}{8}$，$P(3,\ 3)=\frac{1}{8}$

確率分布表は

z	2	3	6	計
$P(X+Y=z)$	$\frac{3}{8}$	$\frac{4}{8}$	$\frac{1}{8}$	1

(3) **(2) で求めた $(X,\ Y)$ の組とそれぞれの確率を利用する．**

$$E[XY]=0\times\frac{1}{8}+1\times\frac{3}{8}+2\times\frac{3}{8}+9\times\frac{1}{8}=\frac{9}{4}$$

$$E[(XY)^2]=0\times\frac{1}{8}+1\times\frac{3}{8}+2^2\times\frac{3}{8}+9^2\times\frac{1}{8}=12$$

$$V[XY]=E[(XY)^2]-(E[XY])^2=12-\left(\frac{9}{4}\right)^2=\frac{111}{16}$$

A▷ **287** 確率変数 X は1，2，3のいずれかの整数値をとる．また，X が整数 x をとる確率 $P(X=x)$ が，次式で与えられるものとする $(x=1,\ 2,\ 3)$．

$$P(X=x)=\frac{x}{6}$$

このとき，X の標準偏差を求めよ． （筑波大）

A▷ **288** ある製品の不良率を p とする．$p = 0.01$ である時，100個の製品の中の不良品が1個以内である確率を，2項分布を用いて求めよ．($0.99^{99} \approx 0.37$ とする．)

(筑波大)

B▷ **289** サイコロを2個投げて出た目の大きい方を X，小さい方を Y とする．ただし，同じ目が出たときは，$X = Y$ とする．このとき，以下の問いに答えよ．

(1) 確率 $P(X \geqq 5)$ 及び $P(Y \leqq 1)$ を求めよ．

(2) 条件つき確率 $P(Y \leqq 1 \mid X \geqq 5)$ を求めよ．

(3) X の期待値 $E[X]$ を計算せよ．

(4) $E[XY] - E[X]E[Y]$ を計算せよ． (筑波大)

B▷ **290** 1つのさいころを6の目が出るまで投げ続け，投げた回数を X とする．以下の問いに答えよ．

(1) 確率 $P(X = 1)$，$P(X = 2)$ を求めよ．

(2) 自然数 n に対して，確率 $P(X = n)$ を求めよ．

(3) X の期待値 $E(X)$ を求めよ． (長岡技科大)

C▷ **291** 確率 p $(0 < p < 1)$ で表，確率 $1 - p$ で裏がでるコインを n 回独立に投げる．以下の問いに答えよ．

(1) n 回のうち表が出た回数を表す確率変数を X とする．X の値が k ($k \in \{0,\ 1,\ \cdots,\ n\}$) となる確率 $P(X = k)$ を求めよ．

(2) X の期待値 $E[X]$ と分散 $V[X]$ について，$E[X] = np$，$V[X] = np(1 - p)$ が成り立つことを示せ．

(3) λ を正の定数として $p = \dfrac{\lambda}{n}$ とすると，以下が成り立つことを示せ．

$$\lim_{n \to \infty} P(X = k) = \frac{\lambda^k}{k!} e^{-\lambda}$$

ただし，任意の実数 a について，$\displaystyle\lim_{n \to \infty} \left(1 + \frac{a}{n}\right)^n = e^a$ を用いてよい．

(九州大 改)

C▷ **292** 確率 p で成功し，確率 $1-p$ で失敗する独立な実験を n 回繰り返す．X_i は i 回目の実験が成功したときに $X_i=1$，失敗したときに $X_i=0$ となる確率変数とする．このとき，以下の問いに答えよ．

(1) 「確率変数 X_1, X_2, $\cdots$, X_n が独立である」ことの定義を述べよ．

(2) 確率変数 Y が確率 p_1, p_2, $\cdots$, p_n で値 y_1, y_2, $\cdots$, y_n をとるとき，その期待値を μ，分散を σ^2 とする．このとき任意の正の実数 λ に対して，「$|Y-\mu|>\lambda\sigma$ となる」確率 $P(|Y-\mu|>\lambda\sigma)$ は以下の不等式を満たすことを，分散 σ^2 の定義を変形することにより示せ．

$$P(|Y-\mu|>\lambda\sigma) \leqq \frac{1}{\lambda^2}$$

(3) (2) で得られた不等式を用いて，成功確率が 0.5 の独立な試行を n 回行った時，「成功割合が 40% 以上で，かつ 60% 以下となる」確率が 0.99 以上となるような n の下限（すなわち最低限必要な実験回数）を示せ．　（筑波大）

C▷ **293** X を非負値離散型確率変数とする．$a>0$ に対して，以下の問いに答えよ．

(1) 確率変数 I を次のよう定義する．

$$I=\begin{cases} 1 & (X \geqq a) \\ 0 & (0 \leqq X < a) \end{cases}$$

$Pr(A)$ を事象 A が真である確率を表すことにすると，I の期待値 $E(I)$ と「$X \geqq a$ となる」確率 $Pr(X \geqq a)$ は以下の等式 (i) を満たすことを示せ．

$$E(I)=Pr(X \geqq a) \qquad \text{(i)}$$

(2) 等式 (i) を用いて，$E(X)$ と $Pr(X \geqq a)$ は以下の不等式 (ii) を満たすことを示せ．

$$Pr(X \geqq a) \leqq \frac{E(X)}{a} \qquad \text{(ii)}$$

（筑波大）

確率密度関数 $f(x)$ を持つ連続型の確率変数 X について

確率　$P(a \leqq X \leqq b) = \int_a^b f(x)\,dx$

平均　$E[X] = \int_{-\infty}^{\infty} xf(x)\,dx$

分散　$V[X] = \int_{-\infty}^{\infty} (x-\mu)^2 f(x)\,dx = E[X^2] - \left(E[X]\right)^2 \quad (\ \mu = E[X]\ )$

例題97　連続的な確率変数 X の確率密度関数 $f(x)$ が次の式で与えられたとする．

$$f(x) = \begin{cases} ax(6-x) & (0 \leqq x \leqq 6) \\ 0 & (x < 0,\ x > 6) \end{cases}$$

(1) 定数 a の値を求めよ．

(2) 確率変数 X の期待値 $E(X)$ と分散値 $V(X)$ をそれぞれ求めよ．　（山梨大）

解　(1)　**確率密度関数 $f(x)$ に対して $\int_{-\infty}^{\infty} f(x)\,dx = 1$ が成り立つことを用いる．**

$$\int_0^6 ax(6-x)\,dx = \left[3ax^2 - \frac{1}{3}ax^3\right]_0^6 = 36a = 1 \text{ より}\quad a = \frac{1}{36}$$

(2) $E(X) = \int_0^6 x \cdot \frac{1}{36}x(6-x)\,dx = \frac{1}{36}\left[2x^3 - \frac{1}{4}x^4\right]_0^6 = 3$

$$E(X^2) = \int_0^6 x^2 \cdot \frac{1}{36}x(6-x)\,dx = \frac{1}{36}\left[\frac{3}{2}x^4 - \frac{1}{5}x^5\right]_0^6 = \frac{54}{5}$$

$$\therefore\quad V(X) = E(X^2) - E(X)^2 = \frac{9}{5}$$

B ▷ **294**　連続確率変数 X は，ある値 x を取り，かつ，確率密度関数 $f_X(x)$ をもつ確率分布に従う．このとき，以下の問いに答えよ．

$$f_X(x) = \begin{cases} \frac{1}{2}\sin x & (0 \leqq x \leqq \pi) \\ 0 & (x < 0,\ \pi < x) \end{cases}$$

(1) X の平均値と分散を求めよ．

(2) 連続確率変数 Y は，ある値 y を取る．$Y = \sqrt{X}$ と定義するとき，Y の確率密度関数 $f_Y(y)$ を求めよ．　（大阪大）

C▷ **295** 確率変数 X は確率密度関数

$$p(x) = C_k x^{k-1} e^{-x} \quad (x \geqq 0)$$

を持つとする．ただし，k は自然数で，C_k は $\displaystyle\int_0^\infty p(x)\,dx = 1$ で定まる正の数とする．

(1) 正の数 C_k，および $E[e^{-tX}]$ $(t \geqq 0)$ を求めよ．

(2) 確率変数列 $X_1, X_2, \cdots, X_n$ は互いに独立に同一の分布に従うとし，その確率密度関数を $p(x)$ とする．このとき

$$q_n(t) = E[e^{-t(X_1+X_2+\cdots+X_n)}] \quad (t \geqq 0)$$

を求めよ．

(3) 極限値 $\displaystyle\lim_{n\to\infty} q_n\left(\frac{1}{n}\right)$ を求めよ． （大阪大）

B▷ **296** ある店の単位時間あたりの来客数 X は，平均 λ のポアソン分布に従う．すなわち，t 時間あたりの来客数 X_t は

$$P(X_t = k) = e^{-\lambda t}\frac{(\lambda t)^k}{k!} \quad (k = 0,\ 1,\ 2, \cdots)$$

に従う．このとき，以下の各問いに答えよ．

(1) 来客の発生間隔 T の確率密度関数 $f(t) = \lambda e^{-\lambda t}$ $(t > 0)$ を導出せよ．

(2) 1 時間平均 1.5 人の来客があるとき，2 時間以上来客が無い確率を求めよ．

(3) 開店時間 t_0 から s 時間来客が無いとき，時刻 $t_0 + s$ から初めて客が来るまでの時間 H の確率密度関数を導出せよ．

付表

$e^1 = 2.718$	$e^2 = 7.389$	$e^3 = 20.09$	$e^4 = 54.60$	$e^5 = 148.4$

（筑波大）

B▷ **297** ある行列に並んでいる人の待ち時間 t は確率密度関数

$$f(t) = \begin{cases} 0 & (t < 0) \\ \lambda e^{-\lambda t} & (t \geqq 0) \end{cases}$$

に従うものとする．ただし，λ は正の実数である．以下の問いに答えよ．

(1) 待ち時間が t 以下である確率 $F(t)$ を求めよ．

(2) 待ち時間の平均 μ と分散 σ^2 を求めよ．

(3) 十分な数の観測の結果，待ち時間の平均が T であったとする．待ち始めてから時間 τ だけ経過したとき，残りの平均待ち時間を求めよ．（東京大）

同時確率密度関数 $f(x,\ y)$ を持つ連続型2次元確率変数 $(X,\ Y)$ について

確率　$P(a \leqq X \leqq b,\ c \leqq Y \leqq d) = \iint_D f(x,\ y)\,dxdy$

$D = \{(x,\ y) \mid a \leqq x \leqq b,\ c \leqq y \leqq d\}$

X の周辺確率密度関数　$f_X(x) = \int_{-\infty}^{\infty} f(x,\ y)\,dy$

Y の周辺確率密度関数　$f_Y(y) = \int_{-\infty}^{\infty} f(x,\ y)\,dx$

$\varphi(X,\ Y)$ の平均　$E[\varphi(X,\ Y)] = \int_{-\infty}^{\infty}\int_{-\infty}^{\infty} \varphi(x,\ y)f(x,\ y)\,dxdy$

例題98　2つの確率変数 X と Y $(-1 < X < 1,\ -1 < Y < 1)$ の同時確率密度関数 $f_{X,Y}(x,\ y)$ が下記のように表されるとき，以下の問いに答えよ．

$$f_{X,Y}(x,\ y) = \frac{2+x+y}{8} \quad (-1 < x < 1,\ -1 < y < 1)$$

(1) 確率変数 X と Y のそれぞれの期待値 $E(X)$，$E(Y)$ を求めよ．

(2) 確率変数 $Z = X - Y$ の期待値 $E(Z)$ を求めよ．

(3) $P(0 \leqq X \leqq 1,\ 0 \leqq Y \leqq 1)$ を求めよ．（福井大 改）

解　**要項 70 を用いる．**

(1) $E(X) = \int_{-\infty}^{\infty}\int_{-\infty}^{\infty} xf_{X,Y}(x,\ y)\,dxdy = \int_{-1}^{1}\int_{-1}^{1} x \cdot \frac{2+x+y}{8}\,dxdy$

$$= \int_{-1}^{1}\left\{\int_{-1}^{1} \frac{2x+x^2+xy}{8}\,dy\right\}dx = \int_{-1}^{1} \frac{2x+x^2}{4}\,dx = \frac{1}{6}$$

$E(Y) = \int_{-\infty}^{\infty}\int_{-\infty}^{\infty} yf_{X,Y}(x,\ y)\,dxdy = \int_{-1}^{1}\int_{-1}^{1} y \cdot \frac{2+x+y}{8}\,dxdy$

$$= \int_{-1}^{1}\left\{\int_{-1}^{1} \frac{2y+xy+y^2}{8}\,dy\right\}dx = \int_{-1}^{1} \frac{1}{12}\,dx = \frac{1}{6}$$

(2) **平均の性質 $E(a_1X_1 + a_2X_2) = a_1E(X_1) + a_2E(X_2)$ を用いる．**

$E(Z) = E(X) - E(Y) = \frac{1}{6} - \frac{1}{6} = 0$

(3) $P(0 \leqq X \leqq 1,\ 0 \leqq Y \leqq 1) = \int_0^1 \int_0^1 \frac{2+x+y}{8}\, dxdy$

$$= \frac{1}{8}\int_0^1 \left[2y + xy + \frac{1}{2}y^2\right]_0^1 dx = \frac{1}{8}\int_0^1 \left(x + \frac{5}{2}\right) dx = \frac{3}{8}$$

B▷ **298** 同時確率密度関数

$$f(x,\ y) = \begin{cases} 6(x-y) & (0 \leqq y < x \leqq 1) \\ 0 & (\text{それ以外}) \end{cases}$$

をもつ連続な確率変数 $X,\ Y$ を考える.

(1) $X,\ Y$ の周辺確率密度関数をそれぞれ求めよ.

(2) $X,\ Y$ の期待値 $E(X),\ E(Y)$ をそれぞれ求めよ.

(3) $X,\ Y$ の分散 $V(X),\ V(Y)$ をそれぞれ求めよ. (筑波大)

3 仮説検定

検定目的に基づいた正しい分布が選択できるようにしよう. また, 正規分布は非常に重要な分布であり, よく出題されるからしっかりと準備しておこう.

編入学試験時には, 必要となる分布表などは配布されるが, 普段使っているものとは形式が少し違うかもしれない. 同じタイプの問題をいくつも解くときのように, あまり考えずに表にある数値を使うのではなく, 普段から, 表に書いてあることをよく見て, 何についての表なのかを意識して使うようにしておくとよい.

A▷ **299** 以下の問いに答えよ.

(1) 製品 A の重量は, 平均が 60.0(g), 標準偏差は 8.0(g) の正規分布に従うと考えられている. ある工場の製品 A を 100 個無作為抽出して調べたところ, 標本平均は 62.0(g) であった. この工場の製品 A の平均重量は, 製品 A の平均重量と同じであるといえるか. 有意水準 5% で検定せよ.

(2) 重量が正規分布に従うと考えられる製品 B の集団から, 9 個を無作為抽出してその重量を測定したところ, 抽出した 9 個の標本平均は 67.9(g), 偏差平方和は 72.0(g^2) であった. 製品 B の平均重量が 66.0(g) であるという仮説を有意水準 5% で検定せよ. (筑波大)

A ▷ **300**　A 大学と B 大学において，1 年生の数学の学力に差があるかどうかを調べるために，A 大学から 9 人，B 大学から 7 人をそれぞれ無作為に選んで，実力テストを行ったところ，次のような結果を得た．

A 大学	72	73	84	65	75	92	81	74	59
B 大学	45	48	89	50	44	57	87		

A 大学，B 大学のテストの点数はそれぞれ正規分布 $N(\mu_A,\ \sigma_A^2)$，$N(\mu_B,\ \sigma_B^2)$ に従うと仮定する．以下の問いに答えよ．

(1) テストの点数のばらつきは A 大学，B 大学 で等しいと見なしてよいか．有意水準 5% で等分散検定せよ．

(2) A 大学と B 大学で数学の学力に差があると言えるか．有意水準 5% で検定せよ．

（筑波大）

B ▷ **301**　ある会社のペットボトル飲料水の容量表示が 500mL と印字されている．しかしながら，工場での注入の際に製品ごとに変動が生じる．含量は，平均 $\mu = 505.0$mL，標準偏差 $\sigma = 2.0$mL の正規分布に従うことが分かっている．以下の問いに答えよ．ただし，必要に応じて付表 1 を利用せよ．

(1) 含量が表示である 500mL を下回る製品の割合を求めよ．

(2) 500mL を下回る製品の割合を 0.3% 以下にするためには注入機械の精度である標準偏差 σ をどれくらいにする必要があるか答えよ．

付表 1　正規分布 $N(0,\ 1)$ の上側確率 $(z \to Q(z))$

z	0.50	0.75	1.00	1.25	1.50	1.75
$Q(z)$	0.3875	0.2266	0.1587	0.1057	0.0668	0.0401
z	2.00	2.25	2.50	2.75	3.00	
$Q(z)$	0.0228	0.0122	0.0062	0.0030	0.0013	

（お茶の水女子大）

C▷ **302** 定員11名のエレベータがある．このエレベータは，総重量が制限荷重の748kgを超えるとブザーが鳴って動かなくなる．平均 μ，分散 σ^2 の正規分布を $N(\mu,\ \sigma^2)$ という記号で表すと，男性の体重 (kg) は $N(65,\ 99)$，女性の体重は $N(55,\ 88)$ に従うという．このとき，以下の問いに答えよ．ただし，乗り合わせる人の体重は互いに独立とする．

(1) エレベータに男性 n_1 人，女性 n_2 人乗るとすると，計 (n_1+n_2) 人の体重の合計 X が従う分布を記号で表せ．

(2) 男性11人が乗ったときにブザーが鳴る確率 $P(X>748)$ を求めよ．

(3) 男女計12人が乗っても，そのときにブザーが鳴る確率が $\dfrac{1}{2}$ 未満になるような女性の人数 n_2 の最小値を求めよ．

注) Z が標準正規分布 $N(0,\ 1)$ に従うとき，Z がある範囲にある確率は以下の通りである．

$P(0\leqq Z\leqq 0.5)=0.1915$，$P(0\leqq Z\leqq 1)=0.3413$

$P(0\leqq Z\leqq 1.5)=0.4332$，$P(0\leqq Z\leqq 2)=0.4772$

$P(0\leqq Z\leqq 2.5)=0.4938$，$P(0\leqq Z\leqq 3)=0.4987$　（筑波大）

6章 模擬試験

§1 模擬試験

1 模擬試験第1回

303 次の定積分 (1), (2) を求めよ．

(1) $\displaystyle\int_0^{\frac{\pi}{3}} \sin(x)\sin(3x)\,dx$

(2) $\displaystyle\int_{-1}^{4} \sqrt{|x|}\,dx$ （秋田大）

304 2変数関数 $f(x,\ y) = x^2y + xy^2 + 2x^2 - xy - 4y^2 - 6x - 12y$ について次の問いに答えよ．

(1) $\dfrac{\partial f}{\partial x}(x,\ y) = \dfrac{\partial f}{\partial y}(x,\ y) = 0$ を満たす点 $(x,\ y)$ をすべて求めよ．

(2) $z = f(x,\ y)$ の極値を求めよ． （東京農工大）

305 2重積分 $\displaystyle\iint_D x^2\,dxdy$ を求めよ．
ただし，$D = \left\{(x, y) \,\middle|\, x^2 + y^2 \leqq 2x\right\}$ とする． （信州大）

306 行列 $A = \begin{pmatrix} 1 & -1 & -2 \\ 2 & 4 & 2 \\ 1 & 1 & 4 \end{pmatrix}$ に対して，以下の問いに答えよ．

(1) 行列 A の固有値と固有ベクトルを求めよ．

(2) 行列 A は対角化可能かどうか調べ，その理由を示せ．

(3) 行列 A のべき乗 A^n を求めよ． （熊本大）

2　模擬試験第２回

307 (1) 次の y を実数 x について微分せよ．ただし，$-\dfrac{\pi}{2} < x < \dfrac{\pi}{2}$ である．

$y = \log(\cos x)$

(2) 次の y を実数 x について微分せよ．　$y = \tan^{-1} x$

(3) 次の極限を求めよ．　$\displaystyle\lim_{x \to 0} \frac{\tan^{-1} x}{x}$　（佐賀大）

308 次の積分の値を求めよ．

$$\iint_D \frac{1}{(y+3)^2}\, dxdy \qquad D : |2x - y| \leqq 1,\ 0 \leqq x \leqq 7$$

（電気通信大）

309 以下の微分方程式の一般解とそれぞれの初期条件を満たす特殊解を求めよ．ただし，e は自然対数の底をあらわす．

(1) $y\dfrac{dy}{dx} - x = 2$　（初期条件　$x = 0,\ y = 3$）

(2) $\dfrac{dy}{dx} - \dfrac{y}{x} = \log_e x \quad (x > 0)$　（初期条件　$x = e,\ y = e$）　（三重大）

310 行列 $A = \begin{pmatrix} a & a & a \\ a & a^2 & a^3 \\ a & a^3 & a^5 \end{pmatrix}$ について，以下の問いに答えよ．ただし a は定数とする．

(1) 行列式 $|A|$ を因数分解せよ．

(2) 行列 A の階数を求めよ．　（名古屋工業大）

3　模擬試験第3回

311 次の定積分を計算せよ.

(1) $\displaystyle\int_0^1 \frac{dx}{e^x+1}$　　(2) $\displaystyle\int_1^e \frac{\log x}{x^2}\,dx$　　（福井大）

312 領域 $D=\left\{(x,y)\ \middle|\ (x-2)^2+(y+2)^2 \leqq 18\right\}$ 上で与えられた関数 $f(x,\ y)=xy(x-4)(y+4)$ について，以下の各問いに答えよ.

(1) D の内部において $f(x,\ y)$ が極値をとる点の候補をすべて探し，それらの点における $f(x,\ y)$ の値を求めよ.

(2) D の境界 $\left\{(x,\ y)\ \middle|\ (x-2)^2+(y+2)^2=18\right\}$ 上における $f(x,\ y)$ の条件付極値をとる点の候補を，ラグランジュの未定乗数法によりすべて探し，それらの点における $f(x,\ y)$ の値を求めよ.

(3) $f(x,\ y)$ の最大値・最小値を求めよ.　　（筑波大）

313 微分方程式 $y''+4y'+5y=g(x)$ について，以下の問いに答えよ.

(1) $g(x)=0$ のときの一般解を求めよ.

(2) $g(x)=2e^{-x}$ のときの一般解を求めよ.

(3) (2) のときの「$y(0)=0,\ y'(0)=0$」を満たす特殊解を求めよ.　　（岩手大）

314 行列 $A=\begin{pmatrix} 0 & 1 \\ -2 & 3 \end{pmatrix}$ について，以下の問いに答えよ.

(1) A^2 を求めよ.

(2) A の固有値と固有ベクトルをすべて求めよ.

(3) A^{10} を A の対角化を利用して求めよ.

(4) $a_1=0,\ a_2=1,\ a_{n+2}=3a_{n+1}-2a_n$ で定まる数列 $\{a_n\}$ の一般項を A^n を利用して求めよ.　　（高知大）

解　答

1章 微分積分 I

§1 微分

1 極限

1 (1) **要項 1 ①, ③を使う.**

$$与式 = \lim_{x\to\infty} \frac{\left(\sqrt{2x^2+x+1}-\sqrt{2}x\right)\left(\sqrt{2x^2+x+1}+\sqrt{2}x\right)}{\sqrt{2x^2+x+1}+\sqrt{2}x}$$

$$= \lim_{x\to\infty} \frac{2x^2+x+1-2x^2}{\sqrt{2x^2+x+1}+\sqrt{2}x} = \lim_{x\to\infty} \frac{1+\frac{1}{x}}{\sqrt{2+\frac{1}{x}+\frac{1}{x^2}}+\sqrt{2}} = \frac{\sqrt{2}}{4}$$

⇧③

(2) **要項 1 ①, ③を使う. $\lim_{x\to\infty}\log x = \infty$ を用いる.**

$$与式 = \lim_{x\to\infty} \frac{2\sqrt{\log x}}{\sqrt{\log x+\sqrt{\log x}}+\sqrt{\log x-\sqrt{\log x}}}$$

$$= \lim_{x\to\infty} \frac{2}{\sqrt{1+\frac{1}{\sqrt{\log x}}}+\sqrt{1-\frac{1}{\sqrt{\log x}}}} = 1$$

分母分子に $\frac{1}{\sqrt{\log x}}$ を掛ける

(3) **要項 1 ② $\lim_{\theta\to 0}\frac{\sin\theta}{\theta} = 1$ を使う.**

$$与式 = \lim_{x\to 0} \sin 3x \cdot \frac{\cos x}{\sin x} = \lim_{x\to 0} \frac{\sin 3x}{3x} \cdot \frac{x}{\sin x} \cdot 3 \cdot \cos x = 1\cdot 1\cdot 3\cdot 1 = 3$$

別解 $\frac{0}{0}$ 型の不定形である. ロピタルの定理を用いる.

$$与式 = \lim_{x\to 0} \frac{3\cos 3x}{\frac{1}{\cos^2 x}} = \lim_{x\to 0} 3\cos 3x\cos^2 x = 3$$

(4) **要項 1 ②を使う.**

$$与式 = \left(\lim_{x\to 1} \frac{(x-1)(x+2)}{(x-1)(x+3)} \cdot \lim_{x\to 1} \frac{\sin 2(x-1)}{2(x-1)} \cdot 2\right)^3$$

$$= \left(\lim_{x\to 1} \frac{x+2}{x+3} \cdot \lim_{x\to 1} \frac{\sin 2(x-1)}{2(x-1)} \cdot 2\right)^3 = \left(\frac{3}{4}\cdot 1\cdot 2\right)^3 = \frac{27}{8}$$

(5) **要項 1 ④を使う．$\frac{0}{0}$ 型の不定形である．**

$$与式 = \lim_{x\to 0}\frac{\dfrac{2}{\sqrt{1-x^2}}-\dfrac{2}{\sqrt{1-4x^2}}}{3x^2} \overset{\text{⇩H}}{=} \lim_{x\to 0}\frac{\dfrac{2x}{\sqrt{(1-x^2)^3}}-\dfrac{8x}{\sqrt{(1-4x^2)^3}}}{6x}$$

$$= \lim_{x\to 0}\frac{\dfrac{2}{\sqrt{(1-x^2)^3}}-\dfrac{8}{\sqrt{(1-4x^2)^3}}}{6} = \frac{2-8}{6} = -1$$

H はロピタルの定理

(6) **要項 1 ④を使う．$\infty\times 0$ 型の不定形は $\frac{0}{0}$ 型に変形する．**

$$与式 = \lim_{x\to\infty}\frac{\dfrac{\pi}{2}-\tan^{-1}(2x)}{\dfrac{1}{x}} \overset{\text{⇩H}}{=} \lim_{x\to\infty}\frac{-\dfrac{2}{1+4x^2}}{-\dfrac{1}{x^2}} = \lim_{x\to\infty}\frac{2x^2}{1+4x^2}$$

$$= \lim_{x\to\infty}\frac{2}{\dfrac{1}{x^2}+4} = \frac{1}{2}$$

⇧③

(7) **要項 1 ④を使う．$0\times(-\infty)$ 型の不定形も $\frac{\infty}{\infty}$ 型に変形する．**

$$与式 = \lim_{x\to+0}\frac{\log(\sin x)}{\dfrac{1}{x}} \overset{\text{⇩H}}{=} \lim_{x\to+0}\frac{\dfrac{\cos x}{\sin x}}{-\dfrac{1}{x^2}} = \lim_{x\to+0}\frac{x}{\sin x}\cdot(-x)\cdot\cos x = 1\cdot 0\cdot 1 = 0$$

⇧②

(8) **要項 1 ② を使う．$x\to\infty$ のとき $\frac{1}{x}=t$ とおくと $t\to+0$**

$\dfrac{1}{x}=t$ とおくと，$x\to\infty$ のとき $t\to+0$ だから

$$与式 = \lim_{t\to+0}\frac{1-\cos t}{t^2} \overset{\text{⇧H}}{=} \lim_{t\to+0}\frac{\sin t}{2t} = \frac{1}{2}\lim_{t\to+0}\frac{\sin t}{t} = \frac{1}{2}$$

(9) 3 次の項までマクローリン展開すると

$$\log(1+x) = x-\frac{1}{2}x^2+\frac{1}{3}x^3-\cdots,\quad x\cos x = x-\frac{1}{2}x^3+\cdots$$

$$\lim_{x\to 0+0}\left(\frac{1}{\log(1+x)}-\frac{1}{x\cos x}\right) = \lim_{x\to 0+0}\frac{\left(x-\frac{1}{2}x^3+\cdots\right)-\left(x-\frac{1}{2}x^2+\frac{1}{3}x^3-\cdots\right)}{\left(x-\frac{1}{2}x^2+\frac{1}{3}x^3-\cdots\right)\left(x-\frac{1}{2}x^3+\cdots\right)}$$

$$= \lim_{x\to 0+0}\frac{\frac{1}{2}x^2-\frac{5}{6}x^3+\cdots}{x^2-\frac{1}{2}x^3-\frac{1}{6}x^4+\cdots}$$

$$= \lim_{x\to 0+0}\frac{\frac{1}{2}-\frac{5}{6}x+\cdots}{1-\frac{1}{2}x-\frac{1}{6}x^2+\cdots} = \frac{1}{2}$$

〈注〉 ロピタルの定理を用いて極限を求めることもできる.

別解 $\lim_{x\to0+0}\left(\dfrac{1}{\log(1+x)}-\dfrac{1}{x\cos x}\right)=\lim_{x\to0+0}\left(\dfrac{x\cos x-\log(1+x)}{x^2}\cdot\dfrac{x}{\log(1+x)}\cdot\dfrac{1}{\cos x}\right)$

$$\lim_{x\to0+0}\frac{x\cos x-\log(1+x)}{x^2}=\lim_{x\to0+0}\left(\frac{\cos x-1}{x}+\frac{x-\log(1+x)}{x^2}\right)=\frac{1}{2}$$

$$\lim_{x\to0+0}\frac{x}{\log(1+x)}=1,\ \lim_{x\to0+0}\frac{1}{\cos x}=1\quad\therefore\ \lim_{x\to0+0}\left(\frac{1}{\log(1+x)}-\frac{1}{x\cos x}\right)=\frac{1}{2}$$

2 **要項2を使う.**

(1) $\lim_{x\to\infty}\log\left(1+\dfrac{1}{2x}\right)^x=\lim_{x\to\infty}x\log\left(1+\dfrac{1}{2x}\right)=\lim_{x\to\infty}\dfrac{\log\left(1+\dfrac{1}{2x}\right)}{\dfrac{1}{x}}$

⇩H

$$=\lim_{x\to\infty}\frac{\dfrac{-\dfrac{1}{2x^2}}{1+\dfrac{1}{2x}}}{-\dfrac{1}{x^2}}=\lim_{x\to\infty}\frac{\dfrac{1}{2}}{1+\dfrac{1}{2x}}=\frac{1}{2}$$

よって　$\lim_{x\to\infty}\left(1+\dfrac{1}{2x}\right)^x=e^{\frac{1}{2}}=\sqrt{e}$

別解　**ネピアの数の定義 $\lim_{x\to\infty}\left(1+\dfrac{1}{x}\right)^x=e$ を用いる.**

$$与式=\lim_{x\to\infty}\left(1+\frac{1}{2x}\right)^x=\lim_{x\to\infty}\left\{\left(1+\frac{1}{2x}\right)^{2x}\right\}^{\frac{1}{2}}=e^{\frac{1}{2}}=\sqrt{e}$$

(2) 0の近くで $\dfrac{\sin x}{x}>0$ であり，対数をとって極限値を求める.　**0の近くで $\dfrac{\sin x}{x}\fallingdotseq1$**

$$\lim_{x\to0}\log\left(\frac{\sin x}{x}\right)^{\frac{1}{1-\cos x}}=\lim_{x\to0}\log\left|\frac{\sin x}{x}\right|^{\frac{1}{1-\cos x}}=\lim_{x\to0}\frac{\log\left|\dfrac{\sin x}{x}\right|}{1-\cos x}$$　**$\dfrac{0}{0}$ 型**

$$=\lim_{x\to0}\frac{(\log|\sin x|-\log|x|)'}{(1-\cos x)'}=\lim_{x\to0}\frac{\dfrac{\cos x}{\sin x}-\dfrac{1}{x}}{\sin x}$$

$$=\lim_{x\to0}\frac{x\cos x-\sin x}{x\sin^2x}=\lim_{x\to0}\left\{\frac{x\cos x-\sin x}{x^3}\cdot\left(\frac{x}{\sin x}\right)^2\right\}$$

$$=\lim_{x\to0}\frac{x\cos x-\sin x}{x^3}=\lim_{x\to0}\frac{-x\sin x}{3x^2}$$

$$=-\frac{1}{3}\lim_{x\to0}\frac{\sin x}{x}=-\frac{1}{3}$$

よって　$\lim_{x\to0}\left(\dfrac{\sin x}{x}\right)^{\frac{1}{1-\cos x}}=e^{-\frac{1}{3}}=\dfrac{1}{\sqrt[3]{e}}$

(3) $\lim_{x\to+0}\log x^{\tan x}=\lim_{x\to+0}\tan x\log x=\lim_{x\to+0}\dfrac{\log x}{\dfrac{1}{\tan x}}$

$$= \lim_{x \to +0} \frac{\dfrac{1}{x}}{-\dfrac{1}{\tan^2 x} \cdot \dfrac{1}{\cos^2 x}}$$

$\{(\tan x)^{-1}\}'$
$= -(\tan x)^{-2}(\tan x)'$

$$= -\lim_{x \to +0} \frac{\sin^2 x}{x} = -\lim_{x \to +0} \sin x \cdot \frac{\sin x}{x} = -0 \cdot 1 = 0$$

よって　$\lim_{x \to +0} x^{\tan x} = e^0 = 1$

3　$\dfrac{0}{0}$ **型の部分の極限を考える.**

与式 $= \lim_{x \to 0} \dfrac{1}{1 + \cos x} \cdot \dfrac{\sin^{-1} x}{\log(1 + x)}$

$\lim_{x \to 0} \dfrac{1}{1 + \cos x} = \dfrac{1}{2}$ だから, $\lim_{x \to 0} \dfrac{\sin^{-1} x}{\log(1 + x)}$ が収束するかどうかを調べればよい.

$$\lim_{x \to 0} \frac{\sin^{-1} x}{\log(1 + x)} \overset{\Downarrow \mathbf{H}}{=} \lim_{x \to 0} \frac{\dfrac{1}{\sqrt{1 - x^2}}}{\dfrac{1}{1 + x}} = \lim_{x \to 0} \frac{1 + x}{\sqrt{1 - x^2}} = 1$$

したがって, 極限 $\lim_{x \to 0} \dfrac{\sin^{-1} x}{(1 + \cos x) \log(1 + x)}$ は存在し, 極限値は $\dfrac{1}{2}$ である.

ポイント 1　**はさみうちの原理**　c の近くで $f(x) \leqq g(x) \leqq h(x)$ のとき

$\lim_{x \to c} f(x) = \lim_{x \to c} h(x) = \alpha$ ならば $\lim_{x \to c} g(x) = \alpha$

4　(1)　$\lim_{x \to c+0} f(x) = \lim_{x \to c-0} f(x) = \alpha$ **ならば** $\lim_{x \to c} f(x) = \alpha$ **である.**

$\lim_{x \to 0} \dfrac{e^{\frac{1}{x}} - 1}{e^{\frac{1}{x}} + 1}$ について, $\dfrac{1}{x} = t$ とおくと

$x \to +0$ のとき $t \to \infty$, $x \to -0$ のとき $t \to -\infty$

$\lim_{t \to \infty} \dfrac{e^t - 1}{e^t + 1} = \lim_{t \to \infty} \dfrac{1 - \dfrac{1}{e^t}}{1 + \dfrac{1}{e^t}} = 1$ より

$$\lim_{x \to +0} x \left(\frac{e^{\frac{1}{x}} - 1}{e^{\frac{1}{x}} + 1} \right) = \lim_{x \to +0} x \times \lim_{t \to \infty} \frac{e^t - 1}{e^t + 1} = 0 \times 1 = 0$$

$\lim_{t \to -\infty} \dfrac{e^t - 1}{e^t + 1} = -1$ より

$$\lim_{x \to -0} x \left(\frac{e^{\frac{1}{x}} - 1}{e^{\frac{1}{x}} + 1} \right) = \lim_{x \to -0} x \times \lim_{t \to -\infty} \frac{e^t - 1}{e^t + 1} = 0 \times (-1) = 0$$

$$\therefore \quad \lim_{x \to +0} x \left(\frac{e^{\frac{1}{x}} - 1}{e^{\frac{1}{x}} + 1} \right) = \lim_{x \to -0} x \left(\frac{e^{\frac{1}{x}} - 1}{e^{\frac{1}{x}} + 1} \right) = 0$$

よって $\lim_{x\to 0} x\left(\dfrac{e^{\frac{1}{x}}-1}{e^{\frac{1}{x}}+1}\right)=0$

(2) **$\dfrac{\infty}{\infty}$ 型だが，分子の微分 $1+\sin x$ は $x\to\infty$ のとき振動するから，ロピタルの定理は使えない．はさみうちの原理（ポイント1）を使う．**

$-1\leqq\cos x\leqq 1$ より，$x>0$ のとき

$$-\frac{1}{x}\leqq\frac{\cos x}{x}\leqq\frac{1}{x}$$

$\lim_{x\to\infty}\left(-\dfrac{1}{x}\right)=\lim_{x\to\infty}\dfrac{1}{x}=0$ だから，はさみうちの原理より $\lim_{x\to\infty}\dfrac{\cos x}{x}=0$

$$\therefore\ \lim_{x\to\infty}\frac{x-\cos x}{x}=\lim_{x\to\infty}\left(1-\frac{\cos x}{x}\right)=1$$

〈注〉 $f(x)\to 0$ となる場合，$g(x)$ の値が有限な範囲で収まっているならば $f(x)g(x)\to 0$ となる．したがって，$\lim_{x\to\infty}\dfrac{\cos x}{x}=\lim_{x\to\infty}\dfrac{1}{x}\cdot\cos x=0$ といえる．しかし，入試問題の解答では，はさみうちの原理を使ってきちんと示した方がよい．

2 微分の計算

5 (1) **合成関数の微分を使う．**

$$y'=4\left(x+\frac{1}{x}\right)^3\left(x+\frac{1}{x}\right)'=4\left(x+\frac{1}{x}\right)^3\left(1-\frac{1}{x^2}\right)$$

(2) $y=(1+e^x)^{\frac{1}{2}}$ より $y'=\dfrac{1}{2}(1+e^x)^{-\frac{1}{2}}\cdot(1+e^x)'=\dfrac{e^x}{2\sqrt{1+e^x}}$

(3) **3つの関数の合成である．**

$y=\{\cos(x^2+1)\}^3$ より

$$y'=3\{\cos(x^2+1)\}^2\cdot\{-\sin(x^2+1)\}\cdot 2x=-6x\cos^2(x^2+1)\sin(x^2+1)$$

(4) **積の微分と合成関数の微分を使う．**

$$y'=(x^2)'\sin\frac{1}{x}+x^2\left(\sin\frac{1}{x}\right)' \qquad (fg)'=f'g+fg'$$

$$=2x\sin\frac{1}{x}+x^2\left(\cos\frac{1}{x}\right)\cdot\left(\frac{1}{x}\right)'=2x\sin\frac{1}{x}+x^2\left(\cos\frac{1}{x}\right)\cdot\left(-\frac{1}{x^2}\right)$$

$$=2x\sin\frac{1}{x}-\cos\frac{1}{x}$$

(5) **商の微分と合成関数の微分を使う．**

$$y'=\frac{e^{-x}(e^x+e^{-x})-(-e^{-x})(e^x-e^{-x})}{(e^x+e^{-x})^2}=\frac{1+e^{-2x}+1-e^{-2x}}{(e^x+e^{-x})^2}=\frac{2}{(e^x+e^{-x})^2}$$

(6) $y'=\dfrac{(2x)'\log 6x-2x(\log 6x)'}{(\log 6x)^2}=\dfrac{2\log 6x-2x\cdot\dfrac{6}{6x}}{(\log 6x)^2}=\dfrac{2(\log 6x-1)}{(\log 6x)^2}$

(7) **対数の性質を利用する．定義域は $\dfrac{2x}{1+\sin x} > 0$ より $x > 0$, $\sin x \neq -1$ である．**

$y = \log(2x) - \log(1+\sin x)$ より　**絶対値はつけなくてよい**

$$y' = \frac{(2x)'}{2x} - \frac{(1+\sin x)'}{1+\sin x} = \frac{1}{x} - \frac{\cos x}{1+\sin x} = \frac{1+\sin x - x\cos x}{x(1+\sin x)}$$

(8) $y = 2\log\left|\sin\left(3x+e^{-x^2}\right)\right|$ より　**絶対値をつける**

$$y' = 2\cdot\frac{\left(\sin\left(3x+e^{-x^2}\right)\right)'}{\sin\left(3x+e^{-x^2}\right)} = 2\cdot\frac{\cos\left(3x+e^{-x^2}\right)\cdot\left(3x+e^{-x^2}\right)'}{\sin\left(3x+e^{-x^2}\right)}$$

$$= 2\cdot\frac{\cos\left(3x+e^{-x^2}\right)\left(3-2xe^{-x^2}\right)}{\sin\left(3x+e^{-x^2}\right)} = \frac{2\left(3-2xe^{-x^2}\right)\cos\left(3x+e^{-x^2}\right)}{\sin\left(3x+e^{-x^2}\right)}$$

(9) $y' = -\sin(x\sin 2x)\cdot(x\sin 2x)' = -\sin(x\sin 2x)\cdot(\sin 2x + 2x\cos 2x)$

$$= -(\sin 2x + 2x\cos 2x)\sin(x\sin 2x)$$

(10) $y' = \dfrac{1}{\sqrt{1-(x^2-1)^2}}\cdot(x^2-1)'$　**$(\sin^{-1}x)' = \dfrac{1}{\sqrt{1-x^2}}$**

$$= \frac{2x}{\sqrt{x^2(2-x^2)}} = \frac{2}{\sqrt{2-x^2}}$$　(∵ $x>0$ より $\sqrt{x^2}=x$)

6　**対数微分法で求める．値域が正のときは，絶対値をつけなくてよい．**

(1) $\log|y| = \log\left|\dfrac{(x+1)^2}{(x+2)^3(x+3)^4}\right| = \log|x+1|^2 - \log|x+2|^3 - \log|x+3|^4$

$$= 2\log|x+1| - 3\log|x+2| - 4\log|x+3|$$

両辺を x について微分すると　$\dfrac{y'}{y} = \dfrac{2}{x+1} - \dfrac{3}{x+2} - \dfrac{4}{x+3}$

$$\therefore\quad y' = y\left(\frac{2}{x+1} - \frac{3}{x+2} - \frac{4}{x+3}\right)$$

$$= \frac{(x+1)^2}{(x+2)^3(x+3)^4}\times\frac{-5x^2-14x-5}{(x+1)(x+2)(x+3)}$$

$$= -\frac{(x+1)(5x^2+14x+5)}{(x+2)^4(x+3)^5}$$

(2) $\log y = \log 2^{\cos x} = (\cos x)\log 2 = \log 2\cos x$

両辺を x について微分すると　$\dfrac{y'}{y} = -\log 2\sin x$

よって　$y' = y(-\log 2\sin x) = -(\log 2)\,2^{\cos x}\sin x$

〈注〉 公式 $(a^x)' = a^x\log a$ を使うと

$$y' = (2^{\cos x})' = 2^{\cos x}\log 2\cdot(\cos x)' = -(\log 2)\,2^{\cos x}\sin x$$

公式 $(a^x)' = a^x\log a$ は対数微分法で導くことができる．

(3) $\log y = \log x^{2x} = 2x\log x$

両辺を x について微分すると　$\dfrac{y'}{y} = 2\log x + 2x \cdot \dfrac{1}{x} = 2\log x + 2$

よって　$y' = y(2\log x + 2) = 2x^{2x}(\log x + 1)$

7　(1) $y = \dfrac{1}{ax+1} = (ax+1)^{-1}$

$y' = (-1)(ax+1)^{-2}(ax+1)' = (-1)a(ax+1)^{-2}$

$y'' = (-2)(-1)a(ax+1)^{-3}(ax+1)' = (-2)(-1)a^2(ax+1)^{-3}$

$y''' = (-3)(-2)(-1)a^2(ax+1)^{-4}(ax+1)' = (-3)(-2)(-1)a^3(ax+1)^{-4}$

よって　$y^{(n)} = (-1)^n n! a^n (ax+1)^{-n-1} = \dfrac{(-1)^n n! a^n}{(ax+1)^{n+1}}$

(2) $f(x) = x^2$, $g(x) = e^x$ とおく．

$f'(x) = 2x$, $f''(x) = 2$, $f'''(x) = 0$ より　$f^{(k)}(x) = 0$　$(k \geqq 3)$

$g^{(n)}(x) = e^x$ だから，ライプニッツの公式より

$$\frac{d^n}{dx^n}(x^2e^x) = {}_n\mathrm{C}_0 x^2 (e^x)^{(n)} + {}_n\mathrm{C}_1 (x^2)'(e^x)^{(n-1)} + {}_n\mathrm{C}_2 (x^2)''(e^x)^{(n-2)} + 0 + \cdots + 0$$

$$= x^2e^x + 2nxe^x + \frac{n(n-1)}{2} \cdot 2e^x = \left(x^2 + 2nx + n(n-1)\right)e^x$$

8　**定義に従って求め，公式を使った計算で確認する．**

(1) $$f'(x) = \lim_{h\to 0}\frac{f(x+h)-f(x)}{h} = \lim_{h\to 0}\frac{(x+h)^2 + (x+h) - 6 - (x^2+x-6)}{h}$$

$$= \lim_{h\to 0}\frac{x^2 + 2hx + h^2 + x + h - 6 - x^2 - x + 6}{h}$$

$$= \lim_{h\to 0}\frac{2hx + h^2 + h}{h} = \lim_{h\to 0}(2x + h + 1) = 2x + 1$$

(2) $$f'(x) = \lim_{h\to 0}\frac{f(x+h)-f(x)}{h} = \lim_{h\to 0}\frac{\dfrac{1}{(x+h)^2 + (x+h)} - \dfrac{1}{x^2+x}}{h}$$

$$= \lim_{h\to 0}\frac{(x^2+x) - \left\{(x+h)^2 + (x+h)\right\}}{h\left\{(x+h)^2 + (x+h)\right\}(x^2+x)}$$

$$= \lim_{h\to 0}\frac{h(-2x-h-1)}{h\left\{(x+h)^2 + (x+h)\right\}(x^2+x)}$$

$$= \lim_{h\to 0}\frac{-2x-h-1}{\left\{(x+h)^2 + (x+h)\right\}(x^2+x)} = -\frac{2x+1}{(x^2+x)^2}$$

ポイント 2　**媒介変数表示による関数の導関数**

$$y' = \frac{dy}{dx} = \frac{\dfrac{dy}{dt}}{\dfrac{dx}{dt}}$$　この公式を $y' = \dfrac{dy}{dx}$ に適用すると　$$y'' = \frac{dy'}{dx} = \frac{\dfrac{dy'}{dt}}{\dfrac{dx}{dt}}$$

---

9 **ポイント2を用いる．**

$$\frac{dx}{dt}=3a\cos^2 t\,(\cos t)'=-3a\cos^2 t\,\sin t,\quad \frac{dy}{dt}=3a\sin^2 t\,(\sin t)'=3a\sin^2 t\,\cos t$$

$$\frac{dy}{dx}=\frac{\dfrac{dy}{dt}}{\dfrac{dx}{dt}}=\frac{3a\sin^2 t\,\cos t}{-3a\cos^2 t\,\sin t}=-\frac{\sin t}{\cos t}=-\tan t$$

$$\frac{d^2y}{dx^2}=\frac{\dfrac{d}{dt}\left(\dfrac{dy}{dx}\right)}{\dfrac{dx}{dt}}=\frac{\dfrac{d}{dt}(-\tan t)}{\dfrac{dx}{dt}}=\frac{-\dfrac{1}{\cos^2 t}}{-3a\cos^2 t\,\sin t}=\frac{1}{3a\cos^4 t\,\sin t}$$

10 **$\displaystyle\lim_{x\to 0} f(x)=f(0)$ を示す．極限は $\dfrac{0}{0}$ 型の不定形だからロピタルの定理を用いる．**

$$\lim_{x\to 0} f(x)=\lim_{x\to 0}\left(\frac{-\log(1-x)}{x}\right)=\lim_{x\to 0}\frac{-\dfrac{(1-x)'}{1-x}}{1}=\lim_{x\to 0}\frac{1}{1-x}=1$$

$\displaystyle\lim_{x\to 0} f(x)=1=f(0)$ が成り立つから，$f(x)$ は $x=0$ で連続である．

11 **$x\to -0$ と $x\to +0$ に分けて考え，微分係数 $f'(0)$ が存在するかどうかを調べる．**

$$\lim_{x\to -0}\frac{f(x)-f(0)}{x-0}=\lim_{x\to -0}\frac{-ax-x\tan^{-1}\dfrac{1}{x}}{x}=\lim_{x\to -0}\left(-a-\tan^{-1}\frac{1}{x}\right)$$

$$=-a-\left(-\frac{\pi}{2}\right)=-a+\frac{\pi}{2}$$

$\displaystyle\lim_{t\to -\infty}\tan^{-1}t=-\frac{\pi}{2}$

$$\lim_{x\to +0}\frac{f(x)-f(0)}{x-0}=\lim_{x\to +0}\frac{ax-x\tan^{-1}\dfrac{1}{x}}{x}=\lim_{x\to +0}\left(a-\tan^{-1}\frac{1}{x}\right)$$

$$=a-\frac{\pi}{2}$$

$\displaystyle\lim_{t\to \infty}\tan^{-1}t=\frac{\pi}{2}$

$-a+\dfrac{\pi}{2}=a-\dfrac{\pi}{2}$ となるのは，$a=\dfrac{\pi}{2}$ のときだけである．

$$\begin{cases} a\neq\dfrac{\pi}{2}\text{ のとき，}f(x)\text{ は }x=0\text{ で微分可能でない．}\\ a=\dfrac{\pi}{2}\text{ のとき，}f(x)\text{ は }x=0\text{ で微分可能である．}\end{cases}$$

12 (1) $0\leqq\left|\sin\dfrac{1}{x}\right|\leqq 1$ より　$0\leqq\left|x^4\sin\dfrac{1}{x}\right|\leqq x^4$

$\displaystyle\lim_{x\to 0}x^4=0$ だから，はさみうちの原理より $\displaystyle\lim_{x\to 0}x^4\sin\frac{1}{x}=0$

192ページのポイント1

$\displaystyle\lim_{x\to 0}f(x)=\lim_{x\to 0}x^4\sin\frac{1}{x}=0=f(0)$ だから，f は $x=0$ で連続である．

(2) **$x=0$ のときだけ違うから，$x=0$ における微分は定義に従って考える．**
$x\neq 0$ のときの微分は公式を利用して微分すればよい．

(i) 1 回微分について

$$f'(0)=\lim_{x\to o}\frac{f(x)-f(0)}{x-0}=\lim_{x\to o}\frac{x^4\sin\dfrac{1}{x}-0}{x-0}=\lim_{x\to 0}x^3\sin\frac{1}{x}$$

$0\leqq\left|x^3\sin\dfrac{1}{x}\right|\leqq|x^3|$ だから，はさみうちの原理より　$\displaystyle\lim_{x\to 0}x^3\sin\frac{1}{x}=0$

よって，f は $x=0$ で 1 回微分可能であり，$f'(0)=0$ である．

(ii) 2 回微分について　$x\neq 0$ のとき

$$f'(x)=4x^3\sin\frac{1}{x}+x^4\cos\frac{1}{x}\cdot\left(-\frac{1}{x^2}\right)=4x^3\sin\frac{1}{x}-x^2\cos\frac{1}{x}$$

$$f''(0)=\lim_{x\to 0}\frac{f'(x)-f'(0)}{x-0}=\lim_{x\to 0}\left(4x^2\sin\frac{1}{x}-x\cos\frac{1}{x}\right)$$

上と同様に，はさみうちの原理より　$\displaystyle\lim_{x\to 0}x^2\sin\frac{1}{x}=0,\ \lim_{x\to 0}x\cos\frac{1}{x}=0$

よって，f は $x=0$ で 2 回微分可能であり，$f''(0)=0$ である．

(iii) 3 回微分について　$x\neq 0$ のとき

$$f''(x)=12x^2\sin\frac{1}{x}+4x^3\cos\frac{1}{x}\cdot\frac{-1}{x^2}-2x\cos\frac{1}{x}-x^2\left(-\sin\frac{1}{x}\right)\cdot\frac{-1}{x^2}$$
$$=12x^2\sin\frac{1}{x}-6x\cos\frac{1}{x}-\sin\frac{1}{x}$$

$\displaystyle\lim_{x\to 0}\sin\frac{1}{x}$ は振動するから，$\displaystyle\lim_{x\to 0}f''(x)$ は存在しない．

よって，$f''(x)$ は $x=0$ で連続でないから，3 回微分できない．

(i)，(ii)，(iii) より，f は $x=0$ で 2 回微分可能である．

〈注〉「$f(x)$ は $x=a$ で微分可能 $\Longrightarrow$ $f(x)$ は $x=a$ で連続」の対偶

「$f(x)$ は $x=a$ で連続でない $\Longrightarrow$ $f(x)$ は $x=a$ で微分可能でない」を用いた．

| 3 | 微分の応用

13 **$x=t$ の点における接線の方程式を求め，条件に合う t が存在しないことを示す．**

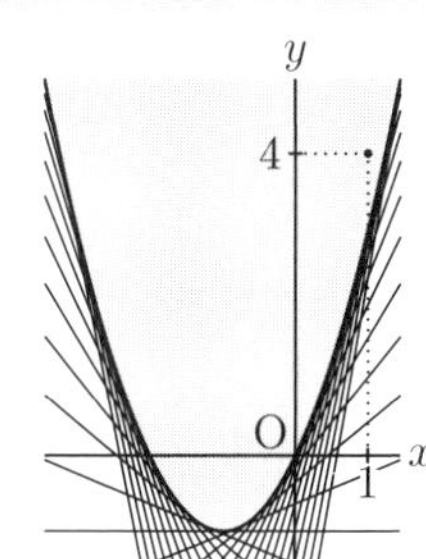

$y'=2x+2$ より，$y=x^2+2x$ 上の点 $(t,\ t^2+2t)$ における

接線の方程式は　$y-(t^2+2t)=(2t+2)(x-t)$

点 $(1,\ 4)$ を通るとすると　$4-t^2-2t=(2t+2)(1-t)$

すなわち　$t^2-2t+2=0$

判別式を D とすると　$D=4-4\cdot 1\cdot 2=-4<0$

よって，この方程式は実数解をもたない．

したがって，点 $(1,\ 4)$ を通る関数 $y = x^2 + 2x$ の接線は存在しない．

14 **$y = f(x)$ が $x = a$ で変曲点をもつならば，$f''(a) = 0$ となる．**
$x = a$ で接線の傾きが 0 のときは，$f'(a) = 0$ となる．

変曲点が $(2,\ 16)$，$(0,\ 0)$ より $f''(2) = f''(0) = 0$　また，$f''(x)$ は 2 次式だから

$$f''(x) = ax(x-2)\quad (a \text{ は定数})$$

とおける．これを積分して

$$f'(x) = \frac{a}{3}x^3 - ax^2 + C_1\quad (C_1 \text{ は積分定数})$$

$x = 2$ における接線が x 軸に平行であることから　$f'(2) = 0$

$$f'(2) = \frac{8}{3}a - 4a + C_1 = 0 \text{ より}\quad C_1 = \frac{4}{3}a$$

$f'(x) = \dfrac{a}{3}x^3 - ax^2 + \dfrac{4}{3}a$ を積分して

$$f(x) = \frac{a}{12}x^4 - \frac{a}{3}x^3 + \frac{4}{3}ax + C_2\quad (C_2 \text{ は積分定数})$$

$y = f(x)$ は 2 点 $(0,\ 0)$，$(2,\ 16)$ を通るから

$$f(0) = C_2 = 0,\ f(2) = \frac{4}{3}a - \frac{8}{3}a + \frac{8}{3}a + C_2 = 16\quad \therefore\ C_2 = 0,\ a = 12$$

よって　$f(x) = x^4 - 4x^3 + 16x$

15 (1) $f(x) = (x+3)(-x^2-2x+3)^{\frac{1}{2}}$ より

$$f'(x) = (-x^2-2x+3)^{\frac{1}{2}} + (x+3)\cdot\frac{1}{2}(-x^2-2x+3)^{-\frac{1}{2}}\cdot(-x^2-2x+3)'$$

$$= (-x^2-2x+3)^{\frac{1}{2}} - (x+3)(x+1)(-x^2-2x+3)^{-\frac{1}{2}}$$

$$= \frac{-x^2-2x+3-(x^2+4x+3)}{\sqrt{-x^2-2x+3}} = \frac{-2x(x+3)}{\sqrt{(x+3)(1-x)}} = \frac{-2x\sqrt{x+3}}{\sqrt{1-x}}$$

(2) $f'(x) = 0$ を解くと，(1) より　$x = 0,\ -3$

増減表は右のようになる．

$f(x)$ の最大値は　$3\sqrt{3}$ $(x = 0$ のとき$)$

x	-3	$\cdots$	0	$\cdots$	1
y'	0	$+$	0	$-$	／
y	0	↗	$3\sqrt{3}$	↘	0

(3) $\displaystyle\lim_{x\to-3+0} f'(x) = \lim_{x\to-3+0}\frac{-2x\sqrt{x+3}}{\sqrt{1-x}} = 0,\ \lim_{x\to1-0} f'(x) = \lim_{x\to1-0}\frac{-2x\sqrt{x+3}}{\sqrt{1-x}} = -\infty$

16 (1) $f'(x) = \left\{2(x+1)^{\frac{1}{2}} - x^{\frac{1}{2}}\right\}' = \dfrac{1}{\sqrt{x+1}} - \dfrac{1}{2\sqrt{x}} = \dfrac{2\sqrt{x}-\sqrt{x+1}}{2\sqrt{x(x+1)}}$　$(x > 0)$

$f'(x) = 0$ を解くと，$2\sqrt{x} = \sqrt{x+1}$ より　$4x = x+1$　$\therefore\ x = \dfrac{1}{3}$

不等式 $2\sqrt{x} > \sqrt{x+1}$ を解くと，$x > \dfrac{1}{3}$ となるから

$0 < x < \dfrac{1}{3}$ のとき　$f'(x) < 0$

$\dfrac{1}{3} < x$ のとき　$f'(x) > 0$

よって，増減表は右のようになる．

$x = \dfrac{1}{3}$ のとき　極小値 $\sqrt{3}$

x	0	$\cdots$	$\frac{1}{3}$	$\cdots$
$f'(x)$	／	$-$	0	$+$
$f(x)$	2	↘	$\sqrt{3}$	↗

(2) $\displaystyle\lim_{x\to\infty} f(x) = \lim_{x\to\infty}\sqrt{x+1}\left(2-\sqrt{\frac{x}{x+1}}\right) = \lim_{x\to\infty}\sqrt{x+1}\left(2-\sqrt{\frac{1}{1+\frac{1}{x}}}\right) = \infty$

別解　$\displaystyle\lim_{x\to\infty} f(x) = \lim_{x\to\infty}\frac{(2\sqrt{x+1}-\sqrt{x})(2\sqrt{x+1}+\sqrt{x})}{2\sqrt{x+1}+\sqrt{x}} = \lim_{x\to\infty}\frac{4(x+1)-x}{2\sqrt{x+1}+\sqrt{x}}$

1ページ 要項1①

$\displaystyle = \lim_{x\to\infty}\frac{3x+4}{2\sqrt{x+1}+\sqrt{x}} = \lim_{x\to\infty}\frac{3\sqrt{x}+\frac{4}{\sqrt{x}}}{2\sqrt{1+\frac{1}{x}}+1} = \infty$

(3) (1) の増減表より，$f(x) \geqq \sqrt{3}$ だから　$0 < \dfrac{1}{f(x)} \leqq \dfrac{1}{\sqrt{3}}$

(2) より　$\displaystyle\lim_{x\to\infty}\frac{1}{f(x)} = 0$　　**$\displaystyle\lim_{x\to\infty} f(x) = \infty$ も用いる**

よって，$\dfrac{1}{f(x)}$ は，$0 < \dfrac{1}{f(x)} \leqq \dfrac{1}{\sqrt{3}}$ の範囲のすべての値をとる．

$y = \mathrm{Tan}^{-1}x$ は単調増加な関数だから

$$\mathrm{Tan}^{-1}(0) < \mathrm{Tan}^{-1}\left(\frac{1}{f(x)}\right) \leqq \mathrm{Tan}^{-1}\left(\frac{1}{\sqrt{3}}\right) \quad \therefore\ 0 < y \leqq \frac{\pi}{6}$$

17　(1) $f'(x) = \dfrac{1}{\sqrt{1-x^2}} + 2\cdot\dfrac{1}{2}(1-x^2)^{-\frac{1}{2}}\cdot(-2x) = \dfrac{1-2x}{\sqrt{1-x^2}}$

$f'(x) = 0$ を解くと　$x = \dfrac{1}{2}$

増減表より

$x = \dfrac{1}{2}$ のとき　最大値 $\dfrac{\pi}{6} + \sqrt{3}$

$x = -1$ のとき　最小値 $-\dfrac{\pi}{2}$

x	-1	$\cdots$	$\frac{1}{2}$	$\cdots$	1
y'	／	$+$	0	$-$	／
y	$-\frac{\pi}{2}$	↗	$\frac{\pi}{6}+\sqrt{3}$	↘	$\frac{\pi}{2}$

(2) **$\dfrac{d}{dx}f(x) = f'(x)$ の導関数は $\dfrac{d^2}{dx^2}f(x) = f''(x)$ だから，$f''(x)$ の符号を調べる．**

$$f''(x) = \frac{-2\sqrt{1-x^2}-(1-2x)\cdot\frac{-x}{\sqrt{1-x^2}}}{(\sqrt{1-x^2})^2} = \frac{x-2}{\sqrt{(1-x^2)^3}}$$

$\sqrt{(1-x^2)^3} > 0$ であり，$-1 < x < 1$ より $x-2 < 0$ だから　$f''(x) < 0$

よって，$y = \dfrac{d}{dx}f(x)$ は単調減少である．

(3) $f'''(x) = \dfrac{\sqrt{(1-x^2)^3} - (x-2)\cdot\dfrac{3}{2}\sqrt{1-x^2}\cdot(-2x)}{\sqrt{(1-x^2)^6}}$

$= \dfrac{2x^2-6x+1}{\sqrt{(1-x^2)^5}}$

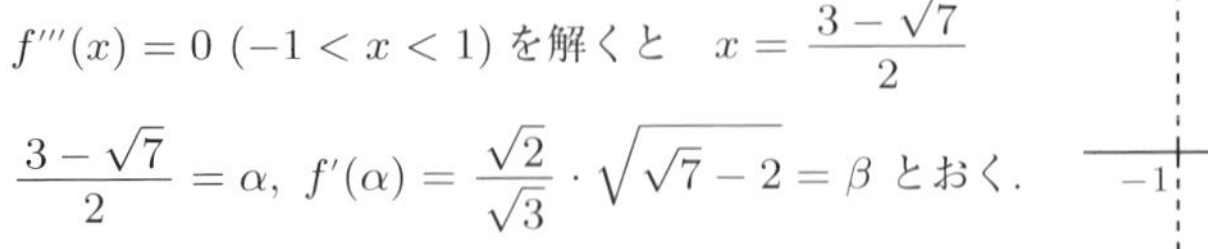

$f'''(x)=0\ (-1<x<1)$ を解くと　$x=\dfrac{3-\sqrt{7}}{2}$

$\dfrac{3-\sqrt{7}}{2}=\alpha,\ f'(\alpha)=\dfrac{\sqrt{2}}{\sqrt{3}}\cdot\sqrt{\sqrt{7}-2}=\beta$ とおく．

増減表　$(\alpha \fallingdotseq 0.177,\ \beta \fallingdotseq 0.656)$

x	-1	$\cdots$	α	$\cdots$	1
$f''(x)$	／	$-$	$-$	$-$	／
$f'''(x)$	／	$+$	0	$-$	／
$f'(x)$	／	↘	β	↘	／

$\displaystyle\lim_{x\to-1+0} f'(x)=\infty,\quad \lim_{x\to 1-0} f'(x)=-\infty$

18　三角関数の相互関係を使い整理してまとめる．$\sqrt{a^2}=|a|$ に注意して計算する．

$\overline{\mathrm{AC}}=\sqrt{(2\cos2\theta+2)^2+(2\sin2\theta)^2}=\sqrt{4\cos^2 2\theta+8\cos2\theta+4+4\sin^2 2\theta}$

$=\sqrt{8(1+\cos2\theta)}=\sqrt{16\cos^2\theta}=4|\cos\theta|$　　**$1+\cos2\alpha=2\cos^2\alpha$**

$\overline{\mathrm{BC}}=\sqrt{(2\cos2\theta-2\cos\theta)^2+(2\sin2\theta-2\sin\theta)^2}$

$=\sqrt{4\cos^2 2\theta-8\cos2\theta\cos\theta+4\cos^2\theta+4\sin^2 2\theta-8\sin2\theta\sin\theta+4\sin^2\theta}$

$=\sqrt{8-8(\cos2\theta\cos\theta+\sin2\theta\sin\theta)}=\sqrt{8-8\cos(2\theta-\theta)}$　　**加法定理**

$=\sqrt{8(1-\cos\theta)}=\sqrt{16\sin^2\dfrac{\theta}{2}}=\left|4\sin\dfrac{\theta}{2}\right|$　　**$1-\cos2\alpha=2\sin^2\alpha$**

$0^\circ\leqq\theta\leqq90^\circ$ より　$\overline{\mathrm{AC}}+\overline{\mathrm{BC}}=4\cos\theta+4\sin\dfrac{\theta}{2}$

$t=\sin\dfrac{\theta}{2}$ とおくと　$\cos\theta=1-2\sin^2\dfrac{\theta}{2}=1-2t^2$　$\therefore\ \overline{\mathrm{AC}}+\overline{\mathrm{BC}}=4-8t^2+4t$

$f(t)=-8t^2+4t+4$ とおくと，

$0^\circ\leqq\theta\leqq90^\circ$ より　$0\leqq t\leqq\dfrac{\sqrt{2}}{2}$

$f'(t)=-16t+4=-16\left(t-\dfrac{1}{4}\right)$

t	0	$\cdots$	$\frac{1}{4}$	$\cdots$	$\frac{\sqrt{2}}{2}$
$f'(t)$		$+$	0	$-$	
$f(t)$	4	↗	$\frac{9}{2}$	↘	$2\sqrt{2}$

増減表より，求める最大値は　$\dfrac{9}{2}$　$\left(\text{そのときの } \theta \text{ は，} \sin\dfrac{\theta}{2}=\dfrac{1}{4} \text{ となる角}\right)$

〈注〉　$f(t)=-8\left(t-\dfrac{1}{4}\right)^2+\dfrac{9}{2}$ と変形して，最大値を求めてもよい．

19　$f(x)=x-\sin x,\ g(x)=\sin x-\dfrac{2x}{\pi}$ の増減を調べる.

(i) $x \geqq \sin x$ を証明する．$f(x)=x-\sin x$ とおくと　$f'(x)=1-\cos x \geqq 0$

$f'(x)=0$ を解くと，$\cos x=1$ より　$x=0$

増減表より，$0 \leqq x \leqq \dfrac{\pi}{2}$ のとき　$f(x) \geqq 0$

よって　$x \geqq \sin x$

x	0	$\cdots$	$\dfrac{\pi}{2}$
$f'(x)$	0	$+$	
$f(x)$	0	↗	$\dfrac{\pi}{2}-1$

(ii) $\sin x \geqq \dfrac{2x}{\pi}$ を証明する．$g(x)=\sin x-\dfrac{2x}{\pi}$ とおくと　$g'(x)=\cos x-\dfrac{2}{\pi}$

$0<\dfrac{2}{\pi}<1$ より，$\cos\alpha=\dfrac{2}{\pi}\left(0<\alpha<\dfrac{\pi}{2}\right)$ を満たす α が存在する.

増減表より，$0 \leqq x \leqq \dfrac{\pi}{2}$ のとき $g(x) \geqq 0$

よって　$\sin x \geqq \dfrac{2x}{\pi}$

x	0	$\cdots$	α	$\cdots$	$\dfrac{\pi}{2}$
$g'(x)$		$+$	0	$-$	
$g(x)$	0	↗	$g(\alpha)$	↘	0

(i), (ii) より　$\dfrac{2x}{\pi} \leqq \sin x \leqq x\left(0 \leqq x \leqq \dfrac{\pi}{2}\right)$

〈注〉 右のグラフのようになっている.

○ $y=x$：曲線 $y=\sin x$ の $x=0$ における接線

○ $y=\dfrac{2x}{\pi}$：原点と点 $\left(\dfrac{\pi}{2},\ 1\right)$ を通る直線

○ $0<x<\dfrac{\pi}{2}$ で $y=\sin x$ は上に凸

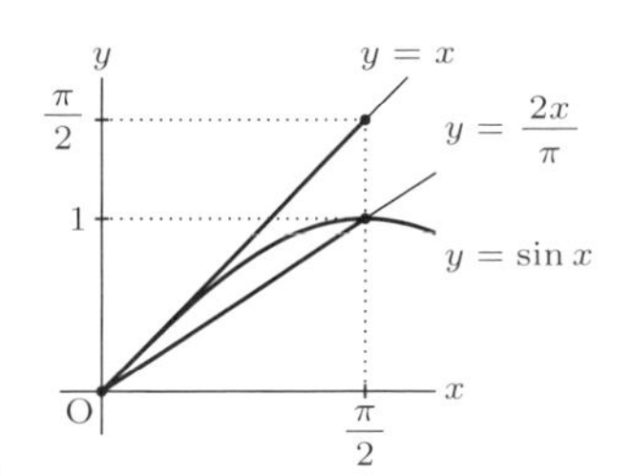

20　(1) $f(1)=\dfrac{1}{p}+\dfrac{1}{q}-1=0,\ f'(x)=x^{p-1}-1$

(2) $f'(x)=0$ を解くと，$x^{p-1}=1$ より　$x=1$

$p>1$ より，$p-1>0$ だから，増減表は右のようになる.

増減表より，$x>0$ のとき　$f(x) \geqq 0$

x	0	$\cdots$	1	$\cdots$
$f'(x)$	／	$-$	0	$+$
$f(x)$	／	↘	0	↗

よって，すべての実数 $x>0$ に対して，$x \leqq \dfrac{1}{p}x^p+\dfrac{1}{q}$ が成り立つ.

(3) **$\alpha\beta \leqq \dfrac{1}{p}\alpha^p+\dfrac{1}{q}\beta^q \iff \dfrac{\alpha}{\beta^{q-1}} \leqq \dfrac{1}{p}\dfrac{\alpha^p}{\beta^q}+\dfrac{1}{q}$ と $x \leqq \dfrac{1}{p}x^p+\dfrac{1}{q}$ を比較して (2) の不等式に代入する x の値を考える.**

(2) で示した不等式 $x \leqq \dfrac{1}{p}x^p+\dfrac{1}{q}$ に $x=\dfrac{\alpha}{\beta^{\frac{q}{p}}}$ を代入すると

$$\frac{\alpha}{\beta^{\frac{q}{p}}} \leqq \frac{1}{p}\frac{\alpha^p}{\beta^q}+\frac{1}{q}$$

両辺に $\beta^q(>0)$ を掛けると　$\alpha\beta^{q-\frac{q}{p}} \leqq \dfrac{1}{p}\alpha^p + \dfrac{1}{q}\beta^q$

$\dfrac{1}{p}+\dfrac{1}{q}=1$ より，$q-\dfrac{q}{p}=q\left(1-\dfrac{1}{p}\right)=q\cdot\dfrac{1}{q}=1$ だから　$\alpha\beta \leqq \dfrac{1}{p}\alpha^p+\dfrac{1}{q}\beta^q$

〈注〉 $x=\dfrac{\alpha}{\beta^{q-1}}$ を代入しても示すことができる．

平均値の定理

関数 $f(x)$ が閉区間 $[a,\ b]$ で連続で，開区間 $(a,\ b)$ で微分可能であるとき

$$\frac{f(b)-f(a)}{b-a}=f'(c) \quad (a<c<b)$$

を満たす c が少なくとも 1 つ存在する．特に，$f(a)=f(b)$ の場合を**ロルの定理**という．

---

21 (1) $f'(x)=2x$ だから，$(*)$ は　$\dfrac{b^2-a^2}{b-a}=2c$

よって　$c=\dfrac{(b-a)(b+a)}{2(b-a)}=\dfrac{a+b}{2}$

(2) **$F(x)>0$ を示すために，$F(x)$ の増減を調べる．**

$F'(x)=\dfrac{f(b)-f(a)}{b-a}-f'(x)$　　ここで，平均値の定理より

$$\frac{f(b)-f(a)}{b-a}=f'(c) \quad (a<c<b)$$

を満たす c が存在する．よって　$F'(c)=f'(c)-f'(c)=0$

$F''(x)=-f''(x)<0$ より，$F'(x)$ は単調に減少するから，$F'(c)=0$ を満たす c はただ 1 つだけ存在する．したがって，増減表は下のようになる．

増減表より，区間 $(a,\ b)$ で $F(x)>0$ であり，$F(x)$ の極大値は区間 $(a,\ b)$ でただ 1 つだけ存在する．

x	a	$\cdots$	c	$\cdots$	b
$F'(x)$		$+$	0	$-$	
$F(x)$	0	↗	$F(c)$	↘	0

〈注〉 $F(x)$ の意味を考えてみよう．

$t=\dfrac{x-a}{b-a}$ とおくと，$1-t=\dfrac{b-x}{b-a}$ より

$F(x)=(1-t)f(a)+tf(b)-f(x)$

$(1-t)a+tb=x$ が成り立ち，x は $a,\ b$ を $t:1-t$ に内分する値である．また，$(1-t)f(a)+tf(b)$ は $f(a),\ f(b)$ を $t:1-t$ に内分する値である．

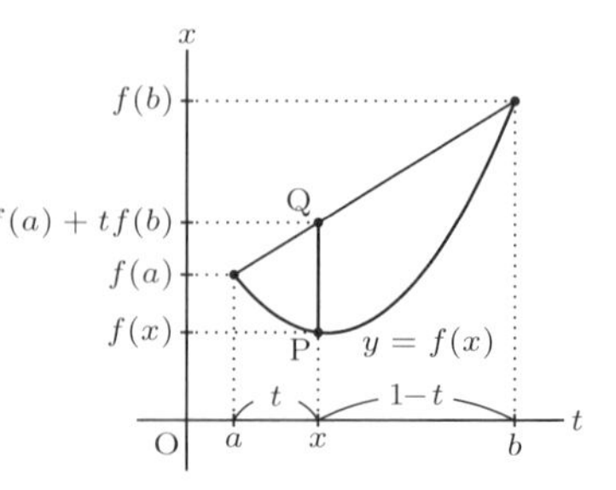

$f''(x)>0$ より $y=f(x)$ のグラフは下に凸で，$F(x)$ は図の PQ の長さとなる．

(3) $\dfrac{b^2-a^2}{2ab}>\log\dfrac{b}{a} \iff \dfrac{b}{a}-\dfrac{a}{b}-2\log\dfrac{b}{a}>0$ より，$x-\dfrac{1}{x}-2\log x$ を考える.

$f(x)=x-\dfrac{1}{x}-2\log x\ (x\geqq 1)$ とおくと

$$f'(x)=1+\frac{1}{x^2}-\frac{2}{x}=\left(1-\frac{1}{x}\right)^2\geqq 0$$

$f(1)=0$ だから，増減表は右のようになる.

x	1	$\cdots$
$f'(x)$		$+$
$f(x)$	0	↗

増減表より，$x>1$ のとき　$f(x)>0$

$b>a>1$ より，$\dfrac{b}{a}>1$ だから　$f\left(\dfrac{b}{a}\right)>0$

よって　$f\left(\dfrac{b}{a}\right)=\dfrac{b}{a}-\dfrac{a}{b}-2\log\dfrac{b}{a}=\dfrac{b^2-a^2}{ab}-2\log\dfrac{b}{a}>0$

$$\therefore\quad \frac{b^2-a^2}{2ab}>\log\frac{b}{a}$$

別解　$f(x)=\dfrac{1}{x}$ とした場合の (2) から得られる不等式を a から b まで積分する.

$f(x)=\dfrac{1}{x}$ とすると　$f'(x)=-\dfrac{1}{x^2}$，$f''(x)=\dfrac{2}{x^3}$

$b>a>1$ のとき，開区間 $(a,\ b)$ で　$f''(x)>0$

よって，(2) より，開区間 $(a,\ b)$ で　$\dfrac{\frac{1}{b}(x-a)+\frac{1}{a}(b-x)}{b-a}>\dfrac{1}{x}$

したがって　$\displaystyle\int_a^b \frac{\frac{1}{b}(x-a)+\frac{1}{a}(b-x)}{b-a}\,dx>\int_a^b\frac{1}{x}\,dx$

$$左辺=\int_a^b\frac{a(x-a)+b(b-x)}{ab(b-a)}\,dx=\int_a^b\frac{-(b-a)x+(b-a)(b+a)}{ab(b-a)}\,dx$$

$$=\int_a^b\frac{-x+a+b}{ab}\,dx=\frac{1}{ab}\Big[-\frac{x^2}{2}+(a+b)x\Big]_a^b=\frac{b^2-a^2}{2ab}$$

$$右辺=\Big[\log|x|\Big]_a^b=\log b-\log a=\log\frac{b}{a}\qquad\therefore\quad\frac{b^2-a^2}{2ab}>\log\frac{b}{a}$$

〈注〉 $y=\dfrac{\frac{1}{b}(x-a)+\frac{1}{a}(b-x)}{b-a}$ は直線で，左辺の定積分は台形の面積だから

$$\frac{1}{2}\left(\frac{1}{a}+\frac{1}{b}\right)(b-a)=\frac{b^2-a^2}{2ab}$$

22　「$\dfrac{d^k}{dx^k}(x^2-2)^n=0$ は開区間 $(-\sqrt{2},\ \sqrt{2})$ で互いに異なる解をちょうど k 個持つ」が $k=1,\ 2,\ \cdots,\ n$ の自然数 k について成り立つことを数学的帰納法で証明する.

$$\frac{d}{dx}(x^2-2)^n=n(x^2-2)^{n-1}\cdot 2x=2nx(x^2-2)^{n-1}$$

よって，$\dfrac{d}{dx}(x^2-2)^n=0$ は開区間 $\left(-\sqrt{2},\ \sqrt{2}\right)$ でちょうど 1 個の解 $x=0$ を持つ．

$x=-\sqrt{2},\ 0,\ \sqrt{2}$ のとき，$\dfrac{d}{dx}(x^2-2)^n=0$ だから，ロルの定理より **ポイント 3**

$\dfrac{d^2}{dx^2}(x^2-2)^n=0$ を満たす x が開区間 $\left(-\sqrt{2},\ 0\right)$ と開区間 $\left(0,\ \sqrt{2}\right)$ に存在する．

$$\begin{aligned}\frac{d^2}{dx^2}(x^2-2)^n &= 2n(x^2-2)^{n-1}+2nx(n-1)(x^2-2)^{n-2}\cdot 2x\\ &= 2n\{(x^2-2)+2(n-1)x^2\}(x^2-2)^{n-2}\\ &= 2n\{(2n-1)x^2-2\}(x^2-2)^{n-2}\end{aligned}$$

$2n\{(2n-1)x^2-2\}$ は 2 次式だから，$\dfrac{d^2}{dx^2}(x^2-2)^n=0$ の開区間 $\left(-\sqrt{2},\ \sqrt{2}\right)$ での解はこの 2 つだけである．$x=-\sqrt{2},\ \sqrt{2}$ のときも，$\dfrac{d^2}{dx^2}(x^2-2)^n=0$ となるから，ロルの定理より，方程式 $\dfrac{d^3}{dx^3}(x^2-2)^n=0$ は開区間 $\left(-\sqrt{2},\ \sqrt{2}\right)$ で解を 3 個持つ．

このことから推測して，$k=1,\ 2,\ \cdots,\ n$ について

(*) $\left\{\begin{array}{l} k \text{ 次式 } f_k(x) \text{ を使って，} \dfrac{d^k}{dx^k}(x^2-2)^n=f_k(x)(x^2-2)^{n-k} \text{ と表され，}\\ \text{方程式 } \dfrac{d^k}{dx^k}(x^2-2)^n=0 \text{ すなわち } f_k(x)=0 \text{ が開区間 } \left(-\sqrt{2},\ \sqrt{2}\right)\\ \text{で互いに異なる解をちょうど } k \text{ 個持つ}\end{array}\right.$

が成り立つことを数学的帰納法で証明する．

(i) $k=1$ のとき　$\dfrac{d}{dx}(x^2-2)^n=n(x^2-2)^{n-1}\cdot 2x=2nx(x^2-2)^{n-1}$

$f_1(x)=2nx$ は 1 次式であり，$\dfrac{d}{dx}(x^2-2)^n=f_1(x)(x^2-2)^{n-1}$ と表せる．

方程式 $f_1(x)=0$ は開区間 $\left(-\sqrt{2},\ \sqrt{2}\right)$ で 1 個の解 $x=0$ を持つ．

よって，$k=1$ のとき，(*) は成り立つ．

(ii) $k=\ell$　$(\ell<n)$ のとき，(*) が成り立つと仮定する．

すなわち，ℓ 次式 $f_\ell(x)$ を使って，$\dfrac{d^\ell}{dx^\ell}(x^2-2)^n=f_\ell(x)(x^2-2)^{n-\ell}$ と表され，

方程式 $f_\ell(x)=0$ が開区間 $\left(-\sqrt{2},\ \sqrt{2}\right)$ で互いに異なる解をちょうど ℓ 個持つ．

この ℓ 個の解を $x_{\ell 1},\ x_{\ell 2},\ \cdots,\ x_{\ell\ell}$ $(x_{\ell 1}<x_{\ell 2}<\cdots<x_{\ell\ell})$ とする．このとき

$$\begin{aligned}\frac{d^{\ell+1}}{dx^{\ell+1}}(x^2-2)^n &= \frac{d}{dx}\left(f_\ell(x)(x^2-2)^{n-\ell}\right)\\ &= f_\ell'(x)(x^2-2)^{n-\ell}+f_\ell(x)(n-\ell)(x^2-2)^{n-\ell-1}\cdot 2x\end{aligned}$$

$$= \left\{(x^2-2)f'_\ell(x)+2(n-\ell)xf_\ell(x)\right\}(x^2-2)^{n-(\ell+1)}$$

となるから，$f_{\ell+1}(x)=(x^2-2)f'_\ell(x)+2(n-\ell)xf_\ell(x)$ として

$$\frac{d^{\ell+1}}{dx^{\ell+1}}(x^2-2)^n = f_{\ell+1}(x)(x^2-2)^{n-(\ell+1)}$$

と表せる．$f_\ell(x)$ が ℓ 次式だから，$f_{\ell+1}(x)$ の次数は $\ell+1$ 次以下である．

$x=-\sqrt{2}$, $x_{\ell 1}$, $x_{\ell 2}$, $\cdots$, $x_{\ell\ell}$, $\sqrt{2}$ で $\dfrac{d^\ell}{dx^\ell}(x^2-2)^n=0$ となるから，ロルの定理より，それぞれの間に $\dfrac{d^{\ell+1}}{dx^{\ell+1}}(x^2-2)^n=0$ すなわち $f_{\ell+1}(x)=0$ の解が存在する．方程式 $f_{\ell+1}(x)=0$ は開区間 $\left(-\sqrt{2},\ \sqrt{2}\right)$ で互いに異なる解を $\ell+1$ 個以上持つことになるが，$f_{\ell+1}(x)$ の次数は $\ell+1$ 次以下だから，解の個数はちょうど $\ell+1$ 個であり，$f_{\ell+1}(x)$ は $\ell+1$ 次式になる．

したがって，$k=\ell+1$ のときも，$(*)$ が成り立つ．

(i), (ii) より，$k=1,\ 2,\ \cdots,\ n$ について，$(*)$ が成り立つ．

$k=n$ のときに成り立つことから，$\dfrac{d^n}{dx^n}(x^2-2)^n=0$ は開区間 $\left(-\sqrt{2},\ \sqrt{2}\right)$ で互いに異なる解をちょうど n 個持つ．

〈注〉 解答では，推測する前は書かずに，数学的帰納法による証明から始めてよい．

〈注〉 関連事項　**ロドリーグ（ロドリゲス）の公式**

$P_n(x)=\dfrac{1}{n!\,2^n}\dfrac{d^n}{dx^n}\left(x^2-1\right)^n$ はルジャンドル多項式のロドリーグの公式と呼ばれるものである．$P_n(x)$ は n 次多項式であり，n 次方程式 $P_n(x)=0$ は開区間 $(-1,\ 1)$ の中に互いに異なる解をちょうど n 個もつ．このことは，この問題と同様に証明できる．

§2 積分

1 積分の計算

ポイント4 積分の計算において基本的な方針をまとめる．なお，C は積分定数である．

① $\int f(x)\,dx = F(x) + C$ のとき　$\int f(ax+b)\,dx = \frac{1}{a}F(ax+b) + C \quad (a \neq 0)$

② 一般に，$f(g(x))$ の積分は難しいが，$f(g(x))\,g'(x)$ の積分は簡単である．

$t = g(x)$ とおいて，置換積分をすればよい．

③ 関数の積を積分するときに，片方が微分すると簡単になるもの ($\log x$, x など) の場合，部分積分を試す．

④ $e^{ax}\cos bx$, $e^{ax}\sin bx$ の積分はよく出題される．必ずできるようにしておきたい．

$$\int e^{ax}\cos bx\,dx = \frac{e^{ax}}{a^2+b^2}\left(a\cos bx + b\sin bx\right) + C$$

$$\int e^{ax}\sin bx\,dx = \frac{e^{ax}}{a^2+b^2}\left(a\sin bx - b\cos bx\right) + C$$

上記の公式は，部分積分を2回行って求めてもよい．

ここでは，微分して行列で書き表す方法を紹介する．

$$\begin{pmatrix} (e^{ax}\cos bx)' \\ (e^{ax}\sin bx)' \end{pmatrix} = \begin{pmatrix} ae^{ax}\cos bx - be^{ax}\sin bx \\ ae^{ax}\sin bx + be^{ax}\cos bx \end{pmatrix} = \begin{pmatrix} a & -b \\ b & a \end{pmatrix}\begin{pmatrix} e^{ax}\cos bx \\ e^{ax}\sin bx \end{pmatrix}$$

逆行列を掛けて　$\begin{pmatrix} e^{ax}\cos bx \\ e^{ax}\sin bx \end{pmatrix} = \frac{1}{a^2+b^2}\begin{pmatrix} a & b \\ -b & a \end{pmatrix}\begin{pmatrix} (e^{ax}\cos bx)' \\ (e^{ax}\sin bx)' \end{pmatrix}$

係数は定数だから　$\begin{pmatrix} \int e^{ax}\cos bx\,dx \\ \int e^{ax}\sin bx\,dx \end{pmatrix} = \frac{1}{a^2+b^2}\begin{pmatrix} a & b \\ -b & a \end{pmatrix}\begin{pmatrix} e^{ax}\cos bx \\ e^{ax}\sin bx \end{pmatrix}$

23　ポイント4① を用いる．なお，答えを微分すると検算になる．

(1) $\int \frac{1}{e^{5x-5}}\,dx = \int e^{-5x+5}\,dx = -\frac{1}{5}e^{-5x+5} + C$　(C は積分定数)

(2) $\int \frac{1}{\sqrt{1-3x}}\,dx = \int (1-3x)^{-\frac{1}{2}}\,dx = -\frac{1}{3}\cdot 2(1-3x)^{\frac{1}{2}} + C$

$= -\frac{2}{3}\sqrt{1-3x} + C$　(C は積分定数)

(3) $\displaystyle\int \frac{dx}{\sqrt{2x-x^2}} = \int \frac{1}{\sqrt{1-(x-1)^2}}\,dx$　　$\displaystyle\int \frac{1}{\sqrt{a^2-x^2}}\,dx = \sin^{-1}\frac{x}{a} + C$

$= \sin^{-1}(x-1) + C$　（C は積分定数）

24　ポイント 4 ② を用いる．

(1) $t = 1-4x^2$ とおくと，$dt = -8x\,dx$ より $x\,dx = -\dfrac{1}{8}\,dt$ だから

$$\int \frac{x}{\sqrt{1-4x^2}}\,dx = -\frac{1}{8}\int \frac{1}{\sqrt{t}}\,dt = -\frac{1}{8}\cdot 2\sqrt{t} + C = -\frac{1}{4}\sqrt{1-4x^2} + C$$

（C は積分定数）

(2) $t = -x^2$ とおくと，$dt = -2x\,dx$ より $x\,dx = -\dfrac{1}{2}\,dt$ だから

$$\int xe^{-x^2}\,dx = -\frac{1}{2}\int e^t\,dt = -\frac{1}{2}e^t + C = -\frac{1}{2}e^{-x^2} + C$$　（C は積分定数）

(3) $t = \tan^{-1}x$ とおくと，$dt = \dfrac{1}{1+x^2}\,dx$ より

$$\int \frac{2\tan^{-1}x}{x^2+1}\,dx = \int 2t\,dt = t^2 + C = (\tan^{-1}x)^2 + C$$　（C は積分定数）

(4) $t = e^x$ とおくと，$dt = e^x\,dx$ より $dx = \dfrac{1}{e^x}\,dt = \dfrac{1}{t}\,dt$ だから

$$\int \frac{dx}{9e^x+4e^{-x}+6} = \int \frac{1}{9t+4t^{-1}+6}\cdot\frac{1}{t}\,dt = \int \frac{1}{9t^2+6t+4}\,dt$$

$$= \int \frac{1}{(\sqrt{3})^2+(3t+1)^2}\,dt$$　　$\displaystyle\int \frac{1}{a^2+x^2}\,dx = \frac{1}{a}\tan^{-1}\frac{x}{a} + C$

$$= \frac{1}{3\sqrt{3}}\tan^{-1}\frac{3t+1}{\sqrt{3}} + C = \frac{1}{3\sqrt{3}}\tan^{-1}\frac{3e^x+1}{\sqrt{3}} + C$$　（C は積分定数）

(5) $t = \log 3x$ とおくと，$dt = \dfrac{1}{x}\,dx$ より

$$\int \frac{dx}{3x\log 3x} = \int \frac{1}{3t}\,dt = \frac{1}{3}\log|t| + C = \frac{1}{3}\log|\log 3x| + C$$　（C は積分定数）

25　ポイント 4 ③や④ を利用する．

(1) $$\int \sqrt{x}\log x\,dx = \frac{2}{3}x^{\frac{3}{2}}\log x - \int \frac{2}{3}x^{\frac{3}{2}}\cdot\frac{1}{x}\,dx = \frac{2}{3}x\sqrt{x}\log x - \frac{2}{3}\int x^{\frac{1}{2}}\,dx$$

$$= \frac{2}{3}x\sqrt{x}\log x - \frac{2}{3}\cdot\frac{2}{3}x\sqrt{x} + C = \frac{2}{9}x\sqrt{x}(3\log x - 2) + C$$

（C は積分定数）

(2) $$\int e^{-3x}\cos 4x\,dx = \frac{e^{-3x}}{25}\big(-3\cos 4x + 4\sin 4x\big) + C$$　（C は積分定数）

(3) $$\int x^2e^{2x}\,dx = x^2\cdot\frac{1}{2}e^{2x} - \int 2x\cdot\frac{1}{2}e^{2x}\,dx = \frac{1}{2}x^2e^{2x} - \left(x\cdot\frac{1}{2}e^{2x} - \int\frac{1}{2}e^{2x}\,dx\right)$$

$$= \frac{1}{2}x^2e^{2x} - \frac{1}{2}xe^{2x} + \frac{1}{4}e^{2x} + C = \frac{1}{4}e^{2x}(2x^2-2x+1) + C$$（C は積分定数）

(4) $t = x^3$ とおくと，$dt = 3x^2\,dx$ より $x^2\,dx = \dfrac{1}{3}\,dt$ だから

$$\int x^2 e^{x^3}\sin x^3\,dx = \frac{1}{3}\int e^t \sin t\,dt = \frac{1}{3}\cdot\frac{e^t}{2}(-\cos t+\sin t)+C$$
$$= \frac{e^{x^3}}{6}(\sin x^3 - \cos x^3)+C \quad (C\text{ は積分定数})$$

26 (1) **分母と分子はともに 3 次式より，分子 ÷ 分母を行う．**

$(x-1)^2(x+2) = x^3-3x+2$ より

$$与式 = \int \frac{(x^3-3x+2)-1}{(x-1)^2(x+2)}\,dx = \int\left\{1-\frac{1}{(x-1)^2(x+2)}\right\}dx$$

ここで $\dfrac{1}{(x-1)^2(x+2)} = \dfrac{a}{x-1}+\dfrac{b}{(x-1)^2}+\dfrac{c}{x+2}$ $\cdots(*1)$ とおくと

$$a=-\frac{1}{9},\quad b=\frac{1}{3},\quad c=\frac{1}{9}$$

$$与式 = \int\left\{1+\frac{1}{9(x-1)}-\frac{1}{3(x-1)^2}-\frac{1}{9(x+2)}\right\}dx$$
$$= x+\frac{1}{9}\log|x-1|+\frac{1}{3(x-1)}-\frac{1}{9}\log|x+2|+C$$
$$= x+\frac{1}{3(x-1)}+\frac{1}{9}\log\left|\frac{x-1}{x+2}\right|+C \quad (C\text{ は積分定数})$$

〈注〉 $(*1)$ の両辺に左辺の分母 $(x-1)^2(x+2)$ を乗じると，次の x の恒等式を得る．

$$1 = a(x-1)(x+2)+b(x+2)+c(x-1)^2 \cdots(*2)$$

a, b, c の求め方は次の 2 通りある．

(i) 係数比較法

$$1=(a+c)x^2+(a+b-2c)x+(-2a+2b+c)$$

係数を比較すると，a, b, c についての連立 1 次方程式

$$a+c=0,\quad a+b-2c=0,\quad -2a+2b+c=1$$

が得られ，解くと $a=-\dfrac{1}{9}$, $b=\dfrac{1}{3}$, $c=\dfrac{1}{9}$

(ii) 数値代入法

$(*2)$ の両辺に $x=-2$ を代入すると $c=\dfrac{1}{9}$

$(*2)$ の両辺に $x=1$ を代入すると $b=\dfrac{1}{3}$

$(*2)$ の両辺に $x=0$, $b=\dfrac{1}{3}$, $c=\dfrac{1}{9}$ を代入すると $a=-\dfrac{1}{9}$

(2) $\dfrac{x+2}{(x-1)(x^2+x+1)} = \dfrac{a}{x-1}+\dfrac{bx+c}{x^2+x+1}$ $\cdots(*)$ とおくと

$$a=1,\quad b=-1,\quad c=-1$$

$$与式 = \int\left(\frac{1}{x-1}-\frac{x+1}{x^2+x+1}\right)dx = \int\left(\frac{1}{x-1}-\frac{1}{2}\frac{(2x+1)+1}{x^2+x+1}\right)dx$$

$$= \int \left\{ \frac{1}{x-1} - \frac{1}{2}\frac{2x+1}{x^2+x+1} - \frac{1}{2}\frac{1}{(x+\frac{1}{2})^2+\frac{3}{4}} \right\} dx$$

$$= \log|x-1| - \frac{1}{2}\log(x^2+x+1) - \frac{1}{2}\frac{1}{\frac{\sqrt{3}}{2}}\tan^{-1}\frac{x+\frac{1}{2}}{\frac{\sqrt{3}}{2}} + C$$

$$= \log\frac{|x-1|}{\sqrt{x^2+x+1}} - \frac{1}{\sqrt{3}}\tan^{-1}\frac{2x+1}{\sqrt{3}} + C \quad (C \text{ は積分定数})$$

27 (1) **$\tan x = \dfrac{\sin x}{\cos x}$ を用いると，$f(\sin x)\cos x$ の積分となる．**

与式 $= \displaystyle\int \frac{\cos x}{(1+\sin^2 x)\sin x}\,dx$　　$t = \sin x$ とおくと，$dt = \cos x\,dx$ より

与式 $= \displaystyle\int \frac{1}{(1+t^2)t}\,dt$

ここで $\dfrac{1}{(1+t^2)t} = \dfrac{(1+t^2)-t^2}{(1+t^2)t} = \dfrac{1}{t} - \dfrac{t}{1+t^2}$ より

与式 $= \displaystyle\int \left(\frac{1}{t} - \frac{1}{2}\cdot\frac{2t}{t^2+1}\right)dt = \log|t| - \frac{1}{2}\log(t^2+1) + C$

$$= \log\frac{|t|}{\sqrt{t^2+1}} + C = \log\frac{|\sin x|}{\sqrt{\sin^2 x+1}} + C \quad (C \text{ は積分定数})$$

(2) **要項 11 ② を用いる．**

$t = \tan\dfrac{x}{2}$ とおくと，$\cos x = \dfrac{1-t^2}{1+t^2}$，$\sin x = \dfrac{2t}{1+t^2}$，$dx = \dfrac{2}{1+t^2}dt$ より

与式 $= \displaystyle\int \frac{1+\frac{2t}{1+t^2}}{\frac{2t}{1+t^2}\left(1+\frac{1-t^2}{1+t^2}\right)}\cdot\frac{2}{1+t^2}\,dt = \int \frac{1+2t+t^2}{2t}\,dt$

$$= \int \left(\frac{1}{2t} + 1 + \frac{1}{2}t\right)dt = \frac{1}{2}\log|t| + t + \frac{1}{4}t^2 + C$$

$$= \frac{1}{2}\log\left|\tan\frac{x}{2}\right| + \tan\frac{x}{2} + \frac{1}{4}\tan^2\frac{x}{2} + C \quad (C \text{ は積分定数})$$

28 (1) **$\sqrt{a^2-x^2}$ を含む関数である．要項 11 ③ を用いる．**
$-\dfrac{\pi}{2} \leqq \theta \leqq \dfrac{\pi}{2}$ の範囲では $\cos\theta \geqq 0$ だから $\sqrt{\cos^2\theta} = \cos\theta$ に注意する．

$x = \sin\theta$ とおくと，$dx = \cos\theta\,d\theta$ より

x	$0 \longrightarrow 1$
θ	$0 \longrightarrow \dfrac{\pi}{2}$

与式 $= \displaystyle\int_0^{\frac{\pi}{2}} \sin^2\theta\sqrt{1-\sin^2\theta}\cos\theta\,d\theta = \int_0^{\frac{\pi}{2}} \sin^2\theta\cos^2\theta\,d\theta$

$$= \frac{1}{4}\int_0^{\frac{\pi}{2}} \sin^2 2\theta\,d\theta = \frac{1}{4}\int_0^{\frac{\pi}{2}} \frac{1-\cos 4\theta}{2}\,d\theta$$

$$= \frac{1}{8}\left[\theta - \frac{1}{4}\sin 4\theta\right]_0^{\frac{\pi}{2}} = \frac{\pi}{16}$$

$\sin 2\theta = 2\sin\theta\cos\theta$

$\sin^2\theta = \dfrac{1-\cos 2\theta}{2}$

別解 要項 11 ⑤ を利用する．

$$与式 = \int_0^{\frac{\pi}{2}} \sin^2\theta\cos^2\theta\,d\theta = \int_0^{\frac{\pi}{2}} \sin^2\theta(1-\sin^2\theta)\,d\theta$$

$$= \int_0^{\frac{\pi}{2}} (\sin^2\theta - \sin^4\theta)\,d\theta = \frac{1}{2}\cdot\frac{\pi}{2} - \frac{3}{4}\cdot\frac{1}{2}\cdot\frac{\pi}{2} = \frac{\pi}{16}$$

(2) $\boldsymbol{a^2+x^2}$ を含む関数であり，要項 11 ④ を用いる．また偶関数であることに注意する．

$$与式 = 2\int_0^1 \frac{1}{(x^2+1)^2}\,dx$$

$x = \tan\theta$ とおくと，$dx = \dfrac{1}{\cos^2\theta}\,d\theta$ より

x	$0 \longrightarrow 1$
θ	$0 \longrightarrow \dfrac{\pi}{4}$

$$与式 = 2\int_0^{\frac{\pi}{4}} \frac{1}{(1+\tan^2\theta)^2}\cdot\frac{1}{\cos^2\theta}\,d\theta$$

$$= 2\int_0^{\frac{\pi}{4}} \cos^2\theta\,d\theta = \int_0^{\frac{\pi}{4}} (1+\cos 2\theta)d\theta$$

$$= \left[\theta + \frac{1}{2}\sin 2\theta\right]_0^{\frac{\pi}{4}} = \frac{\pi}{4} + \frac{1}{2}$$

$$\boldsymbol{1+\tan^2\theta = \frac{1}{\cos^2\theta}}$$
$$\boldsymbol{\cos^2\theta = \frac{1+\cos 2\theta}{2}}$$

〈注〉 (2) は積分区間が $\left[0,\ \dfrac{\pi}{4}\right]$ より，要項 11 ⑤は使えない．

29 積分区間に被積分関数が定義されない点がある場合や積分区間が無限区間の場合，広義積分となる．積分区間を極限で表して計算する．

(1) 積分区間が無限区間だから広義積分である．部分分数分解する．

$$与式 = \lim_{b\to\infty}\int_0^b \frac{(x^2+1)+x}{(x^2+1)^2}\,dx = \lim_{b\to\infty}\int_0^b \left(\frac{1}{x^2+1} + \frac{x}{(x^2+1)^2}\right)dx$$

$$= \lim_{b\to\infty}\left[\tan^{-1}x - \frac{1}{2}\cdot\frac{1}{x^2+1}\right]_0^b = \lim_{b\to\infty}\left(\tan^{-1}b - \frac{1}{2}\cdot\frac{1}{b^2+1} + \frac{1}{2}\right)$$

$$= \frac{\pi+1}{2}$$

(2) 積分区間の $\boldsymbol{x=0}$ で $\boldsymbol{\log x}$ は定義されないから広義積分である．

$$与式 = \lim_{\varepsilon\to+0}\left(\left[\frac{x^2}{2}\log x\right]_\varepsilon^1 - \frac{1}{2}\int_\varepsilon^1 x\,dx\right) = \lim_{\varepsilon\to+0}\left(-\frac{\varepsilon^2}{2}\log\varepsilon - \frac{1}{4} + \frac{\varepsilon^2}{4}\right)$$

ロピタルの定理 より $\displaystyle\lim_{\varepsilon\to+0}\varepsilon^2\log\varepsilon = \lim_{\varepsilon\to+0}\frac{(\log\varepsilon)'}{\left(\dfrac{1}{\varepsilon^2}\right)'} = \lim_{\varepsilon\to+0}\left(-\frac{\varepsilon^2}{2}\right) = 0$

よって　与式 $= -\dfrac{1}{4}$

30 積分区間の $\boldsymbol{x=0}$ で被積分関数は定義されず，無限区間だから広義積分である．

$$与式 = \lim_{\substack{a\to+0\\ b\to\infty}}\int_a^b \frac{1}{3}\left(\frac{1}{x} - \frac{1}{x+3}\right)dx = \frac{1}{3}\lim_{\substack{a\to+0\\ b\to\infty}}\Big[\log|x| - \log|x+3|\Big]_a^b$$

$$= \frac{1}{3} \lim_{\substack{a \to +0 \\ b \to \infty}} \left[\log \left| \frac{x}{x+3} \right| \right]_a^b = \frac{1}{3} \lim_{\substack{a \to +0 \\ b \to \infty}} \left(\log \frac{1}{1+\frac{3}{b}} - \log \frac{a}{a+3} \right) = \infty$$

よって発散する．

ポイント5 x と $\sqrt{ax^2+bx+c}$ $(a>0)$ の有理式の積分は，$t = \sqrt{a}x + \sqrt{ax^2+bx+c}$ とおくと，t の有理式の積分になる．

---

31 (1) $\dfrac{dt}{dx} = 1 + \dfrac{1}{2}(x^2-1)^{-\frac{1}{2}} \cdot 2x = 1 + \dfrac{x}{\sqrt{x^2-1}} = \dfrac{x+\sqrt{x^2-1}}{\sqrt{x^2-1}}$

(2) $\dfrac{dt}{dx} = \dfrac{t}{\sqrt{x^2-1}}$ より，$\dfrac{1}{\sqrt{x^2-1}}\,dx = \dfrac{1}{t}\,dt$ だから　与式 $= \displaystyle\int \frac{1}{t}\,dt$

(3) 与式 $= \displaystyle\int \frac{1}{t}\,dt = \log|t| + C = \log|x+\sqrt{x^2-1}| + C$　（C は積分定数）

〈注〉 ポイント5の置換積分である．この結果を

$\displaystyle\int \frac{dx}{\sqrt{x^2+A}} = \log|x+\sqrt{x^2+A}| + C$　（C は積分定数）と覚えておくとよい．

32 $\sqrt{(x-a)(b-x)} = (b-x)\sqrt{\dfrac{x-a}{b-x}}$ $(a<x<b)$ **と変形できることを用いる．**

(1) $I(p,\ q) = \displaystyle\int_p^q \frac{1}{(b-x)\sqrt{\frac{x-a}{b-x}}}\,dx$

$t = \sqrt{\dfrac{x-a}{b-x}}$ の両辺を2乗して整理すると

$x = \dfrac{a+bt^2}{1+t^2} = b + \dfrac{a-b}{t^2+1}$

x	p	$\longrightarrow$	q
t	$\sqrt{\frac{p-a}{b-p}}$	$\longrightarrow$	$\sqrt{\frac{q-a}{b-q}}$

これより，$\dfrac{dx}{dt} = \dfrac{2(b-a)t}{(t^2+1)^2}$，$b-x = \dfrac{b-a}{t^2+1}$ だから

$$I(p,\ q) = \int_{\sqrt{\frac{p-a}{b-p}}}^{\sqrt{\frac{q-a}{b-q}}} \frac{1}{\frac{b-a}{t^2+1}t} \cdot \frac{2(b-a)t}{(t^2+1)^2}\,dt$$

$$= 2\int_{\sqrt{\frac{p-a}{b-p}}}^{\sqrt{\frac{q-a}{b-q}}} \frac{1}{1+t^2}\,dt = 2\Big[\tan^{-1}t\Big]_{\sqrt{\frac{p-a}{b-p}}}^{\sqrt{\frac{q-a}{b-q}}}$$

$$= 2\left(\tan^{-1}\sqrt{\frac{q-a}{b-q}} - \tan^{-1}\sqrt{\frac{p-a}{b-p}}\right)$$

(2) $I = \displaystyle\lim_{p \to a+0} \left\{ \lim_{q \to b-0} 2\left(\tan^{-1}\sqrt{\frac{q-a}{b-q}} - \tan^{-1}\sqrt{\frac{p-a}{b-p}}\right) \right\} = 2\left(\frac{\pi}{2} - 0\right) = \pi$

〈注〉 (1) は次のように求めることもできる．

$t=\sqrt{x-a}$ とおくと，

$$\frac{dt}{dx}=\frac{1}{2\sqrt{x-a}}=\frac{1}{2t} \text{ より } \quad dx=2t\,dt$$

x	$p \longrightarrow q$
t	$\sqrt{p-a} \longrightarrow \sqrt{q-a}$

$t=\sqrt{x-a}$ より　$x=t^2+a$，$\sqrt{b-x}=\sqrt{(b-a)-t^2}$

$$I(p,\ q)=\int_{\sqrt{p-a}}^{\sqrt{q-a}}\frac{1}{\sqrt{(b-a)-t^2}}\cdot\frac{1}{t}\cdot 2t\,dt=2\int_{\sqrt{p-a}}^{\sqrt{q-a}}\frac{1}{\sqrt{(b-a)-t^2}}\,dt$$

$$=2\left[\sin^{-1}\frac{t}{\sqrt{b-a}}\right]_{\sqrt{p-a}}^{\sqrt{q-a}}=2\left(\sin^{-1}\sqrt{\frac{q-a}{b-a}}-\sin^{-1}\sqrt{\frac{p-a}{b-a}}\right)$$

ポイント 6

ベータ関数：$B(p,\ q)=\displaystyle\int_0^1 t^{p-1}(1-t)^{q-1}\,dt \quad (p,\ q>0)$

ガンマ関数：$\Gamma(s)=\displaystyle\int_0^\infty e^{-x}x^{s-1}\,dx \quad (s>0)$

$$B(p,\ q)=\frac{\Gamma(p)\Gamma(q)}{\Gamma(p+q)},\quad \Gamma(1)=1,\quad \Gamma\left(\frac{1}{2}\right)=\sqrt{\pi},\quad \Gamma(z+1)=z\Gamma(z)$$

〈注〉 (1) を用いずに，ポイント 6 のベータ関数とガンマ関数で (2) を求めることができる．

$$I=\lim_{p\to a+0}\lim_{q\to b-0}I(p,\ q)=\lim_{p\to a+0}\lim_{q\to b-0}\int_p^q\frac{1}{\sqrt{(b-x)(x-a)}}\,dx$$

$t=\dfrac{x-a}{b-a}$ とおくと，$x=a+(b-a)t$ より　$dx=(b-a)dt$

$b-x=(b-a)(1-t)$，$x-a=(b-a)t$ だから

x	$p \longrightarrow q$
t	$\dfrac{p-a}{b-a} \longrightarrow \dfrac{q-a}{b-a}$

$$I=\int_0^1\frac{1}{\sqrt{(1-t)t}}\,dt=\int_0^1(1-t)^{\frac{1}{2}-1}t^{\frac{1}{2}-1}\,dt$$

$$=B\left(\frac{1}{2},\ \frac{1}{2}\right)=\frac{\Gamma\left(\frac{1}{2}\right)\Gamma\left(\frac{1}{2}\right)}{\Gamma\left(\frac{1}{2}+\frac{1}{2}\right)}=\frac{(\sqrt{\pi})^2}{1}=\pi$$

ポイント 7

$a_1\leqq a_2\leqq a_3\leqq\cdots\leqq a_n\leqq\cdots$ を満たす数列 $\{a_n\}$ を単調増加列，

$a_1\geqq a_2\geqq a_3\geqq\cdots\geqq a_n\geqq\cdots$ を満たす数列 $\{a_n\}$ を単調減少列という．

すべての n に対して $a_n\leqq M$ となる実数 M が存在するとき，a_n は上に有界である，という．

すべての n に対して $N\leqq a_n$ となる実数 N が存在するとき，a_n は下に有界である，という．

上に有界な単調増加列，下に有界な単調減少列は収束する．

33　**(1) の不等式を利用して (2)，(3) を解く．**

(1)　e^y のマクローリン展開を考えると

$$e^y = 1 + y + \frac{1}{2!}y^2 + \cdots + \frac{1}{N!}y^N + \cdots > \frac{1}{N!}y^N \quad (0 \leqq y < \infty)$$

別解 要項 9 を用いる．数学的帰納法で証明する．

(i) $N = 1$ のとき $f(y) = e^y - y$ $(y \geqq 0)$ とおく．

$f'(y) = e^y - 1 \geqq 0$ より $f(y)$ は $y \geqq 0$ で単調増加．

$f(0) = 1$ より $f(y) \geqq 0$ だから $e^y \geqq \dfrac{y}{1!}$ ゆえに，$N = 1$ のとき成り立つ．

(ii) $N = k$ のとき成り立つと仮定する．すなわち $e^y \geqq \dfrac{y^k}{k!}$ $(y \geqq 0)$

このとき，$g(y) = e^y - \dfrac{y^{k+1}}{(k+1)!}$ $(y \geqq 0)$ とおく．

$g(0) = 1$ と $g'(y) = e^y - \dfrac{y^k}{k!} \geqq 0$ より $g(y) \geqq 0$ だから $e^y \geqq \dfrac{y^{k+1}}{(k+1)!}$

よって，$N = k + 1$ のときも成り立つ．

(i), (ii) より，すべての自然数 N について成り立つ．

(2) (1) の不等式で $y = 1 + x$ とおくと $x + 1 \geqq 0$ のとき $e^{x+1} \geqq \dfrac{(1+x)^N}{N!}$

両辺に $N!e^{-2x}$ を掛けると $N!e^{-x+1} \geqq e^{-2x}(1+x)^N \geqq 0 \cdots (*)$

よって $0 \leqq \displaystyle\lim_{a \to \infty} \int_0^a e^{-2x}(1+x)^N dx \leqq \lim_{a \to \infty} \int_0^a N!e^{-x+1} dx$

$$= \lim_{a \to \infty} N!\Big[-e^{-x+1}\Big]_0^a = N!\,e$$

これより $f(a) = \displaystyle\int_0^a e^{-2x}(1+x)^N dx$ とおくと $f(a)$ は上に有界であることがわかる．

一方，$x \geqq 0$ に対して $e^{-2x}(1+x)^N \geqq 0$ より，$f(a) = \displaystyle\int_0^a e^{-2x}(1+x)^N dx$ は

a に関して単調増加関数である．

これらより，数列 $\{f(n)\}$ は上に有界な単調増加列だから収束する．**ポイント 7**

$\displaystyle\lim_{a \to \infty} f(a) = \lim_{n \to \infty} f(n)$ だから，$\displaystyle\int_0^\infty e^{-2x}(1+x)^N\,dx$ は収束する．

(3) **はさみうちの原理を用いる．**

$\dfrac{1}{n+1} \leqq t \leqq \dfrac{1}{n}$ より $\dfrac{1}{t} \geqq n$ であるから，$y = 1 + \log\dfrac{1}{t}$ とおくと $y \geqq 1$

(1) の不等式に $y = 1 + \log\dfrac{1}{t}$ を代入すると，$e^y = \dfrac{e}{t}$ より $N!e \geqq t\left(1 + \log\dfrac{1}{t}\right)^N$

$t > 0$ より $0 < t\left(1 + \log\dfrac{1}{t}\right)^N \leqq N!e \qquad \therefore \quad 0 < a_n \leqq \displaystyle\int_{\frac{1}{n+1}}^{\frac{1}{n}} N!e\,dt$

$\displaystyle\lim_{n \to \infty} \int_{\frac{1}{n+1}}^{\frac{1}{n}} N!e\,dt = \lim_{n \to \infty} N!e\left(\frac{1}{n} - \frac{1}{n+1}\right) = 0$ より $\displaystyle\lim_{n \to \infty} a_n = 0$

別解 $a_n = \displaystyle\int_{\frac{1}{n+1}}^{\frac{1}{n}} t\left(1+\log\frac{1}{t}\right)^N dt \quad (n = 1,\ 2,\ \cdots)$

$x = \log\dfrac{1}{t}$ とおくと，$e^x = \dfrac{1}{t}$ より

$t = e^{-x}$，$dt = -e^{-x}dx$

t	$\dfrac{1}{n+1} \longrightarrow \dfrac{1}{n}$
x	$\log(n+1) \longrightarrow \log n$

$$a_n = \int_{\log(n+1)}^{\log n} e^{-x}(1+x)^N(-e^{-x})\,dx = \int_{\log n}^{\log(n+1)} e^{-2x}(1+x)^N\,dx$$

(2) より，級数 $\displaystyle\sum_{n=1}^{\infty} a_n = \int_0^{\infty} e^{-2x}(1+x)^n dx$ が収束するから　$\displaystyle\lim_{n\to\infty} a_n = 0$

2　積分の応用

34　交点の左右でグラフの上下関係が変わるため，2 つの部分に分けて計算する．

$0 < x < \pi$ での交点の x 座標を求める．

$\sin 2x = -\sin x$ より　$2\sin x\cos x + \sin x = 0$

$\sin x\left(\cos x + \dfrac{1}{2}\right) = 0$，$0 < x < \pi$ より，$\cos x = -\dfrac{1}{2}$ だから　$x = \dfrac{2}{3}\pi$

$0 \leqq x \leqq \dfrac{2}{3}\pi$ のとき　$-\sin x \leqq \sin 2x$

$\dfrac{2}{3}\pi \leqq x \leqq \pi$ のとき　$\sin 2x \leqq -\sin x$

よって，求める面積 S は

$$S = \int_0^{\frac{2}{3}\pi}(\sin 2x + \sin x)\,dx + \int_{\frac{2}{3}\pi}^{\pi}(-\sin x - \sin 2x)\,dx = \frac{9}{4} + \frac{1}{4} = \frac{5}{2}$$

35　曲線と接線のグラフを描き，工夫して計算する．

(1) $f'(x) = x^2 - 4 = (x+2)(x-2)$ より，$f'(x) = 0$ を解くと　$x = \pm 2$

極大値　$\dfrac{46}{3}$ $(x = -2)$

極小値　$\dfrac{14}{3}$ $(x = 2)$

x	$\cdots$	-2	$\cdots$	2	$\cdots$
$f'(x)$	$+$	0	$-$	0	$+$
$f(x)$	↗	$\dfrac{46}{3}$	↘	$\dfrac{14}{3}$	↗

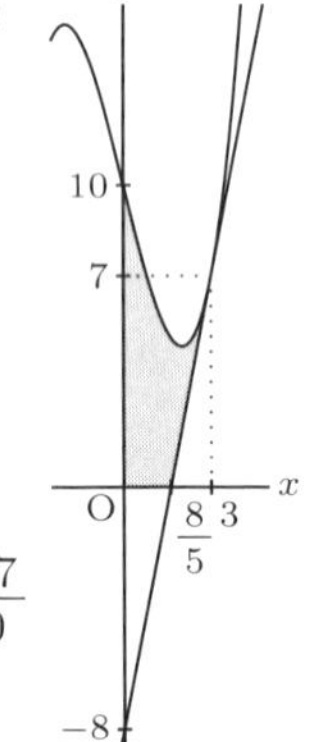

(2) $f'(3) = 5$ より，接線の方程式は　$y - 7 = 5(x - 3)$

すなわち　$y = 5x - 8$　よって，求める面積 S は

$$S = \int_0^3\left(\frac{1}{3}x^3 - 4x + 10\right)dx - \int_{\frac{8}{5}}^3(5x - 8)\,dx = \frac{75}{4} - \frac{49}{10} = \frac{277}{20}$$

接線の方程式 $y = 5x - 8$ より，求める面積 S は

$$S = \int_0^3\left\{\frac{1}{3}x^3 - 4x + 10 - (5x - 8)\right\}dx - \frac{1}{2}\cdot\frac{8}{5}\cdot 8$$

$$= \int_0^3 \left(\frac{1}{3}x^3 - 9x + 18\right) dx - \frac{64}{10} = \frac{81}{4} - \frac{64}{10} = \frac{277}{20}$$

36 $y = ae^x$ の接点の x 座標を $x = t$ とおいて，接線の方程式をつくる．

(1) $y' = \dfrac{1}{x}$ より $x = 1$ のとき $y' = 1$ だから点 $(1,\ 0)$ における接線の方程式は　$y = x - 1$

$y = ae^x$ の接点の x 座標を $x = t$ とする．

$y' = ae^x$ より接線の方程式は　$y - ae^t = ae^t(x - t)$

よって　$y = ae^t x + ae^t(1 - t)$

$y = x - 1$ と比較して　$ae^t = 1,\ ae^t(1 - t) = -1$

これを解いて　$t = 2,\ a = \dfrac{1}{e^2}$

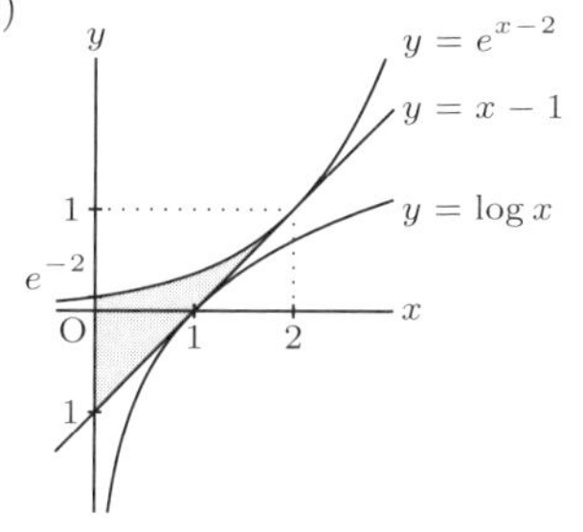

(2) $y = ae^x = e^{x-2}$ より，求める面積 S は

$$S = \int_0^2 \left\{e^{x-2} - (x - 1)\right\} dx = 1 - \frac{1}{e^2}$$

37 $y' = 2\left(\dfrac{1}{4}e^{\frac{x}{4}} - \dfrac{1}{4}e^{-\frac{x}{4}}\right) = \dfrac{1}{2}\left(e^{\frac{x}{4}} - e^{-\frac{x}{4}}\right)$ より，求める曲線の長さ l は

$$l = \int_{-4}^4 \sqrt{1 + (y')^2}\, dx = \int_{-4}^4 \sqrt{1 + \left\{\frac{1}{2}\left(e^{\frac{x}{4}} - e^{-\frac{x}{4}}\right)\right\}^2}\, dx$$

$$= \int_{-4}^4 \sqrt{\frac{1}{4}\left(e^{\frac{x}{2}} + 2 + e^{-\frac{x}{2}}\right)}\, dx = \int_{-4}^4 \sqrt{\frac{1}{4}\left(e^{\frac{x}{4}} + e^{-\frac{x}{4}}\right)^2}\, dx$$

$$= \int_{-4}^4 \frac{1}{2}\left(e^{\frac{x}{4}} + e^{-\frac{x}{4}}\right) dx = \int_0^4 \left(e^{\frac{x}{4}} + e^{-\frac{x}{4}}\right) dx = 4\left[e^{\frac{x}{4}} - e^{-\frac{x}{4}}\right]_0^4 = 4(e - e^{-1})$$

ポイント 8　**双曲線関数の定義と性質**

$$\cosh x = \frac{e^x + e^{-x}}{2},\ \sinh x = \frac{e^x - e^{-x}}{2},\ \tanh x = \frac{\sinh x}{\cosh x} = \frac{e^x - e^{-x}}{e^x + e^{-x}}$$

$$\cosh(-x) = \cosh x,\ \sinh(-x) = -\sinh x,\ \cosh 0 = 1,\ \sinh 0 = 0$$

$$(\cosh x)' = \sinh x,\ (\sinh x)' = \cosh x,\ \cosh^2 x - \sinh^2 x = 1$$

別解 双曲線関数を使うと　$y = 4\dfrac{e^{\frac{x}{4}} + e^{-\frac{x}{4}}}{2} = 4\cosh\dfrac{x}{4},\ \dfrac{dy}{dx} = \sinh\dfrac{x}{4}$

求める曲線の長さ l は

$$l = \int_{-4}^4 \sqrt{1 + (y')^2}\, dx = \int_{-4}^4 \sqrt{1 + \left(\sinh\frac{x}{4}\right)^2}\, dx = \int_{-4}^4 \cosh\frac{x}{4}\, dx$$

$$= 2\int_0^4 \cosh\frac{x}{4}\, dx = 2\left[4\sinh\frac{x}{4}\right]_0^4 = 8\sinh 1 = 4(e - e^{-1})$$

38 公式 $\displaystyle\int\sqrt{x^2 + A}\, dx = \frac{1}{2}\left(x\sqrt{x^2 + A} + A\log\left|x + \sqrt{x^2 + A}\right|\right) + C$ を用いる．

求める曲線の長さ s は

$$s=\int_{-3}^{-2}\sqrt{1+(y')^2}\,dx=\int_{-3}^{-2}\sqrt{1+\{2(x+2)\}^2}\,dx$$

$t=2(x+2)$ とおくと，$dt=2\,dx$ より

x	$-3\longrightarrow -2$
t	$-2\longrightarrow 0$

$$s=\frac{1}{2}\int_{-2}^{0}\sqrt{t^2+1}\,dt$$

$$=\frac{1}{4}\left[t\sqrt{t^2+1}+\log\left|t+\sqrt{t^2+1}\right|\right]_{-2}^{0}=\frac{2\sqrt{5}-\log(\sqrt{5}-2)}{4}$$

39　**上の半円と下の半円の方程式を用いる．**

$x^2+(y-2)^2=k^2$ より　$y=2\pm\sqrt{k^2-x^2}$

求める体積 V は，y 軸に関して対称だから

$$V=2\pi\int_0^k\left\{\left(2+\sqrt{k^2-x^2}\right)^2-\left(2-\sqrt{k^2-x^2}\right)^2\right\}dx$$

$$=16\pi\int_0^k\sqrt{k^2-x^2}\,dx=16\pi\cdot\frac{1}{4}\pi k^2=4\pi^2k^2$$

〈注〉 $\displaystyle\int_0^k\sqrt{k^2-x^2}\,dx$ は円 $x^2+y^2\leqq k^2$ の第 1 象限の面積に等しい．

$x=k\sin\theta$ と置換して求めることもできる

40　**2 つの曲線の位置関係を調べる．**

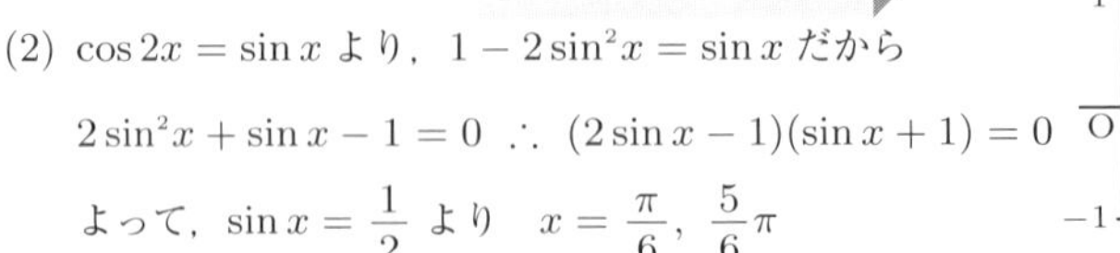

(1) 右図のようになる．　**$\cos 2x=1-2\sin^2 x$**

(2) $\cos 2x=\sin x$ より，$1-2\sin^2 x=\sin x$ だから

$2\sin^2 x+\sin x-1=0$　∴ $(2\sin x-1)(\sin x+1)=0$

よって，$\sin x=\dfrac{1}{2}$ より　$x=\dfrac{\pi}{6}$，$\dfrac{5}{6}\pi$

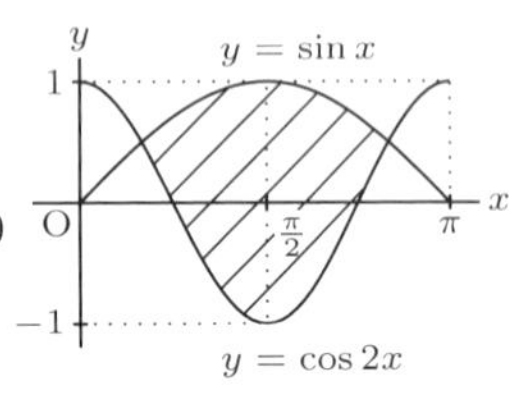

(3) $y=\sin x$ と $y=-\cos 2x$ において，$0\leqq x\leqq\pi$ のとき

$\sin x-(-\cos 2x)=\sin x+1-2\sin^2 x=(2\sin x+1)(1-\sin x)\geqq 0$ より

$\sin x\geqq-\cos 2x$

S は直線 $x=\dfrac{\pi}{2}$ に関して対称だから，求める体積 V は

$$V=2\left\{\pi\int_{\frac{\pi}{6}}^{\frac{\pi}{4}}(\sin^2 x-\cos^2 2x)\,dx+\pi\int_{\frac{\pi}{4}}^{\frac{\pi}{2}}\sin^2 x\,dx\right\}$$

$$=\pi\int_{\frac{\pi}{6}}^{\frac{\pi}{2}}2\sin^2 x\,dx-\pi\int_{\frac{\pi}{6}}^{\frac{\pi}{4}}2\cos^2 2x\,dx$$

$$=\pi\int_{\frac{\pi}{6}}^{\frac{\pi}{2}}(1-\cos 2x)\,dx-\pi\int_{\frac{\pi}{6}}^{\frac{\pi}{4}}(1+\cos 4x)\,dx=\frac{\pi^2}{4}+\frac{3\sqrt{3}}{8}\pi$$

ポイント 9　曲線 $x=f(y)$ と y 軸および 2 直線 $y=a$，$y=b$ $(a<b)$ で囲まれた図形を y 軸のまわりに回転してできる回転体の体積 V は

$$V=\pi\int_a^b x^2\,dy=\pi\int_a^b \{f(y)\}^2\,dy$$

41　$y=1-\sqrt{x}$ より，$x=(1-y)^2=(y-1)^2$ だから，求める体積 V は

$$V=\pi\int_0^1 x^2\,dy=\pi\int_0^1 (y-1)^4\,dy=\pi\Big[\frac{1}{5}(y-1)^5\Big]_0^1=\frac{\pi}{5}$$

42　**x の大小関係に注意する．**

(1) $y^2=x-1$，$y=x-3$ より　$x=y^2+1$，$x=y+3$

x を消去して交点の y 座標を求めると　$y=-1,\ 2$

よって，求める面積は

$$\int_{-1}^2 \{(y+3)-(y^2+1)\}\,dy$$

$$=\int_{-1}^2 (-y^2+y+2)\,dy=\frac{9}{2}$$

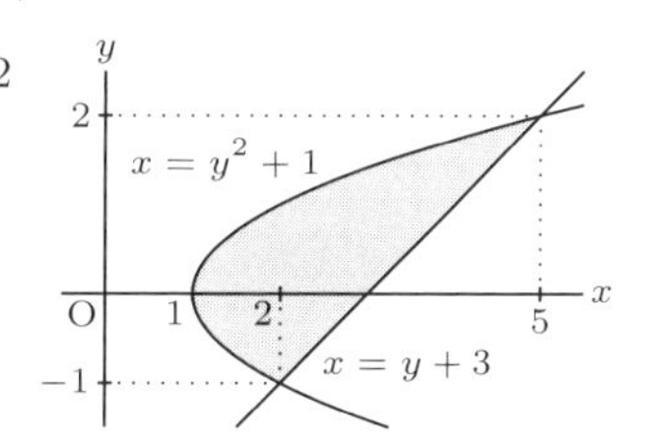

(2) $\pi\displaystyle\int_{-1}^2 \{(y+3)^2-(y^2+1)^2\}\,dy=\pi\int_{-1}^2 (-y^4-y^2+6y+8)\,dy=\frac{117}{5}\pi$

43　**α の値によって場合分けする．**

(1) $V(\alpha)=\pi\displaystyle\int_0^4 y^2\,dx=\pi\int_0^4 |x^3-\alpha^3|\,dx$

$x^3-\alpha^3=(x-\alpha)(x^2+\alpha x+\alpha^2)$ において　$x^2+\alpha x+\alpha^2=\left(x+\dfrac{\alpha}{2}\right)^2+\dfrac{3}{4}\alpha^2\geqq 0$

よって　$x<\alpha$ のとき　$x^3-\alpha^3<0$，$x>\alpha$ のとき　$x^3-\alpha^3>0$

(i) $\alpha\leqq 0$ のとき，$0\leqq x\leqq 4$ で $x^3-\alpha^3\geqq 0$ より

$$V(\alpha)=\pi\int_0^4 (x^3-\alpha^3)\,dx=64\pi-4\pi\alpha^3$$

(ii) $0<\alpha<4$ のとき，$0\leqq x\leqq\alpha$ で $x^3-\alpha^3\leqq 0$，$\alpha\leqq x\leqq 4$ で $x^3-\alpha^3\geqq 0$ より

$$V(\alpha)=\pi\int_0^\alpha (\alpha^3-x^3)\,dx+\pi\int_\alpha^4 (x^3-\alpha^3)\,dx=\frac{3}{2}\pi\alpha^4-4\pi\alpha^3+64\pi$$

(iii) $\alpha\geqq 4$ のとき，$0\leqq x\leqq\alpha$ で $x^3-\alpha^3\leqq 0$ より

$$V(\alpha)=\pi\int_0^4 (\alpha^3-x^3)\,dx=4\pi\alpha^3-64\pi$$

(i)〜(iii) より

$$V(\alpha) = \begin{cases} 4\pi(16-\alpha^3) & (\alpha \leqq 0) \\ \dfrac{\pi}{2}(3\alpha^4 - 8\alpha^3 + 128) & (0 < \alpha < 4) \\ 4\pi(\alpha^3 - 16) & (\alpha \geqq 4) \end{cases}$$

(2) $V'(\alpha) = \begin{cases} -12\pi\alpha^2 & (\alpha \leqq 0) \\ 6\pi\alpha^2(\alpha - 2) & (0 < \alpha < 4) \\ 12\pi\alpha^2 & (\alpha \geqq 4) \end{cases}$

α	$\cdots$	0	$\cdots$	2	$\cdots$	4	$\cdots$
$V'(\alpha)$	$-$	0	$-$	0	$+$	$+$	$+$
$V(\alpha)$	↘	64π	↘	56π	↗	192π	↗

よって，$V(\alpha)$ の最小値は $\alpha = 2$ のとき 56π

ポイント 10　媒介変数表示による図形の面積を求めるには，まず図形の概形を描き，面積を x での積分の式で表した後，$x = x(t)$ で置換積分して t での積分にするとよい．

44 (1) $\dfrac{dx}{dt} = e^t \sin t + e^t \cos t = e^t(\cos t + \sin t)$,

$\dfrac{dy}{dt} = e^t \cos t - e^t \sin t = e^t(\cos t - \sin t)$,　$\dfrac{dy}{dx} = \dfrac{dy}{dt}\Big/\dfrac{dx}{dt} = \dfrac{\cos t - \sin t}{\cos t + \sin t}$

(2) **t に対する $x(t)$，$y(t)$ の増減表を作成し，グラフを描く．**

$0 \leqq t \leqq \dfrac{\pi}{2}$ のとき $\dfrac{dx}{dt} > 0$ である．$\dfrac{dy}{dt} = 0$ を解くと，$\sin t = \cos t$ より　$t = \dfrac{\pi}{4}$

これらより増減表は右のようになる．

グラフは下図の通りである．

t	0	$\cdots$	$\dfrac{\pi}{4}$	$\cdots$	$\dfrac{\pi}{2}$
$\dfrac{dx}{dt}$		$+$	$+$	$+$	
$x(t)$	0	↗	$\dfrac{1}{\sqrt{2}}e^{\frac{\pi}{4}}$	↗	$e^{\frac{\pi}{2}}$
$\dfrac{dy}{dt}$		$+$	0	$-$	
$y(t)$	1	↗	$\dfrac{1}{\sqrt{2}}e^{\frac{\pi}{4}}$	↘	0

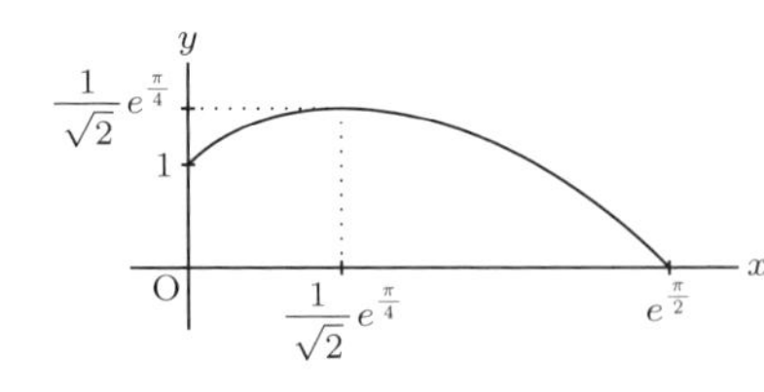

(3) **$x = e^t \sin t$ と置換する．**

$$S = \int_0^{e^{\frac{\pi}{2}}} y\,dx = \int_0^{\frac{\pi}{2}} y(t)\frac{dx}{dt}\,dt = \int_0^{\frac{\pi}{2}} e^t \cos t \cdot e^t(\sin t + \cos t)\,dt$$

$$= \int_0^{\frac{\pi}{2}} e^{2t} \sin t \cos t\,dt + \int_0^{\frac{\pi}{2}} e^{2t} \cos^2 t\,dt$$

$$= \frac{1}{2}\int_0^{\frac{\pi}{2}} e^{2t}\sin 2t\,dt + \frac{1}{2}\int_0^{\frac{\pi}{2}} e^{2t}(1+\cos 2t)\,dt$$ ポイント4 ④

$$= \frac{1}{16}\Big[e^{2t}(-2\cos 2t + 2\sin 2t)\Big]_0^{\frac{\pi}{2}} + \frac{1}{16}\Big[e^{2t}(2\cos 2t + 2\sin 2t)\Big]_0^{\frac{\pi}{2}} + \frac{1}{4}\Big[e^{2t}\Big]_0^{\frac{\pi}{2}}$$

$$= \frac{e^{\pi}-1}{4}$$

ポイント 11

サイクロイド：$x = a(t-\sin t),\ y = a(1-\cos t) \quad (0 \leqq t \leqq 2\pi)$

カージオイド：$r = a(1+\cos\theta) \quad (0 \leqq \theta \leqq 2\pi)$

アステロイド：$x = a\cos^3 t,\ y = a\sin^3 t \quad (0 \leqq t \leqq 2\pi)$

に関する問題は頻繁に出題される．面積，曲線の長さなどを求められるようにしておく．

ポイント 12

曲線 $x = f(t),\ y = g(t)\ (\alpha \leqq t \leqq \beta)$ の長さ ℓ は

$$\ell = \int_\alpha^\beta \sqrt{\{f'(t)\}^2 + \{g'(t)\}^2}\,dt = \int_\alpha^\beta \sqrt{\left(\frac{dx}{dt}\right)^2 + \left(\frac{dy}{dt}\right)^2}\,dt$$

---

45 媒介変数で表された曲線の長さは，ポイント 12 を用いる．

(1) アステロイド曲線（星芒形）

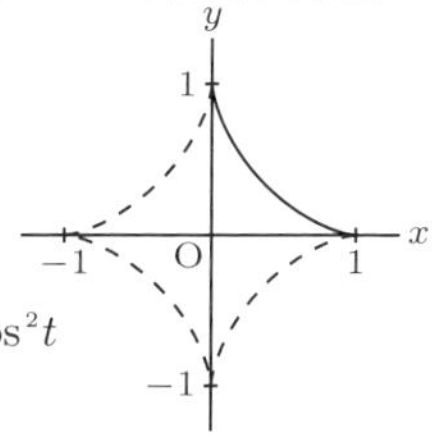

(2) $f'(t) = -3\cos^2 t\sin t,\ g'(t) = 3\sin^2 t\cos t$

(3) $\{f'(t)\}^2 + \{g'(t)\}^2 = 9\cos^4 t\sin^2 t + 9\sin^4 t\cos^2 t$

$$= 9\sin^2 t\cos^2 t(\cos^2 t + \sin^2 t) = 9\sin^2 t\cos^2 t$$

$$L = \int_0^{\frac{\pi}{2}} \sqrt{\{f'(t)\}^2 + \{g'(t)\}^2}\,dt = \int_0^{\frac{\pi}{2}} 3\sin t\cos t\,dt$$

$$= \frac{3}{2}\int_0^{\frac{\pi}{2}} \sin 2t\,dt = \frac{3}{2}\left[-\frac{1}{2}\cos 2t\right]_0^{\frac{\pi}{2}} = \frac{3}{2}$$

$0 \leqq t \leqq \frac{\pi}{2}$ より $\sin t\cos t \geqq 0$

$\therefore\ \sqrt{\sin^2 t\cos^2 t} = \sin t\cos t$

46 楕円を媒介変数で表す．

(1) 楕円の媒介変数表示は　$x = a\cos\theta,\ y = b\sin\theta\ (0 \leqq \theta \leqq 2\pi)$

$$\left(\frac{dx}{d\theta}\right)^2 + \left(\frac{dy}{d\theta}\right)^2 = a^2\sin^2\theta + b^2\cos^2\theta = a^2(1-\cos^2\theta) + b^2\cos^2\theta$$

$$= a^2 - (a^2-b^2)\cos^2\theta = a^2\left(1 - \frac{a^2-b^2}{a^2}\cos^2\theta\right)$$

$$= a^2(1-\tilde{e}^2\cos^2\theta)$$

$$L = \int_0^{2\pi} \sqrt{\left(\frac{dx}{d\theta}\right)^2 + \left(\frac{dy}{d\theta}\right)^2}\,d\theta = 4\int_0^{\frac{\pi}{2}} \sqrt{a^2(1-\tilde{e}^2\cos^2\theta)}\,d\theta$$

$$= 4a\int_0^{\frac{\pi}{2}} \sqrt{1-\tilde{e}^2\cos^2\theta}\,d\theta$$

(2) **$\sqrt{1-x}$ の近似式を作り L の近似値を求める.**

$f(x)=\sqrt{1-x}$ とおく. $f(0)=1$, $f'(x)=-\dfrac{1}{2\sqrt{1-x}}$, $f'(0)=-\dfrac{1}{2}$ より

$f(x)$ の $x=0$ における1次近似式は　$f(x)\fallingdotseq f(0)+f'(0)x=1-\dfrac{1}{2}x$

$\tilde{e}$ が十分0に近い値のとき, $x=\tilde{e}^2\cos^2\theta$ も十分0に近い値と考えてよいから

$$\sqrt{1-\tilde{e}^2\cos^2\theta}\fallingdotseq 1-\frac{1}{2}\tilde{e}^2\cos^2\theta=1-\frac{1}{4}\tilde{e}^2(1+\cos 2\theta)$$
$$=1-\frac{1}{4}\tilde{e}^2-\frac{1}{4}\tilde{e}^2\cos 2\theta$$

したがって, L の近似式は

$$L\fallingdotseq 4a\int_0^{\frac{\pi}{2}}\left(1-\frac{1}{4}\tilde{e}^2-\frac{1}{4}\tilde{e}^2\cos 2\theta\right)d\theta=4a\left[\left(1-\frac{1}{4}\tilde{e}^2\right)\theta-\frac{1}{8}\tilde{e}^2\sin 2\theta\right]_0^{\frac{\pi}{2}}$$
$$=2\pi a\left(1-\frac{1}{4}\tilde{e}^2\right)$$

47 (1) $\dfrac{dx}{d\theta}=-2\sin\theta$, $\dfrac{dy}{d\theta}=4\cos 2\theta$, $\dfrac{dy}{dx}=\dfrac{4\cos 2\theta}{-2\sin\theta}=-\dfrac{2\cos 2\theta}{\sin\theta}$

点 $(a,\ b)$ が $\theta=\alpha$ $\left(ただし\ 0\leqq\alpha\leqq\dfrac{\pi}{2}\right)$ に対応する点だとすると,

接線の傾きから　$-\dfrac{2\cos 2\alpha}{\sin\alpha}=-2$　　これより　$2\sin^2\alpha+\sin\alpha-1=0$

$(2\sin\alpha-1)(\sin\alpha+1)=0$ となるから　$\sin\alpha=\dfrac{1}{2}$　　したがって　$\alpha=\dfrac{\pi}{6}$

よって　$a=2\cos\dfrac{\pi}{6}=\sqrt{3}$, $b=2\sin\dfrac{\pi}{3}=\sqrt{3}$

$(\sqrt{3},\ \sqrt{3})$ が接線上の点だから　$\sqrt{3}=-2(\sqrt{3}-c)$　　これより　$c=\dfrac{3\sqrt{3}}{2}$

(2) **媒介変数 θ で表された曲線の回転体の体積は πy^2 の積分を θ で置換積分する.**

$0\leqq x\leqq\sqrt{3}$ および $\sqrt{3}\leqq x\leqq\dfrac{3\sqrt{3}}{2}$ の立体の体積をそれぞれ V_1, V_2 とすると, 求める体積 V は　$V=V_1+V_2$

$$V_1=\pi\int_0^{\sqrt{3}}y^2\,dx=\pi\int_{\frac{\pi}{2}}^{\frac{\pi}{6}}y^2\frac{dx}{d\theta}\,d\theta$$

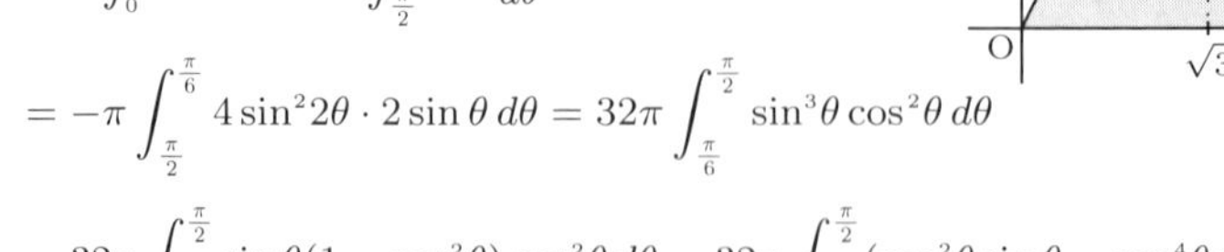

$$=-\pi\int_{\frac{\pi}{2}}^{\frac{\pi}{6}}4\sin^2 2\theta\cdot 2\sin\theta\,d\theta=32\pi\int_{\frac{\pi}{6}}^{\frac{\pi}{2}}\sin^3\theta\cos^2\theta\,d\theta$$
$$=32\pi\int_{\frac{\pi}{6}}^{\frac{\pi}{2}}\sin\theta(1-\cos^2\theta)\cos^2\theta\,d\theta=32\pi\int_{\frac{\pi}{6}}^{\frac{\pi}{2}}(\cos^2\theta\sin\theta-\cos^4\theta\sin\theta)\,d\theta$$
$$=32\pi\left[-\frac{1}{3}\cos^3\theta+\frac{1}{5}\cos^5\theta\right]_{\frac{\pi}{6}}^{\frac{\pi}{2}}=\frac{11\sqrt{3}}{5}\pi$$

$$V_2=\frac{1}{3}\cdot\pi(\sqrt{3})^2\cdot\left(\frac{3\sqrt{3}}{2}-\sqrt{3}\right)=\frac{\sqrt{3}}{2}\pi$$

よって $V = V_1 + V_2 = \dfrac{11\sqrt{3}}{5}\pi + \dfrac{\sqrt{3}}{2}\pi = \dfrac{27\sqrt{3}}{10}\pi$

別解 直交座標系でも解くことができる.

$0 \leqq \theta \leqq \dfrac{\pi}{2}$ より $\sin\theta \geqq 0$
$\therefore \sin\theta = \sqrt{1-\cos^2\theta}$

(1) $x = 2\cos\theta$ $\left(0 \leqq \theta \leqq \dfrac{\pi}{2}\right)$ より $\cos\theta = \dfrac{x}{2}$ $(0 \leqq x \leqq 2)$

$y = 2\sin 2\theta = 4\sin\theta\cos\theta = 4\cos\theta\sqrt{1-\cos^2\theta} = x\sqrt{4-x^2}$

$f(x) = x\sqrt{4-x^2}$ とおくと $f'(x) = \dfrac{2(2-x^2)}{\sqrt{4-x^2}}$

$x = a$ $(0 \leqq a \leqq 2)$ での傾きが -2 より $-2 = \dfrac{2(2-a^2)}{\sqrt{4-a^2}}$

これより $\sqrt{4-a^2} = a^2 - 2 \cdots (*)$

両辺を 2 乗して $0 = a^4 - 3a^2 = a^2(a^2-3)$ より $a = 0,\ \pm\sqrt{3}$

$(*)$ を満たすのは $a = \sqrt{3}$ **$a \geqq 0$ であることに注意**

$x = a$ のとき $y = b$ より $b = f(a) = f(\sqrt{3}) = \sqrt{3}$

傾き -2 で $(\sqrt{3},\ \sqrt{3})$ を通る直線は $y = -2\left(x - \dfrac{3\sqrt{3}}{2}\right)$ となるから $c = \dfrac{3\sqrt{3}}{2}$

(2) 上記 (2) の解答と同様に $V = V_1 + V_2,\ V_2 = \dfrac{\sqrt{3}}{2}\pi$ V_1 については

$V_1 = \pi\displaystyle\int_0^{\sqrt{3}} \left(x\sqrt{4-x^2}\right)^2 dx = \pi\int_0^{\sqrt{3}} (4x^2 - x^4)\, dx = \dfrac{11\sqrt{3}}{5}\pi$

よって $V = \dfrac{11\sqrt{3}}{5}\pi + \dfrac{\sqrt{3}}{2}\pi = \dfrac{27\sqrt{3}}{10}\pi$

ポイント 13

極座標で表された曲線 $r = f(\theta)$ $(\alpha \leqq \theta \leqq \beta)$ と 2 つの半直線 $\theta = \alpha,\ \theta = \beta$ で囲まれた図形の面積 S は

$$S = \frac{1}{2}\int_\alpha^\beta \{f(\theta)\}^2\, d\theta = \frac{1}{2}\int_\alpha^\beta r^2\, d\theta$$

曲線 $r = f(\theta)$ $(\alpha \leqq \theta \leqq \beta)$ の長さ l は

$$l = \int_\alpha^\beta \sqrt{\{f(\theta)\}^2 + \{f'(\theta)\}^2}\, d\theta = \int_\alpha^\beta \sqrt{r^2 + (r')^2}\, d\theta$$

---

48 **カージオイド曲線である. ポイント 13 を用いる.**

(1) $r = 1 + \cos\theta$ より $x = r\cos\theta = (1+\cos\theta)\cos\theta,\ y = r\sin\theta = (1+\cos\theta)\sin\theta$

(2) $\dfrac{dx}{d\theta} = -\sin\theta\cos\theta - (1+\cos\theta)\sin\theta = -\sin\theta - \sin 2\theta$

$\dfrac{dy}{d\theta} = -\sin\theta\sin\theta + (1+\cos\theta)\cos\theta = \cos\theta + \cos 2\theta$

$\theta = \dfrac{\pi}{4}$ のとき $\mathrm{P}\left(\dfrac{\sqrt{2}+1}{2},\ \dfrac{\sqrt{2}+1}{2}\right),\ \dfrac{dy}{dx} = \dfrac{dy}{d\theta}\Big/\dfrac{dx}{d\theta} = -(\sqrt{2}-1)$

よって　$y-\dfrac{\sqrt{2}+1}{2}=-(\sqrt{2}-1)\left(x-\dfrac{\sqrt{2}+1}{2}\right)$　$\therefore\ y=-(\sqrt{2}-1)x+\dfrac{2+\sqrt{2}}{2}$

(3) この領域は x 軸に関して対称で，上半分は曲線と 2 つの半直線 $\theta=0$，$\theta=\pi$ で囲まれた領域だから，求める面積 S は

$$S=2\cdot\frac{1}{2}\int_0^{\pi}(1+\cos\theta)^2\,d\theta=\int_0^{\pi}(1+2\cos\theta+\cos^2\theta)\,d\theta$$

$$=\int_0^{\pi}d\theta+2\int_0^{\pi}\cos\theta\,d\theta+\int_0^{\pi}\cos^2\theta\,d\theta=\pi+0+2\int_0^{\frac{\pi}{2}}\cos^2\theta\,d\theta$$

$$=\pi+2\cdot\frac{1}{2}\cdot\frac{\pi}{2}=\frac{3}{2}\pi$$

要項 11⑤

(4) $r=1+\cos\theta$，$r'=-\sin\theta$ より

$$r^2+(r')^2=(1+\cos\theta)^2+\sin^2\theta=2+2\cos\theta=2+2\left(2\cos^2\frac{\theta}{2}-1\right)=4\cos^2\frac{\theta}{2}$$

曲線は x 軸に関して対称で，$0\leqq\theta\leqq\pi$ のとき $\cos\dfrac{\theta}{2}\geqq 0$ だから，求める全長 l は

$$l=2\int_0^{\pi}\sqrt{r^2+(r')^2}\,d\theta=4\int_0^{\pi}\cos\frac{\theta}{2}\,d\theta=8$$

〈注〉 $l=2\displaystyle\int_0^{\pi}\sqrt{\left(\frac{dx}{d\theta}\right)^2+\left(\frac{dy}{d\theta}\right)^2}\,d\theta$ でも計算できる．

ポイント 14　**区分求積法**　$\displaystyle\int_0^1 f(x)\,dx=\lim_{n\to\infty}\sum_{k=1}^{n}f\left(\frac{k}{n}\right)\cdot\frac{1}{n}$ を使う．

$\displaystyle\lim_{n\to\infty}\sum_{k=1}^{n}g(n,\ k)$ の形の式から $\dfrac{1}{n}$ をくくり出すことによって $\displaystyle\lim_{n\to\infty}\sum_{k=1}^{n}f\left(\frac{k}{n}\right)\cdot\frac{1}{n}$ の形に変形する．$\displaystyle\lim_{n\to\infty}\sum_{k=1}^{n}f\left(\frac{k-1}{n}\right)\cdot\frac{1}{n}$ でも同じである．

49　(1) $y=\mathrm{Arctan}\,x$ より，$x=\tan y$ だから

$$\frac{dy}{dx}=\frac{1}{\frac{dx}{dy}}=\frac{1}{\frac{1}{\cos^2 y}}=\frac{1}{1+\tan^2 y}=\frac{1}{1+x^2}$$

(2) **区分求積法を使って，無限級数の和を求める．**

$$S=\lim_{n\to\infty}\left(\frac{n}{n^2+1^2}+\frac{n}{n^2+2^2}+\frac{n}{n^2+3^2}+\cdots+\frac{n}{n^2+n^2}\right)$$

$$=\lim_{n\to\infty}\sum_{k=1}^{n}\frac{n}{n^2+k^2}=\lim_{n\to\infty}\sum_{k=1}^{n}\frac{1}{1+\left(\frac{k}{n}\right)^2}\cdot\frac{1}{n}$$

⇦ $\dfrac{1}{n}$ をくくり出す

$$=\int_0^1\frac{1}{1+x^2}\,dx=\Big[\mathrm{Arctan}\,x\Big]_0^1=\frac{\pi}{4}$$

ポイント 15　**微分積分法の基本定理**　$S(x)=\int_a^x f(t)\,dt$ のとき　$S'(x)=f(x)$

$S(x)=\int_{g(x)}^{h(x)} f(t)\,dt$ のとき，$F'(t)=f(t)$ とすると，

$$S(x)=\int_{g(x)}^{h(x)} f(t)\,dt=\Big[F(t)\Big]_{g(x)}^{h(x)}=F\big(h(x)\big)-F\big(g(x)\big) \text{ より}$$

$$S'(x)=\{F\big(h(x)\big)-F\big(g(x)\big)\}'=F'\big(h(x)\big)h'(x)-F'\big(g(x)\big)g'(x)$$

$$=f\big(h(x)\big)h'(x)-f\big(g(x)\big)g'(x)$$

50　(1)　**$f(t)$ の不定積分を $G(t)$ とおき，ポイント 15 を用いる．**

$G'(t)=f(t)$ とすると，$F(x)=\int_{-x}^{x} f(t)\,dt=\Big[G(t)\Big]_{-x}^{x}=G(x)-G(-x)$ より

$$F'(x)=G'(x)-G'(-x)\cdot(-1)=f(x)+f(-x)$$

(2)　**13 ページ要項 9 を用いる．**

$S(x)=\int_{-x}^{x} f(t)\,dt-2xf(0)$ とおく．$S(0)=0$ である．

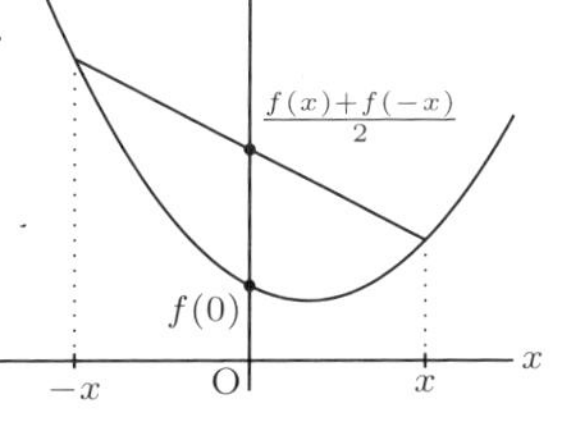

$x>0$ のとき，$S(x)\geqq 0$ を示せばよい．

$$S'(x)=f(x)+f(-x)-2f(0)$$

$$=2\left\{\frac{f(x)+f(-x)}{2}-f(0)\right\}$$

$f(x)$ は下に凸な連続関数だから　$\dfrac{f(x)+f(-x)}{2}\geqq f(0)$　　$\therefore$　$S'(x)\geqq 0$

よって，すべての $x>0$ に対して　$S(x)\geqq 0$

2章 微分積分II

§1 関数の展開

1 数列の極限

51 (1) $\lim_{n\to\infty}\sqrt[n]{4^n+3^n}=\lim_{n\to\infty}\sqrt[n]{4^n}\sqrt[n]{1+\left(\frac{3}{4}\right)^n}=4\lim_{n\to\infty}\sqrt[n]{1+\left(\frac{3}{4}\right)^n}=4\cdot 1=4$

(2) $x=\frac{1}{n}$ とおくと，$n\to\infty$ のとき $x\to +0$

$$\lim_{n\to\infty}\log\left(1+\frac{\alpha}{n}+\frac{\beta}{n\sqrt{n}}\right)^n=\lim_{x\to+0}\log\left(1+\alpha x+\beta x^{\frac{3}{2}}\right)^{\frac{1}{x}}$$

$$=\lim_{x\to+0}\frac{\log\left(1+\alpha x+\beta x^{\frac{3}{2}}\right)}{x}=\lim_{x\to+0}\frac{\alpha+\frac{3}{2}\beta x^{\frac{1}{2}}}{1+\alpha x+\beta x^{\frac{3}{2}}}=\alpha$$

ゆえに　$\lim_{n\to\infty}\left(1+\frac{\alpha}{n}+\frac{\beta}{n\sqrt{n}}\right)^n=e^{\alpha}$

52 (1) **$\lim_{h\to 0}(1+h)^{\frac{1}{h}}=e$ を用いる．**

$h=-\frac{1}{\ell}$ とおくと，$\ell=-\frac{1}{h}$ であり，$\ell\to\infty$ のとき $h\to 0$

$$\lim_{\ell\to\infty}\left(1-\frac{1}{\ell}\right)^{2\ell}=\lim_{h\to 0}(1+h)^{-\frac{2}{h}}=\lim_{h\to 0}\left\{(1+h)^{\frac{1}{h}}\right\}^{-2}=e^{-2}=\frac{1}{e^2}$$

(2) $\cos(-\theta)=\cos\theta$ より，$x\geqq 0$ としても一般性を失わない．

$x=0$ のとき，明らかに 1 である．

$x\neq 0$ のとき，x は有理数だから，自然数 $j,\ k$ が存在し $x=\frac{j}{k}$ とできる．

m を $m\geqq k$ にとると，$m!\,x$ は自然数である．よって　$\left\{\cos(m!\,\pi x)\right\}^2=1$

ゆえに，x が有理数のとき　$\lim_{n\to\infty}\left[\lim_{m\to\infty}\left\{\cos(m!\,\pi x)\right\}^{2n}\right]=1$

(3) **極限をとる順番が (2) と違うことに注意する．**

x が無理数より，任意の自然数 m で $m!\,\pi x$ は整数倍の π とならない．

よって　$|\cos(m!\,\pi x)|<1$　$\therefore\ \lim_{n\to\infty}\left\{\cos(m!\,\pi x)\right\}^{2n}=0$

ゆえに，x が無理数のとき　$\lim_{m\to\infty}\left[\lim_{n\to\infty}\left\{\cos(m!\,\pi x)\right\}^{2n}\right]=0$

53 (1) $a_2=\frac{a_1+2}{a_1+1}=\frac{3}{2}$，　$a_3=\frac{a_2+2}{a_2+1}=\frac{\frac{7}{2}}{\frac{5}{2}}=\frac{7}{5}$

(2) $a_n-\sqrt{2}=\frac{a_{n-1}+2}{a_{n-1}+1}-\sqrt{2}=\frac{a_{n-1}+2-\sqrt{2}a_{n-1}-\sqrt{2}}{a_{n-1}+1}$

$$= \frac{-(\sqrt{2}-1)a_{n-1}+\sqrt{2}(\sqrt{2}-1)}{a_{n-1}+1} = -\frac{\sqrt{2}-1}{a_{n-1}+1}(a_{n-1}-\sqrt{2})$$

(3) まず $a_n > 0\ (n \geqq 1)$ を数学的帰納法により示す.

$n=1$ のとき　$a_1 = 1 > 0$ より成り立つ.

$n=k-1\ (k>1)$ のとき，$a_{k-1} > 0$ が成り立つと仮定する.

$a_{k-1} > 0$ だから　$a_k = \dfrac{a_{k-1}+2}{a_{k-1}+1} > 0$　よって，$n=k$ のときも成り立つ.

したがって，$a_n > 0\ (n \geqq 1)$ は成り立つ.

$a_{n-1} > 0$ より　$a_{n-1}+1 > 1$　よって，(2) から

$$|a_n - \sqrt{2}| = \left|\frac{\sqrt{2}-1}{a_{n-1}+1}\right| |a_{n-1}-\sqrt{2}| \leqq (\sqrt{2}-1)|a_{n-1}-\sqrt{2}|$$

$$\therefore \quad 0 \leqq |a_n-\sqrt{2}| \leqq (\sqrt{2}-1)|a_{n-1}-\sqrt{2}| \leqq (\sqrt{2}-1)^2|a_{n-2}-\sqrt{2}|$$

$$\leqq \cdots \leqq (\sqrt{2}-1)^{n-1}|a_1-\sqrt{2}| = (\sqrt{2}-1)^n$$

したがって　$0 \leqq \lim\limits_{n\to\infty}|a_n-\sqrt{2}| \leqq \lim\limits_{n\to\infty}(\sqrt{2}-1)^n = 0$

ゆえに　$\lim\limits_{n\to\infty} a_n = \sqrt{2}$　　**要項 15②より**

54　**極限値 λ を予想し，$\dfrac{f_{k+1}}{f_k} - \lambda$ についての不等式をつくる.**

$k=1, 2, 3, \cdots$ とする. 漸化式から $f_k > 0$ である. $f_{k+1} = f_k + f_{k-1}$ を $f_k > 0$ で割ると $\dfrac{f_{k+1}}{f_k} = 1 + \dfrac{f_{k-1}}{f_k}$ である. $a_k = \dfrac{f_k}{f_{k-1}}$ とおくと $a_{k+1} = 1 + \dfrac{1}{a_k}$ であり，明らかに $a_k \geqq 1$ である. この数列が収束すると仮定して，$\lambda = \lim\limits_{k\to\infty} a_k$ とおく.

$\lambda = 1 + \dfrac{1}{\lambda}$ より　$\lambda = \dfrac{1 \pm \sqrt{5}}{2}$　　$a_k \geqq 1$ より　$\lambda = \dfrac{1+\sqrt{5}}{2}$

λ の値を用いて，この λ に収束することを証明する.

$a_{k+1} = 1 + \dfrac{1}{a_k}$ から $\lambda = 1 + \dfrac{1}{\lambda}$ を引くと　$a_{k+1} - \lambda = \dfrac{1}{a_k} - \dfrac{1}{\lambda} = -\dfrac{1}{\lambda a_k}(a_k - \lambda)$

$\lambda = \dfrac{1+\sqrt{5}}{2}$ と $\dfrac{1}{\lambda} = \dfrac{\sqrt{5}-1}{2}$ を代入すると

$$a_{k+1} - \frac{1+\sqrt{5}}{2} = -\frac{\sqrt{5}-1}{2a_k}\left(a_k - \frac{1+\sqrt{5}}{2}\right)$$

絶対値をとると　$\left|a_{k+1} - \dfrac{1+\sqrt{5}}{2}\right| = \left|\dfrac{\sqrt{5}-1}{2a_k}\right| \left|a_k - \dfrac{1+\sqrt{5}}{2}\right|$

$a_k \geqq 1$ より　$\left|a_{k+1} - \dfrac{1+\sqrt{5}}{2}\right| \leqq \dfrac{\sqrt{5}-1}{2}\left|a_k - \dfrac{1+\sqrt{5}}{2}\right|$

よって　$\left|a_{k+1} - \dfrac{1+\sqrt{5}}{2}\right| \leqq \left(\dfrac{\sqrt{5}-1}{2}\right)^k \left|a_1 - \dfrac{1+\sqrt{5}}{2}\right|$

$$0 < \frac{\sqrt{5}-1}{2} < 1 \text{ だから } \quad \lim_{k\to\infty}\left|a_{k+1} - \frac{1+\sqrt{5}}{2}\right| = 0$$

要項 15②より

$$\text{よって} \quad \lim_{k\to\infty} a_{k+1} = \lim_{k\to\infty}\frac{f_{k+1}}{f_k} = \frac{1+\sqrt{5}}{2}$$

〈注〉 この数列 $\{f_k\}$ をフィボナッチ数列という．連続するフィボナッチ数の比の極限値 $\displaystyle\lim_{k\to\infty}\frac{f_{k+1}}{f_k} = \frac{1+\sqrt{5}}{2}$ は黄金数と呼ばれる．一般項 f_k を直接求めてみよう．

フィボナッチ数列のような漸化式を定数係数の線形漸化式という．線形漸化式は，線形微分方程式と同じような方法で解くことができる．線形微分方程式の解は指数関数 $e^{\lambda x}$ を基本とするが，線形漸化式では初項 1，公比 λ の等比数列の一般項 λ^{n-1} を基本とする．

等比数列の一般項を $f_k = \lambda^{k-1}$ とすると，漸化式 $f_{k+1} - f_k - f_{k-1} = 0$ を満たすことから $\lambda^k - \lambda^{k-1} - \lambda^{k-2} = 0$ すなわち，特性方程式 $\lambda^2 - \lambda - 1 = 0$ を満たす．

よって，$\lambda = \dfrac{1\pm\sqrt{5}}{2}$ である．ここで

$$f_k = C_1\left(\frac{1+\sqrt{5}}{2}\right)^{k-1} + C_2\left(\frac{1-\sqrt{5}}{2}\right)^{k-1}$$

線形微分方程式の一般解と同じように，線形漸化式の一般項は 2 つの等比数列の線形結合で表される

とすると，この f_k も漸化式を満たす．ここで，C_1，C_2 を求めると，一般項が得られる．

$$k=1 \text{ のとき} \quad f_1 = C_1 + C_2 = 1$$

$$k=2 \text{ のとき} \quad f_2 = C_1\cdot\frac{1+\sqrt{5}}{2} + C_2\cdot\frac{1-\sqrt{5}}{2} = 1$$

微分方程式と同様に初期値を満たすように定数を定める

$$\text{これを解くと} \quad C_1 = \frac{1}{\sqrt{5}}\cdot\frac{1+\sqrt{5}}{2},\ C_2 = -\frac{1}{\sqrt{5}}\cdot\frac{1-\sqrt{5}}{2}$$

$$\text{ゆえに} \quad f_k = \frac{1}{\sqrt{5}}\left(\frac{1+\sqrt{5}}{2}\right)^k - \frac{1}{\sqrt{5}}\left(\frac{1-\sqrt{5}}{2}\right)^k$$

$$\frac{f_{k+1}}{f_k} = \frac{\dfrac{1}{\sqrt{5}}\left(\dfrac{1+\sqrt{5}}{2}\right)^{k+1} - \dfrac{1}{\sqrt{5}}\left(\dfrac{1-\sqrt{5}}{2}\right)^{k+1}}{\dfrac{1}{\sqrt{5}}\left(\dfrac{1+\sqrt{5}}{2}\right)^{k} - \dfrac{1}{\sqrt{5}}\left(\dfrac{1-\sqrt{5}}{2}\right)^{k}} = \frac{1+\sqrt{5}}{2}\,\frac{1-\left(\dfrac{1-\sqrt{5}}{1+\sqrt{5}}\right)^{k+1}}{1-\left(\dfrac{1-\sqrt{5}}{1+\sqrt{5}}\right)^{k}}$$

$$\left|\frac{1-\sqrt{5}}{1+\sqrt{5}}\right| < 1 \text{ より} \quad \lim_{k\to\infty}\frac{f_{k+1}}{f_k} = \frac{1+\sqrt{5}}{2}$$

〈注〉 線形微分方程式の解法を数列に置き換えると，線形漸化式を解くことができる．例えば，次の線形漸化式の場合は，以下のようにする．

$$a_{n+2} - 4a_{n+1} + 4a_n = n \quad (a_1 = 2,\ a_2 = -2)$$

特性方程式 $\lambda^2 - 4\lambda + 4 = 0$ の解は　$\lambda = 2$（2 重解）

(i) 斉次形 $a_{n+2} - 4a_{n+1} + 4a_n = 0$ の一般解は　$a_n = (C_1 + C_2 n)\cdot 2^{n-1}$

(ii) 特殊解を $a_n = An + B$ と予想する．これを漸化式に代入して

$$A(n+2) + B - 4\{A(n+1) + B\} + 4\{An + B\} = n \quad よって \quad An - 2A + B = n$$

A, B を求めると　$A = 1$, $B = 2$　よって，一般項は　$a_n = (C_1 + C_2 n) \cdot 2^{n-1} + n + 2$

(iii) 初期条件 $a_1 = (C_1 + C_2) \cdot 2^0 + 1 + 2 = 2$, $a_2 = (C_1 + 2C_2) \cdot 2^1 + 2 + 2 = -2$ より

$C_1 = 1$, $C_2 = -2$　よって，一般項は　$a_n = (1-2n) \cdot 2^{n-1} + n + 2 = 2^{n-1} - n \cdot 2^n + n + 2$

〈注〉 線形漸化式 $a_{n+2} - (\alpha + \beta)a_{n+1} + \alpha\beta\, a_n = 0$ について（ただし，$\alpha \fallingdotseq \beta$ とする）

特性方程式 $\lambda^2 - (\alpha + \beta)\lambda + \alpha\beta = 0$ の解は $\lambda = \alpha$, β より，次のように変形できる．

$$a_{n+2} - \beta\, a_{n+1} = \alpha(a_{n+1} - \beta\, a_n), \quad a_{n+2} - \alpha\, a_{n+1} = \beta(a_{n+1} - \alpha\, a_n)$$

$b_n = a_{n+1} - \beta\, a_n$, $c_n = a_{n+1} - \alpha\, a_n$ とおくと，漸化式は $b_{n+1} = \alpha\, b_n$, $c_{n+1} = \beta\, c_n$ となり，

b_n は公比 α の等比数列，c_n は公比 β の等比数列である．よって，それぞれの一般項は

$$b_n = a_{n+1} - \beta\, a_n = C_1 \alpha^{n-1}, \quad c_n = a_{n+1} - \alpha\, a_n = C_2 \beta^{n-1}$$

初期条件から $C_1 = a_2 - \beta\, a_1$, $C_2 = a_2 - \alpha\, a_1$ と求めて，上の式から

$$a_n = \frac{C_1 \alpha^{n-1} - C_2 \beta^{n-1}}{\alpha - \beta}$$

線形漸化式の一般項は特性方程式の解を公比とする 2 つの等比数列の線形結合で表される．

フィボナッチ数列の場合は，$\alpha = \dfrac{1 + \sqrt{5}}{2}$, $\beta = \dfrac{1 - \sqrt{5}}{2}$ とみると

$$C_1 = 1 - \beta = \frac{1 + \sqrt{5}}{2}, \ C_2 = 1 - \alpha = \frac{1 - \sqrt{5}}{2}, \ \alpha - \beta = \sqrt{5}$$

$$\therefore \quad a_n = \frac{1}{\sqrt{5}} \left(\frac{1 + \sqrt{5}}{2} \right)^n - \frac{1}{\sqrt{5}} \left(\frac{1 - \sqrt{5}}{2} \right)^n$$

55　**与えられた 3 つの関係式（a_n, b_n, c_n の漸化式）をうまく利用する．**

(1) 与えられた 3 つの関係式をすべて足すと

$$a_{n+1} + b_{n+1} + c_{n+1} = 2r(a_n + b_n + c_n)$$

この漸化式は数列 $\{a_n + b_n + c_n\}$ が公比 $2r$ の等比数列であることを示している．

条件より $|2r| < 2 \cdot \dfrac{1}{2} = 1$ だから　$\displaystyle\lim_{n \to \infty} (a_n + b_n + c_n) = 0$

(2) 1 番目の関係式から 2 番目の関係式を引くと

$$a_{n+1} - b_{n+1} = -r(a_n - b_n)$$

この漸化式は $\{a_n - b_n\}$ が公比 $-r$ の等比数列であることを示している．

条件より $|-r| < \dfrac{1}{2}$ だから　$\displaystyle\lim_{n \to \infty} (a_n - b_n) = 0$

$\{a_n - c_n\}$ も同様に　$\displaystyle\lim_{n \to \infty} (a_n - c_n) = 0$

(3) (2) の $\lim_{n\to\infty}(a_n - b_n) = 0$ と $\lim_{n\to\infty}(a_n - c_n) = 0$ を辺々加えると

$$\lim_{n\to\infty}(2a_n - b_n - c_n) = 0$$

この式と (1) の $\lim_{n\to\infty}(a_n + b_n + c_n) = 0$ を辺々加えると

$$\lim_{n\to\infty} 3a_n = 0 \quad よって \quad \lim_{n\to\infty} a_n = 0$$

56 (1) 相加平均と相乗平均の関係より

$$\sqrt[4]{xyzw} = \sqrt{\sqrt{xy}\sqrt{zw}} \leqq \frac{\sqrt{xy}+\sqrt{zw}}{2} \leqq \frac{\frac{x+y}{2}+\frac{z+w}{2}}{2} = \frac{x+y+z+w}{4}$$

(2) $0 < a_n \leqq b_n$ $(n = 1, 2, \cdots)$ を数学的帰納法で証明する.

(i) $n = 1$ のとき　$0 < a_1 = a \leqq b = b_1$ より成り立つ.

(ii) $n = k$ $(k \geqq 2)$ のとき, 成り立つと仮定する.

$0 < a_k \leqq b_k$ だから, $a_k b_k^3 > 0$ より $a_{k+1} = \sqrt[4]{a_k b_k^3}$ は実数で正の数である.

$$a_{k+1} = \sqrt[4]{a_k b_k^3} = \sqrt[4]{a_k b_k b_k b_k} \leqq \frac{a_k + b_k + b_k + b_k}{4} = \frac{a_k + 3b_k}{4} = b_{k+1}$$

$\therefore$　$0 < a_{k+1} \leqq b_{k+1}$　　よって, $n = k+1$ のときも成り立つ.

(i), (ii) より, すべての自然数 n について, $0 < a_n \leqq b_n$ が成り立つ.

(3) (2) より $0 < a_n \leqq b_n$ だから, 任意の n に対して

$$a_n = \sqrt[4]{a_n^4} \leqq \sqrt[4]{a_n b_n^3} = a_{n+1} \qquad a_n \text{ は単調非減少数列 } (a_n \leqq a_{n+1})$$

同様に　$b_n = \dfrac{4b_n}{4} \geqq \dfrac{a_n + 3b_n}{4} = b_{n+1}$　　b_n は単調非増加数列 $(b_n \geqq b_{n+1})$

(4) (2) と (3) より $a = a_1 \leqq a_2 \leqq a_3 \leqq \cdots \leqq a_n \leqq \cdots \leqq b_n \leqq \cdots \leqq b_3 \leqq b_2 \leqq b_1 = b$

したがって, a_n は上に有界な単調非減少数列, b_n は下に有界な単調非増加数列である.

よって, a_n, b_n はいずれも収束するから　**212 ページのポイント 7 より**

$\lim_{n\to\infty} a_n = \alpha$, $\lim_{n\to\infty} b_n = \beta$ とおく.

(2) の漸化式 $b_{n+1} = \dfrac{a_n + 3b_n}{4}$ で $n \to \infty$ とすると, $\beta = \dfrac{\alpha + 3\beta}{4}$ が成り立つから,

変形して $\alpha = \beta$ である. ゆえに, 数列 $\{a_n\}$ の極限値と数列 $\{b_n\}$ の極限値は等しい.

ポイント 16　**ε-δ による極限の定義**

関数 $f(x)$ の極限：　$\lim_{x\to\alpha} f(x) = b$　の定義は次のようになる.

任意の $\varepsilon > 0$ に対して, ある $\delta > 0$ が存在して, $0 < |x - \alpha| < \delta$ ならば $|f(x) - b| < \varepsilon$

数列 $\{a_n\}$ の極限：　$\lim_{n\to\infty} a_n = b$　の定義は次のようになる.

任意の $\varepsilon > 0$ に対して, ある自然数 M が存在して, $n > M$ ならば $|a_n - b| < \varepsilon$

区間 I 上の関数の列 $\{f_n(x)\}$ が関数 $f(x)$ に収束する $\lim_{n\to\infty} f_n(x) = f(x)$ は

任意の $\varepsilon > 0$ に対して，ある自然数 M が存在して，$n > M$ ならば $|f_n(x) - f(x)| < \varepsilon$

となるが，x によって M が違ってもいい場合を（各点）収束，区間 I のすべての x について同じ M がとれる場合を一様収束という．一様収束は次と同じことになる．

$$\lim_{n\to\infty} \sup_{x\in I} |f_n(x) - f(x)| = 0$$

ここで，$\sup_{x\in I} g(x)$ は，すべての $x \in I$ に対して $g(x) \leqq L$ となる L の最小値を表す．

---

57 (1) $f'(x) = \dfrac{1-x^2}{(1+x^2)^2}$

$f'(x) = 0$ となる x は　$x = 1$ $(-1 \notin I)$

増減表より

$x = 1$ のとき 最大値 $\dfrac{1}{2}$

x	0	$\cdots$	1	$\cdots$
$f'(x)$		$+$	0	$-$
$f(x)$	0	↗	$\frac{1}{2}$	↘

$\lim_{x\to\infty} f(x) = 0$ に注意

(2) (1) より　$0 \leqq f(x) \leqq \dfrac{1}{2}$　$(x \in I)$

$0 \leqq f_n(x) \leqq f(x)$ $(n \geqq 0,\ x \in I)$ を数学的帰納法で示す．

(i) $n = 0$ のとき　$f_0(x) = 0$ より成り立つ．　**n は非負整数**

(ii) $n = k$ $(k \geqq 1)$ のとき，$0 \leqq f_k(x) \leqq f(x)$ が成り立つと仮定する．$(*)$ より

$$f_{k+1}(x) = f_k(x) + \{f(x)\}^2 - \{f_k(x)\}^2 \geqq 0 \quad \therefore\ f_{k+1}(x) \geqq 0$$

$$\begin{aligned} f(x) - f_{k+1}(x) &= f(x) - \left[f_k(x) + \{f(x)\}^2 - \{f_k(x)\}^2\right] \\ &= \big\{f(x) - f_k(x)\big\} - \big\{f(x) - f_k(x)\big\}\big\{f(x) + f_k(x)\big\} \\ &= \big\{f(x) - f_k(x)\big\}\big\{1 - f(x) - f_k(x)\big\} \quad (**) \end{aligned}$$

$f_k(x) \leqq f(x)$ より　$f(x) - f_k(x) \geqq 0$，$1 - f(x) - f_k(x) \geqq 1 - 2f(x) \geqq 0$

よって　$f(x) - f_{k+1}(x) \geqq 0$　$\therefore\ 0 \leqq f_{k+1}(x) \leqq f(x)$　　**$f(x) \leqq \dfrac{1}{2}$ より**

したがって，$n = k + 1$ のときも成り立つ．

(i)，(ii) より，$0 \leqq f_n(x) \leqq f(x)$ $(n \geqq 0,\ x \in I)$ が成り立つ．

(3) $f(x) - f_n(x) \leqq f(x)\{1 - f(x)\}^n$ $(n \geqq 0,\ x \in I)$ を数学的帰納法で示す．

(i) $n = 0$ のとき　$f_0(x) = 0$ より成り立つ．

(ii) $n = k$ のとき，$f(x) - f_k(x) \leqq f(x)\{1 - f(x)\}^k$ が成り立つと仮定する．

$(**)$ より

$$f(x) - f_{k+1}(x) = \big\{f(x) - f_k(x)\big\}\big\{1 - f(x) - f_k(x)\big\}$$

$$\leqq f(x)\{1-f(x)\}^k\left[\{1-f(x)\}-f_k(x)\right]$$
$$=f(x)\{1-f(x)\}^{k+1}-f(x)\{1-f(x)\}^k f_k(x)$$

$0 \leqq f_k(x) \leqq f(x) \leqq \dfrac{1}{2}$ より　$f(x)\{1-f(x)\}^k f_k(x) \geqq 0$

よって　$f(x)-f_{k+1}(x) \leqq f(x)\{1-f(x)\}^{k+1}$

したがって，$n=k+1$ のときも成り立つ．

(i)，(ii) より，$f(x)-f_n(x) \leqq f(x)\{1-f(x)\}^n$ $(n \geqq 0,\ x \in I)$ が成り立つ．

(4) **一様収束の定義を書いて，そのことを示す．**

$\displaystyle\lim_{n\to\infty}\sup_{x\in I}|f_n(x)-f(x)|=0$ が成り立つときに，

関数の列 $\{f_n\}$ は f に I 上で一様収束するという．

(3) より　$|f_n(x)-f(x)|=f(x)-f_n(x) \leqq f(x)\{1-f(x)\}^n$ $(n \geqq 0,\ x \in I)$

よって，$\displaystyle\lim_{n\to\infty}\sup_{x\in I}|f_n(x)-f(x)| \leqq \lim_{n\to\infty}\sup_{x\in I}f(x)\{1-f(x)\}^n=0$ を示せばよい．

$0<\varepsilon<\dfrac{1}{2}$ とする．　**$0 \leqq f(x) \leqq \dfrac{1}{2}$ に注意**

$\displaystyle\lim_{x\to+0}f(x)=0$ より　ある $\delta>0$ が存在して，$0 \leqq x<\delta$ ならば $|f(x)|<\varepsilon$

$\displaystyle\lim_{x\to\infty}f(x)=0$ より　ある $a>0$ が存在して，$x>a$ ならば $|f(x)|<\varepsilon$

(i) $0 \leqq x<\delta,\ x>a$ のとき

$\dfrac{1}{2} \leqq 1-f(x) \leqq 1$ より　任意の自然数 n について　$0 \leqq f(x)\{1-f(x)\}^n<\varepsilon$

(ii) $\delta \leqq x \leqq a$ のとき

$m=\min\{f(\delta),\ f(a)\}>0$ とおくと (1) の増減表より $m \leqq f(x) \leqq \dfrac{1}{2}$ だから

$$\frac{1}{2} \leqq 1-f(x) \leqq 1-m$$

$\displaystyle\lim_{n\to\infty}(1-m)^n=0$ より　ある $N>0$ が存在して，$n>N$ ならば $(1-m)^n<\varepsilon$

$0<m \leqq f(x) \leqq \dfrac{1}{2}$ より，$n>N$ ならば

$$0<f(x)\{1-f(x)\}^n \leqq f(x)(1-m)^n<\varepsilon$$

(i)，(ii) より，区間 I で　$n>N$ ならば $0 \leqq f(x)\{1-f(x)\}^n<\varepsilon$

よって　$n>N$ ならば $\displaystyle 0 \leqq \sup_{x\in I}f(x)\{1-f(x)\}^n \leqq \varepsilon$

$\displaystyle\therefore\quad \lim_{n\to\infty}\sup_{x\in I}f(x)\{1-f(x)\}^n=0$

したがって，$\{f_n\}$ は f に I 上で一様収束する．

〈注〉 $0<x<1$ のとき，$\displaystyle\lim_{n\to\infty}(1-x)^n$ は 0 に収束するが，一様収束ではない．

〈注〉 本問は情報系学部の編入学試験問題である．(4) の解答を ε-δ で書いたが，工学部編入学試験ではほとんど必要ない．理学部数学科や情報系学部への進学希望の場合は，ε-δ 論法を知っておくとよいだろう．

| 2 | 級数とべき級数

ポイント 17

① (i) $\sum_{n=1}^{\infty} a_n$ が収束 $\Longrightarrow$ $\lim_{n\to\infty} a_n = 0$

(ii) $\lim_{n\to\infty} a_n \neq 0$ $\Longrightarrow$ $\sum_{n=1}^{\infty} a_n$ は発散

(iii) $\sum_{n=1}^{\infty} |a_n|$ が収束 $\Longrightarrow$ $\sum_{n=1}^{\infty} a_n$ も収束

② 正項級数 $\sum_{n=1}^{\infty} a_n$，$\sum_{n=1}^{\infty} b_n$ において，$a_n \leqq b_n$ のとき

(i) $\sum_{n=1}^{\infty} b_n$ が収束 $\Longrightarrow$ $\sum_{n=1}^{\infty} a_n$ も収束　(ii) $\sum_{n=1}^{\infty} a_n$ が発散 $\Longrightarrow$ $\sum_{n=1}^{\infty} b_n$ も発散

58 (1) **$|r| < 1$ のとき　$\sum_{n=1}^{\infty} r^{n-1} = \dfrac{1}{1-r}$**

$$与式 = 2\sum_{n=1}^{\infty}\left(\frac{1}{3}\right)^{n-1} + 3\sum_{n=1}^{\infty}\left(-\frac{4}{5}\right)^{n-1} = 2\cdot\frac{1}{1-\frac{1}{3}} + 3\cdot\frac{1}{1-\left(-\frac{4}{5}\right)}$$

$$= 3 + \frac{5}{3} = \frac{14}{3}$$　ゆえに，級数は収束し，その和は $\dfrac{14}{3}$

(2) **第 n 部分和を求め，$n \to \infty$ とする．**

第 n 部分和 S_n を $S_n = \sum_{k=1}^{n} \dfrac{1}{\sqrt{k+1}+\sqrt{k}}$ とする．

$$\frac{1}{\sqrt{k+1}+\sqrt{k}} = \frac{1}{\sqrt{k+1}+\sqrt{k}}\cdot\frac{\sqrt{k+1}-\sqrt{k}}{\sqrt{k+1}-\sqrt{k}} = \sqrt{k+1}-\sqrt{k}$$ より

$$S_n = \sum_{k=1}^{n}(\sqrt{k+1}-\sqrt{k})$$
$$= (\sqrt{2}-1)+(\sqrt{3}-\sqrt{2})+(\sqrt{4}-\sqrt{3})+\cdots+(\sqrt{n+1}-\sqrt{n})$$
$$= -1+\sqrt{n+1}$$　**前に項が 1 つ残るときは，後ろにも 1 つの項が残る**

$$\sum_{n=1}^{\infty}\frac{1}{\sqrt{n+1}+\sqrt{n}} = \lim_{n\to\infty} S_n = \infty$$　ゆえに，級数は発散

(3) **ポイント 17①(ii) を利用する．**

$a_n = \dfrac{n+1}{3(n+2)}$ とおくと $\displaystyle\lim_{n\to\infty} a_n = \frac{1}{3} \neq 0$ ゆえに，級数は発散

59 **ポイント 17②を利用する．**

(1) $n \leqq x \leqq n+1$ のとき，$\dfrac{1}{x} \leqq \dfrac{1}{n}$ より $\displaystyle\int_n^{n+1} \frac{1}{x}\,dx \leqq \int_n^{n+1} \frac{1}{n}\,dx = \frac{1}{n}$

両辺の第 N 部分和をとると $\displaystyle\sum_{n=1}^{N} \int_n^{n+1} \frac{1}{x}\,dx \leqq \sum_{n=1}^{N} \frac{1}{n}$ 　ここで左辺は

$$\sum_{n=1}^{N} \int_n^{n+1} \frac{1}{x}\,dx = \sum_{n=1}^{N} \Big[\log|x|\Big]_n^{n+1} = \sum_{n=1}^{N} \Big\{\log(n+1) - \log n\Big\} = \log(N+1)$$

ゆえに $\displaystyle\log(N+1) \leqq \sum_{n=1}^{N} \frac{1}{n}$

$N \to \infty$ とすると $\log(N+1) \to \infty$ から $\displaystyle\sum_{n=1}^{\infty} \frac{1}{n}$ は収束しない（発散）

(2) $n=2$ におけるマクローリンの定理から $\sin x = x - \dfrac{\sin\theta x}{2!}x^2$ $(0<\theta<1)$ より

$f(x) = \sin x - x + \dfrac{x^2}{2}$ $(x \geqq 0)$ とおく．

$f'(x) = \cos x - 1 + x$，$f''(x) = 1 - \sin x \geqq 0$

$f''(x) \geqq 0$ $(x \geqq 0)$ かつ $f'(0) = 0$ より　$f'(x) \geqq 0$ $(x \geqq 0)$

$f'(x) \geqq 0$ $(x \geqq 0)$ かつ $f(0) = 0$ より　$f(x) \geqq 0$ $(x \geqq 0)$

よって $x - \sin x \leqq \dfrac{x^2}{2}$ $(x \geqq 0)$ から　$\dfrac{1}{n} - \sin\left(\dfrac{1}{n}\right) \leqq \dfrac{1}{2n^2}$

$\displaystyle\sum_{n=1}^{\infty}\left(\frac{1}{n} - \sin\left(\frac{1}{n}\right)\right) \leqq \frac{1}{2}\sum_{n=1}^{\infty}\frac{1}{n^2}$ となる．$\displaystyle\sum_{n=1}^{\infty}\frac{1}{n^2}$ の収束性を調べる．

(1) と同様に，$n \leqq x \leqq n+1$ のとき $\dfrac{1}{(n+1)^2} \leqq \dfrac{1}{x^2}$ より

$$\frac{1}{(n+1)^2} = \int_n^{n+1} \frac{1}{(n+1)^2}\,dx \leqq \int_n^{n+1} \frac{1}{x^2}\,dx = \left[-\frac{1}{x}\right]_n^{n+1} = \frac{1}{n} - \frac{1}{n+1} \text{ から}$$

$$\sum_{n=1}^{N+1}\frac{1}{n^2} = 1 + \sum_{n=2}^{N+1}\frac{1}{n^2} = 1 + \sum_{n=1}^{N}\frac{1}{(n+1)^2} \leqq 1 + \sum_{n=1}^{N}\left(\frac{1}{n} - \frac{1}{n+1}\right) = 2 - \frac{1}{N+1}$$

$N \to \infty$ より $\displaystyle\sum_{n=1}^{\infty}\frac{1}{n^2} \leqq 2$　ゆえに，$\displaystyle\sum_{n=1}^{\infty}\left(\frac{1}{n} - \sin\left(\frac{1}{n}\right)\right)$ は収束する．

〈注〉 $\dfrac{1}{(n+1)^2} \leqq \dfrac{1}{n(n+1)} = \dfrac{1}{n} - \dfrac{1}{n+1}$ $(n \geqq 1)$ と考えてもよい．

〈注〉 $\displaystyle\zeta(x) = \sum_{n=1}^{\infty}\frac{1}{n^x}$ $(x>1)$ をリーマンのゼータ関数という．

$\displaystyle\zeta(2) = \sum_{n=1}^{\infty}\frac{1}{n^2} = \frac{\pi^2}{6}$ が知られている．$\displaystyle\sum_{n=1}^{\infty}\frac{1}{n}$ は発散するが，$\displaystyle\sum_{n=1}^{\infty}\frac{1}{n^2}$ は収束する．

ポイント 18

① 収束半径の求め方（**ダランベールの方法**）

$\displaystyle\sum_{n=0}^{\infty} a_n x^n$ において，$\displaystyle\lim_{n\to\infty}\left|\frac{a_{n+1}}{a_n}\right| = \alpha$（収束）とすると

(i) $\alpha = 0$ のとき，収束半径 $R = \infty$　(ii) $\alpha \neq 0$ のとき，収束半径 $R = \dfrac{1}{\alpha}$

② 項の正負が交互に入れ替わる級数を**交代級数**という．

交代級数 $\displaystyle\sum_{n=0}^{\infty}(-1)^n a_n = a_0 - a_1 + \cdots + (-1)^n a_n + \cdots$　$(a_n \geqq 0)$ において

$\{a_n\}$ が単調減少列で，$\displaystyle\lim_{n\to\infty} a_n = 0$ ならば，交代級数 $\displaystyle\sum_{n=0}^{\infty}(-1)^n a_n$ は収束する．

60 **ポイント 18① の ダランベールの方法を用いて収束半径 R を求め，収束域は境界点での収束・発散をポイント 18②，ポイント 17② などを用いて調べる必要がある．.**

与式 $\displaystyle = \sum_{n=0}^{\infty}\frac{n+2}{(n+1)(n+3)}x^n$ より，$a_n = \dfrac{n+2}{(n+1)(n+3)}$ とおく．

$$\lim_{n\to\infty}\left|\frac{a_{n+1}}{a_n}\right| = \lim_{n\to\infty}\frac{(n+1)(n+3)^2}{(n+2)^2(n+4)} = \lim_{n\to\infty}\frac{\left(1+\frac{1}{n}\right)\left(1+\frac{3}{n}\right)^2}{\left(1+\frac{2}{n}\right)^2\left(1+\frac{4}{n}\right)} = 1$$

よって，収束半径は 1 である．

次に，境界点 $x = \pm 1$ での収束・発散を調べる．

$x = -1$ のとき，交代級数である．　**ポイント 18②を利用**

$$a_n = \frac{n+2}{(n+1)(n+3)} = \frac{1}{2}\left(\frac{1}{n+1} + \frac{1}{n+3}\right) \text{ より}$$

$$a_n - a_{n+1} = \frac{1}{2}\left(\frac{1}{n+1} - \frac{1}{n+2} + \frac{1}{n+3} - \frac{1}{n+4}\right) > 0$$

$a_{n+1} < a_n$ だから単調減少であり，$\displaystyle\lim_{n\to\infty} a_n = 0$ を満たすから，収束する．

$x = 1$ のとき，正項級数である．　**ポイント 17②(ii) を利用**

$$a_n = \frac{n+1+1}{(n+1)(n+3)} = \frac{1}{n+3} + \frac{1}{(n+1)(n+3)} > \frac{1}{n+3}$$

$\displaystyle\sum_{n=1}^{\infty}\frac{1}{n+3}$ は発散するから，$\displaystyle\sum_{n=1}^{\infty} a_n$ も発散する．

$\displaystyle\sum_{n=1}^{\infty}\frac{1}{n+3} = \sum_{n=4}^{\infty}\frac{1}{n} > \int_4^{\infty}\frac{1}{x}\,dx$ であり $\displaystyle\int_4^{\infty}\frac{1}{x}\,dx$ は発散する

よって，収束域は $-1 \leqq x < 1$ である．

61 (1) 数学的帰納法により示す．

(i) $n = 1$ のとき

$$\Gamma(2)=\int_0^\infty ue^{-u}\,du=\left[-ue^{-u}\right]_0^\infty+\int_0^\infty e^{-u}\,du=\left[-e^{-u}\right]_0^\infty=1=1!$$

よって，成り立つ． **ロピタルの定理より $\lim_{u\to\infty} ue^{-u}=\lim_{u\to\infty} e^{-u}=0$**

(ii) $n=k\ (k\geqq 2)$ のとき，$\Gamma(k+1)=k!$ が成り立つと仮定する．

$$\Gamma(k+2)=\int_0^\infty u^{k+1}e^{-u}\,du=\left[-u^{k+1}e^{-u}\right]_0^\infty+(k+1)\int_0^\infty u^k e^{-u}\,du$$
$$=(k+1)\Gamma(k+1)=(k+1)\cdot k!=(k+1)!$$

よって，$n=k+1$ のときも成り立つ．

(i), (ii) より，任意の正の整数 n（自然数 n）に対して，$\Gamma(n+1)=n!$ が成り立つ．

(2) $x=e^{-\frac{u}{n+1}}$ より $\dfrac{dx}{du}=-\dfrac{1}{n+1}e^{-\frac{u}{n+1}}$ 積分範囲は

x	$0 \longrightarrow 1$
u	$\infty \longrightarrow 0$

$$\int_0^1 x^n(\log x)^n\,dx=\int_\infty^0 e^{-\frac{n}{n+1}u}\left(-\frac{1}{n+1}u\right)^n\left(-\frac{1}{n+1}e^{-\frac{1}{n+1}u}\right)du$$
$$=(-1)^n\left(\frac{1}{n+1}\right)^{n+1}\int_0^\infty u^n e^{-u}\,du=\frac{(-1)^n}{(n+1)^{n+1}}\Gamma(n+1)=\frac{(-1)^n n!}{(n+1)^{n+1}}$$

(3) $$\int_0^1 x^{-x}\,dx=\int_0^1\sum_{n=0}^\infty\frac{(-x\log x)^n}{n!}\,dx=\sum_{n=0}^\infty\frac{(-1)^n}{n!}\int_0^1 x^n(\log x)^n\,dx$$
$$=\sum_{n=0}^\infty\frac{(-1)^n}{n!}\frac{(-1)^n n!}{(n+1)^{n+1}}=\sum_{n=0}^\infty(n+1)^{-(n+1)}=\sum_{n=1}^\infty n^{-n}$$

〈注〉 $\Gamma(x)=\displaystyle\int_0^\infty u^{x-1}e^{-u}du\quad(x>0)$ をガンマ関数という．

62 **ポイント 17② の正項級数の性質を用いる．**

(1) $n=1,\ 2,\ 3,\ \cdots$ に対して，$a_n\geqq 0$ より $\dfrac{a_n}{1+a_n}\leqq a_n,\quad \dfrac{a_n}{1+na_n}\leqq a_n$

$\displaystyle\sum_{n=1}^\infty a_n$ が収束するから $\displaystyle\sum_{n=1}^\infty\frac{a_n}{1+a_n}$ および $\displaystyle\sum_{n=1}^\infty\frac{a_n}{1+na_n}$ は収束する．

(2) $\displaystyle\sum_{n=1}^\infty\frac{a_n}{1+a_n}$ が収束することから $\displaystyle\lim_{n\to\infty}\frac{a_n}{1+a_n}=0$

ここで，十分大きな N をとると，$n\geqq N$ のとき $\dfrac{a_n}{1+a_n}<\dfrac{1}{2}$

$a_n\geqq 0$ より，これを解いて $0\leqq a_n<1$ よって $\dfrac{a_n}{1+a_n}\geqq\dfrac{a_n}{1+1}=\dfrac{a_n}{2}$

$$\frac{1}{2}\sum_{n=N}^\infty a_n\leqq\sum_{n=N}^\infty\frac{a_n}{1+a_n}\leqq\sum_{n=1}^\infty\frac{a_n}{1+a_n}$$

$\displaystyle\sum_{n=1}^\infty\frac{a_n}{1+a_n}$ が収束するから，$\displaystyle\sum_{n=N}^\infty a_n$ は収束する．また，有限和 $\displaystyle\sum_{n=1}^{N-1}a_n$ は収束する．

したがって，$\displaystyle\sum_{n=1}^{\infty} a_n$ は収束する．

(3) $a_n = \begin{cases} k^2 & (n \text{ が平方数 } k^2 \text{ のとき}) \\ 0 & (n \text{ が平方数 } k^2 \text{ 以外のとき}) \end{cases}$ （k は自然数）とする．

$$\sum_{n=1}^{\infty} \frac{a_n}{1+na_n} = \sum_{k=1}^{\infty} \frac{k^2}{1+k^2\cdot k^2} < \sum_{k=1}^{\infty} \frac{k^2}{k^2\cdot k^2} = \sum_{k=1}^{\infty} \frac{1}{k^2}$$

$\displaystyle\sum_{k=1}^{\infty} \frac{1}{k^2}$ は収束するから，$\displaystyle\sum_{n=1}^{\infty} \frac{a_n}{1+na_n}$ は収束する．

一方で，$\displaystyle\sum_{n=1}^{\infty} a_n = \sum_{k=1}^{\infty} k^2$ だから，$\displaystyle\sum_{n=1}^{\infty} a_n$ は発散する．

(4) $a_n = 0$ のとき　明らかに　$\dfrac{a_n}{1+n^2a_n} < \dfrac{1}{n^2}$

$a_n > 0$ のとき　$\dfrac{a_n}{1+n^2a_n} < \dfrac{a_n}{n^2a_n} = \dfrac{1}{n^2}$

したがって，つねに $\dfrac{a_n}{1+n^2a_n} < \dfrac{1}{n^2}$ が成り立つ．

$\displaystyle\sum_{n=1}^{\infty} \frac{1}{n^2}$ は収束するから，$\displaystyle\sum_{n=1}^{\infty} \frac{a_n}{1+n^2a_n}$ は収束する．**ポイント17②**

63 (1) $f(x)$ が狭義単調減少関数だから

$k < x < k+1$ のとき　$f(k+1) < f(x) < f(k)$

よって　$\displaystyle\int_k^{k+1} f(x)\,dx < \int_k^{k+1} f(k)\,dx = f(k)$

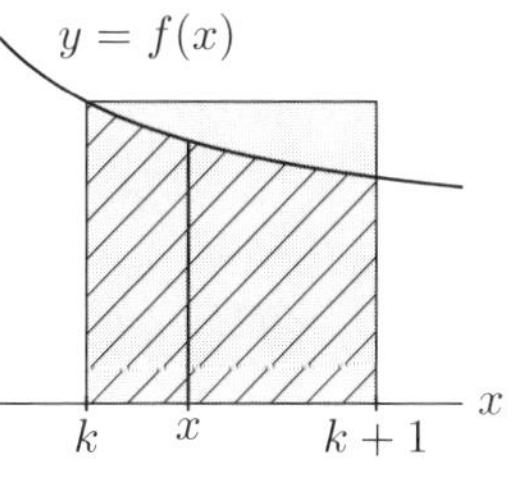

(2) $g'(x) = \left\{x^{-1}(\log x)^{-2}\right\}'$

$$= -x^{-2}(\log x)^{-2} - 2x^{-1}(\log x)^{-3}\cdot\frac{1}{x}$$

$$= -\frac{\log x + 2}{x^2(\log x)^3} < 0$$ **$x > 1$ のとき $\log x > 0$**

よって，$g(x)$ は狭義単調減少関数である．

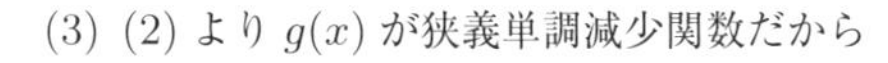

(3) (2) より $g(x)$ が狭義単調減少関数だから

(1) と同様に

$k-1 < x < k$ のとき　$g(k) < g(x)$

よって，$k \geqq 3$ のとき

$$g(k) = \int_{k-1}^{k} g(k)\,dx$$

$$< \int_{k-1}^{k} g(x)\,dx = \int_{k-1}^{k} \frac{1}{x(\log x)^2}\,dx = \left[-\frac{1}{\log x}\right]_{k-1}^{k} = \frac{1}{\log(k-1)} - \frac{1}{\log k}$$

$y = g(x)$

x

$k-1$　x　k

(4) (3) より $\dfrac{1}{k(\log k)^2} < \dfrac{1}{\log(k-1)} - \dfrac{1}{\log k}$ $(k \geqq 3)$ が成り立つ．

$T_n - T_{n-1} = \dfrac{1}{n(\log n)^2} > 0$ $(n \geqq 2)$ より，$\{T_n\}_{n=2}$ は単調増加列である．一方で

$$T_n = \sum_{k=2}^{n} \frac{1}{k(\log k)^2} = \frac{1}{2(\log 2)^2} + \sum_{k=3}^{n} \frac{1}{k(\log k)^2}$$

$$< \frac{1}{2(\log 2)^2} + \sum_{k=3}^{n}\left(\frac{1}{\log(k-1)} - \frac{1}{\log k}\right) = \frac{1}{2(\log 2)^2} + \left(\frac{1}{\log 2} - \frac{1}{\log n}\right)$$

$$< \frac{1}{2(\log 2)^2} + \frac{1}{\log 2}$$

$n > 1$ のとき $\log n > 0$

$\{T_n\}_{n=2}$ は上に有界な単調増加列である．

したがって，T_n は収束する．　**212 ページのポイント 7 より**

〈注〉　区間 I で定義された関数 $y = f(x)$ および任意の $x_1, x_2 \in I$ に対して

$$x_1 < x_2 \implies f(x_1) \geqq f(x_2)$$

を満たすとき，関数 $y = f(x)$ は単調減少であるという．特に

$$x_1 < x_2 \implies f(x_1) > f(x_2)$$

を満たすとき，関数 $y = f(x)$ は**狭義単調減少**であるという．すなわち「x の値が増加するとき $f(x)$ の値が必ず減少する」ということである．**狭義単調増加**についても同様に定義する．

3　テイラー展開とマクローリン展開

64　(1) $f(x) = \sqrt{e^{3x}} = e^{\frac{3}{2}x}$ より　$f^{(n)}(x) = \left(\dfrac{3}{2}\right)^n e^{\frac{3}{2}x}$，$f^{(n)}(0) = \left(\dfrac{3}{2}\right)^n$

$$f(x) = f(0) + f'(0)x + \frac{1}{2!}f''(0)x^2 + \cdots + \frac{1}{n!}f^{(n)}(0)x^2 + \cdots$$

$$= 1 + \frac{3}{2}x + \frac{9}{8}x^2 + \cdots + \frac{3^n}{2^n n!}x^n + \cdots$$

別解　$\sqrt{e^{3x}} = e^{\frac{3}{2}x}$ だから，要項 18①の x を $\dfrac{3}{2}x$ に置き換えて

$$\sqrt{e^{3x}} = 1 + \frac{3}{2}x + \frac{1}{2!}\left(\frac{3}{2}x\right)^2 + \cdots + \frac{1}{n!}\left(\frac{3}{2}x\right)^n + \cdots$$

(2) $f(x) = \dfrac{1}{\sqrt{1+x}} = (1+x)^{-\frac{1}{2}}$ より

$$f'(x) = -\frac{1}{2}(1+x)^{-\frac{3}{2}},\ f''(x) = \frac{3}{4}(1+x)^{-\frac{5}{2}},\ f'''(x) = -\frac{15}{8}(1+x)^{-\frac{7}{2}}$$

$f(0) = 1$，$f'(0) = -\dfrac{1}{2}$，$f''(0) = \dfrac{3}{4}$，$f'''(0) = -\dfrac{15}{8}$ より

$$f(x) = f(0) + f'(0)x + \frac{1}{2!}f''(0)x^2 + \frac{1}{3!}f'''(0)x^3 + \cdots$$

$$= 1 - \frac{1}{2}x + \frac{3}{8}x^2 - \frac{5}{16}x^3 + \cdots$$

(3) **$x=0$ の近傍のテイラー展開は，マクローリン展開である．**

$f(x)=\log\left(\dfrac{1+x}{1-x}\right)=\log(1+x)-\log(1-x)$ より　$f'(x)=\dfrac{1}{1+x}+\dfrac{1}{1-x}$,

$f''(x)=\dfrac{-1}{(1+x)^2}+\dfrac{1}{(1-x)^2}$, $f'''(x)=\dfrac{2}{(1+x)^3}+\dfrac{2}{(1-x)^3}$

$f(0)=0$,　$f'(0)=2$, $f''(0)=0$, $f'''(0)=4$ より

$f(x)=f(0)+f'(0)x+\dfrac{1}{2!}f''(0)x^2+\dfrac{1}{3!}f'''(0)x^3+\cdots=2x+\dfrac{2}{3}x^3+\cdots$

別解　35 ページの例題 19 別解 (3) より

$\log(1+x)=\quad x-\dfrac{1}{2}x^2+\dfrac{1}{3}x^3-\cdots\quad(|x|<1)$　**x を $-x$ に置き換えた**

$\log(1-x)=-x-\dfrac{1}{2}x^2-\dfrac{1}{3}x^3-\cdots\quad(|x|<1)$

$f(x)=\log(1+x)-\log(1-x)=2x+\dfrac{2}{3}x^3+\cdots$

別解　**要項 18④を利用する．**

$f(x)=\log(1+x)-\log(1-x)$ を微分すると

$f'(x)=\dfrac{1}{1+x}+\dfrac{1}{1-x}=(1-x+x^2-x^3+\cdots)+(1+x+x^2+x^3+\cdots)$

$\quad=2+2x^2+\cdots$

不定積分より　$f(x)=2x+\dfrac{2}{3}x^3+\cdots+C$　　$f(0)=\log 1-\log 1=0$ より　$C=0$

よって　$f(x)=2x+\dfrac{2}{3}x^3+\cdots$

(4) $f(x)=\cosh x=\dfrac{1}{2}(e^x+e^{-x})$ だから $n=0,\ 1,\ 2,\ \cdots$ に対して

$f^{(2n)}(x)=\cosh x=\dfrac{1}{2}(e^x+e^{-x})$,　$f^{(2n+1)}(x)=\sinh x=\dfrac{1}{2}(e^x-e^{-x})$,

$f^{(2n)}(0)=\cosh 0=1$,　$f^{(2n+1)}(0)=\sinh 0=0$ より

$f(x)=f(0)+f'(0)x+\dfrac{1}{2!}f''(0)x^2+\dfrac{1}{3!}f'''(0)x^3+\dfrac{1}{4!}f^{(4)}(0)x^4+\cdots$

$\quad=1+\dfrac{1}{2!}x^2+\dfrac{1}{4!}x^4+\cdots=1+\dfrac{1}{2}x^2+\dfrac{1}{24}x^4+\cdots$

〈注〉 $\cosh x=\dfrac{e^x+e^{-x}}{2}$,　$\sinh x=\dfrac{e^x-e^{-x}}{2}$

別解　$e^x=1+x+\dfrac{1}{2!}x^2+\dfrac{1}{3!}x^3+\dfrac{1}{4!}x^4+\cdots$　**要項 18① の 4 次の項まで**

$e^{-x}=1-x+\dfrac{1}{2!}x^2-\dfrac{1}{3!}x^3+\dfrac{1}{4!}x^4-\cdots$　**x を $-x$ に置き換えた**

$\cosh x=1\qquad+\dfrac{1}{2!}x^2\qquad+\dfrac{1}{4!}x^4+\cdots$

(5) $\cos x = 1 - \frac{1}{2!}x^2 + \frac{1}{4!}x^4 - \cdots$ 要項 18③ の 4 次の項まで

$\frac{1}{1+x^2} = 1 - x^2 + x^4 - \cdots$ 要項 18④ の x を $-x^2$ に置き換えた

$$\frac{\cos x}{x^2+1} = \cos x \cdot \frac{1}{1+x^2} = 1 - \left(1 + \frac{1}{2!}\right)x^2 + \left(1 + \frac{1}{2!} + \frac{1}{4!}\right)x^4 - \cdots$$
$$= 1 - \frac{3}{2}x^2 + \frac{37}{24}x^4 - \cdots$$

ゆえに $g(x) = 1 - \frac{3}{2}x^2 + \frac{37}{24}x^4$

(6) $e^x = 1 + x + \frac{1}{2!}x^2 + \frac{1}{3!}x^3 + \frac{1}{4!}x^4 + \cdots$ 要項 18① の 4 次の項まで

$\cos x = 1 - \frac{1}{2!}x^2 + \frac{1}{4!}x^4 - \cdots$ 要項 18③ の 4 次の項まで

$$e^x \cos x = 1+x+\left(-\frac{1}{2!}+\frac{1}{2!}\right)x^2+\left(-\frac{1}{2!}+\frac{1}{3!}\right)x^3+\left(\frac{1}{4!}-\frac{1}{2!\cdot 2!}+\frac{1}{4!}\right)x^4+\cdots$$
$$= 1 + x - \frac{1}{3}x^3 - \frac{1}{6}x^4 + \cdots$$

別解 $f(x) = e^x \cos x$ は $g(x) = e^{(1+i)x}$ の実部である．$g(x)$ は

$$g(x) = e^{(1+i)x} = 1 + (1+i)x + \frac{1}{2!}(1+i)^2x^2 + \frac{1}{3!}(1+i)^3x^3 + \frac{1}{4!}(1+i)^4x^4 + \cdots$$
$$= 1 + (1+i)x + \frac{1}{2!}(i2)x^2 + \frac{1}{3!}(-2+i2)x^3 + \frac{1}{4!}(-4)x^4 + \cdots$$

$g(x)$ の実部から $f(x) = 1 + x - \frac{1}{3}x^3 - \frac{1}{6}x^4 + \cdots$

65 $f(x) = \log x$ だから $f^{(k)}(x) = (-1)^{k-1}(k-1)!\frac{1}{x^k}$ $(k = 1,\ 2,\ 3,\ \cdots)$

$f(1) = 0$，$f^{(k)}(1) = (-1)^{k-1}(k-1)!$ $(k = 1,\ 2,\ 3,\ \cdots)$

$x = 1$ におけるテイラー級数（テイラー展開）は

$$f(x) = \sum_{k=0}^{\infty} \frac{1}{k!} f^{(k)}(1)(x-1)^k = \sum_{k=1}^{\infty} \frac{(-1)^{k-1}}{k}(x-1)^k$$

66 (1) $f(x) = \log(1-x)$ だから $f^{(n)}(x) = -(n-1)!(1-x)^{-n}$ $(n = 1,\ 2,\ 3,\ \cdots)$

$f(0) = 0$，$f^{(n)}(0) = -(n-1)!$ $(n = 1,\ 2,\ 3,\ \cdots)$ より

$$f(x) = \sum_{n=0}^{\infty} \frac{1}{n!} f^{(n)}(0)x^n = -\sum_{n=1}^{\infty} \frac{(n-1)!}{n!}x^n = -\sum_{n=1}^{\infty} \frac{1}{n}x^n$$

要項 18④ を積分してもよい

(2) $g(x) = \log(1-x) - \frac{x}{x-1}$ とおくと $g'(x) = \frac{x}{(x-1)^2} > 0$ $(0 < x < 1)$

よって，$g(x)$ は $0 < x < 1$ で単調増加で，$g(0) = 0$ だから $g(x) > 0$

したがって $\frac{x}{x-1} < \log(1-x)$ $(0 < x < 1)$

別解 $\dfrac{x}{x-1}=-x\dfrac{1}{1-x}=-x\displaystyle\sum_{n=0}^{\infty}x^n=-\sum_{n=0}^{\infty}x^{n+1}=-\sum_{n=1}^{\infty}x^n \quad (|x|<1)$

これより，$0<x<1$ において

$$\log(1-x)-\frac{x}{x-1}=-\sum_{n=1}^{\infty}\frac{1}{n}x^n-\left(-\sum_{n=1}^{\infty}x^n\right)=\sum_{n=1}^{\infty}\left(1-\frac{1}{n}\right)x^n>0$$

(3) $\log 2019=\log(2048-29)=\log 2048\left(1-\dfrac{29}{2048}\right)=\log 2048+\log\left(1-\dfrac{29}{2048}\right)$

$$=\log 2^{11}+\log\left(1-\frac{29}{2048}\right)=11\log 2+\log\left(1-\frac{29}{2048}\right)$$

一方で，$0<x<1$ のとき，(1) から $\log(1-x)<-x$，(2) から $\dfrac{x}{x-1}<\log(1-x)$

よって $\dfrac{x}{x-1}<\log(1-x)<-x \quad (0<x<1)\ \cdots\ (*)$

$x=\dfrac{29}{2048}$ とおくと $\dfrac{x}{x-1}=-\dfrac{29}{2019}=-0.01436\cdots$，$\quad -x=-0.01416\cdots$

よって，$(*)$ から $-0.0143<\log\left(1-\dfrac{29}{2048}\right)<-0.0142$

$\log 2^{11}=11\log 2 \fallingdotseq 7.6246$ より **自然対数であることに注意する**

$7.6246-0.0143<\log 2019<7.6246-0.0142$

$$7.6103<\log 2019<7.6104 \qquad (\log 2019\fallingdotseq 7.610)$$

ゆえに 近似値は 7.6 **小数第1位までだからこれほど正確でなくともよい**

$\boldsymbol{\dfrac{x}{x-1}\fallingdotseq -0.014\cdots\fallingdotseq -x}$ とわかった時点で $\boldsymbol{\log(1-x)\fallingdotseq -x}$ としてもよい

67 (1) $f'(x)=-\dfrac{\sin x}{\cos x}=-\tan x$，$f''(x)=-\dfrac{1}{\cos^2 x}$，$f'''(x)=-\dfrac{2\sin x}{\cos^3 x}$

(2) $f(0)=f'(0)=0$，$f''(0)=-1$ より

$$f(x)=f(0)+f'(0)x+\frac{f''(0)}{2!}x^2+R_3(x)=-\frac{1}{2}x^2+R_3(x)$$

剰余項 $R_3(x)=\dfrac{f'''(\theta x)}{3!}x^3=\dfrac{1}{3!}\left(-\dfrac{2\sin\theta x}{\cos^3\theta x}\right)x^3=-\dfrac{\sin\theta x}{3\cos^3\theta x}x^3 \quad (0<\theta<1)$

(3) **まず $\boldsymbol{\log\cos^n\left(\dfrac{1}{\sqrt{n}}\right)}$ の極限を考え，(2) の結果を利用する．**

$\displaystyle\lim_{n\to\infty}\log\cos^n\left(\frac{1}{\sqrt{n}}\right)=\lim_{n\to\infty}n\log\cos\left(\frac{1}{\sqrt{n}}\right)$ **$\boldsymbol{x=\dfrac{1}{\sqrt{n}}}$ とおく．$\boldsymbol{x\to +0}$**

$\displaystyle=\lim_{x\to+0}\frac{1}{x^2}\left(-\frac{1}{2}x^2+R_3(x)\right)$ **(2) の結果を利用**

$$=-\frac{1}{2}+\lim_{x\to+0}\frac{R_3(x)}{x^2}=-\frac{1}{2}$$

$\boldsymbol{\displaystyle\lim_{x\to+0}\sin\theta x=0,\ \lim_{x\to+0}\cos\theta x=1}$ より $\boldsymbol{\displaystyle\lim_{x\to+0}\left|\frac{R_3(x)}{x^2}\right|=\lim_{x\to+0}\frac{\sin\theta x}{3\cos^3\theta x}x=0}$

よって $\lim_{n\to\infty}\cos^n\left(\frac{1}{\sqrt{n}}\right)=e^{-\frac{1}{2}}=\frac{1}{\sqrt{e}}$

別解 $x=\frac{1}{\sqrt{n}}$ とおくと $\log\cos^n\left(\frac{1}{\sqrt{n}}\right)=n\log\cos\frac{1}{\sqrt{n}}=\frac{\log\cos x}{x^2}$

$n\to\infty$ のとき $x\to+0$ より

$$\lim_{n\to\infty}\log\cos^n\left(\frac{1}{\sqrt{n}}\right)=\lim_{x\to+0}\frac{\log\cos x}{x^2}=\lim_{x\to+0}\frac{\frac{-\sin x}{\cos x}}{2x}$$
$$=-\lim_{x\to+0}\left(\frac{\sin x}{x}\cdot\frac{1}{2\cos x}\right)=-\frac{1}{2}$$

ゆえに $\lim_{n\to\infty}\cos^n\left(\frac{1}{\sqrt{n}}\right)=e^{-\frac{1}{2}}=\frac{1}{\sqrt{e}}$

68 (1) $f^{(n)}(x)=e^x$, $f^{(n)}(0)=1$ より

$$f(x)=e^x=1+\frac{1}{1!}x+\frac{1}{2!}x^2+\frac{1}{3!}x^3+\cdots+\frac{1}{n!}x^n+\cdots$$

(2) $a_n=\frac{1}{1!}+\frac{1}{2!}+\frac{1}{3!}+\cdots+\frac{1}{n!}$ とおく.

(1) から $\lim_{n\to\infty}a_n=f(1)-1=e-1$ である. 一方で

$$\begin{aligned}
a_1&=\frac{1}{1!}\\
a_2&=\frac{1}{1!}+\frac{1}{2!}\\
a_3&=\frac{1}{1!}+\frac{1}{2!}+\frac{1}{3!}\\
&\ \ \vdots\\
a_{n-1}&=\frac{1}{1!}+\frac{1}{2!}+\frac{1}{3!}+\cdots+\frac{1}{(n-2)!}+\frac{1}{(n-1)!}\\
+)\quad a_n&=\frac{1}{1!}+\frac{1}{2!}+\frac{1}{3!}+\cdots+\frac{1}{(n-2)!}+\frac{1}{(n-1)!}+\frac{1}{n!}
\end{aligned}$$

$$\sum_{k=1}^{n}a_k=\frac{n}{1!}+\frac{n-1}{2!}+\frac{n-2}{3!}+\cdots+\frac{3}{(n-2)!}+\frac{2}{(n-1)!}+\frac{1}{n!}$$

ゆえに $\lim_{n\to\infty}\frac{1}{n}\left(\frac{n}{1!}+\frac{n-1}{2!}+\cdots+\frac{2}{(n-1)!}+\frac{1}{n!}\right)$

$$=\lim_{n\to\infty}\frac{a_1+a_2+\cdots+a_{n-1}+a_n}{n}=\lim_{n\to\infty}a_n=e-1$$

(3) **ポイント 16 を参照せよ.**

$\varepsilon>0$ とし, $0<\varepsilon_1<\frac{\varepsilon}{2}$ とする.

$\lim_{n\to\infty}a_n=\alpha$ より ある自然数 N が存在して, $n>N$ ならば $|a_n-\alpha|<\varepsilon_1$

よって, $n>N$ のとき

$$\left|\frac{a_1+\cdots+a_n}{n}-\alpha\right|=\left|\frac{(a_1-\alpha)+\cdots+(a_n-\alpha)}{n}\right|$$

$$\leqq \frac{|a_1-\alpha|+\cdots+|a_N-\alpha|+|a_{N+1}-\alpha|+\cdots+|a_n-\alpha|}{n}$$

$$\leqq \frac{|a_1-\alpha|+\cdots+|a_N-\alpha|}{n}+\frac{n-N}{n}\varepsilon_1$$

$$< \frac{|a_1-\alpha|+\cdots+|a_N-\alpha|}{n}+\varepsilon_1$$

$0<\varepsilon_2<\dfrac{\varepsilon}{2}$ とする．$|a_1-\alpha|+\cdots+|a_N-\alpha|$ は有限だから

ある自然数 M が存在して，$n>M$ ならば $\dfrac{|a_1-\alpha|+\cdots+|a_N-\alpha|}{n}<\varepsilon_2$

N と M の大きい方を L とすると

$$n>L \text{ ならば } \left|\frac{a_1+\cdots+a_n}{n}-\alpha\right|<\varepsilon_2+\varepsilon_1<\varepsilon$$

よって　$\displaystyle\lim_{n\to\infty}\frac{a_1+\cdots+a_n}{n}=\alpha$

§2 偏微分

1 偏導関数

69 (1) $\boldsymbol{z = 3yx^{-1}}$ **と変形する.**

$$\frac{\partial z}{\partial x} = 3y \cdot (-x^{-2}) = -\frac{3y}{x^2},\quad \frac{\partial z}{\partial y} = 3 \cdot x^{-1} = \frac{3}{x}$$

(2) **積の微分と 1 変数関数の合成関数の微分を使う.**

$$\frac{\partial z}{\partial x} = y\cos(x^2+xy)\cdot(2x+y) = y(2x+y)\cos(x^2+xy)$$

$$\frac{\partial z}{\partial y} = \sin(x^2+xy) + y\cos(x^2+xy)\cdot x = \sin(x^2+xy) + xy\cos(x^2+xy)$$

(3) $\boldsymbol{y}$ **についての偏微分では対数微分法を使う.**

$$\frac{\partial z}{\partial x} = y(1+x^2y)^{y-1}\cdot 2xy = 2xy^2(1+x^2y)^{y-1}$$

$\log z = y\log(1+x^2y)$ の両辺を y で偏微分すると

$$\frac{1}{z}\frac{\partial z}{\partial y} = \log(1+x^2y) + y\frac{x^2}{1+x^2y}$$　両辺に $z = (1+x^2y)^y$ を掛けると

$$\frac{\partial z}{\partial y} = (1+x^2y)^y\left(\log(1+x^2y) + \frac{x^2y}{1+x^2y}\right)$$

70 **合成関数の微分法を用いて左辺を計算する.**

$$\frac{\partial z}{\partial u} = \frac{\partial z}{\partial x}\frac{\partial x}{\partial u} + \frac{\partial z}{\partial y}\frac{\partial y}{\partial u} = \frac{\partial z}{\partial x} + \frac{\partial z}{\partial y}v$$

$$\frac{\partial z}{\partial v} = \frac{\partial z}{\partial x}\frac{\partial x}{\partial v} + \frac{\partial z}{\partial y}\frac{\partial y}{\partial v} = \frac{\partial z}{\partial x} + \frac{\partial z}{\partial y}u$$

$$\frac{\partial^2 z}{\partial u^2} = \frac{\partial}{\partial u}\left(\frac{\partial z}{\partial u}\right)$$　$$\boldsymbol{\frac{\partial}{\partial u}\square = \frac{\partial}{\partial x}\square\cdot\frac{\partial x}{\partial u} + \frac{\partial}{\partial y}\square\cdot\frac{\partial y}{\partial u}}$$

$$= \frac{\partial^2 z}{\partial x^2}\frac{\partial x}{\partial u} + \frac{\partial^2 z}{\partial y\partial x}\frac{\partial y}{\partial u} + \left(\frac{\partial^2 z}{\partial x\partial y}\frac{\partial x}{\partial u} + \frac{\partial^2 z}{\partial y^2}\frac{\partial y}{\partial u}\right)v$$

$$= \frac{\partial^2 z}{\partial x^2} + 2\frac{\partial^2 z}{\partial x\partial y}v + \frac{\partial^2 z}{\partial y^2}v^2$$

$$\frac{\partial^2 z}{\partial u\partial v} = \frac{\partial}{\partial u}\left(\frac{\partial z}{\partial v}\right) = \frac{\partial^2 z}{\partial x^2}\frac{\partial x}{\partial u} + \frac{\partial^2 z}{\partial y\partial x}\frac{\partial y}{\partial u} + \left(\frac{\partial^2 z}{\partial x\partial y}\frac{\partial x}{\partial u} + \frac{\partial^2 z}{\partial y^2}\frac{\partial y}{\partial u}\right)u + \frac{\partial z}{\partial y}$$

$$= \frac{\partial^2 z}{\partial x^2} + \frac{\partial^2 z}{\partial x\partial y}(u+v) + \frac{\partial^2 z}{\partial y^2}uv + \frac{\partial z}{\partial y}$$

$$\frac{\partial^2 z}{\partial v^2} = \frac{\partial}{\partial v}\left(\frac{\partial z}{\partial v}\right) = \frac{\partial^2 z}{\partial x^2}\frac{\partial x}{\partial v} + \frac{\partial^2 z}{\partial y\partial x}\frac{\partial y}{\partial v} + \left(\frac{\partial^2 z}{\partial x\partial y}\frac{\partial x}{\partial v} + \frac{\partial^2 z}{\partial y^2}\frac{\partial y}{\partial v}\right)u$$

$$= \frac{\partial^2 z}{\partial x^2} + 2\frac{\partial^2 z}{\partial x\partial y}u + \frac{\partial^2 z}{\partial y^2}u^2$$

$$\therefore\quad \frac{\partial^2 z}{\partial u^2}-2\frac{\partial^2 z}{\partial u\partial v}+\frac{\partial^2 z}{\partial v^2}=(v^2-2uv+u^2)\frac{\partial^2 z}{\partial y^2}-2\frac{\partial z}{\partial y}=(x^2-4y)\frac{\partial^2 z}{\partial y^2}-2\frac{\partial z}{\partial y}$$

〈注〉 $v^2-2uv+u^2=(u+v)^2-4uv=x^2-4y$

71 前問と同様に左辺を計算する.

$$\frac{\partial x}{\partial u}=e^u\cos v=x \qquad \frac{\partial y}{\partial u}=e^u\sin v=y$$

$$\frac{\partial x}{\partial v}=e^u(-\sin v)=-y \qquad \frac{\partial y}{\partial v}=e^u\cos v=x$$

$$\frac{\partial z}{\partial u}=\frac{\partial z}{\partial x}\frac{\partial x}{\partial u}+\frac{\partial z}{\partial y}\frac{\partial y}{\partial u}=\frac{\partial z}{\partial x}x+\frac{\partial z}{\partial y}y$$

$$\frac{\partial z}{\partial v}=\frac{\partial z}{\partial x}\frac{\partial x}{\partial v}+\frac{\partial z}{\partial y}\frac{\partial y}{\partial v}=\frac{\partial z}{\partial x}(-y)+\frac{\partial z}{\partial y}x$$

$$\begin{aligned}\frac{\partial^2 z}{\partial u^2}&=\left(\frac{\partial^2 z}{\partial x^2}\frac{\partial x}{\partial u}+\frac{\partial^2 z}{\partial y\partial x}\frac{\partial y}{\partial u}\right)x+\frac{\partial z}{\partial x}\frac{\partial x}{\partial u}\\&\qquad+\left(\frac{\partial^2 z}{\partial x\partial y}\frac{\partial x}{\partial u}+\frac{\partial^2 z}{\partial y^2}\frac{\partial y}{\partial u}\right)y+\frac{\partial z}{\partial y}\frac{\partial y}{\partial u}\\&=\frac{\partial^2 z}{\partial x^2}x^2+2\frac{\partial^2 z}{\partial x\partial y}xy+\frac{\partial^2 z}{\partial y^2}y^2+\frac{\partial z}{\partial x}x+\frac{\partial z}{\partial y}y\end{aligned}$$

$$\begin{aligned}\frac{\partial^2 z}{\partial v^2}&=\left(\frac{\partial^2 z}{\partial x^2}\frac{\partial x}{\partial v}+\frac{\partial^2 z}{\partial y\partial x}\frac{\partial y}{\partial v}\right)(-y)+\frac{\partial z}{\partial x}\left(-\frac{\partial y}{\partial v}\right)\\&\qquad+\left(\frac{\partial^2 z}{\partial x\partial y}\frac{\partial x}{\partial v}+\frac{\partial^2 z}{\partial y^2}\frac{\partial y}{\partial v}\right)x+\frac{\partial z}{\partial y}\frac{\partial x}{\partial v}\\&=\frac{\partial^2 z}{\partial x^2}y^2-2\frac{\partial^2 z}{\partial x\partial y}xy+\frac{\partial^2 z}{\partial y^2}x^2-\frac{\partial z}{\partial x}x-\frac{\partial z}{\partial y}y\end{aligned}$$

$$\therefore\quad \frac{\partial^2 z}{\partial u^2}+\frac{\partial^2 z}{\partial v^2}=(x^2+y^2)\frac{\partial^2 z}{\partial x^2}+(x^2+y^2)\frac{\partial^2 z}{\partial y^2}=(x^2+y^2)\left(\frac{\partial^2 z}{\partial x^2}+\frac{\partial^2 z}{\partial y^2}\right)$$

ポイント 19

偏導関数

$$f_x(x,\ y)=\lim_{h\to 0}\frac{f(x+h,\ y)-f(x,\ y)}{h}$$

$$f_y(x,\ y)=\lim_{h\to 0}\frac{f(x,\ y+h)-f(x,\ y)}{h}$$

---

72 ポイント 19 に従って求める.

(1) $f_x(0,\ 0)=\lim\limits_{h\to 0}\dfrac{f(h,\ 0)-f(0,\ 0)}{h}=\lim\limits_{h\to 0}\dfrac{0-0}{h}=\lim\limits_{h\to 0}0=0$

(2) $f_x(0,\ k)=\lim\limits_{h\to 0}\dfrac{f(h,\ k)-f(0,\ k)}{h}=\lim\limits_{h\to 0}\dfrac{\dfrac{hk(h^2-k^2)}{h^2+k^2}-0}{h}=\lim\limits_{h\to 0}\dfrac{k(h^2-k^2)}{h^2+k^2}$

$=-k$

(3) $f_{xy}(0,\ 0)=\lim\limits_{k\to 0}\dfrac{f_x(0,\ k)-f_x(0,\ 0)}{k}$

(4) $f_{xy}(0,\ 0)=\lim_{k\to 0}\dfrac{f_x(0,\ k)-f_x(0,\ 0)}{k}=\lim_{k\to 0}\dfrac{-k-0}{k}=-1$

ポイント 20　**陰関数の微分法**

① $y=y(x)$ のとき $f(x,\ y)=0$ を x で微分すると

$$\frac{\partial f}{\partial x}+\frac{\partial f}{\partial y}\frac{dy}{dx}=0 \iff \frac{dy}{dx}=-\frac{f_x}{f_y}\quad (f_y \neq 0)$$

② $z=z(x,\ y)$ のとき $f(x,\ y,\ z)=0$ を x と y でそれぞれ微分すると

$$\frac{\partial f}{\partial x}+\frac{\partial f}{\partial z}\frac{\partial z}{\partial x}=0 \iff \frac{\partial z}{\partial x}=-\frac{f_x}{f_z}\quad (f_z \neq 0)$$

$$\frac{\partial f}{\partial y}+\frac{\partial f}{\partial z}\frac{\partial z}{\partial y}=0 \iff \frac{\partial z}{\partial y}=-\frac{f_y}{f_z}\quad (f_z \neq 0)$$

73　**y が x の関数であるとして，両辺を x で微分する.**

両辺を x で微分すると　$4x^3y+x^4\dfrac{dy}{dx}+4\dfrac{dy}{dx}=6y^2\dfrac{dy}{dx}$

よって　$\dfrac{dy}{dx}=\dfrac{4x^3y}{6y^2-x^4-4}$　$(6y^2-x^4-4\neq 0)$

74　**z が $x,\ y$ の 2 変数関数であるとして，両辺を $x,\ y$ で偏微分する.**

両辺を x で偏微分すると　$\dfrac{1}{y}+y(-z^{-2})\dfrac{\partial z}{\partial x}+\dfrac{\partial z}{\partial x}\dfrac{1}{x}+z(-x^{-2})=0$

よって，$\left(\dfrac{1}{x}-\dfrac{y}{z^2}\right)\dfrac{\partial z}{\partial x}=\dfrac{z}{x^2}-\dfrac{1}{y}$ より

$$\frac{\partial z}{\partial x}=\frac{\dfrac{z}{x^2}-\dfrac{1}{y}}{\dfrac{1}{x}-\dfrac{y}{z^2}}=\frac{z^2(yz-x^2)}{xy(z^2-xy)}\quad (z^2-xy\neq 0 \text{ のとき})$$

両辺を y で偏微分すると　$x(-y^{-2})+\dfrac{1}{z}+y(-z^{-2})\dfrac{\partial z}{\partial y}+\dfrac{1}{x}\dfrac{\partial z}{\partial y}=0$

よって，$\left(\dfrac{1}{x}-\dfrac{y}{z^2}\right)\dfrac{\partial z}{\partial y}=\dfrac{x}{y^2}-\dfrac{1}{z}$ より

$$\frac{\partial z}{\partial y}=\frac{\dfrac{x}{y^2}-\dfrac{1}{z}}{\dfrac{1}{x}-\dfrac{y}{z^2}}=\frac{xz(xz-y^2)}{y^2(z^2-xy)}\quad (z^2-xy\neq 0 \text{ のとき})$$

〈注〉 $\dfrac{x}{y}+\dfrac{y}{z}+\dfrac{z}{x}=1$ の出題なので，$x\neq 0,\ y\neq 0,\ z\neq 0$ と考えてよい.

75　**y が x の関数であるとして，両辺を x で微分する.**

(1) 両辺を x で微分すると　$2x+y+x\dfrac{dy}{dx}+4y\dfrac{dy}{dx}=0$

よって　$\dfrac{dy}{dx}=-\dfrac{2x+y}{x+4y}$　$(x+4y\neq 0)$

(2) $\dfrac{d^2y}{dx^2} = \dfrac{d}{dx}\left(\dfrac{dy}{dx}\right)$ として，(1) の結果を用いて求める．

$$\frac{d^2y}{dx^2} = \frac{d}{dx}\left(-\frac{2x+y}{x+4y}\right) = -\frac{\left(2+\dfrac{dy}{dx}\right)(x+4y)-(2x+y)\left(1+4\dfrac{dy}{dx}\right)}{(x+4y)^2}$$

$$= -7\cdot\frac{y-x\dfrac{dy}{dx}}{(x+4y)^2} = -7\cdot\frac{y+x\dfrac{2x+y}{x+4y}}{(x+4y)^2} = -14\cdot\frac{x^2+xy+2y^2}{(x+4y)^3} \quad (x+4y \neq 0)$$

76 y が x の関数であるとして，両辺を x で微分する．

(1) $F=0$ の両辺を x で微分すると

$$3x^2-3y-3x\frac{dy}{dx}+2y\frac{dy}{dx}-3\frac{dy}{dx}=0 \cdots ①$$

よって $\dfrac{dy}{dx} = \dfrac{3(x^2-y)}{3x-2y+3} \quad (3x-2y+3 \neq 0)$

$\dfrac{dy}{dx}=0$ より $x^2-y=0$ である．$y=x^2$ を $F=0$ に代入して

$$x^3-3xy+y^2-3y = x^3-3x(x^2)+(x^2)^2-3x^2 = x^4-2x^3-3x^2$$

$$= x^2(x+1)(x-3)=0 \qquad \therefore\ x=0,\ -1,\ 3$$

ゆえに $(x,\ y)=(0,\ 0),\ (-1,\ 1),\ (3,\ 9)$

(2) ①を整理して $3x^2-3y-(3x-2y+3)\dfrac{dy}{dx}=0$ 両辺を x で微分すると

$$6x-\left(6-2\frac{dy}{dx}\right)\frac{dy}{dx}-(3x-2y+3)\frac{d^2y}{dx^2}=0 \cdots ②$$

(1) で求めた $(x,\ y)$ を②に適用する．このとき，$\dfrac{dy}{dx}=0$ に注意すると

$(0,\ 0)$ のとき $-3\dfrac{d^2y}{dx^2}=0$ より $x=0$ のとき $\dfrac{d^2y}{dx^2}=0$

$(-1,\ 1)$ のとき $-6+2\dfrac{d^2y}{dx^2}=0$ より $x=-1$ のとき $\dfrac{d^2y}{dx^2}=3$

$(3,\ 9)$ のとき $18+6\dfrac{d^2y}{dx^2}=0$ より $x=3$ のとき $\dfrac{d^2y}{dx^2}=-3$

(3) $x=-1$ のとき $\dfrac{d^2y}{dx^2}=3>0$ より極小，$x=3$ のとき $\dfrac{d^2y}{dx^2}=-3<0$ より極大

$x=0$ のときは $\dfrac{d^2y}{dx^2}=0$ より，これだけでは判定できない．

y の 2 次方程式として $F=0$ を解くと $y=\dfrac{3(x+1)\pm\sqrt{9(x+1)^2-4x^3}}{2}$

この内，$x=0$ のときに $y=0$ となるものは $y=\dfrac{3(x+1)-\sqrt{9(x+1)^2-4x^3}}{2}$

$x=0$ の近くで，$x>0$ のとき $y>0$，$x<0$ のとき $y<0$ となるから，

$x=0$ で極値をとらない.

別解　②を x でもう1回微分すると

$$6+2\frac{d^2y}{dx^2}\frac{dy}{dx}-\left(6-2\frac{dy}{dx}\right)\frac{d^2y}{dx^2}-\left(3-2\frac{dy}{dx}\right)\frac{d^2y}{dx^2}-(3x-2y+3)\frac{d^3y}{dx^3}=0$$

すなわち　$6+\left(6\dfrac{dy}{dx}-9\right)\dfrac{d^2y}{dx^2}-(3x-2y+3)\dfrac{d^3y}{dx^3}=0$

$x=0$ のとき $y=\dfrac{dy}{dx}=\dfrac{d^2y}{dx^2}=0$ より　$\dfrac{d^3y}{dx^3}=2>0$

よって, $x=0$ で極値をとらない.

| 2 | テイラーの定理, 全微分, 接平面, 極限

77　(1) $\displaystyle\lim_{(x,\,y)\to(1,\,\pi)}\frac{\cos xy}{x^2+y^2-2}=\frac{\cos\pi}{1^2+\pi^2-2}=\frac{-1}{\pi^2-1}$

(2) $x=r\cos\theta$, $y=r\sin\theta$ とおくと, $(x,\ y)\to(0,\ 0)$ のとき $r=\sqrt{x^2+y^2}\to 0$ より

$$\lim_{(x,y)\to(0,0)}\frac{x^2y}{x^2+y^2+y^4}=\lim_{r\to0}\frac{(r\cos\theta)^2r\sin\theta}{(r\cos\theta)^2+(r\sin\theta)^2+(r\sin\theta)^4}$$

$$=\lim_{r\to0}\frac{r^3\cos^2\theta\sin\theta}{r^2+r^4\sin^4\theta}=\lim_{r\to0}\frac{r\cos^2\theta\sin\theta}{1+r^2\sin^4\theta}=0$$

θ は任意より, どの方向からでも $r\to 0$ とすると 0 だから, 極限値は 0

(3) $x\to1$ としてから $y\to1$ とすると

$$\lim_{y\to1}\left(\lim_{x\to1}\frac{(x-1)^3+y^3-1}{(x^2-1)^3-y+1}\right)=\lim_{y\to1}\frac{(y-1)(y^2+y+1)}{-(y-1)}=-3$$

$y\to1$ としてから $x\to1$ とすると

$$\lim_{x\to1}\left(\lim_{y\to1}\frac{(x-1)^3+y^3-1}{(x^2-1)^3-y+1}\right)=\lim_{x\to1}\frac{(x-1)^3}{(x-1)^3(x+1)^3}=\frac{1}{8}$$

よって, 極限値は存在しない.　**近づけ方によって異なる場合は極限値は存在しない**

ポイント 21　**接平面の方程式**

① 曲面 $z=f(x,\ y)$ 上の点 $(a,\ b,\ f(a,\ b))$ における接平面の方程式は

$$z-f(a,\ b)=f_x(a,\ b)(x-a)+f_y(a,\ b)(y-b)$$

② 曲面 $f(x,\ y,\ z)=0$ 上の点 $(a,\ b,\ c)$ における接平面の方程式

$$f_x(a,\ b,\ c)(x-a)+f_y(a,\ b,\ c)(y-b)+f_z(a,\ b,\ c)(z-c)=0$$

78　**ポイント 21①を用いる.**

$z_x=6x^2+2xy$, $z_y=x^2+6y$ より, $x=1$, $y=3$ のとき　$z=33$, $z_x=12$, $z_y=19$

よって，接平面の方程式は　$z-33=12(x-1)+19(y-3)$　$\therefore\ 12x+19y-z-36=0$

別解　**ポイント 21②を用いる.**

$x=1,\ y=3$ のとき　$z=33$

$f(x,\ y,\ z)=2x^3+x^2y+3y^2+1-z$ とおくと，$f(x,\ y,\ z)=0$ より

$f_x=6x^2+2xy,\ f_y=x^2+6y,\ f_z=-1$

$(1,\ 3,\ 33)$ において，$f_x=12,\ f_y=19,\ f_z=-1$ より，接平面の方程式は

$12(x-1)+19(y-3)-(z-33)=0$　$\therefore\ 12x+19y-z-36=0$

79　**ポイント 21②を用いる.**

$f(x,\ y,\ z)=\dfrac{x^2}{a^2}+\dfrac{y^2}{b^2}+\dfrac{z^2}{c^2}-1$ とすると　$f(x,\ y,\ z)=0$

$f_x=\dfrac{2x}{a^2},\ f_y=\dfrac{2y}{b^2},\ f_z=\dfrac{2z}{c^2}$

$(x_0,\ y_0,\ z_0)$ において，$f_x=\dfrac{2x_0}{a^2},\ f_y=\dfrac{2y_0}{b^2},\ f_z=\dfrac{2z_0}{c^2}$ より

接平面の方程式は　$\dfrac{2x_0}{a^2}(x-x_0)+\dfrac{2y_0}{b^2}(y-y_0)+\dfrac{2z_0}{c^2}(z-z_0)=0$

よって　$\dfrac{x_0}{a^2}x+\dfrac{y_0}{b^2}y+\dfrac{z_0}{c^2}z=\dfrac{x_0^2}{a^2}+\dfrac{y_0^2}{b^2}+\dfrac{z_0^2}{c^2}$

ここで，点 $(x_0,\ y_0,\ z_0)$ はこの曲面上の点だから　$\dfrac{x_0^2}{a^2}+\dfrac{y_0^2}{b^2}+\dfrac{z_0^2}{c^2}=1$

したがって　$\dfrac{x_0}{a^2}x+\dfrac{y_0}{b^2}y+\dfrac{z_0}{c^2}z=1$

80　(1) $(t,\ 1,\ te^t)$ において　$g_x=e^{xy}+xye^{xy}=(1+t)e^t,\ g_y=x^2e^{xy}=t^2e^t,\ g_z=-1$

接平面の方程式は　$(1+t)e^t(x-t)+t^2e^t(y-1)-(z-te^t)=0$

$\therefore\ (1+t)e^tx+t^2e^ty-z-2t^2e^t=0$

(2)　**「t の値によらず」のときは，t について整理する.**

(1) の式を変形すると　$(1+t)e^tx+t^2e^t(y-2)-z=0$

t の値によらずに $x=0,\ y=2,\ z=0$ はこの等式を満たす　よって　$\mathrm{P}(0,\ 2,\ 0)$

ポイント 22　**2 変数関数のテイラーの定理**　$(h=x-a,\ k=y-b)$

$$f(x,\ y)=f(a,\ b)+f_x(a,\ b)h+f_y(a,\ b)k$$
$$+\frac{1}{2}\left(f_{xx}(a,\ b)h^2+2f_{xy}(a,\ b)hk+f_{yy}(a,\ b)k^2\right)+\cdots$$
$$\cdots+\frac{1}{(n-1)!}\left(h\frac{\partial}{\partial x}+k\frac{\partial}{\partial y}\right)^{n-1}f(a,\ b)+R_n$$

$$R_n = \frac{1}{n!}\left(h\frac{\partial}{\partial x} + k\frac{\partial}{\partial y}\right)^n f(a+\theta h,\ b+\theta k) \quad (0<\theta<1)$$

---

81 (1) $x+2y+z+e^{2z}-1=0 \cdots (*)$ で定める z を x, y の2変数関数とみなす.

$(*)$ を x で偏微分すると $1+\dfrac{\partial z}{\partial x}+2e^{2z}\dfrac{\partial z}{\partial x}=0$ より　$\dfrac{\partial z}{\partial x}=-\dfrac{1}{1+2e^{2z}}$

$(*)$ を y で偏微分すると $2+\dfrac{\partial z}{\partial y}+2e^{2z}\dfrac{\partial z}{\partial y}=0$ より　$\dfrac{\partial z}{\partial y}=-\dfrac{2}{1+2e^{2z}}$

$$\frac{\partial^2 z}{\partial x^2}=\frac{\partial}{\partial x}\frac{\partial z}{\partial x}=\frac{4e^{2z}}{(1+2e^{2z})^2}\frac{\partial z}{\partial x}=-\frac{4e^{2z}}{(1+2e^{2z})^3}$$

$$\frac{\partial^2 z}{\partial y\partial x}=\frac{\partial}{\partial y}\frac{\partial z}{\partial x}=\frac{4e^{2z}}{(1+2e^{2z})^2}\frac{\partial z}{\partial y}=-\frac{8e^{2z}}{(1+2e^{2z})^3}$$

$$\frac{\partial^2 z}{\partial y^2}=\frac{\partial}{\partial y}\frac{\partial z}{\partial y}=\frac{8e^{2z}}{(1+2e^{2z})^2}\frac{\partial z}{\partial y}=-\frac{16e^{2z}}{(1+2e^{2z})^3}$$

(2) $(x,\ y,\ z)=(-2,\ 1,\ 0)$ における接平面の方程式は

$z-0=-\dfrac{1}{1+2e^0}(x+2)-\dfrac{2}{1+2e^0}(y-1)$ より　$x+2y+3z=0$

(3) **ポイント22と(1)の結果を利用する.**

$(*)$ で $x=y=0$ とした方程式 $z+e^{2z}-1=0$ を満たす $z=f(0,\ 0)$ の値を考える. $h(z)=z+e^{2z}-1$ とおくと $h(z)$ は連続であり $h'(z)=1+2e^{2z}>0$ だから $h(z)$ は単調増加である. また $\displaystyle\lim_{z\to-\infty}h(z)<0$ かつ $\displaystyle\lim_{z\to\infty}h(z)>0$ だから, $h(z)=0$ を満たす z の値は1つに限られる. ここで $h(0)=0+e^0-1=0$ だから, 方程式 $z+e^{2z}-1=0$ を満たす z の値は $z=f(0,\ 0)=0$ のみである. $z=f(x,\ y)$ に注意して, (1) より

$f_x(0,\ 0)=-\dfrac{1}{3}$, $f_y(0,\ 0)=-\dfrac{2}{3}$,

$f_{xx}(0,\ 0)=-\dfrac{4}{27}$, $f_{xy}(0,\ 0)=-\dfrac{8}{27}$, $f_{yy}(0,\ 0)=-\dfrac{16}{27}$　よって

$$\begin{aligned}f(x,\ y)&=f(0,\ 0)+f_x(0,\ 0)x+f_y(0,\ 0)y\\&\quad+\frac{1}{2}\left(f_{xx}(0,\ 0)x^2+2f_{xy}(0,\ 0)xy+f_{yy}(0,\ 0)y^2\right)+\cdots\\&=-\frac{1}{3}x-\frac{2}{3}y-\frac{2}{27}x^2-\frac{8}{27}xy-\frac{8}{27}y^2+\cdots\end{aligned}$$

1次の項までが接平面を表す

82 (1) **1つの式で表されない定義式が変わる点での偏微分は, 定義に従って求める.**

$$f_x(0,\ 0)=\lim_{h\to0}\frac{f(h,\ 0)-f(0,\ 0)}{h}=\lim_{h\to0}\frac{0-0}{h}=\lim_{h\to0}0=0$$

$$f_y(0,\ 0)=\lim_{k\to0}\frac{f(0,\ k)-f(0,\ 0)}{k}=\lim_{k\to0}\frac{0-0}{k}=\lim_{k\to0}0=0$$

(2) $\Delta z = f(\Delta x,\ \Delta y) - f(0,\ 0)$ とおくと

$\Delta z = f_x(0,\ 0)\Delta x + f_y(0,\ 0)\Delta y + \varepsilon$

$f(0,\ 0) = f_x(0,\ 0) = f_y(0,\ 0) = 0$ より　$\varepsilon = \Delta z = f(\Delta x,\ \Delta y)$

$\Delta x = \Delta r\cos\theta,\ \Delta y = \Delta r\sin\theta$ とおくと

$$\frac{\varepsilon}{\sqrt{(\Delta x)^2 + (\Delta y)^2}} = \frac{f(\Delta r\cos\theta,\ \Delta r\sin\theta)}{\Delta r} = \Delta r\sin\frac{1}{\Delta r}\cos\theta\sin\theta$$

$(\Delta x,\ \Delta y) \to (0,\ 0)$ のとき $\Delta r \to 0$ で，$\left|\Delta r\sin\dfrac{1}{\Delta r}\right| \leqq \Delta r \to 0$ より

$$\lim_{(\Delta x,\ \Delta y)\to(0,\ 0)} \frac{\varepsilon}{\sqrt{(\Delta x)^2 + (\Delta y)^2}} = 0$$

よって，$f(x,\ y)$ は点 $(0,\ 0)$ で全微分可能である．

(3) **$\displaystyle\lim_{(x,y)\to(0,0)} f_x(x,y)$ が存在し，$\displaystyle\lim_{(x,y)\to(0,0)} f_x(x,y) = f(0,\ 0)$ のときは連続である．**

$(x,\ y) \neq (0,\ 0)$ のとき

$$f_x(x,\ y) = y\sin\frac{1}{\sqrt{x^2+y^2}} + xy\cos\frac{1}{\sqrt{x^2+y^2}}\cdot\left(-\frac{1}{2}\right)(x^2+y^2)^{-\frac{3}{2}}\cdot 2x \text{ より}$$

$$f_x(x,\ y) = \begin{cases} y\sin\dfrac{1}{\sqrt{x^2+y^2}} - \dfrac{x^2y}{(\sqrt{x^2+y^2})^3}\cos\dfrac{1}{\sqrt{x^2+y^2}} & ((x,\ y) \neq (0,\ 0)) \\ 0 & ((x,\ y) = (0,\ 0)) \end{cases}$$

$(x,\ y) \neq (0,\ 0)$ のとき

$$f_x(x,\ y) = f_x(r\cos\theta,\ r\sin\theta) = r\sin\theta\sin\frac{1}{r} - \cos^2\theta\sin\theta\cos\frac{1}{r}$$

$(x,\ y) \to (0,\ 0)$ のとき $r \to 0$ で，$\displaystyle\lim_{r\to 0}\cos\frac{1}{r}$ は存在しないから，

$\displaystyle\lim_{(x,\ y)\to(0,\ 0)} f_x(x,\ y)$ は存在しない．よって，$f_x(x,\ y)$ は点 $(0,\ 0)$ で不連続である．

83 (1) $df = f_x dx + f_y dy = ydx + xdy$

(2) $du = f_x dx + f_y dy + f_z dz$

$$= \frac{2x}{2\sqrt{x^2+y^2+z^2}}dx + \frac{2y}{2\sqrt{x^2+y^2+z^2}}dy + \frac{2z}{2\sqrt{x^2+y^2+z^2}}dz$$

$$= \frac{1}{\sqrt{x^2+y^2+z^2}}(xdx + ydy + zdz)$$

84 (1) $\dfrac{\partial f}{\partial x} = -2xe^{-x^2-y^2},\ \dfrac{\partial f}{\partial y} = -2ye^{-x^2-y^2}$

(2) $df = \dfrac{\partial f}{\partial x}dx + \dfrac{\partial f}{\partial y}dy = -2xe^{-x^2-y^2}dx - 2ye^{-x^2-y^2}dy$

(3) $\dfrac{\partial^2 f}{\partial x^2} = 2(2x^2-1)e^{-x^2-y^2},\ \dfrac{\partial^2 f}{\partial x\partial y} = 4xye^{-x^2-y^2},\ \dfrac{\partial^2 f}{\partial y^2} = 2(2y^2-1)e^{-x^2-y^2}$

(4) $f(x,\ y) = e^{-x^2-y^2},\ f_x(x,\ y) = -2xe^{-x^2-y^2},\ f_y(x,\ y) = -2ye^{-x^2-y^2}$,

$f_{xx}(x,y)=2(2x^2-1)e^{-x^2-y^2}$, $f_{xy}(x,y)=4xye^{-x^2-y^2}$, $f_{yy}(x,y)=2(2y^2-1)e^{-x^2-y^2}$

であり，上の偏導関数に $(x,\ y)=(0,\ 0)$ を代入すると

$f(0,\ 0)=1,\ f_x(0,\ 0)=f_y(0,\ 0)=0,$

$f_{xx}(0,\ 0)=-2,\ f_{xy}(0,\ 0)=0,\ f_{yy}(0,\ 0)=-2$　よって

$$
\begin{aligned}
f(x,\ y)&=f(0,\ 0)+f_x(0,\ 0)x+f_y(0,\ 0)y\\
&\quad+\frac{1}{2}\left(f_{xx}(0,\ 0)x^2+2f_{xy}(0,\ 0)xy+f_{yy}(0,\ 0)y^2\right)+\cdots\\
&=1-x^2-y^2+\cdots
\end{aligned}
$$

$e^t=1+t+\cdots$ で $t=-x^2-y^2$ とすることで確認できる

(5) (4) の偏導関数に $(x,\ y)=(1,\ 1)$ を代入すると

$f(1,\ 1)=e^{-2},\ f_x(1,\ 1)=f_y(1,\ 1)=-2e^{-2},$

$f_{xx}(1,\ 1)=2e^{-2},\ f_{xy}(1,\ 1)=4e^{-2},\ f_{yy}(1,\ 1)=2e^{-2}$　よって

$$
\begin{aligned}
f(x,\ y)&=f(1,\ 1)+f_x(1,\ 1)(x-1)+f_y(1,\ 1)(y-1)\\
&\quad+\frac{1}{2}\left(f_{xx}(1,\ 1)(x-1)^2+2f_{xy}(1,\ 1)(x-1)(y-1)+f_{yy}(1,\ 1)(y-1)^2\right)+\cdots\\
&=\frac{1}{e^2}-\frac{2}{e^2}(x-1)-\frac{2}{e^2}(y-1)\\
&\quad+\frac{1}{e^2}(x-1)^2+\frac{4}{e^2}(x-1)(y-1)+\frac{1}{e^2}(y-1)^2+\cdots
\end{aligned}
$$

(6) **(5) の結果を利用する.**

$z=\dfrac{1}{e^2}-\dfrac{2}{e^2}(x-1)-\dfrac{2}{e^2}(y-1)$ より　$e^2z-1+2(x-1)+2(y-1)=0$

$\therefore\quad 2x+2y+e^2z-5=0$　　**テイラー展開の 1 次の項までが接平面を表す**

3 極大・極小

85 **要項 21 に沿って極値を求める.**

(1) $f_x=3x^2+3y^2+6x-9=3(x^2+y^2+2x-3)=0$

$f_y=6xy-3y^2=3y(2x-y)=0$

$f_y=0$ より　$y=0$ または $y=2x$　　それぞれを $f_x=0$ に代入する.

$y=0$ のとき　$x^2+2x-3=(x-1)(x+3)=0$ より　$x=1,\ -3$

$y=2x$ のとき　$5x^2+2x-3=(x+1)(5x-3)=0$ より　$x=-1,\ \dfrac{3}{5}$

極値をとり得る点は　$(1,\ 0),\ (-3,\ 0),\ (-1,\ -2),\ \left(\dfrac{3}{5},\ \dfrac{6}{5}\right)$

$f_{xx} = 6x + 6 = 6(x + 1)$，$f_{xy} = 6y$，$f_{yy} = 6x - 6y = 6(x - y)$ より

$H = f_{xx}f_{yy} - f_{xy}^2 = 36\{(x + 1)(x - y) - y^2\}$

点 $(-1, -2)$ で，$H = -144 < 0$ より，極値をとらない

点 $\left(\dfrac{3}{5}, \dfrac{6}{5}\right)$ で，$H = -\dfrac{432}{5} < 0$ より，極値をとらない

点 $(1, 0)$ で，$H = 72 > 0$，$f_{xx} = 12 > 0$ より，極小値 -5

点 $(-3, 0)$ で，$H = 216 > 0$，$f_{xx} = -12 < 0$ より，極大値 27

(2) $f_x = 2(x^2 + y^2 + 4) \cdot 2x - 24(x - y) = 4x(x^2 + y^2 + 4) - 24(x - y) = 0$

$f_y = 2(x^2 + y^2 + 4) \cdot 2y + 24(x - y) = 4y(x^2 + y^2 + 4) + 24(x - y) = 0$

$f_x + f_y = 4(x + y)(x^2 + y^2 + 4) = 0$ より $x^2 + y^2 + 4 > 0$ から　$y = -x$

和をとって同じ項を消去して，積の形にする

$y = -x$ を $f_x = 0$ に代入すると

$f_x = 4x(2x^2 + 4) - 24 \cdot 2x = 8x(x^2 - 4) = 0$ より　$x = 0, \pm 2$

極値をとり得る点は　$(0, 0)$，$(\pm 2, \mp 2)$（複号同順）

$f_{xx} = 12x^2 + 4y^2 - 8 = 4(3x^2 + y^2 - 2)$

$f_{xy} = 8xy + 24 = 8(xy + 3)$

$f_{yy} = 4x^2 + 12y^2 - 8 = 4(x^2 + 3y^2 - 2)$

$H = f_{xx}f_{yy} - f_{xy}^2 = 16\{(3x^2 + y^2 - 2)(x^2 + 3y^2 - 2) - 4(xy + 3)^2\}$

点 $(0, 0)$ で，$H = 16(-32) < 0$ より，極値をとらない

点 $(\pm 2, \mp 2)$（複号同順）で，

$H = 16(14^2 - 4) > 0$，$f_{xx} = 56 > 0$ より，極小値 -48

(3) $f_x = -3\sin^2 x \cos x + 2\cos x \cos^2 y = 0$，$f_y = -4\sin x \cos y \sin y = 0$

$0 < x < \pi$，$0 < y < \pi$ より　$\sin x \neq 0$，$\sin y \neq 0$　**x，y の範囲に注意する**

$f_y = 0$ より $\cos y = 0$ から $y = \dfrac{\pi}{2}$，このとき $f_x = 0$ より $\cos x = 0$ から $x = \dfrac{\pi}{2}$

極値をとり得る点は　$\left(\dfrac{\pi}{2}, \dfrac{\pi}{2}\right)$

$f_{xx} = -6\sin x \cos^2 x + 3\sin^3 x - 2\sin x \cos^2 y$，$f_{xy} = -4\cos x \cos y \sin y$，

$f_{yy} = 4\sin x \sin^2 y - 4\sin x \cos^2 y$，　$H = f_{xx}f_{yy} - f_{xy}^2$

点 $\left(\dfrac{\pi}{2}, \dfrac{\pi}{2}\right)$ で，$H = 3 \cdot 4 - 0^2 = 12 > 0$，$f_{xx} = 3 > 0$ より，極小値 -1

H は式計算してから値を代入しても，f_{xx} などの値を求めてから計算してもよい

(4) $f_x = 2(x^2 + y^2 + x)e^{2x} = 0$，$f_y = 2ye^{2x} = 0$　**$e^{\square}$ は 0 にはならない**

$e^{2x}>0$ に注意して，$f_y=0$ より　$y=0$

このとき，$f_x=0$ より $x^2+x=x(x+1)=0$ から　$x=0,\ -1$

極値をとり得る点は　$(-1,\ 0),\ (0,\ 0)$

$f_{xx}=2e^{2x}(2x^2+2y^2+4x+1),\ f_{xy}=4ye^{2x},\ f_{yy}=2e^{2x}$

$H=f_{xx}f_{yy}-f_{xy}^2=4e^{4x}(2x^2-2y^2+4x+1)$

点 $(-1,\ 0)$ で，$H=-4e^{-4}<0$ より，極値をとらない

点 $(0,\ 0)$ で，$H=4>0,\ f_{xx}=2>0$ より，極小値 0

(5) $f_x=\dfrac{-2x}{x^2+y^2+1}+\dfrac{2}{3}=0,\ f_y=\dfrac{-2y}{x^2+y^2+1}+\dfrac{2}{3}=0$

$f_x-f_y=\dfrac{-2(x-y)}{x^2+y^2+1}=0$ より　差をとり，定数項を消去する

$y=x$　このとき，$f_x=0$ より　$\dfrac{-2x}{2x^2+1}+\dfrac{2}{3}=0$

すなわち $2x^2-3x+1=(x-1)(2x-1)=0$ から　$x=1,\ \dfrac{1}{2}$

極値をとり得る点は　$(1,\ 1),\ \left(\dfrac{1}{2},\ \dfrac{1}{2}\right)$

$f_{xx}=\dfrac{-2(-x^2+y^2+1)}{(x^2+y^2+1)^2},\ f_{xy}=\dfrac{4xy}{(x^2+y^2+1)^2},\ f_{yy}=\dfrac{-2(x^2-y^2+1)}{(x^2+y^2+1)^2}$

$H=f_{xx}f_{yy}-f_{xy}^2=4\cdot\dfrac{(-x^2+y^2+1)(x^2-y^2+1)-4x^2y^2}{(x^2+y^2+1)^4}=4\cdot\dfrac{1-(x^2+y^2)^2}{(x^2+y^2+1)^4}$

点 $(1,\ 1)$ で，$H=-\dfrac{4}{27}<0$ より，極値をとらない

点 $\left(\dfrac{1}{2},\ \dfrac{1}{2}\right)$ で，$H=\dfrac{16}{27}>0,\ f_{xx}=-\dfrac{8}{9}<0$ より，極大値 $-\log\dfrac{3}{2}+\dfrac{2}{3}$

86　**$H=0$ となる点における極値の判定で，問題文中のヒントを使う．**

$f_x=3x^2y-6xy=3xy(x-2)=0,\ f_y=x^3-3x^2+6y^2=0$

$f_x=0$ より $x=0,\ 2,\ y=0$ となる．それぞれ $f_y=0$ に代入すると

極値をとり得る点は　$(0,\ 0),\ \left(2,\ \pm\dfrac{\sqrt{6}}{3}\right),\ (3,\ 0)$

$f_{xx}=6xy-6y=6y(x-1),\ f_{xy}=3x^2-6x=3x(x-2),\ f_{yy}=12y$

$H=f_{xx}f_{yy}-f_{xy}^2=9\{8y^2(x-1)-x^2(x-2)^2\}$

点 $(3,\ 0)$ で，$H=-81<0$ より，極値をとらない

点 $\left(2,\ \pm\dfrac{\sqrt{6}}{3}\right)$ で，$H=48>0,\ f_{xx}=\pm2\sqrt{6}$ より，

点 $\left(2,\ \dfrac{\sqrt{6}}{3}\right)$ で極小値 $-\dfrac{8\sqrt{6}}{9}$，点 $\left(2,\ -\dfrac{\sqrt{6}}{3}\right)$ で極大値 $\dfrac{8\sqrt{6}}{9}$

点 $(0,\ 0)$ で，$H=0$ であるが，$f(0,\ y)=2y^3$ だから点 $(0,\ 0)$ の近くで $f(0,\ 0)=0$ より大きい値も小さい値もとり，極値をとらない．

87 **$H=0$ のときの極値の判定は，その点の関数の値と近くの点の関数の値とを比較する．極値でないことを示す場合は，特徴的なわかりやすい方向で考えればよい．**

$f_x=\cos x+\cos(x+y)=0,\ f_y=\cos y+\cos(x+y)=0$

$f_x-f_y=\cos x-\cos y=-2\sin\dfrac{x+y}{2}\sin\dfrac{x-y}{2}=0$ **差 → 積**

$0<\dfrac{x+y}{2}<2\pi$ より $\dfrac{x+y}{2}=\pi$ $\therefore$ $y=2\pi-x$

$-\pi<\dfrac{x-y}{2}<\pi$ より $\dfrac{x-y}{2}=0$ $\therefore$ $y=x$

$y=2\pi-x$ と $y=x$ を $f_x=0$ に代入する．

$y=x$ のとき $\cos x+\cos 2x=(2\cos x-1)(\cos x+1)=0$

$\cos x=\dfrac{1}{2},\ -1$ より $x=\dfrac{\pi}{3},\ \pi,\ \dfrac{5}{3}\pi$ $\boldsymbol{\cos 2x=2\cos^2 x-1}$

$y=2\pi-x$ のとき $\cos x=-1$ より $x=\pi$

極値をとり得る点は $\left(\dfrac{\pi}{3},\ \dfrac{\pi}{3}\right),\ (\pi,\ \pi),\ \left(\dfrac{5}{3}\pi,\ \dfrac{5}{3}\pi\right)$

$f_{xx}=-\sin x-\sin(x+y),\ f_{xy}=-\sin(x+y),\ f_{yy}=-\sin y-\sin(x+y)$

$H=f_{xx}f_{yy}-f_{xy}^2=\sin x\sin y+(\sin x+\sin y)\sin(x+y)$

点 $\left(\dfrac{\pi}{3},\ \dfrac{\pi}{3}\right)$ で，$H=\dfrac{9}{4}>0,\ f_{xx}=-\sqrt{3}<0$ より，極大値 $\dfrac{3\sqrt{3}}{2}$

点 $\left(\dfrac{5}{3}\pi,\ \dfrac{5}{3}\pi\right)$ で，$H=\dfrac{9}{4}>0,\ f_{xx}=\sqrt{3}>0$ より，極小値 $-\dfrac{3\sqrt{3}}{2}$

点 $(\pi,\ \pi)$ で，$H=0$ であるが，0 に近い $t\,(\neq 0)$ に対して $\boldsymbol{\sin 2t=2\sin t\cos t}$

$f(\pi+t,\ \pi+t)=-2\sin t+\sin 2t=-2\sin t(1-\cos t)$ $(1-\cos t>0)$

したがって，t によって正にも負にもなるから，$f(\pi,\ \pi)=0$ は極値にならない．

88 **有界閉領域での最大値・最小値は，内部の極値と境界での最大値・最小値の中にある．**

極値を調べる．

$f_x=3x^2-6x=3x(x-2)=0,\ f_y=3y^2-6y=3y(y-2)=0$ より

極値をとり得る点は $(0,\ 0),\ (0,\ 2),\ (2,\ 0),\ (2,\ 2)$

$f_{xx}=6x-6=6(x-1),\ f_{xy}=0,\ f_{yy}=6y-6=6(y-1)$

$H=36(x-1)(y-1)$

点 $(0,\ 2),\ (2,\ 0)$ で，$H=-36<0$ より，極値をとらない

点 $(0,\ 0)$ で，$H=36>0,\ f_{xx}=-6<0$ より，極大値 0

点 $(2,\ 2)$ で，$H=36>0$，$f_{xx}=6>0$ より，極小値 -8

D の境界上での関数の値 $f(t,\ \pm a)$，$f(\pm a,\ t)$ $(-a \leqq t \leqq a)$ の変化を調べる．

$$g(t)=t^3-3t^2+a^3-3a^2 \quad (=f(t,\ a)=f(a,\ t))$$

$$h(t)=t^3-3t^2-a^3-3a^2 \quad (=f(t,\ -a)=f(-a,\ t))$$

とすると，$a>0$ より $g(t)-h(t)=2a^3>0$ だから　$g(t)>h(t)$ となる．

したがって，最大値を求めるためには $g(t)$ のみを調べればよい．

$$g'(t)=3t^2-6t=3t(t-2)$$

だから，増減表は次のようになる．

$0<a \leqq 2$ のとき

t	$-a$	$\cdots$	0	$\cdots$	a
$g'(t)$		$+$	0	$-$	
$g(t)$	①	↗	②	↘	④

$a>2$ のとき

t	$-a$	$\cdots$	0	$\cdots$	2	$\cdots$	a
$g'(t)$		$+$	0	$-$	0	$+$	
$g(t)$	①	↗	②	↘	③	↗	④

ただし，① $=-6a^2$，② $=a^2(a-3)$，③ $=a^3-3a^2-4$，④ $=2a^2(a-3)$

②と④を比較すると

　$0<a<3$ のとき　④ $<$ ② <0

　$a=3$ のとき　② $=$ ④ $=0$

　$a>3$ のとき　$0<$ ② $<$ ④

極大値 $f(0,\ 0)=0$ と境界での増減表から

　$0<a<3$ のとき　点 $(0,\ 0)$ で，最大値 0

　$a=3$ のとき　点 $(0,\ 0)$，$(0,\ 3)$，$(3,\ 0)$，$(3,\ 3)$ で，最大値 0

　$a>3$ のとき　点 $(a,\ a)$ で，最大値 $2a^2(a-3)$

〈注〉 最小値は，もっと複雑になる．

89 (1) **$f(x,\ y)$ を 2 変数 $x,\ y$ のスカラー場として考える．**

スカラー場 $f(x,\ y)=(2x^2+y^2)e^{-x^2-y^2}$ と 点 $\mathrm{P}(1,\ -1)$ について考える．

このときハミルトンの演算子は $\nabla=\left(\dfrac{\partial}{\partial x},\ \dfrac{\partial}{\partial y}\right)$ である．

$$f_x=4xe^{-x^2-y^2}+(2x^2+y^2)e^{-x^2-y^2}(-2x)=2x(2-2x^2-y^2)e^{-x^2-y^2}$$

$$f_y=2ye^{-x^2-y^2}+(2x^2+y^2)e^{-x^2-y^2}(-2y)=2y(1-2x^2-y^2)e^{-x^2-y^2}$$ から

$$\nabla f=2e^{-x^2-y^2}\Big(x(2-2x^2-y^2),\ y(1-2x^2-y^2)\Big),\quad (\nabla f)_{\mathrm{P}}=2e^{-2}(-1,\ 2)$$

点 P において $f(x,\ y)$ の変化率が最大となる方向 $\boldsymbol{n}$ は

$$\boldsymbol{n} = \frac{(\nabla f)_{\mathrm{P}}}{|(\nabla f)_{\mathrm{P}}|} = \frac{1}{\sqrt{5}}(-1,\ 2)$$ そのときの最大値は $(\nabla f)_{\mathrm{P}} \cdot \boldsymbol{n} = 2\sqrt{5}e^{-2}$

別解　$f_x = 4xe^{-x^2-y^2} + (2x^2+y^2)e^{-x^2-y^2}(-2x) = 2x(2-2x^2-y^2)e^{-x^2-y^2}$

$f_y = 2ye^{-x^2-y^2} + (2x^2+y^2)e^{-x^2-y^2}(-2y) = 2y(1-2x^2-y^2)e^{-x^2-y^2}$

$$f_x(1,\ -1) = -\frac{2}{e^2},\ f_y(1,\ -1) = \frac{4}{e^2}$$

$u^2+v^2=1$ に対して，点 $(a,\ b)$ における $(u,\ v)$ 方向の方向微分係数は

$$\frac{d}{dt}f(a+ut,\ b+vt) = f_x(a,\ b)u + f_y(a,\ b)v$$

ここでは，$a=1,\ b=-1$ で，方向微分係数は $\dfrac{2}{e^2}(-u+2v)$ である．

$u^2+v^2=1$ より，$u=\cos\theta,\ v=\sin\theta\ (0 \leqq \theta \leqq 2\pi)$ とおくと

$$-u+2v = 2\sin\theta - \cos\theta = \sqrt{5}\sin(\theta+\alpha)$$

ただし，α は $\cos\alpha = \dfrac{2}{\sqrt{5}},\ \sin\alpha = -\dfrac{1}{\sqrt{5}}$ を満たす角である．

よって，$\theta+\alpha = \dfrac{\pi}{2}$ のとき，方向微分係数は最大となる．

$u = \cos\left(\dfrac{\pi}{2}-\alpha\right) = \sin\alpha = -\dfrac{1}{\sqrt{5}},\ v = \sin\left(\dfrac{\pi}{2}-\alpha\right) = \cos\alpha = \dfrac{2}{\sqrt{5}}$ より，

方向微分係数は $\left(-\dfrac{1}{\sqrt{5}},\ \dfrac{2}{\sqrt{5}}\right)$ すなわち $(-1,\ 2)$ の方向で最大，その最大値は

$$\frac{2}{e^2}(-u+2v) = \frac{2}{e^2}\left(\frac{1}{\sqrt{5}} + \frac{4}{\sqrt{5}}\right) = \frac{2\sqrt{5}}{e^2}$$

(2) $f_x = 2x(2-2x^2-y^2)e^{-x^2-y^2} = 0,\ f_y = 2y(1-2x^2-y^2)e^{-x^2-y^2} = 0$

$f_x = 0$ より　$x=0$ または $2-2x^2-y^2=0$　それぞれを $f_y=0$ に代入する．

$x=0$ のとき，$y(1-y^2)=0$　よって　$y=0,\ y=\pm1$

$2-2x^2-y^2=0$ のとき，$2y\cdot(-1)=0$　よって　$y=0,\ x=\pm1$

極値をとり得る点は　$(0,\ 0),\ (0,\ \pm1),\ (\pm1,\ 0)$

$f_{xx} = \left\{2(2-2x^2-y^2) - 8x^2 - 4x^2(2-2x^2-y^2)\right\}e^{-x^2-y^2}$

$f_{xy} = \left\{-4xy - 4xy(2-2x^2-y^2)\right\}e^{-x^2-y^2}$

$f_{yy} = \left\{2(1-2x^2-y^2) - 4y^2 - 4y^2(1-2x^2-y^2)\right\}e^{-x^2-y^2}$

$H = f_{xx}f_{yy} - f_{xy}^2$

点 $(0,\ 0)$ で，$H = 8 > 0,\ f_{xx} = 4 > 0$ より，極小値 0

点 $(0,\ \pm1)$ で，$H = -8e^{-2} < 0$ より，極値をとらない

点 $(\pm1,\ 0)$ で，$H = 16e^{-2} > 0,\ f_{xx} = -8e^{-1} < 0$ より，極大値 $2e^{-1}$

(3) **$\boldsymbol{R}^2$ などでの最大値・最小値を求める場合は，遠方での値の様子を考える必要がある．**

(2) より，極小値 $f(0,\ 0)=0$，極大値 $f(\pm1,\ 0)=\dfrac{2}{e}$ である．

$$f(x,\ y)=f(r\cos\theta,\ r\sin\theta)=r^2(2\cos^2\theta+\sin^2\theta)e^{-r^2}=r^2(1+\cos^2\theta)e^{-r^2}$$
$$\leqq 2r^2e^{-r^2}=\frac{2r^2}{e^{r^2}}\ \to\ 0\quad(r\to\infty)$$

ただし，$\displaystyle\lim_{r\to\infty}\frac{2r^2}{e^{r^2}}=\lim_{r\to\infty}\frac{4r}{2re^{r^2}}=\lim_{r\to\infty}\frac{2}{e^{r^2}}=0$ を用いた． **ロピタルの定理**

これは，任意の正の数 ε に対して，R を十分大きくとれば，$x^2+y^2\geqq R^2$ の範囲で $f(x,\ y)<\varepsilon$ となることを意味している．正の数 ε を $\dfrac{2}{e}$ より小さくとれば，十分大きな R に対して，$x^2+y^2\geqq R^2$ の範囲で $f(x,\ y)<\dfrac{2}{e}$ となる．この R に対して，有界閉領域 $x^2+y^2\leqq R^2$ での最大値，最小値は，内部の極値か円周上でとる．

領域の内部 $x^2+y^2<R^2$ での極値は　$f(0,\ 0)=0,\ f(\pm1,\ 0)=\dfrac{2}{e}$

領域の周上 $x^2+y^2=R^2$ で　$f(x,\ y)<\dfrac{2}{e}$

よって，$x^2+y^2\leqq R^2$ で $f(x,\ y)\leqq\dfrac{2}{e}$ である．$x^2+y^2\geqq R^2$ でも $f(x,\ y)\leqq\dfrac{2}{e}$ であったから，全平面で $f(x,\ y)\leqq\dfrac{2}{e}$ である．$f(x,\ y)=(2x^2+y^2)e^{-x^2-y^2}\geqq0$ であり，$f(x,\ y)=0$ となるのは点 $(0,\ 0)$ だけである．

したがって，原点を含まない領域 $x^2+y^2\geqq1$ において，$0<f(x,\ y)\leqq\dfrac{2}{e}$ である．

(4) 点 $(\pm1,\ 0)$ で最大値 $\dfrac{2}{e}$，点 $(0,\ 0)$ で最小値 0

90　**a の値によって場合分けする．**

$f_x=4x^3-4ay=4(x^3-ay)=0,\ f_y=4y^3-4ax=4(y^3-ax)=0$

$f_x-f_y=4\{x^3-y^3+a(x-y)\}=4(x-y)(x^2+xy+y^2+a)=0$ より

$y=x$ または $x^2+xy+y^2+a=0$ である．

$x^2+xy+y^2+a=0$ のとき　$x^2+xy+y^2+a=\left(x+\dfrac{y}{2}\right)^2+\dfrac{3}{4}y^2+a\geqq0$

　等号成立は $a=0$ で $x=y=0$ のときである．

$y=x$ のとき，$f_x=0$ より　$x^3-ax=x(x^2-a)=0$　よって　$x=0,\ \pm\sqrt{a}$

極値をとり得る点は　$(0,\ 0),\ (\pm\sqrt{a},\ \pm\sqrt{a})$（複号同順）

$f_{xx}=12x^2,\ f_{xy}=-4a,\ f_y=12y^2,\ H=f_{xx}f_{yy}-f_{xy}^2=16(9x^2y^2-a^2)$

(i) $a>0$ のとき

　点 $(0,\ 0)$ で，$H=-16a^2<0$ より，極値をとらない

　点 $(\pm\sqrt{a},\ \pm\sqrt{a})$（複号同順）で

$H = 128a^2 > 0$, $f_{xx} = 12a > 0$ より，極小値 $-2a^2$

(ii) $a = 0$ のとき

点 $(0,\ 0)$ で $H = 0$ であるが，$f(x,\ y) = x^4 + y^4 \geqq 0 = f(0,\ 0)$ より，極小値 0

91 普通の極小の定義と違い，等号が入っていることに注意する．

(1) $f_x = 4x^3 - 4xy = 4x(x^2 - y)$, $f_y = -2x^2 + 2ay - b$

$f_{xx} = 12x^2 - 4y = 4(3x^2 - y)$, $f_{xy} = -4x$, $f_{yy} = 2a$

$H = f_{xx}f_{yy} - {f_{xy}}^2 = 8a(3x^2 - y) - 16x^2$

極値をとり得る点を求める．

$f_x = 0$ から $x = 0$ または $x \neq 0$ かつ $y = x^2$ である．$f_y = 0$ から

$x = 0$ のときは　$b = 2ay \cdots$ ①

$x \neq 0$ かつ $y = x^2$ のときは　$b = 2(a-1)x^2 \cdots$ ②

①と②から a の値によって次のように場合分けする．

(i) $a = 0$,　(ii) $a = 1$,　(iii) $a < 0$ または $0 < a < 1$,　(iv) $a > 1$

(i) ①より $b = 0$ は，$b > 0$ と矛盾し，極値をとらない

(ii) ②より $b = 0$ は，$b > 0$ と矛盾し，極値をとらない

(iii) ①より $y = \dfrac{b}{2a}$ 極値をとり得る点は $\left(0,\ \dfrac{b}{2a}\right)$

このとき，$H = -4b < 0$ より，極値をとらない

②より $a - 1 < 0$ かつ $x^2 > 0$ は $b > 0$ と矛盾し，極値をとらない

(iv) ①より (iii) と同様で，極値をとらない

②より $x = \pm\sqrt{\dfrac{b}{2(a-1)}}$ 極値をとり得る点は $\left(\pm\sqrt{\dfrac{b}{2(a-1)}},\ \dfrac{b}{2(a-1)}\right)$

このとき，$H = 8b > 0$, $f_{xx} = \dfrac{4b}{a-1} > 0$ より，極小値をとる

(i)〜(iv) より，極小点の個数は $\begin{cases} 0\text{ 個} & (a \leqq 1) \\ 2\text{ 個} & (a > 1) \end{cases}$

(2) $f(x,\ y) = x^4 - 2x^2y + ay^2$ であり

$f_x = 4x(x^2 - y)$, $f_y = -2x^2 + 2ay = 2(-x^2 + ay)$

$f_{xx} = 12x^2 - 4y = 4(3x^2 - y)$, $f_{xy} = -4x$, $f_{yy} = 2a$

$H = f_{xx}f_{yy} - {f_{xy}}^2 = 8a(3x^2 - y) - 16x^2$

極値をとり得る点を求める．

$f_x=0$ から　$x=0$　または　$x\neq 0$ かつ $y=x^2$　である．$f_y=0$ から

$x=0$ のときは $ay=0 \cdots$ ①

$x\neq 0$ かつ $y=x^2$ のときは $(a-1)x^2=0$　すなわち　$a=1 \cdots$ ②

①では $H=-8ay$，②では $H=8(3x^2-x^2)-16x^2$ となり，どちらでも $H=0$

①と②から a の値によって次のように場合分けする．

(i) $a=0$，(ii) $a=1$，(iii) $a<0$ または $0<a<1$，(iv) $a>1$

(i) ①より y は任意の実数で，極値をとり得る点は $(0,\ y)$

x が 0 に近い場合，次の不等式が成り立つ．

$f(x,\ y)=x^4-2x^2y=x^2(x^2-2y)\leqq 0=f(0,\ y)$　$(y>0)$　極大

$f(x,\ y)=x^4-2x^2y=x^2(x^2-2y)\geqq 0=f(0,\ y)$　$(y<0)$　極小

$y=0$ のときの点 $(0,\ 0)$ では $f(0,\ 0)=0$ であり

$x\neq 0$ のとき $f(x,\ 0)=x^4>0$，$f(x,\ x^2)=-x^4<0$ より，極値をとらない．

(ii) ①では $(0,\ 0)$，②では $(x,\ x^2)$ $(x\neq 0)$ だから，極値をとり得る点は $(x,\ x^2)$

$f(x,\ y)=x^4-2x^2y+y^2=(x^2-y)^2\geqq 0=f(x,\ x^2)$　極小

(iii) ①より $y=0$ で，極値をとり得る点は $(0,\ 0)$

$f(x,\ y)=x^4-2x^2y+ay^2=(x^2-y)^2-(1-a)y^2$

$x\neq 0$ のとき $f(x,\ 0)=x^4>0$，$f(x,\ x^2)=-(1-a)x^4<0=f(0,\ 0)$

より，この場合は極値をとらない

(iv) ①より $y=0$ で，極値をとり得る点は $(0,\ 0)$

$f(x,\ y)=x^4-2x^2y+ay^2=(x^2-y)^2+(a-1)y^2\geqq 0=f(0,\ 0)$　極小

(i)～(iv) より，極小点の個数は $\begin{cases} \text{無限個} & (a=0,\ 1) \\ 0\text{ 個} & (a<0,\ 0<a<1) \\ 1\text{ 個} & (a>1) \end{cases}$

4　条件付き極値と最大値・最小値問題

92　**閉曲線だから最大値，最小値をとる点は，極値をとり得る点である．**

$\varphi(x,\ y)=x^2+y^2-4$ とおくと $\varphi=0$ である．

$f_x-\lambda\varphi_x=4+2y-\lambda 2x=0\ \cdots$ ①　　$f_y-\lambda\varphi_y=2x-\lambda 2y=0\ \cdots$ ②

$\varphi=x^2+y^2-4=0\ \cdots$ ③　　**極値をとり得る点は①～③の解**

①$\times y -$②$\times x$ から　$-x^2 + y^2 + 2y = 0 \cdots$ ④

③＋④ より　$y^2 + y - 2 = (y-1)(y+2) = 0$　$\therefore\ y = 1,\ -2$　③ から

極値をとり得る点は　$(\pm\sqrt{3},\ 1),\ (0,\ -2)$

これらの点の中で最大値，最小値をとる

$f(\pm\sqrt{3},\ 1) = \pm 6\sqrt{3},\ f(0,\ -2) = 0$

点 $(-\sqrt{3},\ 1)$ で最小値 $-6\sqrt{3}$,　　点 $(\sqrt{3},\ 1)$ で最大値 $6\sqrt{3}$

別解　$x = 2\cos\theta,\ y = 2\sin\theta\ (0 \leqq \theta \leqq 2\pi)$ は，条件 $x^2 + y^2 = 4$ を満たす．

$g(\theta) = f(2\cos\theta,\ 2\sin\theta)$ とおくと

$g(\theta) = 8\cos\theta(1+\sin\theta),\ g'(\theta) = 8(1-2\sin\theta)(1+\sin\theta)$

$g'(\theta) = 0$ とすると $\theta = \dfrac{\pi}{6},\ \dfrac{5}{6}\pi,\ \dfrac{3}{2}\pi$

$g(0) = g(2\pi) = 8,\ g\left(\dfrac{\pi}{6}\right) = 6\sqrt{3},\ g\left(\dfrac{5}{6}\pi\right) = -6\sqrt{3},\ g\left(\dfrac{3}{2}\pi\right) = 0$

これらの値をもとに $g(\theta)$ の増減表を作ると

$\theta = \dfrac{\pi}{6}$ のとき点 $(\sqrt{3},\ 1)$ で最大値 $6\sqrt{3}$

$\theta = \dfrac{5}{6}\pi$ のとき点 $(-\sqrt{3},\ 1)$ で最小値 $-6\sqrt{3}$

93　$\varphi(x,\ y) = 2x^4 + y^4 - 48$ とおく．

$f_x - \lambda\varphi_x = 2x(3y - 4\lambda x^2) = 0 \cdots$ ①　　$f_y - \lambda\varphi_y = 3x^2 - 4\lambda y^3 = 0 \cdots$ ②

$\varphi = 2x^4 + y^4 - 48 = 0 \cdots$ ③

極値をとり得る点は①～③の解

① より $x = 0$ または $3y - 4\lambda x^2 = 0$ である．

$x = 0$ のとき，③ より　$y^4 = 48$　$\therefore\ y = \pm 2\sqrt[4]{3}$

$x \neq 0$ かつ $3y - 4\lambda x^2 = 0$ のとき，$\lambda = \dfrac{3y}{4x^2}$ となり，

② より　$3x^2 - 4\lambda y^3 = \dfrac{3}{x^2}(x^4 - y^4) = 0$　$\therefore\ y = \pm x$

③ より　$2x^4 + y^4 - 48 = 3(x^4 - 16) = 0$　$\therefore\ x = \pm 2$

極値をとり得る点は　$(0,\ \pm 2\sqrt[4]{3}),\ (\pm 2,\ 2),\ (\pm 2,\ -2)$

$f(0,\ \pm 2\sqrt[4]{3}) = 0,\ f(\pm 2,\ 2) = 24,\ f(\pm 2,\ -2) = -24$

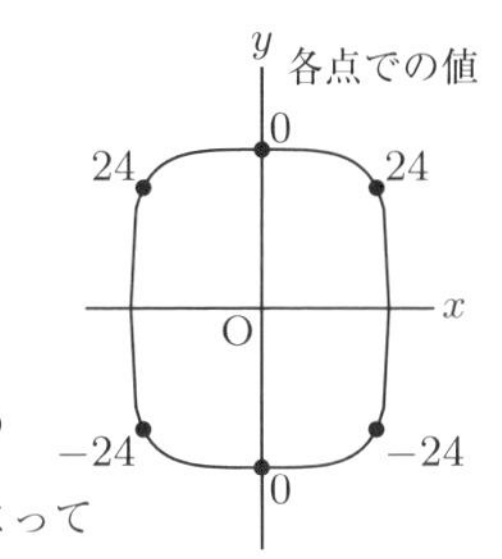

$f(x,\ y)$ は連続的に変化しているから，条件が表す曲線上の点の並びと関数の値によって，極大か極小か判定できる．よって

点 $(\pm 2,\ 2)$ で極大値 24，点 $(0,\ -2\sqrt[4]{3})$ で極大値 0

点 $(\pm 2,\ -2)$ で極小値 -24，点 $(0,\ 2\sqrt[4]{3})$ で極小値 0

94　$\varphi(x,\ y,\ z) = \dfrac{x^2}{a^2} + \dfrac{y^2}{b^2} + \dfrac{z^2}{c^2} - 1$ とおく．

$f_x-\lambda\varphi_x=\dfrac{2x}{a^2}(a^2-\lambda)=0\ \cdots$ ①　　$f_y-\lambda\varphi_y=\dfrac{2y}{b^2}(b^2-\lambda)=0\ \cdots$ ②

$f_z-\lambda\varphi_z=-\dfrac{2z}{c^2}(c^2+\lambda)=0\ \cdots$ ③　　$\varphi=\dfrac{x^2}{a^2}+\dfrac{y^2}{b^2}+\dfrac{z^2}{c^2}-1=0\ \cdots$ ④

①より $x=0,\ \lambda=a^2$, ②より $y=0,\ \lambda=b^2$, ③より $z=0,\ \lambda=-c^2$

$(x,\ y,\ z,\ \lambda)=(x,\ 0,\ 0,\ a^2),\ (0,\ y,\ 0,\ b^2),\ (0,\ 0,\ z,\ -c^2),\ (0,\ 0,\ 0,\ \lambda)$

を順に④に代入すると, $x=\pm a,\ y=\pm b,\ z=\pm c$, $(0,\ 0,\ 0,\ \lambda)$ は④を満たさない.

極値をとり得る点は　$(\pm a,\ 0,\ 0),\ (0,\ \pm b,\ 0),\ (0,\ 0,\ \pm c)$

$f(\pm a,\ 0,\ 0)=a^2,\ f(0,\ \pm b,\ 0)=b^2,\ f(0,\ 0,\ \pm c)=-c^2$ よって

点 $(\pm a,\ 0,\ 0)$ で最大値 a^2, 点 $(0,\ 0,\ \pm c)$ で最小値 $-c^2$

ポイント 23　**連続関数の最大値・最小値**

有界閉領域で連続関数 $z=f(x,\ y)$ は最大値と最小値をもつ.

最大値, 最小値をとる点は

① 領域の内部のとき　$f_x=f_y=0$ を満たす点

② 境界線上にあるとき　条件付き極値をとり得る点

〈注〉 有限な範囲におさまる領域を有界領域, 境界まで含む領域を閉領域という.

95　**極値をとり得る点と条件付き極値をとり得る点を求める.**

(1) $f_x=4x+y-2=0,\ f_y=4y+x+2=0$ を解いて

極値をとり得る点は $\left(\dfrac{2}{3},\ -\dfrac{2}{3}\right)$

$f_{xx}=4>0,\quad f_{xy}=1,\ f_{yy}=4,\ H=f_{xx}f_{yy}-{f_{xy}}^2=15>0$ より

点 $\left(\dfrac{2}{3},\ -\dfrac{2}{3}\right)$ で極小値 $-\dfrac{4}{3}$

(2) 条件 $\varphi(x,\ y)=x^2+y^2-1=0$ のもとで, 関数 $f(x,\ y)$ の最大値・最小値を求める.

$f_x-\lambda\varphi_x=4x+y-2-2\lambda x=0\ \cdots$ ①　　$f_y-\lambda\varphi_y=4y+x+2-2\lambda y=0\ \cdots$ ②

$\varphi=x^2+y^2-1=0\ \cdots$ ③

極値をとり得る点は①～③の解

① $\times y-$ ② $\times x$ より

$y^2-2y-x^2-2x=y^2-2y-x(x+2)=(y-x-2)(y+x)=0$

よって $y=x+2,\ y=-x$

$y=x+2$ のとき, ③より　$x^2+(x+2)^2-1=2(x+1)^2+1>0$

　これは実数解をもたない.

$y=-x$ のとき, ③より　$x^2+(-x)^2-1=2x^2-1=0\quad \therefore\ x=\pm\dfrac{1}{\sqrt{2}}$

極値をとり得る点は　$\left(\pm\dfrac{1}{\sqrt{2}},\ \mp\dfrac{1}{\sqrt{2}}\right)$（複号同順）

$f\left(\dfrac{1}{\sqrt{2}},\ -\dfrac{1}{\sqrt{2}}\right)=\dfrac{3-4\sqrt{2}}{2}$，$f\left(-\dfrac{1}{\sqrt{2}},\ \dfrac{1}{\sqrt{2}}\right)=\dfrac{3+4\sqrt{2}}{2}$

(1) の極小値 $-\dfrac{4}{3}$ と $\dfrac{3-4\sqrt{2}}{2}$ の大小を判定する．

$$\dfrac{3-4\sqrt{2}}{2}-\left(-\dfrac{4}{3}\right)=\dfrac{17-12\sqrt{2}}{6}>0$$

$-\dfrac{4}{3}\fallingdotseq-1.333$
$\dfrac{3-4\sqrt{2}}{2}\fallingdotseq-1.328$

$17^2=289$，$(12\sqrt{2})^2=288$ だから，$-\dfrac{4}{3}$ の方が小さい．

有界閉領域での最大値・最小値は内部の極値か境界上の最大値・最小値でだから

点 $\left(-\dfrac{1}{\sqrt{2}},\ \dfrac{1}{\sqrt{2}}\right)$ で最大値 $\dfrac{3+4\sqrt{2}}{2}$，点 $\left(\dfrac{2}{3},\ -\dfrac{2}{3}\right)$ で最小値 $-\dfrac{4}{3}$

96　直円柱の底面の半径を $r(>0)$，高さを $h(>0)$，体積を $V(>0)$ とすると

$$r^2+\left(\dfrac{h}{2}\right)^2=a^2,\quad V(r,\ h)=\pi r^2h$$

条件 $\varphi(r,\ h)=r^2+\dfrac{h^2}{4}-a^2=0$ のもとで，関数 $V(r,\ h)$ の最大値を求める．

$\varphi=0$ は端点をもたないから，体積の最大値は極値をとり得る点でとる．

$V_r-\lambda\varphi_r=2r(\pi h-\lambda)=0\ \cdots$ ①　　$V_h-\lambda\varphi_h=\pi r^2-\dfrac{\lambda h}{2}=0\ \cdots$ ②

$\varphi=r^2+\dfrac{h^2}{4}-a^2=0\ \cdots$ ③

① より $\lambda=\pi h$，② より $\lambda=\dfrac{2\pi r^2}{h}$，よって $\pi h=\dfrac{2\pi r^2}{h}$ から $r^2=\dfrac{h^2}{2}$

③ より $\dfrac{3}{4}h^2-a^2=0$

これより　高さ $h=\dfrac{2\sqrt{3}}{3}a$，体積 $V=\pi r^2h=\pi\dfrac{h^2}{2}h=\dfrac{4\sqrt{3}}{9}\pi a^3$

97　(1) $W=2\pi rh\cdot w+2\cdot\pi r^2\cdot 3w=2\pi w(rh+3r^2)$

(2) $V=\pi r^2h$

(3) 容積を V を定数とし，$\varphi(r,\ h)=\pi r^2h-V$ とおく．

条件 $\varphi(r,\ h)=\pi r^2h-V=0$ のもとで，重量 $W(r,\ h)$ の最小値を求める．

$\varphi=0$ は端点をもたないから，重量 W の最小値は極値をとり得る点でとる．

極値をとり得る点は，次の式を満たす．

$W_r-\lambda\varphi_r=2\pi(wh+6wr-\lambda rh)=0\ \cdots$ ①

$W_h-\lambda\varphi_h=\pi r(2w-\lambda r)=0\ \cdots$ ②　　$\varphi=\pi r^2h-V=0\ \cdots$ ③

① と ② から λ を求めると　$\lambda=\dfrac{w(h+6r)}{rh}=\dfrac{2w}{r}$　　$\therefore\ \ h=6r$

よって　$r:h=1:6$

§3 重積分

1 重積分の計算

98 領域を図示して範囲に注意して積分する.

(1) 領域は $D: 0 \leqq x \leqq 1,\ 0 \leqq y \leqq x$ として y から先に積分する.

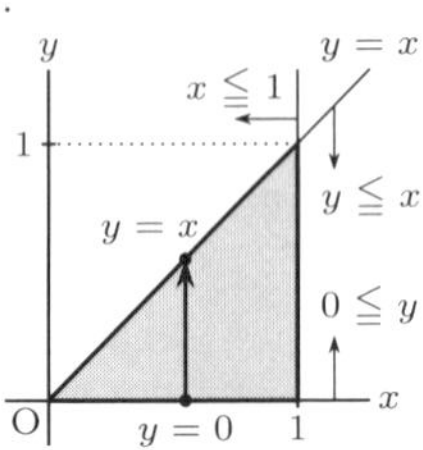

$$与式 = \int_0^1 \left\{\int_0^x (x+y)^2\, dy\right\} dx$$

$$= \int_0^1 \left[\frac{1}{3}(x+y)^3\right]_0^x dx = \int_0^1 \frac{7}{3}x^3 dx$$

$$= \left[\frac{7}{12}x^4\right]_0^1 = \frac{7}{12}$$

(2) 領域は $D: 0 \leqq x \leqq 2,\ 0 \leqq y \leqq 2-x$ として y から先に積分する.

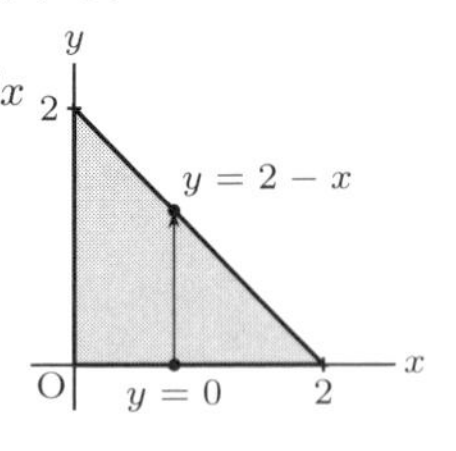

$$与式 = \int_0^2 \left\{\int_0^{-x+2} (x^2+y^2)\ dy\right\} dx = \int_0^2 \left[x^2 y + \frac{1}{3}y^3\right]_0^{-x+2} dx$$

$$= \int_0^2 \left\{-x^3 + 2x^2 + \frac{1}{3}(-x+2)^3\right\} dx$$

$$= \left[-\frac{1}{4}x^4 + \frac{2}{3}x^3 - \frac{1}{12}(-x+2)^4\right]_0^2 = \frac{8}{3}$$

(3) $y = x^2$ と $y = 2x^2 - 1$ の交点の x 座標を求めると　$x = \pm 1$

よって, 領域は $D: -1 \leqq x \leqq 1,\ 2x^2 - 1 \leqq y \leqq x^2$

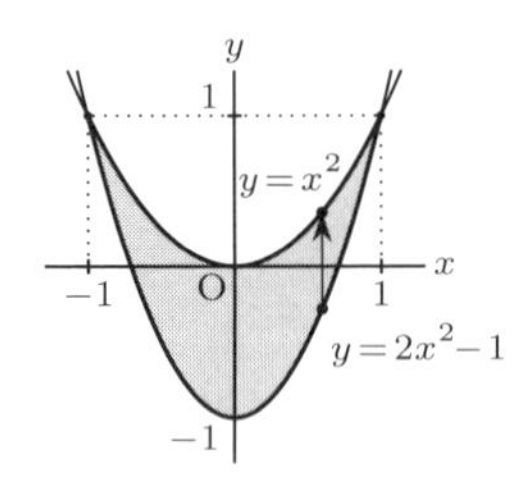

$$与式 = \int_{-1}^1 \left\{\int_{2x^2-1}^{x^2} (x^2 - 2y + 4)^{-\frac{3}{2}}\, dy\right\} dx$$

$$= \int_{-1}^1 \left[(x^2 - 2y + 4)^{-\frac{1}{2}}\right]_{2x^2-1}^{x^2} dx$$

$$= \int_{-1}^1 \left\{\frac{1}{\sqrt{4-x^2}} - \frac{1}{\sqrt{3}\sqrt{2-x^2}}\right\} dx$$

$$= \left[\sin^{-1}\frac{x}{2} - \frac{1}{\sqrt{3}}\sin^{-1}\frac{x}{\sqrt{2}}\right]_{-1}^1 = \frac{\pi}{3} - \frac{\pi}{2\sqrt{3}} = \frac{2-\sqrt{3}}{6}\pi$$

99 領域を図示して積分がしやすい順序を考えて積分をする.

(1) 領域を $D: 0 \leqq x \leqq 1,\ 0 \leqq y \leqq x$ と表すことができる.

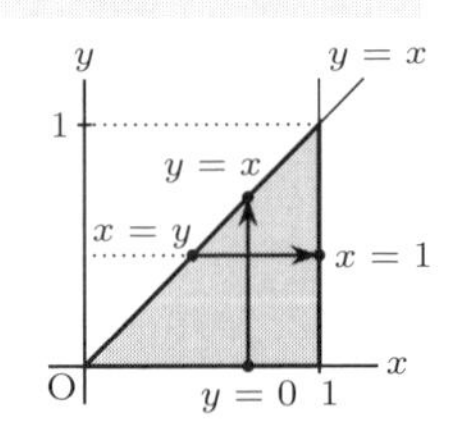

$$与式 = \int_0^1 \left\{\int_0^x y^2 dy\right\} e^{x^4}\, dx = \int_0^1 \left[\frac{1}{3}y^3\right]_0^x e^{x^4}\, dx$$

$$= \int_0^1 \frac{1}{3}x^3 e^{x^4} dx = \left[\frac{1}{12}e^{x^4}\right]_0^1 = \frac{1}{12}(e-1)$$

(2) 領域を $D: 0 \leqq y \leqq 1,\ 0 \leqq x \leqq \sqrt{y}$ と表すことができる.

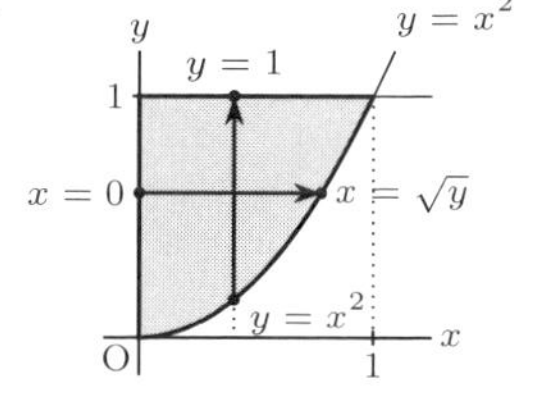

$$
与式 = \int_0^1 \left\{ \int_0^{\sqrt{y}} 2x\,dx \right\} \frac{1}{1+y^4}\,dy
$$

$$
= \int_0^1 \frac{y}{1+y^4}\,dy = \left[\frac{1}{2}\tan^{-1}(y^2) \right]_0^1 = \frac{\pi}{8}
$$

$t = y^2$ として置換積分してもよい

100 **$x = r\cos\theta,\ y = r\sin\theta$ とおくことで極座標変換を用いる.**

(1) $x = r\cos\theta,\ y = r\sin\theta$ とおく.

D は $0 \leqq r \leqq 1,\ \dfrac{\pi}{4} \leqq \theta \leqq \dfrac{\pi}{2}$ で表されるから

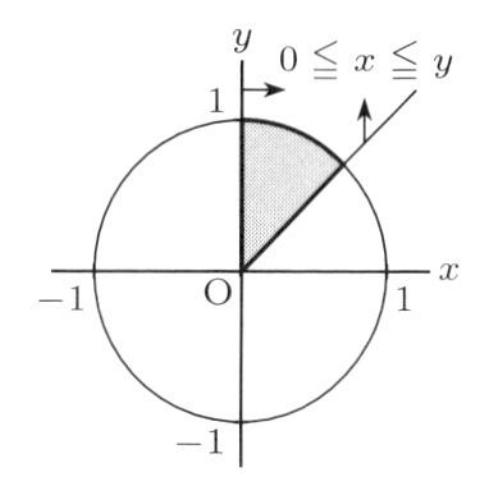

$$
与式 = \iint_D \frac{1}{1+r^2} \cdot r\,dr d\theta = \int_{\frac{\pi}{4}}^{\frac{\pi}{2}} \left\{ \int_0^1 \frac{r}{1+r^2}\,dr \right\} d\theta
$$

$$
= \left[\frac{1}{2}\log(1+r^2) \right]_0^1 \int_{\frac{\pi}{4}}^{\frac{\pi}{2}} d\theta = \frac{\pi}{8}\log 2
$$

(2) $x = r\cos\theta,\ y = r\sin\theta$ とおく.

D は $0 \leqq r \leqq \sqrt{2},\ \dfrac{\pi}{4} \leqq \theta \leqq \dfrac{5}{4}\pi$ で表されるから

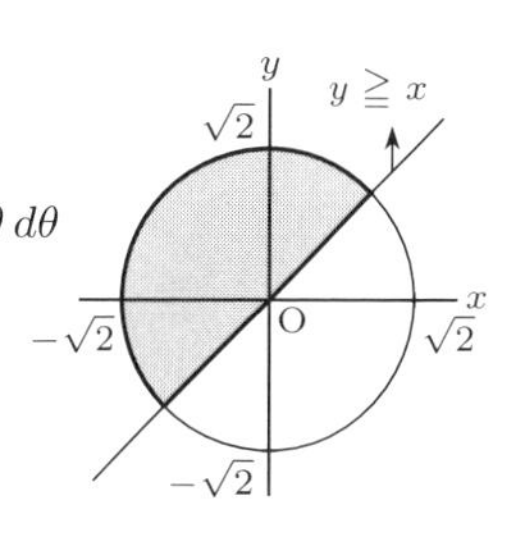

$$
与式 = \iint_D r^2\cos^2\theta \cdot r\,dr d\theta = \int_{\frac{\pi}{4}}^{\frac{5}{4}\pi} \left\{ \int_0^{\sqrt{2}} r^3\,dr \right\} \cos^2\theta\,d\theta
$$

$$
= \int_{\frac{\pi}{4}}^{\frac{5}{4}\pi} \cos^2\theta\,d\theta = \int_{\frac{\pi}{4}}^{\frac{5}{4}\pi} \frac{1}{2}(1+\cos 2\theta)\,d\theta
$$

$$
= \left[\frac{1}{2}\left(\theta + \frac{1}{2}\sin 2\theta \right) \right]_{\frac{\pi}{4}}^{\frac{5}{4}\pi} = \frac{\pi}{2}
$$

(3) $x = r\cos\theta,\ y = r\sin\theta$ とおく.

D は $0 \leqq r \leqq \sqrt{3},\ -\dfrac{\pi}{4} \leqq \theta \leqq \dfrac{3}{4}\pi$ で表されるから

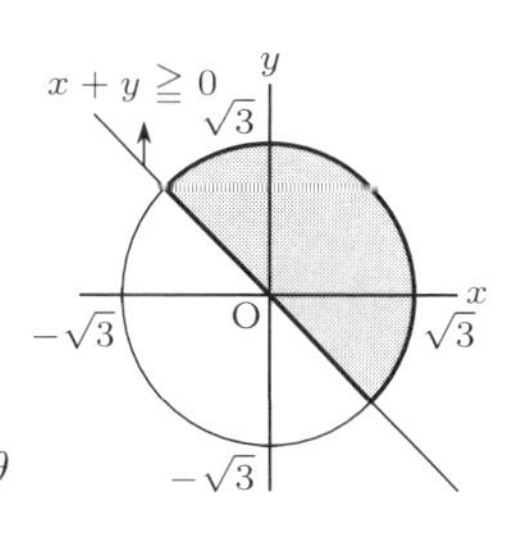

$$
与式 = \iint_D \frac{r\cos\theta + r\sin\theta}{r^2+1} \cdot r\,dr d\theta
$$

$$
= \int_{-\frac{\pi}{4}}^{\frac{3}{4}\pi} \left\{ \int_0^{\sqrt{3}} \frac{r^2}{r^2+1}\,dr \right\} (\cos\theta + \sin\theta)\,d\theta
$$

$$
= \int_{-\frac{\pi}{4}}^{\frac{3}{4}\pi} \left\{ \int_0^{\sqrt{3}} \left(1 - \frac{1}{r^2+1} \right) dr \right\} (\cos\theta + \sin\theta)\,d\theta
$$

$$
= \left[r - \tan^{-1} r \right]_0^{\sqrt{3}} \left[\sin\theta - \cos\theta \right]_{-\frac{\pi}{4}}^{\frac{3}{4}\pi} = \frac{2\sqrt{2}}{3}\left(3\sqrt{3} - \pi \right)
$$

101 領域を図示して，極座標の r と θ の範囲を求める．

$x=r\cos\theta$，$y=r\sin\theta$ とおくと，D_a は $0\leqq\theta\leqq\dfrac{\pi}{3}$，$a\leqq r\leqq\dfrac{1}{\cos\theta}$ で表されるから

$$I_a=\iint_{D_a}\frac{r\cos\theta+r\sin\theta}{r^2}\cdot r\,drd\theta$$
$$=\int_0^{\frac{\pi}{3}}\left\{\int_a^{\frac{1}{\cos\theta}}(\cos\theta+\sin\theta)\,dr\right\}d\theta$$
$$=\int_0^{\frac{\pi}{3}}\left\{1+\frac{\sin\theta}{\cos\theta}-a(\cos\theta+\sin\theta)\right\}d\theta$$
$$=\Big[\theta-\log|\cos\theta|-a(\sin\theta-\cos\theta)\Big]_0^{\frac{\pi}{3}}$$
$$=\frac{\pi}{3}+\log 2-\frac{\sqrt{3}+1}{2}a$$

$$\therefore\ \lim_{a\to+0}I_a=\frac{\pi}{3}+\log 2$$

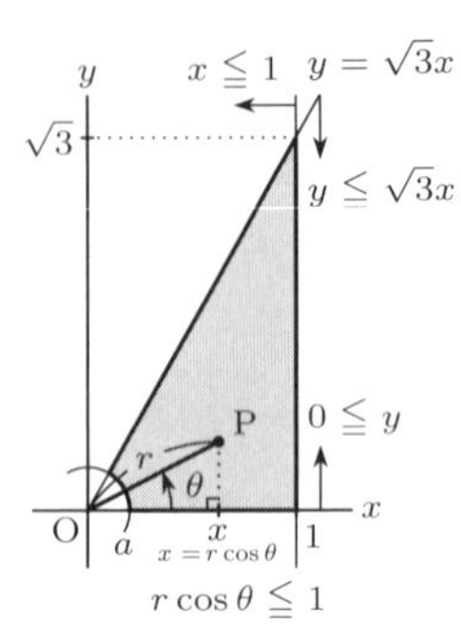

102 領域の境界線が原点を通る円の場合も極座標変換する．

(1) $x=r\cos\theta$，$y=r\sin\theta$ を領域の不等式に代入すると　**例題29** と同様

D は $0\leqq r\leqq 4\cos\theta$，$0\leqq\theta\leqq\dfrac{\pi}{2}$ で表される．

$$与式=\iint_D r^2\sin^2\theta\cdot r\,drd\theta=\int_0^{\frac{\pi}{2}}\left\{\int_0^{4\cos\theta}r^3\,dr\right\}\sin^2\theta\,d\theta=\int_0^{\frac{\pi}{2}}\left[\frac{1}{4}r^4\right]_0^{4\cos\theta}\sin^2\theta\,d\theta$$
$$=64\int_0^{\frac{\pi}{2}}\sin^2\theta\cos^4\theta\,d\theta=64\int_0^{\frac{\pi}{2}}\left(1-\cos^2\theta\right)\cos^4\theta\,d\theta$$

要項 11⑤または要項 28

$$=64\int_0^{\frac{\pi}{2}}\left(\cos^4\theta-\cos^6\theta\right)d\theta=64\cdot\left(\frac{3}{4}\cdot\frac{1}{2}\cdot\frac{\pi}{2}-\frac{5}{6}\cdot\frac{3}{4}\cdot\frac{1}{2}\cdot\frac{\pi}{2}\right)$$
$$=64\cdot\frac{3}{4}\cdot\frac{1}{2}\cdot\frac{\pi}{2}\cdot\left(1-\frac{5}{6}\right)=64\cdot\frac{3}{4}\cdot\frac{1}{2}\cdot\frac{\pi}{2}\cdot\frac{1}{6}=2\pi$$

(2) $x^2+y^2\leqq x$ に変換式 $x=r\cos\theta$，$y=r\sin\theta$ を代入すると，$r^2\leqq r\cos\theta$ より

D は $0\leqq r\leqq\cos\theta$，$-\dfrac{\pi}{2}\leqq\theta\leqq\dfrac{\pi}{2}$ で表される．

領域，関数のグラフの両方が x 軸に関して対称だから

$$与式=\iint_D\sqrt{r\cos\theta}\cdot r\,drd\theta$$
$$=2\int_0^{\frac{\pi}{2}}\left\{\int_0^{\cos\theta}r^{\frac{3}{2}}\,dr\right\}(\cos\theta)^{\frac{1}{2}}\,d\theta$$
$$=2\int_0^{\frac{\pi}{2}}\frac{2}{5}\left[r^{\frac{5}{2}}\right]_0^{\cos\theta}(\cos\theta)^{\frac{1}{2}}\,d\theta$$
$$=\frac{4}{5}\int_0^{\frac{\pi}{2}}\cos^3\theta\,d\theta=\frac{4}{5}\cdot\frac{2}{3}=\frac{8}{15}$$

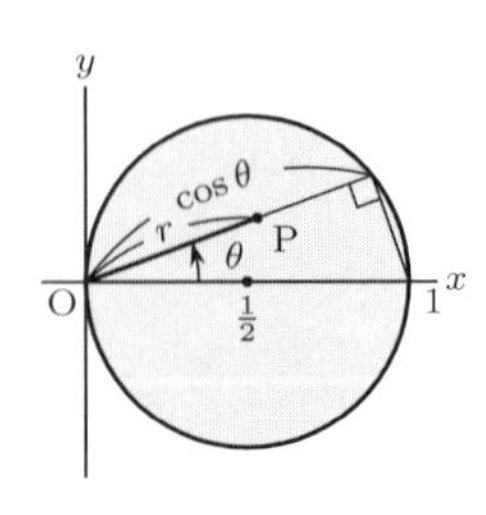

(3) $(x-1)^2+(y-1)^2 \leqq 2$ に変換式 $x=r\cos\theta,\ y=r\sin\theta$ を代入すると

$r^2 \leqq 2r\cos\theta+2r\sin\theta=2\sqrt{2}r\,\sin\left(\theta+\frac{\pi}{4}\right)$ より **$\sin\theta+\cos\theta=\sqrt{2}\sin\left(\theta+\frac{\pi}{4}\right)$**

D は $0 \leqq r \leqq 2\sqrt{2}\sin\left(\theta+\frac{\pi}{4}\right),\ -\frac{\pi}{4} \leqq \theta \leqq \frac{3}{4}\pi$ で表される．

$$
\begin{aligned}
\text{与式} &= \iint_D r\cdot r\,drd\theta \\
&= \int_{-\frac{\pi}{4}}^{\frac{3}{4}\pi}\left\{\int_0^{2\sqrt{2}\sin\left(\theta+\frac{\pi}{4}\right)} r^2\,dr\right\}d\theta \\
&= \int_{-\frac{\pi}{4}}^{\frac{3}{4}\pi}\frac{16\sqrt{2}}{3}\sin^3\left(\theta+\frac{\pi}{4}\right)d\theta \quad \left(t=\theta+\frac{\pi}{4}\ \text{とおく}\right) \\
&= \frac{16\sqrt{2}}{3}\int_0^{\pi}\sin^3 t\,dt=\frac{16\sqrt{2}}{3}\cdot 2\int_0^{\frac{\pi}{2}}\sin^3 t\,dt \\
&= \frac{16\sqrt{2}}{3}\cdot 2\cdot\frac{2}{3}=\frac{64\sqrt{2}}{9}
\end{aligned}
$$

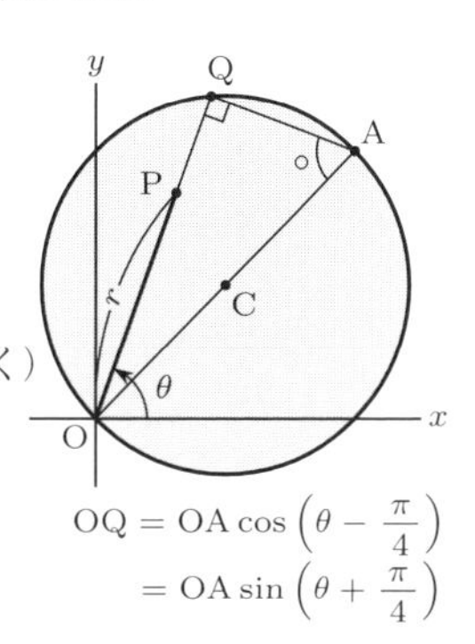

$\mathrm{OQ}=\mathrm{OA}\cos\left(\theta-\frac{\pi}{4}\right)$
$=\mathrm{OA}\sin\left(\theta+\frac{\pi}{4}\right)$

103 **極座標変換において，$r,\ \theta$ の範囲と積分順序を考える．**

図のように原点から方向角 θ の直線を引き，2つの円と直線の交点をPとQとする．ただし，$0 \leqq \theta \leqq \frac{\pi}{6}$ である．点Pの座標を $(r\cos\theta,\ r\sin\theta)$ とすると，Pは円 $x^2+(y-1)^2=1$ の上の点だから $r=2\sin\theta$ が成り立つ．したがって，領域は

$D: 0 \leqq \theta \leqq \frac{\pi}{6},\quad 2\sin\theta \leqq r \leqq 1\ \cdots$ ①

$D: 0 \leqq r \leqq 1,\quad 0 \leqq \theta \leqq \sin^{-1}\frac{r}{2}\ \cdots$ ②

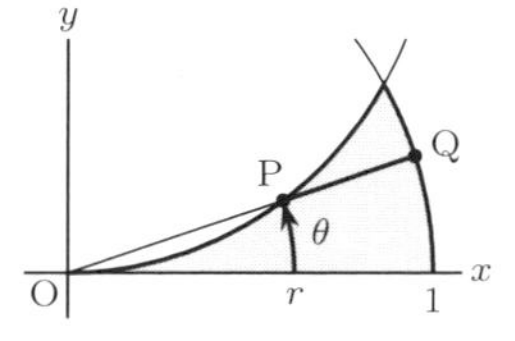

と2通りで表すことができる．①は r から先に積分，②は θ から先に積分する形である．どちらを使って累次積分するかは関数によって決まる．

$$\text{与式}=\iint_D r\cos\theta\cdot e^{r^2}\,r\,drd\theta=\iint_D r^2e^{r^2}\cos\theta\,drd\theta$$

$r^2e^{r^2}$ は r で不定積分を求めることができないから，θ から先に積分する．

$$
\begin{aligned}
\text{与式} &= \int_0^1\left\{r^2e^{r^2}\int_0^{\sin^{-1}\frac{r}{2}}\cos\theta\,d\theta\right\}dr=\int_0^1 r^2e^{r^2}\Big[\sin\theta\Big]_0^{\sin^{-1}\frac{r}{2}}dr=\int_0^1 r^2e^{r^2}\cdot\frac{r}{2}\,dr \\
&= \frac{1}{2}\int_0^1 t\,e^t\cdot\frac{1}{2}\,dt=\frac{1}{4}\left\{\Big[t\,e^t\Big]_0^1-\int_0^1 1\cdot e^t\,dt\right\}=\frac{1}{4}
\end{aligned}
$$

$t=r^2$ とおく ⇧

〈注〉 本問は例外的に θ から先に積分する問題である．本問と同じ領域 D であっても

$$\iint_D (x^2+y^2)\,dxdy=\frac{7\sqrt{3}}{16}-\frac{5}{24}\pi \ \text{や}\ \iint_D\frac{dxdy}{\sqrt{x^2+y^2}}=\frac{\pi}{6}+\sqrt{3}-2\ \text{（広義積分）}$$

の場合は r から先に積分した方が簡単である．

104 被積分関数や領域 D に複数見られる x と y の多項式を u と v で変数変換する.

(1) $u=2x+y,\ v=x-y$ と変換すると　$x=\dfrac{1}{3}(u+v),\ y=\dfrac{1}{3}(u-2v)$

D は $0\leqq u\leqq\pi,\ 0\leqq v\leqq\pi$ で表される. $\dfrac{\partial(x,\ y)}{\partial(u,\ v)}=-\dfrac{1}{3}$ より　$dxdy=\dfrac{1}{3}dudv$

$$与式=\iint_D u^3\sin v\cdot\frac{1}{3}dudv=\frac{1}{3}\int_0^{\pi}\left\{\int_0^{\pi}\sin v\,dv\right\}u^3\,du=\frac{\pi^4}{6}$$

(2) $|x|+|y|\leqq\pi$ は $x,\ y$ の符号で場合分けして　$-\pi\leqq x+y\leqq\pi, -\pi\leqq x-y\leqq\pi$

$u=x+y,\ v=x-y$ と変換すると　$x=\dfrac{1}{2}(u+v),\ y=\dfrac{1}{2}(u-v)$

D は $-\pi\leqq u\leqq\pi,\ -\pi\leqq v\leqq\pi$ で表される.

$\dfrac{\partial(x,\ y)}{\partial(u,\ v)}=-\dfrac{1}{2}$ より　$dxdy=\dfrac{1}{2}dudv$

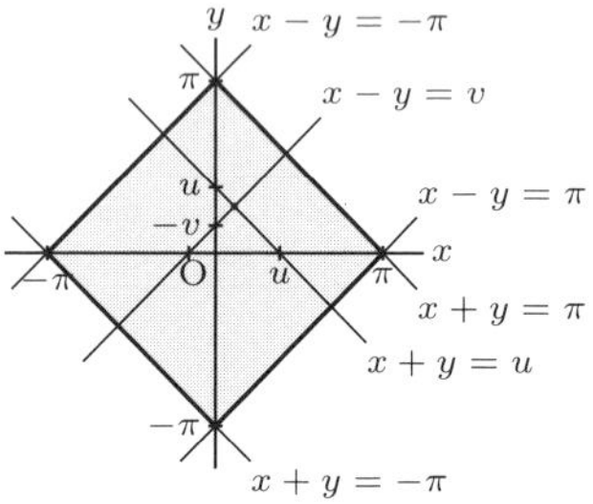

$$\begin{aligned}与式&=\iint_D\frac{e^u\cos u}{v^2+\pi^2}\cdot\frac{1}{2}\,dudv\\&=\frac{1}{2}\int_{-\pi}^{\pi}\left\{\int_{-\pi}^{\pi}\frac{dv}{v^2+\pi^2}\right\}e^u\cos u\,du\\&=\frac{1}{2}\int_{-\pi}^{\pi}\left[\frac{1}{\pi}\tan^{-1}\frac{v}{\pi}\right]_{-\pi}^{\pi}e^u\cos u\,du\\&=\frac{1}{4}\int_{-\pi}^{\pi}e^u\cos u\,du\\&=\frac{1}{4}\left[\frac{e^u}{2}(\cos u+\sin u)\right]_{-\pi}^{\pi}=-\frac{1}{8}\left(e^{\pi}-e^{-\pi}\right)\end{aligned}$$

$$\boldsymbol{\int e^{ax}\cos bx\,dx=\frac{e^{ax}}{a^2+b^2}(a\cos bx+b\sin bx)}$$

105 領域 D が楕円領域より，楕円座標に変換する.

(1) $x=ar\cos\theta,\ y=br\sin\theta$ と変換すると，D は $0\leqq r\leqq1,\ 0\leqq\theta\leqq2\pi$ で表される.

$$\begin{aligned}与式&=\iint_D a^2r^2\cos^2\theta\cdot abr\,drd\theta=a^3b\int_0^{2\pi}\left[\frac{1}{4}r^4\right]_0^1\cos^2\theta\,d\theta=\frac{1}{4}a^3b\int_0^{2\pi}\cos^2\theta\,d\theta\\&=\frac{1}{4}a^3b\int_0^{2\pi}\frac{1+\cos2\theta}{2}\,d\theta=\frac{1}{8}a^3b\Big[\theta+\frac{1}{2}\sin2\theta\Big]_0^{2\pi}=\frac{\pi}{4}a^3b\end{aligned}$$

(2) $x^2+3y^2\leqq1$ より，$\dfrac{x^2}{1}+\dfrac{y^2}{\frac{1}{3}}\leqq1$ と変形して，$a=1,\ b=\dfrac{1}{\sqrt{3}}$ とみる.

$x=r\cos\theta,\ y=\dfrac{r}{\sqrt{3}}\sin\theta$ と変換すると D は $0\leqq r\leqq1,\ 0\leqq\theta\leqq2\pi$ で表される.

$$\begin{aligned}与式&=\iint_D\left(r^2\cos^2\theta+\frac{r^2}{3}\sin^2\theta\right)\cdot1\cdot\frac{1}{\sqrt{3}}\cdot r\,drd\theta\\&=\frac{1}{\sqrt{3}}\int_0^{2\pi}\left\{\int_0^1 r^3\,dr\right\}\left(\cos^2\theta+\frac{1}{3}\sin^2\theta\right)d\theta\\&=\frac{1}{\sqrt{3}}\cdot\frac{1}{4}\int_0^{2\pi}\left(\frac{1+\cos2\theta}{2}+\frac{1-\cos2\theta}{6}\right)d\theta\end{aligned}$$

$$\boldsymbol{dxdy=abr\,drd\theta}$$

$$= \frac{1}{12\sqrt{3}} \int_0^{2\pi} (2 + \cos 2\theta)\, d\theta = \frac{1}{12\sqrt{3}} \left[2\theta + \frac{1}{2} \sin 2\theta \right]_0^{2\pi} = \frac{\pi}{3\sqrt{3}}$$

〈注〉 最後の計算は 55 ページの要項 28 のウォリス積分を利用することもできる.

106 **56 ページの要項 30 の変数変換を利用する.**

(1) $u = x + y,\ uv = y$ と変換すると　$x = u(1 - v),\ y = uv,\ J(u,\ v) = u$

$$与式 = \iint_D u^{10} \cdot u\, dudv = \int_0^1 \left\{ \int_0^1 dv \right\} u^{11}\, du = \int_0^1 \Big[v \Big]_0^1 u^{11}\, du$$

$$= \int_0^1 u^{11}\, du = \left[\frac{1}{12} u^{12} \right]_0^1 = \frac{1}{12}$$

(2) $u = x + y,\ uv = y$ と変換すると　$x = u(1 - v),\ y = uv,\ J(u,\ v) = u$

$x + 3y \geqq 0$ より　$v \geqq -\dfrac{1}{2}$,　　$x - y \geqq 0$ より　$\dfrac{1}{2} \geqq v$

よって, D は $0 \leqq u \leqq 2,\ -\dfrac{1}{2} \leqq v \leqq \dfrac{1}{2}$ で表される.

$$与式 = \iint_D u(1 - v) \cdot uv \cdot u\, dudv$$

$$= \int_0^2 \left\{ \int_{-\frac{1}{2}}^{\frac{1}{2}} (v - v^2)\, dv \right\} u^3\, du$$

$$= \int_0^2 \left[\frac{1}{2} v^2 - \frac{1}{3} v^3 \right]_{-\frac{1}{2}}^{\frac{1}{2}} u^3\, du = -\frac{1}{12} \int_0^2 u^3\, du = -\frac{1}{12} \left[\frac{1}{4} u^4 \right]_0^2 = -\frac{1}{3}$$

(3) $u = x + y,\ uv = y$ と変換すると　$x = u(1 - v),\ y = uv,\ J(u,\ v) = u$

$y \leqq 3x$ より　$v \leqq \dfrac{3}{4}$,　　$x \leqq 3y$ より　$\dfrac{1}{4} \leqq v$

よって, D は $0 \leqq u \leqq 4,\ \dfrac{1}{4} \leqq v \leqq \dfrac{3}{4}$ で表される.

$$与式 = \iint_D uv \cdot u\, dudv = \int_0^4 \left\{ \int_{\frac{1}{4}}^{\frac{3}{4}} v\, dv \right\} u^2\, du$$

$$= \int_0^4 \left[\frac{1}{2} v^2 \right]_{\frac{1}{4}}^{\frac{3}{4}} u^2\, du = \frac{1}{4} \int_0^4 u^2\, du = \frac{1}{4} \left[\frac{1}{3} u^3 \right]_0^4 = \frac{16}{3}$$

(4) $u = x + y,\ v = x - y$ と変換すると　$x = \dfrac{1}{2}(u + v),\ y = \dfrac{1}{2}(u - v)$

$J(u,\ v) = -\dfrac{1}{2}$ より　$dxdy = \dfrac{1}{2} dudv$

$x = \dfrac{1}{2}(u + v) \geqq 0$ より　$v \geqq -u$

$y = \dfrac{1}{2}(u - v) \geqq 0$ より　$u \geqq v$

よって, D は $0 \leqq u \leqq 1,\ -u \leqq v \leqq u$ で表される.

$$与式 = \iint_D \frac{u}{1 + v^2} \cdot \frac{1}{2}\, dudv$$

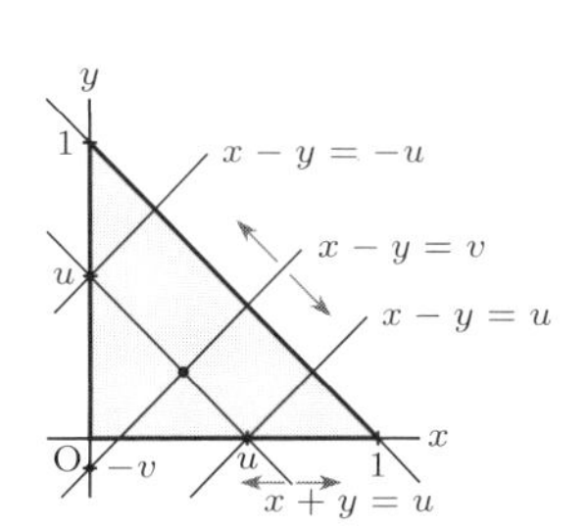

$$= \frac{1}{2}\int_0^1 \left\{ \int_{-u}^{u} \frac{1}{1+v^2}\, dv \right\} u\, du = \int_0^1 \left\{ \int_0^u \frac{1}{1+v^2}\, dv \right\} u\, du$$ 偶関数より

$$= \int_0^1 u \tan^{-1} u\, du = \int_0^1 \frac{1}{2}(u^2+1)' \tan^{-1} u\, du$$ 部分積分する

$$= \frac{1}{2}\Big[(u^2+1)\tan^{-1} u\Big]_0^1 - \frac{1}{2}\int_0^1 (u^2+1)\big(\tan^{-1} u\big)'\, du$$ $(\tan^{-1} u)' = \dfrac{1}{1+u^2}$

$$= \tan^{-1} 1 - \frac{1}{2}\int_0^1 du = \frac{\pi}{4} - \frac{1}{2} = \frac{\pi - 2}{4}$$

(5) $u = x + y,\ v = x - y$ と変換する．(4) と同様に

$x = \dfrac{1}{2}(u+v),\ y = \dfrac{1}{2}(u-v),\ dxdy = \dfrac{1}{2}\, dudv$

D は $1 \leqq u \leqq 2,\ -u \leqq v \leqq u$ で表される．

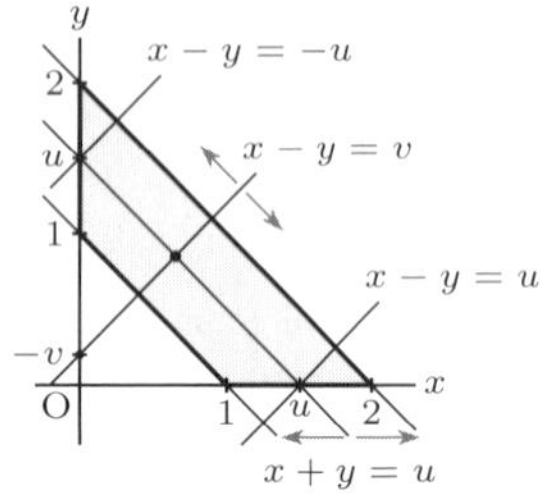

$$\text{与式} = \iint_D \frac{1}{\frac{1}{4}(u+v)^2 + \frac{1}{4}(u-v)^2} \cdot \frac{1}{2}\, dudv$$

$$= \int_1^2 \left\{ \int_{-u}^{u} \frac{1}{u^2+v^2}\, dv \right\} du = \int_1^2 \left[\frac{1}{u} \tan^{-1} \frac{v}{u} \right]_{-u}^{u} du = \frac{\pi}{2}\int_1^2 \frac{1}{u}\, du$$

$$= \frac{\pi}{2}\Big[\log|u|\Big]_1^2 = \frac{\pi}{2}\log 2$$

別解　上記の (1), (2) は変数変換を利用している．例題27 のようにも積分できる．

(1) 領域は $D: 0 \leqq x \leqq 1,\ 0 \leqq y \leqq 1 - x$ だから

$$\text{与式} = \int_0^1 \left\{ \int_0^{1-x} (x+y)^{10}\, dy \right\} dx = \int_0^1 \left[\frac{1}{11}(x+y)^{11} \right]_0^{1-x} dx$$

$$= \int_0^1 \frac{1}{11}(1 - x^{11})\, dx = \frac{1}{11}\left[x - \frac{1}{12}x^{12} \right]_0^1 = \frac{1}{12}$$

(2) 領域 D を 2 つの領域

$D_1: y \leqq x \leqq 2 - y,\ 0 \leqq y \leqq 1$

$D_2: -3y \leqq x \leqq 2 - y,\ -1 \leqq y \leqq 0$

に分割して　⇧ 積分が計算できるように領域を表す

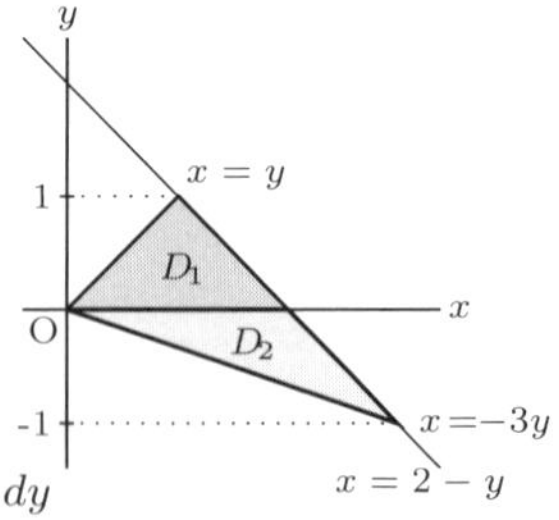

$$\text{与式} = \iint_{D_1} xy\, dxdy + \iint_{D_2} xy\, dxdy$$

$$= \int_0^1 \left\{ \int_y^{2-y} xy\, dx \right\} dy + \int_{-1}^0 \left\{ \int_{-3y}^{2-y} xy\, dx \right\} dy$$

$$= \int_0^1 \left[\frac{yx^2}{2} \right]_y^{2-y} dx + \int_{-1}^0 \left[\frac{yx^2}{2} \right]_{-3y}^{2-y} dx$$

$$= \int_0^1 (2y - 2y^2)\, dy + \int_{-1}^0 (2y - 2y^2 - 4y^3)\, dy = \frac{1}{3} - \frac{2}{3} = -\frac{1}{3}$$

107 x, y の2次式を平方完成し，極座標変換する.

(1) $x^2+2xy+5y^2 \leqq 1$ を $(x+y)^2+(2y)^2 \leqq 1$ と変形し，次のように変数変換する.

$x+y=r\cos\theta,\ 2y=r\sin\theta \quad (0 \leqq r \leqq 1,\ 0 \leqq \theta \leqq 2\pi)$ とおく.

$x=r\cos\theta-\dfrac{1}{2}r\sin\theta,\ y=\dfrac{1}{2}r\sin\theta$ より

$$J(r,\ \theta)=\begin{vmatrix} \cos\theta-\dfrac{1}{2}\sin\theta & -r\sin\theta-\dfrac{1}{2}r\cos\theta \\ \dfrac{1}{2}\sin\theta & \dfrac{1}{2}r\cos\theta \end{vmatrix}=\frac{1}{2}r$$

$$与式=\iint_D r^2\cos^2\theta\cdot\frac{1}{2}r\,drd\theta=\frac{1}{2}\int_0^{2\pi}\left\{\int_0^1 r^3\,dr\right\}\cos^2\theta\,d\theta=\frac{1}{8}\int_0^{2\pi}\cos^2\theta\,d\theta$$

$$=\frac{1}{8}\int_0^{2\pi}\frac{1+\cos 2\theta}{2}\,d\theta=\frac{1}{8}\left[\frac{1}{2}\theta+\frac{1}{4}\sin 2\theta\right]_0^{2\pi}=\frac{\pi}{8}$$

(2) $x^2-xy+y^2 \leqq 1$ を $\left(x-\dfrac{1}{2}y\right)^2+\left(\dfrac{\sqrt{3}}{2}y\right)^2 \leqq 1$ と変形し，次のように変数変換する. $x-\dfrac{1}{2}y=r\cos\theta,\ \dfrac{\sqrt{3}}{2}y=r\sin\theta \quad (0 \leqq r \leqq 1,\ 0 \leqq \theta \leqq 2\pi)$ とおく.

$x=r\cos\theta+\dfrac{1}{\sqrt{3}}r\sin\theta,\ y=\dfrac{2}{\sqrt{3}}r\sin\theta$ より

$$J(r,\ \theta)=\begin{vmatrix} \cos\theta+\dfrac{1}{\sqrt{3}}\sin\theta & -r\sin\theta+\dfrac{1}{\sqrt{3}}r\cos\theta \\ \dfrac{2}{\sqrt{3}}\sin\theta & \dfrac{2}{\sqrt{3}}r\cos\theta \end{vmatrix}=\frac{2}{\sqrt{3}}r$$

$$与式=\iint_D\left(r\cos\theta-\frac{1}{\sqrt{3}}r\sin\theta\right)^2\cdot\frac{2}{\sqrt{3}}r\,drd\theta$$

$$=\frac{2}{\sqrt{3}}\int_0^{2\pi}\left\{\int_0^1 r^3\,dr\right\}\left(\cos^2\theta-\frac{2}{\sqrt{3}}\cos\theta\sin\theta+\frac{1}{3}\sin^2\theta\right)d\theta$$

$$=\frac{2}{\sqrt{3}}\cdot\frac{1}{4}\int_0^{2\pi}\left(\frac{1+\cos 2\theta}{2}-\frac{1}{\sqrt{3}}\sin 2\theta+\frac{1-\cos 2\theta}{6}\right)d\theta$$

$$=\frac{\sqrt{3}}{6}\int_0^{2\pi}\left(\frac{2}{3}+\frac{1}{3}\cos 2\theta-\frac{1}{\sqrt{3}}\sin 2\theta\right)d\theta=\frac{2\sqrt{3}}{9}\pi$$

108 x と $3y$ の大小によって領域を分割する.

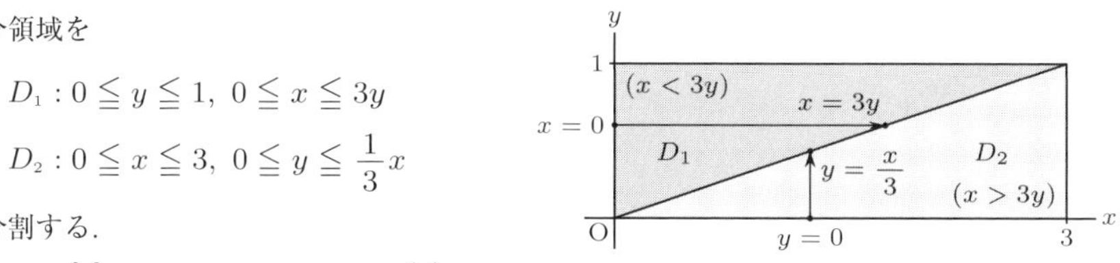

積分領域を

$D_1: 0 \leqq y \leqq 1,\ 0 \leqq x \leqq 3y$

$D_2: 0 \leqq x \leqq 3,\ 0 \leqq y \leqq \dfrac{1}{3}x$

に分割する.

$$与式=\iint_{D_1} e^{\max\{x^2,\ 9y^2\}}\,dxdy+\iint_{D_2} e^{\max\{x^2,\ 9y^2\}}\,dxdy$$

$$= \iint_{D_1} e^{9y^2}\,dxdy + \iint_{D_2} e^{x^2}\,dxdy$$

$$= \int_0^1 \left\{ \int_0^{3y} e^{9y^2}\,dx \right\} dy + \int_0^3 \left\{ \int_0^{\frac{x}{3}} e^{x^2}\,dy \right\} dx$$

$$= \int_0^1 3ye^{9y^2}\,dy + \int_0^3 \frac{x}{3}e^{x^2}\,dx = \frac{1}{6}\left[e^{9y^2}\right]_0^1 + \frac{1}{6}\left[e^{x^2}\right]_0^3 = \frac{1}{3}(e^9 - 1)$$

109　(1) 極座標変換して　$D: 0 \leqq r \leqq 2,\ 0 \leqq \theta \leqq \dfrac{\pi}{3}$

$$与式 = \iint_D \frac{r^2 \sin\theta\cos\theta}{(\sqrt{25 - 6r^2\cos^2\theta + 15r^2\sin^2\theta})^3} \cdot r\,drd\theta$$

$t = \sin^2\theta$ とおくと

$$dt = 2\sin\theta\cos\theta\,d\theta,\ 0 \leqq t \leqq \frac{3}{4}$$

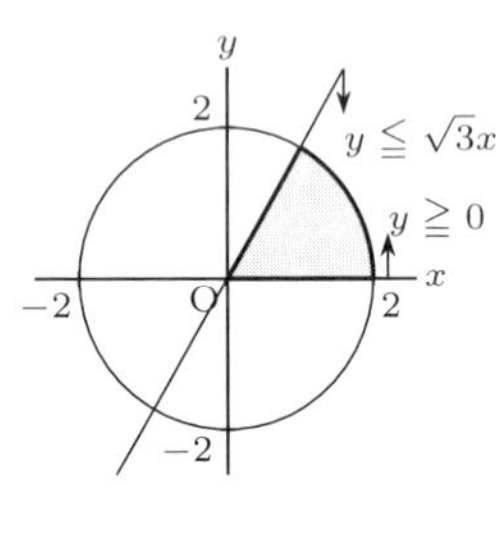

$$与式 = \int_0^2 \frac{r^3}{2}\left\{ \int_0^{\frac{3}{4}} \left(25 - 6r^2 + 21r^2 t\right)^{-\frac{3}{2}} dt \right\} dr$$

$$= \int_0^2 \frac{r^3}{2}\left[\frac{-2}{21r^2}\left(25 - 6r^2 + 21r^2 t\right)^{-\frac{1}{2}} \right]_0^{\frac{3}{4}} dr$$

$$= \frac{1}{21}\int_0^2 \left\{ r\left(25 - 6r^2\right)^{-\frac{1}{2}} - r\left(25 + \frac{39}{4}r^2\right)^{-\frac{1}{2}} \right\} dr$$

$$= \frac{1}{21}\left[-\frac{1}{6}\left(25 - 6r^2\right)^{\frac{1}{2}} \right]_0^2 - \frac{1}{21}\left[\frac{4}{39}\left(25 + \frac{39}{4}r^2\right)^{\frac{1}{2}} \right]_0^2$$

$$= \frac{1}{21}\cdot\frac{1}{6}(5 - 1) - \frac{1}{21}\cdot\frac{4}{39}(8 - 5) = \frac{1}{21}\cdot\frac{14}{39} = \frac{2}{117}$$

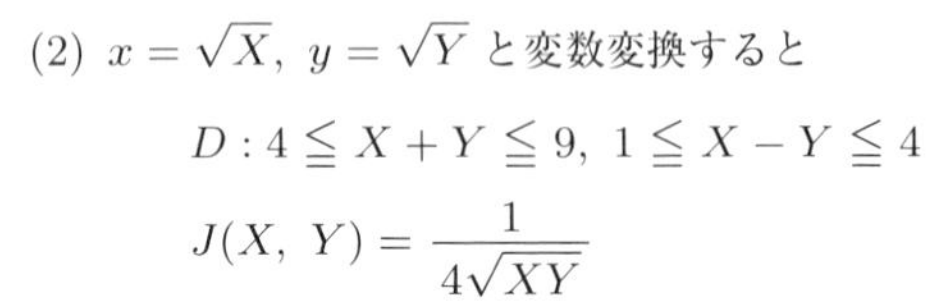

(2) $x = \sqrt{X},\ y = \sqrt{Y}$ と変数変換すると

$$D: 4 \leqq X + Y \leqq 9,\ 1 \leqq X - Y \leqq 4$$

$$J(X,\ Y) = \frac{1}{4\sqrt{XY}}$$

よって

$$与式 = \iint_D \sqrt{XY} \cdot \frac{1}{4\sqrt{XY}}\,dXdY$$

$$= \frac{1}{4}\iint_D dXdY$$

さらに，$X + Y = u,\ X - Y = v$ と変数変換すると

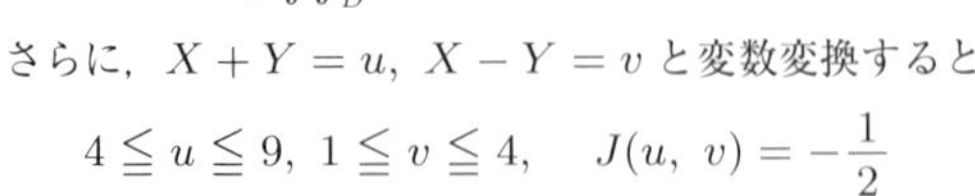

$$4 \leqq u \leqq 9,\ 1 \leqq v \leqq 4,\quad J(u,\ v) = -\frac{1}{2}$$

したがって

$$与式 = \frac{1}{4}\iint_D dXdY = \frac{1}{4}\iint_D \left| -\frac{1}{2} \right| dudv = \frac{1}{4}\int_4^9 \left\{ \int_1^4 \frac{1}{2}\,dv \right\} du$$

$$= \frac{15}{8}$$

110　**被積分関数が，x と y の交換によって値が -1 倍になるものであることを利用する．**

D の内，$y \geqq x$ の部分を D_1，$y \leqq x$ の部分を D_2 とする．

$$D_1 = \{(x,\ y) \in D \mid y \geqq x\},\ D_2 = \{(x,\ y) \in D \mid y \leqq x\},\ D = D_1 \cup D_2$$

$x = v,\ y = u$ と変数変換すると

$$J(u,\ v) = \begin{vmatrix} 0 & 1 \\ 1 & 0 \end{vmatrix} = -1$$

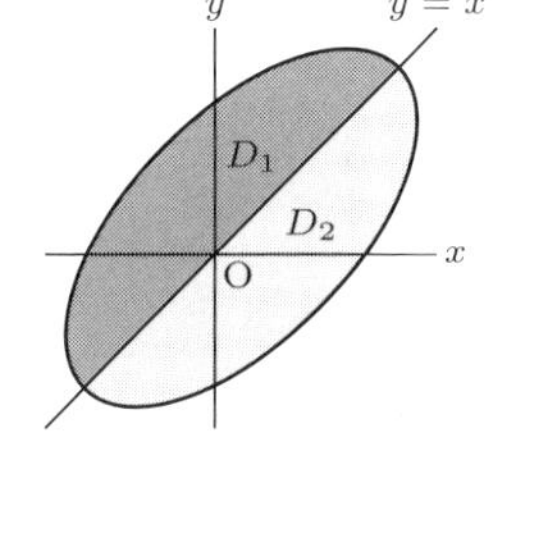

D は直線 $y = x$ について線対称だから

$$(x,\ y) \in D_2 \iff (u,\ v) = (y,\ x) \in D_1$$

したがって

$$\iint_D \frac{x^2 - y^2}{1 + x^4 + y^4}\,dxdy$$

$$= \iint_{D_1} \frac{x^2 - y^2}{1 + x^4 + y^4}\,dxdy + \iint_{D_2} \frac{x^2 - y^2}{1 + x^4 + y^4}\,dxdy$$

$$= \iint_{D_1} \frac{x^2 - y^2}{1 + x^4 + y^4}\,dxdy + \iint_{D_1} \frac{v^2 - u^2}{1 + v^4 + u^4}\,|-1|\,dudv$$

積分範囲は $(u,\ v) \in D_1$

$$= \iint_{D_1} \frac{x^2 - y^2}{1 + x^4 + y^4}\,dxdy + \iint_{D_1} \frac{-u^2 + v^2}{1 + u^4 + v^4}\,dudv$$

⇩文字を変えただけ

$$= \iint_{D_1} \frac{x^2 - y^2}{1 + x^4 + y^4}\,dxdy + \iint_{D_1} \frac{-x^2 + y^2}{1 + x^4 + y^4}\,dxdy$$

$$= \iint_{D_1} \left(\frac{x^2 - y^2}{1 + x^4 + y^4} + \frac{-x^2 + y^2}{1 + x^4 + y^4}\right) dxdy$$

$$= \iint_{D_1} 0\,dxdy = 0$$

| 2 | 重積分の応用

111　**曲面の方程式から領域を考える．**

(1) 領域 $D : x^2 + y^2 \leqq x$　これを極座標変換して

$$0 \leqq r \leqq \cos\theta,\ -\frac{\pi}{2} \leqq \theta \leqq \frac{\pi}{2}$$

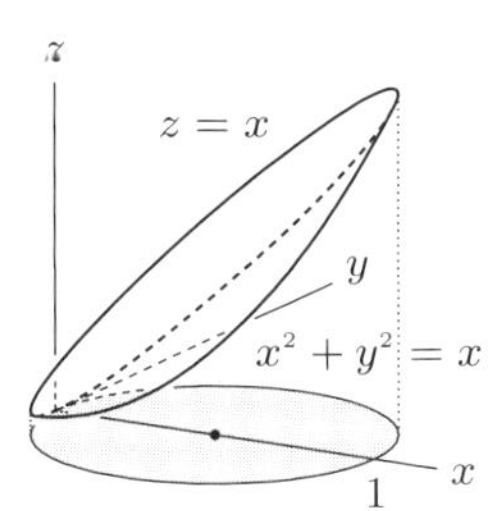

求める体積 V は

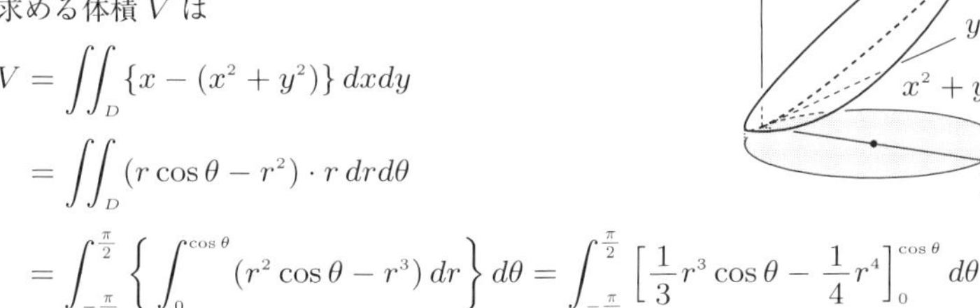

$$V = \iint_D \{x - (x^2 + y^2)\}\,dxdy$$

$$= \iint_D (r\cos\theta - r^2) \cdot r\,drd\theta$$

$$= \int_{-\frac{\pi}{2}}^{\frac{\pi}{2}} \left\{\int_0^{\cos\theta} (r^2\cos\theta - r^3)\,dr\right\} d\theta = \int_{-\frac{\pi}{2}}^{\frac{\pi}{2}} \left[\frac{1}{3}r^3\cos\theta - \frac{1}{4}r^4\right]_0^{\cos\theta} d\theta$$

$$= \frac{1}{12}\int_{-\frac{\pi}{2}}^{\frac{\pi}{2}} \cos^4\theta\, d\theta = \frac{1}{12}\cdot\frac{3}{4}\cdot\frac{1}{2}\int_{-\frac{\pi}{2}}^{\frac{\pi}{2}} d\theta = \frac{1}{12}\cdot\frac{3}{4}\cdot\frac{1}{2}\cdot\pi = \frac{\pi}{32}$$

55 ページの要項 28

(2) 領域 $D: x^2+(y-1)^2 \leqq 1$ より　$x^2+y^2 \leqq 2y$

これを極座標変換して　$0 \leqq r \leqq 2\sin\theta,\ 0 \leqq \theta \leqq \pi$

求める体積 V は

$$V = \iint_D \sqrt{4-x^2-y^2}\,dxdy = \iint_D \sqrt{4-r^2}\cdot r\,drd\theta$$

$$= \int_0^{\pi} \left\{ \int_0^{2\sin\theta} r\left(4-r^2\right)^{\frac{1}{2}} dr \right\} d\theta$$

$$= \int_0^{\pi} \left[-\frac{1}{3}\left(4-r^2\right)^{\frac{3}{2}} \right]_0^{2\sin\theta} d\theta = \frac{1}{3}\int_0^{\pi} \left\{ 4^{\frac{3}{2}} - \left(4-4\sin^2\theta\right)^{\frac{3}{2}} \right\} d\theta$$

$$= \frac{1}{3}\int_0^{\pi} \left\{ 8 - 8\left(\cos^2\theta\right)^{\frac{3}{2}} \right\} d\theta$$

$\frac{\pi}{2} < \theta < \pi$ のとき $\cos\theta < 0$

$$= \frac{8}{3}\left(\int_0^{\pi} d\theta - \int_0^{\pi} |\cos\theta|^3\, d\theta \right) = \frac{8}{3}\left(\pi - 2\int_0^{\frac{\pi}{2}} \cos^3\theta\, d\theta \right) = \frac{8}{9}(3\pi-4)$$

〈注〉 この立体の yz 平面に関する対称性を用いて，最初から $0 \leqq \theta \leqq \frac{\pi}{2}$ における体積の 2 倍として求めてもよい．

112 (1) **246 ページのポイント 21 ①を用いる．**

$z_x = -\frac{1}{x^2y},\ z_y = -\frac{1}{xy^2}$

$x=1,\ y=2$ のとき，$z=\frac{1}{2},\ z_x=-\frac{1}{2},\ z_y=-\frac{1}{4}$ より，接平面の方程式は

$$z-\frac{1}{2} = -\frac{1}{2}(x-1) - \frac{1}{4}(y-2) \qquad \therefore\ 2x+y+4z=6$$

平面の法線ベクトルは $(2,\ 1,\ 4)$ より，法線の方程式は

$$x=1+2t,\ y=2+t,\ z=\frac{1}{2}+4t \ (t \text{ は実数})$$

(2) 平面の法線ベクトルと曲面 S の法線ベクトルが平行になる点で距離が最も近いから

$(-z_x,\ -z_y,\ 1) = k(1,\ 3,\ 9)$ (k は実数)　よって　$\frac{1}{x^2y}=k,\ \frac{1}{xy^2}=3k,\ 1=9k$

これを解いて　$x=3,\ y=1$　よって　点 $\left(3,\ 1,\ \frac{1}{3}\right)$

(3) 積分領域は $z=2$ の面の xy 平面への正射影だから

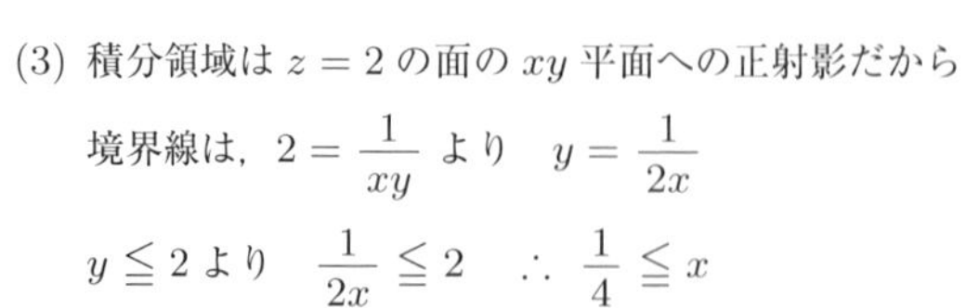

境界線は，$2=\frac{1}{xy}$ より　$y=\frac{1}{2x}$

$y \leqq 2$ より　$\frac{1}{2x} \leqq 2 \quad \therefore\ \frac{1}{4} \leqq x$

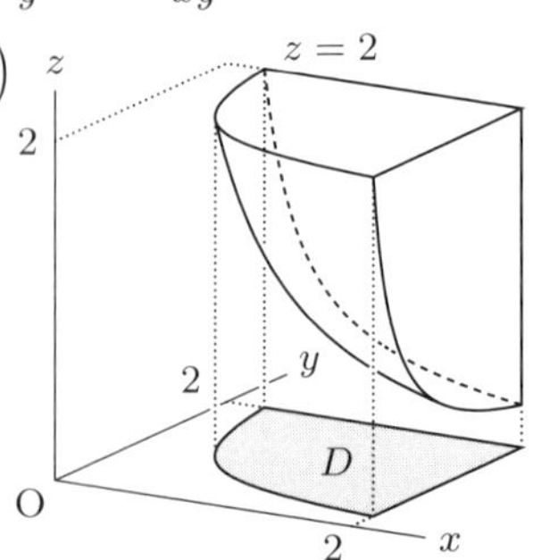

よって　$D : \dfrac{1}{4} \leqq x \leqq 2,\ \dfrac{1}{2x} \leqq y \leqq 2$

求める体積 V は

$$V = \iint_D \left(2 - \frac{1}{xy}\right) dxdy = \int_{\frac{1}{4}}^{2} \left\{ \int_{\frac{1}{2x}}^{2} \left(2 - \frac{1}{xy}\right) dy \right\} dx$$

$$= \int_{\frac{1}{4}}^{2} \left[2y - \frac{1}{x}\log|y|\right]_{\frac{1}{2x}}^{2} dx = \int_{\frac{1}{4}}^{2} \left(4 - \frac{1+\log 2}{x} - \frac{1}{x}\log 2x\right) dx$$

$$= \left[4x - (1+\log 2)\log x - \frac{1}{2}(\log 2x)^2\right]_{\frac{1}{4}}^{2} = 7 - 3\log 2 - \frac{9}{2}(\log 2)^2$$

113 (1) **271 ページの 111 (2) と同様な立体である．ただし，$z < 0$ の部分もある．**

領域は極座標で変換すると　$-\dfrac{\pi}{2} \leqq \theta \leqq \dfrac{\pi}{2},\ 0 \leqq r \leqq a\cos\theta$

求める面積 S は上半分の $z = \sqrt{a^2 - x^2 - y^2}$ の面積の 2 倍になる．

$z_x = -\dfrac{x}{\sqrt{a^2 - x^2 - y^2}},\ z_y = -\dfrac{y}{\sqrt{a^2 - x^2 - y^2}}$ より　${z_x}^2 + {z_y}^2 + 1 = \dfrac{a^2}{a^2 - x^2 - y^2}$

$$S = 2\iint_D \sqrt{{z_x}^2 + {z_y}^2 + 1}\, dxdy = 2\int_{-\frac{\pi}{2}}^{\frac{\pi}{2}} \left\{ \int_0^{a\cos\theta} \frac{a}{\sqrt{a^2 - r^2}} \cdot r\, dr \right\} d\theta$$

$$= 2\int_{-\frac{\pi}{2}}^{\frac{\pi}{2}} \left[-a\sqrt{a^2 - r^2}\right]_0^{a\cos\theta} d\theta = 2\int_{-\frac{\pi}{2}}^{\frac{\pi}{2}} a^2\left(1 - \sqrt{\sin^2\theta}\right) d\theta$$

$$= 4\int_0^{\frac{\pi}{2}} a^2\left(1 - \sqrt{\sin^2\theta}\right) d\theta$$　**$0 \leqq \theta \leqq \dfrac{\pi}{2}$ のとき $\sin\theta \geqq 0$**

$$= 4a^2 \int_0^{\frac{\pi}{2}} \left(1 - \sin\theta\right) d\theta = 2(\pi - 2)a^2$$

〈注〉 立体が zx 平面に関して対称だから $0 \leqq \theta \leqq \dfrac{\pi}{2}$ で積分して 2 倍してもよい．

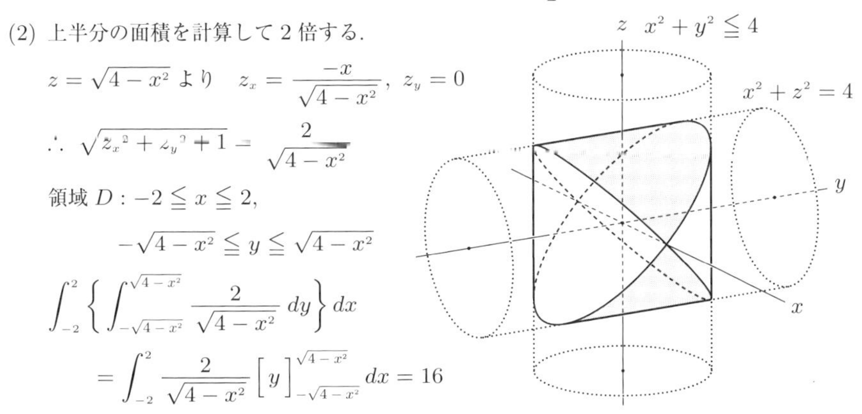

(2) 上半分の面積を計算して 2 倍する．

$z = \sqrt{4 - x^2}$ より　$z_x = \dfrac{-x}{\sqrt{4 - x^2}},\ z_y = 0$

$\therefore\ \sqrt{{z_x}^2 + {z_y}^2 + 1} = \dfrac{2}{\sqrt{4 - x^2}}$

領域 $D : -2 \leqq x \leqq 2,$

$\qquad -\sqrt{4 - x^2} \leqq y \leqq \sqrt{4 - x^2}$

$$\int_{-2}^{2} \left\{ \int_{-\sqrt{4-x^2}}^{\sqrt{4-x^2}} \frac{2}{\sqrt{4 - x^2}} dy \right\} dx$$

$$= \int_{-2}^{2} \frac{2}{\sqrt{4 - x^2}} \left[y\right]_{-\sqrt{4-x^2}}^{\sqrt{4-x^2}} dx = 16$$

上下合わせて求める面積は　32

〈注〉 この立体の体積も求められるようにしておく．体積は $\dfrac{128}{3}$ である．

114 (1) 3 次元極座標変換　$V: 0 \leqq r \leqq 1,\ 0 \leqq \theta \leqq \pi,\ 0 \leqq \varphi \leqq \dfrac{\pi}{2}$

$$与式 = \int_0^{\frac{\pi}{2}} \int_0^{\pi} \left\{ \int_0^1 r^2 \cos^2\theta \cdot r^2 \sin\theta\, dr \right\} d\theta d\varphi = \frac{1}{5} \int_0^{\frac{\pi}{2}} \left\{ \int_0^{\pi} \sin\theta \cos^2\theta\, d\theta \right\} d\varphi$$

$$= \frac{1}{5} \int_0^{\frac{\pi}{2}} \left[-\frac{1}{3} \cos^3\theta \right]_0^{\pi} d\varphi = \frac{2}{15} \int_0^{\frac{\pi}{2}} d\varphi = \frac{\pi}{15}$$

(2) 3 次元極座標変換　$V: 0 \leqq r \leqq 2\sqrt{2},\ 0 \leqq \theta \leqq \dfrac{\pi}{4},\ 0 \leqq \varphi \leqq 2\pi$

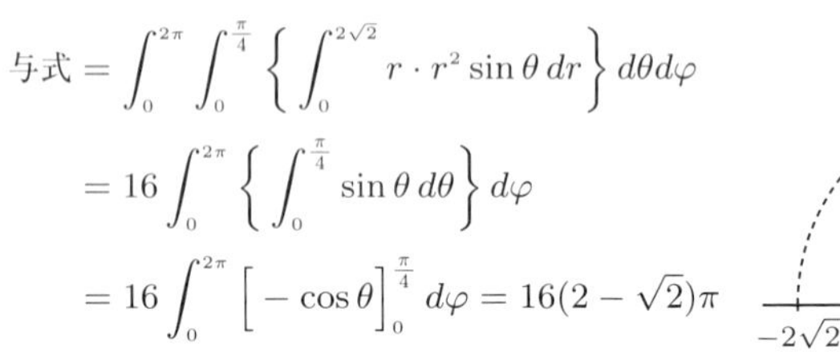

$$与式 = \int_0^{2\pi} \int_0^{\frac{\pi}{4}} \left\{ \int_0^{2\sqrt{2}} r \cdot r^2 \sin\theta\, dr \right\} d\theta d\varphi$$

$$= 16 \int_0^{2\pi} \left\{ \int_0^{\frac{\pi}{4}} \sin\theta\, d\theta \right\} d\varphi$$

$$= 16 \int_0^{2\pi} \Big[-\cos\theta \Big]_0^{\frac{\pi}{4}} d\varphi = 16(2 - \sqrt{2})\pi$$

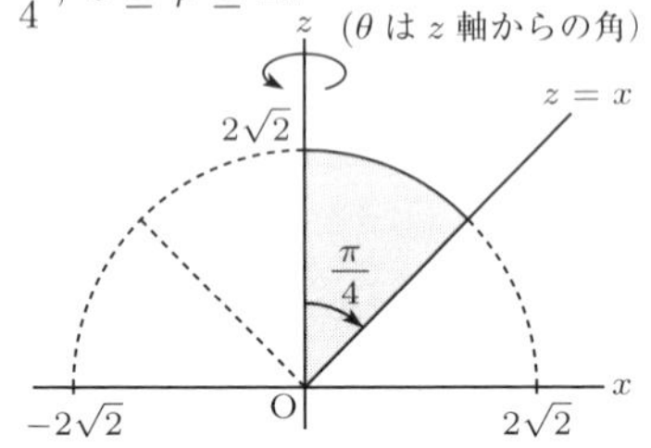

(3) 楕円体座標変換 $x = ar\sin\theta\cos\varphi,\ y = br\sin\theta\sin\varphi,\ z = cr\cos\theta$ を使う．

3 次元極座標と同様に $J(r,\ \theta,\ \varphi) = abc\, r^2 \sin\theta$ を導くことができる．

領域 V も被積分関数 x^2y^2 も，xy 平面，yz 平面，zx 平面に関して対称であることから，求める値は，$x \geqq 0,\ y \geqq 0,\ z \geqq 0$ にある領域で求めた 3 重積分の値を 8 倍したものに等しい．

$$与式 = 8 \int_0^{\frac{\pi}{2}} \int_0^{\frac{\pi}{2}} \left\{ \int_0^1 (ar\sin\theta\cos\varphi)^2 (br\sin\theta\sin\varphi)^2 \cdot abc\, r^2 \sin\theta\, dr \right\} d\theta d\varphi$$

$$= 8a^3b^3c \int_0^{\frac{\pi}{2}} \int_0^{\frac{\pi}{2}} \left\{ \int_0^1 r^6 \sin^5\theta \sin^2\varphi \cos^2\varphi\, dr \right\} d\theta d\varphi$$

$$= 8a^3b^3c \cdot \left\{ \int_0^1 r^6\, dr \right\} \cdot \left\{ \int_0^{\frac{\pi}{2}} \sin^5\theta\, d\theta \right\} \cdot \left\{ \int_0^{\frac{\pi}{2}} \sin^2\varphi \cos^2\varphi\, d\varphi \right\}$$

$$= \frac{8a^3b^3c}{7} \cdot \left\{ \int_0^{\frac{\pi}{2}} \sin^5\theta\, d\theta \right\} \cdot \left\{ \int_0^{\frac{\pi}{2}} \sin^2\varphi\, d\varphi - \int_0^{\frac{\pi}{2}} \sin^4\varphi\, d\varphi \right\}$$

$$= \frac{8a^3b^3c}{7} \cdot \frac{4}{5} \cdot \frac{2}{3} \cdot \left(\frac{1}{2} \cdot \frac{\pi}{2} - \frac{3}{4} \cdot \frac{1}{2} \cdot \frac{\pi}{2} \right)$$

$$= \frac{4}{105} \pi a^3b^3c$$

55 ページの要項 28 ウォリス積分

(4) 円柱座標変換 $x = r\cos\theta,\ y = r\sin\theta,\ z = z$ を使う．

ヤコビアンを計算すると，極座標と同じで $J(r,\ \theta,\ z) = r$ である．領域 V と被積分関数 $|z|$ が xy 平面に関して対称，zx 平面に関して対称だから，$x \geqq 0,\ y \geqq 0,\ z \geqq 0$ で積分して 4 倍する．さらに，xy 平面上の領域を次のように分割して考える．

$$\begin{cases} D_1 : 0 \leqq r \leqq \sqrt{3}, & 0 \leqq \theta \leqq \dfrac{\pi}{6} \\ D_2 : 0 \leqq r \leqq 2\cos\theta, & \dfrac{\pi}{6} \leqq \theta \leqq \dfrac{\pi}{2} \end{cases} \quad D = D_1 \cup D_2$$

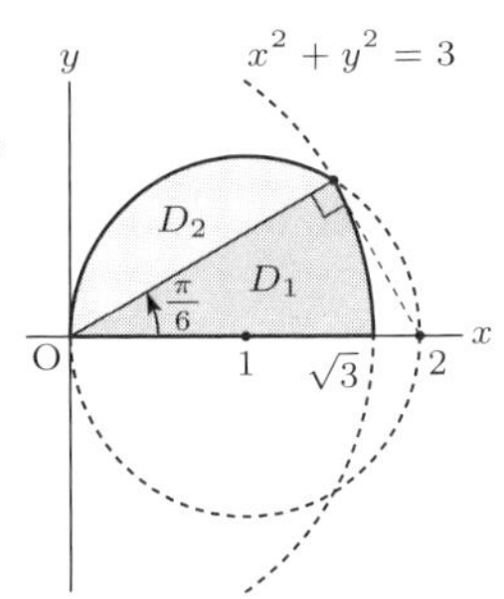

$$与式 = 4\iint_D \left\{ \int_0^{\sqrt{3-r^2}} z\,dz \right\} r\,drd\theta$$

$$= 4\iint_D \frac{1}{2}\left(3r - r^3\right) drd\theta$$

$$= 2\iint_{D_1} \left(3r - r^3\right) drd\theta + 2\iint_{D_2} \left(3r - r^3\right) drd\theta$$

(i) $\displaystyle\iint_{D_1} \left(3r - r^3\right) drd\theta = \int_0^{\frac{\pi}{6}} \left[\frac{3}{2}r^2 - \frac{1}{4}r^4\right]_0^{\sqrt{3}} d\theta = \frac{9}{4}\cdot\frac{\pi}{6} = \frac{3}{8}\pi$

(ii) $\displaystyle\iint_{D_2} \left(3r - r^3\right) drd\theta = \int_{\frac{\pi}{6}}^{\frac{\pi}{2}} \left[\frac{3}{2}r^2 - \frac{1}{4}r^4\right]_0^{2\cos\theta} d\theta = \int_{\frac{\pi}{6}}^{\frac{\pi}{2}} \left(6\cos^2\theta - 4\cos^4\theta\right) d\theta$

$$= \int_{\frac{\pi}{6}}^{\frac{\pi}{2}} \left(\frac{3}{2} + \cos 2\theta - \frac{1}{2}\cos 4\theta\right) d\theta = \left[\frac{3}{2}\theta + \frac{1}{2}\sin 2\theta - \frac{1}{8}\sin 4\theta\right]_{\frac{\pi}{6}}^{\frac{\pi}{2}}$$

$$= \frac{3}{4}\pi - \left(\frac{\pi}{4} + \frac{\sqrt{3}}{4} - \frac{\sqrt{3}}{16}\right) = \frac{\pi}{2} - \frac{3\sqrt{3}}{16}$$

よって　$与式 = 2\cdot\dfrac{3}{8}\pi + 2\left(\dfrac{\pi}{2} - \dfrac{3\sqrt{3}}{16}\right) = \dfrac{7}{4}\pi - \dfrac{3\sqrt{3}}{8}$

115 (1) $x + y = u,\ y - x = v$ とすると　$x = \dfrac{1}{2}(u - v),\ y = \dfrac{1}{2}(u + v)$

$J(u,\ v) = \dfrac{1}{2}$ であり，領域を $D_a : -1 \leqq u \leqq 1,\ -a \leqq v \leqq 1\ (a > 0)$ とすると

$$\iint_{D_a} (x^2 - y^2)^2 e^{y-x}\,dxdy = \iint_{D_a} (-uv)^2 e^v \cdot \frac{1}{2}\,dudv = \frac{1}{2}\int_{-a}^{1} \left\{ \int_{-1}^{1} u^2\,du \right\} v^2 e^v\,dv$$

$$= \frac{1}{3}\int_{-a}^{1} v^2 e^v\,dv = \frac{1}{3}\left[v^2 e^v\right]_{-a}^{1} - \frac{1}{3}\int_{-a}^{1} 2v\,e^v\,dv = \frac{1}{3}\left(e - a^2 e^{-a}\right) - \frac{2}{3}\int_{-a}^{1} v\,e^v\,dv$$

$$= \frac{1}{3}\left(e - a^2 e^{-a}\right) - \frac{2}{3}\left[v\,e^v\right]_{-a}^{1} + \frac{2}{3}\int_{-a}^{1} e^v\,dv = \frac{e}{3} - \frac{1}{3}\left(a^2 + 2a + 2\right)e^{-a}$$

ロピタルの定理から，$\displaystyle\lim_{a\to\infty} (a^2 + 2a + 2)e^{-a} = 0$ が成り立つ．よって

$$与式 = \lim_{a\to\infty} \iint_{D_a} (x^2 - y^2)^2 e^{y-x}\,dxdy = \lim_{a\to\infty} \left\{ \frac{e}{3} - \frac{1}{3}\left(a^2 + 2a + 2\right)e^{-a} \right\} = \frac{e}{3}$$

(2) 領域を $D_R : x^2 + xy + y^2 \leqq R^2\ (R > 0)$ とおく．

$x^2 + xy + y^2 = \left(x + \dfrac{1}{2}y\right)^2 + \left(\dfrac{\sqrt{3}}{2}y\right)^2$ より，$x + \dfrac{1}{2}y = r\cos\theta,\ \dfrac{\sqrt{3}}{2}y = r\sin\theta$ と

おき，$x = r\cos\theta - \dfrac{1}{\sqrt{3}}r\sin\theta,\ y = \dfrac{2}{\sqrt{3}}r\sin\theta$ と変数変換する．$J(r,\ \theta) = \dfrac{2}{\sqrt{3}}r$

$y \geqq 0$ より　$\sin\theta \geqq 0$，$x \geqq 0$ より　$\dfrac{\cos\theta}{\sin\theta} \geqq \dfrac{1}{\sqrt{3}}$　よって　$0 \leqq \theta \leqq \dfrac{\pi}{3}$

2章 §3

$$\iint_{D_R} e^{-x^2-xy-y^2}dxdy = \int_0^{\frac{\pi}{3}}\left\{\int_0^R e^{-r^2}\cdot\frac{2}{\sqrt{3}}r\,dr\right\}d\theta$$

$$= \frac{2}{\sqrt{3}}\int_0^{\frac{\pi}{3}}\left[-\frac{1}{2}e^{-r^2}\right]_0^R d\theta = \frac{\pi}{3\sqrt{3}}\left(1-e^{-R^2}\right)$$

$$与式 = \lim_{R\to\infty}\iint_{D_R} e^{-x^2-xy-y^2}dxdy = \lim_{R\to\infty}\frac{\pi}{3\sqrt{3}}\left(1-e^{-R^2}\right) = \frac{\pi}{3\sqrt{3}}$$

(3) 領域を $V_R : x+y \geqq 0,\ x^2+y^2+z^2 \leqq R^2\ (R>0)$ とおき，極座標変換を用いる．

$x = r\sin\theta\cos\varphi,\ y = r\sin\theta\sin\varphi,\ z = r\cos\theta,\ x+y \geqq 0$ より

$$V_R : 0 \leqq r \leqq R,\ 0 \leqq \theta \leqq \pi,\ -\frac{\pi}{4} \leqq \varphi \leqq \frac{3}{4}\pi$$

$$与式 = \lim_{R\to\infty}\iiint_{V_R}\frac{dxdydz}{(x^2+y^2+z^2+1)^2}$$

$$= \lim_{R\to\infty}\int_{-\frac{\pi}{4}}^{\frac{3}{4}\pi}\int_0^{\pi}\int_0^R \frac{1}{(r^2+1)^2}\cdot r^2\sin\theta\,drd\theta d\varphi$$

$\frac{3}{4}\pi$　y　$x+y \geqq 0$　φ　O　x　$-\frac{\pi}{4}$

$r = \tan v$ とおくと，$\dfrac{dr}{dv} = \dfrac{1}{\cos^2 v}$，$r^2+1 = \dfrac{1}{\cos^2 v}$ より

$$\lim_{R\to\infty}\int_0^R \frac{r^2}{(r^2+1)^2}dr = \int_0^{\frac{\pi}{2}}\sin^2 v\,dv = \frac{1}{2}\cdot\frac{\pi}{2} = \frac{\pi}{4}$$

よって　$\displaystyle\iiint_V \frac{dxdydz}{(x^2+y^2+z^2+1)^2} = \frac{\pi^2}{2}$

116　**D から $y=0$ を除いた領域で積分する．**

領域を $D_{\delta,\,\varepsilon} : \varepsilon \leqq r \leqq 1,\ \delta \leqq \theta \leqq \dfrac{\pi}{2}\ (\delta>0,\ \varepsilon>0)$ とおく．

$$f_x = \frac{1}{1+\left(\frac{x}{y}\right)^2}\cdot\frac{1}{y} = \frac{y}{x^2+y^2},\quad f_y = \frac{1}{1+\left(\frac{x}{y}\right)^2}\cdot\left(-\frac{x}{y^2}\right) = -\frac{x}{x^2+y^2}\ より$$

$$\iint_{D_{\delta,\,\varepsilon}}\sqrt{f_x{}^2+f_y{}^2+1}\,dxdy = \iint_{D_{\delta,\,\varepsilon}}\sqrt{\frac{1}{x^2+y^2}+1}\,dxdy$$

$$= \int_\delta^{\frac{\pi}{2}}\left\{\int_\varepsilon^1\sqrt{\frac{1}{r^2}+1}\cdot r\,dr\right\}d\theta = \int_\delta^{\frac{\pi}{2}}\left\{\int_\varepsilon^1\sqrt{1+r^2}\,dr\right\}d\theta$$

y　1　ε　δ　x　O　ε　1

$$= \int_\delta^{\frac{\pi}{2}}\left[\frac{1}{2}\left\{r\sqrt{1+r^2}+\log\left(r+\sqrt{1+r^2}\right)\right\}\right]_\varepsilon^1 d\theta$$

38 の解答を参照

$$= \frac{1}{2}\left(\frac{\pi}{2}-\delta\right)\left\{\sqrt{2}+\log\left(1+\sqrt{2}\right)-\varepsilon\sqrt{1+\varepsilon^2}-\log\left(\varepsilon+\sqrt{1+\varepsilon^2}\right)\right\}$$

よって，求める面積 S は

$$S = \lim_{\substack{\delta\to+0\\ \varepsilon\to+0}}\iint_{D_{\delta,\,\varepsilon}}\sqrt{f_x{}^2+f_y{}^2+1}\,dxdy = \frac{\pi}{4}\left\{\sqrt{2}+\log\left(1+\sqrt{2}\right)\right\}$$

ポイント 24 xy 平面上の図形 D における重心 $\mathrm{G}(\overline{x},\ \overline{y})$ の座標は

$$\overline{x}=\frac{1}{S}\iint_D x\,dxdy,\quad \overline{y}=\frac{1}{S}\iint_D y\,dxdy \qquad \text{ただし 面積}\ S=\iint_D dxdy$$

117 領域の対称性も考える.

(1) 円 $x^2+y^2=1$ と放物線 $y=\sqrt{2}\,x^2$ の交点の x 座標を求めると $x=\pm\dfrac{1}{\sqrt{2}}$

よって，領域を $D:-\dfrac{1}{\sqrt{2}}\leqq x\leqq\dfrac{1}{\sqrt{2}},\ \sqrt{2}\,x^2\leqq y\leqq\sqrt{1-x^2}$

と表すことができる．また，y 軸に関して対称だから $\overline{x}=0$

$$S=\iint_D dxdy=\int_{-\frac{1}{\sqrt{2}}}^{\frac{1}{\sqrt{2}}}\left(\sqrt{1-x^2}-\sqrt{2}x^2\right)dx$$

$x=\sin\theta$ とおいて置換してもよい

$$=2\left[\frac{1}{2}\left(x\sqrt{1-x^2}+\sin^{-1}x\right)-\frac{\sqrt{2}}{3}x^3\right]_0^{\frac{1}{\sqrt{2}}}=\frac{1}{6}+\frac{\pi}{4}$$

$$\iint_D y\,dxdy=\int_{-\frac{1}{\sqrt{2}}}^{\frac{1}{\sqrt{2}}}\left\{\int_{\sqrt{2}x^2}^{\sqrt{1-x^2}}y\,dy\right\}dx=\int_{-\frac{1}{\sqrt{2}}}^{\frac{1}{\sqrt{2}}}\left[\frac{1}{2}y^2\right]_{\sqrt{2}x^2}^{\sqrt{1-x^2}}dx$$

$$=\frac{1}{2}\int_{-\frac{1}{\sqrt{2}}}^{\frac{1}{\sqrt{2}}}\left(1-x^2-2x^4\right)dx=\left[x-\frac{1}{3}x^3-\frac{2}{5}x^5\right]_0^{\frac{1}{\sqrt{2}}}=\frac{11\sqrt{2}}{30}$$

$$\therefore\quad \overline{y}=\frac{\frac{11\sqrt{2}}{30}}{\frac{1}{6}+\frac{\pi}{4}}=\frac{22\sqrt{2}}{10+15\pi}\qquad \text{重心}\left(0,\ \frac{22\sqrt{2}}{10+15\pi}\right)$$

(2) 領域 V が yz 平面と zx 平面に対称だから $\overline{x}=0,\ y=0$

半球体だから，領域 V の体積は $\dfrac{2}{3}\pi a^3$

3 次元極座標変換すると

$$\iiint_V z\,dxdydz=\int_0^{2\pi}\int_0^{\frac{\pi}{2}}\left\{\int_0^a r\cos\theta\cdot r^2\sin\theta\,dr\right\}d\theta d\varphi$$

$$=\frac{a^4}{4}\int_0^{2\pi}\left[\frac{1}{2}\sin^2\theta\right]_0^{\frac{\pi}{2}}d\varphi=\frac{a^4}{8}\int_0^{2\pi}d\varphi=\frac{\pi}{4}a^4$$

$$\therefore\quad \overline{z}=\frac{\frac{\pi}{4}a^4}{\frac{2}{3}\pi a^3}=\frac{3}{8}a\qquad \text{重心}\left(0,\ 0,\ \frac{3}{8}a\right)$$

§4 微分方程式

1 1階微分方程式

ポイント 25 1階微分方程式の形

① 変数分離形 $\dfrac{dy}{dx} = f(x)g(y)$

② 同次形 $\dfrac{dy}{dx} = f\left(\dfrac{y}{x}\right)$

③ 1階線形 $\dfrac{dy}{dx} + P(x)y = Q(x)$

④ ベルヌーイ形 $\dfrac{dy}{dx} + P(x)y = Q(x)y^n \ (n \fallingdotseq 0,\ 1)$

⑤ 完全形 $f(x, y)dx + g(x, y)dy = 0$ ただし $f_y(x, y) = g_x(x, y)$

⑥ クレーロー形 $y = px + f(p)$ ただし $p = \dfrac{dy}{dx}$

118 変数分離形 $\dfrac{dy}{dx} = f(x)g(y)$ のとき，
$g(y) \fallingdotseq 0$ の場合と $g(y) = 0$ の場合に分ける．明らかに $g(y) \fallingdotseq 0$ の場合は除く．

(1) $\displaystyle\int e^{2y}\,dy = \int x\,dx$ より　$\dfrac{1}{2}e^{2y} = \dfrac{1}{2}x^2 + c$（$c$ は任意定数）　よって　$e^{2y} = x^2 + 2c$

$C = 2c$ とすると　$y = \log\sqrt{x^2 + C}$（C は任意定数）

(2) $y \fallingdotseq 0$ のとき $\displaystyle\int \frac{1}{y}\,dy = \int \frac{x}{x^2+2}\,dx$ より $\log|y| = \dfrac{1}{2}\log(x^2+2)+c$（$c$ は任意定数）

$\log\dfrac{|y|}{\sqrt{x^2+2}} = c$　　$C = \pm e^c$ とすると　$y = C\sqrt{x^2+2}$（C は任意定数）

この式は，$C = 0$ とすると，解 $y = 0$ を含む．

(3) $y \fallingdotseq -2$ のとき　$\displaystyle\int \frac{1}{y+2}\,dy = \int \frac{1}{x+2}\,dx$ より

$\log|y+2| = \log|x+2| + c$（$c$ は任意定数）　変形して　$\log\left|\dfrac{y+2}{x+2}\right| = c$

$C = \pm e^c$ とすると $y + 2 = C(x+2)$ すなわち $y = C(x+2) - 2$（C は任意定数）

この式は，$C = 0$ とすると，解 $y = -2$ を含む．

(4) $\displaystyle\int \frac{y}{1+y^2}\,dy = \int \frac{x}{1+x^2}\,dx$ より $\dfrac{1}{2}\log(1+y^2) = \dfrac{1}{2}\log(1+x^2)+c$（$c$ は任意定数）

$\log\dfrac{1+y^2}{1+x^2} = 2c$　　$C = e^{2c}$ とすると　$1 + y^2 = C(1+x^2)$（C は任意定数）

(5) $y \fallingdotseq \pm 1$ のとき $\displaystyle\int \frac{1}{y^2-1}\,dy = \int \frac{1}{x}\,dx$

部分分数分解 $\dfrac{1}{y^2-1} = \dfrac{1}{(y-1)(y+1)} = \dfrac{1}{2}\left(\dfrac{1}{y-1} - \dfrac{1}{y+1}\right)$ より

$\dfrac{1}{2}\log\left|\dfrac{y-1}{y+1}\right| = \log|x| + c$ （c は任意定数） よって $\log\left|\dfrac{y-1}{y+1}\right| = \log e^{2c}x^2$

$C = \pm e^{2c}$ とすると $\dfrac{y-1}{y+1} = Cx^2$ すなわち $y = \dfrac{1+Cx^2}{1-Cx^2}$ （C は任意定数）

この一般解は $C=0$ のときに $y=1$ となるから $y=1$ を含む.

$y=-1$ は一般解に含まれないから，特異解である.

(6) $\displaystyle\int \frac{y}{\sqrt{1+y^2}}\,dy = -\int \frac{x}{\sqrt{1+x^2}}\,dx$ より $\sqrt{1+y^2} = -\sqrt{1+x^2} + C$

よって $\sqrt{1+x^2} + \sqrt{1+y^2} = C$ （C は任意定数）

119

(1) $\dfrac{dy}{dx} = \dfrac{2\dfrac{y}{x}}{2+\left(\dfrac{y}{x}\right)^2}$ より $u + x\dfrac{du}{dx} = \dfrac{2u}{2+u^2}$ よって $x\dfrac{du}{dx} = -\dfrac{u^3}{2+u^2}$

$u \fallingdotseq 0$ すなわち $y \fallingdotseq 0$ のとき $\displaystyle -\int \frac{u^2+2}{u^3}\,du = \int \frac{1}{x}\,dx$

$-\log|u| + \dfrac{1}{u^2} = \log|x| + C$ より $\dfrac{1}{u^2} = \log|xu| + C$

$u = \dfrac{y}{x}$ を代入して $\dfrac{x^2}{y^2} = \log|y| + C$ （C は任意定数）

一般解は $y^2(\log|y|+C) = x^2$ であり，$y=0$ は特異解である.

(2) $\dfrac{dy}{dx} = \dfrac{1-\dfrac{y}{x}}{1+\dfrac{y}{x}}$ より $u + x\dfrac{du}{dx} = \dfrac{1-u}{1+u}$ よって $x\dfrac{du}{dx} = \dfrac{1-2u-u^2}{1+u}$

$u \fallingdotseq -1 \pm \sqrt{2}$ すなわち $y \fallingdotseq (-1\pm\sqrt{2})x$ のとき $\displaystyle\int \frac{1+u}{1-2u-u^2}\,du = \int \frac{1}{x}\,dx$

$-\dfrac{1}{2}\log|1-2u-u^2| = \log|x| + c$ より $\log|(1-2u-u^2)x^2| = -2c$

$u = \dfrac{y}{x}$ を代入して $\log|x^2-2xy-y^2| = -2c$ （c は任意定数）

$x^2-2xy-y^2 = \pm e^{-2c}$ より，$C = \pm e^{-2c}$ とおく.

一般解は $x^2-2xy-y^2 = C$ （C は任意定数） この解は $y = (-1\pm\sqrt{2})x$ を含む.

(3) $\dfrac{dy}{dx} = \dfrac{y}{x} - \tan\dfrac{y}{x}$ より $x\dfrac{du}{dx} = -\tan u$

$\tan u \fallingdotseq 0$ すなわち $y \fallingdotseq n\pi x$ （n は整数）のとき $\displaystyle\int \frac{1}{\tan u}\,du = -\int \frac{1}{x}\,dx$

$\log|\sin u| = -\log|x| + c$ （c は任意定数） 変形して $x\sin\dfrac{y}{x} = \pm e^c$

$C = \pm e^c$ とおくと，一般解は $x \sin \dfrac{y}{x} = C$ （C は任意定数）

この一般解は $C = 0$ のときの $y = n\pi x$ （n は整数）を含む．

〈注〉 $\sin^{-1} w = \theta$ のとき，θ の範囲を $-\dfrac{\pi}{2} \leqq \theta \leqq \dfrac{\pi}{2}$ と限定しているから，一般解を $y = x \sin^{-1} \dfrac{C}{x}$ とすることはできない．これは $-\dfrac{\pi}{2}x \leqq y \leqq \dfrac{\pi}{2}x$ に限定した解である．実際，$y = \left(\sin^{-1} \dfrac{C}{x} + 2n\pi\right)x$ や $y = \left((2n+1)\pi - \sin^{-1} \dfrac{C}{x}\right)x$ も解となる．

(4) $x > 0$ のとき $\dfrac{dy}{dx} = \dfrac{y}{x} + \sqrt{1 + \left(\dfrac{y}{x}\right)^2}$ より $u + x\dfrac{du}{dx} = u + \sqrt{1+u^2}$

$\displaystyle\int \frac{1}{\sqrt{1+u^2}}\,du = \int \frac{1}{x}\,dx$ よって $\log|u + \sqrt{1+u^2}| = \log|x| + c = \log e^c|x|$

$u + \sqrt{1+u^2} = \pm e^c x$ より $\dfrac{y}{x} + \sqrt{1 + \dfrac{y^2}{x^2}} = \pm e^c x$ $\therefore$ $y + \sqrt{x^2+y^2} = Cx^2$

$y + \sqrt{x^2+y^2} > 0$ だから，$C > 0$ である．

$\sqrt{x^2+y^2} = Cx^2 - y$ の両辺を 2 乗して y について解くと

$$y = \frac{C}{2}x^2 - \frac{1}{2C}$$

$x < 0$ のとき $\dfrac{dy}{dx} = \dfrac{y}{x} - \sqrt{1 + \left(\dfrac{y}{x}\right)^2}$ より $u + x\dfrac{du}{dx} = u - \sqrt{1+u^2}$

$\displaystyle\int \frac{1}{\sqrt{1+u^2}}\,du = -\int \frac{1}{x}\,dx$

$x < 0$ のとき $x = -\sqrt{x^2}$

よって $\log|u + \sqrt{1+u^2}| = -\log|x| + c = \log e^c|x|^{-1}$

$u + \sqrt{1+u^2} = \pm e^c x^{-1}$ より $\dfrac{y}{x} + \sqrt{1 + \dfrac{y^2}{x^2}} = \pm e^c x^{-1}$ $\therefore$ $y - \sqrt{x^2+y^2} = D$

$y - \sqrt{x^2+y^2} < 0$ だから，$D < 0$ である．

$\sqrt{x^2+y^2} = y - D$ の両辺を 2 乗して y について解くと

$$y = -\frac{1}{2D}x^2 + \frac{D}{2}$$

$C = -D^{-1} > 0$ とおくと $y = \dfrac{C}{2}x^2 - \dfrac{1}{2C}$

一般解は $y = \dfrac{C}{2}x^2 - \dfrac{1}{2C}$ （C は正の任意定数）

120 斉次方程式の一般解は変数分離形の解法で求める．

(1) 両辺を x で割って $\dfrac{dy}{dx} - \dfrac{1}{x}y = \log x$

(i) 斉次方程式 $\dfrac{dy}{dx} - \dfrac{1}{x}y = 0$ の一般解は $y = Cx$ （C は任意定数）

(ii) 定数 C を x の関数 $u = C(x)$ で置き換えて $y = ux$

$\dfrac{dy}{dx}=\dfrac{du}{dx}x+u$ 非斉次方程式に代入し $\dfrac{du}{dx}=\dfrac{1}{x}\log x$

よって $u=\dfrac{1}{2}(\log x)^2+C$ $\therefore$ $y=\dfrac{1}{2}x(\log x)^2+Cx$ (C は任意定数)

(2) 非斉次方程式 $\dfrac{dy}{dx}+(2\cos x)y=\cos x$

(i) 斉次方程式 $\dfrac{dy}{dx}+(2\cos x)y=0$ の一般解は $y=Ce^{-2\sin x}$ (C は任意定数)

(ii) 定数 C を x の関数 $u=C(x)$ で置き換えて $y=u\,e^{-2\sin x}$

$\dfrac{dy}{dx}=\dfrac{du}{dx}e^{-2\sin x}-2u\,e^{-2\sin x}\cos x$ 非斉次方程式に代入し $\dfrac{du}{dx}=(\cos x)e^{2\sin x}$

よって $u=\dfrac{1}{2}e^{2\sin x}+C$ $\therefore$ $y=\dfrac{1}{2}+Ce^{-2\sin x}$ (C は任意定数)

(3) 非斉次方程式 $\dfrac{dy}{dx}+\dfrac{\cos x}{\sin x}y=\dfrac{x}{\sin x}$

(i) 斉次方程式 $\dfrac{dy}{dx}+\dfrac{\cos x}{\sin x}y=0$ の一般解は $y=\dfrac{C}{\sin x}$ (C は任意定数)

(ii) 定数 C を x の関数 $u=C(x)$ で置き換えて $y=\dfrac{u}{\sin x}$

$\dfrac{dy}{dx}=\dfrac{du}{dx}\dfrac{1}{\sin x}-\dfrac{u\cos x}{\sin^2 x}$ 非斉次方程式に代入し $\dfrac{du}{dx}=x$

よって $u=\dfrac{1}{2}x^2+C$ $\therefore$ $y=\dfrac{x^2}{2\sin x}+\dfrac{C}{\sin x}$ (C は任意定数)

(4) 非斉次方程式 $\dfrac{dy}{dx}+(\tan x)y=\sin 2x$

(i) 斉次方程式 $\dfrac{dy}{dx}+(\tan x)y=0$ の一般解は $y=C\cos x$ (C は任意定数)

(ii) 定数 C を x の関数 $u=C(x)$ で置き換えて $y=u\cos x$

$\dfrac{dy}{dx}=\dfrac{du}{dx}\cos x-u\sin x$ 非斉次方程式に代入し $\dfrac{du}{dx}=2\sin x$

よって $u=-2\cos x+C$ $\therefore$ $y=-2\cos^2 x+C\cos x$ (C は任意定数)

(5) 非斉次方程式 $\dfrac{dy}{dx}+(\cos x)y=\sin x\cos x$

(i) 斉次方程式 $\dfrac{dy}{dx}+(\cos x)y=0$ の一般解は $y=Ce^{-\sin x}$ (C は任意定数)

(ii) 定数 C を x の関数 $u=C(x)$ で置き換えて $y=ue^{-\sin x}$

$\dfrac{dy}{dx}=\dfrac{du}{dx}e^{-\sin x}-ue^{-\sin x}\cos x$ 非斉次方程式に代入し $\dfrac{du}{dx}=\sin x\cos x\cdot e^{\sin x}$

$$u=\int\sin x(\cos x\cdot e^{\sin x})\,dx=\sin x\cdot e^{\sin x}-\int\cos x\cdot e^{\sin x}\,dx$$

$$=\sin x\cdot e^{\sin x}-e^{\sin x}+C$$

$\therefore$ $y=\sin x-1+Ce^{-\sin x}$ (C は任意定数)

121 どの問題も $y \neq 0$ と考えて一般解を求める．($y=0$ は特異解)

(1) ベルヌーイ形　$\dfrac{dy}{dx}+\left(-\dfrac{1}{x}\right)y=xy^2$

(i) 両辺に y^{-2} を掛けて　$y^{-2}\dfrac{dy}{dx}-\dfrac{1}{x}y^{-1}=x$

(ii) $z=y^{-1}$ とおくと　$\dfrac{dz}{dx}=-y^{-2}\dfrac{dy}{dx}$

ゆえに　$\dfrac{dz}{dx}+\dfrac{1}{x}z=-x$　(1 階線形微分方程式)

(iii) 斉次形 $\dfrac{dz}{dx}+\dfrac{1}{x}z=0$ の一般解は　$z=\dfrac{C}{x}$　(C は任意定数)

(iv) 定数 C を x の関数 $u=C(x)$ で置き換えて　$z=\dfrac{u}{x}$

$\dfrac{dz}{dx}=\dfrac{du}{dx}\cdot\dfrac{1}{x}-\dfrac{u}{x^2}$　非斉次方程式に代入し　$\dfrac{du}{dx}=-x^2$

よって $u=-\dfrac{1}{3}x^3+c$　(c は任意定数)　$\therefore$　$z=-\dfrac{1}{3}x^2+\dfrac{C}{3x}$　$(C=3c)$

$z=y^{-1}$ より　$y=\left(-\dfrac{1}{3}x^2+\dfrac{C}{3x}\right)^{-1}=\dfrac{3x}{C-x^3}$　(C は任意定数)

(2) (i) 両辺に y^{-3} を掛けて　$y^{-3}\dfrac{dy}{dx}+\dfrac{1}{x}y^{-2}=-x^3$

(ii) $z=y^{-2}$ とおくと　$\dfrac{dz}{dx}=-2y^{-3}\dfrac{dy}{dx}$

ゆえに　$\dfrac{dz}{dx}-\dfrac{2}{x}z=2x^3$　(1 階線形微分方程式)

(iii) 斉次形 $\dfrac{dz}{dx}-\dfrac{2}{x}z=0$ の一般解は　$z=Cx^2$　(C は任意定数)

(iv) 定数 C を x の関数 $u=C(x)$ で置き換えて　$z=ux^2$

$\dfrac{dz}{dx}=\dfrac{du}{dx}\cdot x^2+2ux$ 非斉次方程式に代入し　$\dfrac{du}{dx}=2x$

よって　$u=x^2+C$　$\therefore$　$z=x^4+Cx^2$

$z=y^{-2}$ より　$y^2=\dfrac{1}{x^4+Cx^2}$　(C は任意定数)

122 (1) $(y-3x^2+2)_y=(x-y^2+2y)_x$ が成り立つことより，完全微分方程式である．

$u_x=y-3x^2+2\cdots$ ① と $u_y=x-y^2+2y\cdots$ ② を満たす関数 u を求める．

①から　$u=\displaystyle\int(y-3x^2+2)\,dx=xy-x^3+2x+v(y)$　($v(y)$ は y だけの関数)

この u を y で微分して②式と合わせると　$u_y=x+\dfrac{dv}{dy}=x-y^2+2y$

$\dfrac{dv}{dy}=-y^2+2y$ より $v=-\dfrac{1}{3}y^3+y^2$ とする．よって　$u=xy-x^3+2x-\dfrac{1}{3}y^3+y^2$

ゆえに，一般解は　$xy-x^3+2x-\dfrac{1}{3}y^3+y^2=C$　(C は任意定数)

(2) $(y+e^x\sin y)_y=(x+e^x\cos y)_x$ が成り立つことより，完全微分方程式である．

$u_x=y+e^x\sin y\cdots$ ① と $u_y=x+e^x\cos y\cdots$ ② を満たす関数 u を求める．

①から　$u=\displaystyle\int(y+e^x\sin y)\,dx=xy+e^x\sin y+v(y)$（$v(y)$ は y だけの関数）

この u を y で微分して②式と合わせると　$u_y=x+e^x\cos y+\dfrac{dv}{dy}=x+e^x\cos y$

$\dfrac{dv}{dy}=0$ より $v=0$ とする．よって　$u=xy+e^x\sin y$

ゆえに，一般解は　$xy+e^x\sin y=C$（C は任意定数）

123 **完全微分方程式でない全微分方程式は積分因子を見つけ，掛ける．**

(1) $(y+2xy)e^{2x}dx+xe^{2x}dy=0$ とすると $\left((y+2xy)e^{2x}\right)_y=\left(xe^{2x}\right)_x$　よって 完全形

$u_x=(y+2xy)e^{2x}\cdots$ ① と $u_y=xe^{2x}\cdots$ ② を満たす関数 u を求める．

②から　$u=\displaystyle\int xe^{2x}\,dy=xye^{2x}+v(x)$（$v(x)$ は x だけの関数）

この u を x で微分して①式と合わせると　$u_x=(y+2xy)e^{2x}+\dfrac{dv}{dx}=(y+2xy)e^{2x}$

$\dfrac{dv}{dx}=0$ より $v=0$ とする．よって　$u=xye^{2x}$

ゆえに，一般解は　$xye^{2x}=C$（C は任意定数）

〈注〉 ①，②のうち積分の計算が簡単な方から u を求めるとよい．

(2) $(2\sin y\sin x\cos x-2\sin x)dx+\cos y\sin^2 x\,dy=0$ とすると

$(2\sin y\sin x\cos x-2\sin x)_y=(\cos y\sin^2 x)_x$　よって 完全形

$u_x=2\sin y\sin x\cos x-2\sin x\cdots$ ① と $u_y=\cos y\sin^2 x\cdots$ ② を満たす関数 u を求める．②から $u=\displaystyle\int\cos y\sin^2 x\,dy=\sin y\sin^2 x+v(x)$（$v(x)$ は x だけの関数）

この u を x で微分して①式と合わせると

$u_x=2\sin y\sin x\cos x+\dfrac{dv}{dx}=2\sin y\sin x\cos x-2\sin x$

$\dfrac{dv}{dx}=-2\sin x$ より $v=2\cos x$ とする．よって　$u=\sin y\sin^2 x+2\cos x$

ゆえに，一般解は　$\sin y\sin^2 x+2\cos x=C$（C は任意定数）

(3) 積分因子を $x^\alpha\ (\neq 0)$ とし，$(x^{\alpha+2}-x^\alpha y^3)dx+3x^{\alpha+1}y^2dy=0$ とすると

$(x^{\alpha+2}-x^\alpha y^3)_y=-3x^\alpha y^2$，$(3x^{\alpha+1}y^2)_x=3(\alpha+1)x^\alpha y^2$ より $\alpha=-2$ のとき完全形

よって，微分方程式を $(1-x^{-2}y^3)dx+3x^{-1}y^2dy=0$ とする．

$u_x=1-x^{-2}y^3\cdots$ ① と $u_y=3x^{-1}y^2\cdots$ ② を満たす関数 u を求める．

①から　$u=\displaystyle\int(1-x^{-2}y^3)\,dx=x+x^{-1}y^3+v(y)$（$v(y)$ は y だけの関数）

この u を y で微分して②式と合わせると　$u_y = 3x^{-1}y^2 + \dfrac{dv}{dy} = 3x^{-1}y^2$

$\dfrac{dv}{dy} = 0$ より $v = 0$ とする．よって　$u = x + x^{-1}y^3$

ゆえに，一般解は　$x + x^{-1}y^3 = C$（C は任意定数）（$y^3 = Cx - x^2$，ただし $x \neq 0$）

〈注〉 積分因子が書かれていないときは，積分因子を x^α，y^β または $x^\alpha y^\beta$ とするとよい．(3) は $x^\alpha y^\beta$ としてもよい．その場合は，$\alpha = -2$，$\beta = 0$ となる．また，全微分方程式 $(x^3 - y^3)dx - 3xy^2dy = 0$ であっても同次形 $\dfrac{dy}{dx} = \dfrac{x^3 - y^3}{3xy^2}$ で解くこともできる．

124 $y = xp - e^p \cdots$ ① を x で微分すると

$p = p + xp' - e^p p'$　よって　$p'(x - e^p) = 0$

$\therefore$　$p' = 0$ または $x = e^p$

(i) $p' = 0$ のとき　$p = C$ より

一般解 $y = Cx - e^C$　（C は任意定数）

(ii) $x = e^p > 0$ のとき $p = \log x$ を①へ代入して

特異解 $y = x(\log x - 1)$

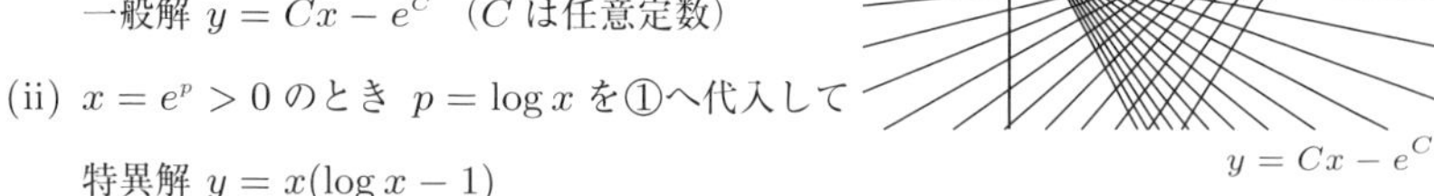

〈注〉 特異解 $y = x(\log x - 1)$ のグラフは，一般解 $y = Cx - e^C$ の包絡線である．

125 **微分方程式の一般解を求め，条件を満たすように任意定数を定めよ．**

解答では一般解の導出を省略する．

(1) 変数分離形の微分方程式と考えて解くと，一般解は　$x^2 + y^2 = C$

$x = 0$ のとき $y = 2$ を満たす解は　$x^2 + y^2 = 4$

(2) 変数分離形の微分方程式と考えて解くと，一般解は　$\dfrac{1}{\cos y} = \dfrac{1}{\sin x} + C$

$x = \dfrac{\pi}{2}$ のとき $y = 0$ を満たす解は　$\dfrac{1}{\cos y} = \dfrac{1}{\sin x}$　すなわち　$\sin x = \cos y$

これより　$\cos y = \sin x = \cos\left(\dfrac{\pi}{2} - x\right)$

$\cos\alpha = \cos\beta$ となるのは　$\alpha = \pm\beta + 2n\pi$　のときだから　**2つ目の〈注〉でもいえる**

$$y = \frac{\pi}{2} - x + 2n\pi,\ y = x - \frac{\pi}{2} + 2n\pi\ (n \text{ は整数})$$

$x = \dfrac{\pi}{2}$ のとき $y = 0$ を満たすことより，解は　$y = \dfrac{\pi}{2} - x$，$y = x - \dfrac{\pi}{2}$

〈注〉 $\cos y = \sin x$ から，解を $y = \cos^{-1}(\sin x)$ とみることもできるが，逆三角関数の定義から，$0 \leqq y \leqq \pi$ に限定してしまうため解として適しているとはいえない．

〈注〉 $\cos\alpha=\cos\beta$ のとき $\cos\alpha-\cos\beta=-2\sin\dfrac{\alpha+\beta}{2}\sin\dfrac{\alpha-\beta}{2}=0$

これから $\dfrac{\alpha+\beta}{2}=n\pi,\ \dfrac{\alpha-\beta}{2}=n\pi$ （n は整数）となる．

(3) 線形の微分方程式と考えて解くと，一般解は $y=\dfrac{3}{13}\cos 2x+\dfrac{2}{13}\sin 2x+Ce^{-3x}$

$x=0$ のとき $y=1$ を満たす解は $y=\dfrac{3}{13}\cos 2x+\dfrac{2}{13}\sin 2x+\dfrac{10}{13}e^{-3x}$

(4) 完全形の微分方程式と考えて解くと，一般解は $x^2-xy+y^2+x-y=C$

$x=0$ のとき $y=3$ を満たす解は $x^2-xy+y^2+x-y=6$

2 2階微分方程式

126 **71 ページの要項 41 を参考にして特殊解をみつける．**

(1) 特性方程式 $\lambda^2-4\lambda+4=0$ の解が $\lambda=2$（重解）だから

斉次形の一般解は $y=(C_1+C_2x)e^{2x}$

特殊解を $y=Ax+B$ と予想する．$y'=A,\ y''=0$

微分方程式に代入すると $y''-4y'+4y=4Ax+(4B-4A)=2x+3$

$4A=2,\ 4B-4A=3$ より $A=\dfrac{1}{2},\ B=\dfrac{5}{4}$

一般解は $y=\dfrac{1}{2}x+\dfrac{5}{4}+(C_1+C_2x)e^{2x}$ （$C_1,\ C_2$ は任意定数）

(2) 特性方程式 $\lambda^2+3\lambda+1=0$ の解が $\lambda=-\dfrac{3}{2}\pm\dfrac{\sqrt{5}}{2}$ だから

斉次形の一般解は $y=e^{-\frac{3}{2}x}\left(C_1e^{\frac{\sqrt{5}}{2}x}+C_2e^{-\frac{\sqrt{5}}{2}x}\right)$

特殊解を $y=Ax^2+Bx+C$ と予想する．$y'=2Ax+B,\ y''=2A$

微分方程式に代入すると

$$y''+3y'+y=Ax^2+(6A+B)x+(2A+3B+C)=x^2+3x+1$$

$A=1,\ 6A+B=3,\ 2A+3B+C=1$ より $A=1,\ B=-3,\ C=8$

一般解は $y=x^2-3x+8+e^{-\frac{3}{2}x}\left(C_1e^{\frac{\sqrt{5}}{2}x}+C_2e^{-\frac{\sqrt{5}}{2}x}\right)$ （$C_1,\ C_2$ は任意定数）

(3) 特性方程式 $\lambda^2+\lambda-2=0$ の解が $\lambda=-2,\ 1$ だから

斉次形の一般解は $y=C_1e^{-2x}+C_2e^x$

特殊解を $y=Ae^{3x}$ と予想する．$y'=3Ae^{3x},\ y''=9Ae^{3x}$

微分方程式に代入すると $y''+y'-2y=10Ae^{3x}=e^{3x}$ よって $A=\dfrac{1}{10}$

一般解は $y=\dfrac{1}{10}e^{3x}+C_1e^{-2x}+C_2e^x$ （$C_1,\ C_2$ は任意定数）

(4) 特性方程式 $\lambda^2+2\lambda+5=0$ の解が $\lambda=-1\pm 2i$ だから

斉次形の一般解は　$y = e^{-x}(C_1\cos 2x + C_2\sin 2x)$

特殊解を $y = Ae^x$ と予想する．$y' = y'' = Ae^x$

微分方程式に代入すると　$y'' + 2y' + 5y = 8Ae^x = e^x$　よって　$A = \dfrac{1}{8}$

一般解は　$y = \dfrac{1}{8}e^x + e^{-x}\left(C_1\cos 2x + C_2\sin 2x\right)$　(C_1，C_2 は任意定数)

(5) 特性方程式 $\lambda^2 - 5\lambda + 6 = 0$ の解が $\lambda = 2,\ 3$　だから

斉次形の一般解は　$y = C_1e^{2x} + C_2e^{3x}$

特殊解を $y = A\cos 2x + B\sin 2x$ と予想する．

$y' = -2A\sin 2x + 2B\cos 2x,\ y'' = -4A\cos 2x - 4B\sin 2x$ より

$$\begin{cases} y'' = -4A\cos 2x - 4B\sin 2x \\ -5y' = -10B\cos 2x + 10A\sin 2x \\ 6y = 6A\cos 2x + 6B\sin 2x \end{cases} \qquad \begin{aligned} &y'' - 5y' + 6y \\ &= (2A - 10B)\cos 2x \\ &\quad + (10A + 2B)\sin 2x \end{aligned}$$

$2A - 10B = 0,\ 10A + 2B = 1$　よって　$A = \dfrac{5}{52},\ B = \dfrac{1}{52}$

一般解は　$y = \dfrac{5}{52}\cos 2x + \dfrac{1}{52}\sin 2x + C_1e^{2x} + C_2e^{3x}$　(C_1，C_2 は任意定数)

(6) 特性方程式 $\lambda^2 + 2\lambda + 2 = 0$ の解が $\lambda = -1 \pm i$ だから

斉次形の一般解は　$y = e^{-x}(C_1\cos x + C_2\sin x)$

特殊解を $y = A\cos 2x + B\sin 2x$ と予想する．

$y' = -2A\sin 2x + 2B\cos 2x,\ y'' = -4A\cos 2x - 4B\sin 2x$ より

$$\begin{cases} y'' = -4A\cos 2x - 4B\sin 2x \\ 2y' = 4B\cos 2x - 4A\sin 2x \\ 2y = 2A\cos 2x + 2B\sin 2x \end{cases} \qquad \begin{aligned} &y'' + 2y' + 2y \\ &= (-2A + 4B)\cos 2x \\ &\quad - (4A + 2B)\sin 2x \end{aligned}$$

$-2A + 4B = 10,\ 4A + 2B = 0$　よって　$A = -1,\ B = 2$

一般解は　$y = -\cos 2x + 2\sin 2x + e^{-x}\left(C_1\cos x + C_2\sin x\right)$　(C_1，C_2 は任意定数)

127　**71 ページの要項 41 を参考にして特殊解をみつける．**

(1) 特性方程式 $\lambda^2 - 2\lambda - 3 = 0$ の解が $\lambda = -1,\ 3$ だから

斉次形の一般解は　$y = C_1e^{-x} + C_2e^{3x}$

特殊解を $y = Axe^{3x}$ と予想する．$y' = 3Axe^{3x} + Ae^{3x},\ y'' = 9Axe^{3x} + 6Ae^{3x}$

方程式に代入すると　$y'' - 2y' - 3y = 4Ae^{3x} = 8e^{3x}$　よって　$A = 2$

一般解は　$y = 2xe^{3x} + C_1e^{-x} + C_2e^{3x}$　(C_1，C_2 は任意定数)

(2) 特性方程式 $\lambda^2+6\lambda+9=0$ の解が $\lambda=-3$ (2 重解) だから

斉次形の一般解は　$y=(C_1+C_2x)e^{-3x}$

特殊解を $y=Ax^2e^{-3x}$ と予想する.

$y'=-3Ax^2e^{-3x}+2Axe^{-3x}$, $y''=9Ax^2e^{-3x}-12Axe^{-3x}+2Ae^{-3x}$

方程式に代入すると　$y''+6y'+9y=2Ae^{-3x}=3e^{-3x}$　よって　$A=\dfrac{3}{2}$

一般解は　$y=\dfrac{3}{2}x^2e^{-3x}+(C_1+C_2x)e^{-3x}$　(C_1, C_2 は任意定数)

(3) 特性方程式 $\lambda^2+1=0$ の解が $\lambda=\pm i$　だから

斉次形の一般解は　$y=C_1\cos x+C_2\sin x$

特殊解を $y=x\,(A\cos x+B\sin x)$ と予想する.

$p(x)=A\cos x+B\sin x$ とおくと, $p''(x)+p(x)=0$ を満たす.

特殊解は $y=xp(x)$ と書ける. $y'=xp'(x)+p(x)$, $y''=xp''(x)+2p'(x)$

$y''+y=x\bigl(p''(x)+p(x)\bigr)+2p'(x)=-2A\sin x+2B\cos x=\cos x$

よって $A=0$, $B=\dfrac{1}{2}$

一般解は　$y=\dfrac{1}{2}x\sin x+C_1\cos x+C_2\sin x$　(C_1, C_2 は任意定数)

(4) 特性方程式 $\lambda^2+4=0$ の解が $\lambda=\pm 2i$　だから

斉次形の一般解は　$y=C_1\cos 2x+C_2\sin 2x$

特殊解を $y=x\,(A\cos 2x+B\sin 2x)$ と予想する.

$p(x)=A\cos 2x+B\sin 2x$ とおくと, $p''(x)+4p(x)=0$ を満たす.

特殊解は $y=xp(x)$ と書ける. $y'=xp'(x)+p(x)$, $y''=xp''(x)+2p'(x)$

$y''+4y=x\bigl(p''(x)+4p(x)\bigr)+2p'(x)=-4A\sin 2x+4B\cos x=\sin 2x$

よって　$A=-\dfrac{1}{4}$, $B=0$

一般解は　$y=-\dfrac{1}{4}x\cos 2x+C_1\cos 2x+C_2\sin 2x$　(C_1, C_2 は任意定数)

128 (1) 特性方程式 $\lambda^2+1=0$ の解が $\lambda=\pm i$ だから

斉次形の一般解は　$y=C_1\cos x+C_2\sin x$

特殊解を $y=Ae^x\cos x+Be^x\sin x=e^x\,(A\cos x+B\sin x)$ と予想する.

ここで, $p(x)=A\cos x+B\sin x$ とおくと, 特殊解は $y=e^xp(x)$ と書ける.

$p'(x)=-A\sin x+B\cos x$, $p''(x)=-p(x)$

$y'=e^xp(x)+e^xp'(x)$, $y''=e^xp(x)+2e^xp'(x)+e^xp''(x)$

$\therefore \quad y''+y=2e^{x}p'(x)+e^{x}p(x)=e^{x}\big((A+2B)\cos x+(B-2A)\sin x\big)=2e^{x}\sin x$

係数を比較して　$A=-\dfrac{4}{5}\ B=\dfrac{2}{5}$

一般解は　$y=e^{x}\left(-\dfrac{4}{5}\cos x+\dfrac{2}{5}\sin x\right)+C_1\cos x+C_2\sin x$（$C_1$，$C_2$ は任意定数）

(2)　**特殊解を $\boldsymbol{y=(A_1x+A_2)\cos x+(B_1x+B_2)\sin x}$ と予想する．**

特性方程式 $\lambda^2-2\lambda+1=0$ の解が $\lambda=1$（重解）　だから

斉次形の一般解は　$y=(C_1+C_2x)e^{x}$

特殊解を $y=(A_1x+A_2)\cos x+(B_1x+B_2)\sin x$ と予想する．

ここで，$p(x)=A_1\cos x+B_1\sin x$，$q(x)=A_2\cos x+B_2\sin x$ とおくと

特殊解は $y=xp(x)+q(x)$　　$p'(x)=-A_1\sin x+B_1\cos x$，$p''(x)=-p(x)$

$q'(x)=-A_2\sin x+B_2\cos x$，$q''(x)=-q(x)$

$y'=xp'(x)+p(x)+q'(x)$，$y''=-xp(x)+2p'(x)-q(x)$

$$\begin{aligned}\therefore\quad y''-2y'+y&=-2xp'(x)+2p'(x)-2p(x)-2q'(x)\\&=x(2A_1\sin x-2B_1\cos x)+(2B_1-2A_1-2B_2)\cos x\\&\qquad+(-2A_1-2B_1+2A_2)\sin x\\&=x\sin x\end{aligned}$$

係数を比較して　$A_1=\dfrac{1}{2}$，$A_2=\dfrac{1}{2}$，$B_1=0$，$B_2=-\dfrac{1}{2}$

一般解は　$y=\dfrac{1}{2}\{(x+1)\cos x-\sin x\}+(C_1+C_2x)e^{x}$　（C_1，C_2 は任意定数）

(3) 特性方程式 $\lambda^2-\lambda-2=0$ の解が $\lambda=-1$，2 だから

斉次形の一般解は　$y=C_1e^{-x}+C_2e^{2x}$

特殊解を 1 次式と e^{2x} の積 $(Ax+B)e^{2x}$ と予想したいが，斉次形の一般解に e^{2x} の項があることより，x をかけて特殊解を

$$\begin{aligned}y&=(Ax^2+Bx)e^{2x}\ \text{と予想する．}&&\times(-2)\\y'&=2(Ax^2+Bx)e^{2x}+(2Ax+B)e^{2x}&&\times(-1)\\y''&=4(Ax^2+Bx)e^{2x}+4(2Ax+B)e^{2x}+2Ae^{2x}&&+)\times\ 1\end{aligned}$$

$y''-y'-2y=3(2Ax+B)e^{2x}+2Ae^{2x}=6Axe^{2x}+(2A+3B)e^{2x}=18xe^{2x}$

よって，$6A=18$，$2A+3B=0$ より　$A=3$，$B=-2$

一般解は　$y=(3x^2-2x)e^{2x}+C_1e^{-x}+C_2e^{2x}$　（C_1，C_2 は任意定数）

(4) 特性方程式 $\lambda^2-2\lambda+1=0$ の解が $\lambda=1$（2 重解）だから

斉次形の一般解は　$y=(C_1+C_2x)e^{x}$

特殊解を $(Ax+B)e^{x}$ と予想したいが，$\lambda=1$ が 2 重解であることを考慮して，

x^2 を掛けて特殊解を

$y=(Ax^3+Bx^2)e^x$ と予想する. $\times\ 1$

$y'=(Ax^3+Bx^2)e^x+\ (3Ax^2+2Bx)e^x$ $\times(-2)$

$y''=(Ax^3+Bx^2)e^x+2(3Ax^2+2Bx)e^x+(6Ax+2B)e^x$ $+)\times\ 1$

$y''-2y'+y=(6Ax+2B)e^x=(3x+1)e^x$ よって $A=\dfrac{1}{2},\ B=\dfrac{1}{2}$

一般解は $y=\dfrac{1}{2}(x^3+x^2)e^x+(C_1+C_2x)e^x$ ($C_1,\ C_2$ は任意定数)

129 (1) **右辺が $4x$ の場合と $6e^{3x}$ の場合の特殊解をそれぞれみつける.**

特性方程式 $\lambda^2-3\lambda+2=0$ の解が $\lambda=1,\ 2$ だから

斉次形の一般解は $y=C_1e^x+C_2e^{2x}$

(i) $4x$ の特殊解を $y=Ax+B$ と予想する. $y'=A,\ y''=0$

$y''-3y'+2y=2Ax+(-3A+2B)=4x$ $A=2,\ B=3$ より $y=2x+3$

(ii) $6e^{3x}$ の特殊解を $y=Ce^{3x}$ と予想する. $y'=3Ce^{3x},\ y''=9Ce^{3x}$

$y''-3y'+2y=2Ce^{3x}=6e^{3x}$ $C=3$ より $y=3e^{3x}$

一般解は $y=2x+3+3e^{3x}+C_1e^x+C_2e^{2x}$ ($C_1,\ C_2$ は任意定数)

(2) **右辺が e^x の場合と $\cos x$ の場合の特殊解をそれぞれみつける.**

特性方程式 $\lambda^2+3\lambda+2=0$ の解が $\lambda=-2,\ -1$ だから

斉次形の一般解は $y=C_1e^{-2x}+C_2e^{-x}$

(i) e^x の特殊解を $y=Ae^x$ と予想する. $y'=Ae^x,\ y''=Ae^x$

$y''+3y'+2y=6Ae^x=e^x$ $A=\dfrac{1}{6}$ より $y=\dfrac{1}{6}e^x$

(ii) $p(x)=B\cos x+C\sin x$ とおき, $\cos x$ の特殊解を $y=p(x)$ と予想する.

$y'=p'(x)=-B\sin x+C\cos x,\ y''=p''(x)=-p(x)$

$y''+3y'+2y=p(x)+3p'(x)=(B+3C)\cos x+(C-3B)\sin x=\cos x$

よって $B=\dfrac{1}{10},\ C=\dfrac{3}{10}$ $\therefore$ $y=\dfrac{1}{10}\cos x+\dfrac{3}{10}\sin x$

一般解は $y=\dfrac{1}{6}e^x+\dfrac{1}{10}\cos x+\dfrac{3}{10}\sin x+C_1e^{-2x}+C_2e^{-x}$ ($C_1,\ C_2$ は任意定数)

130 **$x>0$ として, $x=e^t$ と変数変換する. 実数全体では $t=\log|x|$ とする.**

例題と同様に, $x>0$ として解くが, 求めた一般解は実数全体で成り立つ.

(1) $x>0$ として, $x=e^t$ の変数変換により $\dfrac{d^2y}{dt^2}-5\dfrac{dy}{dt}+6y=0$

特性方程式 $\lambda^2-5\lambda+6=0$ の解が $\lambda=2,\ 3$ だから

一般解は　$y = C_1 e^{2t} + C_2 e^{3t}$　x の関数に戻すと

$y = C_1 x^2 + C_2 x^3$（C_1, C_2 は任意定数）　（実数全体で成り立つ）

(2) $x > 0$ として，$x = e^t$ の変数変換により　$\dfrac{d^2y}{dt^2} - y = e^t$

特性方程式 $\lambda^2 - 1 = 0$ の解が $\lambda = \pm 1$ だから

斉次形の一般解は　$y = C_1 e^{-t} + C_2 e^t$（非斉次項と一致）

特殊解を $y = Ate^t$ と予想する．$\dfrac{dy}{dt} = Ate^t + Ae^t$, $\dfrac{d^2y}{dt^2} = Ate^t + 2Ae^t$

微分方程式に代入して　$\dfrac{d^2y}{dt^2} - y = 2Ae^t = e^t$　よって　$A = \dfrac{1}{2}$

一般解は　$y = \dfrac{1}{2}te^t + C_1 e^{-t} + C_2 e^t$　（実数全体では $t = \log|x|$ とする）

x の関数に戻すと　$y = \dfrac{1}{2}x \log|x| + C_1 x^{-1} + C_2 x$（$C_1$, C_2 は任意定数）

(3) $x > 0$ として，$x = e^t$ の変数変換により　$\dfrac{d^2y}{dt^2} - 4\dfrac{dy}{dt} + 4y = e^{2t}$

特性方程式 $\lambda^2 - 4\lambda + 4 = 0$ の解が $\lambda = 2$（重解）だから

斉次形の一般解は　$y = (C_1 + C_2 t)e^{2t}$

特殊解を $y = At^2 e^{2t}$ と予想する．　**71ページの要項41より**

$\dfrac{dy}{dt} = 2At^2 e^{2t} + 2Ate^{2t}$, $\dfrac{d^2y}{dt^2} = 4At^2 e^{2t} + 8Ate^{2t} + 2Ae^{2t}$

微分方程式に代入して　$\dfrac{d^2y}{dt^2} - 4\dfrac{dy}{dt} + 4y = 2Ae^{2t} = e^{2t}$　よって　$A = \dfrac{1}{2}$

一般解は　$y = \dfrac{1}{2}t^2 e^{2t} + \left(C_1 + C_2 t\right)e^{2t}$（実数全体では $t = \log|x|$ とする）

x の関数に戻すと　$y = \dfrac{1}{2}(x \log|x|)^2 + (C_1 + C_2 \log|x|)x^2$（$C_1$, C_2 は任意定数）

別解　斉次形 $x^2 y'' - 3xy' + 4y = 0$ の解を $y = x^\alpha$ とおき，微分方程式に代入すると

$\alpha(\alpha - 1)x^\alpha - 3\alpha x^\alpha + 4x^\alpha = 0$　よって　$\alpha^2 - 4\alpha + 4 = 0$　$\therefore$　$\alpha = 2$（重解）

$y = x^2$ は解であり，$y = Cx^2$（C は任意定数）も解である．

重解のときは，定数変化法を用いて非斉次形の一般解を直接求める．

$u = C(x)$ とおき，$y = ux^2$ とする．$y' = 2ux + u'x^2$, $y'' = 2u + 4u'x + u''x^2$

微分方程式に代入して　$x^2 y'' - 3xy' + 4y = u''x^4 + u'x^3 = x^2$

$x \neq 0$ として　$u''x + u' = \dfrac{1}{x}$　よって　$u''x + u' = (u'x)' = \dfrac{1}{x}$

$u'x = \log|x| + C_1$, $u' = \dfrac{1}{x}\log|x| + \dfrac{C_1}{x}$　$\therefore$　$u = \dfrac{1}{2}(\log|x|)^2 + C_1 \log|x| + C_2$

ゆえに，$y=ux^2$ より　$y=\frac{1}{2}(x\log|x|)^2+(C_1\log|x|+C_2)x^2$（$C_1$，$C_2$ は任意定数）

(4) $x=e^t$ の変数変換により　$\frac{d^2y}{dt^2}+2\frac{dy}{dt}-3y=t$

特性方程式 $\lambda^2+2\lambda-3=0$ の解が $\lambda=-3,\ 1$ だから

斉次形の一般解は　$y=C_1e^{-3t}+C_2e^t$

特殊解を $y=At+B$ と予想する．$\frac{dy}{dt}=A$，$\frac{d^2y}{dt^2}=0$ よって $A=-\frac{1}{3}$，$B=-\frac{2}{9}$

一般解は　$y=-\frac{1}{3}t-\frac{2}{9}+C_1e^{-3t}+C_2e^t$

x の関数に戻すと　$y=-\frac{1}{3}\log x-\frac{2}{9}+C_1x^{-3}+C_2x$（$C_1$，$C_2$ は任意定数）

131　$\boldsymbol{x=e^t}$ **ではなく** $\boldsymbol{x-1=e^t}$ **とおく．**

$x=e^t+1$ より　$\frac{dz}{dt}=\frac{dy}{dx}\frac{dx}{dt}=y'e^t=(x-1)y'$，

$$\frac{d^2z}{dt^2}=\frac{d\{(x-1)y'\}}{dx}\frac{dx}{dt}=\{y'+(x-1)y''\}e^t=(x-1)y'+(x-1)^2y''$$

(*) は $\frac{d^2z}{dt^2}+\frac{dz}{dt}-6z=4e^t$ と変形され，これを解くと　$z=-e^t+C_1e^{2t}+C_2e^{-3t}$

よって　$y=-(x-1)+C_1(x-1)^2+\frac{C_2}{(x-1)^3}$（$C_1$，$C_2$ は任意定数）

ポイント 26　$\boldsymbol{y''+P(x)y'+Q(x)y=R(x)}$ **の定数変化法による解法**

（解を予想して求めるのではない方法）

① 斉次形の一つの解を y_1 とし，$y=uy_1$ が解であるとする．

微分方程式に代入すると　$y_1u''+\big(2y_1'+P(x)y_1\big)u'=R(x)$

これは u' に関する 1 階線形微分方程式であり，これを解いて u' を求める．

積分して u を求めると，$y=uy_1$ が解となる．

② 斉次形の線形独立な解を y_1，y_2 とし，$y=u_1y_1+u_2y_2$ が解であるとする．

u_1，u_2 は $u_1'y_1+u_2'y_2=0$ となるものを求めることにする．

$$\left(\begin{array}{l} u_1y_1+u_2y_2=(u_1+vy_2)y_1+(u_2-vy_1)y_2 \text{ と調整可能} \\ (u_1+vy_2)'y_1+(u_2-vy_1)'y_2=0 \text{ となる } v \text{ を求めて置き直せばよい} \end{array}\right)$$

微分方程式に代入すると　$u_1'y_1'+u_2'y_2'=R(x)$

$\begin{pmatrix} y_1 & y_2 \\ y_1' & y_2' \end{pmatrix}\begin{pmatrix} u_1' \\ u_2' \end{pmatrix}=\begin{pmatrix} 0 \\ R(x) \end{pmatrix}$ を解いて u_1'，u_2' を求める．

積分して u_1，u_2 を求めると，$y=u_1y_1+u_2y_2$ が解となる．

〈注〉 **132**, **133**（①の形），**134**（②の形）は指示通りに解いていけばいいが，このような解法を把握しておくとよい．

---

132 (1) $f'(x) = \dfrac{2x}{1+x^2}$, $f''(x) = \dfrac{2(1+x^2)-2x\cdot 2x}{(1+x^2)^2} = \dfrac{2(1-x^2)}{(1+x^2)^2}$

(2) $y = ue^x$ として x について微分すると　$y' = ue^x + u'e^x$, $y'' = ue^x + 2u'e^x + u''e^x$

よって　$y'' - 2y' + y = u''e^x = 0$　$\therefore$　$u'' = 0$　これを解いて　$u = C_1x + C_2$

ゆえに　$y = (C_1x + C_2)e^x$　（C_1, C_2 は任意定数）

(3) (2) から，微分方程式は　$u''e^x = \dfrac{2(1-x^2)}{(1+x^2)^2}e^x$　よって　$u'' = \dfrac{2(1-x^2)}{(1+x^2)^2}$

(1) から　$u' = \dfrac{2x}{1+x^2} + C_1$, $u = \log(1+x^2) + C_1x + C_2$　$y = ue^x$ より

$y = e^x\log(1+x^2) + (C_1x + C_2)e^x$　（C_1, C_2 は任意定数）

〈注〉 $y'' - 2\alpha y' + \alpha^2 y = \varphi(x)e^{\alpha x}$ の解は $y = ue^{\alpha x}$ とし，$u'' = \varphi(x)$ を解けばよい．

133 (1) $y_1' = -e^{-x}$, $y_1'' = e^{-x}$ を微分方程式の左辺に代入して

$$y'' + \frac{x-1}{x}y' - \frac{1}{x}y = e^{-x} - \frac{x-1}{x}e^{-x} - \frac{1}{x}e^{-x} = \frac{x-(x-1)-1}{x}e^{-x} = 0$$

よって，$y_1 = e^{-x}$ は解である．

(2) $y = ue^{-x}$ より　$y' = -ue^{-x} + u'e^{-x}$, $y'' = ue^{-x} - 2u'e^{-x} + u''e^{-x}$

方程式に代入して整理すると　$u'' - \dfrac{x+1}{x}u' = x$

$v = u'$ とおくと　$\dfrac{dv}{dx} - \dfrac{x+1}{x}v = x$　$\dfrac{dv}{dx} - \dfrac{x+1}{x}v = 0$ を解くと　$v = Cxe^x$

定数変化法を用いて，$w = C(x)$ とおくと，$v = wxe^x$ より　$v' = w(xe^x)' + w'xe^x$

方程式に代入すると　$w'xe^x = x$

よって $w' = e^{-x}$ より，$w = -e^{-x} + C_1$ だから　$v = wxe^x = -x + C_1xe^x$

$u' = v$ より　$u = -\dfrac{1}{2}x^2 + C_1(xe^x - e^x) + C_2$

$y = ue^{-x}$ より　$y = -\dfrac{1}{2}x^2e^{-x} + C_1(x-1) + C_2e^{-x}$　（C_1, C_2 は任意定数）

134 (1) 特性方程式 $\lambda^2 + 4 = 0$ の解が $\lambda = \pm 2i$ だから

一般解は　$y = C_1\cos 2x + C_2\sin 2x$　（C_1, C_2 は任意定数）

$y_1 = \cos 2x$, $y_2 = \sin 2x$ とおくと

$$W(\cos 2x,\ \sin 2x) = \begin{vmatrix} \cos 2x & \sin 2x \\ -2\sin 2x & 2\cos 2x \end{vmatrix} = 2$$

〈注〉 **$y_1(x)$, $y_2(x)$ が線形独立（1 次独立）の定義**

$c_1y_1(x) + c_2y_2(x)$ が恒等的に 0 である $\Longleftrightarrow$ $c_1 = c_2 = 0$

ロンスキアン（ロンスキ行列式）の定義

$$W(y_1,\ y_2)=\begin{vmatrix} y_1 & y_2 \\ \dfrac{dy_1}{dx} & \dfrac{dy_2}{dx} \end{vmatrix}=y_1\frac{dy_2}{dx}-y_2\frac{dy_1}{dx}$$

ある点 x で $W(y_1,\ y_2)\neq 0 \iff y_1,\ y_2$ は線形独立

(2) 微分方程式の解を $y=u(x)y_1+v(x)y_2$ と仮定する．

$y'=u(x)y_1'+v(x)y_2'+u'(x)y_1+v'(x)y_2$，$u'(x)y_1+v'(x)y_2=0$ だから

$y''=u(x)y_1''+v(x)y_2''+u'(x)y_1'+v'(x)y_2'$　また　$y_i''+4y_i=0$ $(i=1,\ 2)$

よって　$u'(x)y_1+v'(x)y_2=0$，$u'(x)y_1'+v'(x)y_2'=\dfrac{1}{\cos 2x}$

ゆえに　$\begin{pmatrix} y_1 & y_2 \\ y_1' & y_2' \end{pmatrix}\begin{pmatrix} u'(x) \\ v'(x) \end{pmatrix}=\begin{pmatrix} 0 \\ \dfrac{1}{\cos 2x} \end{pmatrix}$

$$\begin{pmatrix} u'(x) \\ v'(x) \end{pmatrix}=\begin{pmatrix} y_1 & y_2 \\ y_1' & y_2' \end{pmatrix}^{-1}\begin{pmatrix} 0 \\ \dfrac{1}{\cos 2x} \end{pmatrix}=\frac{1}{2}\begin{pmatrix} 2\cos 2x & -\sin 2x \\ 2\sin 2x & \cos 2x \end{pmatrix}\begin{pmatrix} 0 \\ \dfrac{1}{\cos 2x} \end{pmatrix}$$

$$=\frac{1}{2}\begin{pmatrix} -\tan 2x \\ 1 \end{pmatrix}\quad \therefore \begin{cases} u'(x)=-\dfrac{1}{2}\tan 2x \\ v'(x)=\ \ \dfrac{1}{2} \end{cases}$$

$\boldsymbol{-\dfrac{\pi}{4}<x<\dfrac{\pi}{4}}$ **より**
$\boldsymbol{\cos 2x>0}$

$$\therefore \begin{cases} u(x)=\dfrac{1}{4}\log\cos 2x+C_1 \\ v(x)=\dfrac{1}{2}x+C_2 \end{cases}$$

解が $\boldsymbol{y=u(x)y_1+v(x)y_2}$
$\boldsymbol{=u(x)\cos 2x+v(x)\sin 2x}$ **より**

一般解は

$y=\dfrac{1}{4}\cos 2x\log\cos 2x+\dfrac{1}{2}x\sin 2x+C_1\cos 2x+C_2\sin 2x$　（C_1，C_2 は任意定数）

〈注〉 ポイント 26 ②の定数変化法

$\begin{pmatrix} y_1 & y_2 \\ y_1' & y_2' \end{pmatrix}\begin{pmatrix} u'(x) \\ v'(x) \end{pmatrix}=\begin{pmatrix} 0 \\ R(x) \end{pmatrix}$ の左辺の左の行列について，y_1，y_2 のロンスキアンが 0 でないから逆行列が存在する．よって

$\begin{pmatrix} u'(x) \\ v'(x) \end{pmatrix}=\begin{pmatrix} y_1 & y_2 \\ y_1' & y_2' \end{pmatrix}^{-1}\begin{pmatrix} 0 \\ R(x) \end{pmatrix}$ から $u'(x)$，$v'(x)$ が求められる．

135　**高階線形微分方程式の場合，2 階線形微分方程式と同様の方法で解く．**

(1) 特性方程式 $\lambda^3-\lambda^2+3\lambda+5=0$ は $\lambda=-1$ のとき成り立つ．

$\lambda^3-\lambda^2+3\lambda+5=(\lambda+1)(\lambda^2-2\lambda+5)=0$ の解は $\lambda=-1,\ 1\pm 2i$ だから

一般解は　$y=C_1e^{-x}+e^x\left(C_2\cos 2x+C_3\sin 2x\right)$　（C_1，C_2，C_3 は任意定数）

(2) 特性方程式 $\lambda^3-3\lambda^2+3\lambda-1=(\lambda-1)^3=0$ の解は $\lambda=1$（3 重解）だから

斉次形の一般解は　$y=(C_1+C_2x+C_3x^2)e^x$

特殊解を $y=Ax^2+Bx+C$ と予想する．$y'=2Ax+B$，$y''=2A$，$y'''=0$

微分方程式に代入して

$y'''-3y''+3y'-y=-Ax^2+(6A-B)x+(-6A+3B-C)=x^2-6x+6$

$A=-1$，$B=C=0$ より，一般解は

$y=-x^2+(C_1+C_2x+C_3x^2)e^x$　（C_1，C_2，C_3 は任意定数）

136　**y を含まない非線形微分方程式の場合，$y'=p$ とおき，$y''=p'$ を用いる．**

(1) $y'=p$ とおくと　$y''=p'$　よって　$p'-\sqrt{1+p}=0$　$\therefore$　$\dfrac{dp}{dx}=\sqrt{1+p}$

$p\fallingdotseq -1$ のとき　$\displaystyle\int\frac{1}{\sqrt{1+p}}\,dp=\int dx$ より　$2\sqrt{1+p}=x+C_1$

ゆえに，$\dfrac{dy}{dx}=p=\dfrac{1}{4}(x+C_1)^2-1$ より　$y=\dfrac{1}{12}(x+C_1)^3-x+C_2$

$p=-1$ のとき，解 $y=-x+C$ は特異解である．（C_1，C_2，C は任意定数）

(2) $y'=p$ とおくと　$y''=p'$　よって　$p=p'+p^2$　$\therefore$　$\dfrac{dp}{dx}=-p(p-1)$

$p\fallingdotseq 0$，$p\fallingdotseq 1$ のとき　$\displaystyle\int\frac{1}{p(p-1)}\,dp=\int\left(\frac{1}{p-1}-\frac{1}{p}\right)dp=-\int dx$

$\log|p-1|-\log|p|=-x+c$　（c は任意定数）　$\therefore$　$\dfrac{p-1}{p}=Ce^{-x}$

よって　$p=\dfrac{dy}{dx}=\dfrac{1}{1-C_1e^{-x}}$

$y=\displaystyle\int\frac{1}{1-C_1e^{-x}}\,dx=\int\frac{e^x}{e^x-C_1}\,dx=\log|e^x-C_1|+C_2$

$p=0$ のとき，解 $y=C$ は特異解である．（C_1，C_2，C は任意定数）

$p=1$ のとき，解 $y=x+C$ は一般解に含まれる．（一般解の $C_1=0$ のとき）

137　**x を含まない非線形微分方程式の場合，$y'=p$ とおき，$y''=p\dfrac{dp}{dy}$ を用いる．**

(1) $y'=p$ とおくと　$y''=p\dfrac{dp}{dy}$　よって　$p\left(y\dfrac{dp}{dy}+p-5\right)=0$

$p\fallingdotseq 0$，$p\fallingdotseq 5$ のとき　$\displaystyle\int\frac{1}{p-5}\,dp=-\int\frac{1}{y}\,dy$ より　$\log|p-5|=-\log|y|+c_1$

ゆえに，$y(p-5)=c_2$ $(c_2=\pm e^{c_1})$ より　$p=5+\dfrac{c_2}{y}$　$(c_2=5C_1$ とおく）

$p=5\cdot\dfrac{y+C_1}{y}$ より　$\dfrac{y}{y+C_1}p=\left(1-\dfrac{C_1}{y+C_1}\right)\dfrac{dy}{dx}=5$

$\displaystyle\int\left(1-\frac{C_1}{y+C_1}\right)dy=5x+C_2$　一般解は　$y-C_1\log|y+C_1|=5x+C_2$

$p=0$ のとき，解 $y=C$ は 特異解である．（C_1，C_2，C は任意定数）

$p=5$ のとき，解 $y=5x+C$ は 一般解に含まれる．（一般解の $C_1=0$ のとき）

(2) $y'=p$ とおくと　$y''=p\dfrac{dp}{dy}$　よって　$2yp\dfrac{dp}{dy}=p^2-1$

$p \fallingdotseq \pm 1$ のとき　$\displaystyle\int \frac{2p}{p^2-1}\,dp=\int \frac{1}{y}\,dy$ より　$\log|p^2-1|=\log|y|+c_1$

ゆえに，$p^2-1=c_2y\,(c_2=\pm e^{c_1})$ より　$p=\dfrac{dy}{dx}=\pm\sqrt{c_2y+1}$

$\displaystyle\int \frac{1}{\sqrt{c_2y+1}}\,dy=\pm\int dx$　よって　$\dfrac{2}{c_2}\sqrt{c_2y+1}=\pm x+c_3=\pm(x\pm c_3)$

$y=\dfrac{c_2}{4}(x\pm c_3)^2-\dfrac{1}{c_2}$ より　$y=C_1(x+C_2)^2-\dfrac{1}{4C_1}$　$\left(C_1=\dfrac{c_2}{4},\ C_2=\pm c_3\right)$

$p=\pm 1$ のとき，解 $y=\pm x+C$ は特異解である．（C_1，C_2，C は任意定数）

138　一般解を求めて，初期条件を適用する．

(1) 第 1 式より　$y=-x'+3x-2e^{2t}$

これを第 2 式に代入して　$x''-7x'+6x=0$

x の一般解は　$x=C_1e^t+C_2e^{6t}$　よって $y=-x'+3x-2e^{2t}$ より

y の一般解は　$y=2C_1e^t-3C_2e^{6t}-2e^{2t}$（$C_1$，$C_2$ は任意定数）

初期条件より　$C_1=3$，$C_2=1$

$x=3e^t+e^{6t}$，$y=6e^t-3e^{6t}-2e^{2t}$

別解　線形代数の固有値・固有ベクトルを求め，対角化を用いる．

$A=\begin{pmatrix}3 & -1\\ -6 & 4\end{pmatrix}$，$\boldsymbol{x}=\begin{pmatrix}x\\ y\end{pmatrix}$，$\boldsymbol{x}'=\begin{pmatrix}x'\\ y'\end{pmatrix}$，$\boldsymbol{a}=\begin{pmatrix}-2\\ 4\end{pmatrix}$ とおくと，この連立微分方程式は　$\boldsymbol{x}'=A\boldsymbol{x}+e^{2t}\boldsymbol{a}$ となる．

A の固有値は $\lambda=1$，6 であり，$P=\begin{pmatrix}1 & -1\\ 2 & 3\end{pmatrix}$，$D=\begin{pmatrix}1 & 0\\ 0 & 6\end{pmatrix}$ とおくと

$P^{-1}AP=D$ から $A=PDP^{-1}$　$\boldsymbol{x}'=A\boldsymbol{x}+e^{2t}\boldsymbol{a}$ より　$\boldsymbol{x}'=PDP^{-1}\boldsymbol{x}+e^{2t}\boldsymbol{a}$

よって　$P^{-1}\boldsymbol{x}'=D\big(P^{-1}\boldsymbol{x}\big)+e^{2t}\big(P^{-1}\boldsymbol{a}\big)$　ここで $\begin{pmatrix}u\\ v\end{pmatrix}=P^{-1}\boldsymbol{x}$ とおくと，

$P^{-1}\boldsymbol{x}'=\begin{pmatrix}u'\\ v'\end{pmatrix}$ だから，$P^{-1}\boldsymbol{a}=\dfrac{1}{5}\begin{pmatrix}-2\\ 8\end{pmatrix}$ に注意して

$$\begin{pmatrix}u'\\ v'\end{pmatrix}=\begin{pmatrix}1 & 0\\ 0 & 6\end{pmatrix}\begin{pmatrix}u\\ v\end{pmatrix}+\frac{1}{5}e^{2t}\begin{pmatrix}-2\\ 8\end{pmatrix}=\begin{pmatrix}u-\dfrac{2}{5}e^{2t}\\ 6v+\dfrac{8}{5}e^{2t}\end{pmatrix}$$

これを解いて　$\begin{pmatrix} u \\ v \end{pmatrix} = \begin{pmatrix} C_1e^t - \dfrac{2}{5}e^{2t} \\ C_2e^{6t} - \dfrac{2}{5}e^{2t} \end{pmatrix}$　(C_1, C_2 は任意定数)

$$\therefore\ \boldsymbol{x} = P\begin{pmatrix} u \\ v \end{pmatrix} = \begin{pmatrix} 1 & -1 \\ 2 & 3 \end{pmatrix}\begin{pmatrix} C_1e^t - \dfrac{2}{5}e^{2t} \\ C_2e^{6t} - \dfrac{2}{5}e^{2t} \end{pmatrix} = \begin{pmatrix} C_1e^t - C_2e^{6t} \\ 2C_1e^t + 3C_2e^{6t} - 2e^{2t} \end{pmatrix}$$

すなわち　$x = C_1e^t - C_2e^{6t}$, $y = 2C_1e^t + 3C_2e^{6t} - 2e^{2t}$　(C_1, C_2 は任意定数)

〈注〉 対角化行列 $P = \begin{pmatrix} 1 & -1 \\ 2 & 3 \end{pmatrix}$ を求めれば，$|P|P^{-1} = \begin{pmatrix} 3 & 1 \\ -2 & 1 \end{pmatrix}$ がすぐに求まる．

P を求める過程やその後の手順などを丁寧に書くのは大変だが，解答としては，

それらを書かずに，$|P|P^{-1}$ の成分 3, 1, -2, 1 を使って

$3 \times$ 第1式 $+ 1 \times$ 第2式より　$3x' + y' = 3x + y - 2e^{2t}$

$-2 \times$ 第1式 $+ 1 \times$ 第2式より　$-2x' + y' = 6(-2x + y) + 8e^{2t}$

のようにして解を求めてもよい．$3x + y$ についての微分方程式と $-2x + y$ についての微分方程式をそれぞれ解き，それらから x, y を求めればよい．

(2) $2 \times$ 第1式 $+ 1 \times$ 第2式より　$y = 5x' - 6x - 3e^{2t}$

第1式に代入して　$5x'' - 8x' + 3x = 5e^{2t}$　一般解は　$x = \dfrac{5}{7}e^{2t} + C_1e^{\frac{3}{5}t} + C_2e^t$

$y = 5x' - 6x - 3e^{2t}$ より，一般解は　$y = -\dfrac{1}{7}e^{2t} - 3C_1e^{\frac{3}{5}t} - C_2e^t$

初期条件より　$C_1 = -\dfrac{3}{14}$, $C_2 = \dfrac{1}{2}$

$x = \dfrac{5}{7}e^{2t} - \dfrac{3}{14}e^{\frac{3}{5}t} + \dfrac{1}{2}e^t$, $y = -\dfrac{1}{7}e^{2t} + \dfrac{9}{14}e^{\frac{3}{5}t} - \dfrac{1}{2}e^t$

〈注〉 (2) も (1) の別解と同様に固有値・固有ベクトルを利用して求めることができる．

3章 線形代数

§1 ベクトル

1 空間内の図形

139 (1) **△ABC の面積 S は $S=\frac{1}{2}bc\sin A=\frac{1}{2}ca\sin B=\frac{1}{2}ab\sin C$ で求まる.**

$\cos\angle\mathrm{AOB}=\dfrac{\overrightarrow{\mathrm{OA}}\cdot\overrightarrow{\mathrm{OB}}}{|\overrightarrow{\mathrm{OA}}||\overrightarrow{\mathrm{OB}}|}=-\dfrac{1}{2}$　∴　$\angle\mathrm{AOB}=\dfrac{2}{3}\pi$

$S=\dfrac{1}{2}|\overrightarrow{\mathrm{OA}}||\overrightarrow{\mathrm{OB}}|\sin\dfrac{2}{3}\pi=\sqrt{3}$

(2) **80 ページ要項 43④を用いる.**

$\overrightarrow{\mathrm{AB}}=(-3,\ 2,\ -1)$ より，直線 ℓ は点 A(1, 0, 1) を通り，方向ベクトル $\vec{v}$ が $\vec{v}=(3,\ -2,\ 1)$ だから　$\dfrac{x-1}{3}=\dfrac{y}{-2}=z-1$

(3) **直線の媒介変数表示　$x=x_0+v_1t,\ y=y_0+v_2t,\ z=z_0+v_3t$（$t$ は実数）**
中心と接点を通る直線 OQ と接線 ℓ が垂直であることを用いる.

直線 ℓ の媒介変数表示は　$x=3t+1,\ y=-2t,\ z=t+1$（t は実数）

$\mathrm{Q}(3t+1,\ -2t,\ t+1)$ とすると，$\overrightarrow{\mathrm{OQ}}\perp\vec{v}$ より　$\overrightarrow{\mathrm{OQ}}\cdot\vec{v}=0$

よって，$3(3t+1)+4t+(t+1)=0$ より $t=-\dfrac{2}{7}$ だから　$\mathrm{Q}\left(\dfrac{1}{7},\ \dfrac{4}{7},\ \dfrac{5}{7}\right)$

$$R=\mathrm{OQ}=\sqrt{\left(\frac{1}{7}\right)^2+\left(\frac{4}{7}\right)^2+\left(\frac{5}{7}\right)^2}=\frac{\sqrt{42}}{7}$$

140 **球の中心と平面との距離，および球の半径から切り口の円の半径を求める.**

切り口の図形は円である．S の中心は原点 O，半径は $r=5$ である．**⇩ 要項 44**

中心 O と平面 $2x+y+2z-3=0$ との距離 d は　$d=\dfrac{|2\cdot0+0+2\cdot0-3|}{\sqrt{2^2+1^2+2^2}}=1$

よって，切り口の円の半径は，$\sqrt{r^2-d^2}=\sqrt{25-1}=2\sqrt{6}$ となり，面積は　24π

〈注〉 球はどんな平面で切断しても，その断面は円であることに注意する.

141 (1) 平面の方程式を $ax+by+cz+d=0$ とし，3 点 A，B，C の座標を代入すると

$$\begin{cases} b-c+d=0 \\ 2a+3c+d=0 \\ a+b+d=0 \end{cases}$$

3 つの変数を残りの 1 つの変数で表す
例えば，b, c, d を a で表す

これより　$b=-2a,\ c=-a,\ d=a$　よって　$ax-2ay-az+a=0$

a を消去して，求める方程式は　$x-2y-z+1=0$　**$a=1$ として求めてもよい**

(2) **$\vec{a} \neq \vec{0}$ のとき，$\vec{a}$ と平行な単位ベクトルは $\pm\dfrac{1}{|\vec{a}|}\vec{a}$ である．**

(1) より法線ベクトルの 1 つは　$(1,\ -2,\ -1)$

その大きさは $\sqrt{1^2+(-2)^2+(-1)^2}=\sqrt{6}$ だから　$\pm\dfrac{1}{\sqrt{6}}(1,\ -2,\ -1)$

(3) 原点を通り，方向ベクトルが $(1,\ -2,\ -1)$ の直線だから　$x=\dfrac{y}{-2}=\dfrac{z}{-1}$

(4) **直線と平面の連立方程式を解く．**

$x=\dfrac{y}{-2}=\dfrac{z}{-1}=t$ とおくと　$x=t,\ y=-2t,\ z=-t$

これを平面の方程式に代入して　$t+4t+t+1=0$　　$\therefore\ t=-\dfrac{1}{6}$

よって，交点の座標は　$\left(-\dfrac{1}{6},\ \dfrac{1}{3},\ \dfrac{1}{6}\right)$

142 (1) $\overrightarrow{\mathrm{CA}}=\overrightarrow{\mathrm{OA}}-\overrightarrow{\mathrm{OC}}=(1,\ 0,\ -2),\ \overrightarrow{\mathrm{CB}}=\overrightarrow{\mathrm{OB}}-\overrightarrow{\mathrm{OC}}=(0,\ 1,\ -2)$

求めるベクトルを $\vec{n}=(x,\ y,\ z)$ とおくと，$\vec{n}\cdot\overrightarrow{\mathrm{CA}}=0,\ \vec{n}\cdot\overrightarrow{\mathrm{CB}}=0$ より

$\begin{cases} x-2z=0 \\ y-2z=0 \end{cases}$　$\therefore\ x=2z,\ y=2z$　よって　$\vec{n}=t(2,\ 2,\ 1)$（t は任意の実数）

(2) 求める平面を α とすると，α は点 A を通り，(1) より法線ベクトルの 1 つが $(2,\ 2,\ 1)$

だから　$2(x-1)+2(y-0)+1\cdot(z-0)=0$　　$\therefore\ 2x+2y+z=2$

(3) **直線 DE は平面と垂直であり，線分 DE の中点は平面上にある．**

直線 DE は平面 α と垂直である．よって，点 D を通り，方向ベクトルが $(2,\ 2,\ 1)$ の直線だから，直線 DE の媒介変数表示は

$$x=0+2t,\ y=0+2t,\ z=1+1\cdot t\ (t \text{ は実数})$$

したがって，点 E は $(2t,\ 2t,\ t+1)$ とおける．

線分 DE の中点 $\left(t,\ t,\ \dfrac{t+2}{2}\right)$ は平面 α 上にあるから　$2t+2t+\dfrac{t+2}{2}=2$

よって　$t=\dfrac{2}{9}$　　$\therefore\ \mathrm{E}\left(\dfrac{4}{9},\ \dfrac{4}{9},\ \dfrac{11}{9}\right)$

143 (1) **点と直線を含む平面の方程式を求める．**

直線 ℓ は点 $(1,\ 3,\ -5)$ を通り，方向ベクトルが $(1,\ -1,\ -1)$ である．B$(1,\ 3,\ -5)$，$\vec{d}=(1,\ -1,\ -1)$ とすると，平面 α は $\overrightarrow{\mathrm{AB}}=(-3,\ -2,\ -7)$ と $\vec{d}$ に垂直である．

これより法線ベクトルの1つを求めると，$(1,\ 2,\ -1)$ となるから α の方程式は

$$1\cdot(x-4)+2\cdot(y-5)+(-1)\cdot(z-2)=0$$

よって　$x+2y-z=12$

$\overrightarrow{\mathrm{AB}}\times\vec{d}$ から法線ベクトルを求めるとよい

〈注〉 直線 ℓ 上の2点と点Aの3点を通ることから，$ax+by+cz+d=0$ とおいて求めることもできる．

(2) **垂線AHと直線 ℓ の方向ベクトルは垂直であることを用いる．**

直線 ℓ の媒介変数表示は　$x=t+1,\ y=-t+3,\ z=-t-5$（t は実数）

$\mathrm{H}(t+1,\ -t+3,\ -t-5)$ とすると，$\overrightarrow{\mathrm{AH}}\perp\vec{d}$ より　$\overrightarrow{\mathrm{AH}}\cdot\vec{d}=0$

$\overrightarrow{\mathrm{AH}}=(t-3,\ -t-2,\ -t-7)$ より　$t-3-(-t-2)-(-t-7)=0$　$\therefore\ t=-2$

よって　$\mathrm{H}(-1,\ 5,\ -3)$

(3) 直線 OH' の方向ベクトルは平面 α の法線ベクトルだから，方程式は

$$x=t,\ y=2t,\ z=-t\ \ (t\ \text{は実数})$$

$\mathrm{H}'(t,\ 2t,\ -t)$ とすると，H' は α 上にあるから　$t+4t+t=12$　$\therefore\ t=2$

よって　$\mathrm{H}'(2,\ 4,\ -2)$

(4) **底面は平面 α 上の $\triangle\mathrm{AHH}'$，高さは OH' である．**

$\overrightarrow{\mathrm{AH}}=(-5,\ 0,\ -5)$，$\overrightarrow{\mathrm{AH'}}=(-2,\ -1,\ -4)$ より，$\angle\mathrm{HAH}'=\theta$ とすると

$$\cos\theta=\frac{\overrightarrow{\mathrm{AH}}\cdot\overrightarrow{\mathrm{AH'}}}{|\overrightarrow{\mathrm{AH}}||\overrightarrow{\mathrm{AH'}}|}=\frac{30}{5\sqrt{2}\sqrt{21}}=\frac{6}{\sqrt{42}}\qquad\therefore\ \sin\theta=\sqrt{1-\cos^2\theta}=\frac{1}{\sqrt{7}}$$

よって，$\triangle\mathrm{AHH}'$ の面積を S とすると，四面体 OAHH' の体積 V は

$$V=\frac{1}{3}S\cdot\mathrm{OH}'=\frac{1}{3}\cdot\frac{1}{2}\mathrm{AH}\cdot\mathrm{AH}'\sin\theta\cdot\mathrm{OH}'=\frac{1}{6}\cdot5\sqrt{2}\cdot\sqrt{21}\cdot\frac{1}{\sqrt{7}}\cdot2\sqrt{6}=10$$

〈注〉 面積は，$S=\triangle\mathrm{AHH}'=\dfrac{1}{2}\sqrt{|\overrightarrow{\mathrm{AH}}|^2|\overrightarrow{\mathrm{AH'}}|^2-\left(\overrightarrow{\mathrm{AH}}\cdot\overrightarrow{\mathrm{AH'}}\right)^2}$ を用いてもよい．

別解　$\overrightarrow{\mathrm{OA}}=(4,\ 5,\ 2)$，$\overrightarrow{\mathrm{OH}}=(-1,\ 5,\ -3)$，$\overrightarrow{\mathrm{OH'}}=(2,\ 4,\ -2)$

四面体 OAHH' の体積 V は，$\overrightarrow{\mathrm{OA}}$，$\overrightarrow{\mathrm{OH}}$，$\overrightarrow{\mathrm{OH'}}$ で張られる平行六面体の体積の $\dfrac{1}{6}$

$$\frac{1}{6}(\overrightarrow{\mathrm{OA}}\times\overrightarrow{\mathrm{OH}})\cdot\overrightarrow{\mathrm{OH'}}=\frac{1}{6}\begin{vmatrix}4&-1&2\\5&5&4\\2&-3&-2\end{vmatrix}=\frac{1}{6}\cdot(-60)=-10\qquad\therefore\ V=10$$

144 **2つの平面のなす角は，それらの法線ベクトルのなす角である．**

平面 P，Q の法線ベクトルをそれぞれ $\vec{p}$，$\vec{q}$ とすると　$\vec{p}=(1,\ 1,\ \alpha)$，$\vec{q}=(1,\ \alpha,\ 1)$

$\vec{p}\perp\vec{q}$ より，$\vec{p}\cdot\vec{q}=0$ だから　$1+\alpha+\alpha=0$　　$\therefore\ \ \alpha=-\dfrac{1}{2}$

145 (1) 平面 A，B の法線ベクトルをそれぞれ $\vec{a}$，$\vec{b}$ とし，$\vec{a}$ と $\vec{b}$ のなす角を θ とすると

$\vec{a}=(-1,\ 2\sqrt{2},\ -4)$，$\vec{b}=(2,\ 0,\ 2)$

$\cos\theta=\dfrac{\vec{a}\cdot\vec{b}}{|\vec{a}|\ |\vec{b}|}=\dfrac{-2+0-8}{\sqrt{1+8+16}\sqrt{4+0+4}}=-\dfrac{1}{\sqrt{2}}$ より　$\theta=135^\circ$　よって　45°

(2) **2つの平面の交線は，2平面の連立方程式から求める．**

2つの平面の交線上の点 $(x,\ y,\ z)$ は，両方の平面上にあるから

$$\begin{cases}-x+2\sqrt{2}y-4z=1 & \cdots① \\ 2x+2z=1 & \cdots②\end{cases}$$

②より　$x=-z+\dfrac{1}{2}$　これを①に代入して整理すると　$y=\dfrac{3\sqrt{2}}{4}z+\dfrac{3\sqrt{2}}{8}$

よって，$z=t$ とおくと，求める直線の方程式は

消去法で解いてもよい

$$x=-t+\frac{1}{2},\ y=\frac{3\sqrt{2}}{4}t+\frac{3\sqrt{2}}{8},\ z=t\ \ (t\text{ は実数})$$

別解　2つの平面の法線ベクトルはそれぞれ $(-1,\ 2\sqrt{2},\ -4)$，$(1,\ 0,\ 1)$ である．

この2つの法線ベクトルの外積

$$(-1,\ 2\sqrt{2},\ -4)\times(1,\ 0,\ 1)=\left(2\sqrt{2},\ -3,\ -2\sqrt{2}\right)=-2\sqrt{2}\left(-1,\ \frac{3\sqrt{2}}{4},\ 1\right)$$

から，$\left(-1,\ \dfrac{3\sqrt{2}}{4},\ 1\right)$ が求める交線の方向ベクトルになる．2つの平面の方程式で

$z=0$ として

$$\begin{cases}-x+2\sqrt{2}y=1 \\ 2x=1\end{cases}\ \ \text{を解くと}\ \ x=\frac{1}{2},\ y=\frac{3\sqrt{2}}{8}$$

$\left(\dfrac{1}{2},\ \dfrac{3\sqrt{2}}{8},\ 0\right)$ が交線上の点の1つとわかる．

よって，求める直線の方程式は

$$x=-t+\frac{1}{2},\ y=\frac{3\sqrt{2}}{4}t+\frac{3\sqrt{2}}{8},\ z=t\ \ (t\text{ は実数})$$

(3) **2つの平面 $f(x,\ y,\ z)=0$ と $g(x,\ y,\ z)=0$ の交線を含む平面は**
$f(x,\ y,\ z)+k\,g(x,\ y,\ z)=0$　と表すことができる

2つの平面 $-x+2\sqrt{2}y-4z-1=0$ と $2x+2z-1=0$ の交線を含む平面は

$$(-x+2\sqrt{2}y-4z-1)+k(2x+2z-1)=0$$

とおける．これが原点を通るから

$$-1+k\cdot(-1)=0 \qquad \therefore\ k=-1$$

よって，求める平面の方程式は　$(-x+2\sqrt{2}y-4z-1)-1\cdot(2x+2z-1)=0$

$$3x-2\sqrt{2}y+6z=0$$

別解　(2) の直線の方程式で, $t=0,\ -\dfrac{1}{2}$ とおくと　$\left(\dfrac{1}{2},\ \dfrac{3\sqrt{2}}{8},\ 0\right)$, $\left(1,\ 0,\ -\dfrac{1}{2}\right)$

求める平面はこの 2 点と原点を通るから，方程式を $ax+by+cz+d=0$ とおくと

$$\begin{cases} \dfrac{1}{2}a+\dfrac{3\sqrt{2}}{8}b+d=0 \\ a-\dfrac{1}{2}c+d=0 \\ d=0 \end{cases} \qquad \therefore\ b=-\frac{2\sqrt{2}}{3}a,\ c=2a,\ d=0$$

$a=3$ とすると，求める平面の方程式は　$3x-2\sqrt{2}y+6z=0$

〈注〉 (2) の直線の方程式は，次のように答えてもよい.

$$\frac{x-\frac{1}{2}}{-1}=\frac{y-\frac{3\sqrt{2}}{8}}{\frac{3\sqrt{2}}{4}}=z \quad \text{すなわち} \quad \frac{x-\frac{1}{2}}{-4}=\frac{y-\frac{3\sqrt{2}}{8}}{3\sqrt{2}}=\frac{z}{4}$$

146　**80 ページ要項 43③を用いる.**

$$\overrightarrow{A}-3\overrightarrow{B}=(a+6,\ -3b+7,\ -12),\ 2\overrightarrow{A}+\overrightarrow{B}=(2a-2,\ b+14,\ -3)$$

平行条件より，$\overrightarrow{A}-3\overrightarrow{B}=m(2\overrightarrow{A}+\overrightarrow{B})$ を満たす実数 m が存在する.

$a+6=m(2a-2),\ -3b+7=m(b+14),\ -12=-3m$ より　$m=4,\ a=2,\ b=-7$

147　**$\overrightarrow{\mathrm{PR}}$ は，$\boldsymbol{a}$ の $\boldsymbol{b}$ への正射影である.**

(1) $\overrightarrow{\mathrm{PR}}=t\overrightarrow{\mathrm{PB}}$（$t$ は実数）とおける.

$\overrightarrow{\mathrm{PB}}\perp\overrightarrow{\mathrm{AR}}$ より　$\overrightarrow{\mathrm{PB}}\cdot\overrightarrow{\mathrm{AR}}=0$

$\overrightarrow{\mathrm{AR}}=\overrightarrow{\mathrm{PR}}-\overrightarrow{\mathrm{PA}}=t\boldsymbol{b}-\boldsymbol{a}$ だから　$\boldsymbol{b}\cdot(t\boldsymbol{b}-\boldsymbol{a})=0$

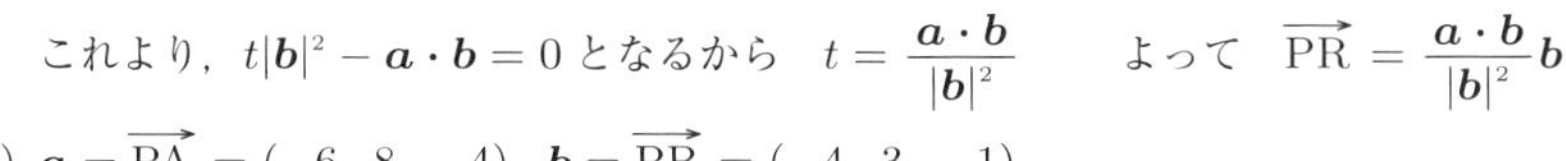

これより，$t|\boldsymbol{b}|^2-\boldsymbol{a}\cdot\boldsymbol{b}=0$ となるから　$t=\dfrac{\boldsymbol{a}\cdot\boldsymbol{b}}{|\boldsymbol{b}|^2}$　　よって　$\overrightarrow{\mathrm{PR}}=\dfrac{\boldsymbol{a}\cdot\boldsymbol{b}}{|\boldsymbol{b}|^2}\boldsymbol{b}$

(2) $\boldsymbol{a}=\overrightarrow{\mathrm{PA}}=(-6,\ 8,\ -4)$, $\boldsymbol{b}=\overrightarrow{\mathrm{PB}}=(-4,\ 3,\ -1)$

(1) より　$\overrightarrow{\mathrm{PR}}=\dfrac{\boldsymbol{a}\cdot\boldsymbol{b}}{|\boldsymbol{b}|^2}\boldsymbol{b}=\dfrac{24+24+4}{16+9+1}(-4,\ 3,\ -1)=(-8,\ 6,\ -2)$

$$\overrightarrow{\mathrm{OR}}=\overrightarrow{\mathrm{OP}}+\overrightarrow{\mathrm{PR}}=(-5,\ 0,\ 7) \qquad \therefore\ \mathrm{R}(-5,\ 0,\ 7)$$

148 (1) $\overrightarrow{\mathrm{AD}}=\overrightarrow{\mathrm{OD}}-\overrightarrow{\mathrm{OA}}=\dfrac{\vec{b}+\vec{c}}{2}-\vec{a}=-\vec{a}+\dfrac{1}{2}\vec{b}+\dfrac{1}{2}\vec{c}$

$\overrightarrow{\mathrm{AE}}=\overrightarrow{\mathrm{OE}}-\overrightarrow{\mathrm{OA}}=\dfrac{1}{2}\vec{c}-\vec{a}=-\vec{a}+\dfrac{1}{2}\vec{c}$

(2) $\overrightarrow{\mathrm{AD}}=-(2,\ 1,\ k)+\dfrac{1}{2}(0,\ 2,\ 0)+\dfrac{1}{2}(2,\ 0,\ 0)=(-1,\ 0,\ -k)$

$\overrightarrow{\mathrm{AE}}=-(2,\ 1,\ k)+\dfrac{1}{2}(2,\ 0,\ 0)=(-1,\ -1,\ -k)$

$\overrightarrow{\mathrm{AD}}\cdot\overrightarrow{\mathrm{AE}}=|\overrightarrow{\mathrm{AD}}||\overrightarrow{\mathrm{AE}}|\cos 30^\circ$ より　$1+0+k^2=\sqrt{1+k^2}\sqrt{1+1+k^2}\cdot\dfrac{\sqrt{3}}{2}$

両辺を 2 乗して整理すると，$k^2=2$ となり，$k>0$ より　$k=\sqrt{2}$

(3) **同一直線上にない 3 点 A，B，C を通る平面上の点 H について，$\overrightarrow{\mathrm{CH}}=s\overrightarrow{\mathrm{CA}}+t\overrightarrow{\mathrm{CB}}$，すなわち，$\overrightarrow{\mathrm{OH}}=s\vec{a}+t\vec{b}+(1-s-t)\vec{c}$（$s,\ t$ は実数）と表せる．**

(i) $\overrightarrow{\mathrm{OH}}=s\vec{a}+t\vec{b}+(1-s-t)\vec{c}=(2s+2(1-s-t),\ s+2t,\ s)=(2(1-t),\ s+2t,\ s)$

$\overrightarrow{\mathrm{AB}}=\overrightarrow{\mathrm{OB}}-\overrightarrow{\mathrm{OA}}=(-2,\ 1,\ -1)$，$\overrightarrow{\mathrm{AC}}=\overrightarrow{\mathrm{OC}}-\overrightarrow{\mathrm{OA}}=(0,\ -1,\ -1)$

$\overrightarrow{\mathrm{OH}}\perp\overrightarrow{\mathrm{AB}}$，$\overrightarrow{\mathrm{OH}}\perp\overrightarrow{\mathrm{AC}}$ より $\overrightarrow{\mathrm{OH}}\cdot\overrightarrow{\mathrm{AB}}=0$，$\overrightarrow{\mathrm{OH}}\cdot\overrightarrow{\mathrm{AC}}=0$ だから

$\begin{cases}-4(1-t)+s+2t-s=0\\-(s+2t)-s=0\end{cases}$　これを解いて　$s=-\dfrac{2}{3}$，$t=\dfrac{2}{3}$

(ii) 3 点 A，B，C を通る平面を α とすると，直線 ℓ_1 は α と直交し，直線 ℓ_2 は α 上にあるから，点 H と直線 ℓ_2 の最短距離が，2 直線 ℓ_1 と ℓ_2 の最短距離となる．

$\overrightarrow{\mathrm{AD}}=(-1,\ 0,\ -1)$ より　$\ell_2 : x=t+2,\ y=1,\ z=t+1$（$t$ は実数）

点 $\mathrm{H}\left(\dfrac{2}{3},\ \dfrac{2}{3},\ -\dfrac{2}{3}\right)$ から ℓ_2 に下ろした垂線の足を $\mathrm{H}'(t+2,\ 1,\ t+1)$ とする．

$\overrightarrow{\mathrm{HH}'}=\left(t+\dfrac{4}{3},\ \dfrac{1}{3},\ t+\dfrac{5}{3}\right)$ と ℓ_2 の方向ベクトル $(1,\ 0,\ 1)$ は垂直だから

$\left(t+\dfrac{4}{3}\right)+\left(t+\dfrac{5}{3}\right)=0$　　$\therefore$　$t=-\dfrac{3}{2}$

よって　$\mathrm{HH}'=\sqrt{\left(-\dfrac{3}{2}+\dfrac{4}{3}\right)^2+\left(\dfrac{1}{3}\right)^2+\left(-\dfrac{3}{2}+\dfrac{5}{3}\right)^2}=\dfrac{\sqrt{6}}{6}$

〈注〉 一般に 2 直線の最短距離は，次のようにして求めることができる．

直線 ℓ_1，ℓ_2 上の点はそれぞれ $\mathrm{P}(s,\ s,\ -s)$，$\mathrm{Q}(t+2,\ 1,\ t+1)$ と表される．PQ が最短距離になるとすると，$\overrightarrow{\mathrm{PQ}}=(-s+t+2,\ -s+1,\ s+t+1)$ が直線 ℓ_1，ℓ_2 と直交するから

$\begin{cases}(-s+t+2)+(-s+1)-(s+t+1)=0\\(-s+t+2)+(s+t+1)=0\end{cases}$　**2 直線の方向ベクトルの内積が 0**

これを解いて　$s=\dfrac{2}{3}$, $t=-\dfrac{3}{2}$

よって　$\mathrm{PQ}=\sqrt{\left(-\dfrac{2}{3}-\dfrac{3}{2}+2\right)^2+\left(-\dfrac{2}{3}+1\right)^2+\left(\dfrac{2}{3}-\dfrac{3}{2}+1\right)^2}=\dfrac{\sqrt{6}}{6}$

または，$\mathrm{PQ}^2=(-s+t+2)^2+(-s+1)^2+(s+t+1)^2=3s^2+2t^2-4s+6t+6$

$=3\left(s-\dfrac{2}{3}\right)^2+2\left(t+\dfrac{3}{2}\right)^2+\dfrac{1}{6}$ と変形して最小値を求めてもよい．

PQ^2 は 2 変数関数だから，偏微分を利用してもよい．

149 **3 つの平面の共通部分は，連立方程式の解を調べる．（104 ページ 要項 50）**

3 つの平面の共通部分は

$$\begin{cases} x+3z=a \\ x+(a+1)y-z=-1 \\ x+6y-9z=a-6 \end{cases}$$

の解 $(x,\ y,\ z)$ の集合である．拡大係数行列を行基本変形すると

$$\left(\begin{array}{ccc|c} 1 & 0 & 3 & a \\ 1 & a+1 & -1 & -1 \\ 1 & 6 & -9 & a-6 \end{array}\right) \longrightarrow \left(\begin{array}{ccc|c} 1 & 0 & 3 & a \\ 0 & a+1 & -4 & -a-1 \\ 0 & 6 & -12 & -6 \end{array}\right)$$

$$\longrightarrow \left(\begin{array}{ccc|c} 1 & 0 & 3 & a \\ 0 & 1 & -2 & -1 \\ 0 & a+1 & -4 & -a-1 \end{array}\right) \longrightarrow \left(\begin{array}{ccc|c} 1 & 0 & 3 & a \\ 0 & 1 & -2 & -1 \\ 0 & 0 & a-1 & 0 \end{array}\right)$$

共通部分が直線になるのは，連立方程式が無数の解をもつことが必要だから　$a=1$

このとき　$x+3z=1$, $y-2z=-1$　　$\therefore\ \dfrac{x-1}{-3}=\dfrac{y+1}{2}=z$

150 **3 つの平面の共通部分は，連立方程式の解に応じて，4 通りの場合がある．**

(1) $\begin{cases} x+2y+z=a & \cdots ① \\ -2x+y+z=b & \cdots ② \\ 2x+5y+rz=c & \cdots ③ \end{cases}$

$S_1\cap S_2\cap S_3$ は連立方程式 ①, ②, ③ の解 $(x,\ y,\ z)$ の集合である．

1 点となるための条件は，係数行列の行列式が 0 でないことだから

$$\begin{vmatrix} 1 & 2 & 1 \\ -2 & 1 & 1 \\ 2 & 5 & r \end{vmatrix}=r+4-10-5+4r-2\neq 0 \qquad \therefore\ r\neq\frac{13}{5}$$

(2) $r=\dfrac{13}{5}$ であり，拡大係数行列を行基本変形すると

$$\left(\begin{array}{ccc|c} 1 & 2 & 1 & a \\ -2 & 1 & 1 & b \\ 2 & 5 & \frac{13}{5} & c \end{array}\right) \longrightarrow \left(\begin{array}{ccc|c} 1 & 2 & 1 & a \\ 0 & 5 & 3 & 2a+b \\ 0 & 1 & \frac{3}{5} & -2a+c \end{array}\right)$$

$$\longrightarrow \left(\begin{array}{ccc|c} 1 & 2 & 1 & a \\ 0 & 1 & \frac{3}{5} & -2a+c \\ 0 & 5 & 3 & 2a+b \end{array}\right) \longrightarrow \left(\begin{array}{ccc|c} 1 & 0 & -\frac{1}{5} & 5a-2c \\ 0 & 1 & \frac{3}{5} & -2a+c \\ 0 & 0 & 0 & 12a+b-5c \end{array}\right)$$

(i) $a=b=c=0$ のとき　$x-\dfrac{1}{5}z=0,\ y+\dfrac{3}{5}z=0$

よって　直線 $x=t,\ y=-3t,\ z=5t$ (t は実数)

$S_1\cap S_2\cap S_3=\{(x,\ y,\ z)\mid x=t,\ y=-3t,\ z=5t\ (t\ \text{は実数})\}$

(ii) $a=1,\ b=2,\ c=3$ のとき，第3行から $0\cdot z=-1$ となるから　空集合

〈注〉 最初に，(2) のような拡大係数行列の行基本変形を

$$\left(\begin{array}{ccc|c} 1 & 2 & 1 & a \\ -2 & 1 & 1 & b \\ 2 & 5 & r & c \end{array}\right) \longrightarrow \cdots \longrightarrow \left(\begin{array}{ccc|c} 1 & 0 & -2r+5 & 5a-2c \\ 0 & 1 & r-2 & -2a+c \\ 0 & 0 & -5r+13 & 12a+b-5c \end{array}\right)$$

として (1) に答えてもよい．(2) では $r=\dfrac{13}{5}$ を代入すればよい．

151 **図形の平面への投影は，直線と平面の共有点を考える．**

(1) 平面 P の方程式は　$x+y+z=0\cdots$①

点 A，B，C を平行光線 $\boldsymbol{R}$ によって平面 P へ投影した点をそれぞれ E，F，G とする．平面 P の法線ベクトルが直線 AE，BF，CG の方向ベクトルだから直線 AE，BF，CG の方程式は

AE: $x=1+t,\ y=1+t,\ z=2+t$ (t は実数)

BF: $x=2+t,\ y=t,\ z=1+t$ (t は実数)

CG: $x=1+t,\ y=2+t,\ z=-1+t$ (t は実数)

これと平面 P との交点は ① に代入して　AE では $(1+t)+(1+t)+(2+t)=0$

$\therefore\ t=-\dfrac{4}{3}$　よって　$\mathrm{E}\left(-\dfrac{1}{3},\ -\dfrac{1}{3},\ \dfrac{2}{3}\right)$

BF では $t=-1$ より　$\mathrm{F}(1,\ -1,\ 0)$，CG では $t=-\dfrac{2}{3}$ より　$\mathrm{G}\left(\dfrac{1}{3},\ \dfrac{4}{3},\ -\dfrac{5}{3}\right)$

よって，$\overrightarrow{\mathrm{EF}}=\left(\dfrac{4}{3},\ -\dfrac{2}{3},\ -\dfrac{2}{3}\right)$，$\overrightarrow{\mathrm{EG}}=\left(\dfrac{2}{3},\ \dfrac{5}{3},\ -\dfrac{7}{3}\right)$ より，求める面積 S は

$$S=\frac{1}{2}\sqrt{|\overrightarrow{\mathrm{EF}}|^2|\overrightarrow{\mathrm{EG}}|^2-(\overrightarrow{\mathrm{EF}}\cdot\overrightarrow{\mathrm{EG}})^2}=\frac{4}{3}\sqrt{3}$$

(2) 平面 ABC の法線ベクトルの 1 つは (4, 3, 1)

外積 $\overrightarrow{\mathbf{AB}} \times \overrightarrow{\mathbf{AC}} = (\mathbf{4},\ \mathbf{3},\ \mathbf{1})$
で法線ベクトルを求めるとよい

だから平面 ABC の方程式は

$$4(x-2)+3y+1\cdot(z-1)=0$$

$$\therefore\quad 4x+3y+z-9=0$$

条件 $4d_x+3d_y+d_z-9>0$ より，点 D は平面 ABC 上にないから，四面体 ABCD は 0 でない体積をもつ．点 D を平行光線 $\boldsymbol{R}$ によって平面 P へ投影した点を H とすると，(1) と同様に，直線 DH の方程式は

$$x=d_x+t,\ y=d_y+t,\ z=d_z+t\quad (t \text{ は実数})$$

この直線と平面 P の交点は ① に代入して，$t=-\dfrac{d_x+d_y+d_z}{3}$ より

$$\mathrm{H}\left(\frac{2d_x-d_y-d_z}{3},\ \frac{-d_x+2d_y-d_z}{3},\ \frac{-d_x-d_y+2d_z}{3}\right)$$

$$\therefore\quad \overrightarrow{\mathrm{EH}}=\left(\frac{2d_x-d_y-d_z+1}{3},\ \frac{-d_x+2d_y-d_z+1}{3},\ \frac{-d_x-d_y+2d_z-2}{3}\right)$$

点 H が △EFG に内包されるための条件は

$$\overrightarrow{\mathrm{EH}}=s\overrightarrow{\mathrm{EF}}+t\overrightarrow{\mathrm{EG}}\quad (s \geqq 0,\ t \geqq 0,\ s+t \leqq 1)$$

と表されることである．よって

$$\begin{cases} 2d_x-d_y-d_z+1=4s+2t & \cdots① \\ -d_x+2d_y-d_z+1=-2s+5t & \cdots② \\ -d_x-d_y+2d_z-2=-2s-7t & \cdots③ \end{cases}$$

③ = −(① + ②) より，①, ②を解くと

$$s=\frac{4d_x-3d_y-d_z+1}{8},\ t=\frac{d_y-d_z+1}{4}\qquad \therefore\quad s+t=\frac{4d_x-d_y-3d_z+3}{8}$$

したがって，求める条件は

$$4d_x-3d_y-d_z+1 \geqq 0,\ d_y-d_z+1 \geqq 0,\ 4d_x-d_y-3d_z-5 \leqq 0$$

2　線形独立・線形従属

152　$\boldsymbol{x}=c_1\boldsymbol{a}+c_2\boldsymbol{b}+c_3\boldsymbol{c}$ （$\boldsymbol{a}$, $\boldsymbol{b}$, $\boldsymbol{c}$ の 1 次結合という）とおいて c_1, c_2, c_3 を求める．

$$\begin{vmatrix} 2 & 2 & 1 \\ -1 & -1 & -1 \\ 1 & 2 & 2 \end{vmatrix}=1 \neq 0$$ より，1 次独立である．

⇦ 87 ページ要項 45②

$\boldsymbol{x} = c_1\boldsymbol{a} + c_2\boldsymbol{b} + c_3\boldsymbol{c}$ とすると

$$\begin{pmatrix} 2 & 2 & 1 \\ -1 & -1 & -1 \\ 1 & 2 & 2 \end{pmatrix}\begin{pmatrix} c_1 \\ c_2 \\ c_3 \end{pmatrix} = \begin{pmatrix} 1 \\ -5 \\ -3 \end{pmatrix}$$

これを解いて　$c_1 = 13,\ c_2 = -17,\ c_3 = 9$　　$\therefore$　$\boldsymbol{x} = 13\boldsymbol{a} - 17\boldsymbol{b} + 9\boldsymbol{c}$

153　1次従属となるための条件は

87 ページ要項 45②

$$\begin{vmatrix} x & 2 & 3 \\ 2 & x & 3 \\ 1 & 0 & x \end{vmatrix} = x^3 - 7x + 6 = (x-1)(x-2)(x+3) = 0 \qquad \therefore \quad x = -3,\ 1,\ 2$$

154　**88 ページ要項 46 を用いる．**

(1) $A = \begin{pmatrix} 1 & 4 & 3 \\ -1 & -2 & 1 \\ 4 & 7 & 0 \\ 0 & 1 & 2 \end{pmatrix}$ とおく．行基本変形をすると $A \longrightarrow \begin{pmatrix} 1 & 4 & 3 \\ 0 & 2 & 4 \\ 0 & -9 & -12 \\ 0 & 1 & 2 \end{pmatrix}$

$$\longrightarrow \begin{pmatrix} 1 & 4 & 3 \\ 0 & 1 & 2 \\ 0 & 3 & 4 \\ 0 & 1 & 2 \end{pmatrix} \longrightarrow \begin{pmatrix} 1 & 4 & 3 \\ 0 & 1 & 2 \\ 0 & 0 & -2 \\ 0 & 0 & 0 \end{pmatrix} \longrightarrow \begin{pmatrix} 1 & 4 & 3 \\ 0 & 1 & 2 \\ 0 & 0 & 1 \\ 0 & 0 & 0 \end{pmatrix}$$

$\operatorname{rank} A = 3$ となり，$\boldsymbol{a}$，$\boldsymbol{b}$，$\boldsymbol{c}$ は1次独立である．

(2) $A = \begin{pmatrix} 1 & 4 & -2 \\ -1 & -2 & 0 \\ 4 & 7 & 1 \\ 0 & 1 & k \end{pmatrix}$ とおく．行基本変形をすると $A \longrightarrow \begin{pmatrix} 1 & 4 & -2 \\ 0 & 1 & -1 \\ 0 & 0 & k+1 \\ 0 & 0 & 0 \end{pmatrix}$

1次従属となるのは，$\operatorname{rank} A = 2$ となるときだから　$k + 1 = 0$　　$\therefore$　$k = -1$

〈注〉 このとき，1次従属の関係は，$2\boldsymbol{a} - \boldsymbol{b} - \boldsymbol{d} = \boldsymbol{0}$ である．

155　$c_1\boldsymbol{v}_1 + c_2\boldsymbol{v}_2 + c_3\boldsymbol{v}_3 = \boldsymbol{0}$ とすると　　　係数行列を行基本変形すると

$$\begin{pmatrix} 2 & -1 & 1 \\ 1 & 2 & 8 \\ -2 & 1 & -1 \\ -1 & 1 & 1 \end{pmatrix}\begin{pmatrix} c_1 \\ c_2 \\ c_3 \end{pmatrix} = \begin{pmatrix} 0 \\ 0 \\ 0 \\ 0 \end{pmatrix} \qquad \begin{pmatrix} 2 & -1 & 1 \\ 1 & 2 & 8 \\ -2 & 1 & -1 \\ -1 & 1 & 1 \end{pmatrix} \longrightarrow$$

$$\longrightarrow \begin{pmatrix} 1 & -1 & -1 \\ 1 & 2 & 8 \\ -2 & 1 & -1 \\ 2 & -1 & 1 \end{pmatrix} \longrightarrow \begin{pmatrix} 1 & -1 & -1 \\ 0 & 3 & 9 \\ 0 & -1 & -3 \\ 0 & 1 & 3 \end{pmatrix} \longrightarrow \begin{pmatrix} 1 & 0 & 2 \\ 0 & 1 & 3 \\ 0 & 0 & 0 \\ 0 & 0 & 0 \end{pmatrix}$$

よって，$c_1+2c_3=0$，$c_2+3c_3=0$ となるから，$c_3=-t$ とおくと

$$c_1=2t,\ c_2=3t,\ c_3=-t\ (t \text{ は任意の数})$$

したがって，$c_1=2$，$c_2=3$，$c_3=-1$ のときも成り立つから，$\boldsymbol{v}_1$，$\boldsymbol{v}_2$，$\boldsymbol{v}_3$ は1次従属である．

〈注〉 係数行列は $\boldsymbol{v}_1$，$\boldsymbol{v}_2$，$\boldsymbol{v}_3$ を並べて作った行列であり，これを行基本変形して階数が2であることがわかるから1次従属であるとしてもよい（88ページ要項46）．行基本変形の結果から 3列目 $=2\times1$ 列目 $+3\times2$ 列目 であることがわかり，$\boldsymbol{v}_3=2\boldsymbol{v}_1+3\boldsymbol{v}_2$ すなわち $2\boldsymbol{v}_1+3\boldsymbol{v}_2-\boldsymbol{v}_3=\boldsymbol{0}$ となる．

156　**1次独立の定義（87ページ要項45①）と $\boldsymbol{a}_i\cdot\boldsymbol{a}_j=0\ (i\neq j)$ を用いる．**

$c_1\boldsymbol{a}_1+c_2\boldsymbol{a}_2+\cdots+c_r\boldsymbol{a}_r=\boldsymbol{0}$ とすると

$$(c_1\boldsymbol{a}_1+c_2\boldsymbol{a}_2+\cdots+c_r\boldsymbol{a}_r)\cdot\boldsymbol{a}_i=0\quad(i=1,\ 2,\ \cdots,\ r)$$

左辺 $=c_i\boldsymbol{a}_i\cdot\boldsymbol{a}_i=c_i|\boldsymbol{a}_i|^2$ より　$c_i|\boldsymbol{a}_i|^2=0$

$\boldsymbol{a}_i\neq\boldsymbol{0}$ より　$c_i=0\ (i=1,\ 2,\ \cdots,\ r)$　したがって，1次独立である．

157　**1次独立と1次従属の定義（87ページ要項45①）を用いる．**

(1) $c_1\boldsymbol{b}_1+c_2\boldsymbol{b}_2+c_3\boldsymbol{b}_3=\boldsymbol{0}$ とすると　$(c_1+2c_3)\boldsymbol{e}_1+(-c_1+c_2)\boldsymbol{e}_2+(c_2+3c_3)\boldsymbol{e}_3=\boldsymbol{0}$

$\{\boldsymbol{e}_1,\ \boldsymbol{e}_2,\ \boldsymbol{e}_3\}$ は1次独立だから　$c_1+2c_3=0$，$-c_1+c_2=0$，$c_2+3c_3=0$

よって，$c_1=0$，$c_2=0$，$c_3=0$ となり，$\{\boldsymbol{b}_1,\ \boldsymbol{b}_2,\ \boldsymbol{b}_3\}$ は1次独立である．

別解　$B=(\boldsymbol{b}_1\ \boldsymbol{b}_2\ \boldsymbol{b}_3)$ について，$|B|=1\neq0$ より $\{\boldsymbol{b}_1,\ \boldsymbol{b}_2,\ \boldsymbol{b}_3\}$ は1次独立である．

87ページ要項45②

(2) $\boldsymbol{b}_1=\begin{pmatrix}1\\-1\\0\end{pmatrix}$，$\boldsymbol{b}_2=\begin{pmatrix}0\\1\\1\end{pmatrix}$，$\boldsymbol{b}_3=\begin{pmatrix}2\\0\\3\end{pmatrix}$ より

$$f(\boldsymbol{b}_1)=(\boldsymbol{a}_1\ \boldsymbol{a}_2\ \boldsymbol{a}_3)\boldsymbol{b}_1=\boldsymbol{a}_1-\boldsymbol{a}_2,\ f(\boldsymbol{b}_2)=\boldsymbol{a}_2+\boldsymbol{a}_3,\ f(\boldsymbol{b}_3)=2\boldsymbol{a}_1+3\boldsymbol{a}_3$$

(3) $c_1f(\boldsymbol{b}_1)+c_2f(\boldsymbol{b}_2)+c_3f(\boldsymbol{b}_3)=\boldsymbol{0}$ とすると，(2) より

$$(c_1+2c_3)\boldsymbol{a}_1+(-c_1+c_2)\boldsymbol{a}_2+(c_2+3c_3)\boldsymbol{a}_3=\boldsymbol{0}$$

$\boldsymbol{a}_2=\boldsymbol{a}_1+\boldsymbol{a}_3$ より　$(c_2+2c_3)\boldsymbol{a}_1+(-c_1+2c_2+3c_3)\boldsymbol{a}_3=\boldsymbol{0}$

$\begin{cases}c_2+2c_3=0\\-c_1+2c_2+3c_3=0\end{cases}$ を解く．　$c_3=t$ とおくと $\begin{cases}c_1=-t\\c_2=-2t\\c_3=t\end{cases}$ （t は任意の数）

$c_1=1$，$c_2=2$，$c_3=-1$ のときも成り立つから，$\{f(\boldsymbol{b}_1),\ f(\boldsymbol{b}_2),\ f(\boldsymbol{b}_3)\}$ は1次従属である．

3章 §1

158 **1次独立の定義（87ページ要項45①）と行列式の条件（要項45②）を用いる.**

(1) $\boldsymbol{a}_1$, $\boldsymbol{a}_2$, $\boldsymbol{a}_3$ が1次独立であるとする.

このとき, $c_1\boldsymbol{a}_1 + c_2(\boldsymbol{a}_1 + \boldsymbol{a}_2) + c_3(\boldsymbol{a}_1 + \boldsymbol{a}_2 + \boldsymbol{a}_3) = \boldsymbol{0}$ とすると

$$(c_1 + c_2 + c_3)\boldsymbol{a}_1 + (c_2 + c_3)\boldsymbol{a}_2 + c_3\boldsymbol{a}_3 = \boldsymbol{0}$$

$\boldsymbol{a}_1$, $\boldsymbol{a}_2$, $\boldsymbol{a}_3$ は1次独立だから　$c_1 + c_2 + c_3 = 0$, $c_2 + c_3 = 0$, $c_3 = 0$

これを解いて　$c_1 = 0$, $c_2 = 0$, $c_3 = 0$

よって, $\boldsymbol{a}_1$, $\boldsymbol{a}_1 + \boldsymbol{a}_2$, $\boldsymbol{a}_1 + \boldsymbol{a}_2 + \boldsymbol{a}_3$ は1次独立である.

逆に, $\boldsymbol{a}_1$, $\boldsymbol{a}_1 + \boldsymbol{a}_2$, $\boldsymbol{a}_1 + \boldsymbol{a}_2 + \boldsymbol{a}_3$ が1次独立であるとする.

このとき, $c_1\boldsymbol{a}_1 + c_2\boldsymbol{a}_2 + c_3\boldsymbol{a}_3 = \boldsymbol{0}$ とすると

$$\begin{aligned} &c_1\boldsymbol{a}_1 + c_2\boldsymbol{a}_2 + c_3\boldsymbol{a}_3 \\ &\quad = c_1\boldsymbol{a}_1 + c_2(\boldsymbol{a}_1 + \boldsymbol{a}_2) + c_3(\boldsymbol{a}_1 + \boldsymbol{a}_2 + \boldsymbol{a}_3) - c_2\boldsymbol{a}_1 - c_3\boldsymbol{a}_1 - c_3\boldsymbol{a}_2 \\ &\quad = (c_1 - c_2)\boldsymbol{a}_1 + (c_2 - c_3)(\boldsymbol{a}_1 + \boldsymbol{a}_2) + c_3(\boldsymbol{a}_1 + \boldsymbol{a}_2 + \boldsymbol{a}_3) = \boldsymbol{0} \end{aligned}$$

$\boldsymbol{a}_1$, $\boldsymbol{a}_1 + \boldsymbol{a}_2$, $\boldsymbol{a}_1 + \boldsymbol{a}_2 + \boldsymbol{a}_3$ は1次独立だから　$c_1 - c_2 = 0$, $c_2 - c_3 = 0$, $c_3 = 0$

これを解いて　$c_1 = 0$, $c_2 = 0$, $c_3 = 0$　よって, $\boldsymbol{a}_1$, $\boldsymbol{a}_2$, $\boldsymbol{a}_3$ は1次独立である.

(2) $c_1\boldsymbol{a} + c_2\boldsymbol{a}_2 + c_3\boldsymbol{a}_3 = \boldsymbol{0}$ とすると　$c_1\boldsymbol{a}_1 + (\lambda_2 c_1 + c_2)\boldsymbol{a}_2 + (\lambda_3 c_1 + c_3)\boldsymbol{a}_3 = \boldsymbol{0}$

$\boldsymbol{a}_1$, $\boldsymbol{a}_2$, $\boldsymbol{a}_3$ は1次独立だから　$c_1 = 0$, $\lambda_2 c_1 + c_2 = 0$, $\lambda_3 c_1 + c_3 = 0$

これを解いて　$c_1 = 0$, $c_2 = 0$, $c_3 = 0$　よって, $\boldsymbol{a}$, $\boldsymbol{a}_2$, $\boldsymbol{a}_3$ は1次独立である.

(3) $c_1(\boldsymbol{a}_1 - \boldsymbol{a}) + c_2(\boldsymbol{a}_2 - \boldsymbol{a}) + c_3(\boldsymbol{a}_3 - \boldsymbol{a}) = \boldsymbol{0}$ とすると

$$\begin{aligned} &\{(1-\lambda_1)c_1 - \lambda_1 c_2 - \lambda_1 c_3\}\boldsymbol{a}_1 + \{-\lambda_2 c_1 + (1-\lambda_2)c_2 - \lambda_2 c_3\}\boldsymbol{a}_2 \\ &\qquad + \{-\lambda_3 c_1 - \lambda_3 c_2 + (1-\lambda_3)c_3\}\boldsymbol{a}_3 = \boldsymbol{0} \end{aligned}$$

$\boldsymbol{a}_1$, $\boldsymbol{a}_2$, $\boldsymbol{a}_3$ は1次独立だから

$$\begin{cases} (1-\lambda_1)c_1 - \lambda_1 c_2 - \lambda_1 c_3 = 0 \\ -\lambda_2 c_1 + (1-\lambda_2)c_2 - \lambda_2 c_3 = 0 \\ -\lambda_3 c_1 - \lambda_3 c_2 + (1-\lambda_3)c_3 = 0 \end{cases} \quad \therefore \begin{pmatrix} 1-\lambda_1 & -\lambda_1 & -\lambda_1 \\ -\lambda_2 & 1-\lambda_2 & -\lambda_2 \\ -\lambda_3 & -\lambda_3 & 1-\lambda_3 \end{pmatrix} \begin{pmatrix} c_1 \\ c_2 \\ c_3 \end{pmatrix} = \begin{pmatrix} 0 \\ 0 \\ 0 \end{pmatrix}$$

$\boldsymbol{a}_1 - \boldsymbol{a}$, $\boldsymbol{a}_2 - \boldsymbol{a}$, $\boldsymbol{a}_3 - \boldsymbol{a}$ が1次独立であるための必要十分条件は, この連立方程式が $c_1 = 0$, $c_2 = 0$, $c_3 = 0$ 以外の解をもたないことである. すなわち

$$\begin{vmatrix} 1-\lambda_1 & -\lambda_1 & -\lambda_1 \\ -\lambda_2 & 1-\lambda_2 & -\lambda_2 \\ -\lambda_3 & -\lambda_3 & 1-\lambda_3 \end{vmatrix} = 1 - (\lambda_1 + \lambda_2 + \lambda_3) \fallingdotseq\!\!\!\!/\ 0 \qquad \therefore \quad \lambda_1 + \lambda_2 + \lambda_3 \neq 1$$

(4) **ベクトル $\boldsymbol{a}$ は，基本ベクトル $\boldsymbol{e}_1$, $\boldsymbol{e}_2$, $\boldsymbol{e}_3$ を用いて**

$$\boldsymbol{a} = (\boldsymbol{a}\cdot\boldsymbol{e}_1)\,\boldsymbol{e}_1 + (\boldsymbol{a}\cdot\boldsymbol{e}_2)\,\boldsymbol{e}_2 + (\boldsymbol{a}\cdot\boldsymbol{e}_3)\,\boldsymbol{e}_3 \quad \text{と表すことができる.}$$

図より　$\boldsymbol{a}_1 \neq \boldsymbol{0}$, $\boldsymbol{a}_2 \neq \boldsymbol{0}$

x 軸方向と y 軸方向の基本ベクトルをそれぞれ $\boldsymbol{e}_1$, $\boldsymbol{e}_2$ とすると　$\boldsymbol{e}_1 = \dfrac{\boldsymbol{a}_1}{|\boldsymbol{a}_1|}$, $\boldsymbol{e}_2 = \dfrac{\boldsymbol{a}_2}{|\boldsymbol{a}_2|}$

よって　$\boldsymbol{d} = (\boldsymbol{a}_3\cdot\boldsymbol{e}_1)\boldsymbol{e}_1 + (\boldsymbol{a}_3\cdot\boldsymbol{e}_2)\boldsymbol{e}_2 = \dfrac{\boldsymbol{a}_1\cdot\boldsymbol{a}_3}{|\boldsymbol{a}_1|^2}\boldsymbol{a}_1 + \dfrac{\boldsymbol{a}_2\cdot\boldsymbol{a}_3}{|\boldsymbol{a}_2|^2}\boldsymbol{a}_2$

別解　図より　$\boldsymbol{a}_1 \neq \boldsymbol{0}$, $\boldsymbol{a}_2 \neq \boldsymbol{0}$

$\boldsymbol{d} = c_1\boldsymbol{a}_1 + c_2\boldsymbol{a}_2$ とおくと　$\overrightarrow{\mathrm{DC}} = \boldsymbol{a}_3 - \boldsymbol{d} = \boldsymbol{a}_3 - c_1\boldsymbol{a}_1 - c_2\boldsymbol{a}_2$

$\overrightarrow{\mathrm{DC}}\cdot\boldsymbol{a}_1 = 0$ より　$(\boldsymbol{a}_3 - c_1\boldsymbol{a}_1 - c_2\boldsymbol{a}_2)\cdot\boldsymbol{a}_1 = 0$

$\boldsymbol{a}_1\cdot\boldsymbol{a}_2 = 0$ より $c_1|\boldsymbol{a}_1|^2 = \boldsymbol{a}_1\cdot\boldsymbol{a}_3$ だから　$c_1 = \dfrac{\boldsymbol{a}_1\cdot\boldsymbol{a}_3}{|\boldsymbol{a}_1|^2}$

$\overrightarrow{\mathrm{DC}}\cdot\boldsymbol{a}_2 = 0$ より，同様に計算して　$c_2 = \dfrac{\boldsymbol{a}_2\cdot\boldsymbol{a}_3}{|\boldsymbol{a}_2|^2}$

よって　$\boldsymbol{d} = \dfrac{\boldsymbol{a}_1\cdot\boldsymbol{a}_3}{|\boldsymbol{a}_1|^2}\boldsymbol{a}_1 + \dfrac{\boldsymbol{a}_2\cdot\boldsymbol{a}_3}{|\boldsymbol{a}_2|^2}\boldsymbol{a}_2$

159　**平面上の任意の点の位置ベクトルは，2 つの線形独立なベクトルの線形結合で，一意に表せる.**

(1) $3\overrightarrow{\mathrm{PA}} + 4\overrightarrow{\mathrm{PB}} + \overrightarrow{\mathrm{PC}} = \vec{0}$ より　$-3\overrightarrow{\mathrm{AP}} + 4\left(\overrightarrow{\mathrm{AB}} - \overrightarrow{\mathrm{AP}}\right) + \overrightarrow{\mathrm{AC}} - \overrightarrow{\mathrm{AP}} = \vec{0}$

これより　$\overrightarrow{\mathrm{AP}} = \dfrac{4\vec{b} + \vec{c}}{8}$

(2) **内分点の位置ベクトルの公式を用いる.**

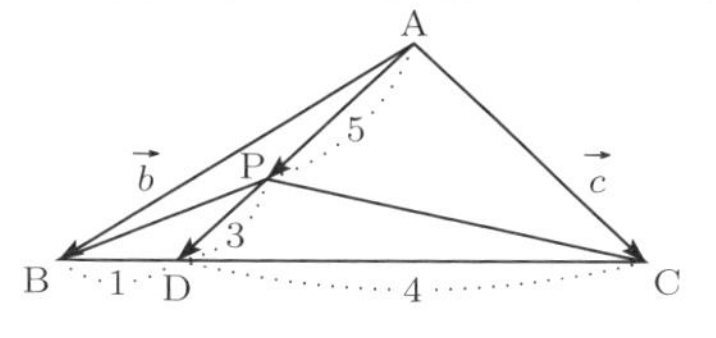

(1) より　$\overrightarrow{\mathrm{AP}} = \dfrac{4\vec{b} + \vec{c}}{8} = \dfrac{5}{8}\cdot\dfrac{4\vec{b} + \vec{c}}{5}$

線分 BC を $1:4$ の比に内分する点を D とすると，$\overrightarrow{\mathrm{AP}} = \dfrac{5}{8}\overrightarrow{\mathrm{AD}}$ だから，点 P は線分 AD を $5:3$ の比に内分する点である．したがって，点 P は △ABC の内部にある.

(3) △ABC の面積を S とすると，(2) より

$$\triangle\mathrm{PAB} = \frac{1}{5}S\cdot\frac{5}{8} = \frac{1}{8}S,\ \triangle\mathrm{PBC} = \frac{3}{8}S,\ \triangle\mathrm{PCA} = \frac{4}{5}S\cdot\frac{5}{8} = \frac{4}{8}S$$

よって　$\triangle\mathrm{PAB} : \triangle\mathrm{PBC} : \triangle\mathrm{PCA} = 1:3:4$

160 **グラム・シュミットの直交化法（93ページ要項47）を用いる．**

(1) $\begin{vmatrix} 1 & 0 & 1 \\ 1 & 1 & 0 \\ 0 & 1 & 1 \end{vmatrix} = 2 \neq 0$ より，1次独立である．　(2) $\boldsymbol{u}_1 = \dfrac{1}{|\boldsymbol{a}_1|}\boldsymbol{a}_1 = \dfrac{1}{\sqrt{2}}\begin{pmatrix} 1 \\ 1 \\ 0 \end{pmatrix}$

(3) $\boldsymbol{u}_1 = \dfrac{1}{\sqrt{2}}\begin{pmatrix} 1 \\ 1 \\ 0 \end{pmatrix}$, $\boldsymbol{u}_2 = \dfrac{1}{\sqrt{6}}\begin{pmatrix} -1 \\ 1 \\ 2 \end{pmatrix}$, $\boldsymbol{u}_3 = \dfrac{1}{\sqrt{3}}\begin{pmatrix} 1 \\ -1 \\ 1 \end{pmatrix}$

161 **ベクトル $\boldsymbol{a}$ の大きさ $|\boldsymbol{a}|$ は，$|\boldsymbol{a}| = \sqrt{(\boldsymbol{a},\ \boldsymbol{a})}$ で定義される．**
$\boldsymbol{a},\ \boldsymbol{b},\ \boldsymbol{c}$ が正規直交系 $\Longleftrightarrow |\boldsymbol{a}| = |\boldsymbol{b}| = |\boldsymbol{c}| = 1,\ (\boldsymbol{a},\ \boldsymbol{b}) = (\boldsymbol{b},\ \boldsymbol{c}) = (\boldsymbol{c},\ \boldsymbol{a}) = 0$

(1) $c_1\boldsymbol{a} + c_2\boldsymbol{b} + c_3\boldsymbol{c} = \boldsymbol{0}$ とすると　$(c_1\boldsymbol{a} + c_2\boldsymbol{b} + c_3\boldsymbol{c},\ \boldsymbol{a}) = 0$

左辺 $= c_1(\boldsymbol{a},\ \boldsymbol{a}) + c_2(\boldsymbol{b},\ \boldsymbol{a}) + c_3(\boldsymbol{c},\ \boldsymbol{a}) = c_1|\boldsymbol{a}|^2 = c_1$ より　$c_1 = 0$

同様に，$c_2 = 0$, $c_3 = 0$ となるから，1次独立である．

(2) $|\boldsymbol{a}\ \boldsymbol{b}\ \boldsymbol{c}| = \dfrac{1}{\sqrt{30}}\begin{vmatrix} 1 & 1 & 1 \\ 0 & -2 & 1 \\ -1 & 1 & 1 \end{vmatrix} = -\dfrac{6}{\sqrt{30}} \neq 0$ より，1次独立である．

$(\boldsymbol{a},\ \boldsymbol{b}) = \dfrac{1}{\sqrt{10}}(1 + 2\cdot 0 + 3\cdot(-1)) = -\dfrac{2}{\sqrt{10}} \neq 0$ より，正規直交系ではない．

(3) $|\boldsymbol{a}|^2 = (\boldsymbol{a},\ \boldsymbol{a}) = \dfrac{1}{2}\{1^2 + 2\cdot 0 + 3\cdot(-1)^2\} = 2$ より　$\boldsymbol{u}_1 = \dfrac{1}{|\boldsymbol{a}|}\boldsymbol{a} = \dfrac{1}{2}\begin{pmatrix} 1 \\ 0 \\ -1 \end{pmatrix}$

$$\boldsymbol{d}_2 = \boldsymbol{b} - (\boldsymbol{b},\ \boldsymbol{u}_1)\boldsymbol{u}_1 = \frac{1}{\sqrt{5}}\begin{pmatrix} 1 \\ -2 \\ 1 \end{pmatrix} - \frac{1}{2\sqrt{5}}(1+0-3)\cdot\frac{1}{2}\begin{pmatrix} 1 \\ 0 \\ -1 \end{pmatrix} = \frac{1}{2\sqrt{5}}\begin{pmatrix} 3 \\ -4 \\ 1 \end{pmatrix}$$

$$\boldsymbol{u}_2 = \frac{1}{|\boldsymbol{d}_2|}\boldsymbol{d}_2 = \frac{1}{2\sqrt{11}}\begin{pmatrix} 3 \\ -4 \\ 1 \end{pmatrix}$$

$$\boldsymbol{d}_3 = \boldsymbol{c} - (\boldsymbol{c},\ \boldsymbol{u}_1)\boldsymbol{u}_1 - (\boldsymbol{c},\ \boldsymbol{u}_2)\boldsymbol{u}_2 = \frac{1}{\sqrt{3}}\begin{pmatrix} 1 \\ 1 \\ 1 \end{pmatrix} + \frac{1}{2\sqrt{3}}\begin{pmatrix} 1 \\ 0 \\ -1 \end{pmatrix} + \frac{1}{22\sqrt{3}}\begin{pmatrix} 3 \\ -4 \\ 1 \end{pmatrix}$$

$$= \frac{\sqrt{3}}{11}\begin{pmatrix} 6 \\ 3 \\ 2 \end{pmatrix}$$

$$\boldsymbol{u}_3 = \frac{1}{|\boldsymbol{d}_3|}\boldsymbol{d}_3 = \frac{1}{\sqrt{66}}\begin{pmatrix} 6 \\ 3 \\ 2 \end{pmatrix}$$

§2 行列と行列式

1 行列

162 $\boldsymbol{l} \times \boldsymbol{m}$ 行列と $\boldsymbol{m} \times \boldsymbol{n}$ 行列の積は $\boldsymbol{l} \times \boldsymbol{n}$ 行列になることに注意して計算する.
(5) は回転を表す線形変換の合成である.

(1) 9　　(2) $\begin{pmatrix} -2 & 0 \\ -15 & -13 \end{pmatrix}$

(3) $\begin{pmatrix} 1 & 2 & 3 \\ 1 & 2 & 3 \\ 2 & 4 & 6 \end{pmatrix}$　(4) $\begin{pmatrix} 0 & -3 \\ 5 & 11 \end{pmatrix}$

行列の積は $\boldsymbol{l} \times \underline{\boldsymbol{m}}$ と $\underline{\boldsymbol{m}} \times \boldsymbol{n}$ のときだけ計算でき, $\boldsymbol{l} \times \boldsymbol{n}$ になる

(5) $\begin{pmatrix} \cos\frac{\pi}{6} & -\sin\frac{\pi}{6} \\ \sin\frac{\pi}{6} & \cos\frac{\pi}{6} \end{pmatrix}^3 = \begin{pmatrix} \cos\frac{\pi}{2} & -\sin\frac{\pi}{2} \\ \sin\frac{\pi}{2} & \cos\frac{\pi}{2} \end{pmatrix} = \begin{pmatrix} 0 & -1 \\ 1 & 0 \end{pmatrix}$ より $\begin{pmatrix} -2 \\ 1 \end{pmatrix}$

163 逆行列を求めるには, 消去法と余因子行列を用いる方法（**314** ページポイント **28**）がある.

(1) 消去法で求める.

$$\left(\begin{array}{ccc|ccc} 1 & -1 & -3 & 1 & 0 & 0 \\ 1 & 1 & -1 & 0 & 1 & 0 \\ -1 & 1 & 5 & 0 & 0 & 1 \end{array}\right) \longrightarrow \left(\begin{array}{ccc|ccc} 1 & -1 & -3 & 1 & 0 & 0 \\ 0 & 2 & 2 & -1 & 1 & 0 \\ 0 & 0 & 2 & 1 & 0 & 1 \end{array}\right)$$

$$\longrightarrow \left(\begin{array}{ccc|ccc} 2 & -2 & -6 & 2 & 0 & 0 \\ 0 & 2 & 0 & -2 & 1 & -1 \\ 0 & 0 & 2 & 1 & 0 & 1 \end{array}\right) \longrightarrow \left(\begin{array}{ccc|ccc} 2 & 0 & 0 & 3 & 1 & 2 \\ 0 & 2 & 0 & -2 & 1 & -1 \\ 0 & 0 & 2 & 1 & 0 & 1 \end{array}\right)$$

$$\longrightarrow \left(\begin{array}{ccc|ccc} 1 & 0 & 0 & \frac{3}{2} & \frac{1}{2} & 1 \\ 0 & 1 & 0 & -1 & \frac{1}{2} & -\frac{1}{2} \\ 0 & 0 & 1 & \frac{1}{2} & 0 & \frac{1}{2} \end{array}\right)$$

よって $\begin{pmatrix} \frac{3}{2} & \frac{1}{2} & 1 \\ -1 & \frac{1}{2} & -\frac{1}{2} \\ \frac{1}{2} & 0 & \frac{1}{2} \end{pmatrix}$

$\boldsymbol{AA^{-1} = E}$ が成り立つか検算する

3章 §2

(2) 消去法で求める.

$$\left(\begin{array}{cccc|cccc} 2 & 0 & 1 & 0 & 1 & 0 & 0 & 0 \\ 0 & -1 & 1 & -2 & 0 & 1 & 0 & 0 \\ 1 & 0 & 1 & 0 & 0 & 0 & 1 & 0 \\ 0 & 1 & -1 & 3 & 0 & 0 & 0 & 1 \end{array}\right) \to \left(\begin{array}{cccc|cccc} 1 & 0 & 1 & 0 & 0 & 0 & 1 & 0 \\ 0 & 1 & -1 & 2 & 0 & -1 & 0 & 0 \\ 2 & 0 & 1 & 0 & 1 & 0 & 0 & 0 \\ 0 & 1 & -1 & 3 & 0 & 0 & 0 & 1 \end{array}\right)$$

$$\to \left(\begin{array}{cccc|cccc} 1 & 0 & 1 & 0 & 0 & 0 & 1 & 0 \\ 0 & 1 & -1 & 2 & 0 & -1 & 0 & 0 \\ 0 & 0 & -1 & 0 & 1 & 0 & -2 & 0 \\ 0 & 0 & 0 & 1 & 0 & 1 & 0 & 1 \end{array}\right) \to \left(\begin{array}{cccc|cccc} 1 & 0 & 0 & 0 & 1 & 0 & -1 & 0 \\ 0 & 1 & 0 & 2 & -1 & -1 & 2 & 0 \\ 0 & 0 & 1 & 0 & -1 & 0 & 2 & 0 \\ 0 & 0 & 0 & 1 & 0 & 1 & 0 & 1 \end{array}\right)$$

$$\to \left(\begin{array}{cccc|cccc} 1 & 0 & 0 & 0 & 1 & 0 & -1 & 0 \\ 0 & 1 & 0 & 0 & -1 & -3 & 2 & -2 \\ 0 & 0 & 1 & 0 & -1 & 0 & 2 & 0 \\ 0 & 0 & 0 & 1 & 0 & 1 & 0 & 1 \end{array}\right) \quad \text{よって} \quad \begin{pmatrix} 1 & 0 & -1 & 0 \\ -1 & -3 & 2 & -2 \\ -1 & 0 & 2 & 0 \\ 0 & 1 & 0 & 1 \end{pmatrix}$$

164 行基本変形をする.

$$\begin{pmatrix} 0 & -2 & 0 & -6 \\ 2 & 4 & -2 & 10 \\ 2 & 2 & -2 & 4 \end{pmatrix} \longrightarrow \begin{pmatrix} 1 & 1 & -1 & 2 \\ 1 & 2 & -1 & 5 \\ 0 & 1 & 0 & 3 \end{pmatrix}$$

$$\longrightarrow \begin{pmatrix} 1 & 1 & -1 & 2 \\ 0 & 1 & 0 & 3 \\ 0 & 1 & 0 & 3 \end{pmatrix} \longrightarrow \begin{pmatrix} 1 & 1 & -1 & 2 \\ 0 & 1 & 0 & 3 \\ 0 & 0 & 0 & 0 \end{pmatrix}$$

よって，階数は 2

165 (1) $a = \pm\dfrac{2}{\sqrt{5}},\ b = \mp\dfrac{1}{\sqrt{5}}$（複号同順）　(2) $a = -\dfrac{1}{\sqrt{2}},\ b = \dfrac{1}{\sqrt{3}},\ c = \dfrac{1}{\sqrt{6}}$

166 ケーリー・ハミルトンの定理より $A^2 - (2+3)A + (6+1)E = A^2 - 5A + 7E = O$

整式 $2x^3 - 9x^2 + 10x + 8$ を $x^2 - 5x + 7$ で割ったときの商は $2x+1$，余りは $x+1$

だから　与式 $= (A^2 - 5A + 7E)(2A + E) + A + E = A + E = \begin{pmatrix} 3 & -1 \\ 1 & 4 \end{pmatrix}$

167 (1) $\boldsymbol{A} + \boldsymbol{B}$ を計算して，階数と行列式を求める.

$$A + B = \begin{pmatrix} 1 & 1 & 0 \\ 0 & 0 & 0 \\ -1 & -1 & 0 \end{pmatrix} + \begin{pmatrix} 1 & 2 & 1 \\ 1 & 2 & 1 \\ -1 & -2 & -1 \end{pmatrix} = \begin{pmatrix} 2 & 3 & 1 \\ 1 & 2 & 1 \\ -2 & -3 & -1 \end{pmatrix}$$

$A+B$ を行基本変形すると

$$\begin{pmatrix} 2 & 3 & 1 \\ 1 & 2 & 1 \\ -2 & -3 & -1 \end{pmatrix} \longrightarrow \begin{pmatrix} 2 & 3 & 1 \\ 1 & 2 & 1 \\ 0 & 0 & 0 \end{pmatrix} \longrightarrow \begin{pmatrix} 1 & 2 & 1 \\ 2 & 3 & 1 \\ 0 & 0 & 0 \end{pmatrix} \longrightarrow \begin{pmatrix} 1 & 2 & 1 \\ 0 & -1 & -1 \\ 0 & 0 & 0 \end{pmatrix}$$

よって　$\mathrm{rank}\,(A+B)=2$　　$\det\,(A+B)=\begin{vmatrix} 2 & 3 & 1 \\ 1 & 2 & 1 \\ 0 & 0 & 0 \end{vmatrix}=0$

〈注〉 3×3 行列だから，$\mathrm{rank}\,(A+B)=2<3$ より $\det\,(A+B)=0$ としてもよい．

(2) **1×3 行列と 3×1 行列の積は 1×1 行列であることを用いる．**

$$\begin{pmatrix} 1 & 1 & 0 \end{pmatrix}\begin{pmatrix} 1 \\ 0 \\ -1 \end{pmatrix}=1,\quad \begin{pmatrix} 1 & 2 & 1 \end{pmatrix}\begin{pmatrix} 1 \\ 1 \\ -1 \end{pmatrix}=2 \text{ より}$$

$$A^n=\begin{pmatrix} 1 \\ 0 \\ -1 \end{pmatrix}\begin{pmatrix} 1 & 1 & 0 \end{pmatrix}\begin{pmatrix} 1 \\ 0 \\ -1 \end{pmatrix}\begin{pmatrix} 1 & 1 & 0 \end{pmatrix}\begin{pmatrix} 1 \\ 0 \\ -1 \end{pmatrix}\cdots\begin{pmatrix} 1 & 1 & 0 \end{pmatrix}\begin{pmatrix} 1 \\ 0 \\ -1 \end{pmatrix}\begin{pmatrix} 1 & 1 & 0 \end{pmatrix}$$

$$=\begin{pmatrix} 1 \\ 0 \\ -1 \end{pmatrix}\begin{pmatrix} 1 & 1 & 0 \end{pmatrix}=\begin{pmatrix} 1 & 1 & 0 \\ 0 & 0 & 0 \\ -1 & -1 & 0 \end{pmatrix}=A$$

$$B^n=\begin{pmatrix} 1 \\ 1 \\ -1 \end{pmatrix}\begin{pmatrix} 1 & 2 & 1 \end{pmatrix}\begin{pmatrix} 1 \\ 1 \\ -1 \end{pmatrix}\begin{pmatrix} 1 & 2 & 1 \end{pmatrix}\begin{pmatrix} 1 \\ 1 \\ -1 \end{pmatrix}\cdots\begin{pmatrix} 1 & 2 & 1 \end{pmatrix}\begin{pmatrix} 1 \\ 1 \\ -1 \end{pmatrix}\begin{pmatrix} 1 & 2 & 1 \end{pmatrix}$$

$$=2^{n-1}\begin{pmatrix} 1 \\ 1 \\ -1 \end{pmatrix}\begin{pmatrix} 1 & 2 & 1 \end{pmatrix}=2^{n-1}\begin{pmatrix} 1 & 2 & 1 \\ 1 & 2 & 1 \\ -1 & -2 & -1 \end{pmatrix}=2^{n-1}B$$

$A^2=A,\ B^2=2B$ から求めてもよい

(3) **一般に，$(A+B)^n \fallingdotseq A^n+{}_n\mathrm{C}_1A^{n-1}B+{}_n\mathrm{C}_2A^{n-2}B^2+\cdots+{}_n\mathrm{C}_{n-1}AB^{n-1}+B^n$**

$$AB=\begin{pmatrix} 2 & 4 & 2 \\ 0 & 0 & 0 \\ -2 & -4 & -2 \end{pmatrix},\quad BA=\begin{pmatrix} 0 & 0 & 0 \\ 0 & 0 & 0 \\ 0 & 0 & 0 \end{pmatrix}$$

$BA=O,\ A^k=A,\ B^k=2^{k-1}B\,(k=1,\ 2,\ \cdots)$ より

$(A+B)^2=A^2+AB+BA+B^2=A+AB+2B$

$n=2,\ 3,\ 4$ ぐらいまで計算して予想しよう

$$(A+B)^3 = (A+B)(A+B)^2 = (A+B)(A+AB+2B)$$
$$= A^2 + A^2B + 2AB + BA + BAB + 2B^2$$
$$= A + (1+2)AB + 2^2B$$
$$(A+B)^4 = (A+B)(A+B)^3 = (A+B)(A+(1+2)AB+2^2B)$$
$$= A^2 + (1+2)A^2B + 2^2AB + BA + (1+2)BAB + 2^2B^2$$
$$= A + (1+2+2^2)AB + 2^3B$$

これから　$(A+B)^n = A + (1+2+2^2+\cdots+2^{n-2})AB + 2^{n-1}B$
$$= A + (2^{n-1}-1)AB + 2^{n-1}B$$

と予想できる．これを数学的帰納法で証明する．

(i) $n=1$ のとき成り立つ．

(ii) $n=k$ のとき成り立つと仮定する．

$$(A+B)^{k+1} = (A+B)(A+B)^k = (A+B)(A+(2^{k-1}-1)AB+2^{k-1}B)$$
$$= A^2+(2^{k-1}-1)A^2B+2^{k-1}AB+BA+(2^{k-1}-1)BAB+2^{k-1}B^2$$
$$= A + (2^{k-1}-1+2^{k-1})AB + 2^kB$$
$$= A + (2\cdot 2^{k-1}-1)AB + 2^kB$$
$$= A + (2^k-1)AB + 2^kB$$

よって，$n=k+1$ のときも成り立つ．

(i)，(ii) よりすべての自然数 n について成り立つ．

したがって

$$(A+B)^n = \begin{pmatrix} -1+2^{n-1}+2^n & -3+2^n+2^{n+1} & -2+2^{n-1}+2^n \\ 2^{n-1} & 2^n & 2^{n-1} \\ 1-2^{n-1}-2^n & 3-2^n-2^{n+1} & 2-2^{n-1}-2^n \end{pmatrix}$$

$$= \begin{pmatrix} 3\cdot 2^{n-1}-1 & 3\cdot 2^n-3 & 3\cdot 2^{n-1}-2 \\ 2^{n-1} & 2^n & 2^{n-1} \\ 1-3\cdot 2^{n-1} & 3-3\cdot 2^n & 2-3\cdot 2^{n-1} \end{pmatrix}$$

$n=1$ のとき (1) の解となることを確認せよ

n 次正方行列 A が正則，すなわち A が逆行列を持つための条件

A が正則 $\iff |A| \neq 0 \iff \mathrm{rank}\,A = n$

A の余因子行列を $\widetilde{A}$ とするとき　$A\widetilde{A} = \widetilde{A}A = |A|E$

$|A| \neq 0$ のとき　$A^{-1} = \dfrac{1}{|A|}\widetilde{A}$

---

168 **ポイント 27，ポイント 28 を用いる．**

$$\begin{vmatrix} 1 & 1 & -1 \\ 2 & 4 & 2 \\ -1 & 1 & a \end{vmatrix} = 2(a-5)$$ より，逆行列を持つための条件は　$a \neq 5$

余因子行列を用いて，逆行列を求めると　$\dfrac{1}{2(a-5)}\begin{pmatrix} 4a-2 & -a-1 & 6 \\ -2a-2 & a-1 & -4 \\ 6 & -2 & 2 \end{pmatrix}$

169 **正方行列 A，B に対し，$AB = E$ が成り立つとき，A は正則で，$A^{-1} = B$ である．**

(1) $A^m = E$ より　$AA^{m-1} = E$　よって，A は正則で，$A^{-1} = A^{m-1}$ ある．

(2) A の逆行列 A^{-1} が存在すると仮定する．

$A^m = O$ の両辺に右側から A^{-1} を m 回掛けると　$E = O$

これは矛盾である．よって，A は正則でない，すなわち，A は非正則行列である．

(3) **$x^n - y^n = (x-y)(x^{n-1} + x^{n-2}y + x^{n-3}y^2 + \cdots + xy^{n-2} + y^{n-1})$ を用いる．**

$$(E-A)(E+A+\cdots+A^{m-1}) = E+A+\cdots+A^{m-1} - (A+A^2+\cdots+A^m)$$
$$= E - A^m = E - O = E$$

よって，$E - A$ は正則で，$(E-A)^{-1} = E+A+\cdots+A^{m-1}$ である．

別解　(1) $|A|^m = |A^m| = |E| = 1$ だから　$|A| \neq 0$

ポイント 27

(2) $|A|^m = |A^m| = |O| = 0$ だから　$|A| = 0$

170 (1) 左辺 $= [A,\ BC-CB] + [B,\ CA-AC] + [C,\ AB-BA]$

$$= A(BC-CB) - (BC-CB)A + B(CA-AC) - (CA-AC)B$$
$$+C(AB-BA) - (AB-BA)C$$
$$= ABC - ACB - BCA + CBA + BCA - BAC - CAB + ACB$$
$$+CAB - CBA - ABC + BAC = O = \text{右辺}$$

(2) **転置行列の性質 ${}^t(AB) = {}^tB\,{}^tA$（96 ページ要項 48①），交代行列の定義（要項 48③）を用いて証明する．**

${}^t[A,\ B] = {}^t(AB-BA) = {}^t(AB) - {}^t(BA) = {}^tB\,{}^tA - {}^tA\,{}^tB$　⇦ **要項 48①**

要項 48③ ⇨　$= (-B)(-A) - (-A)(-B) = -(AB-BA) = -[A,\ B]$

${}^t[A,\ B] = -[A,\ B]$ だから $[A,\ B]$ は交代行列である．

(3) **$AB = BA$ が成り立つとき行列 A, B は可換という．A と $[A,\ B]$ が可換だから $A[A,\ B] = [A,\ B]A$ となる．数学的帰納法で示す．**

3章 §2

(i) $n=1$ のとき　左辺 $=[A,\ B]$, 右辺 $=[A,\ B]E=[A,\ B]$　よって，成り立つ．

(ii) $n=k$ のとき成り立つと仮定する．すなわち，$[A^k,\ B]=k[A,\ B]A^{k-1}$

$$[A^{k+1},\ B]=A^{k+1}B-BA^{k+1}=A(A^kB-BA^k)+ABA^k-BA^{k+1}$$
$$=A[A^k,\ B]+(AB-BA)A^k$$

仮定 ⇨ $=kA[A,\ B]A^{k-1}+[A,\ B]A^k$

A と $[A,\ B]$ が可換 ⇨ $=k[A,\ B]AA^{k-1}+[A,\ B]A^k=(k+1)[A,\ B]A^k$

よって，$n=k+1$ のときも成り立つ．

(i), (ii) より，すべての自然数 n について成り立つ．

ポイント 29　$A,\ B,\ C,\ D,\ X,\ Y,\ Z,\ W$ を n 次正方行列とするとき

$$\begin{pmatrix} A & B \\ C & D \end{pmatrix}\begin{pmatrix} X & Y \\ Z & W \end{pmatrix}=\begin{pmatrix} AX+BZ & AY+BW \\ CX+DZ & CY+DW \end{pmatrix}$$

171　**ブロック行列の積の性質（ポイント 29）を用いる．**

(1) $$PQ=\begin{pmatrix} O & A \\ B & C \end{pmatrix}\begin{pmatrix} X & Y \\ Z & W \end{pmatrix}=\begin{pmatrix} OX+AZ & OY+AW \\ BX+CZ & BY+CW \end{pmatrix}$$
$$=\begin{pmatrix} AZ & AW \\ BX+CZ & BY+CW \end{pmatrix}$$

(2) **PQ が単位行列になれば $P^{-1}=Q$ である．**

PQ が単位行列となる $X,\ Y,\ Z,\ W$ を求める．(1) より

$AZ=E,\ AW=O,\ BX+CZ=O,\ BY+CW=E$（$E$ は n 次単位行列）

$A^{-1},\ B^{-1}$ が存在することから　$Z=A^{-1},\ W=O,\ Y=B^{-1}$

$Z=A^{-1}$ を $BX+CZ=O$ に代入すると $BX=-CA^{-1}$ より　$X=-B^{-1}CA^{-1}$

$$\therefore\quad P^{-1}=\begin{pmatrix} -B^{-1}CA^{-1} & B^{-1} \\ A^{-1} & O \end{pmatrix}$$

172　行基本変形すると

$$\begin{pmatrix} 1 & a & 0 & 0 \\ a & 1 & a & 0 \\ 0 & a & 1 & a \\ 0 & 0 & a & 1 \end{pmatrix}\longrightarrow\begin{pmatrix} 1 & a & 0 & 0 \\ 0 & 1-a^2 & a & 0 \\ 0 & a & 1 & a \\ 0 & 0 & a & 1 \end{pmatrix}\longrightarrow\begin{pmatrix} 1 & a & 0 & 0 \\ 0 & 1 & \dfrac{1}{a} & 1 \\ 0 & 0 & 1 & \dfrac{1}{a} \\ 0 & 1-a^2 & a & 0 \end{pmatrix}$$

$$\longrightarrow \begin{pmatrix} 1 & a & 0 & 0 \\ 0 & 1 & \dfrac{1}{a} & 1 \\ 0 & 0 & 1 & \dfrac{1}{a} \\ 0 & 0 & 2a-\dfrac{1}{a} & a^2-1 \end{pmatrix} \longrightarrow \begin{pmatrix} 1 & a & 0 & 0 \\ 0 & 1 & \dfrac{1}{a} & 1 \\ 0 & 0 & 1 & \dfrac{1}{a} \\ 0 & 0 & 0 & \dfrac{a^4-3a^2+1}{a^2} \end{pmatrix}$$

$a^4-3a^2+1=0$ となる a を求める.

$a^2=\dfrac{3\pm\sqrt{5}}{2}$ より　$a=\pm\sqrt{\dfrac{3\pm\sqrt{5}}{2}}=\pm\sqrt{\dfrac{6\pm2\sqrt{5}}{4}}=\pm\sqrt{\left(\dfrac{\sqrt{5}\pm1}{2}\right)^2}$

$a=\pm\left(\dfrac{\sqrt{5}\pm1}{2}\right)$　**複号同順ではなく，a は 4 つの値をとる**

よって　$a=\pm\left(\dfrac{\sqrt{5}\pm1}{2}\right)$ のとき　$\mathrm{rank}\,A=3$

$a\neq\pm\left(\dfrac{\sqrt{5}\pm1}{2}\right)$ のとき　$\mathrm{rank}\,A=4$

2　行列式

行列式の基本的な計算手順（3 次の場合はサラスの方法でもよい.）

(1) 1 つの行（または列）のすべての成分に共通な因数があれば，くくり出す.

(2) 行列式の性質を用いて，成分をできるだけ 0 にする.

(3) 特定の行（または列）に関して展開する.

行列の基本変形と違い，行や列を入れ換えると符号が変わることに注意する.

173　**ポイント 30 を用いる. (1) はサラスの方法で求めてもよい.**

(1) 与式 $=2\begin{vmatrix} 1 & 2 & -1 \\ -3 & -1 & 5 \\ 2 & 1 & 4 \end{vmatrix}=2\begin{vmatrix} 1 & 2 & -1 \\ 0 & 5 & 2 \\ 0 & -3 & 6 \end{vmatrix}=2\cdot3\begin{vmatrix} 5 & 2 \\ -1 & 2 \end{vmatrix}=72$

(2) 与式 $=\begin{vmatrix} 1 & 3 & 1 & -2 \\ 0 & -5 & 0 & 2 \\ 0 & 10 & 5 & -3 \\ 0 & 2 & -4 & 2 \end{vmatrix}=\begin{vmatrix} -5 & 0 & 2 \\ 10 & 5 & -3 \\ 2 & -4 & 2 \end{vmatrix}=-2\begin{vmatrix} 1 & -2 & 1 \\ 10 & 5 & -3 \\ -5 & 0 & 2 \end{vmatrix}$

$=-2\begin{vmatrix} 1 & -2 & 1 \\ 0 & 25 & -13 \\ 0 & -10 & 7 \end{vmatrix}=-10\begin{vmatrix} 5 & -13 \\ -2 & 7 \end{vmatrix}=-90$

3 章 §2

174 各行（または各列）の和が等しい場合，すべて加えると共通因数が出る．

(1) 与式 $= \begin{vmatrix} 300 & 300 & 300 \\ 98 & 100 & 101 \\ 99 & 97 & 98 \end{vmatrix} = 300 \begin{vmatrix} 1 & 1 & 1 \\ 98 & 100 & 101 \\ 99 & 97 & 98 \end{vmatrix} = 300 \begin{vmatrix} 1 & 1 & 1 \\ 0 & 2 & 3 \\ 0 & -2 & -1 \end{vmatrix} = 1200$

(2) 与式 $= ab^2 \begin{vmatrix} 1 & 1 & 1 & 1 \\ 1 & a & b & c \\ 1 & a^2 & b^2 & c^2 \\ 1 & a^3 & b^3 & c^3 \end{vmatrix} = ab^2 \begin{vmatrix} 1 & 1 & 1 & 1 \\ 0 & a-1 & b-1 & c-1 \\ 0 & a^2-1 & b^2-1 & c^2-1 \\ 0 & a^3-1 & b^3-1 & c^3-1 \end{vmatrix}$

ファンデルモンドの行列式 ⇧

$$= ab^2(a-1)(b-1)(c-1) \begin{vmatrix} 1 & 1 & 1 \\ a+1 & b+1 & c+1 \\ a^2+a+1 & b^2+b+1 & c^2+c+1 \end{vmatrix}$$

$$= ab^2(a-1)(b-1)(c-1) \begin{vmatrix} 1 & 0 & 0 \\ a+1 & b-a & c-a \\ a^2+a+1 & b^2-a^2+b-a & c^2-a^2+c-a \end{vmatrix}$$

$$= ab^2(a-1)(b-1)(c-1)(b-a)(c-a) \begin{vmatrix} 1 & 1 \\ a+b+1 & c+a+1 \end{vmatrix}$$

$$= ab^2(a-1)(b-1)(c-1)(b-a)(c-a)(c-b)$$

$$= ab^2(a-1)(b-1)(c-1)(a-b)(b-c)(c-a)$$

(3) 左辺 $= \begin{vmatrix} x+a+2 & x+a+2 & x+a+2 & x+a+2 \\ x & 1 & a & 1 \\ 1 & a & 1 & x \\ a & 1 & x & 1 \end{vmatrix}$

$$= (x+a+2) \begin{vmatrix} 1 & 1 & 1 & 1 \\ x & 1 & a & 1 \\ 1 & a & 1 & x \\ a & 1 & x & 1 \end{vmatrix}$$

$$= (x+a+2) \begin{vmatrix} 1 & 0 & 0 & 0 \\ x & -(x-1) & -(x-a) & -(x-1) \\ 1 & a-1 & 0 & x-1 \\ a & -(a-1) & x-a & -(a-1) \end{vmatrix}$$

$$= (x+a+2)(x-a) \begin{vmatrix} -(x-1) & -1 & -(x-1) \\ a-1 & 0 & x-1 \\ -(a-1) & 1 & -(a-1) \end{vmatrix}$$

$$= (x+a+2)(x-a)\begin{vmatrix} 1 & -(x-1) & -(x-1) \\ 0 & a-1 & x-1 \\ -1 & -(a-1) & -(a-1) \end{vmatrix}$$

$$= (x+a+2)(x-a)\begin{vmatrix} 1 & -(x-1) & -(x-1) \\ 0 & a-1 & x-1 \\ 0 & -(x+a-2) & -(x+a-2) \end{vmatrix}$$

$$= -(x+a+2)(x+a-2)(x-a)\begin{vmatrix} a-1 & x-1 \\ 1 & 1 \end{vmatrix}$$

$$= (x+a+2)(x+a-2)(x-a)^2$$

よって　$x = -a \pm 2,\ a$（重解）

175　**平行六面体の体積は，3 つのベクトルを並べてできる行列式の絶対値に等しい．**

$$\begin{vmatrix} 1 & 2 & 2 \\ 1 & 0 & 1 \\ -1 & -1 & -2 \end{vmatrix} = 1 \quad \text{よって　体積} = |1| = 1$$

176　(1)　**${}^tA = -A$ より，A は交代行列であることに注意する．（96 ページ要項 48③）行列の右上を O に変形する．**

1 行 + 4 行 + 3 行 × $(-a)$，2 行 + 4 行 + 3 行 × $(-b)$ より

$$|A| = \begin{vmatrix} 0 & a-b+1 & 0 & 0 \\ -(a-b+1) & 0 & 0 & 0 \\ -1 & -1 & 0 & 1 \\ -a & -b & -1 & 0 \end{vmatrix} = (a-b+1)^2 \cdot 1$$

$$= (a-b+1)^2$$

$\begin{vmatrix} A & O \\ C & B \end{vmatrix} = |A||B|$（100 ページ要項 49）

〈注〉 第 1 行での展開などで計算してもよい．

〈注〉 A が奇数次（n 次）の交代行列のときは

$$|A| = |{}^tA| = |-A| = (-1)^n|A| = -|A|$$

よって，$2|A| = 0$ となり，$|A| = 0$ である．

(2)　A が逆行列をもつための条件は，$|A| \neq 0$ だから　$a-b+1 \neq 0$　**314 ページ ポイント 27**

(3)　**A の余因子行列 $\widetilde{A}$ を用いる．（314 ページポイント 28）**

$$A^{-1} = \frac{1}{|A|}\widetilde{A} = \frac{1}{a-b+1}\begin{pmatrix} 0 & -1 & b & -1 \\ 1 & 0 & -a & 1 \\ -b & a & 0 & -1 \\ 1 & -1 & 1 & 0 \end{pmatrix}$$

177　**314 ページポイント 28 を用いる.**

(1) $\det A=-16$　(2) $\operatorname{adj} A=\begin{pmatrix}5&-1&-7\\3&-7&-1\\-9&5&3\end{pmatrix}$, $A^{-1}=-\dfrac{1}{16}\begin{pmatrix}5&-1&-7\\3&-7&-1\\-9&5&3\end{pmatrix}$

ポイント 28

(3) **$\det B$ から, $\det(\operatorname{adj} B)$ を求める.**

$$\det B=-a\begin{vmatrix}b&0&a&b\\c&0&b&c\\a&c&a&b\\c&0&b&0\end{vmatrix}=ac\begin{vmatrix}b&a&b\\c&b&c\\c&b&0\end{vmatrix}=ac\begin{vmatrix}0&a&b\\0&b&c\\c&b&0\end{vmatrix}=ac^2\begin{vmatrix}a&b\\b&c\end{vmatrix}$$

$$=ac^2(ac-b^2)$$

(i) $\det B=ac^2(ac-b^2)\neq 0$ のとき

E を 5 次の単位行列とすると　$B(\operatorname{adj} B)=(\det B)E$

よって　$\det B\det(\operatorname{adj} B)=(\det B)^5\det E$

したがって　$\det(\operatorname{adj} B)=(\det B)^4=a^4c^8(ac-b^2)^4$

(ii) $\det B=ac^2(ac-b^2)=0$ のとき

$B(\operatorname{adj} B)=(\det B)E$ より, $B(\operatorname{adj} B)=O$ が成り立つ.

◦ $B=O$ のとき　明らかに $\operatorname{adj} B=O$　ゆえに　$\det(\operatorname{adj} B)=0$

◦ $B\neq O$ のとき　$\det(\operatorname{adj} B)\neq 0$ とすると, $\operatorname{adj} B$ の逆行列が存在するから

$B=O$ となり矛盾する. したがって　$\det(\operatorname{adj} B)=0$

いずれの場合も $\det(\operatorname{adj} B)=0$ となる.

(i) の式は (ii) の場合を含むから　$\det(\operatorname{adj} B)=a^4c^8(ac-b^2)^4$

ポイント 28

A を n 次正方行列とするとき
$|cA|=c^n|A|$ より
$|A||\widetilde{A}|=||A|E|$
$=|A|^n$

178　**はじめに, 各列の和が等しくなるように変形する.**

(1) 1 行目を b, 2 行目を c, 3 行目を d でくくる.

$$|A|=bcd\begin{vmatrix}\dfrac{a}{b}+1&\dfrac{a}{b}&\dfrac{a}{b}\\\dfrac{a}{c}&\dfrac{a}{c}+1&\dfrac{a}{c}\\\dfrac{a}{d}&\dfrac{a}{d}&\dfrac{a}{d}+1\end{vmatrix}$$

$$=bcd\begin{vmatrix}\dfrac{a}{b}+\dfrac{a}{c}+\dfrac{a}{d}+1&\dfrac{a}{b}+\dfrac{a}{c}+\dfrac{a}{d}+1&\dfrac{a}{b}+\dfrac{a}{c}+\dfrac{a}{d}+1\\\dfrac{a}{c}&\dfrac{a}{c}+1&\dfrac{a}{c}\\\dfrac{a}{d}&\dfrac{a}{d}&\dfrac{a}{d}+1\end{vmatrix}$$

$$= bcd\left(\frac{a}{b} + \frac{a}{c} + \frac{a}{d} + 1\right)\begin{vmatrix} 1 & 1 & 1 \\ \frac{a}{c} & \frac{a}{c} + 1 & \frac{a}{c} \\ \frac{a}{d} & \frac{a}{d} & \frac{a}{d} + 1 \end{vmatrix}$$

$$= abcd\left(\frac{1}{b} + \frac{1}{c} + \frac{1}{d} + \frac{1}{a}\right)\begin{vmatrix} 1 & 1 & 1 \\ 0 & 1 & 0 \\ 0 & 0 & 1 \end{vmatrix} = abcd\left(\frac{1}{a} + \frac{1}{b} + \frac{1}{c} + \frac{1}{d}\right)$$

(2) $$|A_n| = \begin{vmatrix} a_0 + a_1 & a_0 & \cdots & a_0 & a_0 \\ a_0 & a_0 + a_2 & \cdots & a_0 & a_0 \\ \vdots & \vdots & \ddots & \vdots & \vdots \\ a_0 & a_0 & \cdots & a_0 + a_{n-1} & a_0 \\ a_0 & a_0 & \cdots & a_0 & a_0 + a_n \end{vmatrix}$$

$$= a_1 a_2 \cdots a_{n-1} a_n \begin{vmatrix} \frac{a_0}{a_1} + 1 & \frac{a_0}{a_1} & \cdots & \frac{a_0}{a_1} & \frac{a_0}{a_1} \\ \frac{a_0}{a_2} & \frac{a_0}{a_2} + 1 & \cdots & \frac{a_0}{a_2} & \frac{a_0}{a_2} \\ \vdots & \vdots & \ddots & \vdots & \vdots \\ \frac{a_0}{a_{n-1}} & \frac{a_0}{a_{n-1}} & \cdots & \frac{a_0}{a_{n-1}} + 1 & \frac{a_0}{a_{n-1}} \\ \frac{a_0}{a_n} & \frac{a_0}{a_n} & \cdots & \frac{a_0}{a_n} & \frac{a_0}{a_n} + 1 \end{vmatrix}$$

$$= a_1 a_2 \cdots a_{n-1} a_n \left(\frac{a_0}{a_1} + \frac{a_0}{a_2} + \cdots + \frac{a_0}{a_{n-1}} + \frac{a_0}{a_n} + 1\right)$$

$$\times \begin{vmatrix} 1 & 1 & \cdots & 1 & 1 \\ \frac{a_0}{a_2} & \frac{a_0}{a_2} + 1 & \cdots & \frac{a_0}{a_2} & \frac{a_0}{a_2} \\ \vdots & \vdots & \ddots & \vdots & \vdots \\ \frac{a_0}{a_{n-1}} & \frac{a_0}{a_{n-1}} & \cdots & \frac{a_0}{a_{n-1}} + 1 & \frac{a_0}{a_{n-1}} \\ \frac{a_0}{a_n} & \frac{a_0}{a_n} & \cdots & \frac{a_0}{a_n} & \frac{a_0}{a_n} + 1 \end{vmatrix}$$

$$= a_0 a_1 a_2 \cdots a_{n-1} a_n \left(\frac{1}{a_0} + \frac{1}{a_1} + \frac{1}{a_2} + \cdots + \frac{1}{a_{n-1}} + \frac{1}{a_n}\right)\begin{vmatrix} 1 & 1 & \cdots & 1 & 1 \\ 0 & 1 & \cdots & 0 & 0 \\ \vdots & \vdots & \ddots & \vdots & \vdots \\ 0 & 0 & \cdots & 1 & 0 \\ 0 & 0 & \cdots & 0 & 1 \end{vmatrix}$$

$$= a_0 a_1 a_2 \cdots a_{n-1} a_n \left(\frac{1}{a_0} + \frac{1}{a_1} + \frac{1}{a_2} + \cdots + \frac{1}{a_{n-1}} + \frac{1}{a_n}\right)$$

179　**A は各行（各列）の和が等しい行列である.**

(1) $$|A| = \begin{vmatrix} a+(n-1)b & b & \cdots & b & a \\ a+(n-1)b & b & \cdots & a & b \\ \vdots & \vdots & \iddots & \vdots & \vdots \\ a+(n-1)b & a & \cdots & b & b \\ a+(n-1)b & b & \cdots & b & b \end{vmatrix} = \{a+(n-1)b\} \begin{vmatrix} 1 & b & \cdots & b & a \\ 1 & b & \cdots & a & b \\ \vdots & \vdots & \iddots & \vdots & \vdots \\ 1 & a & \cdots & b & b \\ 1 & b & \cdots & b & b \end{vmatrix}$$

$$= \{a+(n-1)b\} \begin{vmatrix} 0 & 0 & \cdots & 0 & a-b \\ 0 & 0 & \cdots & a-b & 0 \\ \vdots & \vdots & \iddots & \vdots & \vdots \\ 0 & a-b & \cdots & 0 & 0 \\ 1 & b & \cdots & b & b \end{vmatrix}$$

$$= \{a+(n-1)b\}(-1)^{n-1}(a-b)^{n-1} \begin{vmatrix} 0 & \cdots & 0 & 1 \\ \vdots & \iddots & \iddots & 0 \\ 0 & \iddots & \iddots & \vdots \\ 1 & 0 & \cdots & 0 \end{vmatrix}$$

ここで $\alpha_n = \begin{vmatrix} 0 & \cdots & 0 & 1 \\ \vdots & \iddots & \iddots & 0 \\ 0 & \iddots & \iddots & \vdots \\ 1 & 0 & \cdots & 0 \end{vmatrix}$（$n$ 次行列式）とおく.

$n=2k,\ 2k+1$ のとき，上下を逆にして単位行列にするには k 回行を入れ換えればいいから $\alpha_n = (-1)^k$ となる．整理すると

$\alpha_n = \begin{cases} -1 & (n=4m-2,\ 4m-1) \\ 1 & (n=4m,\ 4m+1) \end{cases}$　ただし，m は自然数とする.

これを用いて　$|A| = \alpha_{n-1}\{a+(n-1)b\}(b-a)^{n-1}$

(2) $b=a,\ -\dfrac{a}{n-1}$

(3) (i) $b=a$ のとき　$a \neq 0$ より

$$A \longrightarrow \begin{pmatrix} a & a & \cdots & a & a \\ 0 & 0 & \cdots & 0 & 0 \\ \vdots & \vdots & \ddots & \vdots & \vdots \\ 0 & 0 & \cdots & 0 & 0 \\ 0 & 0 & \cdots & 0 & 0 \end{pmatrix} \longrightarrow \begin{pmatrix} 1 & 1 & \cdots & 1 & 1 \\ 0 & 0 & \cdots & 0 & 0 \\ \vdots & \vdots & \ddots & \vdots & \vdots \\ 0 & 0 & \cdots & 0 & 0 \\ 0 & 0 & \cdots & 0 & 0 \end{pmatrix}$$

よって，A の階数は　1

(ii) $b=-\dfrac{a}{n-1}$ のとき

$m=-(n-1)$ とおくと，$a=mb,\ b\neq 0,\ m\leqq -1,\ m+n-1=0$ より

$$A\longrightarrow\begin{pmatrix}1&1&\cdots&1&m\\1&1&\cdots&m&1\\\vdots&\vdots&⋰&\vdots&\vdots\\1&m&\cdots&1&1\\m&1&\cdots&1&1\end{pmatrix}$$

$$\longrightarrow\begin{pmatrix}1&1&\cdots&1&m\\1&1&\cdots&m&1\\\vdots&\vdots&⋰&\vdots&\vdots\\1&m&\cdots&1&1\\m+n-1&m+n-1&\cdots&m+n-1&m+n-1\end{pmatrix}$$

$$\longrightarrow\begin{pmatrix}1&1&\cdots&1&m\\1&1&\cdots&m&1\\\vdots&\vdots&⋰&\vdots&\vdots\\1&m&\cdots&1&1\\0&0&\cdots&0&0\end{pmatrix}\longrightarrow\begin{pmatrix}1&1&\cdots&1&m\\0&0&\cdots&m-1&1-m\\\vdots&\vdots&⋰&\vdots&\vdots\\0&m-1&\cdots&0&1-m\\0&0&\cdots&0&0\end{pmatrix}$$

$$\longrightarrow\begin{pmatrix}1&1&\cdots&1&m\\0&0&\cdots&1&-1\\\vdots&\vdots&⋰&\vdots&\vdots\\0&1&\cdots&0&-1\\0&0&\cdots&0&0\end{pmatrix}\longrightarrow\begin{pmatrix}1&1&\cdots&1&m\\0&1&\cdots&0&-1\\\vdots&\vdots&\ddots&\vdots&\vdots\\0&0&\cdots&1&-1\\0&0&\cdots&0&0\end{pmatrix}$$

よって，A の階数は　$n-1$

180　**ω が 1 の 3 乗根であることも用いる.**

$\omega=\dfrac{-1+\sqrt{-3}}{2}=-\dfrac{1}{2}+\dfrac{\sqrt{3}}{2}i$　は 1 の 3 乗根だから　$\omega^3=1,\ \omega^2+\omega+1=0$

$$\begin{vmatrix}1&\omega&1&x\\\omega&1&2&x^2\\\omega^2&\omega^2&4&x^3\\1&\omega&8&x^4\end{vmatrix}=\omega x\begin{vmatrix}1&1&1&1\\\omega&\omega^2&2&x\\\omega^2&\omega&4&x^2\\1&1&8&x^3\end{vmatrix}$$ $\cdots(*)$ ファンデルモンドの行列式

$$=\omega x\begin{vmatrix}1&0&0&0\\\omega&\omega^2-\omega&2-\omega&x-\omega\\\omega^2&\omega-\omega^2&4-\omega^2&x^2-\omega^2\\1&0&7&x^3-1\end{vmatrix}$$

$$= \omega^2(\omega-1)x(x-\omega)\begin{vmatrix} 1 & 2-\omega & 1 \\ -1 & 4-\omega^2 & x+\omega \\ 0 & 7 & x^2+\omega x+\omega^2 \end{vmatrix}$$

$$= (1-\omega^2)x(x-\omega)\begin{vmatrix} 1 & 2-\omega & 1 \\ 0 & 6-\omega-\omega^2 & x+\omega+1 \\ 0 & 7 & x^2+\omega x+\omega^2 \end{vmatrix}$$

$$= (1-\omega^2)x(x-\omega)\begin{vmatrix} 7 & x+\omega+1 \\ 7 & x^2+\omega x+\omega^2 \end{vmatrix}$$

$$= 7(1-\omega^2)x(x-\omega)(x^2+(\omega-1)x+\omega^2-\omega-1)$$

$$= 7(1-\omega^2)x(x-\omega)(x^2-(\omega^2+2)x+2\omega^2)$$

$$= 7(1-\omega^2)x(x-\omega)(x-2)(x-\omega^2)$$

よって　$x = 0,\ 2,\ \omega,\ \omega^2 = 0,\ 2,\ \dfrac{-1\pm\sqrt{-3}}{2}$

この行列式は x の 4 次式であり (∗) の形から $x = 0,\ 2,\ \omega,\ \omega^2$ のとき 0 になることがわかる

ポイント 31

数列の 3 項間漸化式 $a_{n+2}+aa_{n+1}+ba_n=0$ は，2 次方程式 $\lambda^2+a\lambda+b=0$ の解を $\lambda=\alpha,\ \beta$ とおくと

$$\begin{cases} a_{n+2}-\alpha a_{n+1}=\beta(a_{n+1}-\alpha a_n) \\ a_{n+2}-\beta a_{n+1}=\alpha(a_{n+1}-\beta a_n) \end{cases}$$

となる．$\{a_{n+1}-\alpha a_n\}$，$\{a_{n+1}-\beta a_n\}$ が等比数列になることを用いて a_n を求める．

---

181 **第 1 行に関して展開し，数列の 3 項間漸化式をつくる．（ポイント 31）**

(1) $a_3 = \begin{vmatrix} 5 & 2 & 0 \\ 2 & 5 & 2 \\ 0 & 2 & 5 \end{vmatrix} = 5\begin{vmatrix} 5 & 2 \\ 2 & 5 \end{vmatrix} - 2\begin{vmatrix} 2 & 2 \\ 0 & 5 \end{vmatrix} = 5\cdot 21 - 2\cdot 10 = 85$

$$a_4 = \begin{vmatrix} 5 & 2 & 0 & 0 \\ 2 & 5 & 2 & 0 \\ 0 & 2 & 5 & 2 \\ 0 & 0 & 2 & 5 \end{vmatrix} = 5\begin{vmatrix} 5 & 2 & 0 \\ 2 & 5 & 2 \\ 0 & 2 & 5 \end{vmatrix} - 2\begin{vmatrix} 2 & 2 & 0 \\ 0 & 5 & 2 \\ 0 & 2 & 5 \end{vmatrix} = 5\cdot 85 - 4\cdot 21 = 341$$

(2) 第 1 行に関して展開すると

$$a_{n+2}=\begin{vmatrix}5&2&0&\cdots&0&0\\2&5&2&\cdots&0&0\\0&2&5&\cdots&0&0\\\vdots&\vdots&\vdots&\ddots&\vdots&\vdots\\0&0&0&\cdots&5&2\\0&0&0&\cdots&2&5\end{vmatrix}=5\begin{vmatrix}5&2&\cdots&0&0\\2&5&\cdots&0&0\\\vdots&\vdots&\ddots&\vdots&\vdots\\0&0&\cdots&5&2\\0&0&\cdots&2&5\end{vmatrix}-2\begin{vmatrix}2&2&\cdots&0&0\\0&5&\cdots&0&0\\\vdots&\vdots&\ddots&\vdots&\vdots\\0&0&\cdots&5&2\\0&0&\cdots&2&5\end{vmatrix}$$

$$=5a_{n+1}-2\cdot 2\begin{vmatrix}5&\cdots&0&0\\\vdots&\ddots&\vdots&\vdots\\0&\cdots&5&2\\0&\cdots&2&5\end{vmatrix}=5a_{n+1}-4a_n$$

(3) $a_{n+2}=5a_{n+1}-4a_n$ を変形すると　**3 項間漸化式は解けるようにする**

$$\begin{cases}a_{n+2}-a_{n+1}=4(a_{n+1}-a_n) & \cdots ①\\ a_{n+2}-4a_{n+1}=a_{n+1}-4a_n & \cdots ②\end{cases}$$

①より数列 $\{a_{n+1}-a_n\}$ は公比 4 の等比数列だから

$$a_{n+1}-a_n=(a_4-a_3)\cdot 4^{n-3} \qquad \therefore \quad a_{n+1}-a_n=4^{n+1} \quad \cdots ③$$

②より数列 $\{a_{n+1}-4a_n\}$ は定数数列だから

$$a_{n+1}-4a_n=a_4-4a_3 \qquad \therefore \quad a_{n+1}-4a_n=1 \quad \cdots ④$$

③ − ④ より　$3a_n=4^{n+1}-1 \qquad \therefore \quad a_n=\dfrac{4^{n+1}-1}{3}$

182　**前問と同じ形の行列式である.**

第 1 行に関して展開すると

$$D_n=\begin{vmatrix}1&-1&0&\cdots&0&0\\-1&1&-1&\cdots&0&0\\0&-1&1&\cdots&0&0\\\vdots&\vdots&\vdots&\ddots&\vdots&\vdots\\0&0&0&\cdots&1&-1\\0&0&0&\cdots&-1&1\end{vmatrix}$$

$$=1\cdot\begin{vmatrix}1&-1&\cdots&0&0\\-1&1&\cdots&0&0\\\vdots&\vdots&\ddots&\vdots&\vdots\\0&0&\cdots&1&-1\\0&0&\cdots&-1&1\end{vmatrix}-(-1)\begin{vmatrix}-1&-1&\cdots&0&0\\0&1&\cdots&0&0\\\vdots&\vdots&\ddots&\vdots&\vdots\\0&0&\cdots&1&-1\\0&0&\cdots&-1&1\end{vmatrix}$$

$$= D_{n-1} - (-1)\cdot(-1)\begin{vmatrix} 1 & \cdots & 0 & 0 \\ \vdots & \ddots & \vdots & \vdots \\ 0 & \cdots & 1 & -1 \\ 0 & \cdots & -1 & 1 \end{vmatrix} = D_{n-1} - D_{n-2}$$

よって　$D_n = D_{n-1} - D_{n-2} = (D_{n-2} - D_{n-3}) - D_{n-2} = -D_{n-3}$　$(n \geqq 4)$

これと $D_1 = 1,\ D_2 = 0,\ D_3 = -1$ より，m を自然数として

$$D_n = \begin{cases} (-1)^{m-1} & (n = 3m-2) \\ 0 & (n = 3m-1) \\ (-1)^m & (n = 3m) \end{cases}$$

$D_n = -\dfrac{2}{\sqrt{3}}\sin\left(\dfrac{n-2}{3}\pi\right)$ $(n = 1,\ 2,\ \cdots)$ と表現できる

3　連立方程式

183　消去法で解く.

$$\left(\begin{array}{ccc|c} 1 & 2 & -1 & 2 \\ 2 & -1 & -1 & -3 \\ 2 & -2 & 1 & 1 \end{array}\right) \longrightarrow \left(\begin{array}{ccc|c} 1 & 2 & -1 & 2 \\ 0 & -5 & 1 & -7 \\ 0 & -6 & 3 & -3 \end{array}\right) \longrightarrow \left(\begin{array}{ccc|c} 1 & 2 & -1 & 2 \\ 0 & 1 & -2 & -4 \\ 0 & -6 & 3 & -3 \end{array}\right)$$

$$\longrightarrow \left(\begin{array}{ccc|c} 1 & 0 & 3 & 10 \\ 0 & 1 & -2 & -4 \\ 0 & 0 & -9 & -27 \end{array}\right) \longrightarrow \left(\begin{array}{ccc|c} 1 & 0 & 0 & 1 \\ 0 & 1 & 0 & 2 \\ 0 & 0 & 1 & 3 \end{array}\right) \quad \therefore\ x = 1,\ y = 2,\ z = 3$$

⇧ 検算する

184　クラメルの公式で解く.

$$\begin{pmatrix} 2 & -1 & 1 \\ 1 & 2 & -3 \\ 1 & -3 & -1 \end{pmatrix}\begin{pmatrix} x \\ y \\ z \end{pmatrix} = \begin{pmatrix} 7 \\ -1 \\ -2 \end{pmatrix} \qquad \begin{vmatrix} 2 & -1 & 1 \\ 1 & 2 & -3 \\ 1 & -3 & -1 \end{vmatrix} = -25$$

$$x = \frac{\begin{vmatrix} 7 & -1 & 1 \\ -1 & 2 & -3 \\ -2 & -3 & -1 \end{vmatrix}}{-25} = \frac{-75}{-25} = 3, \quad y = \frac{\begin{vmatrix} 2 & 7 & 1 \\ 1 & -1 & -3 \\ 1 & -2 & -1 \end{vmatrix}}{-25} = \frac{-25}{-25} = 1$$

$$z = \frac{\begin{vmatrix} 2 & -1 & 7 \\ 1 & 2 & -1 \\ 1 & -3 & -2 \end{vmatrix}}{-25} = \frac{-50}{-25} = 2$$

検算する

185　逆行列を用いて解く．

(1) $A=\begin{pmatrix} 2 & -1 & -3 \\ 1 & -3 & -2 \\ -1 & 1 & 1 \end{pmatrix}$

(2) $\left(\begin{array}{ccc|ccc} 2 & -1 & -3 & 1 & 0 & 0 \\ 1 & -3 & -2 & 0 & 1 & 0 \\ -1 & 1 & 1 & 0 & 0 & 1 \end{array}\right) \longrightarrow \left(\begin{array}{ccc|ccc} 1 & -1 & -1 & 0 & 0 & -1 \\ 2 & -1 & -3 & 1 & 0 & 0 \\ 1 & -3 & -2 & 0 & 1 & 0 \end{array}\right)$

$\longrightarrow \left(\begin{array}{ccc|ccc} 1 & -1 & -1 & 0 & 0 & -1 \\ 0 & 1 & -1 & 1 & 0 & 2 \\ 0 & -2 & -1 & 0 & 1 & 1 \end{array}\right) \longrightarrow \left(\begin{array}{ccc|ccc} 1 & 0 & -2 & 1 & 0 & 1 \\ 0 & 1 & -1 & 1 & 0 & 2 \\ 0 & 0 & -3 & 2 & 1 & 5 \end{array}\right)$

$\longrightarrow \left(\begin{array}{ccc|ccc} 1 & 0 & 0 & -\frac{1}{3} & -\frac{2}{3} & -\frac{7}{3} \\ 0 & 1 & 0 & \frac{1}{3} & -\frac{1}{3} & \frac{1}{3} \\ 0 & 0 & 1 & -\frac{2}{3} & -\frac{1}{3} & -\frac{5}{3} \end{array}\right)$　　$\therefore\ A^{-1}=-\frac{1}{3}\begin{pmatrix} 1 & 2 & 7 \\ -1 & 1 & -1 \\ 2 & 1 & 5 \end{pmatrix}$

(3) $\boldsymbol{x}=A^{-1}\boldsymbol{b}$ より　$x=3,\ y=-2,\ z=2$　⇦ 検算する　⇧ 検算する

186　消去法で解く．

拡大係数行列を行基本変形すると

$\left(\begin{array}{cccc|c} -5 & 15 & 1 & -8 & 0 \\ 4 & -12 & -5 & -2 & 21 \\ 2 & -6 & -1 & 2 & 3 \end{array}\right) \longrightarrow \left(\begin{array}{cccc|c} 1 & -3 & -\frac{1}{2} & 1 & \frac{3}{2} \\ 4 & -12 & -5 & -2 & 21 \\ -5 & 15 & 1 & -8 & 0 \end{array}\right)$

$\longrightarrow \left(\begin{array}{cccc|c} 1 & -3 & -\frac{1}{2} & 1 & \frac{3}{2} \\ 0 & 0 & -3 & -6 & 15 \\ 0 & 0 & -\frac{3}{2} & -3 & \frac{15}{2} \end{array}\right) \longrightarrow \left(\begin{array}{cccc|c} 1 & -3 & 0 & 2 & -1 \\ 0 & 0 & 1 & 2 & -5 \\ 0 & 0 & 0 & 0 & 0 \end{array}\right)$

よって，$x-3y+2w=-1,\ z+2w=-5$ となるから，$y=s,\ w=t$ とおくと

$$x=3s-2t-1,\ y=s,\ z=-2t-5,\ w=t\ (s,\ t\ \text{は任意の数})$$

〈注〉 検算は

・ $s=t=0$ としたもの $\big((x,\ y,\ z,\ w)=(-1,\ 0,\ -5,\ 0)\big)$ が解になること

・ s の係数 $\big((x,\ y,\ z,\ w)=(3,\ 1,\ 0,\ 0)\big)$ を代入して 0 になること

・ t の係数 $\big((x,\ y,\ z,\ w)=(-2,\ 0,\ -2,\ 1)\big)$ を代入して 0 になること

を確認すればよい．

187　**104ページ要項50を用いる.**

(1) 拡大係数行列を行基本変形すると

$$\left(\begin{array}{ccc|c} c & 1 & 1 & 2c \\ 1 & c & 1 & c+1 \\ 1 & 1 & c & 3c-1 \end{array}\right) \longrightarrow \left(\begin{array}{ccc|c} 1 & 1 & c & 3c-1 \\ 1 & c & 1 & c+1 \\ c & 1 & 1 & 2c \end{array}\right)$$

$$\longrightarrow \left(\begin{array}{ccc|c} 1 & 1 & c & 3c-1 \\ 0 & c-1 & 1-c & -2c+2 \\ 0 & 1-c & 1-c^2 & -3c^2+3c \end{array}\right)$$

$$\longrightarrow \left(\begin{array}{ccc|c} 1 & 1 & c & 3c-1 \\ 0 & c-1 & 1-c & -2c+2 \\ 0 & 0 & -c^2-c+2 & -3c^2+c+2 \end{array}\right)$$

$$\longrightarrow \left(\begin{array}{ccc|c} 1 & 1 & c & 3c-1 \\ 0 & c-1 & -(c-1) & -2(c-1) \\ 0 & 0 & -(c+2)(c-1) & -(3c+2)(c-1) \end{array}\right)$$

求める条件は，係数行列の階数が3になることだから

$$c-1 \neq 0 \ \text{かつ}\ (c+2)(c-1) \neq 0 \qquad \therefore \quad c \neq -2,\ 1$$

このとき，拡大係数行列は

$$\left(\begin{array}{ccc|c} 1 & 1 & c & 3c-1 \\ 0 & 1 & -1 & -2 \\ 0 & 0 & -(c+2) & -(3c+2) \end{array}\right) \longrightarrow \left(\begin{array}{ccc|c} 1 & 0 & c+1 & 3c+1 \\ 0 & 1 & -1 & -2 \\ 0 & 0 & -(c+2) & -(3c+2) \end{array}\right)$$

$$\longrightarrow \left(\begin{array}{ccc|c} 1 & 0 & c+1 & 3c+1 \\ 0 & 1 & -1 & -2 \\ 0 & 0 & 1 & \dfrac{3c+2}{c+2} \end{array}\right) \longrightarrow \left(\begin{array}{ccc|c} 1 & 0 & 0 & \dfrac{2c}{c+2} \\ 0 & 1 & 0 & \dfrac{c-2}{c+2} \\ 0 & 0 & 1 & \dfrac{3c+2}{c+2} \end{array}\right)$$

よって　$x_1 = \dfrac{2c}{c+2}$, $x_2 = \dfrac{c-2}{c+2}$, $x_3 = \dfrac{3c+2}{c+2}$

別解　連立方程式を $A\boldsymbol{x} = \boldsymbol{b}$ とおく．$|A| = (c+2)(c-1)^2$ より，一意解の条件は，$c \neq -2$ かつ $c \neq 1$ である．一意解はクラメルの公式から

$$\boldsymbol{x} = \frac{1}{|A|}\begin{pmatrix} \Delta_1 \\ \Delta_2 \\ \Delta_3 \end{pmatrix} = \frac{1}{(c+2)(c-1)^2}\begin{pmatrix} 2c(c-1)^2 \\ (c-2)(c-1)^2 \\ (3c+2)(c-1)^2 \end{pmatrix} = \frac{1}{c+2}\begin{pmatrix} 2c \\ c-2 \\ 3c+2 \end{pmatrix}$$

ここで，Δ_j は $|A|$ の第 j 列を $\boldsymbol{b}$ で置き換えた行列式である．

(2) $(c+2)(c-1) = 0$ かつ $(3c+2)(c-1) \neq 0 \qquad \therefore \quad c = -2$

(3) $c-1=0$ または $(c+2)(c-1)=0$, $(3c+2)(c-1)=0$　　$\therefore\ c=1$

このとき，$x_1+x_2+x_3=2$ より

$$x_1=s,\ x_2=t,\ x_3=-s-t+2\ (s,\ t\text{ は任意の数})$$

ポイント 32　A を n 次正方行列とするとき，連立 1 次方程式 $A\boldsymbol{x}=\boldsymbol{0}$ について，$\boldsymbol{x}=\boldsymbol{0}$ は解である．これを自明な解という．

$A\boldsymbol{x}=\boldsymbol{0}$ が自明な解以外の解をもつ $\iff |A|=0 \iff \text{rank}\,A<n$

---

188 (1) 係数行列を行基本変形すると

$$\begin{pmatrix} 1 & 2 & 1 \\ -2 & 3 & -1 \\ -1 & k & 1 \end{pmatrix} \longrightarrow \begin{pmatrix} 1 & 2 & 1 \\ 0 & 7 & 1 \\ 0 & k+2 & 2 \end{pmatrix} \longrightarrow \begin{pmatrix} 1 & 0 & \dfrac{5}{7} \\ 0 & 1 & \dfrac{1}{7} \\ 0 & 0 & -\dfrac{k-12}{7} \end{pmatrix}$$

求める条件は，$-\dfrac{k-12}{7}=0$ より　$k=12$

〈注〉（係数行列の行列式）$=0$ から求めることもできる．

(2) $x+\dfrac{5}{7}z=0,\ y+\dfrac{1}{7}z=0$ より　$x=-\dfrac{5}{7}t,\ y=-\dfrac{1}{7}t,\ z=t$（$t$ は任意の実数）

189 (1) **線形独立の条件（88 ページ要項 46）を用いる．**

行列 $(\boldsymbol{a}\ \boldsymbol{b}\ \boldsymbol{c})$ を行基本変形すると

$$\begin{pmatrix} 1 & 4 & 5t \\ 3 & 2 & t+4 \\ 2 & 3 & 2t+3 \\ 4 & 1 & -t+6 \end{pmatrix} \longrightarrow \begin{pmatrix} 1 & 4 & 5t \\ 0 & -10 & -14t+4 \\ 0 & 5 & -8t+3 \\ 0 & -15 & -21t+6 \end{pmatrix}$$

$$\longrightarrow \begin{pmatrix} 1 & 4 & 5t \\ 0 & 1 & \dfrac{7t-2}{5} \\ 0 & 1 & \dfrac{8t-3}{5} \\ 0 & 1 & \dfrac{7t-2}{5} \end{pmatrix} \longrightarrow \begin{pmatrix} 1 & 4 & 5t \\ 0 & 1 & \dfrac{7t-2}{5} \\ 0 & 0 & \dfrac{t-1}{5} \\ 0 & 0 & 0 \end{pmatrix}$$

3 つのベクトルが線形独立となるための条件は，$\text{rank}\,(\boldsymbol{a}\ \boldsymbol{b}\ \boldsymbol{c})=3$ だから　$t\neq 1$

(2) $\begin{pmatrix} 0 \\ 0 \\ 0 \\ 1 \end{pmatrix}\cdot\boldsymbol{c}=-t+6=0$ より　$t=6$　　$\therefore\ \boldsymbol{d}=\begin{pmatrix} 30 \\ 10 \\ 15 \\ 0 \end{pmatrix}$

(3) $(\boldsymbol{a}\ \boldsymbol{b}\ \boldsymbol{c}\ \boldsymbol{d})$ を行基本変形する．(4 列目の $\boldsymbol{d}$ は 3 列目の $\boldsymbol{c}$ の $t=6$ のとき)

$$(\boldsymbol{a}\ \boldsymbol{b}\ \boldsymbol{c}\ \boldsymbol{d}) = \begin{pmatrix} 1 & 4 & 5t & 30 \\ 3 & 2 & t+4 & 10 \\ 2 & 3 & 2t+3 & 15 \\ 4 & 1 & -t+6 & 0 \end{pmatrix} \xrightarrow[\text{(1) の変形}]{\boldsymbol{d}\text{ は }\boldsymbol{c}\text{ の }t=6} \begin{pmatrix} 1 & 4 & 5t & 30 \\ 0 & 1 & \dfrac{7t-2}{5} & 8 \\ 0 & 0 & \dfrac{t-1}{5} & 1 \\ 0 & 0 & 0 & 0 \end{pmatrix}$$

$$\longrightarrow \begin{pmatrix} 1 & 0 & \dfrac{-3t+8}{5} & -2 \\ 0 & 1 & \dfrac{7t-2}{5} & 8 \\ 0 & 0 & \dfrac{t-1}{5} & 1 \\ 0 & 0 & 0 & 0 \end{pmatrix} \longrightarrow \begin{pmatrix} 1 & 0 & \dfrac{-t+6}{5} & 0 \\ 0 & 1 & \dfrac{-t+6}{5} & 0 \\ 0 & 0 & \dfrac{t-1}{5} & 1 \\ 0 & 0 & 0 & 0 \end{pmatrix}$$

$\boldsymbol{x} = {}^t(x_1\ x_2\ x_3\ x_4)$ とし，$x_3 = 5s$ とおくと $x_1 = x_2 = (t-6)s$，$x_4 = (1-t)s$ より

$$\boldsymbol{x} = s\begin{pmatrix} t-6 \\ t-6 \\ 5 \\ 1-t \end{pmatrix} \quad (s \text{ は任意の数})$$

190 **係数行列の階数 = 拡大係数行列の階数（104 ページ要項 50）を用いる．**

拡大係数行列を行基本変形すると

$$\left(\begin{array}{cccc|c} 3 & -2 & 1 & 0 & 3 \\ 2 & -3 & -1 & 1 & 1 \\ 2 & -8 & -6 & 4 & a \\ -1 & -6 & -7 & 4 & b \end{array}\right) \longrightarrow \left(\begin{array}{cccc|c} 1 & 6 & 7 & -4 & -b \\ 2 & -3 & -1 & 1 & 1 \\ 2 & -8 & -6 & 4 & a \\ 3 & -2 & 1 & 0 & 3 \end{array}\right)$$

$$\longrightarrow \left(\begin{array}{cccc|c} 1 & 6 & 7 & -4 & -b \\ 0 & -15 & -15 & 9 & 2b+1 \\ 0 & -20 & -20 & 12 & a+2b \\ 0 & -20 & -20 & 12 & 3b+3 \end{array}\right) \longrightarrow \left(\begin{array}{cccc|c} 1 & 6 & 7 & -4 & -b \\ 0 & 1 & 1 & -\dfrac{3}{5} & -\dfrac{2b+1}{15} \\ 0 & 1 & 1 & -\dfrac{3}{5} & -\dfrac{a+2b}{20} \\ 0 & 1 & 1 & -\dfrac{3}{5} & -\dfrac{3b+3}{20} \end{array}\right)$$

$$\longrightarrow \left(\begin{array}{cccc|c} 1 & 0 & 1 & -\dfrac{2}{5} & -\dfrac{b-2}{5} \\ 0 & 1 & 1 & -\dfrac{3}{5} & -\dfrac{2b+1}{15} \\ 0 & 0 & 0 & 0 & \dfrac{-3a+2b+4}{60} \\ 0 & 0 & 0 & 0 & -\dfrac{b+5}{60} \end{array}\right)$$

解をもつための条件は　$\dfrac{-3a+2b+4}{60}=0,\ -\dfrac{b+5}{60}=0$　∴　$a=-2,\ b=-5$

このとき　$x+z-\dfrac{2}{5}w=\dfrac{7}{5},\ y+z-\dfrac{3}{5}w=\dfrac{3}{5}$

∴　$x=-s+\dfrac{2}{5}t+\dfrac{7}{5},\ y=-s+\dfrac{3}{5}t+\dfrac{3}{5},\ z=s,\ w=t$（$s,\ t$ は任意の数）

191　拡大係数行列を行基本変形すると

$$\left(\begin{array}{cccc|c} 2 & 1 & 3 & 5 & 0 \\ 3 & 1 & 5 & 6 & -1 \\ -1 & 1 & -3 & a & 3 \\ 4 & 1 & 7 & 7 & b \end{array}\right) \longrightarrow \left(\begin{array}{cccc|c} 1 & -1 & 3 & -a & -3 \\ 2 & 1 & 3 & 5 & 0 \\ 3 & 1 & 5 & 6 & -1 \\ 4 & 1 & 7 & 7 & b \end{array}\right)$$

$$\longrightarrow \left(\begin{array}{cccc|c} 1 & -1 & 3 & -a & -3 \\ 0 & 3 & -3 & 2a+5 & 6 \\ 0 & 4 & -4 & 3a+6 & 8 \\ 0 & 5 & -5 & 4a+7 & b+12 \end{array}\right) \longrightarrow \left(\begin{array}{cccc|c} 1 & -1 & 3 & -a & -3 \\ 0 & 1 & -1 & \dfrac{2a+5}{3} & 2 \\ 0 & 1 & -1 & \dfrac{3a+6}{4} & 2 \\ 0 & 1 & -1 & \dfrac{4a+7}{5} & \dfrac{b+12}{5} \end{array}\right)$$

$$\longrightarrow \left(\begin{array}{cccc|c} 1 & 0 & 2 & -\dfrac{a-5}{3} & -1 \\ 0 & 1 & -1 & \dfrac{2a+5}{3} & 2 \\ 0 & 0 & 0 & \dfrac{a-2}{12} & 0 \\ 0 & 0 & 0 & \dfrac{2(a-2)}{15} & \dfrac{b+2}{5} \end{array}\right) \longrightarrow \left(\begin{array}{cccc|c} 1 & 0 & 2 & -\dfrac{a-5}{3} & -1 \\ 0 & 1 & -1 & \dfrac{2a+5}{3} & 2 \\ 0 & 0 & 0 & \dfrac{a-2}{12} & 0 \\ 0 & 0 & 0 & 0 & \dfrac{b+2}{5} \end{array}\right)$$

$b\neq-2$ のとき　解なし

$b=-2$ のとき

$a=2$ のとき　$x+2z+w=-1,\ y-z+3w=2$

∴　$x=-2s-t-1,\ y=s-3t+2,\ z=s,\ w=t$（$s,\ t$ は任意の数）

$a\neq2$ のとき　$w=0,\ x+2z=-1,\ y-z=2$

∴　$x=-2s-1,\ y=s+2,\ z=s,\ w=0$（$s$ は任意の数）

まとめると

$b\neq-2$ のとき　解なし

$b=-2$ のとき

$a=2$ のとき　$x=-2s-t-1,\ y=s-3t+2,\ z=s,\ w=t$（$s,\ t$ は任意の数）

$a\neq2$ のとき　$x=-2s-1,\ y=s+2,\ z=s,\ w=0$（$s$ は任意の数）

§3 固有値とその応用

1 固有値とその応用

192 **行列 B の固有値 λ と固有ベクトル v は $Bv=\lambda v$ を満たすことを用いる.**

行列 B の固有値 λ_1 に対する固有ベクトルが $\boldsymbol{v}_1$ だから　$B\boldsymbol{v}_1=\lambda_1\boldsymbol{v}_1$

$$B\boldsymbol{v}_1=\begin{pmatrix}5&-6\\-1&4\end{pmatrix}\begin{pmatrix}-3\\1\end{pmatrix}=\begin{pmatrix}-21\\7\end{pmatrix}=7\begin{pmatrix}-3\\1\end{pmatrix}=7\boldsymbol{v}_1 \text{ より}\quad \lambda_1=7$$

$\boldsymbol{v}_2$ の固有値が 2 だから $B\boldsymbol{v}_2=2\boldsymbol{v}_2$ が成り立つ. $(B-2E)\boldsymbol{v}_2=\boldsymbol{0}$ を解くと

$$\begin{pmatrix}3&-6\\-1&2\end{pmatrix}\to\begin{pmatrix}1&-2\\0&0\end{pmatrix} \text{ より}\quad x-2y=0\quad \therefore\ \boldsymbol{v}_2=c_2\begin{pmatrix}2\\1\end{pmatrix}\quad (c_2\neq 0)$$

$|\boldsymbol{v}_2|=1$ より, $c_2=\pm\dfrac{1}{\sqrt{5}}$ だから　$\boldsymbol{v}_2=\pm\dfrac{1}{\sqrt{5}}\begin{pmatrix}2\\1\end{pmatrix}$

193 (1) **行列 A の固有値 λ は固有方程式 $|A-\lambda E|=0$ を満たすことを用いる.**

固有方程式 $|A-\lambda E|=0$ に $\lambda=1$ を代入すると

$$|A-E|=\begin{vmatrix}1&1&2\\2&1&1\\5&2&c-1\end{vmatrix}=\begin{vmatrix}1&0&0\\2&-1&-3\\5&-3&c-11\end{vmatrix}=\begin{vmatrix}-1&-3\\0&c-2\end{vmatrix}=-(c-2)=0$$

よって　$c=2$

(2) $c=2$ として, $(A-E)\boldsymbol{x}=\boldsymbol{0}$ を解けばよい.

$$\begin{pmatrix}1&1&2\\2&1&1\\5&2&1\end{pmatrix}\to\begin{pmatrix}1&1&2\\0&-1&-3\\0&-3&-9\end{pmatrix}\to\begin{pmatrix}1&0&-1\\0&1&3\\0&0&0\end{pmatrix} \text{ より}\ x-z=0,\ y+3z=0$$

$$\therefore\ \boldsymbol{x}=c_1\begin{pmatrix}1\\-3\\1\end{pmatrix}\quad (c_1\neq 0)\quad c_1=1 \text{ のとき, } \boldsymbol{x}=\begin{pmatrix}1\\-3\\1\end{pmatrix} \text{ より}\quad x=1,\ y=-3$$

194 (1) **固有値, 固有ベクトルの定義を用いる.**

$$\boldsymbol{x}=\begin{pmatrix}1\\0\\2\end{pmatrix} \text{ とおくと } A\boldsymbol{x}=\begin{pmatrix}-2&a&3\\4&1&-a\\10&2&b\end{pmatrix}\begin{pmatrix}1\\0\\2\end{pmatrix}=\begin{pmatrix}4\\4-2a\\10+2b\end{pmatrix}=4\begin{pmatrix}1\\\dfrac{2-a}{2}\\\dfrac{5+b}{2}\end{pmatrix}$$

$a=2,\ b=-1$ とすると　$A\boldsymbol{x}=4\boldsymbol{x}$

よって, $\boldsymbol{x}$ は A の固有値 4 に対する固有ベクトルとなるから　$a=2,\ b=-1$

(2) **$a=2,\ b=-1$ を代入して，固有方程式を解く．**

$$|A-\lambda E|=\begin{vmatrix} -2-\lambda & 2 & 3 \\ 4 & 1-\lambda & -2 \\ 10 & 2 & -1-\lambda \end{vmatrix}=\begin{vmatrix} 4-\lambda & 2 & 3 \\ 0 & 1-\lambda & -2 \\ 8-2\lambda & 2 & -1-\lambda \end{vmatrix}$$

$$=(4-\lambda)\begin{vmatrix} 1 & 2 & 3 \\ 0 & 1-\lambda & -2 \\ 2 & 2 & -1-\lambda \end{vmatrix}=(4-\lambda)\begin{vmatrix} 1 & 2 & 3 \\ 0 & 1-\lambda & -2 \\ 0 & -2 & -7-\lambda \end{vmatrix}$$

$\lambda=4$ が固有値になることを考慮して $4-\lambda$ をくくり出すとよい

$$=(4-\lambda)\{(1-\lambda)(-7-\lambda)-4\}=(4-\lambda)(\lambda^2+6\lambda-11)=0$$

よって　$\lambda=4,\ -3\pm2\sqrt{5}$

行列の対角化　A が n 次正方行列のとき

A が n 個の線形独立な固有ベクトルをもつならば，それらのベクトルを並べて対角化行列 P をつくり，$P^{-1}AP$ によって A を対角化できる．

195　**固有値と固有ベクトルを求め，対角化行列をつくり，行列を対角化する．**

(1) 固有方程式は

$$|A-\lambda E|=\begin{vmatrix} 1-\lambda & 4 & 4 \\ 4 & 1-\lambda & 4 \\ 4 & 4 & 1-\lambda \end{vmatrix}=\begin{vmatrix} 9-\lambda & 4 & 4 \\ 9-\lambda & 1-\lambda & 4 \\ 9-\lambda & 4 & 1-\lambda \end{vmatrix}$$

$$=(9-\lambda)\begin{vmatrix} 1 & 4 & 4 \\ 1 & 1-\lambda & 4 \\ 1 & 4 & 1-\lambda \end{vmatrix}=(9-\lambda)\begin{vmatrix} 1 & 4 & 4 \\ 0 & -3-\lambda & 0 \\ 0 & 0 & -3-\lambda \end{vmatrix}$$

$$=(9-\lambda)(-3-\lambda)^2=0$$

よって，固有値は　$\lambda=-3$ (重解)，9

(2) 固有値 λ に対する固有ベクトル $\boldsymbol{x}$ は $(A-\lambda E)\boldsymbol{x}=\boldsymbol{0}$ を解けばよい．

$\lambda=-3$ (重解) の場合

$$\begin{pmatrix} 4 & 4 & 4 \\ 4 & 4 & 4 \\ 4 & 4 & 4 \end{pmatrix}\to\begin{pmatrix} 1 & 1 & 1 \\ 0 & 0 & 0 \\ 0 & 0 & 0 \end{pmatrix}$$ よって　$x+y+z=0$

これより　$\boldsymbol{x}=c_1\begin{pmatrix} 1 \\ 0 \\ -1 \end{pmatrix}+c_2\begin{pmatrix} 0 \\ 1 \\ -1 \end{pmatrix}$　$(c_1\neq0$ または $c_2\neq0)$

$\lambda = 9$ の場合

$$\begin{pmatrix} -8 & 4 & 4 \\ 4 & -8 & 4 \\ 4 & 4 & -8 \end{pmatrix} \to \begin{pmatrix} -2 & 1 & 1 \\ 1 & -2 & 1 \\ 1 & 1 & -2 \end{pmatrix} \to \begin{pmatrix} 0 & 0 & 0 \\ 1 & -2 & 1 \\ 0 & 1 & -1 \end{pmatrix} \to \begin{pmatrix} 0 & 0 & 0 \\ 1 & 0 & -1 \\ 0 & 1 & -1 \end{pmatrix}$$

よって　$x - z = 0,\ y - z = 0$　これより　$\boldsymbol{x} = c_3 \begin{pmatrix} 1 \\ 1 \\ 1 \end{pmatrix}$　$(c_3 \neq 0)$

(3) $P = \begin{pmatrix} 1 & 0 & 1 \\ 0 & 1 & 1 \\ -1 & -1 & 1 \end{pmatrix}$ とおくと，$|P| = 3 \neq 0$ より，A は 3 個の線形独立な固有ベクトルをもつから対角化可能である．

$$P^{-1}AP = \begin{pmatrix} -3 & 0 & 0 \\ 0 & -3 & 0 \\ 0 & 0 & 9 \end{pmatrix} \quad \text{よって} \quad P = \begin{pmatrix} 1 & 0 & 1 \\ 0 & 1 & 1 \\ -1 & -1 & 1 \end{pmatrix}$$

〈注〉 P の列の順序を入れ換えると，対角行列に現れる固有値の順序も入れ換わる．

196　**行列のべき乗は，ケイリー・ハミルトンの定理を利用する．**

(1) 固有方程式は

$$|A - \lambda E| = \begin{vmatrix} -1-\lambda & -1 & -4 \\ -8 & -\lambda & -10 \\ 4 & 1 & 7-\lambda \end{vmatrix} = \begin{vmatrix} 3-\lambda & 0 & 3-\lambda \\ 0 & 2-\lambda & 2(2-\lambda) \\ 4 & 1 & 7-\lambda \end{vmatrix}$$

$$= (2-\lambda)(3-\lambda) \begin{vmatrix} 1 & 0 & 1 \\ 0 & 1 & 2 \\ 4 & 1 & 7-\lambda \end{vmatrix} = (2-\lambda)(3-\lambda) \begin{vmatrix} 1 & 0 & 0 \\ 0 & 1 & 0 \\ 4 & 1 & 1-\lambda \end{vmatrix}$$

$$= (1-\lambda)(2-\lambda)(3-\lambda) = 0$$

よって，固有値は　$\lambda = 1,\ 2,\ 3$

固有値 λ に対する固有ベクトル $\boldsymbol{x}$ は $(A - \lambda E)\boldsymbol{x} = \boldsymbol{0}$ を解けばよい．

$\lambda = 1$ の場合

$$\begin{pmatrix} -2 & -1 & -4 \\ -8 & -1 & -10 \\ 4 & 1 & 6 \end{pmatrix} \to \begin{pmatrix} 2 & 1 & 4 \\ 0 & 3 & 6 \\ 0 & -1 & -2 \end{pmatrix} \to \begin{pmatrix} 2 & 1 & 4 \\ 0 & 1 & 2 \\ 0 & 1 & 2 \end{pmatrix} \to \begin{pmatrix} 1 & 0 & 1 \\ 0 & 1 & 2 \\ 0 & 0 & 0 \end{pmatrix}$$

よって　$x + z = 0,\ y + 2z = 0$　これより　$\boldsymbol{x} = c_1 \begin{pmatrix} 1 \\ 2 \\ -1 \end{pmatrix}$　$(c_1 \neq 0)$

$\lambda=2$ の場合

$$\begin{pmatrix} -3 & -1 & -4 \\ -8 & -2 & -10 \\ 4 & 1 & 5 \end{pmatrix} \to \begin{pmatrix} 1 & 0 & 1 \\ 0 & 0 & 0 \\ 4 & 1 & 5 \end{pmatrix} \to \begin{pmatrix} 1 & 0 & 1 \\ 0 & 0 & 0 \\ 0 & 1 & 1 \end{pmatrix}$$

よって　$x+z=0,\ y+z=0$　これより　$\boldsymbol{x}=c_2\begin{pmatrix} 1 \\ 1 \\ -1 \end{pmatrix}$　$(c_2 \neq 0)$

$\lambda=3$ の場合

$$\begin{pmatrix} -4 & -1 & -4 \\ -8 & -3 & -10 \\ 4 & 1 & 4 \end{pmatrix} \to \begin{pmatrix} 4 & 1 & 4 \\ 0 & -1 & -2 \\ 0 & 0 & 0 \end{pmatrix} \to \begin{pmatrix} 2 & 0 & 1 \\ 0 & 1 & 2 \\ 0 & 0 & 0 \end{pmatrix}$$

よって　$2x+z=0,\ y+2z=0$　これより　$\boldsymbol{x}=c_3\begin{pmatrix} 1 \\ 4 \\ -2 \end{pmatrix}$　$(c_3 \neq 0)$

別解　固有ベクトルは次のように求めることもできる.

$\lambda=1$ の場合

$A-\lambda E=\begin{pmatrix} -2 & -1 & -4 \\ -8 & -1 & -10 \\ 4 & 1 & 6 \end{pmatrix}$ の第1行の余因子を縦に並べたベクトルを求めて

$${}^t\left(\begin{vmatrix} -1 & -10 \\ 1 & 6 \end{vmatrix}\ \ -\begin{vmatrix} -8 & -10 \\ 4 & 6 \end{vmatrix}\ \ \begin{vmatrix} -8 & -1 \\ 4 & 1 \end{vmatrix}\right)={}^t(4\ \ 8\ \ -4)=4\,{}^t(1\ \ 2\ \ -1)$$

ここでは第1行の余因子を並べたが，別の行の余因子を並べてもよい．余因子がすべて0になる場合は，解で示した消去法で求める．$\lambda=2,\ 3$ の固有ベクトルも同様に得られる．特に成分が文字式の場合は計算しやすい．

(2) $|A-\lambda E|=(1-\lambda)(2-\lambda)(3-\lambda)=-(\lambda^3-6\lambda^2+11\lambda-6)$

ケイリー・ハミルトンの定理より　$A^3-6A^2+11A-6E=O$

よって　$a=-6,\ b=11,\ c=-6$

(3) **$x^5-5x^4+6x^3-x^2+8x-8$ を $x^3-6x^2+11x-6$ で割る.**

$x^5-5x^4+6x^3-x^2+8x-8=(x^3-6x^2+11x-6)(x^2+x+1)+3x-2$ より

$A^5-5A^4+6A^3-A^2+8A-8E=(A^3-6A^2+11A-6E)(A^2+A+E)+3A-2E$

$$=3A-2E=3\begin{pmatrix} -1 & -1 & -4 \\ -8 & 0 & -10 \\ 4 & 1 & 7 \end{pmatrix}-2\begin{pmatrix} 1 & 0 & 0 \\ 0 & 1 & 0 \\ 0 & 0 & 1 \end{pmatrix}=\begin{pmatrix} -5 & -3 & -12 \\ -24 & -2 & -30 \\ 12 & 3 & 19 \end{pmatrix}$$

197 **3次の正方行列は3個の線形独立な固有ベクトルをもつならば，対角化可能である.**

固有方程式は

$$|A-\lambda E| = \begin{vmatrix} 3-\lambda & 0 & 1 \\ a-1 & 1-\lambda & a-1 \\ -2 & 0 & -\lambda \end{vmatrix} = \begin{vmatrix} 2-\lambda & 0 & 1 \\ 0 & 1-\lambda & a-1 \\ -(2-\lambda) & 0 & -\lambda \end{vmatrix}$$

$$= (2-\lambda)(1-\lambda)\begin{vmatrix} 1 & 0 & 1 \\ 0 & 1 & a-1 \\ -1 & 0 & -\lambda \end{vmatrix} = (2-\lambda)(1-\lambda)^2 = 0$$

よって，固有値は　$\lambda = 1$ (重解)，2

固有値 λ に対する固有ベクトル $\boldsymbol{x}$ は $(A-\lambda E)\boldsymbol{x} = \boldsymbol{0}$ を解けばよい.

$\lambda = 1$ (重解) の場合

$$\begin{pmatrix} 2 & 0 & 1 \\ a-1 & 0 & a-1 \\ -2 & 0 & -1 \end{pmatrix} \to \begin{pmatrix} 2 & 0 & 1 \\ a-1 & 0 & a-1 \\ 0 & 0 & 0 \end{pmatrix} \cdots ①$$

$a \fallingdotseq 1$ のとき

$$① \to \begin{pmatrix} 2 & 0 & 1 \\ 1 & 0 & 1 \\ 0 & 0 & 0 \end{pmatrix} \to \begin{pmatrix} 1 & 0 & 0 \\ 0 & 0 & 1 \\ 0 & 0 & 0 \end{pmatrix} \text{ より }\quad \boldsymbol{x} = c_1\begin{pmatrix} 0 \\ 1 \\ 0 \end{pmatrix} \quad (c_1 \fallingdotseq 0)$$

$a = 1$ のとき

$$① \to \begin{pmatrix} 2 & 0 & 1 \\ 0 & 0 & 0 \\ 0 & 0 & 0 \end{pmatrix} \quad \text{よって}\quad 2x + z = 0$$

これより　$\boldsymbol{x} = c_1\begin{pmatrix} 1 \\ 0 \\ -2 \end{pmatrix} + c_2\begin{pmatrix} 0 \\ 1 \\ 0 \end{pmatrix}$　($c_1 \fallingdotseq 0$ または $c_2 \fallingdotseq 0$)

$\lambda = 2$ の場合

$$\begin{pmatrix} 1 & 0 & 1 \\ a-1 & -1 & a-1 \\ -2 & 0 & -2 \end{pmatrix} \to \begin{pmatrix} 1 & 0 & 1 \\ 0 & 1 & 0 \\ 0 & 0 & 0 \end{pmatrix} \text{ より }\quad \boldsymbol{x} = c_3\begin{pmatrix} 1 \\ 0 \\ -1 \end{pmatrix} \quad (c_3 \fallingdotseq 0)$$

3個の線形独立な固有ベクトルをもつとき対角化可能だから，求める条件は　$a = 1$

このとき，$P = \begin{pmatrix} 1 & 0 & 1 \\ 0 & 1 & 0 \\ -2 & 0 & -1 \end{pmatrix}$ とおくと　$P^{-1}AP = \begin{pmatrix} 1 & 0 & 0 \\ 0 & 1 & 0 \\ 0 & 0 & 2 \end{pmatrix}$

ケイリー・ハミルトンの定理の応用 1

n 次正方行列 A の m 個の固有値を α_i，解の重複度を n_i $\left(\sum_{i=1}^{m} n_i = n\right)$ とすると

$$\prod_{i=1}^{m}(A-\alpha_i E)^{n_i} = O \quad \text{（ケイリー・ハミルトンの定理）}$$

行列 A が対角化可能のときは

$$\prod_{i=1}^{m}(A-\alpha_i E) = O \quad \text{（1 次式の積が零行列）}$$

別解　**ポイント 34 を使い，はじめに対角化可能の条件を求める．**

対角化可能のとき，$(A-E)(A-2E)=O$ が成り立つから

$$\begin{pmatrix} 2 & 0 & 1 \\ a-1 & 0 & a-1 \\ -2 & 0 & -1 \end{pmatrix}\begin{pmatrix} 1 & 0 & 1 \\ a-1 & -1 & a-1 \\ -2 & 0 & -2 \end{pmatrix} = \begin{pmatrix} 0 & 0 & 0 \\ 1-a & 0 & 1-a \\ 0 & 0 & 0 \end{pmatrix} = O$$

よって，$a=1$ のとき対角化可能である．以降は，A に $a=1$ を代入して，固有値，固有ベクトルを求め，P と $P^{-1}AP$ を求めればよい．

198　**行列の対角化を利用して，行列のべき乗を求める．**

(1) $(A-2E)(A-3E) = \begin{pmatrix} -1 & -2 & 2 \\ 2 & 4 & -4 \\ 1 & 2 & -2 \end{pmatrix}\begin{pmatrix} -2 & -2 & 2 \\ 2 & 3 & -4 \\ 1 & 2 & -3 \end{pmatrix} = O$

(2) 固有方程式は

$$|A-\lambda E| = \begin{vmatrix} 1-\lambda & -2 & 2 \\ 2 & 6-\lambda & -4 \\ 1 & 2 & -\lambda \end{vmatrix} = \begin{vmatrix} 1-\lambda & -2 & 2 \\ 2(2-\lambda) & 2-\lambda & 0 \\ 2-\lambda & 0 & 2-\lambda \end{vmatrix}$$

$$= (2-\lambda)^2\begin{vmatrix} 1-\lambda & -2 & 2 \\ 2 & 1 & 0 \\ 1 & 0 & 1 \end{vmatrix} = (2-\lambda)^2\begin{vmatrix} 3 & \lambda & 0 & 0 \\ 2 & & 1 & 0 \\ 1 & & 0 & 1 \end{vmatrix}$$

$$= (2-\lambda)^2(3-\lambda) = 0$$

よって，固有値は　$\lambda = 2$（重解），3

(3) 固有値 λ に対する固有ベクトル $\boldsymbol{x}$ は $(A-\lambda E)\boldsymbol{x} = \boldsymbol{0}$ を解いて

$\lambda = 2$（重解）の場合　$\boldsymbol{x} = c_1\begin{pmatrix} 2 \\ -1 \\ 0 \end{pmatrix} + c_2\begin{pmatrix} 2 \\ 0 \\ 1 \end{pmatrix}$　($c_1 \neq 0$ または $c_2 \neq 0$)

$\lambda=3$ の場合　$\boldsymbol{x}=c_3\begin{pmatrix}1\\-2\\-1\end{pmatrix}$　$(c_3\neq 0)$

$P=\begin{pmatrix}2&2&1\\-1&0&-2\\0&1&-1\end{pmatrix}$，$B=\begin{pmatrix}2&0&0\\0&2&0\\0&0&3\end{pmatrix}$ とおくと

$$P^{-1}AP=B,\ P^{-1}=\begin{pmatrix}2&3&-4\\-1&-2&3\\-1&-2&2\end{pmatrix}$$

$A=PBP^{-1}$ の両辺を m 乗すると　$A^m=PB^mP^{-1}$

$B^m=\begin{pmatrix}2^m&0&0\\0&2^m&0\\0&0&3^m\end{pmatrix}$ より $D_1=\begin{pmatrix}1&0&0\\0&1&0\\0&0&0\end{pmatrix}$，$D_2=\begin{pmatrix}0&0&0\\0&0&0\\0&0&1\end{pmatrix}$ とおくと

$B^m=2^mD_1+3^mD_2$ だから

$$A^m=PB^mP^{-1}=P(2^mD_1+3^mD_2)P^{-1}=2^mPD_1P^{-1}+3^mPD_2P^{-1}$$

よって，$\lambda_1=2,\ \lambda_2=3,$

$$P_1=PD_1P^{-1}=\begin{pmatrix}2&2&-2\\-2&-3&4\\-1&-2&3\end{pmatrix},\ P_2=PD_2P^{-1}=\begin{pmatrix}-1&-2&2\\2&4&-4\\1&2&-2\end{pmatrix}$$

おくと，$A^m=\lambda_1^mP_1+\lambda_2^mP_2$ と表せる．

別解　**339 ページのポイント 35 を用いる．**

$\lambda_1=2,\ \lambda_2=3,$

$$P_1=I=\frac{A-3E}{2-3}=-(A-3E)=\begin{pmatrix}2&2&-2\\-2&-3&4\\-1&-2&3\end{pmatrix}$$

$$P_2=J=\frac{A-2E}{3-2}=A-2E=\begin{pmatrix}-1&-2&2\\2&4&-4\\1&2&-2\end{pmatrix}$$

とおくと　$I^2=I,\ J^2=J,\ IJ=JI=O,\ A=2I+3J$

よって

$$A^m=2^mI+3^mJ=2^m\begin{pmatrix}2&2&-2\\-2&-3&4\\-1&-2&3\end{pmatrix}+3^m\begin{pmatrix}-1&-2&2\\2&4&-4\\1&2&-2\end{pmatrix}$$

ポイント 35　**ケイリー・ハミルトンの定理の応用 2**

(1) 異なる α, β に対して，$(A-\alpha E)(A-\beta E)=O$ が成り立っているとき

$I=\dfrac{A-\beta E}{\alpha-\beta}$, $J=\dfrac{A-\alpha E}{\beta-\alpha}$ とおくと　$\boldsymbol{I+J=E,\ IJ=JI=O}$

$I+J=E,\ IJ=O$ より　$I^2+IJ=I$　$\therefore$　$I^2=I$　同様に　$J^2=J$

$(A-\alpha E)I=O$ より　$AI=\alpha I$　同様に　$AJ=\beta J$

$E=I+J$ より　$A=AI+AJ=\alpha I+\beta J$　よって　$A=\alpha I+\beta J$

$A^2=\alpha^2I^2+\alpha\beta IJ+\beta\alpha JI+\beta^2J^2=\alpha^2I+\beta^2J,\ \cdots,$

$$A^n=\alpha^nI+\beta^nJ$$

(2) 異なる α, β, γ に対して，$(A-\alpha E)(A-\beta E)(A-\gamma E)=O$ が成り立っているとき

$$I=\frac{(A-\beta E)(A-\gamma E)}{(\alpha-\beta)(\alpha-\gamma)},\ J=\frac{(A-\gamma E)(A-\alpha E)}{(\beta-\gamma)(\beta-\alpha)},\ K=\frac{(A-\alpha E)(A-\beta E)}{(\gamma-\alpha)(\gamma-\beta)}$$

とおくと，(1) と同様に $IJ=JI=JK=KJ=KI=IK=O,\ I+J+K=E,$

$I^2=I,\ J^2=J,\ K^2=K,\quad A=\alpha I+\beta J+\gamma K$ が成り立つ．

$$A^n=\alpha^nI+\beta^nJ+\gamma^nK$$

このポイントは A^n を比較的簡単に計算する方法を提示しているだけではない．固有値・固有ベクトルに関する重要な意味をもっている．例えば (1) では，$\boldsymbol{x}_1=I\boldsymbol{x}$, $\boldsymbol{x}_2=J\boldsymbol{x}$ とおくと，$A\boldsymbol{x}_1=AI\boldsymbol{x}=\alpha I\boldsymbol{x}=\alpha\boldsymbol{x}_1$，同様に $A\boldsymbol{x}_2=\beta\boldsymbol{x}_2$ が成り立つことから，$\boldsymbol{x}_1$, $\boldsymbol{x}_2$ は α, β に対する固有ベクトルとなる．$E=I+J$ は $\boldsymbol{x}=I\boldsymbol{x}+J\boldsymbol{x}=\boldsymbol{x}_1+\boldsymbol{x}_2$ より，任意の $\boldsymbol{x}$ は固有ベクトルに分解され，和として表されることを意味する．$A=\alpha I+\beta J$ は $A\boldsymbol{x}=\alpha\boldsymbol{x}_1+\beta\boldsymbol{x}_2$ となり，A による線形変換が固有ベクトルによって分解されることを意味する．このように，ケイリー・ハミルトンの定理を出発点として，さまざまな事柄が導かれる．

199　(1) 固有方程式は

$$|P-\lambda E|=\begin{vmatrix}5-\lambda & 1 & -2\\ 1 & 6-\lambda & -1\\ -2 & -1 & 5-\lambda\end{vmatrix}=\begin{vmatrix}3-\lambda & 1 & -2\\ 0 & 6-\lambda & -1\\ 3-\lambda & -1 & 5-\lambda\end{vmatrix}$$

$$=\begin{vmatrix}3-\lambda & 1 & -2\\ 0 & 6-\lambda & -1\\ 0 & -2 & 7-\lambda\end{vmatrix}=(3-\lambda)\begin{vmatrix}5-\lambda & -1\\ 5-\lambda & 7-\lambda\end{vmatrix}=(3-\lambda)(5-\lambda)(8-\lambda)=0$$

よって，固有値は　$\lambda_1=3,\ \lambda_2=5,\ \lambda_3=8$

対応する固有ベクトル $\boldsymbol{x}_i$ は $(P-\lambda_iE)\boldsymbol{x}_i=\boldsymbol{0}$ $(i=1,\ 2,\ 3)$ を解けばよい．

$\boldsymbol{x}_i$ の大きさを 1 とした単位固有ベクトルはそれぞれ

$$\boldsymbol{v}_1 = \pm\frac{1}{\sqrt{2}}\begin{pmatrix}1\\0\\1\end{pmatrix},\ \boldsymbol{v}_2 = \pm\frac{1}{\sqrt{6}}\begin{pmatrix}1\\-2\\-1\end{pmatrix},\ \boldsymbol{v}_3 = \pm\frac{1}{\sqrt{3}}\begin{pmatrix}1\\1\\-1\end{pmatrix}$$

(2) $i,\ j = 1,\ 2,\ 3$ に対して　${}^t\boldsymbol{v}_i\boldsymbol{v}_j = \boldsymbol{v}_i\cdot\boldsymbol{v}_j = 1\ (i=j),\ \ 0\ (i\neq j)$ ⋯ ①

$${}^tVV = \begin{pmatrix}{}^t\boldsymbol{v}_1\\{}^t\boldsymbol{v}_2\\{}^t\boldsymbol{v}_3\end{pmatrix}(\boldsymbol{v}_1\ \ \boldsymbol{v}_2\ \ \boldsymbol{v}_3) = \begin{pmatrix}|\boldsymbol{v}_1|^2 & \boldsymbol{v}_1\cdot\boldsymbol{v}_2 & \boldsymbol{v}_1\cdot\boldsymbol{v}_3\\ \boldsymbol{v}_2\cdot\boldsymbol{v}_1 & |\boldsymbol{v}_2|^2 & \boldsymbol{v}_2\cdot\boldsymbol{v}_3\\ \boldsymbol{v}_3\cdot\boldsymbol{v}_1 & \boldsymbol{v}_3\cdot\boldsymbol{v}_2 & |\boldsymbol{v}_2|^2\end{pmatrix} = E$$

${}^tVV = E$ より　${}^tV = V^{-1}$　よって　$V\,{}^tV = E$

〈注〉 ① の性質は (1) で求めた $\boldsymbol{v}_i$ を計算しても求められるが，単位固有ベクトルの大きさから $i=j$ の場合は 1，対称行列の異なる固有値に対応する固有ベクトルは直交することから $i\neq j$ の場合は 0 となる．

(3) $$P = VA\,{}^tV = (\boldsymbol{v}_1\ \ \boldsymbol{v}_2\ \ \boldsymbol{v}_3)\begin{pmatrix}\lambda_1 & 0 & 0\\0 & \lambda_2 & 0\\0 & 0 & \lambda_3\end{pmatrix}\begin{pmatrix}{}^t\boldsymbol{v}_1\\{}^t\boldsymbol{v}_2\\{}^t\boldsymbol{v}_3\end{pmatrix}$$

$$= \lambda_1\boldsymbol{v}_1{}^t\boldsymbol{v}_1 + \lambda_2\boldsymbol{v}_2{}^t\boldsymbol{v}_2 + \lambda_3\boldsymbol{v}_3{}^t\boldsymbol{v}_3 = \lambda_1P_1 + \lambda_2P_2 + \lambda_3P_3$$

ただし，$P_i = \boldsymbol{v}_i{}^t\boldsymbol{v}_i\ (i=1,\ 2,\ 3)$ である．よって

$$P_1 = \frac{1}{2}\begin{pmatrix}1 & 0 & 1\\0 & 0 & 0\\1 & 0 & 1\end{pmatrix},\ P_2 = \frac{1}{6}\begin{pmatrix}1 & -2 & -1\\-2 & 4 & 2\\-1 & 2 & 1\end{pmatrix},\ P_3 = \frac{1}{3}\begin{pmatrix}1 & 1 & -1\\1 & 1 & -1\\-1 & -1 & 1\end{pmatrix}$$

〈注〉 $P_1,\ P_2,\ P_3$ はポイント 35 の $I,\ J,\ K$ と同じである．

(4) ① より　$P_iP_j = (\boldsymbol{v}_i{}^t\boldsymbol{v}_i)(\boldsymbol{v}_j{}^t\boldsymbol{v}_j) = \boldsymbol{v}_i({}^t\boldsymbol{v}_i\boldsymbol{v}_j){}^t\boldsymbol{v}_j = P_i\ (i=j),\ \ O\ (i\neq j)$ ⋯ ②

$$P^n = (\lambda_1P_1 + \lambda_2P_2 + \lambda_3P_3)^n = \lambda_1^nP_1 + \lambda_2^nP_2 + \lambda_3^nP_3 = 3^nP_1 + 5^nP_2 + 8^nP_3$$

$$= \begin{pmatrix}\dfrac{3^n}{2}+\dfrac{5^n}{6}+\dfrac{8^n}{3} & -\dfrac{5^n}{3}+\dfrac{8^n}{3} & \dfrac{3^n}{2}-\dfrac{5^n}{6}-\dfrac{8^n}{3}\\ -\dfrac{5^n}{3}+\dfrac{8^n}{3} & \dfrac{2\cdot5^n}{3}+\dfrac{8^n}{3} & \dfrac{5^n}{3}-\dfrac{8^n}{3}\\ \dfrac{3^n}{2}-\dfrac{5^n}{6}-\dfrac{8^n}{3} & \dfrac{5^n}{3}-\dfrac{8^n}{3} & \dfrac{3^n}{2}+\dfrac{5^n}{6}+\dfrac{8^n}{3}\end{pmatrix}$$

〈注〉 P^n の計算は，例えば P^2 を ② の性質を使って計算するとわかる．

$$P^2 = \lambda_1^2P_1^2 + \lambda_2^2P_2^2 + \lambda_3^2P_3^2 + \lambda_1\lambda_2P_1P_2 + \lambda_1\lambda_2P_2P_1$$
$$+\lambda_2\lambda_3P_2P_3 + \lambda_2\lambda_3P_3P_2 + \lambda_3\lambda_1P_3P_1 + \lambda_3\lambda_1P_1P_3$$
$$= \lambda_1^2P_1 + \lambda_2^2P_2 + \lambda_3^2P_3$$

〈注〉 ② の性質をもつ行列 P_i を射影行列という．

200 行列の成分が複素数の場合も実数の場合と同様の方法で固有ベクトルを求める.

固有方程式は

$$|A-\lambda E|=\begin{vmatrix} 3-\lambda & 1+i \\ 1-i & 1-\lambda \end{vmatrix}=\lambda^2-4\lambda+1=0 \quad \text{よって, 固有値は} \quad \lambda=2\pm\sqrt{3}$$

固有値 λ に対する固有ベクトル $\boldsymbol{x}$ は $(A-\lambda E)\boldsymbol{x}=\boldsymbol{0}$ を解けばよい.

絶対値の最も大きな固有値 $\lambda=2+\sqrt{3}$ に対する固有ベクトルは

$$\begin{pmatrix} 1-\sqrt{3} & 1+i \\ 1-i & -1-\sqrt{3} \end{pmatrix} \to \begin{pmatrix} 1-\sqrt{3} & 1+i \\ 0 & 0 \end{pmatrix} \quad \text{よって} \quad (1-\sqrt{3})x+(1+i)y=0$$

これより $\boldsymbol{x}=c_1\begin{pmatrix} 1+i \\ \sqrt{3}-1 \end{pmatrix}$ $(c_1 \neq 0)$

〈注〉 一般に $ax+by=0$ のとき, $x=cb,\ y=-ca$ (c は任意の数) と表せる.

〈注〉 $\lambda=2-\sqrt{3}$ に対する固有ベクトルは

$$\begin{pmatrix} 1+\sqrt{3} & 1+i \\ 1-i & -1+\sqrt{3} \end{pmatrix} \to \begin{pmatrix} 1+\sqrt{3} & 1+i \\ 0 & 0 \end{pmatrix} \quad \therefore\ \boldsymbol{x}=c_2\begin{pmatrix} 1+i \\ -\sqrt{3}-1 \end{pmatrix} (c_2 \neq 0)$$

201 行列の成分が文字である場合もこれまでと同様に計算する.

(1) 固有方程式は

$$|A-\lambda E|=\begin{vmatrix} a^2-\lambda & ab & a \\ ab & b^2-\lambda & b \\ a & b & 1-\lambda \end{vmatrix}=\begin{vmatrix} -\lambda & 0 & a \\ 0 & -\lambda & b \\ a\lambda & b\lambda & 1-\lambda \end{vmatrix}$$

$$=\begin{vmatrix} -\lambda & 0 & a \\ 0 & -\lambda & b \\ 0 & 0 & a^2+b^2+1-\lambda \end{vmatrix}=\lambda^2(a^2+b^2+1-\lambda)=0$$

よって, 固有値は $\lambda=0$ (重解), a^2+b^2+1

(2) 固有値 λ に対する固有ベクトル $\boldsymbol{x}$ は $(A-\lambda E)\boldsymbol{x}=\boldsymbol{0}$ を解けばよい.

$\lambda=0$ (重解) の場合

$$\begin{pmatrix} a^2 & ab & a \\ ab & b^2 & b \\ a & b & 1 \end{pmatrix} \to \begin{pmatrix} 0 & 0 & 0 \\ 0 & 0 & 0 \\ a & b & 1 \end{pmatrix} \quad \text{よって} \quad ax+by+z=0$$

これより $\boldsymbol{x}=c_1\begin{pmatrix} 1 \\ 0 \\ -a \end{pmatrix}+c_2\begin{pmatrix} 0 \\ 1 \\ -b \end{pmatrix}$ $(c_1 \neq 0 \text{ または } c_2 \neq 0)$

$\lambda = a^2 + b^2 + 1$ の場合

A は実対称行列であり，実対称行列の異なる固有値に対する固有ベクトルは直交するから，固有値 $a^2 + b^2 + 1$ に対する固有ベクトルは，固有値 0 に対する固有ベクトル

$\begin{pmatrix} 1 \\ 0 \\ -a \end{pmatrix}$, $\begin{pmatrix} 0 \\ 1 \\ -b \end{pmatrix}$ に直交する．したがって　$\boldsymbol{x} = c_3 \begin{pmatrix} a \\ b \\ 1 \end{pmatrix}$　$(c_3 \neq 0)$

$$P = \begin{pmatrix} 1 & 0 & a \\ 0 & 1 & b \\ -a & -b & 1 \end{pmatrix} \text{ とおくと }\quad P^{-1}AP = \begin{pmatrix} 0 & 0 & 0 \\ 0 & 0 & 0 \\ 0 & 0 & a^2 + b^2 + 1 \end{pmatrix}$$

〈注〉 固有値 $a^2 + b^2 + 1$ の固有ベクトルを求めるには

$$\begin{pmatrix} -b^2 - 1 & ab & a \\ ab & -a^2 - 1 & b \\ a & b & -a^2 - b^2 \end{pmatrix}$$

1行 − 3行 × a
2行 − 3行 × b

$$\to \begin{pmatrix} -a^2 - b^2 - 1 & 0 & a + a^3 + ab^2 \\ 0 & -a^2 - b^2 - 1 & b + a^2 b + b^3 \\ a & b & -a^2 - b^2 \end{pmatrix}$$

1行目と2行目を
$-(a^2 + b^2 + 1) \neq 0$
で割る

$$\to \begin{pmatrix} 1 & 0 & -a \\ 0 & 1 & -b \\ a & b & -a^2 - b^2 \end{pmatrix} \to \begin{pmatrix} 1 & 0 & -a \\ 0 & 1 & -b \\ 0 & 0 & 0 \end{pmatrix}$$

のように行基本変形をしていってもよい．

また，3 行 + 1 行 × a + 2 行 × b とすると

$$\begin{pmatrix} -b^2 - 1 & ab & a \\ ab & -a^2 - 1 & b \\ a & b & -a^2 - b^2 \end{pmatrix} \to \begin{pmatrix} -b^2 - 1 & ab & a \\ ab & -a^2 - 1 & b \\ 0 & 0 & 0 \end{pmatrix}$$

のように 3 行目を 0 にすることができるが，その後，工夫が必要になる．

ポイント 36

対称行列の直交行列による対角化　実対称行列は応用上もよく現れる重要な行列である．これを直交行列で対角化することによって，さまざまな問題が解決できる．実対称行列の異なる固有値に対する固有ベクトルは直交するから，固有値に重解がなくすべて異なる場合は，固有ベクトルの大きさを 1 にして並べることで対角化する直交行列 P をつくることができる．固有方程式が重解をもつ場合は，グラム・シュミットの直交化法 (93 ページの要項 47) などを用いて互いに直交する固有ベクトルをつくる必要がある．

---

202 (1) 固有方程式は

$$|A-\lambda E|=\begin{vmatrix}2-\lambda & 0 & 0\\ 0 & 1-\lambda & 3\\ 0 & 3 & 1-\lambda\end{vmatrix}=(2-\lambda)\begin{vmatrix}4-\lambda & 3\\ 4-\lambda & 1-\lambda\end{vmatrix}$$

$$=(2-\lambda)(4-\lambda)\begin{vmatrix}1 & 3\\ 0 & -2-\lambda\end{vmatrix}=(2-\lambda)(4-\lambda)(-2-\lambda)=0$$

よって，固有値は　$\lambda=-2,\ 2,\ 4$

(2) **固有値がすべて異なるから固有ベクトルの大きさを 1 にして直交行列 P をつくる．**

固有値 λ に対する固有ベクトル $\boldsymbol{x}$ は $(A-\lambda E)\boldsymbol{x}=\boldsymbol{0}$ を解けばよい．

$\lambda=-2$ の場合 $\begin{pmatrix}4 & 0 & 0\\ 0 & 3 & 3\\ 0 & 3 & 3\end{pmatrix}\longrightarrow\begin{pmatrix}1 & 0 & 0\\ 0 & 1 & 1\\ 0 & 0 & 0\end{pmatrix}$ より　$\boldsymbol{x}=c_1\begin{pmatrix}0\\ 1\\ -1\end{pmatrix}$ $(c_1\neq 0)$

$\lambda=2$ の場合 $\begin{pmatrix}0 & 0 & 0\\ 0 & -1 & 3\\ 0 & 3 & -1\end{pmatrix}\longrightarrow\begin{pmatrix}0 & 0 & 0\\ 0 & 1 & 0\\ 0 & 0 & 1\end{pmatrix}$ より　$\boldsymbol{x}=c_2\begin{pmatrix}1\\ 0\\ 0\end{pmatrix}$ $(c_2\neq 0)$

$\lambda=4$ の場合 $\begin{pmatrix}-2 & 0 & 0\\ 0 & -3 & 3\\ 0 & 3 & -3\end{pmatrix}\longrightarrow\begin{pmatrix}1 & 0 & 0\\ 0 & 1 & -1\\ 0 & 0 & 0\end{pmatrix}$ より　$\boldsymbol{x}=c_3\begin{pmatrix}0\\ 1\\ 1\end{pmatrix}$ $(c_3\neq 0)$

$c_1=c_3=\dfrac{1}{\sqrt{2}}$，$c_2=1$ とすると，各固有ベクトルの大きさは 1 となる．

$P=\begin{pmatrix}0 & 1 & 0\\ \frac{1}{\sqrt{2}} & 0 & \frac{1}{\sqrt{2}}\\ -\frac{1}{\sqrt{2}} & 0 & \frac{1}{\sqrt{2}}\end{pmatrix}$ とおくと，P は直交行列で　$P^{-1}AP=\begin{pmatrix}-2 & 0 & 0\\ 0 & 2 & 0\\ 0 & 0 & 4\end{pmatrix}$

203 (1) 固有方程式は

$$|A-\lambda E|=\begin{vmatrix}2-\lambda & -1 & -1\\ -1 & 2-\lambda & -1\\ -1 & -1 & 2-\lambda\end{vmatrix}=\begin{vmatrix}-\lambda & 0 & -1\\ -\lambda & 3-\lambda & -1\\ -\lambda & -(3-\lambda) & 2-\lambda\end{vmatrix}$$

$$=-\lambda(3-\lambda)\begin{vmatrix}1 & 0 & -1\\ 1 & 1 & -1\\ 1 & -1 & 2-\lambda\end{vmatrix}=-\lambda(3-\lambda)\begin{vmatrix}1 & 0 & 0\\ 1 & 1 & 0\\ 1 & -1 & 3-\lambda\end{vmatrix}$$

$$=-\lambda(3-\lambda)^2$$

よって，固有値は　$\lambda=0,\ 3$ (重解)

固有値 λ に対する固有ベクトル $\boldsymbol{x}$ は $(A-\lambda E)\boldsymbol{x}=\boldsymbol{0}$ を解けばよい.

$\lambda=0$ の場合 $\begin{pmatrix} 2 & -1 & -1 \\ -1 & 2 & -1 \\ -1 & -1 & 2 \end{pmatrix} \to \begin{pmatrix} 0 & 0 & 0 \\ -1 & 2 & -1 \\ 0 & -3 & 3 \end{pmatrix} \to \begin{pmatrix} 0 & 0 & 0 \\ 1 & 0 & -1 \\ 0 & 1 & -1 \end{pmatrix}$

$\lambda=3$（重解）の場合 $\begin{pmatrix} -1 & -1 & -1 \\ -1 & -1 & -1 \\ -1 & -1 & -1 \end{pmatrix} \to \begin{pmatrix} 1 & 1 & 1 \\ 0 & 0 & 0 \\ 0 & 0 & 0 \end{pmatrix}$

よって，固有値 $\lambda=0,\ 3$（重解）に対する固有ベクトルはそれぞれ

$$c_1\begin{pmatrix} 1 \\ 1 \\ 1 \end{pmatrix} \quad (c_1 \neq 0), \quad c_2\begin{pmatrix} 1 \\ 0 \\ -1 \end{pmatrix} + c_3\begin{pmatrix} 0 \\ 1 \\ -1 \end{pmatrix} \quad (c_2 \neq 0 \text{ または } c_3 \neq 0)$$

(2)　**固有値が重複するからグラム・シュミットの直交化法を用いて直交行列 P をつくる.**

$$\boldsymbol{a}_1=\begin{pmatrix} 1 \\ 1 \\ 1 \end{pmatrix},\ \boldsymbol{a}_2=\begin{pmatrix} 1 \\ 0 \\ -1 \end{pmatrix},\ \boldsymbol{a}_3=\begin{pmatrix} 0 \\ 1 \\ -1 \end{pmatrix} \text{ とおく.}$$

${}^tA=A$ より A は対称行列である．対称行列の異なる固有値に対する固有ベクトルは直交するから，$\boldsymbol{a}_1\cdot\boldsymbol{a}_2=\boldsymbol{a}_1\cdot\boldsymbol{a}_3=0$ であるが，$\boldsymbol{a}_2\cdot\boldsymbol{a}_3\neq 0$ である．グラム・シュミットの直交化法より

$$\boldsymbol{u}_1=\frac{\boldsymbol{a}_1}{|\boldsymbol{a}_1|}=\frac{1}{\sqrt{3}}\begin{pmatrix} 1 \\ 1 \\ 1 \end{pmatrix}, \quad \boldsymbol{u}_2=\frac{\boldsymbol{a}_2}{|\boldsymbol{a}_2|}=\frac{1}{\sqrt{2}}\begin{pmatrix} 1 \\ 0 \\ -1 \end{pmatrix}$$

$$\boldsymbol{b}_3=\boldsymbol{a}_3-(\boldsymbol{a}_3\cdot\boldsymbol{u}_2)\boldsymbol{u}_2=\frac{1}{2}\begin{pmatrix} -1 \\ 2 \\ -1 \end{pmatrix}, \quad \boldsymbol{u}_3=\frac{\boldsymbol{b}_3}{|\boldsymbol{b}_3|}=\frac{1}{\sqrt{6}}\begin{pmatrix} -1 \\ 2 \\ -1 \end{pmatrix}$$

$$P=\begin{pmatrix} \frac{1}{\sqrt{3}} & \frac{1}{\sqrt{2}} & -\frac{1}{\sqrt{6}} \\ \frac{1}{\sqrt{3}} & 0 & \frac{2}{\sqrt{6}} \\ \frac{1}{\sqrt{3}} & -\frac{1}{\sqrt{2}} & -\frac{1}{\sqrt{6}} \end{pmatrix} \text{ とおくと, } P \text{ は直交行列で } \quad {}^tPAP=\begin{pmatrix} 0 & 0 & 0 \\ 0 & 3 & 0 \\ 0 & 0 & 3 \end{pmatrix}$$

〈注〉 $\boldsymbol{a}_1\perp\boldsymbol{a}_2$，$\boldsymbol{a}_1\perp\boldsymbol{a}_3$ より，$\boldsymbol{a}_2$ と $\boldsymbol{a}_3$ は $\boldsymbol{a}_1$ に垂直な平面上にある．このことより

$$\boldsymbol{u}_1=\frac{\boldsymbol{a}_1}{|\boldsymbol{a}_1|},\ \boldsymbol{u}_2=\frac{\boldsymbol{a}_2}{|\boldsymbol{a}_2|},\ \boldsymbol{u}_3=\frac{\boldsymbol{a}_1\times\boldsymbol{a}_2}{|\boldsymbol{a}_1\times\boldsymbol{a}_2|}$$

として求めることもできる.

204 (1) 固有方程式は

$$|A-\lambda E|=\begin{vmatrix}-3-\lambda & 4 & 0 & 0\\ -2 & 3-\lambda & 0 & 0\\ 6 & 1 & 6-\lambda & 8\\ -2 & -3 & -4 & -6-\lambda\end{vmatrix}$$

$$=\begin{vmatrix}-3-\lambda & 4\\ -2 & 3-\lambda\end{vmatrix}\begin{vmatrix}6-\lambda & 8\\ -4 & -6-\lambda\end{vmatrix}$$

行列式をブロックに分けて計算する
100ページの要項49を参照

$$=\begin{vmatrix}1-\lambda & 4\\ 1-\lambda & 3-\lambda\end{vmatrix}\begin{vmatrix}2-\lambda & 2-\lambda\\ -4 & -6-\lambda\end{vmatrix}=\begin{vmatrix}1-\lambda & 4\\ 0 & -1-\lambda\end{vmatrix}\begin{vmatrix}2-\lambda & 0\\ -4 & -2-\lambda\end{vmatrix}$$

$=(1-\lambda)(-1-\lambda)(2-\lambda)(-2-\lambda)=0$　よって，固有値は　$\lambda=-2,\ -1,\ 1,\ 2$

(2) 固有値 λ に対する固有ベクトル $\boldsymbol{x}$ は $(A-\lambda E)\boldsymbol{x}=\boldsymbol{0}$ を解けばよい．

$\lambda=-2$ の場合

$$\begin{pmatrix}-1 & 4 & 0 & 0\\ -2 & 5 & 0 & 0\\ 6 & 1 & 8 & 8\\ -2 & -3 & -4 & -4\end{pmatrix}\to\begin{pmatrix}1 & -4 & 0 & 0\\ 0 & -3 & 0 & 0\\ 0 & 25 & 8 & 8\\ 0 & -11 & -4 & -4\end{pmatrix}\to\begin{pmatrix}1 & 0 & 0 & 0\\ 0 & 1 & 0 & 0\\ 0 & 0 & 1 & 1\\ 0 & 0 & 0 & 0\end{pmatrix}$$

$\lambda=-1$ の場合

$$\begin{pmatrix}-2 & 4 & 0 & 0\\ -2 & 4 & 0 & 0\\ 6 & 1 & 7 & 8\\ -2 & -3 & -4 & -5\end{pmatrix}\to\begin{pmatrix}1 & -2 & 0 & 0\\ 0 & 0 & 0 & 0\\ 0 & 13 & 7 & 8\\ 0 & -7 & -4 & -5\end{pmatrix}\to\begin{pmatrix}1 & -2 & 0 & 0\\ 0 & 0 & 0 & 0\\ 0 & -1 & -1 & -2\\ 0 & -7 & -4 & -5\end{pmatrix}$$

$$\to\begin{pmatrix}1 & 0 & 2 & 4\\ 0 & 0 & 0 & 0\\ 0 & 1 & 1 & 2\\ 0 & 0 & 3 & 9\end{pmatrix}\to\begin{pmatrix}1 & 0 & 0 & -2\\ 0 & 0 & 0 & 0\\ 0 & 1 & 0 & -1\\ 0 & 0 & 1 & 3\end{pmatrix}$$

$\lambda=1$ の場合

$$\begin{pmatrix}-4 & 4 & 0 & 0\\ -2 & 2 & 0 & 0\\ 6 & 1 & 5 & 8\\ -2 & -3 & -4 & -7\end{pmatrix}\to\begin{pmatrix}1 & -1 & 0 & 0\\ 0 & 0 & 0 & 0\\ 0 & 7 & 5 & 8\\ 0 & -5 & -4 & -7\end{pmatrix}\to\begin{pmatrix}1 & -1 & 0 & 0\\ 0 & 0 & 0 & 0\\ 0 & 7 & 5 & 8\\ 0 & 2 & 1 & 1\end{pmatrix}$$

$$\to\begin{pmatrix}1 & -1 & 0 & 0\\ 0 & 0 & 0 & 0\\ 0 & 1 & 2 & 5\\ 0 & 2 & 1 & 1\end{pmatrix}\to\begin{pmatrix}1 & 0 & 2 & 5\\ 0 & 0 & 0 & 0\\ 0 & 1 & 2 & 5\\ 0 & 0 & -3 & -9\end{pmatrix}\to\begin{pmatrix}1 & 0 & 0 & -1\\ 0 & 0 & 0 & 0\\ 0 & 1 & 0 & -1\\ 0 & 0 & 1 & 3\end{pmatrix}$$

$\lambda = 2$ の場合

$$\begin{pmatrix} -5 & 4 & 0 & 0 \\ -2 & 1 & 0 & 0 \\ 6 & 1 & 4 & 8 \\ -2 & -3 & -4 & -8 \end{pmatrix} \to \begin{pmatrix} 1 & 1 & 0 & 0 \\ -2 & 1 & 0 & 0 \\ 0 & 4 & 4 & 8 \\ 0 & -4 & -4 & -8 \end{pmatrix} \to \begin{pmatrix} 1 & 1 & 0 & 0 \\ 0 & 3 & 0 & 0 \\ 0 & 1 & 1 & 2 \\ 0 & 0 & 0 & 0 \end{pmatrix}$$

$$\to \begin{pmatrix} 1 & 0 & 0 & 0 \\ 0 & 1 & 0 & 0 \\ 0 & 0 & 1 & 2 \\ 0 & 0 & 0 & 0 \end{pmatrix}$$

よって，固有値 $\lambda = -2,\ -1,\ 1,\ 2$ に対する固有ベクトルはそれぞれ

$$c_1 \begin{pmatrix} 0 \\ 0 \\ 1 \\ -1 \end{pmatrix} (c_1 \neq 0),\ c_2 \begin{pmatrix} 2 \\ 1 \\ -3 \\ 1 \end{pmatrix} (c_2 \neq 0),\ c_3 \begin{pmatrix} 1 \\ 1 \\ -3 \\ 1 \end{pmatrix} (c_3 \neq 0),\ c_4 \begin{pmatrix} 0 \\ 0 \\ 2 \\ -1 \end{pmatrix} (c_4 \neq 0)$$

別解　**ブロック行列に分けて固有ベクトルを求める．**

$\begin{pmatrix} -3 & 4 \\ -2 & 3 \end{pmatrix}$ の固有値 $-1,\ 1$ に対する固有ベクトルの 1 つはそれぞれ $\begin{pmatrix} 2 \\ 1 \end{pmatrix},\ \begin{pmatrix} 1 \\ 1 \end{pmatrix}$

$\begin{pmatrix} 6 & 8 \\ -4 & -6 \end{pmatrix}$ の固有値 $-2,\ 2$ に対する固有ベクトルの 1 つはそれぞれ $\begin{pmatrix} 1 \\ -1 \end{pmatrix},\ \begin{pmatrix} 2 \\ -1 \end{pmatrix}$

A の固有値 -1 に対する固有ベクトルの 1 つは $\begin{pmatrix} 2 \\ 1 \\ a \\ b \end{pmatrix}$ の形で，3 行目と 4 行目から

$$\begin{cases} 12 + 1 + 6a + 8b = -a \\ -4 - 3 - 4a - 6b = -b \end{cases} \text{より}\quad a = -3,\ b = 1 \qquad \therefore\ c_2 \begin{pmatrix} 2 \\ 1 \\ -3 \\ 1 \end{pmatrix} (c_2 \neq 0)$$

(3)　**$A^n\boldsymbol{b}$ を求めるために $\boldsymbol{b}$ を固有ベクトルの線形結合で表す．**

$$\boldsymbol{b} = \begin{pmatrix} 3 \\ 2 \\ -3 \\ 0 \end{pmatrix},\ \boldsymbol{v}_1 = \begin{pmatrix} 0 \\ 0 \\ 1 \\ -1 \end{pmatrix},\ \boldsymbol{v}_2 = \begin{pmatrix} 2 \\ 1 \\ -3 \\ 1 \end{pmatrix},\ \boldsymbol{v}_3 = \begin{pmatrix} 1 \\ 1 \\ -3 \\ 1 \end{pmatrix},\ \boldsymbol{v}_4 = \begin{pmatrix} 0 \\ 0 \\ 2 \\ -1 \end{pmatrix}$$

とおき，$\boldsymbol{b} = c_1\boldsymbol{v}_1 + c_2\boldsymbol{v}_2 + c_3\boldsymbol{v}_3 + c_4\boldsymbol{v}_4$ となる $c_1,\ c_2,\ c_3,\ c_4$ を求めると

$$c_1 = c_2 = c_3 = c_4 = 1 \qquad \therefore\quad \boldsymbol{b} = \boldsymbol{v}_1 + \boldsymbol{v}_2 + \boldsymbol{v}_3 + \boldsymbol{v}_4$$

$A\boldsymbol{v}_1=-2\boldsymbol{v}_1$, $A\boldsymbol{v}_2=-\boldsymbol{v}_2$, $A\boldsymbol{v}_3=\boldsymbol{v}_3$, $A\boldsymbol{v}_4=2\boldsymbol{v}_4$ より

$$A^n\boldsymbol{b}=A^n(\boldsymbol{v}_1+\boldsymbol{v}_2+\boldsymbol{v}_3+\boldsymbol{v}_4)=(-2)^n\boldsymbol{v}_1+(-1)^n\boldsymbol{v}_2+1^n\boldsymbol{v}_3+2^n\boldsymbol{v}_4$$

$$=\begin{pmatrix} 2(-1)^n+1 \\ (-1)^n+1 \\ (-2)^n-3(-1)^n-3+2^{n+1} \\ -(-2)^n+(-1)^n+1-2^n \end{pmatrix}$$

〈注〉 A を対角化して A^n を求めてもよい.

205 **行列 $\boldsymbol{A}$ の固有値 $\boldsymbol{\lambda}$ と固有ベクトル $\boldsymbol{x}$ に対して $\boldsymbol{Ax=\lambda x}$ が成り立つことを用いる.**

(1) $A\boldsymbol{x}=\lambda\boldsymbol{x}$ の両辺に左から A^k を掛けると　$A^{k+1}\boldsymbol{x}=A^k\lambda\boldsymbol{x}$　$\therefore$　$A(A^k\boldsymbol{x})=\lambda(A^k\boldsymbol{x})$

$A^k\boldsymbol{x}\neq\boldsymbol{0}$ より, $A^k\boldsymbol{x}$ は A の固有値 λ に対する固有ベクトルである.

(2) $A\boldsymbol{x}=\lambda\boldsymbol{x}$ の両辺に左から A^{-1} を掛けると　$\boldsymbol{x}=A^{-1}\lambda\boldsymbol{x}$

$\boldsymbol{x}\neq\boldsymbol{0}$ より $\lambda\neq0$ だから, 両辺を λ で割ると　$A^{-1}\boldsymbol{x}=\dfrac{1}{\lambda}\boldsymbol{x}$

よって, $\dfrac{1}{\lambda}$ は A^{-1} の固有値である.

206 (1) $|A-\lambda E|$

$$=\begin{vmatrix} 4-\lambda & 1 & -3 \\ -2 & 1-\lambda & 2 \\ 1 & 1 & -\lambda \end{vmatrix}=\begin{vmatrix} 1-\lambda & 1 & -3 \\ 0 & 1-\lambda & 2 \\ 1-\lambda & 1 & -\lambda \end{vmatrix}=\begin{vmatrix} 1-\lambda & 1 & -3 \\ 0 & 1-\lambda & 2 \\ 0 & 0 & 3-\lambda \end{vmatrix}$$

$=(1-\lambda)^2(3-\lambda)=0$　よって, 固有値は　$\lambda=3$, 1 (重解)

固有値 λ に対する固有ベクトル $\boldsymbol{x}$ は $(A-\lambda E)\boldsymbol{x}=\boldsymbol{0}$ を解けばよい.

$\lambda=3$ の場合

$$\begin{pmatrix} 1 & 1 & -3 \\ -2 & -2 & 2 \\ 1 & 1 & -3 \end{pmatrix}\to\begin{pmatrix} 1 & 1 & -3 \\ 0 & 0 & -4 \\ 0 & 0 & 0 \end{pmatrix}\to\begin{pmatrix} 1 & 1 & 0 \\ 0 & 0 & 1 \\ 0 & 0 & 0 \end{pmatrix}\quad\therefore\ c_1\begin{pmatrix} 1 \\ -1 \\ 0 \end{pmatrix}\ (c_1\neq0)$$

$\lambda=1$ (重解) の場合

$$\begin{pmatrix} 3 & 1 & -3 \\ -2 & 0 & 2 \\ 1 & 1 & -1 \end{pmatrix}\to\begin{pmatrix} 0 & -2 & 0 \\ 1 & 0 & -1 \\ 1 & 1 & -1 \end{pmatrix}\to\begin{pmatrix} 0 & 1 & 0 \\ 1 & 0 & -1 \\ 0 & 0 & 0 \end{pmatrix}\quad\therefore\ c_2\begin{pmatrix} 1 \\ 0 \\ 1 \end{pmatrix}\ (c_2\neq0)$$

よって, 固有値 3, 1 に対する固有ベクトルの 1 つは, それぞれ $c_1=c_2=1$ として

$$\boldsymbol{x}=\begin{pmatrix} 1 \\ -1 \\ 0 \end{pmatrix},\quad \boldsymbol{y}=\begin{pmatrix} 1 \\ 0 \\ 1 \end{pmatrix}$$

〈注〉 A は線形独立な固有ベクトルを 2 個しかもたないから対角化できない.

(2) $\boldsymbol{z}-A\boldsymbol{z}=\boldsymbol{y}$，すなわち，$(E-A)\boldsymbol{z}=\boldsymbol{y}$ を満たす $\boldsymbol{z}$ を求めると

$$\left(\begin{array}{ccc|c} -3 & -1 & 3 & 1 \\ 2 & 0 & -2 & 0 \\ -1 & -1 & 1 & 1 \end{array}\right) \to \left(\begin{array}{ccc|c} 0 & 2 & 0 & -2 \\ 1 & 0 & -1 & 0 \\ -1 & -1 & 1 & 1 \end{array}\right) \to \left(\begin{array}{ccc|c} 0 & 1 & 0 & -1 \\ 1 & 0 & -1 & 0 \\ 0 & 0 & 0 & 0 \end{array}\right)$$

$\therefore\ \boldsymbol{z}=\begin{pmatrix} c \\ -1 \\ c \end{pmatrix}$ （c は任意の数）　よって，$c=0$ として　$\boldsymbol{z}=\begin{pmatrix} 0 \\ -1 \\ 0 \end{pmatrix}$

(3) $A\boldsymbol{x}=3\boldsymbol{x}$，$A\boldsymbol{y}=\boldsymbol{y}$，$A\boldsymbol{z}=-\boldsymbol{y}+\boldsymbol{z}$ より

$$AP=A(\boldsymbol{x}\ \boldsymbol{y}\ \boldsymbol{z})=(A\boldsymbol{x}\ A\boldsymbol{y}\ A\boldsymbol{z})=(3\boldsymbol{x}\quad \boldsymbol{y}\quad -\boldsymbol{y}+\boldsymbol{z})$$

$$=(\boldsymbol{x}\ \boldsymbol{y}\ \boldsymbol{z})\begin{pmatrix} 3 & 0 & 0 \\ 0 & 1 & -1 \\ 0 & 0 & 1 \end{pmatrix}=P\begin{pmatrix} 3 & 0 & 0 \\ 0 & 1 & -1 \\ 0 & 0 & 1 \end{pmatrix}$$

$|P|=\begin{vmatrix} 1 & 1 & 0 \\ -1 & 0 & -1 \\ 0 & 1 & 0 \end{vmatrix}=1\neq 0$ より P は正則だから　$P^{-1}AP=\begin{pmatrix} 3 & 0 & 0 \\ 0 & 1 & -1 \\ 0 & 0 & 1 \end{pmatrix}$

〈注〉 行列 A が対角化できない場合も，(2) と同様に $(A-E)\boldsymbol{z}=\boldsymbol{y}$ が成り立つように $\boldsymbol{z}$ をつくり，$P^{-1}AP$ を右のような行列（ジョルダン標準形）にすることができる．

$$\begin{pmatrix} 3 & 0 & 0 \\ 0 & 1 & 1 \\ 0 & 0 & 1 \end{pmatrix},\quad \begin{pmatrix} \alpha & 0 & 0 \\ 0 & \beta & 1 \\ 0 & 0 & \beta \end{pmatrix}$$

ポイント 37

直交変換　直交行列で表される線形変換を直交変換という．

行列 P を直交行列とするとき，任意のベクトル $\boldsymbol{x}$，$\boldsymbol{y}$ に対して

$$(P\boldsymbol{x})\cdot(P\boldsymbol{y})=\boldsymbol{x}\cdot\boldsymbol{y}\quad 特に\quad |P\boldsymbol{x}|=|\boldsymbol{x}|$$

直交変換はベクトルの内積や大きさを変えない線形変換である（内積と大きさを変えないから角度を変えない）．

ポイント 38

ベクトルのノルム　$\|\boldsymbol{x}\|$ をベクトル $\boldsymbol{x}$ のノルムといい，$\boldsymbol{x}$ の大きさを表す．

$$\|\boldsymbol{x}\|^2={}^t\boldsymbol{x}\boldsymbol{x}=\boldsymbol{x}\cdot\boldsymbol{x}$$

---

207 (1) 固有方程式は

$$|A-\lambda E|=\begin{vmatrix} -9-\lambda & 2 \\ 2 & -7-\lambda \end{vmatrix}=\lambda^2+16\lambda+59=0$$

よって，固有値は　$\lambda=-8\pm\sqrt{5}$

(2) ${}^tA = A$ より A は対称行列である．対称行列の異なる固有値に対する固有ベクトルは直交する．したがって，固有値 $-8 \pm \sqrt{5}$ に対する大きさ 1 の固有ベクトルを並べることで直交行列 P を求めることができる．${}^tP = P^{-1}$ より

$$ {}^tPAP = P^{-1}AP = \begin{pmatrix} -8+\sqrt{5} & 0 \\ 0 & -8-\sqrt{5} \end{pmatrix} \quad \therefore \quad B = \begin{pmatrix} -8+\sqrt{5} & 0 \\ 0 & -8-\sqrt{5} \end{pmatrix} $$

(3) $\boldsymbol{y} = {}^tP\boldsymbol{x}$ すなわち $\boldsymbol{x} = P\boldsymbol{y}$ とおくと　　**$P\,{}^tP = E$**

$$ \begin{aligned} \|A\boldsymbol{x}\|^2 &= \|AP\boldsymbol{y}\|^2 = {}^t(AP\boldsymbol{y})AP\boldsymbol{y} = {}^t\boldsymbol{y}\,{}^t(AP)AP\boldsymbol{y} = {}^t\boldsymbol{y}\,{}^t(AP)(P\,{}^tP)AP\boldsymbol{y} \\ &= {}^t\boldsymbol{y}\,{}^t(AP)\,{}^t({}^tP)({}^tPAP)\boldsymbol{y} = {}^t\boldsymbol{y}\,{}^t({}^tPAP)B\boldsymbol{y} = {}^t\boldsymbol{y}\,{}^tBB\boldsymbol{y} = {}^t(B\boldsymbol{y})B\boldsymbol{y} \\ &= \|B\boldsymbol{y}\|^2 \qquad \therefore \quad \|A\boldsymbol{x}\| = \|B\boldsymbol{y}\| \end{aligned} $$

よって，任意の単位ベクトル $\boldsymbol{x}$ に対して，$\|\boldsymbol{y}\| = \|{}^tP\boldsymbol{x}\| = \|\boldsymbol{x}\| = 1$ より

$$ \max_{\|\boldsymbol{x}\|=1} \|A\boldsymbol{x}\| = \max_{\|\boldsymbol{x}\|=1} \|B\boldsymbol{y}\| \leqq \max_{\|\boldsymbol{y}\|=1} \|B\boldsymbol{y}\| $$

逆に，任意の単位ベクトル $\boldsymbol{y}$ に対して，$\|\boldsymbol{x}\| = \|P\boldsymbol{y}\| = \|\boldsymbol{y}\| = 1$ より

$$ \max_{\|\boldsymbol{y}\|=1} \|B\boldsymbol{y}\| = \max_{\|\boldsymbol{y}\|=1} \|A\boldsymbol{x}\| \leqq \max_{\|\boldsymbol{x}\|=1} \|A\boldsymbol{x}\| $$

よって　$\displaystyle \max_{\|\boldsymbol{x}\|=1} \|A\boldsymbol{x}\| = \max_{\|\boldsymbol{y}\|=1} \|B\boldsymbol{y}\| = \max_{\|\boldsymbol{x}\|=1} \|B\boldsymbol{x}\|$

$\lambda_1 = -8+\sqrt{5}$，$\lambda_2 = -8-\sqrt{5}$ とおくと　$|\lambda_1| = 8-\sqrt{5} < 8+\sqrt{5} = |\lambda_2|$

$\boldsymbol{x} = \begin{pmatrix} x \\ y \end{pmatrix}$ $\left(\|\boldsymbol{x}\| = 1 \text{ すなわち } x^2+y^2=1\right)$ とおくと　$B\boldsymbol{x} = \begin{pmatrix} \lambda_1 x \\ \lambda_2 y \end{pmatrix}$

$$ \begin{aligned} \max_{\|\boldsymbol{x}\|=1} \|B\boldsymbol{x}\| &= \max_{x^2+y^2=1} \sqrt{(\lambda_1)^2x^2 + (\lambda_2)^2y^2} && \left(y^2 = 1-x^2\right) \\ &= \max_{x^2+y^2=1} \sqrt{\left\{(\lambda_1)^2 - (\lambda_2)^2\right\}x^2 + (\lambda_2)^2} && \left((\lambda_1)^2 - (\lambda_2)^2 < 0\right) \\ &\leqq \sqrt{(\lambda_2)^2} = |\lambda_2| = 8+\sqrt{5} \end{aligned} $$

よって　$\displaystyle \max_{\|\boldsymbol{x}\|=1} \|A\boldsymbol{x}\| = \max_{\|\boldsymbol{x}\|=1} \|B\boldsymbol{x}\| = \sqrt{(\lambda_1)^2 \cdot 0^2 + (\lambda_2)^2 \cdot 1^2} = |\lambda_2| = 8+\sqrt{5}$

208　**行列の対角化を利用して，2 次形式の標準形を求める．**

(1) $A = \begin{pmatrix} 5 & 1 \\ 1 & 5 \end{pmatrix}$

(2) 固有方程式は

$$ |A - \lambda E| = \begin{vmatrix} 5-\lambda & 1 \\ 1 & 5-\lambda \end{vmatrix} = (5-\lambda)^2 - 1 = (4-\lambda)(6-\lambda) = 0 $$

よって，固有値は　$\lambda = 4,\ 6$

(3) 固有値 4，6 に対する大きさ 1 の固有ベクトルはそれぞれ

$$\pm\frac{1}{\sqrt{2}}\begin{pmatrix}1\\-1\end{pmatrix},\ \pm\frac{1}{\sqrt{2}}\begin{pmatrix}1\\1\end{pmatrix}$$

$P=\dfrac{1}{\sqrt{2}}\begin{pmatrix}1&1\\-1&1\end{pmatrix}$ とおくと

$$\boldsymbol{P}=\begin{pmatrix}\cos(-45^\circ)&-\sin(-45^\circ)\\\sin(-45^\circ)&\cos(-45^\circ)\end{pmatrix}$$

$$P^{-1}=\frac{1}{\sqrt{2}}\begin{pmatrix}1&-1\\1&1\end{pmatrix},\ B=P^{-1}AP=P^TAP=\begin{pmatrix}4&0\\0&6\end{pmatrix}$$

(4) $c=-12$ より (a) は，$5x^2+2xy+5y^2=12$ である．$\boldsymbol{x}=P\boldsymbol{x}'$ より

$$5x^2+2xy+5y^2=\boldsymbol{x}^TA\boldsymbol{x}=(P\boldsymbol{x}')^TA(P\boldsymbol{x}')=(\boldsymbol{x}')^T\left(P^TAP\right)\boldsymbol{x}'$$
$$=(\boldsymbol{x}')^TB\boldsymbol{x}'=4(x')^2+6(y')^2=12$$

よって　$\dfrac{(x')^2}{(\sqrt{3})^2}+\dfrac{(y')^2}{(\sqrt{2})^2}=1$

線形変換 $\boldsymbol{x}=P\boldsymbol{x}'$ で，x' 軸上の点 $(x',\ 0)$ と y' 軸上の点 $(0,\ y')$ は

$$\begin{pmatrix}x'\\0\end{pmatrix}\longmapsto\begin{pmatrix}x\\y\end{pmatrix}=\frac{1}{\sqrt{2}}\begin{pmatrix}1&1\\-1&1\end{pmatrix}\begin{pmatrix}x'\\0\end{pmatrix}=\frac{x'}{\sqrt{2}}\begin{pmatrix}1\\-1\end{pmatrix}\text{ より }\quad y=-x$$

$$\begin{pmatrix}0\\y'\end{pmatrix}\longmapsto\begin{pmatrix}x\\y\end{pmatrix}=\frac{1}{\sqrt{2}}\begin{pmatrix}1&1\\-1&1\end{pmatrix}\begin{pmatrix}0\\y'\end{pmatrix}=\frac{y'}{\sqrt{2}}\begin{pmatrix}1\\1\end{pmatrix}\text{ より }\quad y=x$$

x' 軸は xy 平面上の直線 $y=-x$（ただし，$(1\quad -1)^T$ を正の向き）

y' 軸は xy 平面上の直線 $y=x$（ただし，$(1\quad 1)^T$ を正の向き）

にそれぞれ移される．

概形は右図のようになる．

太い実線が

2 次曲線 (a)，すなわち，楕円，

実線は x 軸と y 軸，

点線は x' 軸と y' 軸を表す．

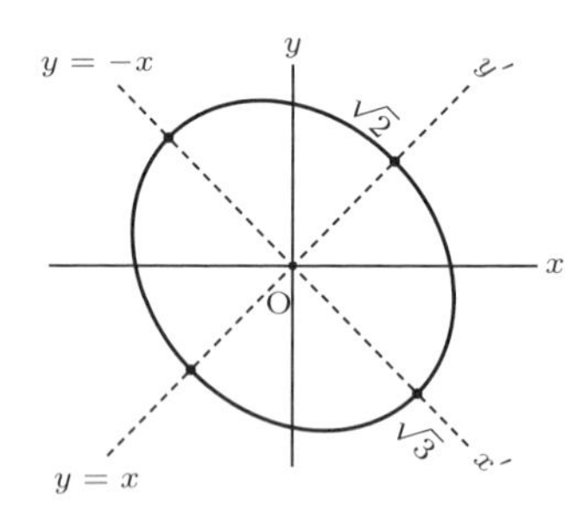

209　**2 次形式の最大値・最小値問題である．3 変数の 2 次形式の標準形を利用する．**

$$f(x,\ y,\ z)=(x\quad y\quad z)\begin{pmatrix}3&2&2\\2&2&0\\2&0&4\end{pmatrix}\begin{pmatrix}x\\y\\z\end{pmatrix}\text{ と表される．}$$

$A=\begin{pmatrix}3&2&2\\2&2&0\\2&0&4\end{pmatrix}$, $\boldsymbol{x}=\begin{pmatrix}x\\y\\z\end{pmatrix}$ とおくと　$f(\boldsymbol{x})={}^t\boldsymbol{x}A\boldsymbol{x}$

A の固有値は 0, 3, 6, それぞれに対する固有ベクトルは

$$c_1\begin{pmatrix}-2\\2\\1\end{pmatrix}\ (c_1\neq 0),\quad c_2\begin{pmatrix}1\\2\\-2\end{pmatrix}\ (c_2\neq 0),\quad c_3\begin{pmatrix}2\\1\\2\end{pmatrix}\ (c_3\neq 0)$$

${}^tA=A$ より A は対称行列である.　**対称行列になるように A をつくっている**

対称行列の異なる固有値に対する固有ベクトルは直交するから，大きさ 1 の固有ベクトルを並べた行列 P は直交行列である.

$P=\dfrac{1}{3}\begin{pmatrix}-2&1&2\\2&2&1\\1&-2&2\end{pmatrix}$ とおくと　$P^{-1}AP={}^tPAP=\begin{pmatrix}0&0&0\\0&3&0\\0&0&6\end{pmatrix}$

$\boldsymbol{x}'={}^tP\boldsymbol{x}$ すなわち $\boldsymbol{x}=P\boldsymbol{x}'$ とおく. $\boldsymbol{x}'=\begin{pmatrix}x'\\y'\\z'\end{pmatrix}$ は $|\boldsymbol{x}|=1$ のとき

$$|\boldsymbol{x}'|^2={}^t\boldsymbol{x}'\boldsymbol{x}'={}^t({}^tP\boldsymbol{x})({}^tP\boldsymbol{x})={}^t\boldsymbol{x}(P\,{}^tP)\boldsymbol{x}={}^t\boldsymbol{x}\,\boldsymbol{x}=|\boldsymbol{x}|^2=1$$

よって, $(x')^2+(y')^2+(z')^2=1$ を満たす. $\boldsymbol{x}=P\boldsymbol{x}'$ を $f(\boldsymbol{x})$ に代入すると

$$f(\boldsymbol{x})=f(P\boldsymbol{x}')={}^t(P\boldsymbol{x}')AP\boldsymbol{x}'={}^t\boldsymbol{x}'({}^tPAP)\boldsymbol{x}'=0(x')^2+3(y')^2+6(z')^2$$

これより, $0\leqq f(\boldsymbol{x})\leqq 6$ となり

$(x',y',z')=(0,0,\pm1)$ すなわち $(x,y,z)=\left(\pm\dfrac{2}{3},\pm\dfrac{1}{3},\pm\dfrac{2}{3}\right)$ のとき 最大値 6

$(x',y',z')=(\pm1,0,0)$ すなわち $(x,y,z)=\left(\mp\dfrac{2}{3},\pm\dfrac{2}{3},\pm\dfrac{1}{3}\right)$ のとき 最小値 0

（複号同順）

〈注〉 条件 $|\boldsymbol{x}|^2=1$ のもとで, $f(\boldsymbol{x})={}^t\boldsymbol{x}A\boldsymbol{x}$ の最大値は A の最大固有値, 最小値は A の最小固有値である.

210 **行列の対角化を利用して，連立線形微分方程式を解く.**

(1) 固有値は 2, 3, それぞれに対する固有ベクトルは

$$c_1\begin{pmatrix}3\\-2\end{pmatrix}\ (c_1\neq 0),\quad c_2\begin{pmatrix}2\\-1\end{pmatrix}\ (c_2\neq 0)$$

(2) $P=\begin{pmatrix}3&2\\-2&-1\end{pmatrix}$ とおくと　$P^{-1}AP=\begin{pmatrix}2&0\\0&3\end{pmatrix}$

(3) $\boldsymbol{x}=\begin{pmatrix} x_1 \\ x_2 \end{pmatrix}$, $\boldsymbol{y}=\begin{pmatrix} y_1 \\ y_2 \end{pmatrix}$, $\boldsymbol{x}'=\dfrac{d}{dt}\begin{pmatrix} x_1 \\ x_2 \end{pmatrix}$, $\boldsymbol{y}'=\dfrac{d}{dt}\begin{pmatrix} y_1 \\ y_2 \end{pmatrix}$ とおく．

(*) より　$\boldsymbol{x}'=A\boldsymbol{x}$ ⋯ ①

$\boldsymbol{x}=P\boldsymbol{y}$ より $\begin{cases} x_1 = 3y_1+2y_2 \\ x_2=-2y_1-y_2 \end{cases}$ $\therefore$ $\begin{cases} \dfrac{dx_1}{dt}= 3\dfrac{dy_1}{dt}+2\dfrac{dy_2}{dt} \\ \dfrac{dx_2}{dt}=-2\dfrac{dy_1}{dt}-\dfrac{dy_2}{dt} \end{cases}$

よって，$\boldsymbol{x}'=P\boldsymbol{y}'$ だから，①より　$P\boldsymbol{y}'=AP\boldsymbol{y}$

両辺に左から P^{-1} を掛けると，y_1，y_2 についての連立微分方程式は

$$\boldsymbol{y}'=P^{-1}AP\boldsymbol{y}=\begin{pmatrix} 2 & 0 \\ 0 & 3 \end{pmatrix}\begin{pmatrix} y_1 \\ y_2 \end{pmatrix}=\begin{pmatrix} 2y_1 \\ 3y_2 \end{pmatrix} \quad \therefore \quad \frac{dy_1}{dt}=2y_1, \quad \frac{dy_2}{dt}=3y_2$$

これをを解くと　$y_1=C_1e^{2t}$, $y_2=C_2e^{3t}$（C_1，C_2 は任意定数）

(4) $\boldsymbol{x}=P\boldsymbol{y}$ より　$x_1=3C_1e^{2t}+2C_2e^{3t}$, $x_2=-2C_1e^{2t}-C_2e^{3t}$（$C_1$，$C_2$ は任意定数）

211　行列の対角化を利用して，連立漸化式の一般項を求める．

(1) $A=\begin{pmatrix} 7 & -6 \\ 3 & -2 \end{pmatrix}$

(2) 固有値は 1，4，それぞれに対する固有ベクトルは

$c_1\begin{pmatrix} 1 \\ 1 \end{pmatrix}$ $(c_1 \neq 0)$, $c_2\begin{pmatrix} 2 \\ 1 \end{pmatrix}$ $(c_2 \neq 0)$

(3) $P=\begin{pmatrix} 1 & 2 \\ 1 & 1 \end{pmatrix}$, $P^{-1}=\begin{pmatrix} -1 & 2 \\ 1 & -1 \end{pmatrix}$

(4) $B=\begin{pmatrix} 1 & 0 \\ 0 & 4 \end{pmatrix}$ とおくと，$P^{-1}AP=B$ より $A=PBP^{-1}$ だから

$$A^n=PB^nP^{-1}=\begin{pmatrix} 1 & 2 \\ 1 & 1 \end{pmatrix}\begin{pmatrix} 1 & 0 \\ 0 & 4^n \end{pmatrix}\begin{pmatrix} -1 & 2 \\ 1 & -1 \end{pmatrix}=\begin{pmatrix} 2\cdot 4^n-1 & -2\cdot 4^n+2 \\ 4^n-1 & -4^n+2 \end{pmatrix}$$

$$\begin{pmatrix} a_n \\ b_n \end{pmatrix}=A\begin{pmatrix} a_{n-1} \\ b_{n-1} \end{pmatrix}=A^2\begin{pmatrix} a_{n-2} \\ b_{n-2} \end{pmatrix}=\cdots=A^{n-1}\begin{pmatrix} a_1 \\ b_1 \end{pmatrix}=A^{n-1}\begin{pmatrix} 1 \\ 0 \end{pmatrix}$$

$$=\begin{pmatrix} 2\cdot 4^{n-1}-1 \\ 4^{n-1}-1 \end{pmatrix}$$

よって　$a_n=2\cdot 4^{n-1}-1$, $b_n=4^{n-1}-1$

> $\begin{pmatrix} a_n \\ b_n \end{pmatrix}=A\begin{pmatrix} a_{n-1} \\ b_{n-1} \end{pmatrix}$ は公比 A の等比数列のような形になっている

別解　339 ページのポイント 35 を用いて A^n を求める．

$I=\dfrac{A-4E}{1-4}=\begin{pmatrix} -1 & 2 \\ -1 & 2 \end{pmatrix}$, $J=\dfrac{A-E}{4-1}=\begin{pmatrix} 2 & -2 \\ 1 & -1 \end{pmatrix}$ とおくと　$A^n=I+4^nJ$

212 **行列の対角化を利用して，3 項間漸化式の一般項を求める．**

(1) 固有値は 1，2，3，それぞれに対する固有ベクトルは

$$c_1\begin{pmatrix}1\\1\\1\end{pmatrix}\ (c_1 \neq 0),\ c_2\begin{pmatrix}1\\2\\4\end{pmatrix}\ (c_2 \neq 0),\ c_3\begin{pmatrix}1\\3\\9\end{pmatrix}\ (c_3 \neq 0)$$

(2) $P=\begin{pmatrix}1&1&1\\1&2&3\\1&4&9\end{pmatrix}$ とおくと　$P^{-1}AP=\begin{pmatrix}1&0&0\\0&2&0\\0&0&3\end{pmatrix}$

(3) $B=\begin{pmatrix}1&0&0\\0&2&0\\0&0&3\end{pmatrix}$ とおくと，$P^{-1}AP=B$ より $A=PBP^{-1}$ だから

P^{-1} は消去法などで求める

$$A^n=PB^nP^{-1}=\begin{pmatrix}1&1&1\\1&2&3\\1&4&9\end{pmatrix}\begin{pmatrix}1&0&0\\0&2^n&0\\0&0&3^n\end{pmatrix}\frac{1}{2}\begin{pmatrix}6&-5&1\\-6&8&-2\\2&-3&1\end{pmatrix}$$

$$=\begin{pmatrix}3-3\cdot2^n+3^n & -\frac{5}{2}+2^{n+2}-\frac{3^{n+1}}{2} & \frac{1}{2}-2^n+\frac{3^n}{2}\\ 3-3\cdot2^{n+1}+3^{n+1} & -\frac{5}{2}+2^{n+3}-\frac{3^{n+2}}{2} & \frac{1}{2}-2^{n+1}+\frac{3^{n+1}}{2}\\ 3-3\cdot2^{n+2}+3^{n+2} & -\frac{5}{2}+2^{n+4}-\frac{3^{n+3}}{2} & \frac{1}{2}-2^{n+2}+\frac{3^{n+2}}{2}\end{pmatrix}$$

別解　**339 ページのポイント 35 を用いる．逆行列を求める必要がない．**

$\lambda=1: I=\dfrac{(A-2E)(A-3E)}{(1-2)(1-3)}=\dfrac{1}{2}\begin{pmatrix}6&-5&1\\6&-5&1\\6&-5&1\end{pmatrix}$，同様に

$\lambda=2: J=\begin{pmatrix}-3&4&-1\\-6&8&-2\\-12&16&-4\end{pmatrix}$，　$\lambda=3: K=\dfrac{1}{2}\begin{pmatrix}2&-3&1\\6&-9&3\\18&-27&9\end{pmatrix}$

とおくと，$A^n=I+2^nJ+3^nK$ から A^n を求めることができる．

(4) $\begin{pmatrix}a_{n-2}\\a_{n-1}\\a_n\end{pmatrix}=\begin{pmatrix}a_{n-2}\\a_{n-1}\\6a_{n-3}-11a_{n-2}+6a_{n-1}\end{pmatrix}=\begin{pmatrix}0&1&0\\0&0&1\\6&-11&6\end{pmatrix}\begin{pmatrix}a_{n-3}\\a_{n-2}\\a_{n-1}\end{pmatrix}$

$$=A\begin{pmatrix}a_{n-3}\\a_{n-2}\\a_{n-1}\end{pmatrix}=A^{n-2}\begin{pmatrix}a_0\\a_1\\a_2\end{pmatrix}=A^{n-2}\begin{pmatrix}0\\0\\1\end{pmatrix}=\begin{pmatrix}\frac{1}{2}-2^{n-2}+\frac{3^{n-2}}{2}\\ \frac{1}{2}-2^{n-1}+\frac{3^{n-1}}{2}\\ \frac{1}{2}-2^n+\frac{3^n}{2}\end{pmatrix}$$

よって　$a_n=\dfrac{1}{2}-2^n+\dfrac{3^n}{2}$

213 行列の指数関数の定義を利用する．

(1) 固有値は θ，$-\theta$，それぞれに対する固有ベクトルは

$$c_1\begin{pmatrix}1\\1\end{pmatrix}\ (c_1 \neq 0),\ c_2\begin{pmatrix}-1\\1\end{pmatrix}\ (c_2 \neq 0)$$

$$P=\begin{pmatrix}1 & -1\\1 & 1\end{pmatrix}\text{ とおくと }\quad P^{-1}SP=\begin{pmatrix}\theta & 0\\0 & -\theta\end{pmatrix}$$

(2) $D=\begin{pmatrix}\theta & 0\\0 & -\theta\end{pmatrix}$ とおくと，$P^{-1}SP=D$ より　$S=PDP^{-1}$

$$S^n=PD^nP^{-1}=\begin{pmatrix}1 & -1\\1 & 1\end{pmatrix}\begin{pmatrix}\theta^n & 0\\0 & (-\theta)^n\end{pmatrix}\frac{1}{2}\begin{pmatrix}1 & 1\\-1 & 1\end{pmatrix}$$

$$=\frac{1}{2}\begin{pmatrix}\theta^n+(-\theta)^n & \theta^n-(-\theta)^n\\\theta^n-(-\theta)^n & \theta^n+(-\theta)^n\end{pmatrix}$$

(3) $\exp(S)=\displaystyle\sum_{n=0}^{\infty}\frac{S^n}{n!}=E+S+\frac{1}{2!}S^2+\frac{1}{3!}S^3+\cdots$

$$=\frac{1}{2}\begin{pmatrix}\displaystyle\sum_{n=0}^{\infty}\frac{\theta^n}{n!}+\sum_{n=0}^{\infty}\frac{(-\theta)^n}{n!} & \displaystyle\sum_{n=0}^{\infty}\frac{\theta^n}{n!}-\sum_{n=0}^{\infty}\frac{(-\theta)^n}{n!}\\\displaystyle\sum_{n=0}^{\infty}\frac{\theta^n}{n!}-\sum_{n=0}^{\infty}\frac{(-\theta)^n}{n!} & \displaystyle\sum_{n=0}^{\infty}\frac{\theta^n}{n!}+\sum_{n=0}^{\infty}\frac{(-\theta)^n}{n!}\end{pmatrix}$$

$$=\frac{1}{2}\begin{pmatrix}e^{\theta}+e^{-\theta} & e^{\theta}-e^{-\theta}\\e^{\theta}-e^{-\theta} & e^{\theta}+e^{-\theta}\end{pmatrix}$$

〈注〉 $\exp(S)=\begin{pmatrix}\cosh\theta & \sinh\theta\\\sinh\theta & \cosh\theta\end{pmatrix}$ と表せる．

214 行列の対角化を利用して，数列の一般項と極限値を求める．

(1) 固有値は 1 (重解)，3，それぞれに対する固有ベクトルは

$$c_1\begin{pmatrix}1\\-1\\0\end{pmatrix}+c_2\begin{pmatrix}0\\0\\1\end{pmatrix}\quad (c_1 \neq 0 \text{ または } c_2 \neq 0),\ c_3\begin{pmatrix}1\\1\\1\end{pmatrix}\quad (c_3 \neq 0)$$

(2) $P=\begin{pmatrix}1 & 0 & 1\\-1 & 0 & 1\\0 & 1 & 1\end{pmatrix}$，$B=\begin{pmatrix}1 & 0 & 0\\0 & 1 & 0\\0 & 0 & 3\end{pmatrix}$ とおくと　$P^{-1}=\dfrac{1}{2}\begin{pmatrix}1 & -1 & 0\\-1 & -1 & 2\\1 & 1 & 0\end{pmatrix}$

$P^{-1}AP=B\quad \therefore\ A=PBP^{-1}$

P^{-1} は消去法などで求める

$$A^n = PB^nP^{-1} = \begin{pmatrix} 1 & 0 & 1 \\ -1 & 0 & 1 \\ 0 & 1 & 1 \end{pmatrix}\begin{pmatrix} 1 & 0 & 0 \\ 0 & 1 & 0 \\ 0 & 0 & 3^n \end{pmatrix}\frac{1}{2}\begin{pmatrix} 1 & -1 & 0 \\ -1 & -1 & 2 \\ 1 & 1 & 0 \end{pmatrix}$$

$$= \frac{1}{2}\begin{pmatrix} 3^n+1 & 3^n-1 & 0 \\ 3^n-1 & 3^n+1 & 0 \\ 3^n-1 & 3^n-1 & 2 \end{pmatrix}$$

別解 **$(A-E)(A-3E)=O$ より 339 ページのポイント 35 を用いる.**

$$I = \frac{A-3E}{1-3} = \frac{1}{2}\begin{pmatrix} 1 & -1 & 0 \\ -1 & 1 & 0 \\ -1 & -1 & 2 \end{pmatrix},\ J = \frac{A-E}{3-1} = \frac{1}{2}\begin{pmatrix} 1 & 1 & 0 \\ 1 & 1 & 0 \\ 1 & 1 & 0 \end{pmatrix}$$ とおくと

$A^n = I + 3^nJ$ から A^n を求めることができる.

(3) $$\begin{pmatrix} x_n \\ y_n \\ z_n \end{pmatrix} = A^n\begin{pmatrix} x_0 \\ y_0 \\ z_0 \end{pmatrix} = \frac{1}{2}\begin{pmatrix} (3^n+1)x_0+(3^n-1)y_0 \\ (3^n-1)x_0+(3^n+1)y_0 \\ (3^n-1)x_0+(3^n-1)y_0+2z_0 \end{pmatrix}$$

$$x_n = \frac{(x_0+y_0)\cdot 3^n + x_0 - y_0}{2},\ y_n = \frac{(x_0+y_0)\cdot 3^n - (x_0-y_0)}{2}$$

$x_0>0,\ y_0>0$ より $x_0+y_0 \neq 0$ だから

$$\lim_{n\to\infty}\frac{y_n}{x_n} = \lim_{n\to\infty}\frac{(x_0+y_0)\cdot 3^n-(x_0-y_0)}{(x_0+y_0)\cdot 3^n+x_0-y_0}$$

$$= \lim_{n\to\infty}\frac{x_0+y_0-(x_0-y_0)\cdot 3^{-n}}{x_0+y_0+(x_0-y_0)\cdot 3^{-n}} = \frac{x_0+y_0}{x_0+y_0} = 1$$

(4) $a_0 = \dfrac{x_0+y_0}{2},\ b_0 = \dfrac{x_0-y_0}{2},\ c_0 = z_0 - \dfrac{x_0+y_0}{2}$ とおくと

$$x_n = a_0\cdot 3^n + b_0,\ y_n = a_0\cdot 3^n - b_0,\ z_n = a_0\cdot 3^n + c_0$$

$$x_n^2+y_n^2+z_n^2 = 3a_0{}^2\cdot 3^{2n} + 2a_0c_0\cdot 3^n + 2b_0{}^2 + c_0{}^2$$

(i) $a_0 \neq 0$ すなわち $x_0+y_0 \neq 0$ のとき

$$\sqrt{x_n^2+y_n^2+z_n^2} = 3^n\sqrt{3a_0{}^2 + 2a_0c_0\cdot 3^{-n} + \left(2b_0{}^2+c_0{}^2\right)\cdot 3^{-2n}}$$

$$\lim_{n\to\infty}3^n = \infty,\ \lim_{n\to\infty}\sqrt{3a_0{}^2+2a_0c_0\cdot 3^{-n}+\left(2b_0{}^2+c_0{}^2\right)\cdot 3^{-2n}} = \sqrt{3}\,|a_0| \neq 0$$

これより $\displaystyle\lim_{n\to\infty}\sqrt{x_n^2+y_n^2+z_n^2} = \infty$

よって, $x_0+y_0 \neq 0$ ならば, $\displaystyle\lim_{n\to\infty}\sqrt{x_n^2+y_n^2+z_n^2}$ は収束しない. 対偶をとると, $\displaystyle\lim_{n\to\infty}\sqrt{x_n^2+y_n^2+z_n^2}$ が収束する, すなわち $\displaystyle\lim_{n\to\infty}\sqrt{x_n^2+y_n^2+z_n^2} < C$ となる定数 C $(C>0)$ が存在するならば, $x_0+y_0=0$ である.

(ii) $a_0 = 0$ すなわち $x_0 + y_0 = 0$ のとき

$$\lim_{n\to\infty} \sqrt{x_n^2 + y_n^2 + z_n^2} = \lim_{n\to\infty} \sqrt{2{b_0}^2 + {c_0}^2} = \sqrt{2{b_0}^2 + {c_0}^2}$$

よって，$\lim_{n\to\infty} \sqrt{x_n^2 + y_n^2 + z_n^2} < C$ となる定数 C $(C > 0)$ が存在する．

したがって，求める必要十分条件は　$x_0 + y_0 = 0$

215　**行列の対角化を用いて，確率の問題を解く．**

(1) $x_{n+1} = \frac{9}{10}x_n + \frac{1}{5}y_n$，$y_{n+1} = \frac{1}{10}x_n + \frac{4}{5}y_n$ より　$A = \frac{1}{10}\begin{pmatrix} 9 & 2 \\ 1 & 8 \end{pmatrix}$

(2) 固有値は 1，$\frac{7}{10}$，それぞれに対する固有ベクトルは

$$c_1\begin{pmatrix} 2 \\ 1 \end{pmatrix} \ (c_1 \neq 0),\ c_2\begin{pmatrix} -1 \\ 1 \end{pmatrix} \ (c_2 \neq 0)$$

(3) $P = \begin{pmatrix} 2 & -1 \\ 1 & 1 \end{pmatrix}$ とおくと　$P^{-1}AP = \begin{pmatrix} 1 & 0 \\ 0 & \frac{7}{10} \end{pmatrix}$，$P^{-1} = \frac{1}{3}\begin{pmatrix} 1 & 1 \\ -1 & 2 \end{pmatrix}$

(4) $B = \begin{pmatrix} 1 & 0 \\ 0 & \frac{7}{10} \end{pmatrix}$ とおくと，$P^{-1}AP = B$ より $A = PBP^{-1}$ だから

$$A^n = PB^nP^{-1} = \begin{pmatrix} 2 & -1 \\ 1 & 1 \end{pmatrix}\begin{pmatrix} 1 & 0 \\ 0 & \left(\frac{7}{10}\right)^n \end{pmatrix}\frac{1}{3}\begin{pmatrix} 1 & 1 \\ -1 & 2 \end{pmatrix}$$

$$= \frac{1}{3}\begin{pmatrix} 2 + \left(\frac{7}{10}\right)^n & 2 - 2\left(\frac{7}{10}\right)^n \\ 1 - \left(\frac{7}{10}\right)^n & 1 + 2\left(\frac{7}{10}\right)^n \end{pmatrix}$$

別解　**339 ページのポイント 35 を用いる．**

$I = \frac{1}{3}\begin{pmatrix} 2 & 2 \\ 1 & 1 \end{pmatrix}$，$J = \frac{1}{3}\begin{pmatrix} 1 & -2 \\ -1 & 2 \end{pmatrix}$ とおくと　$A^n = I + \left(\frac{7}{10}\right)^n J$

(5) $\begin{pmatrix} x_n \\ y_n \end{pmatrix} = A^n\begin{pmatrix} x_0 \\ y_0 \end{pmatrix} = \frac{1}{3}\begin{pmatrix} 2 + \left(\frac{7}{10}\right)^n & 2 - 2\left(\frac{7}{10}\right)^n \\ 1 - \left(\frac{7}{10}\right)^n & 1 + 2\left(\frac{7}{10}\right)^n \end{pmatrix}\begin{pmatrix} x_0 \\ y_0 \end{pmatrix}$ より

$$\lim_{n\to\infty}\begin{pmatrix} x_n \\ y_n \end{pmatrix} = \frac{1}{3}\begin{pmatrix} 2 & 2 \\ 1 & 1 \end{pmatrix}\begin{pmatrix} x_0 \\ y_0 \end{pmatrix} = \frac{1}{3}\begin{pmatrix} 2(x_0 + y_0) \\ x_0 + y_0 \end{pmatrix}$$

よって，$\lim_{n\to\infty} \frac{x_n}{y_n} = \frac{2(x_0 + y_0)}{x_0 + y_0} = 2$ より，X と Y のユーザーの比率は　$2 : 1$

〈注〉 最終的なユーザー数の比率は，ユーザー数の初期状態によらないことがわかる．

§4　ベクトル空間

1　線形変換

216　**要項 52② を用いる.**

曲線 $y=2x^2$ 上の点 $(x,\ y)$ を原点のまわりに 45° 回転した点を $(x',\ y')$ とおく.

原点のまわりに 45° 回転する線形変換を表す行列は

$$A=\begin{pmatrix}\cos 45^\circ & -\sin 45^\circ\\ \sin 45^\circ & \cos 45^\circ\end{pmatrix}=\frac{1}{\sqrt{2}}\begin{pmatrix}1 & -1\\ 1 & 1\end{pmatrix}$$

$\begin{pmatrix}x'\\ y'\end{pmatrix}=A\begin{pmatrix}x\\ y\end{pmatrix}$ より

$$\begin{pmatrix}x\\ y\end{pmatrix}=A^{-1}\begin{pmatrix}x'\\ y'\end{pmatrix}=\frac{1}{\sqrt{2}}\begin{pmatrix}1 & 1\\ -1 & 1\end{pmatrix}\begin{pmatrix}x'\\ y'\end{pmatrix}=\frac{1}{\sqrt{2}}\begin{pmatrix}x'+y'\\ -x'+y'\end{pmatrix}$$

これを $y=2x^2$ に代入すると　$\dfrac{1}{\sqrt{2}}(-x'+y')=2\left(\dfrac{1}{\sqrt{2}}\right)^2(x'+y')^2$

よって　$(x')^2+2x'y'+(y')^2+\dfrac{1}{\sqrt{2}}x'-\dfrac{1}{\sqrt{2}}y'=0$

したがって, 求める曲線の方程式は　$x^2+2xy+y^2+\dfrac{1}{\sqrt{2}}x-\dfrac{1}{\sqrt{2}}y=0$

217　**要項 52② を用いる.**

(1) $A^{-1}=\begin{pmatrix}2 & -1\\ -1 & 1\end{pmatrix}$

(2) 曲線 C 上の任意の点 $(x,\ y)$ の A による像を $(x',\ y')$ とおくと

$\begin{pmatrix}x'\\ y'\end{pmatrix}=A\begin{pmatrix}x\\ y\end{pmatrix}$ より　$\begin{pmatrix}x\\ y\end{pmatrix}=A^{-1}\begin{pmatrix}x'\\ y'\end{pmatrix}=\begin{pmatrix}2x'-y'\\ x'+y'\end{pmatrix}$

これを $5x^2+12xy+8y^2-4=0$ に代入して整理すると

$4(x')^2+(y')^2=4$　よって, C' の方程式は　$x^2+\dfrac{y^2}{2^2}=1$

別解　**2 次形式 $5x^2+12xy+8y^2$ を行列で表す.**

$$5x^2+12xy+8y^2=(x\ \ y)\begin{pmatrix}5 & 6\\ 6 & 8\end{pmatrix}\begin{pmatrix}x\\ y\end{pmatrix}$$

$\begin{pmatrix} x \\ y \end{pmatrix} = A^{-1}\begin{pmatrix} x' \\ y' \end{pmatrix}$ の両辺の転置行列を求めると，$(x \ \ y) = (x' \ \ y')\,{}^t(A^{-1})$ だから

$$5x^2 + 12xy + 8y^2 = (x' \ \ y')\,{}^t(A^{-1})\begin{pmatrix} 5 & 6 \\ 6 & 8 \end{pmatrix}A^{-1}\begin{pmatrix} x' \\ y' \end{pmatrix}$$

$$= (x' \ \ y')\begin{pmatrix} 4 & 0 \\ 0 & 1 \end{pmatrix}\begin{pmatrix} x' \\ y' \end{pmatrix} = 4(x')^2 + (y')^2$$

よって，$4(x')^2 + (y')^2 = 4$ より　$x^2 + \dfrac{y^2}{2^2} = 1$

ポイント 39　**線形変換による平面全体の像**　平面上の線形変換 f が行列 A で表されているとき

A が正則ならば，f は平面全体を平面全体に移す．

A が正則でないならば，f は平面全体を直線または点に移す．

3 次元空間における線形変換については，132 ページ以降にある §4 の線形写像 f の像空間の次元と表現行列のランク，核や次元定理などについて確認しておくとよい．

218　**線形変換を表す行列が正則でないから，要項 52① を用いる．**

(1) 直線 $y = 3x$ の媒介変数表示は　$x = t,\ y = 3t$ (t は実数)

この直線上の任意の点 $(t,\ 3t)$ の 1 次変換による像を $(x',\ y')$ とおくと

$$\begin{pmatrix} x' \\ y' \end{pmatrix} = \begin{pmatrix} 2 & -1 \\ -4 & 2 \end{pmatrix}\begin{pmatrix} t \\ 3t \end{pmatrix} = t\begin{pmatrix} -1 \\ 2 \end{pmatrix} \quad \therefore\ \ x' = -t,\ y' = 2t$$

t を消去すると　$y' = -2x'$　よって，直線 $y = 3x$ の像は直線　$y = -2x$

(2) 原点を通る直線の媒介変数表示は　$x = at,\ y = bt$ (t は実数)

この直線上の任意の点 $(at,\ bt)$ の 1 次変換による像を $(x',\ y')$ とおくと

$$\begin{pmatrix} x' \\ y' \end{pmatrix} = \begin{pmatrix} 2 & -1 \\ -4 & 2 \end{pmatrix}\begin{pmatrix} at \\ bt \end{pmatrix} = (2a - b)t\begin{pmatrix} 1 \\ -2 \end{pmatrix} \ \cdots\ ①$$

像が原点になるのは $b = 2a$ のときである．よって　$y = 2x$

(3) ①より，直線 $x = at,\ y = bt$ の像がその直線自身になるのは，

$\begin{pmatrix} a \\ b \end{pmatrix} /\!/ \begin{pmatrix} 1 \\ -2 \end{pmatrix}$ のときだから　$b = -2a$　$\therefore\ y = -2x$

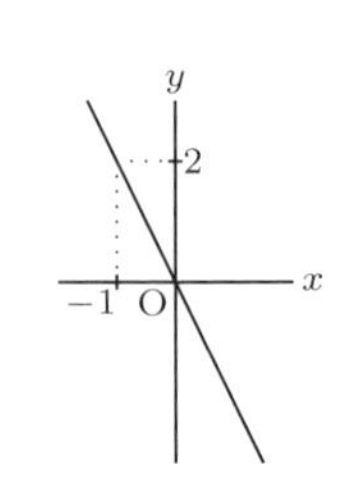

(4) ①より，像 $(x',\ y')$ は $y' = -2x'$ を満たし，(1) より，

直線 $y = -2x$ を含むから．xy 平面の像は　直線 $y = -2x$

〈注〉 $\begin{pmatrix} x' \\ y' \end{pmatrix} = \begin{pmatrix} 2 & -1 \\ -4 & 2 \end{pmatrix}\begin{pmatrix} x \\ y \end{pmatrix} = \begin{pmatrix} 2x-y \\ -4x+2y \end{pmatrix} = (2x-y)\begin{pmatrix} 1 \\ -2 \end{pmatrix}$

$y' = -2(2x-y) = -2x'$ から，像は直線 $y=-2x$ であること $\big((1), (3), (4)\big)$，像が原点だけになる直線は $y=2x$ であること $\big((2)\big)$ がわかる．

219 **x', y' を x, y で表し，$y' = (x')^2 - 1$ に代入する．**

原点のまわりに $\dfrac{\pi}{3}$ 回転する線形変換を表す行列を A とすると

$$A = \begin{pmatrix} \cos\dfrac{\pi}{3} & -\sin\dfrac{\pi}{3} \\ \sin\dfrac{\pi}{3} & \cos\dfrac{\pi}{3} \end{pmatrix} = \frac{1}{2}\begin{pmatrix} 1 & -\sqrt{3} \\ \sqrt{3} & 1 \end{pmatrix}$$

$$x^2 - 2\sqrt{3}xy + 3y^2 - 2\sqrt{3}x + 2ay + b = 0 \ \cdots \ ①$$

で表される曲線上の任意の点 $(x,\ y)$ の A による像を $(x',\ y')$ とおくと

$$y' = (x')^2 - 1 \ \cdots \ ②$$

$\begin{pmatrix} x' \\ y' \end{pmatrix} = A\begin{pmatrix} x \\ y \end{pmatrix}$ より　$x' = \dfrac{x-\sqrt{3}y}{2},\ y' = \dfrac{\sqrt{3}x+y}{2}$

これを②に代入すると

$$\frac{\sqrt{3}x+y}{2} = \left(\frac{x-\sqrt{3}y}{2}\right)^2 - 1$$

$$\therefore \ x^2 - 2\sqrt{3}xy + 3y^2 - 2\sqrt{3}x - 2y - 4 = 0$$

これが ① だから　$a=-1,\ b=-4$

〈注〉 A の逆行列 A^{-1} を求めて，要項 52② を用いてもよい．

220 **空間の座標を利用して変換行列を求める．**

(1) **ベクトルに対する線形変換を点に対する線形変換で考えてもよい．**

点 $(x,\ y,\ z)$ を y 軸に関して対称移動した点を $(x',\ y',\ z')$ とする．2 点を結ぶ線分の中点 $\left(\dfrac{x+x'}{2},\ \dfrac{y+y'}{2},\ \dfrac{z+z'}{2}\right)$ は y 軸上にあるから

$\dfrac{x+x'}{2} = \dfrac{z+z'}{2} = 0 \quad \therefore \ x' = -x,\ z' = -z$

また 2 点は y 軸に垂直な平面上にあるから　$y' = y$

y 軸正の向きから見た図

よって

$$\begin{pmatrix} x' \\ y' \\ z' \end{pmatrix} = \begin{pmatrix} -x \\ y \\ -z \end{pmatrix} = \begin{pmatrix} -1 & 0 & 0 \\ 0 & 1 & 0 \\ 0 & 0 & -1 \end{pmatrix}\begin{pmatrix} x \\ y \\ z \end{pmatrix} \quad \therefore \ \begin{pmatrix} -1 & 0 & 0 \\ 0 & 1 & 0 \\ 0 & 0 & -1 \end{pmatrix}$$

3章 §4

(2) 点 $(x,\ y,\ z)$ を含む z 軸に垂直な平面上で点 $(0,\ 0,\ z)$ のまわりに θ 回転する線形変換だから，点 $(x,\ y,\ z)$ の像を $(x',\ y',\ z')$ とすると

$$\begin{pmatrix} x' \\ y' \end{pmatrix} = \begin{pmatrix} \cos\theta & -\sin\theta \\ \sin\theta & \cos\theta \end{pmatrix}\begin{pmatrix} x \\ y \end{pmatrix},\ z' = z \qquad \therefore \begin{pmatrix} \cos\theta & -\sin\theta & 0 \\ \sin\theta & \cos\theta & 0 \\ 0 & 0 & 1 \end{pmatrix}$$

221　**行列 A の固有ベクトルを方向ベクトルとする直線を求める．**

性質を満たす原点を通る直線上の任意の点の位置ベクトルを $\boldsymbol{x}$ とすると

$$A\boldsymbol{x} = \lambda\boldsymbol{x}\ （\lambda は実数）$$

$\boldsymbol{x} \neq \boldsymbol{0}$ の $\boldsymbol{x}$ が存在するための条件は　$|A - \lambda E| = 0$　これより　$\lambda = 2,\ 1,\ -1$

それぞれに対する固有ベクトル $\boldsymbol{x}$ は

$$c_1\begin{pmatrix} 1 \\ 1 \\ 1 \end{pmatrix}\ (c_1 \neq 0),\ c_2\begin{pmatrix} 1 \\ 0 \\ -1 \end{pmatrix}\ (c_2 \neq 0),\ c_3\begin{pmatrix} 1 \\ -2 \\ 1 \end{pmatrix}\ (c_3 \neq 0)$$

よって，ℓ_1 と異なる求める直線は

$$\ell_2 : \begin{pmatrix} x \\ y \\ z \end{pmatrix} = k\begin{pmatrix} 1 \\ 0 \\ -1 \end{pmatrix},\quad \ell_3 : \begin{pmatrix} x \\ y \\ z \end{pmatrix} = k\begin{pmatrix} 1 \\ -2 \\ 1 \end{pmatrix}\ （k は任意の実数）$$

〈注〉　この問題のように，線形変換による直線の像が同じ直線になるとき，この直線を不動直線という．また，点の像が同じ点になるとき，この点を不動点という．

　この問題で原点を通らない不動直線が存在するかを考えてみよう．固有値 1 に対する固有ベクトルを方向ベクトルとする直線 ℓ_2 上の点が不動点だから，a を定数，t を変数とすると，次の直線も不動直線である．

$$\begin{pmatrix} x \\ y \\ z \end{pmatrix} = a\begin{pmatrix} 1 \\ 0 \\ -1 \end{pmatrix} + t\begin{pmatrix} 1 \\ 1 \\ 1 \end{pmatrix},\quad \begin{pmatrix} x \\ y \\ z \end{pmatrix} = a\begin{pmatrix} 1 \\ 0 \\ -1 \end{pmatrix} + t\begin{pmatrix} 1 \\ -2 \\ 1 \end{pmatrix}$$

222　**空間の座標を利用して線形変換の行列を求める．**

(1) 点 $(x,\ y,\ z)$ を Q とする．平面 $x + z = 0$ の法線ベクトルの 1 つは　$\boldsymbol{n} = (1,\ 0,\ 1)$

> **平面 $ax + by + cz = 0$ の法線ベクトルの 1 つは　$(a,\ b,\ c)$**

よって，原点を通る法線上の点 P は $(t,\ 0,\ t)$（t は実数）とおける．

$\overrightarrow{\mathrm{OP}} \perp \overrightarrow{\mathrm{PQ}}$ より　$\overrightarrow{\mathrm{OP}} \cdot \overrightarrow{\mathrm{PQ}} = (t,\ 0,\ t) \cdot (x - t,\ y,\ z - t) = t(x + z - 2t) = 0$

$\therefore\quad t = 0,\ \dfrac{x+z}{2}$　よって　$\mathrm{P}\left(\dfrac{x+z}{2},\ 0,\ \dfrac{x+z}{2}\right)$　（$t = 0$ のときの原点を含む．）

(2) f は $x+z=0$ に関する対称移動だから，点 $(x,\ y,\ z)$ の f による像を $(x',\ y',\ z')$ とおくと　$x'=-z,\ y'=y,\ z'=-x$　**xz 平面で考えるとよい．y 座標は変わらない**

$$\begin{pmatrix} x' \\ y' \\ z' \end{pmatrix} = \begin{pmatrix} -z \\ y \\ -x \end{pmatrix} = \begin{pmatrix} 0 & 0 & -1 \\ 0 & 1 & 0 \\ -1 & 0 & 0 \end{pmatrix}\begin{pmatrix} x \\ y \\ z \end{pmatrix} \text{ より } A = \begin{pmatrix} 0 & 0 & -1 \\ 0 & 1 & 0 \\ -1 & 0 & 0 \end{pmatrix}$$

別解　点 $\mathrm{Q}(x,\ y,\ z)$ を $x+z=0$ に関して対称に移動した点を $\mathrm{R}(x',\ y',\ z')$ とする．

$$\overrightarrow{\mathrm{QR}} = -2\overrightarrow{\mathrm{OP}} \text{ より } \begin{pmatrix} x'-x \\ y'-y \\ z'-z \end{pmatrix} = \begin{pmatrix} -x-z \\ 0 \\ -x-z \end{pmatrix} \quad \therefore\ (x',\ y',\ z') = (-z,\ y,\ -x)$$

別解　線分 QR の中点は平面 $x+z=0$ 上にあるから

$$\frac{x+x'}{2} + \frac{z+z'}{2} = 0 \quad \therefore\ x'+z'+x+z=0 \ \cdots \text{①}$$

$\overrightarrow{\mathrm{QR}} /\!/ \boldsymbol{n}$ より $\overrightarrow{\mathrm{QR}} = k\boldsymbol{n}$（$k$ は実数）と表せるから　$x'-x=k,\ y'-y=0,\ z'-z=k$

よって　$y'=y,\ x'-z'-x+z=0 \ \cdots$ ②

①＋② より　$x'=-z$，①－② より　$z'=-x$　　$\therefore\ x'=-z,\ y'=y,\ z'=-x$

(3) $x=-t,\ y=t,\ z=t$（t は任意の実数）

〈注〉 解は 2 平面の交線上にある．交線は原点を通り，その方向ベクトルは 2 平面の法線ベクトルに垂直だから，外積を用いて　$(1,\ 0,\ 1)\times(0,\ 1,\ -1)=(-1,\ 1,\ 1)$

よって，交線上の点は　$(-t,\ t,\ t)$（t は実数）

(4) $x+z=0,\ y-z=0$ の法線ベクトルはそれぞれ　$\boldsymbol{n}_1=(1,\ 0,\ 1),\ \boldsymbol{n}_2=(0,\ 1,\ -1)$

$\boldsymbol{n}_1$ と $\boldsymbol{n}_2$ のなす角を α とすると　$\cos\alpha = \dfrac{\boldsymbol{n}_1\cdot\boldsymbol{n}_2}{|\boldsymbol{n}_1||\boldsymbol{n}_2|} = -\dfrac{1}{2}$　$\therefore\ \alpha = \dfrac{2}{3}\pi$

$0 \leqq \theta \leqq \dfrac{\pi}{2}$ より　$\theta = \pi - \alpha = \dfrac{\pi}{3}$　　**$\boldsymbol{n}_2=(0,\ -1,\ 1)$ として求めてもよい**

(5) $g(\boldsymbol{x}) = B\boldsymbol{x}$ となる 3 次正方行列 B を求める．g は $y-z=0$ に関する対称移動だから，点 $(x,\ y,\ z)$ の g による像を $(x',\ y',\ z')$ とおくと　$x'=x,\ y'=z,\ z'=y$

$$\begin{pmatrix} x' \\ y' \\ z' \end{pmatrix} = \begin{pmatrix} x \\ z \\ y \end{pmatrix} = \begin{pmatrix} 1 & 0 & 0 \\ 0 & 0 & 1 \\ 0 & 1 & 0 \end{pmatrix}\begin{pmatrix} x \\ y \\ z \end{pmatrix} \text{ より } B = \begin{pmatrix} 1 & 0 & 0 \\ 0 & 0 & 1 \\ 0 & 1 & 0 \end{pmatrix}$$

$(g\circ f)(\boldsymbol{x}) = BA\boldsymbol{x}$ を満たす BA は

$$BA = \begin{pmatrix} 1 & 0 & 0 \\ 0 & 0 & 1 \\ 0 & 1 & 0 \end{pmatrix}\begin{pmatrix} 0 & 0 & -1 \\ 0 & 1 & 0 \\ -1 & 0 & 0 \end{pmatrix} = \begin{pmatrix} 0 & 0 & -1 \\ -1 & 0 & 0 \\ 0 & 1 & 0 \end{pmatrix}$$

合成変換 $g\circ f$ は点 $\mathrm{Q}(x,\ y,\ z)$ を点 $\mathrm{Q}'(x',\ y',\ z') = (-z,\ -x,\ y)$ に移す．

一方，2 つの平面 $x+z=0$ と $y-z=0$ の交線は $g\circ f$ で不変だから，交線が回転移動の軸となる．

交線上のベクトルとして $\boldsymbol{n}=(1,\ -1,\ -1)$ をとる．

$\overrightarrow{\mathrm{QQ'}}\cdot\boldsymbol{n}=0$ より $\overrightarrow{\mathrm{QQ'}}$ と $\boldsymbol{n}$ は垂直だから，合成変換 $g\circ f$ である $\mathrm{Q}\longmapsto\mathrm{Q'}$ は，$\boldsymbol{n}$ を法線とする平面上を移動する．回転軸上に点 P を $\overrightarrow{\mathrm{PQ}}\cdot\boldsymbol{n}=0$ となるようにとると，一般に $\overrightarrow{\mathrm{PQ}}=(a,\ b,\ a-b)$ と表すことができる．

$y-z=0$

$x+z=0$

(1, −1, −1) 方向から見た図
回転角は 2 平面のなす角の 2 倍

$g\circ f(\overrightarrow{\mathrm{OP}})=\overrightarrow{\mathrm{OP}}$，$g\circ f(\overrightarrow{\mathrm{OQ}})=\overrightarrow{\mathrm{OQ'}}$ に注意すると

$\overrightarrow{\mathrm{PQ'}}=\overrightarrow{\mathrm{OQ'}}-\overrightarrow{\mathrm{OP}}=g\circ f(\overrightarrow{\mathrm{OQ}}-\overrightarrow{\mathrm{OP}})=g\circ f(\overrightarrow{\mathrm{PQ}})=(-a+b,\ -a,\ b)$

$\overrightarrow{\mathrm{PQ}}$ と $\overrightarrow{\mathrm{PQ'}}$ のなす角を β とすると　$\cos\beta=\dfrac{\overrightarrow{\mathrm{PQ}}\cdot\overrightarrow{\mathrm{PQ'}}}{\left|\overrightarrow{\mathrm{PQ}}\right|\left|\overrightarrow{\mathrm{PQ'}}\right|}=-\dfrac{1}{2}$　$\therefore\ \beta=\dfrac{2}{3}\pi$

$\overrightarrow{\mathrm{PQ}}\times\overrightarrow{\mathrm{PQ'}}=(a^2-ab+b^2)\boldsymbol{n}$　($a=b=0$ 以外で $a^2-ab+b^2>0$) となることから，$\boldsymbol{n}$ を回転軸の方向ベクトルとすると，右ねじの向きに $\dfrac{2}{3}\pi$ 回転することがわかる．

〈注〉 最初に $\boldsymbol{n}$ を逆向きにとった場合は，最後に，$\overrightarrow{\mathrm{PQ}}\times\overrightarrow{\mathrm{PQ'}}$ と同じ向きになるように，$-\boldsymbol{n}$ を回転軸の方向ベクトルとする．結果的に，この解答と同じことになる．

〈注〉 右上の図で，最初の点がどこでも $\dfrac{2}{3}\pi$ 回転であることを示すこともできる．

面対称を表す行列は直交行列であり，行列式は −1 である．面対称を 2 回繰り返した合成変換を表す行列は直交行列であり，行列式は 1 となる．3 次元空間では，行列式が 1 の直交行列は固有値 1 の固有ベクトルが存在し，回転変換を表す行列であることが知られている．回転軸は原点を通り方向ベクトルが固有値 1 の固有ベクトルである．

2　ベクトル空間

223 (1) $\boldsymbol{u}_1=\dfrac{\boldsymbol{a}_1}{|\boldsymbol{a}_1|}=\dfrac{1}{\sqrt{2}}\begin{pmatrix}1\\1\\0\end{pmatrix}$　93 ページの要項 47 参照

$$\boldsymbol{u}_2'=\boldsymbol{a}_2-(\boldsymbol{a}_2\cdot\boldsymbol{u}_1)\boldsymbol{u}_1=\frac{3}{2}\begin{pmatrix}1\\-1\\2\end{pmatrix},\quad \boldsymbol{u}_2=\frac{\boldsymbol{u}_2'}{|\boldsymbol{u}_2'|}=\frac{1}{\sqrt{6}}\begin{pmatrix}1\\-1\\2\end{pmatrix}$$

(2) $\boldsymbol{u}_1$，$\boldsymbol{u}_2$ に垂直で大きさ 1 のベクトルを求める．$\boldsymbol{v}_1=\begin{pmatrix}1\\1\\0\end{pmatrix}$，$\boldsymbol{v}_2=\begin{pmatrix}1\\-1\\2\end{pmatrix}$ とする．

$$\boldsymbol{v}_3=\boldsymbol{v}_1\times\boldsymbol{v}_2=\begin{pmatrix}2\\-2\\-2\end{pmatrix}$$ **外積 $\boldsymbol{v}_1\times\boldsymbol{v}_2$ は $\boldsymbol{v}_1$ と $\boldsymbol{v}_2$ に垂直** $\boldsymbol{u}_3=\dfrac{\boldsymbol{v}_3}{|\boldsymbol{v}_3|}=\dfrac{1}{\sqrt{3}}\begin{pmatrix}1\\-1\\-1\end{pmatrix}$ とすると

$\{\boldsymbol{u}_1,\boldsymbol{u}_2,\boldsymbol{u}_3\}$ は $\boldsymbol{R}^3$ の正規直交基底である. **$\boldsymbol{u}_1,\boldsymbol{u}_2$ と直交することを検算するとよい**

別解 $\boldsymbol{u}_1$, $\boldsymbol{u}_2$ と線形独立なベクトル $\boldsymbol{a}_3=\begin{pmatrix}1\\0\\0\end{pmatrix}$ をとり, 直交化する.

$$\boldsymbol{u}_3'=\boldsymbol{a}_3-(\boldsymbol{a}_3\cdot\boldsymbol{u}_1)\boldsymbol{u}_1-(\boldsymbol{a}_3\cdot\boldsymbol{u}_2)\boldsymbol{u}_2=\frac{1}{3}\begin{pmatrix}1\\-1\\-1\end{pmatrix},\quad \boldsymbol{u}_3=\frac{\boldsymbol{u}_3'}{|\boldsymbol{u}_3'|}=\frac{1}{\sqrt{3}}\begin{pmatrix}1\\-1\\-1\end{pmatrix}$$

〈注〉 正規直交基底とは, 大きさが1で互いに直交するベクトルからなる基底のことで, 応用上も重要な基底である. グラム・シュミットの正規直交化法は使えるようにしておくこと. 2つのベクトルに垂直なベクトルは外積を使うと簡単に求めることができる.

ポイント 40 「行列 A の階数 $(\mathrm{rank}\,A)=$ 線形独立な列ベクトルの最大個数」が成り立つ. 線形独立な列ベクトルは, 行列の階数を求めるために行基本変形してできた行列の線形独立な列ベクトルと同じ位置にあるもとの列ベクトルである. $A=(\boldsymbol{v}_1\ \boldsymbol{v}_2\ \cdots\ \boldsymbol{v}_n)$ の中の線形独立な列ベクトルを $\boldsymbol{u}_i$ $(i=1,\ 2,\ \cdots,\ m=\mathrm{rank}\,A)$ とする. ベクトル $\boldsymbol{x}$ の i 成分を x_i とすると, 線形写像は $A\boldsymbol{x}=x_1\boldsymbol{v}_1+x_2\boldsymbol{v}_2+\cdots+x_n\boldsymbol{v}_n=c_1\boldsymbol{u}_1+c_2\boldsymbol{u}_2+\cdots+c_m\boldsymbol{u}_m$ のように $\{\boldsymbol{u}_i\}$ の線形結合で表すことができる. よって, 像空間の基底は $\{\boldsymbol{u}_i\}$ である.

$\mathrm{Ker}\,f$ は $A\boldsymbol{x}=\boldsymbol{0}$ の解空間, $\mathrm{Im}\,f$ は行列 A の列ベクトルで生成される部分空間である. 次元定理 $\dim\mathrm{Ker}\,f+\dim\mathrm{Im}\,f=\dim V$, $\dim\mathrm{Im}\,f=\mathrm{rank}\,A$ も確認すること.

---

224 (1) **逆行列を用いて線形写像 f を表す行列 A を求める.**

$\boldsymbol{x}={}^t(x\ y\ z)\in\boldsymbol{R}^3$ に対して, $f(\boldsymbol{x})=A\boldsymbol{x}$ である

$$A\begin{pmatrix}2\\1\\-1\end{pmatrix}=\begin{pmatrix}5\\1\\-11\end{pmatrix},\quad A\begin{pmatrix}2\\3\\2\end{pmatrix}=\begin{pmatrix}16\\13\\4\end{pmatrix},\quad A\begin{pmatrix}-1\\0\\1\end{pmatrix}=\begin{pmatrix}0\\2\\8\end{pmatrix}$$ より

$$A\begin{pmatrix}2&2&-1\\1&3&0\\-1&2&1\end{pmatrix}=\begin{pmatrix}5&16&0\\1&13&2\\-11&4&8\end{pmatrix}$$

$$\begin{pmatrix} 2 & 2 & -1 \\ 1 & 3 & 0 \\ -1 & 2 & 1 \end{pmatrix}^{-1} = \begin{pmatrix} -3 & 4 & -3 \\ 1 & -1 & 1 \\ -5 & 6 & -4 \end{pmatrix}$$ を両辺の右から掛けると

$$A = \begin{pmatrix} 5 & 16 & 0 \\ 1 & 13 & 2 \\ -11 & 4 & 8 \end{pmatrix}\begin{pmatrix} -3 & 4 & -3 \\ 1 & -1 & 1 \\ -5 & 6 & -4 \end{pmatrix} = \begin{pmatrix} 1 & 4 & 1 \\ 0 & 3 & 2 \\ -3 & 0 & 5 \end{pmatrix}$$

(2) $$\begin{pmatrix} 1 & 4 & 1 \\ 0 & 3 & 2 \\ -3 & 0 & 5 \end{pmatrix} \xrightarrow[\text{の消去法}]{\text{ガウス・ジョルダン}} \begin{pmatrix} 1 & 0 & -\frac{5}{3} \\ 0 & 1 & \frac{2}{3} \\ 0 & 0 & 0 \end{pmatrix}$$

行変形をすると，列の線形関係が変わらないことから Im が求まり，連立方程式 $\boldsymbol{Ax} = \boldsymbol{0}$ を解くことで Ker が求まる

行変形の前後で列ベクトルの線形関係は変わらないから

$$\boldsymbol{v}_1 = \begin{pmatrix} 1 \\ 0 \\ -3 \end{pmatrix},\ \boldsymbol{v}_2 = \begin{pmatrix} 4 \\ 3 \\ 0 \end{pmatrix},\ \boldsymbol{v}_3 = \begin{pmatrix} 1 \\ 2 \\ 5 \end{pmatrix}$$ とおくと　$\boldsymbol{v}_3 = -\dfrac{5}{3}\boldsymbol{v}_1 + \dfrac{2}{3}\boldsymbol{v}_2$

点線内の数値が係数となる

$\boldsymbol{y} \in \mathrm{Im}\, f$ とすると　$\boldsymbol{y} = A\boldsymbol{x} = x\boldsymbol{v}_1 + y\boldsymbol{v}_2 + z\boldsymbol{v}_3 = \left(x - \dfrac{5}{3}z\right)\boldsymbol{v}_1 + \left(y + \dfrac{2}{3}z\right)\boldsymbol{v}_2$

$\boldsymbol{v}_1$，$\boldsymbol{v}_2$ は線形独立であり，$\mathrm{Im}\, f$ の要素 $\boldsymbol{y}$ はすべて $\boldsymbol{v}_1$，$\boldsymbol{v}_2$ の線形結合で表されるから，$\{\boldsymbol{v}_1,\ \boldsymbol{v}_2\}$ は $\mathrm{Im}\, f$ の基底で，$\dim \mathrm{Im}\, f = \mathrm{rank}\, A = 2$ である．

$\begin{pmatrix} x \\ y \\ z \end{pmatrix} \in \mathrm{Ker}\, f$ とすると　$x - \dfrac{5}{3}z = 0,\ y + \dfrac{2}{3}z = 0$ から

$$\begin{pmatrix} x \\ y \\ z \end{pmatrix} = \begin{pmatrix} \frac{5}{3}z \\ -\frac{2}{3}z \\ z \end{pmatrix} = \frac{z}{3}\begin{pmatrix} 5 \\ -2 \\ 3 \end{pmatrix} \qquad \boldsymbol{u} = \begin{pmatrix} 5 \\ -2 \\ 3 \end{pmatrix}$$ とおくと

$\{\boldsymbol{u}\}$ は $\mathrm{Ker}\, f$ の基底で，$\dim \mathrm{Ker}\, f = 1$ である．

〈注〉　次元定理 $\dim \mathrm{Ker}\, f + \dim \mathrm{Im}\, f = 1 + 2 = 3 = \dim \boldsymbol{R}^3$ が確認できる．

別解　**列基本変形を用いて $\mathrm{Im}\, f$ の基底を求める．**

$$\boldsymbol{x} \longmapsto \boldsymbol{x}' = A\boldsymbol{x} = \begin{pmatrix} 1 & 4 & 1 \\ 0 & 3 & 2 \\ -3 & 0 & 5 \end{pmatrix}\begin{pmatrix} x \\ y \\ z \end{pmatrix} = x\begin{pmatrix} 1 \\ 0 \\ -3 \end{pmatrix} + y\begin{pmatrix} 4 \\ 3 \\ 0 \end{pmatrix} + z\begin{pmatrix} 1 \\ 2 \\ 5 \end{pmatrix}$$

より A を列基本変形することで $\mathrm{Im}\, f$ の基底と次元がわかる．

$$A = \begin{pmatrix} 1 & 4 & 1 \\ 0 & 3 & 2 \\ -3 & 0 & 5 \end{pmatrix} \longrightarrow \begin{pmatrix} 1 & 0 & 0 \\ 0 & 3 & 2 \\ -3 & 12 & 8 \end{pmatrix} \longrightarrow \begin{pmatrix} 1 & 0 & 0 \\ 0 & 1 & 0 \\ -3 & 4 & 0 \end{pmatrix}$$

$\boldsymbol{w}_1 = \begin{pmatrix} 1 \\ 0 \\ -3 \end{pmatrix}$, $\boldsymbol{w}_2 = \begin{pmatrix} 0 \\ 1 \\ 4 \end{pmatrix}$ とおくと，$\{\boldsymbol{w}_1, \boldsymbol{w}_2\}$ は $\mathrm{Im}\, f$ の基底である．

別解 行変形で得られた $\boldsymbol{A}$ の列の線形関係を使って $\mathbf{Ker}\, \boldsymbol{f}$ の基底を求める．

$\boldsymbol{v}_3 = -\dfrac{5}{3}\boldsymbol{v}_1 + \dfrac{2}{3}\boldsymbol{v}_2$ より　$5\boldsymbol{v}_1 - 2\boldsymbol{v}_2 + 3\boldsymbol{v}_3 = \boldsymbol{0}$

$\boldsymbol{u} = \begin{pmatrix} 5 \\ -2 \\ 3 \end{pmatrix}$ とおくと　$A\boldsymbol{u} = (\boldsymbol{v}_1\ \boldsymbol{v}_2\ \boldsymbol{v}_3)\begin{pmatrix} 5 \\ -2 \\ 3 \end{pmatrix} = 5\boldsymbol{v}_1 - 2\boldsymbol{v}_2 + 3\boldsymbol{v}_3 = \boldsymbol{0}$

より $\boldsymbol{u} \in \mathrm{Ker}\, f$ であることがわかる．$\dim \mathrm{Im}\, f = 2$ が得られていれば，次元定理から $\dim \mathrm{Ker}\, f = 3 - 2 = 1$ となり，$\{\boldsymbol{u}\}$ が $\mathrm{Ker}\, f$ の基底になる．

225 (1) $\boldsymbol{x} = {}^t(x_1\ x_2\ x_3) \in \boldsymbol{R}^3$ に対して，$f(\boldsymbol{x}) = A\boldsymbol{x}$ より

$$A = \begin{pmatrix} 1 & 2 & 4 \\ 2 & 4 & 9 \\ 1 & 2 & -8 \end{pmatrix}$$

線形変換を 1 次変換ともいう

(2) A の第 1 列を $\boldsymbol{v}_1$，第 2 列を $\boldsymbol{v}_2$，第 3 列を $\boldsymbol{v}_3$ とする．

$$A = \begin{pmatrix} 1 & 2 & 4 \\ 2 & 4 & 9 \\ 1 & 2 & -8 \end{pmatrix} \xrightarrow[\text{の消去法}]{\text{ガウス・ジョルダン}} \begin{pmatrix} 1 & 2 & 0 \\ 0 & 0 & 1 \\ 0 & 0 & 0 \end{pmatrix}$$

連立方程式 $A\boldsymbol{x} = \boldsymbol{0}$ を解くときの行変形．別解 (3) では連立方程式を解いて $\mathbf{Ker}\, \boldsymbol{f}$ を求める

行変形の前後で列ベクトルの線形関係は変わらないから　$\boldsymbol{v}_2 = 2\boldsymbol{v}_1$

$\boldsymbol{y} \in \mathrm{Im}\, f$ とすると　$\boldsymbol{y} = A\boldsymbol{x} = x_1\boldsymbol{v}_1 + x_2\boldsymbol{v}_2 + x_3\boldsymbol{v}_3 = (x_1 + 2x_2)\boldsymbol{v}_1 + x_3\boldsymbol{v}_3$

$\boldsymbol{v}_1$，$\boldsymbol{v}_3$ は線形独立であり，$\mathrm{Im}\, f$ の要素 $\boldsymbol{y}$ はすべて $\boldsymbol{v}_1$，$\boldsymbol{v}_3$ の線形結合で表されるから，$\{\boldsymbol{v}_1, \boldsymbol{v}_3\}$ は $\mathrm{Im}\, f$ の基底で，$\dim \mathrm{Im}\, f = 2$ である．

〈注〉 この解答では $\{\boldsymbol{v}_1, \boldsymbol{v}_3\}$ が基底の定義を満たしているかを確認している．実際の解答では，線形独立なベクトルを選べばよい．

(3) $\boldsymbol{u} = \begin{pmatrix} -2 \\ 1 \\ 0 \end{pmatrix}$ とおくと，(2) より　$A\boldsymbol{u} = -2\boldsymbol{v}_1 + \boldsymbol{v}_2 = \boldsymbol{0}$　となるから　$\boldsymbol{u} \in \mathrm{Ker}\, f$

次元定理より $\dim \mathrm{Ker}\, f = 3 - \dim \mathrm{Im}\, f = 1$ であり，$\{\boldsymbol{u}\}$ は $\mathrm{Ker}\, f$ の基底である．

(4) $\boldsymbol{y} = \begin{pmatrix} y_1 \\ y_2 \\ y_3 \end{pmatrix} \in W_2 = W_1 \cap (\mathrm{Im}\, f)$ とする．

$\boldsymbol{y} \in \mathrm{Im}\, f$ より，$\boldsymbol{y} = c_1\boldsymbol{v}_1 + c_2\boldsymbol{v}_3$ $(c_1,\ c_2 \in \boldsymbol{R})$ と表せる．よって

$$\begin{cases} y_1 = \ \ c_1 + 4c_2 \ \cdots \text{①} \\ y_2 = 2c_1 + 9c_2 \ \cdots \text{②} \\ y_3 = \ \ c_1 - 8c_2 \ \cdots \text{③} \end{cases} \quad \text{また,}\ \boldsymbol{y} \in W_1 \ \text{より} \quad y_1 - y_3 = 0 \ \cdots \text{④}$$

①, ③ を ④ に代入すると　$c_2 = 0$　$\therefore$　$\boldsymbol{y} = c_1\boldsymbol{v}_1$

よって，$\{\boldsymbol{v}_1\}$ は W_2 の基底で，$\dim W_2 = 1$ である

別解　**基本変形を用いて $\mathrm{Im}\, f$ と $\mathrm{Ker}\, f$ の基底を求める.**

(2) $\boldsymbol{x} \longmapsto \boldsymbol{x}' = A\boldsymbol{x} = \begin{pmatrix} 1 & 2 & 4 \\ 2 & 4 & 9 \\ 1 & 2 & -8 \end{pmatrix}\begin{pmatrix} x_1 \\ x_2 \\ x_3 \end{pmatrix} = x_1\begin{pmatrix} 1 \\ 2 \\ 1 \end{pmatrix} + x_2\begin{pmatrix} 2 \\ 4 \\ 2 \end{pmatrix} + x_3\begin{pmatrix} 4 \\ 9 \\ -8 \end{pmatrix}$

より A を列基本変形することで $\mathrm{Im}\, f$ の基底と次元がわかる.

$$A = \begin{pmatrix} 1 & 2 & 4 \\ 2 & 4 & 9 \\ 1 & 2 & -8 \end{pmatrix} \longrightarrow \begin{pmatrix} 1 & 0 & 0 \\ 2 & 0 & 1 \\ 1 & 0 & -12 \end{pmatrix} \longrightarrow \begin{pmatrix} 1 & 0 & 0 \\ 0 & 1 & 0 \\ 25 & -12 & 0 \end{pmatrix}$$

$\boldsymbol{v}_1 = \begin{pmatrix} 1 \\ 0 \\ 25 \end{pmatrix}$, $\boldsymbol{v}_2 = \begin{pmatrix} 0 \\ 1 \\ -12 \end{pmatrix}$ とおくと，$\{\boldsymbol{v}_1,\ \boldsymbol{v}_2\}$ は $\mathrm{Im}\, f$ の基底で，$\dim \mathrm{Im}\, f = 2$ である.

(3) $\boldsymbol{x} \longmapsto \boldsymbol{0} = A\boldsymbol{x} = \begin{pmatrix} 1 & 2 & 4 \\ 2 & 4 & 9 \\ 1 & 2 & -8 \end{pmatrix}\begin{pmatrix} x_1 \\ x_2 \\ x_3 \end{pmatrix}$

より A を行基本変形することで $\mathrm{Ker}\, f$ の基底と次元がわかる.

$$A = \begin{pmatrix} 1 & 2 & 4 \\ 2 & 4 & 9 \\ 1 & 2 & -8 \end{pmatrix} \longrightarrow \begin{pmatrix} 1 & 2 & 4 \\ 0 & 0 & 1 \\ 0 & 0 & -12 \end{pmatrix} \longrightarrow \begin{pmatrix} 1 & 2 & 0 \\ 0 & 0 & 1 \\ 0 & 0 & 0 \end{pmatrix}$$

$\boldsymbol{u}_1 = \begin{pmatrix} 2 \\ -1 \\ 0 \end{pmatrix}$ とおくと，$\{\boldsymbol{u}_1\}$ は $\mathrm{Ker}\, f$ の基底で，$\dim \mathrm{Ker}\, f = 1$ である.

(4) W_1 において，$x_1 - x_3 = 0$ より $\boldsymbol{w}_1 = \begin{pmatrix} 1 \\ 0 \\ 1 \end{pmatrix}$, $\boldsymbol{w}_2 = \begin{pmatrix} 0 \\ 1 \\ 0 \end{pmatrix}$ とおくと，$\{\boldsymbol{w}_1,\ \boldsymbol{w}_2\}$ は W_1 の基底で，$\dim W_1 = 2$ である．$c_1\boldsymbol{w}_1 + c_2\boldsymbol{w}_2 = d_1\boldsymbol{v}_1 + d_2\boldsymbol{v}_2 \in W_2$ とすると $c_1 = d_1$, $c_2 = d_2$ $c_1 = 25d_1 - 12d_2$ より　$c_2 = 2c_1$　$\therefore$　$c_1\boldsymbol{w}_1 + c_2\boldsymbol{w}_2 = c_1(\boldsymbol{w}_1 + 2\boldsymbol{w}_2)$

$\boldsymbol{w}_3 = \boldsymbol{w}_1 + 2\boldsymbol{w}_2 = \begin{pmatrix} 1 \\ 2 \\ 1 \end{pmatrix}$ とおくと，$\{\boldsymbol{w}_3\}$ は W_2 の基底で，$\dim W_2 = 1$ である.

226 (1) **$(f(e_1)\ f(e_2)\ f(e_3))=(e_1\ e_2\ e_3)A$ となる行列 A を求める.**

$$\big(f(\boldsymbol{e}_1)\ f(\boldsymbol{e}_2)\ f(\boldsymbol{e}_3)\big)=(\boldsymbol{e}_1+\boldsymbol{e}_3\ \ 2\boldsymbol{e}_1-\boldsymbol{e}_2\ \ \boldsymbol{e}_1+\boldsymbol{e}_2+3\boldsymbol{e}_3)$$

$$=(\boldsymbol{e}_1\ \boldsymbol{e}_2\ \boldsymbol{e}_3)\begin{pmatrix}1&2&1\\0&-1&1\\1&0&3\end{pmatrix}\quad\therefore\quad\begin{pmatrix}1&2&1\\0&-1&1\\1&0&3\end{pmatrix}$$

(2) $\begin{pmatrix}1&2&1\\0&-1&1\\1&0&3\end{pmatrix}\xrightarrow[\text{の消去法}]{\text{ガウス・ジョルダン}}\begin{pmatrix}1&0&3\\0&1&-1\\0&0&0\end{pmatrix}$ より, $\boldsymbol{v}=\begin{pmatrix}3\\-1\\-1\end{pmatrix}$ とおくと, V の要素はすべて $c\boldsymbol{v}$ $(c\in\boldsymbol{R})$ と表されるから, $\{\boldsymbol{v}\}$ は V の基底で, $\dim V=1$ である.

227 (1) $|\boldsymbol{a}_1\ \boldsymbol{a}_2\ \boldsymbol{a}_3|=4\neq 0,\ |\boldsymbol{b}_1\ \boldsymbol{b}_2\ \boldsymbol{b}_3|=72\neq 0$

よって, $\{\boldsymbol{a}_1,\ \boldsymbol{a}_2,\ \boldsymbol{a}_3\}$ および $\{\boldsymbol{b}_1,\ \boldsymbol{b}_2,\ \boldsymbol{b}_3\}$ は線形独立だから, V^3 の基底である.

〈注〉 $\operatorname{rank}(\boldsymbol{a}_1\ \boldsymbol{a}_2\ \boldsymbol{a}_3)=\operatorname{rank}(\boldsymbol{b}_1\ \boldsymbol{b}_2\ \boldsymbol{b}_3)=3$ を示してもよい.

(2) $f(\boldsymbol{a}_1)=f(\boldsymbol{e}_1+2\boldsymbol{e}_2+\boldsymbol{e}_3)=f(\boldsymbol{e}_1)+2f(\boldsymbol{e}_2)+f(\boldsymbol{e}_3),\ \boldsymbol{b}_1=7\boldsymbol{e}_1-\boldsymbol{e}_2-3\boldsymbol{e}_3$

$f(\boldsymbol{a}_2)=f(-\boldsymbol{e}_2+2\boldsymbol{e}_3)=-f(\boldsymbol{e}_2)+2f(\boldsymbol{e}_3),\ \boldsymbol{b}_2=2\boldsymbol{e}_1+4\boldsymbol{e}_2-6\boldsymbol{e}_3$

$f(\boldsymbol{a}_3)=f(2\boldsymbol{e}_1+3\boldsymbol{e}_2)=2f(\boldsymbol{e}_1)+3f(\boldsymbol{e}_2),\ \boldsymbol{b}_3=8\boldsymbol{e}_1-2\boldsymbol{e}_2$

$f(\boldsymbol{a}_1)=\boldsymbol{b}_1,\ f(\boldsymbol{a}_2)=\boldsymbol{b}_2,\ f(\boldsymbol{a}_3)=\boldsymbol{b}_3$ より

$$\begin{cases}f(\boldsymbol{e}_1)+2f(\boldsymbol{e}_2)+f(\boldsymbol{e}_3)=7\boldsymbol{e}_1-\boldsymbol{e}_2-3\boldsymbol{e}_3\\-f(\boldsymbol{e}_2)+2f(\boldsymbol{e}_3)=2\boldsymbol{e}_1+4\boldsymbol{e}_2-6\boldsymbol{e}_3\\2f(\boldsymbol{e}_1)+3f(\boldsymbol{e}_2)=8\boldsymbol{e}_1-2\boldsymbol{e}_2\end{cases}$$

$f(\boldsymbol{e}_1),\ f(\boldsymbol{e}_2),\ f(\boldsymbol{e}_3)$ の連立1次方程式として解くと

$$f(\boldsymbol{e}_1)=\boldsymbol{e}_1+2\boldsymbol{e}_2,\ f(\boldsymbol{e}_2)=2\boldsymbol{e}_1-2\boldsymbol{e}_2,\ f(\boldsymbol{e}_3)=2\boldsymbol{e}_1+\boldsymbol{e}_2-3\boldsymbol{e}_3$$

(3) $\big(f(\boldsymbol{e}_1)\ f(\boldsymbol{e}_2)\ f(\boldsymbol{e}_3)\big)=(\boldsymbol{e}_1+2\boldsymbol{e}_2\ \ 2\boldsymbol{e}_1-2\boldsymbol{e}_2\ \ 2\boldsymbol{e}_1+\boldsymbol{e}_2-3\boldsymbol{e}_3)=(\boldsymbol{e}_1\ \boldsymbol{e}_2\ \boldsymbol{e}_3)A$

となる f の表現行列 A は $A=\begin{pmatrix}1&2&2\\2&-2&1\\0&0&-3\end{pmatrix}$

(4) 固有値は -3 (重解), 2 それぞれに対する固有ベクトルは

$$c_1\begin{pmatrix}1\\0\\-2\end{pmatrix}+c_2\begin{pmatrix}0\\1\\-1\end{pmatrix}\ (c_1\neq 0\ \text{または}\ c_2\neq 0),\quad c_3\begin{pmatrix}2\\1\\0\end{pmatrix}\ (c_3\neq 0)$$

(5) $P=\begin{pmatrix} 1 & 0 & 2 \\ 0 & 1 & 1 \\ -2 & -1 & 0 \end{pmatrix}$ とおくと $P^{-1}=\dfrac{1}{5}\begin{pmatrix} 1 & -2 & -2 \\ -2 & 4 & -1 \\ 2 & 1 & 1 \end{pmatrix}$

$P^{-1}AP=\begin{pmatrix} -3 & 0 & 0 \\ 0 & -3 & 0 \\ 0 & 0 & 2 \end{pmatrix}$ より $A^n=P\begin{pmatrix} (-3)^n & 0 & 0 \\ 0 & (-3)^n & 0 \\ 0 & 0 & 2^n \end{pmatrix}P^{-1}$

よって $A^n=\dfrac{1}{5}\begin{pmatrix} (-3)^n+2^{n+2} & -2(-3)^n+2^{n+1} & -2(-3)^n+2^{n+1} \\ -2(-3)^n+2^{n+1} & 4(-3)^n+2^n & -(-3)^n+2^n \\ 0 & 0 & 5(-3)^n \end{pmatrix}$

別解 ケーリー・ハミルトンの定理より $(A+3E)^2(A-2E)=O$

A は対角化可能だから $(A+3E)(A-2E)=O$ **337 ページのポイント 34**

$I=\dfrac{A-2E}{-3-2}=-\dfrac{1}{5}(A-2E)$，$J=\dfrac{A+3E}{2+3}=\dfrac{1}{5}(A+3E)$ とおくと

$$I+J=E,\ IJ=JI=O,\ I^2=I,\ J^2=J,\ A=(-3)I+2J$$

$$A^n=(-3)^nI+2^nJ=-\frac{(-3)^n}{5}\begin{pmatrix} -1 & 2 & 2 \\ 2 & -4 & 1 \\ 0 & 0 & -5 \end{pmatrix}+\frac{2^n}{5}\begin{pmatrix} 4 & 2 & 2 \\ 2 & 1 & 1 \\ 0 & 0 & 0 \end{pmatrix}$$

228 **行列 A の固有値と固有ベクトルを求めて対角化せよ，という問題である.**

(1) 3 次単位行列を E とする. $A\boldsymbol{x}=\lambda\boldsymbol{x}$ より $(A-\lambda E)\boldsymbol{x}=\boldsymbol{0}$

これが $\boldsymbol{x}\neq\boldsymbol{0}$ の解をもつ条件は $|A-\lambda E|=0$ これより $\lambda=1,\ 2$（重解）

(2) 行列 A の固有値 $\lambda=1,\ 2$（重解）に対する固有ベクトルはそれぞれ

$c_1\begin{pmatrix} 1 \\ 1 \\ -2 \end{pmatrix}$ $(c_1\neq 0)$，$c_2\begin{pmatrix} 2 \\ 1 \\ 0 \end{pmatrix}+c_3\begin{pmatrix} 1 \\ 0 \\ 1 \end{pmatrix}$ $(c_2\neq 0$ または $c_3\neq 0)$

$\boldsymbol{v}_1=\begin{pmatrix} 1 \\ 1 \\ -2 \end{pmatrix}$, $\boldsymbol{v}_2=\begin{pmatrix} 2 \\ 1 \\ 0 \end{pmatrix}$, $\boldsymbol{v}_3=\begin{pmatrix} 1 \\ 0 \\ 1 \end{pmatrix}$ とおくと

V_1 の基底は $\{\boldsymbol{v}_1\}$, V_2 の基底は $\{\boldsymbol{v}_2,\boldsymbol{v}_3\}$ **V_λ は固有値 λ に対する固有空間**

(3) $|\boldsymbol{v}_1\ \boldsymbol{v}_2\ \boldsymbol{v}_3|=1\neq 0$ より $\boldsymbol{B}=(\boldsymbol{v}_1\ \boldsymbol{v}_2\ \boldsymbol{v}_3)$ とおくと, $\boldsymbol{B}$ は $\boldsymbol{R}^3$ の基底である.

$\big(f(\boldsymbol{v}_1)\ f(\boldsymbol{v}_2)\ f(\boldsymbol{v}_3)\big)=\big(A\boldsymbol{v}_1\ A\boldsymbol{v}_2\ A\boldsymbol{v}_3\big)=\big(\boldsymbol{v}_1\ 2\boldsymbol{v}_2\ 2\boldsymbol{v}_3\big)$

$=(\boldsymbol{v}_1\ \boldsymbol{v}_2\ \boldsymbol{v}_3)\begin{pmatrix} 1 & 0 & 0 \\ 0 & 2 & 0 \\ 0 & 0 & 2 \end{pmatrix}$ $\therefore$ $B=\begin{pmatrix} 1 & 2 & 1 \\ 1 & 1 & 0 \\ -2 & 0 & 1 \end{pmatrix}$, $M=\begin{pmatrix} 1 & 0 & 0 \\ 0 & 2 & 0 \\ 0 & 0 & 2 \end{pmatrix}$

固有ベクトルを基底とすると，線形変換の表現行列は対角行列になる

229 (1) **線形写像の定義を用いる.**

任意の $\boldsymbol{x}$, $\boldsymbol{y}\in\boldsymbol{R}^4$ と任意の $a\in\boldsymbol{R}$ に対して

$$f_A(\boldsymbol{x}+\boldsymbol{y})=A(\boldsymbol{x}+\boldsymbol{y})=A\boldsymbol{x}+A\boldsymbol{y}=f_A(\boldsymbol{x})+f_A(\boldsymbol{y}),$$

$$f_A(a\boldsymbol{x})=A(a\boldsymbol{x})=aA\boldsymbol{x}=af_A(\boldsymbol{x})$$

よって，f_A は線形写像である.

(2) 連立方程式 $A\boldsymbol{x}=\boldsymbol{0}$ を消去法で解く．A を行基本変形すると

$$A=\begin{pmatrix}1&1&2&2\\1&1&8&4\\2&1&1&1\end{pmatrix}\xrightarrow[\text{の消去法}]{\text{ガウス・ジョルダン}}\begin{pmatrix}1&0&0&-\frac{2}{3}\\0&1&0&2\\0&0&1&\frac{1}{3}\end{pmatrix}$$

よって，$\mathrm{Ker}\,f_A$ に属するベクトルは　$c\begin{pmatrix}2\\-6\\-1\\3\end{pmatrix}$ （c は任意の数）

(3) (2) より，A の列ベクトルを順に $\boldsymbol{v}_1$, $\boldsymbol{v}_2$, $\boldsymbol{v}_3$, $\boldsymbol{v}_4$ とおくと　$\boldsymbol{v}_4=-\frac{2}{3}\boldsymbol{v}_1+2\boldsymbol{v}_2+\frac{1}{3}\boldsymbol{v}_3$

$f_A(\boldsymbol{R}^4)$ の要素は，$\boldsymbol{x}={}^t(x_1\ x_2\ x_3\ x_4)$ とすると

$$A\boldsymbol{x}=x_1\boldsymbol{v}_1+x_2\boldsymbol{v}_2+x_3\boldsymbol{v}_3+x_4\boldsymbol{v}_4=\left(x_1-\frac{2}{3}x_4\right)\boldsymbol{v}_1+(x_2+2x_4)\boldsymbol{v}_2+\left(x_3+\frac{1}{3}x_4\right)\boldsymbol{v}_3$$

と表される．$\boldsymbol{v}_1$, $\boldsymbol{v}_2$, $\boldsymbol{v}_3$ は線形独立だから，$\{\boldsymbol{v}_1,\ \boldsymbol{v}_2,\ \boldsymbol{v}_3\}$ は $f_A(\boldsymbol{R}^4)$ の基底である.

(4) $(\boldsymbol{v}_1\ \ \boldsymbol{v}_2\ \ \boldsymbol{v}_3)\begin{pmatrix}y_1\\y_2\\y_3\end{pmatrix}=\begin{pmatrix}1\\0\\2\end{pmatrix}$ を解く.

$$\left(\begin{array}{ccc|c}1&1&2&1\\1&1&8&0\\2&1&1&2\end{array}\right)\xrightarrow[\text{の消去法}]{\text{ガウス・ジョルダン}}\left(\begin{array}{ccc|c}1&0&0&\frac{5}{6}\\0&1&0&\frac{1}{2}\\0&0&1&-\frac{1}{6}\end{array}\right)\quad\therefore\ y_1=\frac{5}{6},\ y_2=\frac{1}{2},\ y_3=-\frac{1}{6}$$

$\boldsymbol{y}_0=\frac{1}{6}\begin{pmatrix}5\\3\\-1\\0\end{pmatrix}$ とおくと，$f_A(\boldsymbol{y}_0)=\begin{pmatrix}1\\0\\2\end{pmatrix}$ だから，$\boldsymbol{x}\in\mathrm{Ker}\,f_A$ とすると

$$f_A(\boldsymbol{y}_0+\boldsymbol{x})=f_A(\boldsymbol{y}_0)+f_A(\boldsymbol{x})=\begin{pmatrix}1\\0\\2\end{pmatrix}\quad\therefore\ \boldsymbol{y}=\boldsymbol{y}_0+\boldsymbol{x}=\frac{1}{6}\begin{pmatrix}5\\3\\-1\\0\end{pmatrix}+c\begin{pmatrix}2\\-6\\-1\\3\end{pmatrix}$$

（c は任意の数）

〈注〉 $f_A(\boldsymbol{y})=\boldsymbol{b}$, $f_A(\boldsymbol{y}_0)=\boldsymbol{b}$ とすると，$f_A(\boldsymbol{y}-\boldsymbol{y}_0)=f_A(\boldsymbol{y})-f_A(\boldsymbol{y}_0)=\boldsymbol{0}$ より

3章 §4

$\boldsymbol{y}-\boldsymbol{y}_0 \in \mathrm{Ker}\, f_A$ である．よって，$f_A(\boldsymbol{y})=\boldsymbol{b}$ の解は，$\boldsymbol{y}=\boldsymbol{y}_0+\boldsymbol{x}$ ($\boldsymbol{x} \in \mathrm{Ker}\, f_A$) と表せる．したがって，$f_A(\boldsymbol{y})=\boldsymbol{b}$ の 1 つの解 $\boldsymbol{y}_0$ を求めればよい．

別解 **基本変形を用いて $\mathrm{Im}\, f_A = f_A(\boldsymbol{R}^4)$ と $\mathrm{Ker}\, f_A$ の基底を求める．**

(2) $$\boldsymbol{x} \longrightarrow \boldsymbol{0} = A\boldsymbol{x} = \begin{pmatrix} 1 & 1 & 2 & 2 \\ 1 & 1 & 8 & 4 \\ 2 & 1 & 1 & 1 \end{pmatrix} \begin{pmatrix} x_1 \\ x_2 \\ x_3 \\ x_4 \end{pmatrix}$$

より A を行基本変形することで $\mathrm{Ker}\, f_A$ の基底と次元がわかる．

$$A = \begin{pmatrix} 1 & 1 & 2 & 2 \\ 1 & 1 & 8 & 4 \\ 2 & 1 & 1 & 1 \end{pmatrix} \longrightarrow \begin{pmatrix} 1 & 0 & 0 & -2/3 \\ 0 & 1 & 0 & 2 \\ 0 & 0 & 1 & 1/3 \end{pmatrix}$$ より，$\boldsymbol{u}_1 = \begin{pmatrix} 2 \\ -6 \\ -1 \\ 3 \end{pmatrix}$ とおくと

$\mathrm{Ker}\, f_A$ に属するベクトルは　$c\boldsymbol{u}_1$　(c は任意の数)

(3) $$\boldsymbol{x} \longrightarrow \boldsymbol{x}' = A\boldsymbol{x} = \begin{pmatrix} 1 & 1 & 2 & 2 \\ 1 & 1 & 8 & 4 \\ 2 & 1 & 1 & 1 \end{pmatrix} \begin{pmatrix} x_1 \\ x_2 \\ x_3 \\ x_4 \end{pmatrix}$$

より A を列基本変形することで $f_A(\boldsymbol{R}^4)$ の基底と次元がわかる．

$$A = \begin{pmatrix} 1 & 1 & 2 & 2 \\ 1 & 1 & 8 & 4 \\ 2 & 1 & 1 & 1 \end{pmatrix} \longrightarrow \begin{pmatrix} 1 & 0 & 0 & 0 \\ 1 & 0 & 6 & 2 \\ 2 & -1 & -3 & -3 \end{pmatrix} \longrightarrow \begin{pmatrix} 1 & 0 & 0 & 0 \\ 0 & 1 & 0 & 0 \\ 0 & 0 & 1 & 0 \end{pmatrix}$$

$\boldsymbol{v}_1 = \begin{pmatrix} 1 \\ 0 \\ 0 \end{pmatrix}$, $\boldsymbol{v}_2 = \begin{pmatrix} 0 \\ 1 \\ 0 \end{pmatrix}$, $\boldsymbol{v}_3 = \begin{pmatrix} 0 \\ 0 \\ 1 \end{pmatrix}$ とおくと，$\{\boldsymbol{v}_1, \boldsymbol{v}_2, \boldsymbol{v}_3\}$ は $f_A(\boldsymbol{R}^4)$ の基底である．

(4) $\boldsymbol{y} = \begin{pmatrix} y_1 \\ y_2 \\ y_3 \\ y_4 \end{pmatrix}$ とおき，$\begin{pmatrix} 1 & 1 & 2 & 2 \\ 1 & 1 & 8 & 4 \\ 2 & 1 & 1 & 1 \end{pmatrix} \begin{pmatrix} y_1 \\ y_2 \\ y_3 \\ y_4 \end{pmatrix} = \begin{pmatrix} 1 \\ 0 \\ 2 \end{pmatrix}$ を解くと

$$\boldsymbol{y} = \begin{pmatrix} y_1 \\ y_2 \\ y_3 \\ y_4 \end{pmatrix} = \frac{1}{6}\begin{pmatrix} 5 \\ 3 \\ -1 \\ 0 \end{pmatrix} + c\begin{pmatrix} 2 \\ -6 \\ -1 \\ 3 \end{pmatrix} \quad (c \text{ は任意の数})$$

230　文字がある場合でも，これまでと同様の解法を行う．場合分けを丁寧にする．

行列 A の列ベクトルを順に $\boldsymbol{v}_1$，$\boldsymbol{v}_2$，$\boldsymbol{v}_3$ とおくと　$A=(\boldsymbol{v}_1\ \boldsymbol{v}_2\ \boldsymbol{v}_3)$

$$A=\begin{pmatrix}1&1&a\\1&a&1\\a&1&1\end{pmatrix}\longrightarrow\begin{pmatrix}1&1&a\\0&a-1&1-a\\a-1&0&1-a\end{pmatrix}\cdots ①$$

(i) $a=1$ のとき　$\mathrm{rank}\,A=1$ より　$\dim\mathrm{Im}\,f=1$，$\dim\mathrm{Ker}\,f=3-\dim\mathrm{Im}\,f=2$

次元定理

$\boldsymbol{v}_1=\boldsymbol{v}_2=\boldsymbol{v}_3$ より　$A=(\boldsymbol{v}_1\ \boldsymbol{v}_1\ \boldsymbol{v}_1)$

$A\begin{pmatrix}x\\y\\z\end{pmatrix}=(x+y+z)\boldsymbol{v}_1$ より，$\boldsymbol{u}_1=\begin{pmatrix}1\\1\\1\end{pmatrix}$，$\boldsymbol{u}_2=\begin{pmatrix}-1\\1\\0\end{pmatrix}$，$\boldsymbol{u}_3=\begin{pmatrix}-1\\0\\1\end{pmatrix}$ とおく

と，$\{\boldsymbol{u}_1\}$ は $\mathrm{Im}\,f$ の基底，$\{\boldsymbol{u}_2,\ \boldsymbol{u}_3\}$ は $\mathrm{Ker}\,f$ の基底である．

(ii) $a\neq1$ のとき　$①\longrightarrow\begin{pmatrix}1&1&a\\0&1&-1\\1&0&-1\end{pmatrix}\longrightarrow\begin{pmatrix}1&0&a+1\\0&1&-1\\0&0&-a-2\end{pmatrix}\cdots ②$

$a=-2$ のとき　$\mathrm{rank}\,A=2$ より　$\dim\mathrm{Im}\,f=2$，$\dim\mathrm{Ker}\,f=1$

②は $\begin{pmatrix}1&0&-1\\0&1&-1\\0&0&0\end{pmatrix}$　よって　$\boldsymbol{v}_3=-\boldsymbol{v}_1-\boldsymbol{v}_2$　$\therefore$ $A=(\boldsymbol{v}_1\ \boldsymbol{v}_2\ -\boldsymbol{v}_1-\boldsymbol{v}_2)$

$A\begin{pmatrix}x\\y\\z\end{pmatrix}=(x-z)\boldsymbol{v}_1+(y-z)\boldsymbol{v}_2$　ただし，$\boldsymbol{v}_1=\begin{pmatrix}1\\1\\-2\end{pmatrix}$，$\boldsymbol{v}_2=\begin{pmatrix}1\\-2\\1\end{pmatrix}$

よって，$\{\boldsymbol{v}_1,\ \boldsymbol{v}_2\}$ は $\mathrm{Im}\,f$ の基底である．

$\boldsymbol{v}_3=\begin{pmatrix}1\\1\\1\end{pmatrix}$ とおくと，$A\boldsymbol{v}_3=\boldsymbol{0}$ より，$\{\boldsymbol{v}_3\}$ は $\mathrm{Ker}\,f$ の基底である．

$a\neq-2$ のとき　$\mathrm{rank}\,A=3$ より　$\dim\mathrm{Im}\,f=3$，$\dim\mathrm{Ker}\,f=0$

$\mathrm{Im}\,f=\boldsymbol{R}^3$ より，$\boldsymbol{e}_1=\begin{pmatrix}1\\0\\0\end{pmatrix}$，$\boldsymbol{e}_2=\begin{pmatrix}0\\1\\0\end{pmatrix}$，$\boldsymbol{e}_3=\begin{pmatrix}0\\0\\1\end{pmatrix}$ とおくと，$\{\boldsymbol{e}_1,\boldsymbol{e}_2,\boldsymbol{e}_3\}$ は

$\mathrm{Im}\,f$ の基底である．$\mathrm{Ker}\,f$ の基底はない．

〈注〉 $a=-2$ のとき，$\boldsymbol{w}_1=\dfrac{1}{3}\boldsymbol{v}_1+\dfrac{2}{3}\boldsymbol{v}_2=\begin{pmatrix}1\\-1\\0\end{pmatrix}$，$\boldsymbol{w}_2=\dfrac{2}{3}\boldsymbol{v}_1+\dfrac{1}{3}\boldsymbol{v}_2=\begin{pmatrix}1\\0\\-1\end{pmatrix}$

とおくと，$\mathrm{Im}\,f$ の基底を $\{\boldsymbol{w}_1,\ \boldsymbol{w}_2\}$ とすることもできる．

別解 **行列 A の行列式 $|A|$ の値が 0 になるか否かで場合分けする.**

$|A| = -(a+2)(a-1)^2$ より，(i) $a \neq 1$ かつ $a \neq -2$，(ii) $a=1$，(iii) $a=-2$ の 3 つの場合に分けて考える.

(i) $|A| \neq 0$ より，$\boldsymbol{v}_1$，$\boldsymbol{v}_2$，$\boldsymbol{v}_3$ は線形独立である.

$\{\boldsymbol{v}_1,\ \boldsymbol{v}_2,\ \boldsymbol{v}_3\}$ は $\mathrm{Im}\, f$ の基底で，$\dim \mathrm{Im}\, f = 3$ である.

次元定理より，$\dim \mathrm{Ker}\, f = 0$ である．$\mathrm{Ker}\, f$ の基底はない.

(ii) $\boldsymbol{v}_1 = \boldsymbol{v}_2 = \boldsymbol{v}_3$ より，$\boldsymbol{u}_1 = \begin{pmatrix} 1 \\ 1 \\ 1 \end{pmatrix}$ とおくと，$\{\boldsymbol{u}_1\}$ は $\mathrm{Im}\, f$ の基底で，$\dim \mathrm{Im}\, f = 1$ である．行基本変形する.

$$A = \begin{pmatrix} 1 & 1 & 1 \\ 1 & 1 & 1 \\ 1 & 1 & 1 \end{pmatrix} \longrightarrow \begin{pmatrix} 1 & 1 & 1 \\ 0 & 0 & 0 \\ 0 & 0 & 0 \end{pmatrix}$$

より，$\boldsymbol{u}_2 = \begin{pmatrix} 1 \\ 0 \\ -1 \end{pmatrix}$，$\boldsymbol{u}_3 = \begin{pmatrix} 0 \\ 1 \\ -1 \end{pmatrix}$ とおくと，$\{\boldsymbol{u}_2,\ \boldsymbol{u}_3\}$ は $\mathrm{Ker}\, f$ の基底で，$\dim \mathrm{Ker}\, f = 2$ である.

(iii) 列基本変形する.

$$A = \begin{pmatrix} 1 & 1 & -2 \\ 1 & -2 & 1 \\ -2 & 1 & 1 \end{pmatrix} \longrightarrow \begin{pmatrix} 1 & 0 & 0 \\ 1 & -3 & 0 \\ -2 & 3 & 0 \end{pmatrix} \longrightarrow \begin{pmatrix} 1 & 0 & 0 \\ 0 & 1 & 0 \\ -1 & -1 & 0 \end{pmatrix}$$

より，

$\boldsymbol{w}_1 = \begin{pmatrix} 1 \\ 0 \\ -1 \end{pmatrix}$，$\boldsymbol{w}_2 = \begin{pmatrix} 0 \\ 1 \\ -1 \end{pmatrix}$ とおくと，$\{\boldsymbol{w}_1,\ \boldsymbol{w}_2\}$ は $\mathrm{Im}\, f$ の基底で，$\dim \mathrm{Im}\, f = 2$ である．行基本変形する.

$$A = \begin{pmatrix} 1 & 1 & -2 \\ 1 & -2 & 1 \\ -2 & 1 & 1 \end{pmatrix} \longrightarrow \begin{pmatrix} 1 & 1 & -2 \\ 0 & -3 & 3 \\ 0 & 0 & 0 \end{pmatrix} \longrightarrow \begin{pmatrix} 1 & 0 & -1 \\ 0 & 1 & -1 \\ 0 & 0 & 0 \end{pmatrix}$$

より，

$\boldsymbol{w}_3 = \begin{pmatrix} 1 \\ 1 \\ 1 \end{pmatrix}$ とおくと，$\{\boldsymbol{w}_3\}$ は $\mathrm{Ker}\, f$ の基底で，$\dim \mathrm{Ker}\, f = 1$ である.

231 (1) **零ベクトルすなわち原点がベクトル空間に含まれることを用いる.**

集合 L は直線を表し，その直線上の 2 点 (1, 2, 3)，(3, 5, 7) の位置ベクトルをそれぞれ $\boldsymbol{a}$，$\boldsymbol{b}$ とすると　$\boldsymbol{a} = {}^t(1\ \ 2\ \ 3)$，$\boldsymbol{b} = {}^t(3\ \ 5\ \ 7)$

V はベクトル空間で零ベクトルすなわち原点 O(0, 0, 0) を含むから　$\boldsymbol{a},\ \boldsymbol{b} \in V$

よって，L を含む最小の部分ベクトル空間 V は

$\boldsymbol{a}$ と $\boldsymbol{b}$ で生成されるベクトル空間である．

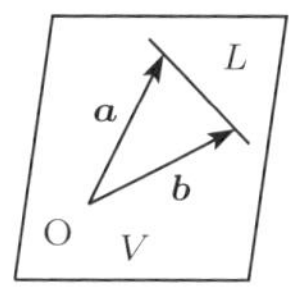

$$V=\{c_1\boldsymbol{a}+c_2\boldsymbol{b}\mid c_1,\ c_2\in\boldsymbol{R}\}$$

$\boldsymbol{a}$，$\boldsymbol{b}$ は線形独立だから，$\{\boldsymbol{a},\ \boldsymbol{b}\}$ は V の基底で，$\dim V=2$ である．

(2) 直交補空間 $V^{\perp}$ は　$V^{\perp}=\{\boldsymbol{x}\in\boldsymbol{R}^3\mid$ 任意の $\boldsymbol{y}\in V$ に対して $\boldsymbol{x}\cdot\boldsymbol{y}=0\}$

$\boldsymbol{x}={}^t(x\ \ y\ \ z)\in V^{\perp}$ となる条件は　$\boldsymbol{x}\cdot\boldsymbol{a}=0,\ \boldsymbol{x}\cdot\boldsymbol{b}=0$

これより，$x+2y+3z=0,\ 3x+5y+7z=0$ を解くと

$V^{\perp}=\{c\ {}^t(1\ \ -2\ \ 1)\mid c\in\boldsymbol{R}\}$　**直交補空間は重要な部分空間の１つである**

別解　$\dim V+\dim V^{\perp}=3,\ \dim V=2$ より，$\dim V^{\perp}=1$ である．また $\boldsymbol{a}$ と $\boldsymbol{b}$ に垂直なベクトル $\boldsymbol{a}\times\boldsymbol{b}={}^t(-1\ \ 2\ \ -1)$ は $V^{\perp}$ の要素だから　$V^{\perp}=\{c\ {}^t(-1\ \ 2\ \ -1)\mid c\in\boldsymbol{R}\}$

232　(1) $\boldsymbol{x}={}^t(x\ \ y\ \ z)\in\boldsymbol{R}^3$ とすると

$$f(\boldsymbol{x})=(\boldsymbol{x},\ \boldsymbol{v}_1)\boldsymbol{v}_1+(\boldsymbol{x},\ \boldsymbol{v}_2)\boldsymbol{v}_2=(x+z)\boldsymbol{v}_1+(y+z)\boldsymbol{v}_2=\begin{pmatrix}x+z\\y+z\\x+y+2z\end{pmatrix}$$

$f(\boldsymbol{x})=\boldsymbol{0}$ より　$x=-z,\ y=-z$

$\boldsymbol{u}=\begin{pmatrix}1\\1\\-1\end{pmatrix}$ とおくと，$\{\boldsymbol{u}\}$ は $\mathrm{Ker}\,f$ の基底である．

(2) **基底 $\{\boldsymbol{v}_1,\ \boldsymbol{v}_2\}$ に関する g の表現行列 A は $(g(\boldsymbol{v}_1)\ g(\boldsymbol{v}_2))=(\boldsymbol{v}_1\ \boldsymbol{v}_2)A$ を満たす．**

$$\big(g(\boldsymbol{v}_1)\ \ g(\boldsymbol{v}_2)\big)-\big(f(\boldsymbol{v}_1)\ \ f(\boldsymbol{v}_2)\big)=\big(2\boldsymbol{v}_1+\boldsymbol{v}_2\ \ \boldsymbol{v}_1+2\boldsymbol{v}_2\big)=(\boldsymbol{v}_1\ \boldsymbol{v}_2)\begin{pmatrix}2&1\\1&2\end{pmatrix}$$

よって，g の表現行列は　$A=\begin{pmatrix}2&1\\1&2\end{pmatrix}$

(3) 固有方程式 $|A-\lambda E|=(2-\lambda)^2-1=(1-\lambda)(3-\lambda)=0$ より　$\lambda=1,\ 3$

233　**$\mathrm{Im}\,f$ の基底ベクトル $\{\boldsymbol{v}_1,\ \boldsymbol{v}_2\}$ を利用して $\mathrm{Im}\,f$ の平面の方程式を求める．**

(1) 行列 A の列ベクトルを順に $\boldsymbol{v}_1,\ \boldsymbol{v}_2,\ \boldsymbol{v}_3$ とおくと　$A=(\boldsymbol{v}_1\ \boldsymbol{v}_2\ \boldsymbol{v}_3)$

$$A=\begin{pmatrix}1&2&-1\\3&1&2\\2&3&-1\end{pmatrix}\xrightarrow[\text{の消去法}]{\text{ガウス・ジョルダン}}\begin{pmatrix}1&0&1\\0&1&-1\\0&0&0\end{pmatrix}\quad\therefore\ \boldsymbol{v}_3=\boldsymbol{v}_1-\boldsymbol{v}_2$$

$\boldsymbol{x}={}^t(x\ \ y\ \ z)\in\boldsymbol{R}^3$ に対して　$A\boldsymbol{x}=(\boldsymbol{v}_1\ \boldsymbol{v}_2\ \boldsymbol{v}_1-\boldsymbol{v}_2)\boldsymbol{x}=(x+z)\boldsymbol{v}_1+(y-z)\boldsymbol{v}_2$

$\boldsymbol{v}_1$，$\boldsymbol{v}_2$ は線形独立だから，$\{\boldsymbol{v}_1,\boldsymbol{v}_2\}$ は $\mathrm{Im}\,f$ の基底で，$\dim\mathrm{Im}\,f=2$ である．

(2) $\mathrm{Im}\,f=\{\boldsymbol{x}=c_1\boldsymbol{v}_1+c_2\boldsymbol{v}_2\mid c_1,c_2\in\boldsymbol{R}\}$ より

$$\begin{cases} x = \ \ c_1 + 2c_2 & \cdots ① \\ y = 3c_1 + \ \ c_2 & \cdots ② \\ z = 2c_1 + 3c_2 & \cdots ③ \end{cases}$$

①と③より $c_1 = -3x + 2z,\ c_2 = 2x - z$

②に代入して $y = -7x + 5z$

よって　$7x + y - 5z = 0$

(3) $\boldsymbol{x} \in \mathrm{Im}\, f$ とすると，(2) より　$\boldsymbol{x} = \begin{pmatrix} x \\ -7x + 5z \\ z \end{pmatrix} = x\begin{pmatrix} 1 \\ -7 \\ 0 \end{pmatrix} + z\begin{pmatrix} 0 \\ 5 \\ 1 \end{pmatrix}$

$\boldsymbol{u}_1 = \begin{pmatrix} 1 \\ -7 \\ 0 \end{pmatrix},\ \boldsymbol{u}_2 = \begin{pmatrix} 0 \\ 5 \\ 1 \end{pmatrix}$ とおくと，$\{\boldsymbol{u}_1,\ \boldsymbol{u}_2\}$ も $\mathrm{Im}\, f$ の基底である．

$g(\boldsymbol{u}_1) = B\begin{pmatrix} 1 \\ -7 \\ 0 \end{pmatrix} = \begin{pmatrix} p \\ -35 \\ 7 \end{pmatrix} \in \mathrm{Im}\, f$ より　$7p + (-35) - 5 \cdot 7 = 0$　$\therefore\ \ p = 10$

$g(\boldsymbol{u}_2) = B\begin{pmatrix} 0 \\ 5 \\ 1 \end{pmatrix} = \begin{pmatrix} 5 \\ 30 \\ q \end{pmatrix} \in \mathrm{Im}\, f$ より　$7 \cdot 5 + 30 - 5q = 0$　$\therefore\ \ q = 13$

〈注〉 行列 B の p と q の配置や (2) の計算からわかるように，1 行目と 3 行目に着目して，行列 A を列変形によって扱いやすい形の $\mathrm{Im}\, f$ の基底を求めておくと，その後の問題の計算が楽になる．

$$\begin{pmatrix} 1 & 2 & -1 \\ 3 & 1 & 2 \\ 2 & 3 & -1 \end{pmatrix} \longrightarrow \begin{pmatrix} 1 & 0 & 0 \\ 3 & -5 & 5 \\ 2 & -1 & 1 \end{pmatrix} \longrightarrow \begin{pmatrix} 1 & 0 & 0 \\ -7 & 5 & 0 \\ 0 & 1 & 0 \end{pmatrix}$$

結局 (3) の $\{\boldsymbol{u}_1,\ \boldsymbol{u}_2\}$ となる．これが早く見抜けるかどうか．見抜ければ (2) も簡単になる．

別解　(1) $\boldsymbol{x} \longrightarrow \boldsymbol{x}' = A\boldsymbol{x}$ より A を列基本変形すると

$$A = \begin{pmatrix} 1 & 2 & -1 \\ 3 & 1 & 2 \\ 2 & 3 & -1 \end{pmatrix} \longrightarrow \begin{pmatrix} 1 & 0 & 0 \\ 3 & -5 & 5 \\ 2 & -1 & 1 \end{pmatrix} \longrightarrow \begin{pmatrix} 1 & 0 & 0 \\ -7 & 5 & 0 \\ 0 & 1 & 0 \end{pmatrix}$$

$\boldsymbol{w}_1 = \begin{pmatrix} 1 \\ -7 \\ 0 \end{pmatrix},\ \boldsymbol{w}_2 = \begin{pmatrix} 0 \\ 5 \\ 1 \end{pmatrix}$ とおくと，$\{\boldsymbol{w}_1,\ \boldsymbol{w}_2\}$ は $\mathrm{Im}\, f$ の基底で，$\dim \mathrm{Im}\, f = 2$ である．

(2) $\mathrm{Im}\, f = \{\boldsymbol{x} = c_1\boldsymbol{w}_1 + c_2\boldsymbol{w}_2 \mid c_1, c_2 \in \boldsymbol{R}\}$ より　$x = c_1,\ y = -7c_1 + 5c_2,\ z = c_2$

よって　$y = -7x + 5z$　$\therefore\ \ 7x + y - 5z = 0$

(3) $g(\boldsymbol{w}_1)=\begin{pmatrix} p \\ -35 \\ 7 \end{pmatrix}$, $g(\boldsymbol{w}_2)=\begin{pmatrix} 5 \\ 30 \\ q \end{pmatrix}\in \mathrm{Im}\, f$ より

$$7p+(-35)-5\cdot 7=0,\ 7\cdot 5+30-5q=0 \quad \therefore\ p=10,\ q=13$$

234 **同じ型の行列からなる集合はベクトル空間である．$\boldsymbol{R}^n$ の場合と同様に解く．**

(1) 任意の B, $C\in L(A)$ と任意の $c\in \boldsymbol{R}$ に対して

$$A(B+C)=AB+AC=BA+CA=(B+C)A \quad \therefore\ B+C\in L(A)$$

$$A(cB)=cAB=cBA=(cB)A \quad \therefore\ cB\in L(A)$$

よって，$L(A)$ は $M_n(\boldsymbol{R})$ の部分空間である．

(2) 任意の B, $C\in L(A)$ に対して

$$A(BC)=(AB)C=(BA)C=B(AC)=B(CA)=(BC)A \quad \therefore\ BC\in L(A)$$

(3) $B=\begin{pmatrix} a & b \\ c & d \end{pmatrix}\in L(A)$ とすると，$AB=BA$ より

$$\begin{pmatrix} a+c & b+d \\ c & d \end{pmatrix}=\begin{pmatrix} a & a+b \\ c & c+d \end{pmatrix} \quad \therefore\ c=0,\ d=a$$

よって　$B=\begin{pmatrix} a & b \\ 0 & a \end{pmatrix}=a\begin{pmatrix} 1 & 0 \\ 0 & 1 \end{pmatrix}+b\begin{pmatrix} 0 & 1 \\ 0 & 0 \end{pmatrix}$

$V_1=\begin{pmatrix} 1 & 0 \\ 0 & 1 \end{pmatrix}$, $V_2=\begin{pmatrix} 0 & 1 \\ 0 & 0 \end{pmatrix}$ とおくと　$B=aV_1+bV_2$

$c_1V_1+c_2V_2=O$ (c_1, $c_2\in \boldsymbol{R}$) ならば $c_1=c_2=0$ より，V_1, V_2 は線形独立である．

したがって，$\{V_1,\ V_2\}$ は $L(A)$ の基底で，$\dim L(A)=2$ である．

235 (1) **$(\phi(1)\ \phi(x)\ \phi(x^2)\ \phi(x^3))=(\boldsymbol{e}_1\ \boldsymbol{e}_2\ \boldsymbol{e}_3\ \boldsymbol{e}_4)A$ となる行列 A を求める．**

$(1)'=0$, $(x)'=1$, $(x^2)'=2x$, $(x^3)'=3x^2$ より

$$\phi(1)=\begin{pmatrix} 1 \\ 0 \\ 1 \\ 0 \end{pmatrix}=\boldsymbol{e}_1+\boldsymbol{e}_3,\ \phi(x)=\begin{pmatrix} -1 \\ 1 \\ 1 \\ 1 \end{pmatrix}=-\boldsymbol{e}_1+\boldsymbol{e}_2+\boldsymbol{e}_3+\boldsymbol{e}_4$$

$$\phi(x^2)=\begin{pmatrix} 1 \\ -2 \\ 1 \\ 2 \end{pmatrix}=\boldsymbol{e}_1-2\boldsymbol{e}_2+\boldsymbol{e}_3+2\boldsymbol{e}_4,\ \phi(x^3)=\begin{pmatrix} -1 \\ 3 \\ 1 \\ 3 \end{pmatrix}=-\boldsymbol{e}_1+3\boldsymbol{e}_2+\boldsymbol{e}_3+3\boldsymbol{e}_4$$

よって　$\big(\phi(1)\ \phi(x)\ \phi(x^2)\ \phi(x^3)\big) = (\boldsymbol{e}_1\ \boldsymbol{e}_2\ \boldsymbol{e}_3\ \boldsymbol{e}_4)\begin{pmatrix} 1 & -1 & 1 & -1 \\ 0 & 1 & -2 & 3 \\ 1 & 1 & 1 & 1 \\ 0 & 1 & 2 & 3 \end{pmatrix}$ ⋯ ①

したがって，ϕ の表現行列 A は　$A = \begin{pmatrix} 1 & -1 & 1 & -1 \\ 0 & 1 & -2 & 3 \\ 1 & 1 & 1 & 1 \\ 0 & 1 & 2 & 3 \end{pmatrix}$

(2) A を行基本変形すると

$\begin{pmatrix} 1 & -1 & 1 & -1 \\ 0 & 1 & -2 & 3 \\ 0 & 0 & 1 & 0 \\ 0 & 0 & 0 & 1 \end{pmatrix}$　よって，$\dim \mathrm{Im}\,\phi = \mathrm{rank}\,A = 4$ より　$\mathrm{Im}\,\phi = \boldsymbol{R}^4$

したがって，任意の $\boldsymbol{y} \in \boldsymbol{R}^4$ に対して，$\phi(f) = \boldsymbol{y}$ となる $f \in V$ が存在する．

$f(x) = a_0 + a_1x + a_2x^2 + a_3x^3$ とおくと，ϕ の線形性と①より

$$\phi(f) = a_0\phi(1) + a_1\phi(x) + a_2\phi(x^2) + a_3\phi(x^3)$$

$$= \big(\phi(1)\ \phi(x)\ \phi(x^2)\ \phi(x^3)\big)\begin{pmatrix} a_0 \\ a_1 \\ a_2 \\ a_3 \end{pmatrix} = (\boldsymbol{e}_1\ \boldsymbol{e}_2\ \boldsymbol{e}_3\ \boldsymbol{e}_4)A\begin{pmatrix} a_0 \\ a_1 \\ a_2 \\ a_3 \end{pmatrix}$$

$f(-1) = 3$，$f'(-1) = 2$，$f(1) = -1$，$f'(1) = 2$ より

$$(\boldsymbol{e}_1\ \boldsymbol{e}_2\ \boldsymbol{e}_3\ \boldsymbol{e}_4)A\begin{pmatrix} a_0 \\ a_1 \\ a_2 \\ a_3 \end{pmatrix} = (\boldsymbol{e}_1\ \boldsymbol{e}_2\ \boldsymbol{e}_3\ \boldsymbol{e}_4)\begin{pmatrix} 3 \\ 2 \\ -1 \\ 2 \end{pmatrix}$$

A^{-1} は消去法などで求める

$$\therefore\ \begin{pmatrix} a_0 \\ a_1 \\ a_2 \\ a_3 \end{pmatrix} = A^{-1}\begin{pmatrix} 3 \\ 2 \\ -1 \\ 2 \end{pmatrix} = \frac{1}{4}\begin{pmatrix} 2 & 1 & 2 & -1 \\ -3 & -1 & 3 & -1 \\ 0 & -1 & 0 & 1 \\ 1 & 1 & -1 & 1 \end{pmatrix}\begin{pmatrix} 3 \\ 2 \\ -1 \\ 2 \end{pmatrix} = \begin{pmatrix} 1 \\ -4 \\ 0 \\ 2 \end{pmatrix}$$

よって　$f(x) = 1 - 4x + 2x^3$

〈注〉 $\mathrm{Im}\,\phi \neq \boldsymbol{R}^4$ のとき，$\boldsymbol{y} \notin \mathrm{Im}\,\phi$ ならば $\phi(f) = \boldsymbol{y}$ となる $f \in V$ は存在しない．

別解　**a_0，a_1，a_2，a_3 の連立方程式をつくって解く．**

$f(x) = a_0 + a_1x + a_2x^2 + a_3x^3$ とおくと，$f'(x) = a_1 + 2a_2x + 3a_3x^2$ より

$$f(-1) = a_0 - a_1 + a_2 - a_3 = 3,\ f'(-1) = a_1 - 2a_2 + 3a_3 = 2$$

$$f(1) = a_0 + a_1 + a_2 + a_3 = -1,\ f'(1) = a_1 + 2a_2 + 3a_3 = 2$$

$$\left(\begin{array}{cccc|c} 1 & -1 & 1 & -1 & 3 \\ 0 & 1 & -2 & 3 & 2 \\ 1 & 1 & 1 & 1 & -1 \\ 0 & 1 & 2 & 3 & 2 \end{array}\right) \xrightarrow[\text{の消去法}]{\text{ガウス・ジョルダン}} \left(\begin{array}{cccc|c} 1 & 0 & 0 & 0 & 1 \\ 0 & 1 & 0 & 0 & -4 \\ 0 & 0 & 1 & 0 & 0 \\ 0 & 0 & 0 & 1 & 2 \end{array}\right)$$

よって $f(x) = 1 - 4x + 2x^3$

236 (1) **定義に従って内積を計算する.**

$$(1,\ \cos x) = \int_{-\pi}^{\pi} \cos x\, dx = \Big[\sin x\Big]_{-\pi}^{\pi} = 0$$

$$(1,\ \sin x) = \int_{-\pi}^{\pi} \sin x\, dx = \Big[-\cos x\Big]_{-\pi}^{\pi} = 0$$

$$(\cos x,\ \sin x) = \int_{-\pi}^{\pi} \cos x \sin x\, dx = \int_{-\pi}^{\pi} \frac{1}{2}\sin 2x\, dx = \Big[-\frac{1}{4}\cos 2x\Big]_{-\pi}^{\pi} = 0$$

よって，互いに直交する.

$$(1,\ 1) = \int_{-\pi}^{\pi} 1^2\, dx = 2\pi$$

関数 f の大きさは $\sqrt{(f,\ f)}$

$$(\cos x,\ \cos x) = \int_{-\pi}^{\pi} \cos^2 x\, dx = \int_{-\pi}^{\pi} \frac{1+\cos 2x}{2}\, dx = \frac{1}{2}\Big[x + \frac{1}{2}\sin 2x\Big]_{-\pi}^{\pi} = \pi$$

$$(\sin x,\ \sin x) = \int_{-\pi}^{\pi} \sin^2 x\, dx = \int_{-\pi}^{\pi} \frac{1-\cos 2x}{2}\, dx = \frac{1}{2}\Big[x - \frac{1}{2}\sin 2x\Big]_{-\pi}^{\pi} = \pi$$

よって，正規直交基底は $\left\{\dfrac{1}{\sqrt{2\pi}},\ \dfrac{1}{\sqrt{\pi}}\cos x,\ \dfrac{1}{\sqrt{\pi}}\sin x\right\}$

(2) **基底が $\{f_1,\ f_2,\ f_3\}$，表現行列が A のとき $\big(F(f_1)\ F(f_2)\ F(f_3)\big) = (f_1\ f_2\ f_3)A$**

$$F\left(\frac{1}{\sqrt{2\pi}}\right) = \frac{1}{\sqrt{2\pi}}$$

$$F\left(\frac{1}{\sqrt{\pi}}\cos x\right) = \frac{1}{\sqrt{\pi}}\cos(x+c) = \frac{1}{\sqrt{\pi}}\big(\cos x\cos c - \sin x \sin c\big)$$

$$F\left(\frac{1}{\sqrt{\pi}}\sin x\right) = \frac{1}{\sqrt{\pi}}\sin(x+c) = \frac{1}{\sqrt{\pi}}\big(\sin x\cos c + \cos x \sin c\big)$$

よって

$$\left(F\left(\frac{1}{\sqrt{2\pi}}\right)\ F\left(\frac{1}{\sqrt{\pi}}\cos x\right)\ F\left(\frac{1}{\sqrt{\pi}}\sin x\right)\right)$$

$$= \left(\frac{1}{\sqrt{2\pi}}\ \ \frac{1}{\sqrt{\pi}}\cos x\ \ \frac{1}{\sqrt{\pi}}\sin x\right)\begin{pmatrix} 1 & 0 & 0 \\ 0 & \cos c & \sin c \\ 0 & -\sin c & \cos c \end{pmatrix}$$

したがって，F の表現行列は $\begin{pmatrix} 1 & 0 & 0 \\ 0 & \cos c & \sin c \\ 0 & -\sin c & \cos c \end{pmatrix}$

3章 §4

4章 応用数学

§1 ベクトル解析

1 ベクトル解析

237 (1) $\dfrac{\partial r}{\partial x}=\dfrac{\partial}{\partial x}\left(x^2+y^2+z^2\right)^{\frac{1}{2}}=\dfrac{1}{2}\left(x^2+y^2+z^2\right)^{-\frac{1}{2}}\times 2x=\dfrac{x}{r}$

同様に　$\dfrac{\partial r}{\partial y}=\dfrac{y}{r},\ \dfrac{\partial r}{\partial z}=\dfrac{z}{r}$　　$\therefore\ \nabla r=\left(\dfrac{x}{r},\ \dfrac{y}{r},\ \dfrac{z}{r}\right)=\dfrac{\boldsymbol{r}}{r}$

(2) $\nabla\dfrac{1}{r}=\nabla r^{-1}=-r^{-2}\nabla r=-r^{-2}\dfrac{\boldsymbol{r}}{r}=-\dfrac{\boldsymbol{r}}{r^3}$　$\boldsymbol{\nabla f(r)=f'(r)\nabla r}$

別解　$\dfrac{\partial r^{-1}}{\partial x}=\dfrac{\partial}{\partial x}(x^2+y^2+z^2)^{-\frac{1}{2}}=-x(x^2+y^2+z^2)^{-\frac{3}{2}}=-\dfrac{x}{r^3}$

同様に　$\dfrac{\partial r^{-1}}{\partial y}=-\dfrac{y}{r^3},\ \dfrac{\partial r^{-1}}{\partial z}=-\dfrac{z}{r^3}$　　$\therefore\ \nabla\dfrac{1}{r}=-\dfrac{\boldsymbol{r}}{r^3}$

(3) $\nabla\cdot\boldsymbol{r}=\dfrac{\partial x}{\partial x}+\dfrac{\partial y}{\partial y}+\dfrac{\partial z}{\partial z}=3$

(4) $\boldsymbol{v}=\boldsymbol{\omega}\times\boldsymbol{r}=(-\omega y,\ \omega x,\ 0),\quad \nabla\times\boldsymbol{v}=(0,\ 0,\ 2\omega)=2\boldsymbol{\omega}$

ポイント41　φ をスカラー場，$\boldsymbol{a}=(a_1,\ a_2,\ a_3)$ をベクトル場とする．

線積分　$C:\boldsymbol{r}=\big(x(t),\ y(t),\ z(t)\big)\ \ (a\leqq t\leqq b)$ のとき　$\displaystyle\int_C\boldsymbol{a}\cdot d\boldsymbol{r}=\int_a^b\boldsymbol{a}\cdot\frac{d\boldsymbol{r}}{dt}\,dt$

面積分　$S:\boldsymbol{r}=\boldsymbol{r}(u,\ v)\ \ \big((u,\ v)\in D\big)$ のとき　$\displaystyle\int_S\varphi\,dS=\iint_D\varphi\left|\frac{\partial\boldsymbol{r}}{\partial u}\times\frac{\partial\boldsymbol{r}}{\partial v}\right|du\,dv$

$\dfrac{\partial\boldsymbol{r}}{\partial u}\times\dfrac{\partial\boldsymbol{r}}{\partial v}$ は S の法線ベクトルになる．ベクトル面積素 $d\boldsymbol{S}=\dfrac{\partial\boldsymbol{r}}{\partial u}\times\dfrac{\partial\boldsymbol{r}}{\partial v}\,du\,dv$ と

$\dfrac{\partial\boldsymbol{r}}{\partial u}\times\dfrac{\partial\boldsymbol{r}}{\partial v}$ と同じ向きの S の単位法線ベクトル $\boldsymbol{n}$ について

$$\int_S\boldsymbol{a}\cdot d\boldsymbol{S}=\iint_D\boldsymbol{a}\cdot\boldsymbol{n}\left|\frac{\partial\boldsymbol{r}}{\partial u}\times\frac{\partial\boldsymbol{r}}{\partial v}\right|du\,dv=\int_S\boldsymbol{a}\cdot\boldsymbol{n}\,dS$$

ストークスの定理　$\displaystyle\int_S(\nabla\times\boldsymbol{a})\cdot\boldsymbol{n}\,dS=\int_C\boldsymbol{a}\cdot d\boldsymbol{r}$　　**$\boldsymbol{n}$ の向きは，C の向きに右ねじをまわしたときに進む向き**

ガウスの発散定理　$\displaystyle\int_V\nabla\cdot\boldsymbol{a}\,dV=\int_S\boldsymbol{a}\cdot\boldsymbol{n}\,dS$　　($\boldsymbol{n}$ は外向き)

---

238 (1) $\nabla f = (2x,\ 2y,\ 2)$

(2) $\nabla \cdot (\nabla f) = \nabla \cdot (2x,\ 2y,\ 2) = 2 + 2 + 0 = 4$

(3) $\nabla \times (\nabla f) = \nabla \times (2x,\ 2y,\ 2) = (0,\ 0,\ 0) = \mathbf{0}$

(4) **ポイント 41　媒介変数表示された C での線積分**

C を線分 AB とすると　$C: \boldsymbol{r} = \overrightarrow{\mathrm{OA}} + t\overrightarrow{\mathrm{AB}} = (1-t,\ t,\ 0)\ \ (0 \leqq t \leqq 1)$

$$\int_C (\nabla f)\cdot d\boldsymbol{r} = \int_0^1 (\nabla f)\cdot \frac{d\boldsymbol{r}}{dt}\,dt = \int_0^1 (2-2t,\ 2t,\ 2)\cdot(-1,\ 1,\ 0)\,dt$$
$$= \int_0^1 (4t-2)\,dt = \Big[2t^2 - 2t\Big]_0^1 = 0$$

この線積分の値は，経路 C の取り方によらない．A から B に向かう経路 C を，任意に

$C: \boldsymbol{r} = \big(x(t),\ y(t),\ z(t)\big)\quad (a \leqq t \leqq b)$

$\big(x(a),\ y(a),\ z(a)\big) = (1,\ 0,\ 0) = \mathrm{A},\quad \big(x(b),\ y(b),\ z(b)\big) = (0,\ 1,\ 0) = \mathrm{B}$

とすると

$$\int_C (\nabla f)\cdot d\boldsymbol{r} = \int_a^b (\nabla f)\cdot \frac{d\boldsymbol{r}}{dt}\,dt = \int_a^b \left(\frac{\partial f}{\partial x}\frac{dx}{dt} + \frac{\partial f}{\partial y}\frac{dy}{dt} + \frac{\partial f}{\partial z}\frac{dz}{dt}\right)dt$$
$$= \int_a^b \frac{d}{dt} f\big(x(t),\ y(t),\ z(t)\big)\,dt = \Big[f\big(x(t),\ y(t),\ z(t)\big)\Big]_a^b$$
$$= f(0,\ 1,\ 0) - f(1,\ 0,\ 0) = 1 - 1 = 0$$

〈注〉 次の **239** 解答の注で示すように，ベクトル場 $\boldsymbol{a}$ が $\nabla \times \boldsymbol{a} = \mathbf{0}$ を満たす場合，$\boldsymbol{a} = \nabla f$ となるスカラー場 f が存在し，ここで示したように，$\displaystyle\int_C \boldsymbol{a}\cdot d\boldsymbol{r}$ の値は，経路 C によらず，始点と終点のみで決まる．この $\boldsymbol{a}$ を保存ベクトル場といい，f をスカラーポテンシャルという．この問題では値が 0 になるが，値が 0 になるということではなく，始点と終点のみで決まるということである．C が閉曲線の場合は，始点と終点が同じだから，値が 0 になる．

239 (1) $\displaystyle \nabla V = \frac{\partial V}{\partial x}\boldsymbol{e}_x + \frac{\partial V}{\partial y}\boldsymbol{e}_y + \frac{\partial V}{\partial z}\boldsymbol{e}_z$

$= (3x^2y + y^3 + yz^2)\boldsymbol{e}_x + (x^3 + 3xy^2 + xz^2)\boldsymbol{e}_y + (2xyz)\boldsymbol{e}_z$

(2) (i) $\boldsymbol{f} = (f_1,\ f_2,\ f_3) = (2x + yz,\ 2y + zx,\ xy + 1)$ とおく．

$\nabla W = f$ より $\dfrac{\partial W}{\partial x} = f_1$ だから

$W = \displaystyle\int f_1\,dx = \int (2x + yz)\,dx = x^2 + xyz + \varphi(y,\ z)$

（$\varphi(y,\ z)$ は y，z の関数）

4章 §1

$$\frac{\partial W}{\partial y} = xz + \frac{\partial \varphi}{\partial y}(y,\ z) = f_2 = 2y + zx \text{ より}\quad \frac{\partial \varphi}{\partial y}(y,\ z) = 2y$$

これより　$\varphi(y,\ z) = y^2 + \psi(z)$（$\psi(z)$ は z の関数）

$$\frac{\partial W}{\partial z} = xy + \psi'(z) = f_3 = xy + 1 \text{ より}\quad \psi'(z) = 1$$

これより　$\psi(y) = z + C$（C は任意定数）

よって　$W = x^2 + xyz + y^2 + z + C$（$C$ は任意定数）

$W(0,\ 0,\ 0) = 0$ だから　$C = 0$　$\therefore$　$W = x^2 + xyz + y^2 + z$

(ii) $\boldsymbol{f} = \nabla W$ となる W が存在するとき，$\nabla \times \boldsymbol{f} = \nabla \times (\nabla W) = \mathbf{0}$ となる．

$\nabla \times \boldsymbol{f} = (x-1)\boldsymbol{e}_x + 0\boldsymbol{e}_y - z\boldsymbol{e}_z \fallingdotseq \mathbf{0}$　ゆえに，W は存在しない．

〈注〉 C^1 級の 3 変数関数 $a,\ b,\ c$ を成分にもつベクトル場 $\boldsymbol{a} = (a,\ b,\ c)$ が点 $(x_0,\ y_0,\ z_0)$ を内部に含む領域で $\nabla \times \boldsymbol{a} = \mathbf{0}$ を満たすとき，領域内の任意の点 $(x,\ y,\ z)$ で積分

$$\varphi(x,\ y,\ z) = \int_{x_0}^{x} a(t,\ y_0,\ z_0)\,dt + \int_{y_0}^{y} b(x,\ t,\ z_0)\,dt + \int_{z_0}^{z} c(x,\ y,\ t)\,dt$$

が定義できるとすると，このように定義されたスカラー場 φ は $\boldsymbol{a} = \nabla\varphi$ を満たす．

実際，$\mathbf{0} = \nabla \times \boldsymbol{a} = \left(\dfrac{\partial c}{\partial y} - \dfrac{\partial b}{\partial z},\ \dfrac{\partial a}{\partial z} - \dfrac{\partial c}{\partial x},\ \dfrac{\partial b}{\partial x} - \dfrac{\partial a}{\partial y}\right)$ より

$$\frac{\partial c}{\partial y} = \frac{\partial b}{\partial z},\quad \frac{\partial a}{\partial z} = \frac{\partial c}{\partial x},\quad \frac{\partial b}{\partial x} = \frac{\partial a}{\partial y}$$

$$\begin{aligned}
\frac{\partial \varphi}{\partial x} &= a(x,\ y_0,\ z_0) + \int_{y_0}^{y} \frac{\partial b}{\partial x}(x,\ t,\ z_0)\,dt + \int_{z_0}^{z} \frac{\partial c}{\partial x}(x,\ y,\ t)\,dt \\
&= a(x,\ y_0,\ z_0) + \int_{y_0}^{y} \frac{\partial a}{\partial t}(x,\ t,\ z_0)\,dt + \int_{z_0}^{z} \frac{\partial a}{\partial t}(x,\ y,\ t)\,dt \\
&= a(x,\ y_0,\ z_0) + a(x,\ y,\ z_0) - a(x,\ y_0,\ z_0) + a(x,\ y,\ z) - a(x,\ y,\ z_0) \\
&= a(x,\ y,\ z)
\end{aligned}$$

$$\begin{aligned}
\frac{\partial \varphi}{\partial y} &= b(x,\ y,\ z_0) + \int_{z_0}^{z} \frac{\partial c}{\partial y}(x,\ y,\ t)\,dt = b(x,\ y,\ z_0) + \int_{z_0}^{z} \frac{\partial b}{\partial t}(x,\ y,\ t)\,dt \\
&= b(x,\ y,\ z_0) + b(x,\ y,\ z) - b(x,\ y,\ z_0) = b(x,\ y,\ z)
\end{aligned}$$

$$\frac{\partial \varphi}{\partial z} = c(x,\ y,\ z)$$

となるから，φ は確かに $\nabla\varphi = \boldsymbol{a}$ を満たす．

(2) (i) の W を，これを用いて求めてみよう．$W(0,\ 0,\ 0) = 0$ だから $x_0 = y_0 = z_0 = 0$ とすればよい．

$$W = \int_0^x (2t + 0 \cdot 0)\,dt + \int_0^y (2t + 0x)\,dt + \int_0^z (xy + 1)\,dt = x^2 + y^2 + xyz + z$$

240 指示に従って，定義通りに面積分を計算する（ポイント 41）．

(1) $2x+y+2z=6$ より　$\boldsymbol{r}=(x,\ y,\ z)=\left(x,\ y,\ -x-\dfrac{y}{2}+3\right)$

したがって　$a=x,\ b=y,\ c=-x-\dfrac{y}{2}+3$

(2) $\dfrac{\partial \boldsymbol{r}}{\partial x}=(1,\ 0,\ -1),\ \dfrac{\partial \boldsymbol{r}}{\partial y}=\left(0,\ 1,\ -\dfrac{1}{2}\right)$

この接線ベクトルは平面の法線ベクトル (2, 1, 2) と直交している

(3) $d\boldsymbol{S}=\dfrac{\partial \boldsymbol{r}}{\partial x}\times\dfrac{\partial \boldsymbol{r}}{\partial y}\,dxdy=\left(1,\ \dfrac{1}{2},\ 1\right)dxdy$

(4) ベクトル場を $\boldsymbol{a}=(x,\ 3y^2,\ 0)$ とおく．$x\geqq 0,\ y\geqq 0,\ 6-2x-y=2z\geqq 0$ だから

$0\leqq x\leqq 3,\ 0\leqq y\leqq -2x+6$

$$\int_S \boldsymbol{a}\cdot d\boldsymbol{S}=\int_0^3\int_0^{-2x+6}(x,\ 3y^2,\ 0)\cdot\left(1,\ \frac{1}{2},\ 1\right)dydx$$
$$=\int_0^3\int_0^{-2x+6}\left(x+\frac{3}{2}y^2\right)dydx$$
$$=\int_0^3(-4x^3+34x^2-102x+108)\,dx=90$$

別解　(4) はガウスの発散定理（ポイント 41）を用いて計算することもできる．

S と 3 つの座標平面で囲まれる図形を V，V の境界のうち，$x=0$ の部分を S_1，$y=0$ の部分を S_2，$z=0$ の部分を S_3 とする．ガウスの発散定理より

$$\int_S \boldsymbol{a}\cdot d\boldsymbol{S}+\int_{S_1}\boldsymbol{a}\cdot d\boldsymbol{S}+\int_{S_2}\boldsymbol{a}\cdot d\boldsymbol{S}+\int_{S_3}\boldsymbol{a}\cdot d\boldsymbol{S}=\int_V \nabla\cdot\boldsymbol{a}\,dV$$

$S_1,\ S_2,\ S_3$ での面積分を計算すると

$$\int_{S_1}\boldsymbol{a}\cdot d\boldsymbol{S}=\int_{S_1}(0,\ 3y^2,\ 0)\cdot(-1,\ 0,\ 0)\,dydz=0$$
$$\int_{S_2}\boldsymbol{a}\cdot d\boldsymbol{S}=\int_{S_2}(x,\ 0,\ 0)\cdot(0,\ -1,\ 0)\,dzdx=0$$
$$\int_{S_3}\boldsymbol{a}\cdot d\boldsymbol{S}=\int_{S_3}(x,\ 3y^2,\ 0)\cdot(0,\ 0,\ -1)\,dxdy=0$$

このように，ある部分の面積分が 0 になることを比較的簡単に示せる場合がある

となるから

$$\int_S \boldsymbol{a}\cdot d\boldsymbol{S}=\int_V \nabla\cdot\boldsymbol{a}\,dV=\int_0^3\int_0^{2(3-x)}\int_0^{(3-x)-\frac{y}{2}}(1+6y)\,dzdydx$$
$$=\int_0^3\int_0^{2(3-x)}\left\{(3-x)-\frac{y}{2}+6(3-x)y-3y^2\right\}dydx$$
$$=\int_0^3\left[(3-x)y-\frac{y^2}{4}+3(3-x)y^2-y^3\right]_0^{2(3-x)}dx$$
$$=\int_0^3\left\{(3-x)^2+4(3-x)^3\right\}dx=\left[-\frac{(3-x)^3}{3}-(3-x)^4\right]_0^3=90$$

241　**ガウスの発散定理（ポイント 41）を用いる．**

S は $x^2+y^2+z^2=1$，V は $x^2+y^2+z^2 \leqq 1$ である．ガウスの発散定理より

$$\int_S \boldsymbol{A}\cdot d\boldsymbol{S} = \int_V \nabla\cdot\boldsymbol{A}\,dV = \int_V 6\,dV = 6\cdot\frac{4}{3}\pi = 8\pi$$　**V の体積は $\frac{4}{3}\pi$**

別解　**ガウスの発散定理を用いずに面積分を直接計算して求めることもできる．**

S 上の点の位置ベクトルは

$$\boldsymbol{r} = (x,\ y,\ z) = (\sin\theta\cos\varphi,\ \sin\theta\sin\varphi,\ \cos\theta)\ (0 \leqq \theta \leqq \pi,\ 0 \leqq \varphi < 2\pi)$$

S 上のベクトル場 $\boldsymbol{A}$ は

$$\boldsymbol{A} = (x,\ 2y,\ 3z) = (\sin\theta\cos\varphi,\ 2\sin\theta\sin\varphi,\ 3\cos\theta)$$

ベクトル面積素は

$$d\boldsymbol{S} = \frac{\partial\boldsymbol{r}}{\partial\theta}\times\frac{\partial\boldsymbol{r}}{\partial\varphi}\,d\theta d\varphi = (\sin^2\theta\cos\varphi,\ \sin^2\theta\sin\varphi,\ \cos\theta\sin\theta)\,d\theta d\varphi$$

したがって

$$\int_S \boldsymbol{A}\cdot d\boldsymbol{S} = \int_0^{2\pi}\int_0^{\pi}(\sin^3\theta\cos^2\varphi + 2\sin^3\theta\sin^2\varphi + 3\cos^2\theta\sin\theta)\,d\theta d\varphi$$

$$= \frac{2}{3}\cdot 2\cdot\frac{1}{2}\cdot 2\pi + 2\cdot\frac{2}{3}\cdot 2\cdot\frac{1}{2}\cdot 2\pi + 2\pi\Big[-\cos^3\theta\Big]_0^{\pi} = 8\pi$$

242　(1)　**xz 平面での断面の図を考えるとよい．**

$\angle\mathrm{CBA} = 90^\circ$，$\mathrm{AC} = 1$，$\mathrm{CB} = \frac{1}{2}$ より

$\angle\mathrm{CAB} = 30^\circ$　　$\therefore$　$\cos\angle\mathrm{CAB} = \frac{\sqrt{3}}{2}$

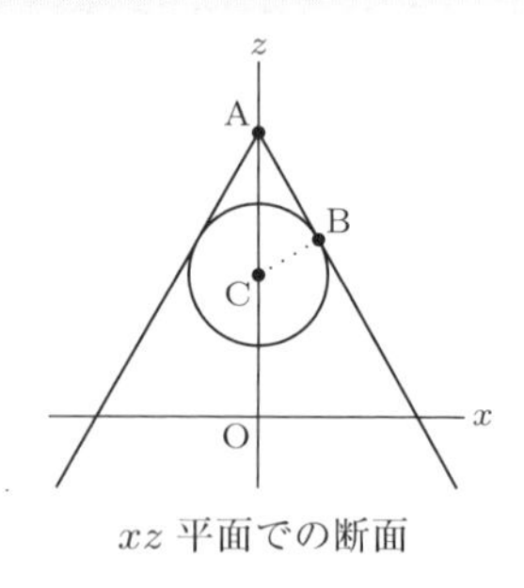

xz 平面での断面

(2)　$\overrightarrow{\mathrm{AP}}\cdot\overrightarrow{\mathrm{AC}} = |\overrightarrow{\mathrm{AP}}||\overrightarrow{\mathrm{AC}}|\cos 30^\circ$

$\overrightarrow{\mathrm{AP}} = (x,\ y,\ z-2)$，$\overrightarrow{\mathrm{AC}} = (0,\ 0,\ -1)$ より

$$-z+2 = \sqrt{x^2+y^2+(z-2)^2}\times\frac{\sqrt{3}}{2}$$

両辺を 2 乗して整理すると　$(-z+2)^2 = 3(x^2+y^2)$

$z \leqq 2$ より　$-z+2 = \sqrt{3(x^2+y^2)}$

S_2 の方程式は　$z = 2-\sqrt{3(x^2+y^2)}$

(3)　**ガウスの発散定理（ポイント 41）を用いる．**

曲面 S が囲む領域を V とおくと，ガウスの発散定理から

$$I = \int_S \boldsymbol{F}\cdot\boldsymbol{n}\,dS = \int_V \nabla\cdot\boldsymbol{F}\,dV$$

V は，直交座標で表すと

$$V = \left\{(x,\ y,\ z)\mid 0 \leqq x^2+y^2 \leqq \frac{4}{3},\ 0 \leqq z \leqq 2-\sqrt{3(x^2+y^2)}\right\}$$

となり，$(x,\ y,\ z)=(r\cos\theta,\ r\sin\theta,\ z)$ とした円柱座標 $(r,\ \theta,\ z)$ で表すと

$$V=\left\{(r,\ \theta,\ z)\mid 0\leqq r\leqq\frac{2}{\sqrt{3}},\ 0\leqq\theta\leqq 2\pi,\ 0\leqq z\leqq 2-\sqrt{3}r\right\}$$

となる．

$$\begin{aligned}\nabla\cdot\boldsymbol{F}&=3x^2z+x^2z+2(x^2+y^2)z=4x^2z+2(x^2+y^2)z\\&=4zr^2\cos^2\theta+2zr^2=2zr^2(2\cos^2\theta+1)\\&=2zr^2(\cos 2\theta+2)\end{aligned}$$

$\cos 2\theta=2\cos^2\theta-1$ より $2\cos^2\theta=\cos 2\theta+1$

したがって

$$\begin{aligned}I&=\int_0^{2\pi}\left\{\int_0^{\frac{2}{\sqrt{3}}}\left\{\int_0^{2-\sqrt{3}r}2zr^2(\cos 2\theta+2)\,dz\right\}r\,dr\right\}d\theta\\&=\int_0^{2\pi}\left\{\int_0^{\frac{2}{\sqrt{3}}}\left\{\int_0^{2-\sqrt{3}r}2z\,dz\right\}r^3\,dr\right\}(\cos 2\theta+2)\,d\theta\\&=\int_0^{\frac{2}{\sqrt{3}}}\Big[\ z^2\ \Big]_0^{2-\sqrt{3}r}r^3\,dr\int_0^{2\pi}(\cos 2\theta+2)\,d\theta\\&=\int_0^{\frac{2}{\sqrt{3}}}\left(4r^3-4\sqrt{3}r^4+3r^5\right)dr\cdot 4\pi\\&=4\pi\left[r^4-\frac{4\sqrt{3}}{5}r^5+\frac{1}{2}r^6\right]_0^{\frac{2}{\sqrt{3}}}=4\pi\cdot\frac{16}{135}=\frac{64}{135}\pi\end{aligned}$$

243　**式の意味に注意していろいろと考えてみる．この問題では，示す式の積分を考える．**

任意の閉曲面を S とし，S で囲まれた領域を V とおくと，$\displaystyle\int_V\rho\,dV$ が領域 V 内にある流体の質量を表し，$\displaystyle\frac{d}{dt}\int_V\rho\,dV$ すなわち $\displaystyle\int_V\frac{\partial\rho}{\partial t}\,dV$ が質量の変化率を表す．一方，S の外向きの単位法線ベクトルを $\boldsymbol{n}$ とおくと，$\displaystyle\int_S\rho\boldsymbol{v}\cdot\boldsymbol{n}\,dS$ が流体の瞬間的な流出量から流入量を引いた値であり，その値だけ V の質量が減少するから

$$\int_V\frac{\partial\rho}{\partial t}\,dV=-\int_S\rho\boldsymbol{v}\cdot\boldsymbol{n}\,dS$$

ガウスの発散定理より $\displaystyle\int_S\rho\boldsymbol{v}\cdot\boldsymbol{n}\,dS=\int_V\nabla\cdot(\rho\boldsymbol{v})\,dV$ となるから

$$\int_V\frac{\partial\rho}{\partial t}\,dV=-\int_S\rho\boldsymbol{v}\cdot\boldsymbol{n}\,dS=-\int_V\nabla\cdot(\rho\boldsymbol{v})\,dV$$

$$\therefore\quad\int_V\left\{\frac{\partial\rho}{\partial t}+\nabla\cdot(\rho\boldsymbol{v})\right\}dV=0$$

任意の閉曲面 S が囲む領域 V に対してこれが成り立つから　$\displaystyle\frac{\partial\rho}{\partial t}+\nabla\cdot(\rho\boldsymbol{v})=0$

244 複雑だが，それぞれの定義を思い出し，丁寧に計算していく．

(1) V と V_i $(i=1,\ 2,\ 3,\ 4)$ の体積を簡単に V と V_i $(i=1,\ 2,\ 3,\ 4)$ と略す．

$$V=\frac{1}{6}abc,\ V_2=\frac{1}{6}bcx,\ V_3=\frac{1}{6}cay,\ V_4=\frac{1}{6}abz,$$

$$V_1=\frac{1}{6}abc-\frac{1}{6}bcx-\frac{1}{6}cay-\frac{1}{6}abz$$

$\lambda_i=\dfrac{V_i}{V}$ とすると $\lambda_1+\lambda_2+\lambda_3+\lambda_4=1$ となる．

$$\therefore\quad \lambda_1:\lambda_2:\lambda_3:\lambda_4=\left(1-\frac{x}{a}-\frac{y}{b}-\frac{z}{c}\right):\frac{x}{a}:\frac{y}{b}:\frac{z}{c}$$

(2)
$$\boldsymbol{\phi}=\lambda_1\nabla\lambda_2-\lambda_2\nabla\lambda_1=\left(1-\frac{x}{a}-\frac{y}{b}-\frac{z}{c}\right)\left(\frac{1}{a},\ 0,\ 0\right)-\frac{x}{a}\left(-\frac{1}{a},\ -\frac{1}{b},\ -\frac{1}{c}\right)$$
$$=\left(\frac{1}{a}-\frac{y}{ab}-\frac{z}{ac},\ \frac{x}{ab},\ \frac{x}{ca}\right)$$

$$\boldsymbol{\psi}=\lambda_2\nabla\lambda_3-\lambda_3\nabla\lambda_2=\frac{x}{a}\left(0,\ \frac{1}{b},\ 0\right)-\frac{y}{b}\left(\frac{1}{a},\ 0,\ 0\right)=\left(-\frac{y}{ab},\ \frac{x}{ab},\ 0\right)$$

(3) $\ell_{\mathrm{AB}}:\boldsymbol{r}=(1-t)(a,\ 0,\ 0)+t(0,\ b,\ 0)\quad(0\leqq t\leqq 1),\quad \dfrac{d\boldsymbol{r}}{dt}=(-a,\ b,\ 0)$

ℓ_{AB} 上では，$x=a(1-t),\ y=bt,\ z=0$ であり，これを $\boldsymbol{f}(x,\ y,\ z)$ に代入して

$$\boldsymbol{f}=e^{a-at+bt}\sin(a(1-t))\left(\frac{1-t}{a},\ \frac{1-t}{b},\ \frac{1-t}{c}\right)$$
$$+a^2(1-t)^2\sin(-a+at+bt)\left(-\frac{t}{a},\ \frac{1-t}{b},\ 0\right)$$

$$\boldsymbol{f}\cdot\frac{d\boldsymbol{r}}{dt}=a^2(1-t)^2\sin(-a+at+bt)$$

$$\int_{\ell_{\mathrm{AB}}}\boldsymbol{f}\cdot d\boldsymbol{r}=\int_0^1\boldsymbol{f}\cdot\frac{d\boldsymbol{r}}{dt}dt=\int_0^1 a^2(1-t)^2\sin(-a+at+bt)\,dt$$
$$=\left[-\frac{a^2}{a+b}(1-t)^2\cos(-a+at+bt)\right]_0^1-\frac{2a^2}{a+b}\int_0^1(1-t)\cos(-a+at+bt)\,dt$$
$$=\frac{a^2}{a+b}\cos a-\frac{2a^2}{(a+b)^2}\Big[(1-t)\sin(-a+at+bt)\Big]_0^1-\frac{2a^2}{(a+b)^2}\int_0^1\sin(-a+at+bt)\,dt$$
$$=\frac{a^2}{a+b}\cos a-\frac{2a^2}{(a+b)^2}\sin a+\frac{2a^2}{(a+b)^3}\Big[\cos(-a+at+bt)\Big]_0^1$$
$$=\frac{a^2}{a+b}\cos a-\frac{2a^2}{(a+b)^2}\sin a+\frac{2a^2}{(a+b)^3}(\cos b-\cos a)$$

(4) そのままの計算は難しいから，ストークスの定理（ポイント 41）を使う．

$\boldsymbol{n}$ の z 成分が負だから，$C=\ell_{\mathrm{OB}}+\ell_{\mathrm{BA}}+\ell_{\mathrm{AO}}$ とおくと ストークスの定理より

C の向きに注意する（ポイント 41）

$$\int_S (\nabla\times \boldsymbol{f})\cdot \boldsymbol{n}\,dS = \int_C \boldsymbol{f}\cdot d\boldsymbol{r} = \int_{\ell_{\mathrm{OB}}} \boldsymbol{f}\cdot d\boldsymbol{r} - \int_{\ell_{\mathrm{AB}}} \boldsymbol{f}\cdot d\boldsymbol{r} - \int_{\ell_{\mathrm{OA}}} \boldsymbol{f}\cdot d\boldsymbol{r}$$

$$\ell_{\mathrm{OB}} : \boldsymbol{r} = (0,\ bt,\ 0)\quad (0 \leqq t \leqq 1),\quad \frac{d\boldsymbol{r}}{dt} = (0,\ b,\ 0),\quad \boldsymbol{f}(0,\ bt,\ 0) = \boldsymbol{0}$$

$$\ell_{\mathrm{OA}} : \boldsymbol{r} = (at,\ 0,\ 0)\quad (0 \leqq t \leqq 1),\quad \frac{d\boldsymbol{r}}{dt} = (a,\ 0,\ 0)$$

$$\boldsymbol{f}(at,\ 0,\ 0) = e^{at}\sin(at)\left(\frac{1}{a},\ \frac{t}{b},\ \frac{t}{c}\right) - a^2t^2\sin(at)\left(0,\ \frac{t}{b},\ 0\right)$$

$$\boldsymbol{f}\cdot\frac{d\boldsymbol{r}}{dt} = e^{at}\sin at$$

$$\int_{\ell_{\mathrm{OA}}} \boldsymbol{f}\cdot d\boldsymbol{r} = \int_0^1 e^{at}\sin at\,dt = \left[\frac{e^{at}}{2a}(\sin at - \cos at)\right]_0^1$$

$$= \frac{e^a}{2a}(\sin a - \cos a) + \frac{1}{2a}$$

206 ページ
ポイント 4④

$$\therefore \int_S (\nabla\times \boldsymbol{f})\cdot \boldsymbol{n}\,dS = -\frac{a^2}{a+b}\cos a + \frac{2a^2}{(a+b)^2}\sin a$$

$$-\frac{2a^2}{(a+b)^3}(\cos b - \cos a) - \frac{e^a}{2a}(\sin a - \cos a) - \frac{1}{2a}$$

§2　ラプラス変換・フーリエ解析

1　ラプラス変換

245　**定義に従って計算する．$\lim_{t\to+0} f(t) = f(0)$，$\lim_{t\to+0} f'(t) = f'(0)$ とする．**

$\lim_{t\to\infty} e^{-st}f(t) = 0$，$\lim_{t\to\infty} e^{-st}f'(t) = 0$ のもとで示す．

$$\mathcal{L}\bigl[f'(t)\bigr] = \int_0^\infty e^{-st}f'(t)\,dt = \Bigl[e^{-st}f(t)\Bigr]_0^\infty + s\int_0^\infty e^{-st}f(t)\,dt$$

$$= 0 - f(0) + sF(s) = sF(s) - f(0)$$

$$\mathcal{L}\bigl[f''(t)\bigr] = \int_0^\infty e^{-st}f''(t)\,dt = \Bigl[e^{-st}f'(t)\Bigr]_0^\infty + s\int_0^\infty e^{-st}f'(t)\,dt$$

$$= 0 - f'(0) + s\Bigl[e^{-st}f(t)\Bigr]_0^\infty + s^2\int_0^\infty e^{-st}f(t)\,dt$$

$$= -f'(0) - sf(0) + s^2F(s) = s^2F(s) - sf(0) - f'(0)$$

別解　**$\mathcal{L}\bigl[f'(t)\bigr] = sF(s) - f(0)$ を示した後，そのことを $g(t) = f'(t)$ に適用する．**

$\mathcal{L}\bigl[g(t)\bigr] = G(s)$ とすると，$G(s) = sF(s) - f(0)$ であり，$f''(t) = g'(t)$ だから

$$\mathcal{L}\bigl[f''(t)\bigr] = \mathcal{L}\bigl[g'(t)\bigr] = sG(s) - g(0) = s\bigl(sF(s) - f(0)\bigr) - f'(0)$$

$$= s^2F(s) - sf(0) - f'(0)$$

246 (1) $\mathcal{L}[\cos\omega t] = \displaystyle\int_0^\infty e^{-st}\cos\omega t\,dt = \left[\frac{e^{-st}}{(-s)^2+\omega^2}(-s\cos\omega t + \omega\sin\omega t)\right]_0^\infty$

$= \dfrac{s}{s^2+\omega^2}$

ポイント 4④
$$\int e^{ax}\cos bx\,dx = \frac{e^{ax}}{a^2+b^2}(a\cos bx + b\sin bx) + C$$

〈注〉 $\omega = 0$ のとき，$\mathcal{L}[\cos\omega t] = \mathcal{L}[1] = \dfrac{1}{s}$，$\dfrac{s}{s^2+\omega^2} = \dfrac{1}{s}$ だから，$\omega = 0$ のときも成り立つ．

(2) $\mathcal{L}[\sin\omega t] = \displaystyle\int_0^\infty e^{-st}\sin\omega t\,dt = \left[\frac{e^{-st}}{(-s)^2+\omega^2}(-s\sin\omega t - \omega\cos\omega t)\right]_0^\infty$

$= \dfrac{\omega}{s^2+\omega^2}$

ポイント 4④
$$\int e^{ax}\sin bx\,dx = \frac{e^{ax}}{a^2+b^2}(a\sin bx - b\cos bx) + C$$

〈注〉 $\omega = 0$ のとき，$\mathcal{L}[\sin\omega t] = \mathcal{L}[0] = 0$，$\dfrac{\omega}{s^2+\omega^2} = 0$ だから，$\omega = 0$ のときも成り立つ．

(3) $\mathcal{L}[a+bt] = \displaystyle\int_0^\infty e^{-st}(a+bt)\,dt = a\int_0^\infty e^{-st}\,dt + b\int_0^\infty te^{-st}\,dt$

$= a\left[-\dfrac{1}{s}e^{-st}\right]_0^\infty + b\left(\left[-\dfrac{1}{s}te^{-st}\right]_0^\infty + \dfrac{1}{s}\displaystyle\int_0^\infty e^{-st}\,dt\right)$

$= \dfrac{a}{s} + \dfrac{b}{s}\left[-\dfrac{1}{s}e^{-st}\right]_0^\infty = \dfrac{a}{s} + \dfrac{b}{s^2} = \dfrac{as+b}{s^2}$

247 (1) $F(s) = \dfrac{2}{s(s+1)(s+2)} = \dfrac{A}{s} + \dfrac{B}{s+1} + \dfrac{C}{s+2}$ とおく．

両辺に $s(s+1)(s+2)$ を掛けると

$A(s+1)(s+2) + Bs(s+2) + Cs(s+1) = 2$

$s = 0$ を代入すると　$2A = 2$　$\therefore$　$A = 1$

$s = -1$ を代入すると　$-B = 2$　$\therefore$　$B = -2$

$s = -2$ を代入すると　$2C = 2$　$\therefore$　$C = 1$

$f(t) = \mathcal{L}^{-1}[F(s)] = \mathcal{L}^{-1}\left[\dfrac{1}{s}\right] - \mathcal{L}^{-1}\left[\dfrac{2}{s+1}\right] + \mathcal{L}^{-1}\left[\dfrac{1}{s+2}\right]$

$= 1 - 2e^{-t} + e^{-2t}$

(2) $F(s) = \dfrac{-s+2}{s^2+2s+4} = -\dfrac{s+1}{(s+1)^2+(\sqrt{3})^2} + \sqrt{3}\cdot\dfrac{\sqrt{3}}{(s+1)^2+(\sqrt{3})^2}$

$f(t) = \mathcal{L}^{-1}[F(s)] = e^{-t}\left(-\cos\sqrt{3}\,t + \sqrt{3}\sin\sqrt{3}\,t\right)$

248 (1) 積分方程式をラプラス変換すると　$X + \dfrac{1}{s}X = \dfrac{1}{s}e^{-s}$

$(s+1)X = e^{-s}$ より　$X = \dfrac{1}{s+1}e^{-s}$

$F(s)=\mathcal{L}[f(t)]=\dfrac{1}{s+1}$ とおくと　$X=F(s)e^{-s}$，$f(t)=e^{-t}$

逆ラプラス変換すると　$x(t)=f(t-1)\theta(t-1)=e^{-(t-1)}\theta(t-1)$

(2) 積分方程式をラプラス変換すると　$sX-x(0)+2X-3\cdot\dfrac{X}{s}=\dfrac{1}{s^2}$

$\left(s+2-\dfrac{3}{s}\right)X=-1+\dfrac{1}{s^2}$ より

$$X=-\frac{s^2-1}{s(s^2+2s-3)}=-\frac{s+1}{s(s+3)}=-\frac{1}{3}\cdot\frac{1}{s}-\frac{2}{3}\cdot\frac{1}{s+3}$$

逆ラプラス変換すると　$x(t)=-\dfrac{1}{3}-\dfrac{2}{3}e^{-3t}$

(3) **左辺は $x(t)$ と $\cos\omega t$ のたたみこみ $x(t)*\cos\omega t$ であることに注意する．**

積分方程式をラプラス変換すると $X\cdot\dfrac{s}{s^2+\omega^2}=\dfrac{\omega}{(s-a)^2+\omega^2}$

これより　$X=\omega\cdot\dfrac{s^2+\omega^2}{s\left((s-a)^2+\omega^2\right)}$

$\dfrac{s^2+\omega^2}{s\left((s-a)^2+\omega^2\right)}=\dfrac{A}{s}+\dfrac{Bs+C}{(s-a)^2+\omega^2}$ とおく．

両辺に $s\left((s-a)^2+\omega^2\right)$ を掛けると　$s^2+\omega^2=A((s-a)^2+\omega^2)+(Bs+C)s$

$s=0$ を代入すると，$\omega^2=A(a^2+\omega^2)$ となるから　$A=\dfrac{\omega^2}{a^2+\omega^2}$

s^2 の係数を比較すると，$1=A+B$ となるから　$B=1-A=\dfrac{a^2}{a^2+\omega^2}$

s の係数を比較すると，$0=-2aA+C$ となるから　$C=2aA=\dfrac{2a\omega^2}{a^2+\omega^2}$

$$X=\omega\left(\frac{\omega^2}{a^2+\omega^2}\cdot\frac{1}{s}+\frac{a^2s+2a\omega^2}{a^2+\omega^2}\cdot\frac{1}{(s-a)^2+\omega^2}\right)$$
$$=\frac{\omega}{a^2+\omega^2}\left(\omega^2\cdot\frac{1}{s}+a^2\cdot\frac{s-a}{(s-a)^2+\omega^2}+\frac{a(a^2+2\omega^2)}{\omega}\cdot\frac{\omega}{(s-a)^2+\omega^2}\right)$$

逆ラプラス変換すると

$$x(t)=\frac{\omega}{a^2+\omega^2}\left(\omega^2+a^2e^{at}\cos\omega t+\frac{a(a^2+2\omega^2)}{\omega}\cdot e^{at}\sin\omega t\right)$$

249 **微分方程式を解けという問題だが，ラプラス変換を用いて解くこともできる．**

両辺をラプラス変換すると　$s^2X-sx(0)-x'(0)+2(sX-x(0))+5X=\dfrac{5}{s^2+1}$

$x(0)=0$，$x'(0)=1$ だから　$X=\dfrac{s^2+6}{(s^2+1)(s^2+2s+5)}$

$\dfrac{s^2+6}{(s^2+1)(s^2+2s+5)}=\dfrac{As+B}{s^2+1}+\dfrac{C(s+1)+D}{s^2+2s+5}$ とおく．

両辺に $(s^2+1)(s^2+2s+5)$ を掛けて

$$s^2+6=(As+B)(s^2+2s+5)+(Cs+C+D)(s^2+1)$$

s^3 の係数，s^2 の係数，s の係数，定数項を比較すると

$A+C=0,\ 2A+B+C+D=1,\ 5A+2B+C=0,\ 5B+C+D=6$

これより　$A=-\dfrac{1}{2},\ B=1,\ C=\dfrac{1}{2},\ D=\dfrac{1}{2}$

$$X=-\frac{1}{2}\cdot\frac{s}{s^2+1}+\frac{1}{s^2+1}+\frac{1}{2}\cdot\frac{s+1}{(s+1)^2+2^2}+\frac{1}{4}\cdot\frac{2}{(s+1)^2+2^2}$$

逆ラプラス変換すると　$x(t)=-\dfrac{1}{2}\cos t+\sin t+\dfrac{1}{2}e^{-t}\cos 2t+\dfrac{1}{4}e^{-t}\sin 2t$

250　電荷 $q(t)$ と電流 $i(t)$ の関係は $q'(t)=i(t)$ である．

コイル L ではファラデーの電磁誘導則より $Li'(t)=Lq''(t)$，コンデンサー C では $C^{-1}q(t)$ の電圧が生じる．

したがって，LC 回路の微分方程式は　$Lq''(t)+C^{-1}q(t)=0$

初期条件は　$q(0)=\pm q_0,\ q'(0)=i(0)=0$

$\mathcal{L}[q(t)]=Q(s)$ とおく．微分方程式をラプラス変換すると

$$L\left\{s^2Q(s)-sq(0)-q'(0)\right\}+C^{-1}Q(s)=0$$

初期条件より　$L\left\{s^2Q(s)\mp sq_0\right\}+C^{-1}Q(s)=0$

$$\therefore\ Q(s)=\frac{\pm q_0Ls}{Ls^2+C^{-1}}=\pm q_0\cdot\frac{s}{s^2+\dfrac{1}{LC}}$$

逆ラプラス変換すると　$q(t)=\pm q_0\cos\dfrac{1}{\sqrt{LC}}t$

求める電流の時間変化は　$i(t)=q'(t)=\mp\dfrac{q_0}{\sqrt{LC}}\sin\dfrac{1}{\sqrt{LC}}t$

2　フーリエ解析

251　(1) $f(x)=x^2\ (-\pi<x\leqq\pi)$ は偶関数だから　$b_n=0$

$$c_0=\frac{1}{2\pi}\int_{-\pi}^{\pi}x^2\,dx=\frac{1}{2\pi}\left[\frac{1}{3}x^3\right]_{-\pi}^{\pi}=\frac{\pi^2}{3}$$

$$a_n=\frac{1}{\pi}\int_{-\pi}^{\pi}x^2\cos nx\,dx=\frac{2}{\pi}\int_0^{\pi}x^2\cos nx\,dx$$

$$=\frac{2}{\pi}\left\{\left[\frac{1}{n}x^2\sin nx\right]_0^{\pi}-\int_0^{\pi}\frac{2}{n}x\sin nx\,dx\right\}$$

$$=\frac{4}{n\pi}\left\{\left[\frac{1}{n}x\cos nx\right]_0^{\pi}-\int_0^{\pi}\frac{1}{n}\cos nx\,dx\right\}$$

$$=\frac{4}{n^2}\cos n\pi-\frac{4}{n^2\pi}\left[\frac{1}{n}\sin nx\right]_0^{\pi}=\frac{4}{n^2}(-1)^n$$

$f(x)$ のフーリエ級数は $\dfrac{\pi^2}{3}+4\displaystyle\sum_{n=1}^{\infty}\frac{(-1)^n}{n^2}\cos nx$

〈注〉 $x=0$ とすると，$0=\dfrac{\pi^2}{3}+4\displaystyle\sum_{n=1}^{\infty}\frac{(-1)^n}{n^2}$ より $\displaystyle\sum_{n=1}^{\infty}\frac{(-1)^{n+1}}{n^2}=\frac{\pi^2}{12}$

$x=\pi$ とすると，$\pi^2=\dfrac{\pi^2}{3}+4\displaystyle\sum_{n=1}^{\infty}\frac{1}{n^2}$ より $\displaystyle\sum_{n=1}^{\infty}\frac{1}{n^2}=\frac{\pi^2}{6}$

(2) $f(x)$ は偶関数だから $b_n=0$

$$c_0=\frac{1}{2\pi}\int_{-\pi}^{\pi}(\cos^2 x+\cos x)\,dx=\frac{1}{2\pi}\int_{-\pi}^{\pi}\left(\frac{1+\cos 2x}{2}+\cos x\right)dx$$

$$=\frac{1}{2\pi}\left[\frac{1}{2}x+\frac{\sin 2x}{4}+\sin x\right]_{-\pi}^{\pi}=\frac{1}{2}$$

$$a_n=\frac{1}{\pi}\int_{-\pi}^{\pi}(\cos^2 x+\cos x)\cos nx\,dx=\frac{1}{\pi}\int_{-\pi}^{\pi}\left(\frac{1+\cos 2x}{2}+\cos x\right)\cos nx\,dx$$

$$=\frac{1}{2\pi}\int_{-\pi}^{\pi}\cos nx\,dx+\frac{1}{2\pi}\int_{-\pi}^{\pi}\cos 2x\cos nx\,dx+\frac{1}{\pi}\int_{-\pi}^{\pi}\cos x\cos nx\,dx$$

これより $a_1=1$，$a_2=\dfrac{1}{2}$，$a_n=0\ (n\neq 1,\ 2)$

$f(x)$ のフーリエ級数は $\dfrac{1}{2}+\cos x+\dfrac{1}{2}\cos 2x$

別解 c_0 を計算するときの変形が，すでにフーリエ級数になっている．

$\cos^2 x=\dfrac{1+\cos 2x}{2}$ を用いると

$$f(x)=\frac{1+\cos 2x}{2}+\cos x=\frac{1}{2}+\cos x+\frac{1}{2}\cos 2x$$

(3) $f(x)$ は奇関数だから $c_0=0$，$a_n=0$

$$b_n=\frac{1}{\pi}\int_{-\pi}^{\pi}f(x)\sin nx\,dx=\frac{1}{\pi}\int_{-\pi}^{0}(-\sin nx)\,dx+\frac{1}{\pi}\int_{0}^{\pi}\sin nx\,dx$$

$$=\frac{1}{\pi}\left\{\left[\frac{1}{n}\cos nx\right]_{-\pi}^{0}+\left[-\frac{1}{n}\cos nx\right]_{0}^{\pi}\right\}=\frac{2}{n\pi}\{1-(-1)^n\}$$

$f(x)$ のフーリエ級数は $\dfrac{2}{\pi}\displaystyle\sum_{n=1}^{\infty}\frac{1-(-1)^n}{n}\sin nx$

(4) $f(x)=|\sin x|\ (-\pi<x<\pi)$ は偶関数だから $b_n=0$

$$c_0=\frac{1}{2\pi}\int_{-\pi}^{\pi}|\sin x|\,dx=\frac{1}{\pi}\int_{0}^{\pi}|\sin x|\,dx=\frac{1}{\pi}\int_{0}^{\pi}\sin x\,dx=\frac{2}{\pi}$$

$$a_n=\frac{1}{\pi}\int_{-\pi}^{\pi}\cos nx\,|\sin x|\,dx=\frac{2}{\pi}\int_{0}^{\pi}\cos nx\,\sin x\,dx$$

$$=\frac{1}{\pi}\int_{0}^{\pi}\left\{\sin(n+1)x-\sin(n-1)x\right\}dx$$

$n \neq 1$ のとき

$$a_n = \frac{1}{\pi}\left[-\frac{1}{n+1}\cos(n+1)x + \frac{1}{n-1}\cos(n-1)x\right]_0^\pi = -\frac{2\{1+(-1)^n\}}{\pi(n^2-1)}$$

$$a_1 = \frac{1}{\pi}\int_0^\pi (\sin 2x - \sin 0x)\,dx = \frac{1}{\pi}\left[-\frac{1}{2}\cos 2x\right]_0^\pi = 0$$

$f(x)$ のフーリエ級数は　$\dfrac{2}{\pi} - \dfrac{2}{\pi}\displaystyle\sum_{n=2}^{\infty}\frac{1+(-1)^n}{n^2-1}\cos nx$

252 (1) $f(x)$ は偶関数だから　$b_k = 0,\ c_0 = \dfrac{1}{\pi}\displaystyle\int_0^\pi x\,dx = \frac{\pi}{2}$

$$a_k = \frac{2}{\pi}\int_0^\pi x\cos kx\,dx = \frac{2}{\pi}\left\{\left[\frac{1}{k}x\sin kx\right]_0^\pi - \int_0^\pi \frac{1}{k}\sin kx\,dx\right\}$$

$$= \frac{2}{k^2\pi}\Big[\cos kx\Big]_0^\pi = -\frac{2\big(1-(-1)^k\big)}{k^2\pi}$$

$f(x)$ のフーリエ級数は　$\dfrac{\pi}{2} - \dfrac{2}{\pi}\displaystyle\sum_{k=1}^{\infty}\frac{1-(-1)^k}{k^2}\cos kx$

(2) (a) フーリエ級数の収束定理から

$-\pi \leqq x \leqq \pi$ のとき　$|x| = \dfrac{\pi}{2} - \dfrac{2}{\pi}\displaystyle\sum_{k=1}^{\infty}\frac{1-(-1)^k}{k^2}\cos kx$

$x = 0$ を代入して　$0 = \dfrac{\pi}{2} - \dfrac{2}{\pi}\displaystyle\sum_{k=1}^{\infty}\frac{1-(-1)^k}{k^2}$

よって　$\displaystyle\sum_{k=1}^{\infty}\frac{1-(-1)^k}{k^2} = \frac{\pi^2}{4}$

$\dfrac{2}{1^2} + \dfrac{0}{2^2} + \dfrac{2}{3^2} + \dfrac{0}{4^2} + \dfrac{2}{5^2} + \dfrac{0}{6^2} + \cdots = \dfrac{\pi^2}{4}$ だから

$\dfrac{1}{1^2} + \dfrac{1}{3^2} + \dfrac{1}{5^2} + \cdots = \dfrac{\pi^2}{8}$

すなわち　$\displaystyle\sum_{k=1}^{\infty}\frac{1}{(2k-1)^2} = \frac{\pi^2}{8}$

(b) はリーマンのゼータ関数
$\zeta(s) = \displaystyle\sum_{k=1}^{\infty}\frac{1}{k^s}$ の特殊値 $\zeta(2)$ である ⇩

(b) $\displaystyle\sum_{k=1}^{\infty}\frac{1}{k^2} = \sum_{\ell=1}^{\infty}\frac{1}{(2\ell-1)^2} + \sum_{\ell=1}^{\infty}\frac{1}{(2\ell)^2} = \frac{\pi^2}{8} + \frac{1}{4}\sum_{\ell=1}^{\infty}\frac{1}{\ell^2}$ より

$\left(1-\dfrac{1}{4}\right)\displaystyle\sum_{k=1}^{\infty}\frac{1}{k^2} = \frac{\pi^2}{8}$　よって　$\displaystyle\sum_{k=1}^{\infty}\frac{1}{k^2} = \frac{\pi^2}{6}$

(c) $\displaystyle\sum_{k=1}^{\infty}\frac{(-1)^{k-1}}{k^2} = \frac{1}{1^2} - \frac{1}{2^2} + \frac{1}{3^2} - \frac{1}{4^2} + \cdots = \sum_{k=1}^{\infty}\frac{1}{k^2} - 2\sum_{\ell=1}^{\infty}\frac{1}{(2\ell)^2}$

$$= \sum_{k=1}^{\infty}\frac{1}{k^2} - \frac{1}{2}\sum_{\ell=1}^{\infty}\frac{1}{\ell^2} = \left(1-\frac{1}{2}\right)\sum_{k=1}^{\infty}\frac{1}{k^2} = \frac{1}{2}\cdot\frac{\pi^2}{6} = \frac{\pi^2}{12}$$

253 (1) **252**(1) と同じである．$s(x) = \dfrac{\pi}{2} - \dfrac{2}{\pi}\displaystyle\sum_{k=1}^{\infty}\dfrac{1-(-1)^k}{k^2}\cos kx$

(2) **問題に書いてある定義をよく見る．$\dfrac{\pi}{2} + \dfrac{2}{\pi}\displaystyle\sum_{k=1}^{\infty}\left|\dfrac{1-(-1)^k}{k^2}\cos kx\right| < \infty$ を示す．**

$k-1 < x < k$ の範囲で $\dfrac{1}{k^2} < \dfrac{1}{x^2}$ だから，$k \geqq 2$ のとき　$\dfrac{1}{k^2} < \displaystyle\int_{k-1}^{k}\dfrac{1}{x^2}\,dx$

これより

$$\sum_{k=1}^{n}\frac{1}{k^2} = 1 + \sum_{k=2}^{n}\frac{1}{k^2} < 1 + \sum_{k=2}^{n}\int_{k-1}^{k}\frac{1}{x^2}\,dx = 1 + \int_{1}^{n}\frac{1}{x^2}\,dx = 1 + \left[-\frac{1}{x}\right]_1^n$$

$$= 2 - \frac{1}{n} < 2$$

したがって

$$\frac{2}{\pi}\sum_{k=1}^{\infty}\left|\frac{1-(-1)^k}{k^2}\cos kx\right| < \frac{4}{\pi}\sum_{k=1}^{\infty}\frac{1}{k^2} < \frac{8}{\pi}$$

$\dfrac{\pi}{2} + \dfrac{2}{\pi}\displaystyle\sum_{k=1}^{\infty}\left|\dfrac{1-(-1)^k}{k^2}\cos kx\right| < \infty$ となるから，$s(x)$ は絶対収束する．

(3) $s_n(x) = \dfrac{\pi}{2} - \dfrac{2}{\pi}\displaystyle\sum_{k=1}^{n}\dfrac{1-(-1)^k}{k^2}\cos kx$ とおく．$2 \leqq n < m$ のとき

$$|s_m(x) - s_n(x)| = \frac{2}{\pi}\left|-\sum_{k=n+1}^{m}\frac{1-(-1)^k}{k^2}\cos kx\right| < \frac{4}{\pi}\sum_{k=n+1}^{m}\frac{1}{k^2}$$

$$< \frac{4}{\pi}\sum_{k=n+1}^{m}\int_{k-1}^{k}\frac{1}{x^2}\,dx = \frac{4}{\pi}\int_{n}^{m}\frac{1}{x^2}\,dx = \frac{4}{\pi}\left(\frac{1}{n} - \frac{1}{m}\right)$$

$$\max_{x\in[-\pi,\ \pi]}|s_m(x) - s_n(x)| < \frac{4}{\pi}\left(\frac{1}{n} - \frac{1}{m}\right) \to 0 \qquad (m,\ n \to \infty)$$

ゆえに，一様収束する．

254 (1) $n = 2$ のとき，$a_k\ (k \geqq 1)$ は

$$a_k = \frac{2}{\pi}\int_0^{\pi} f(x)\cos kx\,dx = \frac{2}{\pi}\int_0^{\frac{\pi}{2}}\frac{2}{2\pi}\cos kx\,dx = \frac{2}{\pi^2}\left[\frac{1}{k}\sin kx\right]_0^{\frac{\pi}{2}}$$

$$= \frac{2}{k\pi^2}\sin\frac{k}{2}\pi \qquad \left(\frac{2}{\pi^2},\ 0,\ -\frac{2}{3\pi^2},\ 0,\ \frac{2}{5\pi^2},\ 0,\ -\frac{2}{7\pi^2},\ \cdots\right)$$

(2) $a_k = \dfrac{2}{\pi}\displaystyle\int_0^{\pi} f(x)\cos kx\,dx = \dfrac{2}{\pi}\displaystyle\int_0^{\frac{\pi}{n}}\dfrac{n}{2\pi}\cos kx\,dx = \dfrac{n}{\pi^2}\left[\dfrac{1}{k}\sin kx\right]_0^{\frac{\pi}{n}}$

$$= \frac{n}{k\pi^2}\sin\frac{k}{n}\pi$$

(3) $\theta = \dfrac{k}{n}\pi$ とおくと，$a_k = \dfrac{1}{\pi\theta}\sin\theta$ である．$n \to \infty$ のとき $\theta \to 0$ より

$$\lim_{n\to\infty} a_k = \lim_{\theta\to 0} a_k = \lim_{\theta\to 0}\frac{1}{\pi\theta}\sin\theta = \frac{1}{\pi}$$

255 (1) $\cos\alpha x$ は偶関数だから　$b_n = 0$

$$a_0 = \frac{2}{\pi}\int_0^{\pi} \cos\alpha x\,dx = \frac{2}{\pi}\left[\frac{1}{\alpha}\sin\alpha x\right]_0^{\pi} = \frac{2}{\alpha\pi}\sin\alpha\pi$$

$$a_n = \frac{2}{\pi}\int_0^{\pi} \cos\alpha x\cos nx\,dx = \frac{1}{\pi}\int_0^{\pi}\left\{\cos(\alpha+n)x + \cos(\alpha-n)x\right\}dx$$

$$= \frac{1}{\pi}\left[\frac{1}{\alpha+n}\sin(\alpha+n)x + \frac{1}{\alpha-n}\sin(\alpha-n)x\right]_0^{\pi}$$

$$= \frac{1}{(\alpha+n)\pi}\sin(\alpha+n)\pi + \frac{1}{(\alpha-n)\pi}\sin(\alpha-n)\pi$$

$\sin(\alpha\pm n)\pi = \sin\alpha\pi\cos n\pi \pm \cos\alpha\pi\sin n\pi = \sin\alpha\pi\cos n\pi = (-1)^n\sin\alpha\pi$ より

$$a_n = \frac{1}{\alpha\pi+n\pi}(-1)^n\sin\alpha\pi + \frac{1}{\alpha\pi-n\pi}(-1)^n\sin\alpha\pi$$

$$= (-1)^n\left(\frac{1}{\alpha\pi+n\pi} + \frac{1}{\alpha\pi-n\pi}\right)\sin\alpha\pi$$

(2) (1) より　$\cos\alpha x = \dfrac{\sin\alpha\pi}{\alpha\pi} + \sin\alpha\pi\displaystyle\sum_{n=1}^{\infty}(-1)^n\left(\frac{1}{\alpha\pi+n\pi} + \frac{1}{\alpha\pi-n\pi}\right)\cos nx$

α は整数でない任意の実数だから，$y = \alpha\pi$ とおくと，$\sin y = \sin\alpha\pi \neq 0$ である．

$x = 0$ を代入すると　$1 = \dfrac{\sin y}{y} + \sin y\displaystyle\sum_{n=1}^{\infty}(-1)^n\left(\frac{1}{y+n\pi} + \frac{1}{y-n\pi}\right)$

両辺を $\sin y$ で割って　$\dfrac{1}{\sin y} = \dfrac{1}{y} + \displaystyle\sum_{n=1}^{\infty}(-1)^n\left(\frac{1}{y+n\pi} + \frac{1}{y-n\pi}\right)$

256 (1) **$x < 0$ の範囲で $|x| = -x$，$x \geqq 0$ の範囲で $|x| = x$ である．**

$$F(u) = \int_{-\infty}^{\infty} e^{-|x|}e^{-iux}\,dx = \int_{-\infty}^{0} e^{x}e^{-iux}\,dx + \int_0^{\infty} e^{-x}e^{-iux}\,dx$$

$$= \left[\frac{1}{1-iu}e^{(1-iu)x}\right]_{-\infty}^{0} + \left[-\frac{1}{1+iu}e^{-(1+iu)x}\right]_0^{\infty}$$

ここで　$\displaystyle\lim_{x\to\infty} e^{-(1\pm iu)x} = \lim_{x\to\infty} e^{-x}(\cos ux \pm i\sin ux) = 0$

$$\therefore\quad F(u) = \frac{1}{1-iu} + \frac{1}{1+iu} = \frac{2}{1+u^2}$$

(2) **オイラーの公式 $e^{ix} = \cos x + i\sin x$ を使って実部と虚部に分ける．**

(1) より $f(x) = e^{-|x|}$ に対し　$F(u) = \mathcal{F}[f(x)] = \dfrac{2}{1+u^2}$

$f(x) = e^{-|x|}$ が連続だから，フーリエの積分定理を適用すると

$$e^{-|x|} = \frac{1}{2\pi}\int_{-\infty}^{\infty}\frac{2}{1+u^2}e^{iux}\,du = \frac{1}{\pi}\int_{-\infty}^{\infty}\frac{e^{iux}}{1+u^2}\,du$$

$$= \frac{1}{\pi}\int_{-\infty}^{\infty}\frac{\cos ux}{1+u^2}\,du + i\frac{1}{\pi}\int_{-\infty}^{\infty}\frac{\sin ux}{1+u^2}\,du$$

実部を比較すると　$\displaystyle\int_{-\infty}^{\infty}\frac{\cos ux}{1+u^2}\,du=\pi e^{-|x|}$

この等式に $x=1$ を代入して　$\displaystyle\int_{-\infty}^{\infty}\frac{\cos u}{1+u^2}\,du=\frac{\pi}{e}$

被積分関数は偶関数だから　$\displaystyle\int_{0}^{\infty}\frac{\cos u}{1+u^2}\,du=\frac{\pi}{2e}$

257 たたみこみ（合成積）のフーリエ変換がフーリエ変換の積になることを示す問題

積分順序が変更できる条件のもとで示す．

$$\int_{-\infty}^{\infty}\left\{\int_{-\infty}^{\infty}f(u)g(t-u)\,du\right\}e^{-i\omega t}\,dt=\int_{-\infty}^{\infty}\left\{\int_{-\infty}^{\infty}f(u)g(t-u)e^{-i\omega t}\,du\right\}dt$$

$$=\int_{-\infty}^{\infty}\left\{\int_{-\infty}^{\infty}f(u)g(t-u)e^{-i\omega t}\,dt\right\}du$$　積分順序の変更

$$=\int_{-\infty}^{\infty}f(u)\left\{\int_{-\infty}^{\infty}g(x)e^{-i\omega(x+u)}\,dx\right\}du\qquad(x=t-u)$$

$$=\int_{-\infty}^{\infty}f(u)\left\{\int_{-\infty}^{\infty}g(x)e^{-i\omega x}\,dx\right\}e^{-i\omega u}\,du=\int_{-\infty}^{\infty}f(u)G(\omega)e^{-i\omega u}\,du$$

$$=G(\omega)\int_{-\infty}^{\infty}f(u)\,e^{-i\omega u}\,du=G(\omega)F(\omega)=F(\omega)G(\omega)$$

258 問題で与えられたフーリエ変換の定義を用いる．

$\displaystyle M(f)=\int_{-\infty}^{\infty}m(t)e^{-i2\pi ft}\,dt,\ \cos(2\pi f_0t)=\frac{e^{i2\pi f_0t}+e^{-i2\pi f_0t}}{2}$ より

$$\mathcal{F}[m(t)\cos(2\pi f_0t)]=\int_{-\infty}^{\infty}m(t)\cos(2\pi f_0t)e^{-i2\pi ft}\,dt$$　$\displaystyle\cos\theta=\frac{e^{i\theta}+e^{-i\theta}}{2}$

$$=\frac{1}{2}\int_{-\infty}^{\infty}m(t)\left(e^{i2\pi f_0t}+e^{-i2\pi f_0t}\right)e^{-i2\pi ft}\,dt$$

$$=\frac{1}{2}\int_{-\infty}^{\infty}m(t)e^{-i2\pi(f-f_0)t}\,dt+\frac{1}{2}\int_{-\infty}^{\infty}m(t)e^{-i2\pi(f+f_0)t}\,dt$$

$$=\frac{1}{2}\left(M(f-f_0)+M(f+f_0)\right)$$

259 (1)

(2) $g(t-\tau)=1$ となるのは，$-1\leqq t-\tau\leqq 1$ すなわち $t-1\leqq\tau\leqq t+1$ のとき

$g(\tau)=1$ となるのは $-1\leqq\tau\leqq 1$ のときであり，2つの範囲の共通部分で

$g(\tau)g(t-\tau)=1$ となる．

$t<-2$ のとき，$t+1<-1$ だから，共通部分はない．　$h(t)=0$

$-2 \leqq t \leqq 0$ のとき，$-1 \leqq t+1 \leqq 1$ だから，共通部分は $-1 \leqq \tau \leqq t+1$

$$h(t)=\int_{-1}^{t+1} 1\,d\tau = t+2$$

$0<t \leqq 2$ のとき，$-1<t-1 \leqq 1$ だから，共通部分は $t-1 \leqq \tau \leqq 1$

$$h(t)=\int_{t-1}^{1} 1\,d\tau = -t+2$$

$t>2$ のとき，$1<t-1$ だから，共通部分はない．　$h(t)=0$

$$\therefore\ h(t)=\begin{cases} t+2 & (-2 \leqq t \leqq 0) \\ -t+2 & (0<t \leqq 2) \\ 0 & (\text{その他}) \end{cases}$$

(3) $$\mathcal{F}[g(t)]=\int_{-\infty}^{\infty} g(t)e^{-i2\pi ft}dt=\int_{-1}^{1} e^{-i2\pi ft}dt=\left[-\frac{1}{i2\pi f}e^{-i2\pi ft}\right]_{-1}^{1}$$

$$=\frac{e^{i2\pi f}-e^{-i2\pi f}}{2i\cdot \pi f}=\frac{\sin(2\pi f)}{\pi f}$$

$$\boldsymbol{\sin\theta=\frac{e^{i\theta}-e^{-i\theta}}{2i}}$$

別解　$$\mathcal{F}[g(t)]=\int_{-1}^{1} e^{-i2\pi ft}dt=\int_{-1}^{1}\cos(2\pi ft)\,dt-i\int_{-1}^{1}\sin(2\pi ft)\,dt$$

$$=2\int_{0}^{1}\cos(2\pi ft)\,dt=2\left[\frac{\sin(2\pi ft)}{2\pi f}\right]_{0}^{1}=\frac{\sin(2\pi f)}{\pi f}$$

(4) $$\mathcal{F}[h(t)]=\int_{-\infty}^{\infty} h(t)e^{-i2\pi ft}\,dt$$

$$=\int_{-2}^{0}(t+2)e^{-i2\pi ft}\,dt+\int_{0}^{2}(-t+2)e^{-i2\pi ft}\,dt$$

$$=\left[\frac{(t+2)e^{-i2\pi ft}}{-i2\pi f}\right]_{-2}^{0}-\int_{-2}^{0}\frac{e^{-i2\pi ft}}{-i2\pi f}\,dt+\left[\frac{(-t+2)e^{-i2\pi ft}}{-i2\pi f}\right]_{0}^{2}-\int_{0}^{2}\frac{-e^{-i2\pi ft}}{-i2\pi f}\,dt$$

$$=-\frac{1}{i\pi f}-\left[\frac{e^{-i2\pi ft}}{(-i2\pi f)^2}\right]_{-2}^{0}+\frac{1}{i\pi f}-\left[\frac{-e^{-i2\pi ft}}{(-i2\pi f)^2}\right]_{0}^{2}$$

$$=\frac{1}{4\pi^2f^2}-\frac{e^{4\pi if}}{4\pi^2f^2}-\frac{e^{-4\pi if}}{4\pi^2f^2}+\frac{1}{4\pi^2f^2}=\frac{1}{2\pi^2f^2}\left\{1-\frac{e^{i4\pi f}+e^{-i4\pi f}}{2}\right\}$$

$$=\frac{1}{2\pi^2f^2}\{1-\cos 2(2\pi f)\}=\frac{1}{2\pi^2f^2}\cdot 2\sin^2(2\pi f)=\frac{\sin^2(2\pi f)}{\pi^2f^2}$$

別解　$$\mathcal{F}[h(t)]=\mathcal{F}[g(t)*g(t)]=\mathcal{F}[g(t)]\mathcal{F}[g(t)]=\frac{\sin^2(2\pi f)}{\pi^2f^2}$$

§3　複素関数

1　複素関数

260 (1)　**極形式を使う．問題をよく見て，問題の指示にしたがって答えを書く．**

$z=re^{i\theta}$ $(r>0,\ 0\leqq\theta<2\pi)$ とおくと　$z^2=r^2e^{2\theta i}$

$-i=e^{\frac{3}{2}\pi i}$ だから　$r^2e^{2\theta i}=e^{\frac{3}{2}\pi i}$

絶対値を比較すると $Vr=1$

偏角を比較すると $0\leqq 2\theta<4\pi$ より　$2\theta=\dfrac{3}{2}\pi,\ \dfrac{7}{2}\pi$　$\therefore\ \theta=\dfrac{3}{4}\pi,\ \dfrac{7}{4}\pi$

よって　$z=e^{\frac{3}{4}\pi i},\ e^{\frac{7}{4}\pi i}$　$\therefore\ z=\dfrac{-1}{\sqrt{2}}+\dfrac{1}{\sqrt{2}}i,\ \ \dfrac{1}{\sqrt{2}}+\dfrac{-1}{\sqrt{2}}i$

(2)　**2次方程式は解の公式で解ける．**

$z+\dfrac{1}{z}=\sqrt{2}$ より　$z^2-\sqrt{2}z+1=0$

この方程式を解いて　$z=\dfrac{\sqrt{2}\pm\sqrt{2-4}}{2}=\dfrac{\sqrt{2}\pm\sqrt{2}\,i}{2}=\dfrac{1}{\sqrt{2}}\pm\dfrac{1}{\sqrt{2}}i=e^{\pm\frac{\pi}{4}i}$

$z=e^{\pm\frac{\pi}{4}i}$ より，$z^4=e^{\pm\pi i}=-1$ だから

$z^8+\dfrac{1}{z^3}=\left(z^4\right)^2+\dfrac{z}{z^4}=\left(-1\right)^2+\dfrac{z}{-1}=1-z=1-\dfrac{1}{\sqrt{2}}\mp\dfrac{1}{\sqrt{2}}i$

261　**z を w で表し，z が満たす式に代入する．**

$w=\dfrac{z-i}{z+2}$ より，$wz+2w=z-i$ となるから　$z=\dfrac{-2w-i}{w-1}$

$|z|=1$ に代入して　$\left|\dfrac{-2w-i}{w-1}\right|=1$

これより　$|2w+i|=|w-1|$

両辺を2乗して　$|2w+i|^2=|w-1|^2\cdots(*)$

実数 $u,\ v$ に対しこ，$w=u+vi$ ($u,\ v$ は実数) とおくと

$2w+i=2u+(2v+1)i,\ w-1=(u-1)+vi$ だから

$(2u)^2+(2v+1)^2=(u-1)^2+v^2$

整理すると　$3u^2+2u+3v^2+4v=0$

両辺を3で割ると　$u^2+\dfrac{2}{3}u+v^2+\dfrac{4}{3}v=0$

これは $\left(u+\dfrac{1}{3}\right)^2+\left(v+\dfrac{2}{3}\right)^2=\dfrac{5}{9}$ と変形できる．

したがって，中心 $-\dfrac{1}{3}-\dfrac{2}{3}i$，半径 $\dfrac{\sqrt{5}}{3}$ の円に移る．

別解　$\boldsymbol{w = u + vi}$ **とおかないで解く方法．$|\boldsymbol{z}|^2 = \boldsymbol{z\bar{z}}$ を使う．**

$(*)$ から　$(2w+i)\overline{(2w+i)} = (w-1)\overline{(w-1)}$　　**$|z|^2 = z\bar{z}$**

これは $(2w+i)(2\overline{w}-i) = (w-1)(\overline{w}-1)$ となるから

展開して　$4w\overline{w} - 2iw + 2i\overline{w} + 1 = w\overline{w} - w - \overline{w} + 1$

整理すると　$3w\overline{w} + (1-2i)w + (1+2i)\overline{w} = 0$

両辺を 3 で割ると　$w\overline{w} + \dfrac{1-2i}{3}w + \dfrac{1+2i}{3}\overline{w} = 0$

これは $\left(w + \dfrac{1+2i}{3}\right)\left(\overline{w} + \dfrac{1-2i}{3}\right) = \dfrac{1+2i}{3} \cdot \dfrac{1-2i}{3}$ と変形でき

$\left(w + \dfrac{1+2i}{3}\right)\overline{\left(w + \dfrac{1+2i}{3}\right)} = \dfrac{5}{9}$ となるから　$\left|w + \dfrac{1+2i}{3}\right|^2 = \dfrac{5}{9}$

$\therefore$　$\left|w + \dfrac{1+2i}{3}\right| = \dfrac{\sqrt{5}}{3}$　　**$|z|^2 = z\bar{z}$**

したがって，中心 $-\dfrac{1+2i}{3}$，半径 $\dfrac{\sqrt{5}}{3}$ の円に移る．

262　**例題86 と同様の問題である．**

$\sin z = \dfrac{e^{iz} - e^{-iz}}{2i}$ より，方程式は $e^{iz} - e^{-iz} = 4i$ と変形できる．

$w = e^{iz}$ とおくと　$w^2 - 4iw - 1 = 0$

これを解いて　$w = 2i \pm \sqrt{(2i)^2 + 1} = \left(2 \pm \sqrt{3}\right)i$

$iz = \log w = \log|w| + i\arg w = \log\left(2 \pm \sqrt{3}\right) + \left(\dfrac{\pi}{2} + 2n\pi\right)i$　　**$2 - \sqrt{3} > 0$**

$\therefore$　$z = \dfrac{\pi}{2} + 2n\pi - \log\left(2 \pm \sqrt{3}\right)i$　（n は整数）

263　$\boldsymbol{z^a = e^{a\log z} = e^{a(\log|z| + i\arg z)}}$

$i^i = e^{i\log i} = e^{i(\log|i| + i\arg i)} = e^{-\left(\frac{\pi}{2} + 2n\pi\right)} = e^{-\frac{4n+1}{2}\pi}$ より

実部 $e^{-\frac{4n+1}{2}\pi}$（n は整数），虚部 0

$3^i = e^{i\log 3} = e^{i(\log|3| + i\arg 3)} = e^{i(\log 3 + 2n\pi i)} = e^{-2n\pi}e^{i\log 3}$

$\quad = e^{-2n\pi}(\cos\log 3 + i\sin\log 3)$ より

実部 $e^{-2n\pi}\cos\log 3$，虚部 $e^{-2n\pi}\sin\log 3$　（n は整数）

264　**例題88 (3) と同様の問題である．**

求める関数を $w = u + iv$ とおく．$u = x^2 - y^2 - x$，v は実関数である．

w は正則関数だから，コーシー・リーマンの関係式より　$u_x = v_y$，$u_y = -v_x$

$v_y = u_x = 2x - 1$ を y で積分して　$v = 2xy - y + \varphi(x)$　（$\varphi(x)$ は x の関数）

これより　$v_x = 2y + \varphi'(x)$

一方，$u_y = -v_x$ より　$v_x = -u_y = 2y$

これらを比較すると，$\varphi'(x) = 0$ となるから　$\varphi(x) = C$ (C は実数)

これより　$v = 2xy - y + C$

$w = u + iv = (x^2 - y^2 - x) + i(2xy - y + C) = x^2 + 2x(iy) + (iy)^2 - (x + iy) + iC$

$\quad = (x + iy)^2 - (x + iy) + iC = z^2 - z + iC$

$w = z^2 - z + iC$ (C は実数)，$\dfrac{dw}{dz} = 2z - 1$　　**$\dfrac{dw}{dz} = u_x + iv_x$ で求めてもよい**

265 (1) **$\sin z$ の定義をきちんと使う．**

$\sin z = \dfrac{e^{iz} - e^{-iz}}{2i}$ より　$\sin i = \dfrac{e^{-1} - e^{1}}{2i} = \dfrac{e - e^{-1}}{2} i$

実部は 0，虚部は $\dfrac{e - e^{-1}}{2}$　　**$\dfrac{e - e^{-1}}{2} = \sinh 1$**

(2) **分母が 0 になる点で極となる可能性がある．**

極となり得るのは，分母が 0 になる点だから　$z = 0,\ i$

$f(z) = \dfrac{1}{z - i} \dfrac{\sin z}{z^2} = \dfrac{1}{z - i} \left(\dfrac{1}{z} - \dfrac{1}{3!} z + \dfrac{1}{5!} z^3 - \cdots \right)$

$\lim\limits_{z \to 0} z f(z) = \lim\limits_{z \to 0} \dfrac{1}{z - i} \left(1 - \dfrac{1}{3!} z^2 + \dfrac{1}{5!} z^4 - \cdots \right) = \dfrac{1}{-i} = i \neq 0$

$z = 0$ で 1 位の極である．

$\lim\limits_{z \to i} (z - i) f(z) = \lim\limits_{z \to i} \dfrac{\sin z}{z^2} = -\sin i = -\dfrac{e - e^{-1}}{2} i \neq 0$

$z = i$ で 1 位の極である．

(3) **留数定理を使う．**

$|z| = 2$ の内部の特異点は $z = 0,\ i$ であり，留数は (2) より

$$\mathrm{Res}[f,\ 0] = \lim_{z \to 0} z f(z) = i$$

$$\mathrm{Res}[f,\ i] = \lim_{z \to i} (z - i) f(z) = -\frac{e - e^{-1}}{2} i$$

留数定理より　$\displaystyle\int_{|z|=2} f(z)\,dz = 2\pi i \left(\mathrm{Res}[f,\ 0] + \mathrm{Res}[f,\ i] \right)$

$$= 2\pi \left(\frac{e - e^{-1}}{2} - 1 \right) = \pi \left(e - \frac{1}{e} - 2 \right)$$

266 **例題90** と同様の問題である．小問の指示通りに解いていく．

(1) $\cos \theta = \dfrac{e^{i\theta} + e^{-i\theta}}{2} = \dfrac{z + z^{-1}}{2} = \dfrac{z^2 + 1}{2z}$

(2) $z^2 + 4z + 1 = 0$ を解くと $z = -2 \pm \sqrt{3}$　　$z_0 = -2 + \sqrt{3},\ z_1 = -2 - \sqrt{3}$ とおく．

$f(z) = \dfrac{z}{(z^2 + 4z + 1)^2} = \dfrac{z}{(z - z_0)^2 (z - z_1)^2}$ は

z_0 で 2 位の極，z_1 で 2 位の極である．$|z_0|<1,\ |z_1|>1$ より，z_0 での留数を求める．

$$\mathrm{Res}[f,\ z_0] = \lim_{z\to z_0}\frac{d}{dz}\left\{(z-z_0)^2 f(z)\right\} = \lim_{z\to z_0}\frac{d}{dz}\frac{z}{(z-z_1)^2}$$

$$= \lim_{z\to z_0}\left(\frac{1}{(z-z_1)^2}+\frac{-2z}{(z-z_1)^3}\right) = \lim_{z\to z_0}\frac{-(z+z_1)}{(z-z_1)^3} = \frac{\sqrt{3}}{18}$$

(3) 曲線 $C: z=e^{i\theta}\ (0\leqq\theta\leqq 2\pi)$ とおく．$\dfrac{dz}{d\theta}=ie^{i\theta}=iz$

$$I=\int_0^{2\pi}\frac{d\theta}{(2+\cos\theta)^2}=\int_C\frac{1}{\left(2+\dfrac{z^2+1}{2z}\right)^2}\frac{1}{iz}\,dz=\frac{4}{i}\int_C\frac{z}{(z^2+4z+1)^2}\,dz$$

$$=\frac{4}{i}\int_C f(z)\,dz=\frac{4}{i}\cdot 2\pi i\,\mathrm{Res}[f,\ z_0]=\frac{4}{i}\cdot 2\pi i\cdot\frac{\sqrt{3}}{18}=\frac{4\sqrt{3}}{9}\pi$$

267　**例題90** と同様の問題である．

曲線 $C: z=e^{i\theta}\ (0\leqq\theta\leqq 2\pi)$ とおくと　$\dfrac{dz}{d\theta}=ie^{i\theta}=iz$

$\sin\theta=\dfrac{z-z^{-1}}{2i}$ を代入すると

$$\int_0^{2\pi}\frac{1}{5-3\sin\theta}\,d\theta=\int_C\frac{1}{5-3\cdot\dfrac{z-z^{-1}}{2i}}\cdot\frac{1}{iz}\,dz=\int_C\frac{-2}{3z^2-10iz-3}\,dz$$

$$=\int_C\frac{-2}{(3z-i)(z-3i)}\,dz=\int_C\frac{-2}{3\left(z-\dfrac{i}{3}\right)(z-3i)}\,dz$$

$f(z)=\dfrac{-2}{3\left(z-\dfrac{i}{3}\right)(z-3i)}$ とおく．$f(z)$ の C の内部の特異点は　$z=\dfrac{i}{3}$

$$\mathrm{Res}\left[f,\ \frac{i}{3}\right]=\lim_{z\to\frac{i}{3}}\left(z-\frac{i}{3}\right)\frac{-2}{3\left(z-\dfrac{i}{3}\right)(z-3i)}=\lim_{z\to\frac{i}{3}}\frac{-2}{3(z-3i)}=\frac{1}{4i}$$

よって　$\displaystyle\int_0^{2\pi}\frac{1}{5-3\sin\theta}\,d\theta=\int_C f(z)\,dz=2\pi i\,\mathrm{Res}\left[f,\ \frac{i}{3}\right]=\frac{\pi}{2}$

268　**例題91** と同様の問題である．

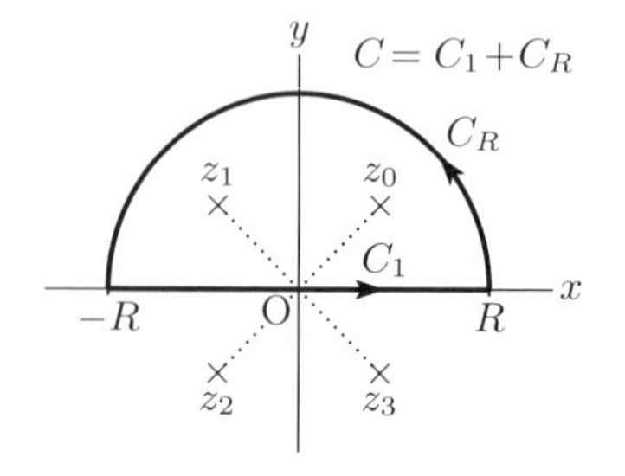

複素関数 $f(z)=\dfrac{1}{z^4+16}$ とし，

積分経路 C を右図のように定める．

$C_1: z=t\ (-R\leqq t\leqq R)$

$C_R: z=Re^{it}\ (0\leqq t\leqq\pi)$

$C=C_1+C_R$ とおく．$R>2$ とする．

$f(z)$ の特異点は $z^4=-16$ の解である．

$z^4=2^4e^{(\pi+2n\pi)i}$ より　$z=2e^{\frac{2n+1}{4}\pi i}\ (n=0,\ 1,\ 2,\ 3)$　(上図の $z_0,\ z_1,\ z_2,\ z_3$)

C の内部の特異点は $z_0=2e^{\frac{\pi}{4}i}$, $z_1=2e^{\frac{3}{4}\pi i}$

$$\mathrm{Res}[f,\ z_0]=\lim_{z\to z_0}(z-z_0)f(z)=\lim_{z\to z_0}\frac{z-z_0}{z^4+16}=\lim_{z\to z_0}\frac{1}{4z^3}$$

ロピタルの定理

$$=\frac{1}{4z_0^3}=\frac{z_0}{4z_0^4}=-\frac{1}{64}z_0=-\frac{1}{32}e^{i\frac{\pi}{4}}=-\frac{1}{32\sqrt{2}}(1+i)$$

⇧ $\boldsymbol{z_0^4=-16}$

同様に $\mathrm{Res}[f,\ z_1]=-\dfrac{1}{64}z_1=-\dfrac{1}{32}e^{i\frac{3}{4}\pi}=-\dfrac{1}{32\sqrt{2}}(-1+i)$

ゆえに $\displaystyle\int_C f(z)\,dz=2\pi i\left(\mathrm{Res}[f,\ z_0]+\mathrm{Res}[f,\ z_1]\right)=\frac{\sqrt{2}}{16}\pi$

C_R 上では $dz=iRe^{it}dt$ だから

$$\int_{C_R}f(z)\,dz=\int_{C_R}\frac{1}{z^4+16}\,dz=\int_0^{\pi}\frac{1}{(Re^{it})^4+16}\,iRe^{it}dt=\int_0^{\pi}\frac{iRe^{it}}{R^4e^{4it}+16}\,dt$$

積分の絶対値を評価すると

$$\left|\int_{C_R}f(z)\,dz\right|\leqq\int_0^{\pi}\left|\frac{iRe^{it}}{R^4e^{4it}+16}\right|dt\leqq\int_0^{\pi}\frac{R}{R^4-16}\,dt=\frac{\pi R}{R^4-16}\to 0\quad(R\to\infty)$$

よって $\displaystyle\lim_{R\to\infty}\int_{C_R}f(z)\,dz=0$ ⇧ **例題91 2つ目の〈注〉**

$$\int_C f(z)\,dz=\int_{C_1}f(z)\,dz+\int_{C_R}f(z)\,dz=\int_{-R}^{R}f(t)\,dt+\int_{C_R}f(z)\,dz$$

$R\to\infty$ とすると $\displaystyle\frac{\sqrt{2}}{16}\pi=\int_{-\infty}^{\infty}f(t)\,dt+0$

$$\therefore\ \int_{-\infty}^{\infty}\frac{1}{x^4+16}\,dx=\int_{-\infty}^{\infty}f(x)\,dx=\frac{\sqrt{2}}{16}\pi$$

269 (1) **方程式 $z^4=-1$ の解だから，例題85 (1) と同じように極形式を使う．**

$z=re^{i\theta}$ $(r>0,\ 0\leqq\theta<2\pi)$ とおくと $z^4=r^4e^{4\theta i}$

$-1=e^{(\pi+2n\pi)i}$ だから $r^4e^{4\theta i}=e^{(2n+1)\pi i}$ これより $r=1$

$0\leqq 4\theta<8\pi$ だから $4\theta=\pi,\ 3\pi,\ 5\pi,\ 7\pi$ $\therefore\ \theta=\dfrac{\pi}{4},\ \dfrac{3}{4}\pi,\ \dfrac{5}{4}\pi,\ \dfrac{7}{4}\pi$

$z=e^{\frac{\pi}{4}i},\ e^{\frac{3}{4}\pi i},\ e^{\frac{5}{4}\pi i},\ e^{\frac{7}{4}\pi i}$

$$z=\frac{1}{\sqrt{2}}+\frac{i}{\sqrt{2}},\ -\frac{1}{\sqrt{2}}+\frac{i}{\sqrt{2}},\ -\frac{1}{\sqrt{2}}-\frac{i}{\sqrt{2}},\ \frac{1}{\sqrt{2}}-\frac{i}{\sqrt{2}}$$

(2) $\displaystyle\frac{dx}{d\theta}=\frac{1}{2}(\tan\theta)^{-\frac{1}{2}}\frac{1}{\cos^2\theta}=\frac{1}{2\sqrt{\tan\theta}}\times(1+\tan^2\theta)=\frac{1+x^4}{2x}$

(3) **(2) を使って置換積分をすると，複素積分で求められる形であることがわかる．**

$x=\sqrt{\tan\theta}$ とおくと $d\theta=\dfrac{2x}{x^4+1}\,dx$

θ	0	$\to$	$\dfrac{\pi}{2}$
x	0	$\to$	∞

$$I=\int_0^\infty x\cdot\frac{2x}{x^4+1}\,dx=\int_0^\infty\frac{2x^2}{x^4+1}\,dx=\int_{-\infty}^\infty\frac{x^2}{x^4+1}\,dx$$

$\dfrac{2x^2}{x^4+1}$ は偶関数

複素関数を $f(z)=\dfrac{z^2}{z^4+1}$ とし，積分路を

$C=C_1+C_R$，$C_1:z=t\ (-R\leqq t\leqq R)$，$C_R:z=Re^{it}\ (0\leqq t\leqq\pi)$

とする積分 $\displaystyle\int_C f(z)\,dz$ を考える．C の内部の特異点は $z_0=e^{\frac{\pi}{4}i}$ と $z_1=e^{\frac{3}{4}\pi i}$ である．

$$\mathrm{Res}\big[f,\ z_0\big]=\lim_{z\to z_0}(z-z_0)f(z)=\lim_{z\to z_0}\frac{z^2(z-z_0)}{z^4+1}=\lim_{z\to z_0}\frac{2z(z-z_0)+z^2}{4z^3}$$

$$=\frac{z_0^2}{4z_0^3}=\frac{z_0^3}{4z_0^4}=-\frac{1}{4}z_0^3=-\frac{1}{4}e^{\frac{3}{4}\pi i}=-\frac{1}{4\sqrt{2}}(-1+i)$$

⇧ $z_0^4=-1$

同様に　$\mathrm{Res}[f,\ z_1]=-\dfrac{1}{4}z_1^3=-\dfrac{1}{4}e^{\frac{9}{4}\pi i}=-\dfrac{1}{4}e^{\frac{\pi}{4}i}=-\dfrac{1}{4\sqrt{2}}(1+i)$

ゆえに　$\displaystyle\int_C f(z)\,dz=2\pi i\big(\mathrm{Res}[f,\ z_0]+\mathrm{Res}[f,\ z_1]\big)=\frac{\pi}{\sqrt{2}}$

C_R 上では，$dz=iRe^{it}dt$ だから，積分の絶対値を評価すると

$$\left|\int_{C_R}f(z)\,dz\right|=\left|\int_0^\pi f(Re^{it})\,iRe^{it}\,dt\right|\leqq\int_0^\pi\left|\frac{i(Re^{it})^3}{(Re^{it})^4+1}\right|dt$$

例題91　2つ目の〈注〉 $\displaystyle\leqq\frac{R^3}{R^4-1}\int_0^\pi dt=\frac{\pi R^3}{R^4-1}$

$\displaystyle\lim_{R\to\infty}\left|\int_{C_R}f(z)\,dz\right|\leqq\lim_{R\to\infty}\frac{\pi R^3}{R^4-1}=0$ となるから　$\displaystyle\lim_{R\to\infty}\int_{C_R}f(z)\,dz=0$

$$\int_C f(z)\,dz=\int_{C_1}f(z)\,dz+\int_{C_R}f(z)\,dz=\int_{-R}^R f(t)\,dt+\int_{C_R}f(z)\,dz$$

$R\to\infty$ とすると　$\displaystyle\frac{\pi}{\sqrt{2}}=\int_{-\infty}^\infty f(t)\,dt$　　よって　$\displaystyle I=\int_{-\infty}^\infty f(x)\,dx=\frac{\pi}{\sqrt{2}}$

270 (1) $C_1:z=t\ (0\leqq t\leqq R)$ だから　$\displaystyle I_1=\int_0^R\frac{1}{t^b+1}\,dt$

C_3 の逆向き $-C_3$ は　$-C_3:z=te^{\frac{2\pi}{b}i}\ (0\leqq t\leqq R)$

$$I_3=\int_R^0\frac{1}{\left(te^{\frac{2\pi}{b}i}\right)^b+1}e^{\frac{2\pi}{b}i}\,dt=e^{\frac{2\pi}{b}i}\int_R^0\frac{1}{t^be^{2\pi i}+1}\,dt=-e^{\frac{2\pi}{b}i}\int_0^R\frac{1}{t^b+1}\,dt$$

$$=-e^{\frac{2\pi}{b}i}I_1$$

(2) $z^b=-1=e^{(\pi+2n\pi)i}=e^{(2n+1)\pi i}$ より特異点は　$z=e^{\frac{2n+1}{b}\pi i}\ (n=0,1,\cdots,b-1)$

閉曲線 C の内部の特異点は $z_0=e^{\frac{\pi}{b}i}$ であり，そこでの留数は

$\displaystyle\mathrm{Res}[f,\ z_0]=\lim_{z\to z_0}\frac{z-z_0}{z^b+1}=\lim_{z\to z_0}\frac{1}{bz^{b-1}}$　　（ロピタルの定理）

$$= \frac{1}{bz_0^{b-1}} = \frac{z_0}{bz_0^b} = -\frac{1}{b}z_0 = -\frac{1}{b}e^{\frac{\pi}{b}i}$$

(3) $b=1$ のとき $\displaystyle\int_0^\infty \frac{1}{x+1}\,dx = \lim_{R\to\infty}\Big[\log(x+1)\Big]_0^R = \infty$

$b \geqq 2$ のとき $\displaystyle\int_C f(z)\,dz = 2\pi i\,\mathrm{Res}[f,\ z_0] = 2\pi i\left(-\frac{1}{b}e^{\frac{\pi}{b}i}\right) = -\frac{2\pi i}{b}e^{\frac{\pi}{b}i}$

$$\int_C f(z)\,dz = \int_{C_1} f(z)\,dz + \int_{C_2} f(z)\,dz + \int_{C_3} f(z)\,dz = I_1 + \int_{C_2} f(z)\,dz + I_3$$

$$= \left(1 - e^{\frac{2\pi}{b}i}\right)I_1 + \int_{C_2} f(z)\,dz$$

$R \to \infty$ とすると $\displaystyle\lim_{R\to\infty} I_1 = \int_0^\infty \frac{1}{x^b+1}\,dx = I,\ \lim_{R\to\infty}\int_{C_2}\frac{1}{z^b+1}\,dz = 0$ より

$$-\frac{2\pi i}{b}e^{\frac{\pi}{b}i} = \left(1 - e^{\frac{2\pi}{b}i}\right)I$$

$$\boldsymbol{\sin\theta = \frac{e^{i\theta} - e^{-i\theta}}{2i}}$$

$$\therefore\ I = -\frac{2\pi i}{b}\frac{e^{\frac{\pi}{b}i}}{1 - e^{\frac{2\pi}{b}i}} = \frac{2\pi i}{b}\frac{1}{e^{\frac{\pi}{b}i} - e^{-\frac{\pi}{b}i}} = \frac{2\pi i}{b}\frac{1}{2i\sin\frac{\pi}{b}} = \frac{\pi}{b\sin\frac{\pi}{b}}$$

271 **例題92 と同様 $\displaystyle\int_{C_R}\frac{e^{iz}}{z}\,dz \to 0$ を示すために $\sin t \geqq \frac{2}{\pi}t\ \left(0 \leqq t \leqq \frac{\pi}{2}\right)$ を使う.**

$f(z) = \dfrac{e^{iz}}{z}$ とおく. $f(z)$ の特異点は $z=0$ で1位の極である. 積分経路を

$C_R : z = Re^{it}\ (0 \leqq t \leqq \pi)$, $C_1 : z = t\ (-R \leqq t \leqq -\varepsilon)$, $C_2 : z = t\ (\varepsilon \leqq t \leqq \pi)$,

C_ε の逆向き $-C_\varepsilon$ を $-C_\varepsilon : z = \varepsilon e^{it}\ (0 \leqq t \leqq \pi)$ として,

$C = C_1 + C_\varepsilon + C_2 + C_R$ とおく.

$f(z)$ は曲線 C の内部と周上で正則だから $\displaystyle\int_C f(z)\,dz = 0 \quad \cdots①$

$$\int_{C_1} f(z)\,dz = \int_{-R}^{-\varepsilon} f(t)\,dt = \int_R^\varepsilon f(-s)\cdot(-1)\,ds = \int_\varepsilon^R f(-s)\,ds = \int_\varepsilon^R f(-t)\,dt$$

$\boldsymbol{t = -s}$

$$\int_{C_1} f(z)\,dz + \int_{C_2} f(z)\,dz = \int_\varepsilon^R f(-t)\,dt + \int_\varepsilon^R f(t)\,dt = \int_\varepsilon^R \big(f(-t) + f(t)\big)\,dt$$

$$= \int_\varepsilon^R \left(\frac{e^{-it}}{-t} + \frac{e^{it}}{t}\right)dt = \int_\varepsilon^R \frac{e^{it} - e^{-it}}{t}\,dt = 2i\int_\varepsilon^R \frac{\sin t}{t}\,dt$$

$$= 2i\int_\varepsilon^R \frac{\sin x}{x}\,dx \quad \cdots②$$

$$\int_{C_\varepsilon} f(z)\,dz = \int_\pi^0 \frac{e^{i\varepsilon e^{it}}}{\varepsilon e^{it}} i\varepsilon e^{it}\,dt = -i\int_0^\pi e^{i\varepsilon e^{it}}\,dt$$

だから $\displaystyle\lim_{\varepsilon\to+0}\int_{C_\varepsilon} f(z)\,dz = -i\int_0^\pi dt = -i\pi \quad \cdots③$

$$\left|\int_{C_R} f(z)\,dz\right| = \left|\int_0^{\pi} \frac{e^{iRe^{it}}}{Re^{it}} iRe^{it}\,dt\right| \leqq \int_0^{\pi} |ie^{iRe^{it}}|\,dt$$

$$= \int_0^{\pi} |ie^{iR\cos t}e^{-R\sin t}|\,dt = \int_0^{\pi} e^{-R\sin t}\,dt = \int_0^{\frac{\pi}{2}} e^{-R\sin t}dt + \int_{\frac{\pi}{2}}^{\pi} e^{-R\sin t}\,dt$$

$$= \int_0^{\frac{\pi}{2}} e^{-R\sin t}\,dt + \int_{\frac{\pi}{2}}^{0} e^{-R\sin(\pi-\tau)}(-1)\,d\tau = \int_0^{\frac{\pi}{2}} e^{-R\sin t}\,dt + \int_0^{\frac{\pi}{2}} e^{-R\sin\tau}\,d\tau$$

$t = \pi - \tau$

$$= 2\int_0^{\frac{\pi}{2}} e^{-R\sin t}\,dt \leqq 2\int_0^{\frac{\pi}{2}} e^{-\frac{2R}{\pi}t}\,dt = 2\left[-\frac{\pi}{2R}e^{-\frac{2R}{\pi}t}\right]_0^{\frac{\pi}{2}} = \frac{\pi}{R}(1-e^{-R})$$

⇧ $\sin t \geqq \frac{2}{\pi}t \left(0 \leqq t \leqq \frac{\pi}{2}\right)$（例題92 (1)の〈注〉）

これより　$\displaystyle\lim_{R\to\infty}\left|\int_{C_R} f(z)\,dz\right| \leqq \lim_{R\to\infty}\frac{\pi}{R}(1-e^{-R}) = 0$

したがって　$\displaystyle\lim_{R\to\infty}\int_{C_R} f(z)\,dz = 0$　$\cdots$④

$$\int_C f(z)\,dz = \int_{C_R} f(z)\,dz + \int_{C_1} f(z)\,dz + \int_{C_\varepsilon} f(z)\,dz + \int_{C_2} f(z)\,dz$$

だから，①，②より　$\displaystyle 0 = 2i\int_\varepsilon^R \frac{\sin x}{x}\,dx + \int_{C_R} f(z)\,dz + \int_{C_\varepsilon} f(z)\,dz$

$\varepsilon \to +0,\ R \to \infty$とすると，③，④より　$\displaystyle 0 = 2i\int_0^\infty \frac{\sin x}{x}\,dx - i\pi$

よって　$\displaystyle\int_0^\infty \frac{\sin x}{x}\,dx = \frac{\pi}{2}$

272 (1) $\dfrac{\cos x}{(x^2+1)^2}$は偶関数であり，$\cos x = \dfrac{e^{ix}+e^{-ix}}{2}$だから

$$J = \frac{1}{2}\int_{-\infty}^{\infty}\frac{\cos x}{(x^2+1)^2}\,dx = \frac{1}{4}\int_{-\infty}^{\infty}\frac{e^{ix}+e^{-ix}}{(x^2+1)^2}\,dx$$

$$= \frac{1}{4}\int_{-\infty}^{\infty}\frac{e^{ix}}{(x^2+1)^2}\,dx + \frac{1}{4}\int_{-\infty}^{\infty}\frac{e^{-ix}}{(x^2+1)^2}\,dx$$

$$= \frac{1}{4}\int_{-\infty}^{\infty}\frac{e^{ix}}{(x^2+1)^2}\,dx + \frac{1}{4}\int_{\infty}^{-\infty}\frac{e^{iy}}{((-y)^2+1)^2}(-1)\,dy$$

置換積分 $x = -y$

$$= \frac{1}{4}\int_{-\infty}^{\infty}\frac{e^{ix}}{(x^2+1)^2}\,dx + \frac{1}{4}\int_{-\infty}^{\infty}\frac{e^{iy}}{(y^2+1)^2}\,dy = \frac{1}{2}\int_{-\infty}^{\infty}\frac{e^{ix}}{(x^2+1)^2}\,dx$$

(2) $\Gamma : z = Re^{it}\ (0 \leqq t \leqq \pi),\ dz = iRe^{it}dt$より

$$\left|\int_\Gamma f(z)\,dz\right| = \left|\int_0^\pi \frac{1}{((Re^{it})^2+1)^2} iRe^{it}\,dt\right| \leqq \int_0^\pi \left|\frac{iRe^{it}}{(R^2e^{2it}+1)^2}\right|dt$$

例題91 2つ目の〈注〉

$$\leqq \int_0^\pi \frac{R}{(R^2-1)^2}\,dt = \frac{\pi R}{(R^2-1)^2} \to 0 \quad (R\to\infty)$$

よって　$\displaystyle\lim_{R\to\infty}\int_\Gamma f(z)\,dz = 0$

(3) $g(z)=f(z)e^{iz}$ とおくと，$g(z)=\dfrac{e^{iz}}{(z^2+1)^2}=\dfrac{e^{iz}}{(z-i)^2(z+i)^2}$

の閉曲線 C 内の孤立特異点は 2 位の極の $z=i$ であり，その留数は

$$\mathrm{Res}[g,\,i]=\lim_{z\to i}\frac{d}{dz}\{(z-i)^2g(z)\}=\lim_{z\to i}\frac{d}{dz}\left\{\frac{e^{iz}}{(z+i)^2}\right\}$$

$$=\lim_{z\to i}\left\{\frac{ie^{iz}}{(z+i)^2}-\frac{2e^{iz}}{(z+i)^3}\right\}=\frac{ie^{-1}}{(2i)^2}-\frac{2e^{-1}}{(2i)^3}=\frac{1}{2ei}$$

よって　$\displaystyle\int_C g(z)\,dz=2\pi i\,\mathrm{Res}[f,\,i]=2\pi i\cdot\frac{1}{2ei}=\frac{\pi}{e}$

$C=C_1+\Gamma$，$C_1: z=x\ (-R\leqq x\leqq R)$ だから

$$\int_C g(z)\,dz=\int_\Gamma g(z)\,dz+\int_{C_1}g(z)\,dz=\int_\Gamma g(z)\,dz+\int_{-R}^{R}\frac{e^{ix}}{(x^2+1)^2}\,dx$$

$R\to\infty$ とすると $\displaystyle\lim_{R\to\infty}\int_\Gamma g(z)\,dz=\lim_{R\to\infty}\int_\Gamma f(z)e^{iz}\,dz=0$ と (1) より

$\dfrac{\pi}{e}=0+2J$　したがって　$J=\dfrac{\pi}{2e}$

〈注〉 (3) では (1) を使ったが，$e^{ix}=\cos x+i\sin x$ を使い，$R\to\infty$ として得られる

$\displaystyle\frac{\pi}{e}=\int_{-\infty}^{\infty}\frac{\cos x}{(x^2+1)^2}\,dx+i\int_{-\infty}^{\infty}\frac{\sin x}{(x^2+1)^2}\,dx$ の両辺の実部を比較してもよい．

5章 確率統計

§1 確率統計

1 事象と確率

273 (1) $\dfrac{3}{10}$　　(2) $\dfrac{7}{10}\times\dfrac{7}{10}\times\dfrac{7}{10}=\dfrac{343}{1000}$

(3) **要項 64 ③ を用いる.**

$$1-\frac{343}{1000}=\frac{657}{1000}$$

(4) **反復試行の確率 ${}_n\mathrm{C}_k p^k(1-p)^{n-k}$ を用いる.**

$${}_3\mathrm{C}_1\frac{3}{10}\left(\frac{7}{10}\right)^2=\frac{441}{1000}$$

(5) $\dfrac{3}{10}\times\dfrac{3}{10}\times\dfrac{3}{10}=\dfrac{27}{1000}$　　(6) $\dfrac{3}{10}\times\dfrac{2}{9}\times\dfrac{1}{8}=\dfrac{1}{120}$

274 (1) 独立な試行だから　pq

(2) それぞれの確率をかければよいから　$pqqpq=p^2q^4=\dfrac{4\times 81}{1000000}=\dfrac{81}{250000}$

(3) 3 色を取る順番は $3!=6$ 通りあるから　$6pq(1-p-q)$

275 **すべて書き出せばいいが，それには時間がかかるから，効率よく数える.**

0001 が 1 を表すなどとして，0 も含めて考える.

0000 から 0333 までは $4^3=64$ 個あるが，0000 は無いから 63 個となる.

1000 から 1133 までは $4^2\times 2=32$ 個ある.

1200, 1201, 1202, 1203, 1210 が 5 個あるから，1210 までで 63+32+5=100 個ある．これらの数は，0001 から基本的には 1 ずつ増えていき，1 桁目が 3 である数の次は 1 桁目が 0 になり，上の位の数が 1 増えるか，3 から 0 になってその上の位の数が 1 増えるというようになっている．各桁の数の和が 3 の倍数のときにその数が 3 の倍数になることに注意すると，上記 100 個の数の各桁の数の和を 3 で割った余りは，0001，0002，0003，0010，0011，0012，$\cdots$ の順に 1, 2, 0, 1, 2, 0,$\cdots$ となっている．まとめると次図になる.

番号	0001	0002	0003	0010	0011	0012	0013	0020	···
和	1	2	3	1	2	3	4	2	···
余り	1	2	0	1	2	0	1	2	···

番号	···	1123	1130	1131	1132	1133	1200	1201	···
和	···	7	5	6	7	8	3	4	···
余り	···	1	2	0	1	2	0	1	···

最後（100 個目）の数が 1210 で各桁の数の和を 3 で割った余りが 1 だから，上記 100 個の数のうち，3 の倍数は 33 個あることが分かる．したがって，求める確率は　$\dfrac{33}{100}$

276　(1) 手の出し方は，1 人につき 3 通りあって 2 人だから，全部で $3^2 = 9$ 通りある．その内で引き分けになるのは，同じ手を出す 3 通りだから　$p_2 = \dfrac{3}{9} = \dfrac{1}{3}$

(2) 手の出し方は，1 人につき 3 通りあって 3 人だから，全部で $3^3 = 27$ 通りある．その内で引き分けになるのは，3 人が同じ手を出す 3 通りと，すべて異なる手を出す $3! = 6$ 通りだから　$p_3 = \dfrac{3+6}{27} = \dfrac{1}{3}$

(3) **勝敗が決まる場合の方が求めやすい．要項 64 ③ を用いる．**

勝敗が決まるのは，2 通りの手を全員が出した場合である．例として全員がグーとパーで勝敗が決まる場合を考えると，全員がグーまたはパーを出す出し方の総数が 2^n となり，この内の全員グーの場合と全員パーの場合はあいこになるから $2^n - 2$ 通りとなる．グーとチョキの場合，チョキとパーの場合も同じであり，あいこになる確率は，勝敗が決まる確率を全体から引けばよいから

$$p_n = 1 - \frac{3(2^n - 2)}{3^n} = \frac{3^{n-1} - 2^n + 2}{3^{n-1}}$$

277　(1) 赤，白赤，の順に取り出す場合だから

$$P(1,\ 2) = \frac{1}{3} + \frac{2}{3} \times \frac{1}{2} = \frac{2}{3}$$

(2) 赤赤，白赤赤，赤白赤，白白赤赤，白赤白赤，赤白白赤，の順に取り出す場合だから

$$P(2,\ 3) = \frac{2}{5} \times \frac{1}{4} + \frac{3}{5} \times \frac{2}{4} \times \frac{1}{3} + \frac{2}{5} \times \frac{3}{4} \times \frac{1}{3} + \frac{3}{5} \times \frac{2}{4} \times \frac{2}{3} \times \frac{1}{2}$$
$$+ \frac{3}{5} \times \frac{2}{4} \times \frac{2}{3} \times \frac{1}{2} + \frac{2}{5} \times \frac{3}{4} \times \frac{2}{3} \times \frac{1}{2} = \frac{3}{5}$$

(3) **(1), (2) のように計算することはできないので別の方法を考える．(3) の結果が (1), (2) に対して成り立つことを確かめる．**

どちらかがなくなっても続けて全部取り出すことを考えると，最後に取り出すのが白玉になればよい．最後に取り出すのがどれになるかは同じ確率だから　$\dfrac{n}{m+n}$

278 (1) A がはずれ，B がはずれ，C が当たりとなる確率だから

$$\frac{2}{3}\times\frac{2}{3}\times\frac{1}{3}=\frac{4}{27}$$

(2) **初項 $\boldsymbol{a}$，公比 $\boldsymbol{r}$ の等比級数の和 $\dfrac{\boldsymbol{a}}{\boldsymbol{1-r}}$ を利用する．**

(1) の場合以外では，全員がはずれてさらに A，B がはずれた後に C が当たりとなる確率を考えればよい．下のようなパターンになるから

ABC, ABC ABC, ABC ABC ABC, …
××○, ××× ××○, ××× ××× ××○, …

$$\left(\frac{2}{3}\right)^2\times\frac{1}{3}+\left(\frac{2}{3}\right)^5\times\frac{1}{3}+\left(\frac{2}{3}\right)^8\times\frac{1}{3}+\cdots=\frac{\dfrac{4}{27}}{1-\dfrac{8}{27}}=\frac{4}{19}$$

279 **「ポリアの壺」といわれる有名な問題である．**

事象 $\boldsymbol{A_1, B_1, A_2, B_2}$ が起こる確率を求め，数学的帰納法を利用する．

$P(A_n)=\dfrac{a}{a+b}$，$P(B_n)=\dfrac{b}{a+b}$ を数学的帰納法を使用して証明する．

(i)　$n=1, 2$ のとき，$P(A_1)=\dfrac{a}{a+b}$，$P(B_1)=\dfrac{b}{a+b}$

$$P(A_2)=P(A_1)P_{A_1}(A_2)+P(B_1)P_{B_1}(A_2)$$
$$=\frac{a}{a+b}\times\frac{a+c}{a+b+c}+\frac{b}{a+b}\times\frac{a}{a+b+c}=\frac{a}{a+b}$$

$$P(B_2)=1-P(A_2)=1-\frac{a}{a+b}=\frac{b}{a+b}$$

(ii)　$n=k$ のとき，k 以下の任意の $j\ (j\leqq k)$ において

$P(A_j)=\dfrac{a}{a+b}$，$P(B_j)=\dfrac{b}{a+b}$ が成り立つと仮定する．

k 回の内，白玉を j 回取り出す場合の数は ${}_k\mathrm{C}_j$ であり，それぞれの確率は

$$\left(\frac{a}{a+b}\right)^j\left(\frac{b}{a+b}\right)^{k-j}$$

$k+1$ 回のとき，玉の総数は $a+b+kc$ 個であり，白玉は $a+jc$ 個あるから

$$P(A_{k+1})=\sum_{j=0}^{k}{}_k\mathrm{C}_j\left(\frac{a}{a+b}\right)^j\left(\frac{b}{a+b}\right)^{k-j}\frac{a+jc}{a+b+kc}$$

$$= \frac{a}{a+b+kc} \sum_{j=0}^{k} {}_k\mathrm{C}_j \left(\frac{a}{a+b}\right)^j \left(\frac{b}{a+b}\right)^{k-j}$$

$$+ \frac{c}{a+b+kc} \sum_{j=0}^{k} j\ {}_k\mathrm{C}_j \left(\frac{a}{a+b}\right)^j \left(\frac{b}{a+b}\right)^{k-j}$$

$$= \frac{a}{a+b+kc} + \frac{c}{a+b+kc} \cdot k \cdot \frac{a}{a+b}$$

$$= \frac{a(a+b)+kac}{(a+b+kc)(a+b)} = \frac{a}{a+b}$$

$$P(B_{k+1}) = 1 - P(A_{k+1}) = \frac{b}{a+b}$$

したがって，$n = k+1$ のときにも成り立つ.

二項定理
$\displaystyle\sum_{j=0}^{k} {}_k\mathrm{C}_j p^j (1-p)^{k-j} = 1$ と
二項分布 $B(k,\ p)$ の平均より
$\displaystyle\sum_{j=0}^{k} j\,{}_k\mathrm{C}_j p^j (1-p)^{k-j} = kp$

(i), (ii) より，任意の自然数 n について　$P(A_n) = \dfrac{a}{a+b}$，$P(B_n) = \dfrac{b}{a+b}$

ポイント 42　漸化式 $a_{n+1} = \alpha a_n + \beta\ (\alpha \neq 1)$ は，$a_{n+1} - \dfrac{\beta}{1-\alpha} = \alpha\left(a_n - \dfrac{\beta}{1-\alpha}\right)$ と変形でき，数列 $\left\{a_n - \dfrac{\beta}{1-\alpha}\right\}$ は公比が α の等比数列になる.

280　**n 回の操作の後に，B にある確率が $1 - a_n$ であることを利用する.**

(1) $a_2 = a_1 \times p + (1-a_1) \times 1 = (p-1)a_1 + 1 = p^2 - p + 1$

(2) $a_{n+1} = a_n \times p + (1-a_n) \times 1 = (p-1)a_n + 1$

(3) (2) は $a_{n+1} - \dfrac{1}{2-p} = (p-1)\left(a_n - \dfrac{1}{2-p}\right)$ と変形できる.　**ポイント 42**

$$a_n - \frac{1}{2-p} = (p-1)^{n-1}\left(a_1 - \frac{1}{2-p}\right) = (p-1)^{n-1}\left(p - \frac{1}{2-p}\right)$$

$$= (p-1)^{n-1}\frac{2p-p^2-1}{2-p} = -\frac{(p-1)^{n+1}}{2-p}$$

これより　$a_n = \dfrac{1-(p-1)^{n+1}}{2-p}$　$\therefore\ \displaystyle\lim_{n\to\infty} a_n = \frac{1}{2-p}$

281　**n が奇数のときは②か④に，n が偶数のときは①か③に居る.**

(1) 確率 $\dfrac{2}{3}$ で②に，確率 $\dfrac{1}{3}$ で④に移動するから　$a(1) = 0$

①→②→① または ①→④→① となる場合だから　$a(2) = \dfrac{2}{3} \times \dfrac{1}{3} + \dfrac{1}{3} \times \dfrac{2}{3} = \dfrac{4}{9}$

(2) n が奇数のときは，$a(n) = 0$ であり，③に居る確率も 0 となる.

n が偶数のとき，③に居る確率は $1 - a(n)$ であり，③→②→① または ③→④→① となる場合に 2 回後に①に居るから

$$a(n+2) = a(n) \times \left(\frac{2}{3} \times \frac{1}{3} + \frac{1}{3} \times \frac{2}{3}\right) + (1-a(n)) \times \left(\frac{1}{3} \times \frac{1}{3} + \frac{2}{3} \times \frac{2}{3}\right)$$

$$= -\frac{1}{9}a(n) + \frac{5}{9}$$

$a(n+2) - \frac{1}{2} = -\frac{1}{9}\left(a(n) - \frac{1}{2}\right)$ と変形できるから　**ポイント 42**

$$a(n) - \frac{1}{2} = \left(-\frac{1}{9}\right)^{\frac{n}{2}}\left(a(0) - \frac{1}{2}\right) = \left(-\frac{1}{9}\right)^{\frac{n}{2}}\left(1 - \frac{1}{2}\right) = \frac{1}{2}\left(-\frac{1}{9}\right)^{\frac{n}{2}}$$

$$\therefore \quad a(n) = \frac{1}{2}\left\{1 + \left(-\frac{1}{9}\right)^{\frac{n}{2}}\right\}$$

したがって　$a(n) = \begin{cases} \frac{1}{2}\left\{1 + \left(-\frac{1}{9}\right)^{\frac{n}{2}}\right\} & (n \text{ が偶数のとき}) \\ 0 & (n \text{ が奇数のとき}) \end{cases}$

〈注〉 ②, ③, ④に居る確率をそれぞれ $b(n)$, $c(n)$, $d(n)$ として,

$$a(n+1) = d(n) \times \frac{2}{3} + b(n) \times \frac{1}{3}, \; b(n+1) = a(n) \times \frac{2}{3} + c(n) \times \frac{1}{3}, \; \cdots$$

などと見ていくと，いろいろな性質が見えてくる．(各自で調べるとよい)

282 (1) それぞれの箱を選ぶ確率は $\frac{1}{2}$ であり，A の箱で赤玉を取り出す確率は $\frac{1}{6}$,

B の箱で赤玉を取り出す確率は $\frac{5}{6}$ だから　$\frac{1}{2} \times \frac{1}{6} + \frac{1}{2} \times \frac{5}{6} = \frac{1}{2}$

(2) A の箱で赤玉を取り出す確率は，2 回とも $\frac{1}{6}$，B の箱で赤玉を取り出す確率は，

2 回とも $\frac{5}{6}$ だから　$\frac{1}{2} \times \frac{1}{6} \times \frac{1}{6} + \frac{1}{2} \times \frac{5}{6} \times \frac{5}{6} = \frac{13}{36}$

(3) **選んだ箱がどちらの箱であるかの確率をベイズの定理（要項 65）を使って求める.**

取り出した玉が赤玉であった場合，取り出した箱が A の箱である確率と取り出した箱が B の箱である確率は，それぞれ

$$\frac{\frac{1}{2} \times \frac{1}{6}}{\frac{1}{2} \times \frac{1}{6} + \frac{1}{2} \times \frac{5}{6}} = \frac{1}{6}, \quad \frac{\frac{1}{2} \times \frac{5}{6}}{\frac{1}{2} \times \frac{1}{6} + \frac{1}{2} \times \frac{5}{6}} = \frac{5}{6}$$

したがって，求める確率は　$\frac{1}{6} \times \frac{1}{6} + \frac{5}{6} \times \frac{5}{6} = \frac{13}{18}$

283 (1) $\frac{1}{2} \times \frac{1}{3} + \frac{1}{2} \times \frac{2}{3} = \frac{1}{2}$

(2) $p_n = \frac{1}{2} \times \left(\frac{1}{3}\right)^n + \frac{1}{2} \times \left(\frac{2}{3}\right)^n = \frac{1 + 2^n}{2 \cdot 3^n}$

(3) **ベイズの定理（要項 65）を使って求める.**

n 回すべてで赤玉が取り出された場合，箱 A が選ばれた確率と箱 B が選ばれた確率は，それぞれ

$$\frac{\frac{1}{2} \times \left(\frac{1}{3}\right)^n}{\frac{1}{2} \times \left(\frac{1}{3}\right)^n + \frac{1}{2} \times \left(\frac{2}{3}\right)^n} = \frac{1}{1 + 2^n}, \quad \frac{\frac{1}{2} \times \left(\frac{2}{3}\right)^n}{\frac{1}{2} \times \left(\frac{1}{3}\right)^n + \frac{1}{2} \times \left(\frac{2}{3}\right)^n} = \frac{2^n}{1 + 2^n}$$

したがって，求める条件つき確率 q_n は

$$q_n = \frac{1}{1+2^n} \times \frac{1}{3} + \frac{2^n}{1+2^n} \times \frac{2}{3} = \frac{1+2^{n+1}}{3(1+2^n)}$$

〈注〉 要項 64 ④より $q_n = \dfrac{p_{n+1}}{p_n}$ を用いて求めてもよい．

284 **「モンティホール問題」といわれる有名な問題である．3 つのドアにそれぞれ番号を付け，プレーヤーが選択したドアを固定して考えるとよい．例えば「ドア 1 を選択した」と仮定しても一般性を失わないことに注意する．**

3 つのドアをそれぞれドア 1，ドア 2，ドア 3 として区別する．最初にプレーヤーがドア 1 を選択したとする．

C_i：ドア i の後ろに当たりがある事象 $(i = 1,\ 2,\ 3)$

H_j：ホストがドア j を開ける事象 $(j = 2,\ 3)$

とすると，以下が成り立つ．

$$P(C_i) = \frac{1}{3} \quad (i = 1,\ 2,\ 3)$$

$$P(H_j|C_i) = \begin{cases} 0 & (j = i) & \text{（当たりのドアは開けない）} \\ \dfrac{1}{2} & (i = 1) & \text{（残り 2 つともはずれの場合は等確率で選択して開ける）} \\ 1 & (i \neq 1,\ j \neq i) & \text{（残り 1 つがはずれの場合はそれを開ける）} \end{cases}$$

$P(C_1|H_3)$ と $P(C_2|H_3)$ を求める．$P(C_1|H_2)$ と $P(C_3|H_2)$ を求めても同じ結果となることに注意する．

ベイズの定理（要項 65）より

$$P(C_1|H_3) = \frac{P(C_1)P(H_3|C_1)}{P(H_3)} = \frac{\dfrac{1}{3} \times \dfrac{1}{2}}{\dfrac{1}{3} \times \dfrac{1}{2} + \dfrac{1}{3} \times 1 + \dfrac{1}{3} \times 0} = \frac{1}{3}$$

$$P(C_2|H_3) = \frac{P(C_2)P(H_3|C_2)}{P(H_3)} = \frac{\dfrac{1}{3} \times 1}{\dfrac{1}{3} \times \dfrac{1}{2} + \dfrac{1}{3} \times 1 + \dfrac{1}{3} \times 0} = \frac{2}{3}$$

したがって，選択を変えたほうが当たる確率が高くなる（倍になる）．

〈注〉 樹形図として考えてもよい．ドアを変えた場合を考えると，プレーヤーが

- 当たりを選択していたらドアを変えるとはずれになる．　当たり → はずれ
- 1 つのはずれを選択していたらドアを変えると当たりになる．　はずれ → 当たり
- 別のはずれを選択していたらドアを変えると当たりになる．　はずれ → 当たり

よって，ドアを変えた場合に当たりのドアを開ける確率は $\dfrac{2}{3}$ になる．

〈注〉 例えば1000のドアがあり，その中に当たりのドアが1つあるとする．プレーヤーが1つ選択して待機（当たりのドアである確率は1/1000）し，ホストが残った999のドアのうち，998のはずれのドアを開けて見せてくれるとする．このとき問題と同様に，プレーヤーが選択したドアから，最後に残ったドアに変えてもいいとすると考えれば，変えたほうが当たりやすいと思える．

285 (1) $1\times\frac{1}{6}+2\times\frac{1}{6}+3\times\frac{1}{6}+4\times\frac{1}{6}+5\times\frac{1}{6}+6\times\frac{1}{6}=\frac{7}{2}$

(2) **nの各値と確率を求める式が二項定理と似ていることに着目**

目が1，2の順に出ることを$\{1,\ 2\}$のように表すことにする．

$n=1$のとき$\{1\}$だけだから　$\frac{1}{6}$

$n=2$のとき$\{1,\ 1\}$か$\{2\}$だから　$\left(\frac{1}{6}\right)^2+\frac{1}{6}=\frac{7}{36}$

$n=3$のとき$\{1,1,1\}$，$\{1,2\}$，$\{2,1\}$，$\{3\}$だから　$\left(\frac{1}{6}\right)^3+2\left(\frac{1}{6}\right)^2+\frac{1}{6}=\frac{49}{216}$

$n=4$のとき$\{1,1,1,1\}$，$\{1,1,2\}$，$\{1,2,1\}$，$\{2,1,1\}$，$\{1,3\}$，$\{2,2\}$，$\{3,1\}$，$\{4\}$

だから　$\left(\frac{1}{6}\right)^4+3\left(\frac{1}{6}\right)^3+3\left(\frac{1}{6}\right)^2+\frac{1}{6}=\frac{343}{1296}$

(3) k回目でマスnに止まる場合の目の出し方は，nをk個に分ける分け方の数だけあり，それはnを分ける$n-1$ヶ所から$k-1$ヶ所を選ぶ選び方の数だけある．そうなる目が出る確率は$\left(\frac{1}{6}\right)^k$だから　$\sum_{k=1}^{n}{}_{n-1}C_{k-1}\left(\frac{1}{6}\right)^k$

286 **等比級数の性質を利用する．**

(1) P_nは$n-1$回目まで1, 2, 4, 5のいずれかが出て，n回目に3, 6のいずれかが出る確率だから　$P_n=\left(\frac{4}{6}\right)^{n-1}\frac{2}{6}=\frac{1}{3}\left(\frac{2}{3}\right)^{n-1}$　**初項$\frac{1}{3}$，公比$\frac{2}{3}$の等比数列**

よって　$\lim_{n\to\infty}\sum_{k=1}^{n}P_k=\frac{\frac{1}{3}}{1-\frac{2}{3}}=1$　　$\sum_{n=1}^{\infty}ar^{n-1}=\frac{a}{1-r}\quad(|r|<1)$

(2) 期待値をEとすると，(1)より　$E=\lim_{n\to\infty}\sum_{k=1}^{n}100P_k=100\lim_{n\to\infty}\sum_{k=1}^{n}P_k=100$

(3) 期待値をE_rとすると

$$E_r=\lim_{n\to\infty}\sum_{k=1}^{n}100(1+r)^{k-1}P_k=\lim_{n\to\infty}\sum_{k=1}^{n}\frac{100}{3}\left\{\frac{2}{3}(1+r)\right\}^{k-1}$$

これは，初項$\frac{100}{3}$，公比$\frac{2}{3}(1+r)$の等比級数である．したがって，収束するための

条件は，$r>0$ に注意すると　$\frac{2}{3}(1+r)<1$

これを解くと，$r<\frac{1}{2}$ となるから　$r_0=\frac{1}{2}$

| 2 | 確率変数と確率分布

287　$E[X]=1\cdot\frac{1}{6}+2\cdot\frac{2}{6}+3\cdot\frac{3}{6}=\frac{7}{3}$

$E[X^2]=1\cdot\frac{1}{6}+4\cdot\frac{2}{6}+9\cdot\frac{3}{6}=6$

X の標準偏差は　$\sqrt{V[X]}=\sqrt{E[X^2]-\left(E[X]\right)^2}=\sqrt{6-\left(\frac{7}{3}\right)^2}=\frac{\sqrt{5}}{3}$

二項分布 $B(n,\ p)$

$P(X=k)={}_n\mathrm{C}_k\,p^k(1-p)^{n-k}\quad(k=0,\ 1,\ 2,\ \cdots,\ n)$

$E[X]=np,\ V[X]=np(1-p)$

288　**二項分布（ポイント 43）を用いる**

不良品の個数を X とすると $P(X=k)={}_{100}\mathrm{C}_k\cdot 0.01^k\cdot 0.99^{100-k}$ より

$P(X\leqq 1)=P(X=0)+P(X=1)=0.99^{100}+100\cdot 0.01\cdot 0.99^{99}$

$=0.99^{99}(0.99+1)\approx 0.37\times 1.99=0.7363$

289　2つのサイコロをそれぞれ A，B として区別する．A, B それぞれの目と X, Y との関係は次の表のようになる．

X の値

A＼B	1	2	3	4	5	6
1	1	2	3	4	5	6
2	2	2	3	4	5	6
3	3	3	3	4	5	6
4	4	4	4	4	5	6
5	5	5	5	5	5	6
6	6	6	6	6	6	6

Y の値

A＼B	1	2	3	4	5	6
1	1	1	1	1	1	1
2	1	2	2	2	2	2
3	1	2	3	3	3	3
4	1	2	3	4	4	4
5	1	2	3	4	5	5
6	1	2	3	4	5	6

(1) $P(X\geqq 5)=\frac{20}{36}=\frac{5}{9}$，$P(Y\leqq 1)=\frac{11}{36}$

(2) $X\geqq 5$ となる 20 通りの内，$Y\leqq 1$ となるのは　4 通り

したがって　$P(Y\leqq 1\mid X\geqq 5)=\frac{4}{20}=\frac{1}{5}$

(3) $E[X]=1\cdot\frac{1}{36}+2\cdot\frac{3}{36}+3\cdot\frac{5}{36}+4\cdot\frac{7}{36}+5\cdot\frac{9}{36}+6\cdot\frac{11}{36}=\frac{161}{36}$

(4) $E[Y]=1\cdot\frac{11}{36}+2\cdot\frac{9}{36}+3\cdot\frac{7}{36}+4\cdot\frac{5}{36}+5\cdot\frac{3}{36}+6\cdot\frac{1}{36}=\frac{91}{36}$

A，B の出た目をそれぞれ a，b とすると，$XY=ab$ だから

$$E[XY]=E[ab]=(1\cdot1+1\cdot2+1\cdot3+\cdots+6\cdot5+6\cdot6)\times\frac{1}{36}$$

$$=(1+2+3+4+5+6)\cdot(1+2+3+4+5+6)\times\frac{1}{36}=\frac{21^2}{36}=\frac{49}{4}$$

$$E[XY]-E[X]E[Y]=\frac{49}{4}-\frac{161}{36}\cdot\frac{91}{36}=\frac{1225}{1296}$$

ポイント 44

幾何分布

$$P(X=k)=p(1-p)^{k-1}\quad(k=1,\ 2,\ 3,\ \cdots)$$

$$E[X]=\frac{1}{p},\ V[X]=\frac{1-p}{p^2}$$

---

290 (1) $P(X=1)=\frac{1}{6}$，$P(X=2)=\frac{5}{6}\times\frac{1}{6}=\frac{5}{36}$

(2) $P(X=n)=\frac{1}{6}\left(\frac{5}{6}\right)^{n-1}$

(3) $E(X)=\sum_{k=1}^{\infty}k\cdot\frac{1}{6}\left(\frac{5}{6}\right)^{k-1}$ を求めればよい．

$S_n=\sum_{k=1}^{n}k\cdot\frac{1}{6}\left(\frac{5}{6}\right)^{k-1}$ とする．$\frac{5}{6}S_n=\sum_{k=1}^{n}k\cdot\frac{1}{6}\left(\frac{5}{6}\right)^{k}$ より

$$S_n-\frac{5}{6}S_n=\frac{1}{6}+\frac{1}{6}\left(\frac{5}{6}\right)+\cdots+\frac{1}{6}\left(\frac{5}{6}\right)^{n-1}-n\frac{1}{6}\left(\frac{5}{6}\right)^{n}$$

$$\frac{1}{6}S_n=\frac{\frac{1}{6}\left\{1-\left(\frac{5}{6}\right)^{n}\right\}}{1-\frac{5}{6}}-n\frac{1}{6}\left(\frac{5}{6}\right)^{n}=1-\left(\frac{5}{6}\right)^{n}-n\frac{1}{6}\left(\frac{5}{6}\right)^{n}$$ より

$$S_n=6-6\left(\frac{5}{6}\right)^{n}-n\left(\frac{5}{6}\right)^{n}$$

$|r|<1$ に対して $\lim_{n\to\infty}nr^n=0$

$$E(X)=\sum_{k=1}^{\infty}k\cdot\frac{1}{6}\left(\frac{5}{6}\right)^{k-1}=\lim_{n\to\infty}S_n=6$$

ポイント 45

モーメント母関数

$m_X(t)=E[e^{tX}]$ を X のモーメント母関数という．

$m_X^{(n)}(t)=E[X^ne^{tX}]$ より，$E[X^n]=m_X^{(n)}(0)$ となるから，

平均 $E[X]$ や分散 $V[X]=E[X^2]-(E[X])^2$ を求めることに利用できる．

ポイント 46

ポアソン分布 $P_o(\lambda)$ $(\lambda > 0)$

$$P(X=k) = e^{-\lambda}\frac{\lambda^k}{k!} \quad (k = 0,\ 1,\ 2,\ \cdots)$$

$$E[X] = \lambda,\ V[X] = \lambda$$

---

291 **二項分布（ポイント 43）のいろいろな性質を示す問題である．二項定理 $(x+y)^n = {}_n\mathrm{C}_0x^n + {}_n\mathrm{C}_1x^{n-1}y + {}_n\mathrm{C}_2x^{n-2}y^2 + \cdots + {}_n\mathrm{C}_ny^n$ を利用する．**

(1) $P(X=k) = {}_n\mathrm{C}_k\,p^k(1-p)^{n-k} = \dfrac{n!}{k!(n-k)!}p^k(1-p)^{n-k}$

(2) $E[X] = \displaystyle\sum_{k=0}^{n} kP(X=k) = \sum_{k=0}^{n} k\,{}_n\mathrm{C}_k\,p^k(1-p)^{n-k} = \sum_{k=1}^{n} k\,\frac{n!}{k!(n-k)!}p^k(1-p)^{n-k}$

$$= np\sum_{k=1}^{n}\frac{(n-1)!}{(k-1)!(n-1-(k-1))!}p^{k-1}(1-p)^{n-1-(k-1)}$$

$\ell = k-1$ とおくと　　　二項定理を利用⇩

$$= np\sum_{\ell=0}^{n-1}\frac{(n-1)!}{\ell!(n-1-\ell)!}p^{\ell}(1-p)^{n-1-\ell} = np\sum_{\ell=0}^{n-1}{}_{n-1}\mathrm{C}_{\ell}p^{\ell}(1-p)^{n-1-\ell} = np$$

$$E[X(X-1)] = \sum_{k=0}^{n}k(k-1)P(X=k) = \sum_{k=0}^{n}k(k-1)\,{}_n\mathrm{C}_k\,p^k(1-p)^{n-k}$$

$$= \sum_{k=2}^{n}k(k-1)\,\frac{n!}{k!(n-k)!}p^k(1-p)^{n-k}$$

$$= n(n-1)p^2\sum_{k=2}^{n}\frac{(n-2)!}{(k-2)!(n-2-(k-2))!}p^{k-2}(1-p)^{n-2-(k-2)}$$

$\ell = k-2$ とおくと

$$= n(n-1)p^2\sum_{\ell=0}^{n-2}\frac{(n-2)!}{\ell!(n-2-\ell)!}p^{\ell}(1-p)^{n-2-\ell}$$

⇩ 二項定理を利用

$$= n(n-1)p^2\sum_{\ell=0}^{n-2}{}_{n-2}\mathrm{C}_{\ell}p^{\ell}(1-p)^{n-2-\ell} = n(n-1)p^2$$

$$V[X] = E[X^2]-(E[X])^2 = E[X(X-1)]+E[X]-(E[X])^2$$

$$= n(n-1)p^2+np-(np)^2 = np(1-p)$$

別解 モーメント母関数（ポイント 45）を利用する．

$$m_X(t) = \sum_{k=0}^{n}e^{tk}\cdot{}_n\mathrm{C}_k\,p^k(1-p)^{n-k} = \sum_{k=0}^{n}{}_n\mathrm{C}_k\,(pe^t)^k(1-p)^{n-k} = (pe^t+1-p)^n$$

$$m_X'(t) = npe^t(pe^t+1-p)^{n-1},\ m_X''(t) = m_X'(t)+n(n-1)p^2e^{2t}(pe^t+1-p)^{n-2}$$

$$E[X] = m_X'(0) = np$$

$V[X]=m''_X(0)-(m'_X(0))^2=np+n(n-1)p^2-n^2p^2=np(1-p)$

(3) $P(X=k)=\dfrac{n!}{k!(n-k)!}\left(\dfrac{\lambda}{n}\right)^k\left(1-\dfrac{\lambda}{n}\right)^{n-k}$

$$=\frac{n(n-1)\cdots(n-k+1)}{k!}\cdot\frac{\lambda^k}{n^k}\left(1-\frac{\lambda}{n}\right)^n\left(1-\frac{\lambda}{n}\right)^{-k}$$

$$=\frac{\lambda^k}{k!}\cdot 1\cdot\left(1-\frac{1}{n}\right)\left(1-\frac{2}{n}\right)\cdots\left(1-\frac{k-1}{n}\right)\left(1-\frac{\lambda}{n}\right)^n\left(1-\frac{\lambda}{n}\right)^{-k}$$

kの値を固定して$n\to\infty$とすると，任意の定数cに対して　$\left(1-\dfrac{c}{n}\right)\to 1$

$\displaystyle\lim_{n\to\infty}\left(1-\frac{\lambda}{n}\right)^n=e^{-\lambda}$ より　　$\displaystyle\lim_{n\to\infty}\left(1+\frac{a}{n}\right)^n=e^a$ で $a=-\lambda$ とした

$$\lim_{n\to\infty}P(X=k)=\frac{\lambda^k}{k!}e^{-\lambda}$$

〈注〉 Xが二項分布$B(n,\ p)$に従うとき，kよりも十分大きな試行回数n（十分小さな確率p）について　$P(X=k)\approx e^{-\lambda}\dfrac{\lambda^k}{k!}$　$(\lambda=np)$

292 (1) 事象A_1，A_2，$\cdots A_n$について，A_1，A_2，$\cdots A_n$から任意にとった事象の組A_{i_1}，$\cdots$，A_{i_r}に対して$P(A_{i_1}\cap\cdots\cap A_{i_r})=P(A_{i_1})\cdots P(A_{i_r})$が成り立つとき，事象$A_1$，$A_2$，$\cdots A_n$は独立であるという．確率変数$X_1$，$X_2$，$\cdots$，$X_n$について，$X_1$に関する任意の事象，$X_2$に関する任意の事象，$\cdots$，$X_n$に関する任意の事象が独立であるとき，確率変数$X_1$，$X_2$，$\cdots$，$X_n$は独立であるという．

(2) $|Y-\mu|>\lambda\sigma$ のとき　$(Y-\mu)^2>\lambda^2\sigma^2$　$(\lambda>0)$

$$\sigma^2=\sum_{k=1}^{n}(y_k-\mu)^2p_k$$

$$=\sum_{y_k<\mu-\lambda\sigma}(y_k-\mu)^2p_k+\sum_{\mu-\lambda\sigma\leqq y_k\leqq\mu+\lambda\sigma}(y_k-\mu)^2p_k+\sum_{y_k>\mu+\lambda\sigma}(y_k-\mu)^2p_k$$

$$\geqq\sum_{y_k<\mu-\lambda\sigma}(y_k-\mu)^2p_k+\sum_{y_k>\mu+\lambda\sigma}(y_k-\mu)^2p_k\geqq\sum_{y_k<\mu-\lambda\sigma}\lambda^2\sigma^2p_k+\sum_{y_k>\mu+\lambda\sigma}\lambda^2\sigma^2p_k$$

$$=\lambda^2\sigma^2\left(\sum_{y_k-\mu<-\lambda\sigma}p_k+\sum_{y_k-\mu>\lambda\sigma}p_k\right)=\lambda^2\sigma^2P(|Y-\mu|>\lambda\sigma)$$

$\therefore\ P(|Y-\mu|>\lambda\sigma)\leqq\dfrac{1}{\lambda^2}$　　この不等式をチェビシェフの不等式という

〈注〉 $|Y-\mu|>\lambda\sigma$の意味は，確率変数Yが期待値（平均値）μから距離$\lambda\sigma$より離れた値をとるということである．

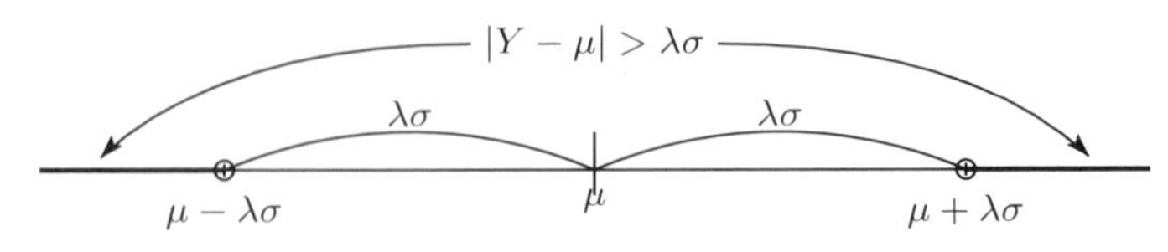

$$\sigma^2=\sum_{k=1}^{n}(y_k-\mu)^2p_k=\sum_{|y_k-\mu|\leqq\lambda\sigma}(y_k-\mu)^2p_k+\sum_{|y_k-\mu|>\lambda\sigma}(y_k-\mu)^2p_k$$

$$\geqq\sum_{|y_k-\mu|>\lambda\sigma}(y_k-\mu)^2p_k\geqq\sum_{|y_k-\mu|>\lambda\sigma}\lambda^2\sigma^2p_k$$

と式変形をしてもよい．

(3) (2) より，$\lambda=10$ とすると $P(|Y-\mu|>10\sigma)\leqq0.01$ となるから

$P(\mu-10\sigma\leqq Y\leqq\mu+10\sigma)=P(|Y-\mu|\leqq10\sigma)\geqq0.99$

$\mu=np=0.5n$, $\sigma^2=np(1-p)=0.25n$ だから $10\sigma\leqq0.1n$ とすると

$P(0.4n\leqq Y\leqq0.6n)\geqq P(\mu-10\sigma\leqq Y\leqq\mu+10\sigma)\geqq0.99$

$(0.1n)^2\geqq(10\sigma)^2=100\sigma^2=100\cdot0.25n=25n$ だから　$n\geqq2500$

n の下限は 2500 回

293 (1) $Pr(I=1)=Pr(X\geqq a)$, $Pr(I=0)=Pr(0\leqq X<a)$

$E(I)=1\cdot Pr(X\geqq a)+0\cdot Pr(0\leqq X<a)=Pr(X\geqq a)$

(2) $X\geqq aI$ だから　$E(X)\geqq E(aI)=aE(I)$

$$\therefore\quad Pr(X\geqq a)=E(I)\leqq\frac{E(X)}{a}$$

〈注〉 (2) のような不等式をマルコフの不等式という．

正確には，「確率変数 X が非負の値をとるとする．このとき，任意の正の実数 $c>0$ に対して $P(X\geqq c)\leqq\dfrac{E[X]}{c}$ が成り立つ．」

離散型確率変数では

$$E[X]=\sum_{k=1}x_kp_k=\sum_{x_k<c}x_kp_k+\sum_{x_k\geqq c}x_kp_k\geqq\sum_{x_k\geqq c}x_kp_k\geqq\sum_{x_k\geqq c}cp_k=cP(X\geqq c)$$

と示せる．（連続型確率変数 X も同じように証明できる）これを用いると先で言及したチェビシェフの不等式を証明できる．マルコフの不等式において，$X=(Y-\mu)^2$（非負の値），$c=\lambda^2\sigma^2$ とすると

$$P((Y-\mu)^2>\lambda^2\sigma^2)\leqq\frac{E[(Y-\mu)^2]}{\lambda^2\sigma^2}=\frac{\sigma^2}{\lambda^2\sigma^2}=\frac{1}{\lambda^2}$$

$$\therefore\quad P(|Y-\mu|>\lambda\sigma)\leqq\frac{1}{\lambda^2}$$

$|Y-\mu|>\lambda\sigma$ と $(Y-\mu)^2>\lambda^2\sigma^2$ は同じ確率範囲を表している

294 (1) $E[X]=\displaystyle\int_0^{\pi}x\cdot\frac{1}{2}\sin x\,dx=\frac{1}{2}\Big[-x\cos x\Big]_0^{\pi}+\frac{1}{2}\int_0^{\pi}\cos x\,dx$

$$=-\frac{1}{2}\pi\cos\pi+\frac{1}{2}\Big[\sin x\Big]_0^{\pi}=\frac{\pi}{2}$$

$$E[X^2]=\int_0^{\pi} x^2\cdot\frac{1}{2}\sin x\,dx=\frac{1}{2}\Big[-x^2\cos x\Big]_0^{\pi}+\int_0^{\pi} x\cos x\,dx$$

$$=-\frac{1}{2}\pi^2\cos\pi+\Big[x\sin x\Big]_0^{\pi}-\int_0^{\pi}\sin x\,dx=\frac{\pi^2}{2}+\Big[\cos x\Big]_0^{\pi}=\frac{\pi^2}{2}-2$$

$$\therefore\ \ V[X]=E[X^2]-(E[X])^2=\frac{\pi^2}{2}-2-\frac{\pi^2}{4}=\frac{\pi^2}{4}-2$$

(2) $0\leqq a\leqq b\leqq\sqrt{\pi}$ のとき

$$\int_a^b f_Y(y)\,dy=P(a\leqq Y\leqq b)=P(a\leqq\sqrt{X}\leqq b)=P(a^2\leqq X\leqq b^2)$$

$$=\int_{a^2}^{b^2}\frac{1}{2}\sin x\,dx=\int_a^b y\sin y^2\,dy$$ 　**$x=y^2$ として置換積分**

$$\therefore\ \ f_Y(y)=\begin{cases} y\sin y^2 & (\ 0\leqq y\leqq\sqrt{\pi}\ ) \\ 0 & (\ y<0,\ y>\sqrt{\pi}\ )\end{cases}$$

295　ガンマ関数のもつ性質を利用する.

(1) $\Gamma(k)=\int_0^{\infty}x^{k-1}e^{-x}\,dx$ とおく.　**これをガンマ関数という**

任意の自然数 n に対して, $\lim_{x\to\infty}x^ne^{-x}=\lim_{x\to\infty}\frac{x^n}{e^x}=0$ だから

$$\Gamma(k)=\int_0^{\infty}x^{k-1}e^{-x}\,dx=\Big[-x^{k-1}e^{-x}\Big]_0^{\infty}+(k-1)\int_0^{\infty}x^{k-2}e^{-x}\,dx$$

$$=(k-1)\,\Gamma(k-1)$$

よって　$\Gamma(k)=(k-1)\Gamma(k-1)=(k-1)(k-2)\Gamma(k-2)=\cdots=(k-1)!\,\Gamma(1)$

$\Gamma(1)=\int_0^{\infty}e^{-x}\,dx=1$ より　$\Gamma(k)=(k-1)!$　したがって　$C_k=\dfrac{1}{(k-1)!}$

$$E[e^{-tX}]=\int_0^{\infty}e^{-tx}p(x)\,dx=C_k\int_0^{\infty}x^{k-1}e^{-(t+1)x}\,dx$$

$$=C_k\int_0^{\infty}\left(\frac{y}{t+1}\right)^{k-1}e^{-y}\,\frac{1}{t+1}\,dy\ \ (y=(t+1)x\text{ とおく})$$

$$=C_k(t+1)^{-k}\int_0^{\infty}y^{k-1}e^{-y}\,dy=C_k(t+1)^{-k}\,\Gamma(k)$$

$$=(t+1)^{-k}$$

(2) $q_n(t)=E[e^{-t(X_1+X_2+\cdots+X_n)}]=E[e^{-tX_1}e^{-tX_2}\cdots e^{-tX_n}]$

$$=E[e^{-tX_1}]E[e^{-tX_2}]\cdots E[e^{-tX_n}]$$ 　**互いに独立だから**

$$=\left((t+1)^{-k}\right)^n=(t+1)^{-kn}$$

(3) $\lim_{n\to\infty}q_n\left(\frac{1}{n}\right)=\lim_{n\to\infty}\left(\frac{1}{n}+1\right)^{-kn}=\lim_{n\to\infty}\left\{\left(1+\frac{1}{n}\right)^n\right\}^{-k}=e^{-k}$

$\lim_{n\to\infty}\left(1+\frac{1}{n}\right)^n=e$ 291 を参照

296 **いつ起こるか予測できない事象の発生間隔が従う分布は指数分布である.**

(1) **累積分布関数 $P(T \leqq t) = \int_{-\infty}^{t} f(x)\,dx$ を微分すると確率密度関数 $f(t)$ になる.**

$F(t) = P(T \leqq t)$ とおくと

$F(t) = 1 - P(T > t) = 1 - P(X_t = 0) = 1 - e^{-\lambda t}\quad (t > 0)$

これを微分して　$f(t) = \lambda e^{-\lambda t}\ (t > 0)$

〈注〉 時刻 0 から t までに事象が k 回起こる確率が $P(X_t = k)$（t 時間内に k 人の来客がある確率）であり，発生間隔（1 度起こった事象から次に事象が起こるまでの間）が t より大きくなる確率が $P(T > t)$ だから $P(T > t) = P(X_t = 0)$（t 時間内に 1 人も来客がない）となる.

(2) **(1) で得た確率密度関数 $f(t)$ から確率を求める.**

1 時間平均 1.5 人だから $\lambda = 1.5$ である.

$$P(T \geqq 2) = \int_2^{\infty} \frac{3}{2} e^{-\frac{3}{2}t}\,dt = \Big[-e^{-\frac{3}{2}t}\Big]_2^{\infty} = e^{-3} = \frac{1}{e^3} = \frac{1}{20.09} \fallingdotseq 0.05$$

(3) 求める確率密度関数を $g(h)$，累積分布関数を $G(h)$ とする.

$$G(h) = P(H \leqq h) = P(T \leqq s+h \mid T > s) = \frac{P(s < T \leqq s+h)}{P(T > s)}$$

$$= \frac{(1 - e^{-\lambda(s+h)}) - (1 - e^{-\lambda s})}{e^{-\lambda s}} = 1 - e^{-\lambda h}\quad (h > 0)$$

よって　$g(h) = G'(h) = \lambda e^{-\lambda h}\quad (h > 0)$

297 (1) $\int_0^t \lambda e^{-\lambda x}\,dx = \Big[-e^{-\lambda x}\Big]_0^t = 1 - e^{-\lambda t}$ だから　$F(t) = \begin{cases} 0 & (t < 0) \\ 1 - e^{-\lambda t} & (t \geqq 0) \end{cases}$

(2) $\mu = \int_0^{\infty} t\lambda e^{-\lambda t}\,dt = \Big[-t e^{-\lambda t}\Big]_0^{\infty} + \int_0^{\infty} e^{-\lambda t}\,dt = \Big[-\frac{1}{\lambda} e^{-\lambda t}\Big]_0^{\infty} = \frac{1}{\lambda}$

$$\sigma^2 = \int_0^{\infty} t^2 \lambda e^{-\lambda t}\,dt - \mu^2 = \Big[-t^2 e^{-\lambda t}\Big]_0^{\infty} + \int_0^{\infty} 2te^{-\lambda t}\,dt - \frac{1}{\lambda^2} = \frac{2}{\lambda^2} - \frac{1}{\lambda^2} = \frac{1}{\lambda^2}$$

(3) τ だけ経過する確率は $1 - F(\tau) = e^{-\lambda\tau}$ だから，τ だけ経過した場合の確率密度関数は $\frac{\lambda e^{-\lambda t}}{e^{-\lambda\tau}} = \lambda e^{-\lambda(t-\tau)}\ (t \geqq \tau)$ となる．残りの平均待ち時間は

$$\int_{\tau}^{\infty} (x-\tau)\lambda e^{-\lambda(x-\tau)}\,dx = \Big[-(x-\tau)e^{-\lambda(x-\tau)}\Big]_{\tau}^{\infty} + \int_{\tau}^{\infty} e^{-\lambda(x-\tau)}\,dx$$

$$= \Big[\frac{1}{-\lambda} e^{-\lambda(x-\tau)}\Big]_{\tau}^{\infty} = 0 - \Big(-\frac{1}{\lambda}\Big) = \frac{1}{\lambda} = T$$　　**仮定より $\mu = \frac{1}{\lambda} = T$**

298 (1) X, Y の周辺確率密度関数をそれぞれ $f_X(x)$, $f_Y(y)$ とおく．定義から

$$f_X(x) = \int_{-\infty}^{\infty} f(x,\ y)\,dy = \begin{cases} \displaystyle\int_0^x 6(x-y)\,dy = 3x^2 & (0 < x \leqq 1) \\ \displaystyle\int_{-\infty}^{\infty} 0\,dy \qquad\quad = 0 & (x \leqq 0,\ x > 1) \end{cases}$$

$$f_Y(y) = \int_{-\infty}^{\infty} f(x,\ y)\,dx = \begin{cases} \displaystyle\int_y^1 6(x-y)\,dx = 3 - 6y + 3y^2 & (0 \leqq y < 1) \\ \displaystyle\int_{-\infty}^{\infty} 0\,dx \qquad\quad = 0 & (y < 0,\ y \geqq 1) \end{cases}$$

(2) (1) で求めた確率密度関数を利用する．定義から

$$E(X) = \int_{-\infty}^{\infty} x\, f_X(x)\,dx = \int_0^1 x\, f_X(x)\,dx = \int_0^1 3x^3\,dx = \frac{3}{4}$$

$$E(Y) = \int_{-\infty}^{\infty} y\, f_Y(y)\,dy = \int_0^1 y\, f_Y(y)\,dy = \int_0^1 (3y - 6y^2 + 3y^3)\,dy = \frac{1}{4}$$

(3) (2) で求めた期待値を利用して

$$V(X) = E(X^2) - \{E(X)\}^2 = \int_0^1 x^2 f_X(x)\,dx - \frac{9}{16}$$

$$= \int_0^1 3x^4\,dx - \frac{9}{16} = \frac{3}{80}$$

$$V(Y) = \int_0^1 y^2 f_Y(y)\,dy - \frac{1}{16} = \int_0^1 (3y^2 - 6y^3 + 3y^4)\,dy - \frac{1}{16} = \frac{3}{80}$$

3　仮説検定

ポイント47

母分散が既知のとき，$Z = \dfrac{\overline{X} - \mu}{\sqrt{\sigma^2/n}}$ は標準正規分布 $N(0,\ 1)$ に従う．

母分散が未知で n が小さいとき，$T = \dfrac{\overline{X} - \mu}{\sqrt{U^2/n}}$ は自由度 $n-1$ の t 分布に従う．

ここで，μ は母平均，σ^2 は母分散，$\overline{X}$ は標本平均，U^2 は不偏分散を表す．

299 (1) H_0： $\mu = 60.0$, H_1： $\mu \neq 60.0$

H_0 が成り立つと仮定すると，検定統計量 $Z = \dfrac{\overline{X} - 60.0}{\sqrt{8.0^2/100}}$ は標準正規分布 $N(0,\ 1)$ に従う．逆正規分布表より，$P(|Z| > 1.96) = 0.05$ となるから，棄却域は $|Z| > 1.96$

$\overline{x} = 62.0$ だから Z の実現値 z は $z = \dfrac{62.0 - 60.0}{\sqrt{8.0^2/100}} = 2.5 > 1.96$

H_0 は棄却され，同じであるとはいえない．

(2) H_0： $\mu = 66.0$, H_1： $\mu \neq 66.0$

H_0 が成り立つと仮定すると，検定統計量 $T = \dfrac{\overline{X} - 66.0}{\sqrt{U^2/9}}$ は自由度 8 の t 分布に従

う．逆 t 分布表より，$P(|T|>2.306)=0.05$ となるから，棄却域は $|T|>2.306$

$\overline{x}=67.9$，$u^2=72.0/8=9.0$ だから T の実現値 t は

$$t=\frac{67.9-66.0}{\sqrt{9/9}}=1.9<2.306$$

H_0 は受容され，平均重量は 66.0(g) でないとはいえない．

ポイント48　2つの異なる正規母集団 $N(\mu_1,\ \sigma_1^2)$，$N(\mu_2,\ \sigma_2^2)$ から，それぞれ大きさ n_1，n_2 の標本を独立に無作為抽出する．仮説 $\mathrm{H}_0:\sigma_1^2=\sigma_2^2$ が正しいと仮定すると

$$F=\frac{{U_1}^2}{{U_2}^2},\ F'=\frac{{U_2}^2}{{U_1}^2}\qquad({U_1}^2,\ {U_2}^2 \text{ は不偏分散})$$

は自由度がそれぞれ $(n_1-1,\ n_2-1)$，$(n_2-1,\ n_1-1)$ の F 分布に従う．

ポイント49　2つの異なる正規母集団 $N(\mu_1,\ {\sigma_1}^2)$，$N(\mu_2,\ {\sigma_2}^2)$ から，それぞれ大きさ n_1，n_2（小さい）の標本を独立に無作為抽出する．仮説 $\mathrm{H}_0:\mu_1=\mu_2$ が正しいと仮定すると，${\sigma_1}^2={\sigma_2}^2$ と考えられる場合（あらかじめわかっている場合か，ポイント 48 の検定で ${\sigma_1}^2={\sigma_2}^2$ が受容された場合）

$$T=\frac{\overline{X}-\overline{Y}}{\sqrt{U^2(1/n_1+1/n_2)}}\qquad\left(U^2=\frac{(n_1-1)U_1^2+(n_2-1)U_2^2}{n_1+n_2-2}\right)$$

は自由度 n_1+n_2-2 の t 分布に従う．

300　(1) $H_0:\ \sigma_A^2=\sigma_B^2$，$H_1:\ \sigma_A^2\neq\sigma_B^2$

H_0 が成り立つと仮定すると，検定統計量 $F'=\dfrac{U_B^2}{U_A^2}$ は自由度 (6, 8) の F 分布に従う．逆 F 分布表より，$P(F'>4.652)=0.025$ となるから，棄却域は $F'>4.652$

$U_A^2=97$，$U_B^2=384$ だから F' の実現値 f' は $f'=\dfrac{384}{97}=3.959<4.652$

H_0 は受容され，ばらつきは等しいと見なしてよい．

(2) **(1) の結果から，${\sigma_1}^2={\sigma_2}^2$ と考えられ，ポイント 49 が使える．**

$H_0:\ \mu_A=\mu_B$，$H_1:\ \mu_A\neq\mu_B$

H_0 が成り立つと仮定すると，検定統計量 $T=\dfrac{\overline{X_A}-\overline{X_B}}{\sqrt{U^2(1/9+1/7)}}$　$\left(U^2=\dfrac{8U_A^2+6U_B^2}{14}\right)$

は自由度 14 の T 分布に従う．逆 T 分布表より，$P(|T|>2.145)=0.05$ となるから，棄却域は $|T|>2.145$

$\overline{X_A}=75$，$\overline{X_B}=60$，$U^2=220$ だから T の実現値 t は

$$t=\frac{75-60}{\sqrt{220(1/9+1/7)}}=2.007<2.145$$

H_0 は受容され，差があるとは言えない．

ポイント 50

X が正規分布 $N(\mu,\ \sigma^2)$ に従うとき，$Z=\dfrac{X-\mu}{\sigma}$ は標準正規分布 $N(0,\ 1)$ に従い，$P(X \leqq c)=P\left(Z \leqq \dfrac{c-\mu}{\sigma}\right)$

---

301 (1) $P(X<500)=P\left(Z<\dfrac{500-505.0}{2.0}\right)=P(Z<-2.50)=P(Z>2.50)$

$=Q(2.50)=0.0062$　よって　0.62%

(2) $P(Z>2.75)=0.003$ より　$\dfrac{500-505.0}{\sigma}=-2.75$　したがって　$\sigma \fallingdotseq 1.82$

ポイント 51

X_1，X_2 が互いに独立で，それぞれ正規分布 $N(\mu_1,\ {\sigma_1}^2)$，$N(\mu_2,\ {\sigma_2}^2)$ に従うとき，X_1+X_2 は正規分布 $N(\mu_1+\mu_2,\ {\sigma_1}^2+{\sigma_2}^2)$ に従う．

---

302 (1) $N(65n_1+55n_2,\ 99n_1+88n_2)$

(2) X は $N(65\times 11,\ 99\times 11)=N(715,\ 33^2)$ に従う．

$P(X>748)=P\left(Z>\dfrac{748-715}{\sqrt{33^2}}\right)=P(Z>1)=0.5-P(0\leqq Z\leqq 1)$

$=0.5-0.3413=0.1587$

(3) $n_1+n_2=12$ だから

$65n_1+55n_2=65(12-n_2)+55n_2=780-10n_2$

$99n_1+88n_2=99(12-n_2)+88n_2=1188-11n_2$

X は $N(780-10n_2,\ 1188-11n_2)$ に従う．

$P(X>748)=P\left(Z>\dfrac{748-(780-10n_2)}{\sqrt{1188-11n_2}}\right)=P\left(Z>\dfrac{-32+10n_2}{\sqrt{1188-11n_2}}\right)$

これが 1/2 未満になるには，$\dfrac{-32+10n_2}{\sqrt{1188-11n_2}}>0$ となればいいから

$-32+10n_2>0$　これより $n_2>3.2$　したがって，n_2 の最小値は 4

6章 模擬試験

§1 模擬試験

1 模擬試験第１回

303 (1) $\displaystyle\int_0^{\frac{\pi}{3}} \sin(x)\sin(3x)\,dx = -\frac{1}{2}\int_0^{\frac{\pi}{3}} \big(\cos(4x)-\cos(2x)\big)\,dx$

$$= \left[-\frac{1}{8}\sin(4x)+\frac{1}{4}\sin(2x)\right]_0^{\frac{\pi}{3}} = -\frac{1}{8}\sin\frac{4}{3}\pi+\frac{1}{4}\sin\frac{2}{3}\pi$$

$$= \frac{1}{8}\cdot\frac{\sqrt{3}}{2}+\frac{1}{4}\cdot\frac{\sqrt{3}}{2} = \frac{3\sqrt{3}}{16}$$

(2) $\displaystyle\int_{-1}^{4}\sqrt{|x|}\,dx = \int_{-1}^{0}\sqrt{|x|}\,dx+\int_0^4\sqrt{|x|}\,dx = \int_{-1}^{0}\sqrt{-x}\,dx+\int_0^4\sqrt{x}\,dx$

$$= \left[-\frac{2}{3}(-x)^{\frac{3}{2}}\right]_{-1}^{0}+\left[\frac{2}{3}x^{\frac{3}{2}}\right]_0^4 = \frac{2}{3}+\frac{16}{3} = 6$$

304 (1) $\displaystyle\frac{\partial f}{\partial x}(x,\ y) = 2xy+y^2+4x-y-6 = 2(y+2)x+(y-3)(y+2)$

$= (2x+y-3)(y+2) = 0$ だから　$y=-2$ または $2x+y-3=0$

$\displaystyle\frac{\partial f}{\partial y}(x,\ y) = x^2+2xy-x-8y-12 = 2(x-4)y+(x-4)(x+3)$

$= (x+2y+3)(x-4) = 0$ だから　$x=4$ または $x+2y+3=0$

$x=4$ のとき　$y=-2$ または $y=-2\cdot4+3=-5$

$x\neq4$ のとき　「$y=-2$ かつ $x=-2\cdot(-2)-3=1$」

または「$x+2y+3=0$ かつ $2x+y-3=0$」より　$(x,\ y)=(3,\ -3)$

したがって　$(x,\ y)=(4,\ -2),\ (4,\ -5),\ (1,\ -2),\ (3,\ -3)$

(2) $\displaystyle\frac{\partial^2 f}{\partial x^2}(x,\ y)=2y+4,\ \frac{\partial^2 f}{\partial x\partial y}(x,\ y)=2x+2y-1,\ \frac{\partial^2 f}{\partial y^2}(x,\ y)=2x-8$

$(4,\ -2)$ で $H=0\cdot0-3^2=-9<0$ だから，極値をとらない．

$(4,\ -5)$ で $H=-6\cdot0-(-3)^2=-9<0$ だから，極値をとらない．

$(1,\ -2)$ で $H=0\cdot(-6)-(-3)^2=-9<0$ だから，極値をとらない．

$(3,\ -3)$ で $H=-2\cdot(-2)-(-1)^2=3>0,\ \dfrac{\partial^2 f}{\partial x^2}(x,\ y)=-2<0$ だから，

極大値 9 をとる．

305 $(x-1)^2+y^2 \leqq 1$

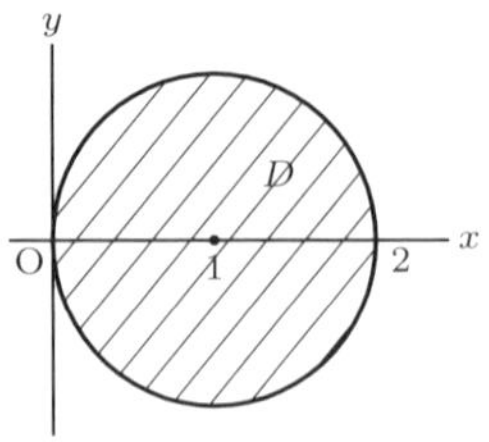

$$\iint_D x^2\,dxdy = \iint_D (r\cos\theta)^2\,r\,drd\theta$$

$$= \int_{-\frac{\pi}{2}}^{\frac{\pi}{2}} \left\{ \int_0^{2\cos\theta} r^3\cos^2\theta\,dr \right\} d\theta$$

$$= \int_{-\frac{\pi}{2}}^{\frac{\pi}{2}} \left[\frac{1}{4}r^4 \right]_0^{2\cos\theta} \cos^2\theta\,d\theta$$

$$= \int_{-\frac{\pi}{2}}^{\frac{\pi}{2}} 4\cos^6\theta\,d\theta = 8\int_0^{\frac{\pi}{2}} \cos^6\theta\,d\theta = 8\cdot\frac{5}{6}\cdot\frac{3}{4}\cdot\frac{1}{2}\cdot\frac{\pi}{2} = \frac{5}{4}\pi$$

306 (1) $|A-\lambda E| = \begin{vmatrix} 1-\lambda & -1 & -2 \\ 2 & 4-\lambda & 2 \\ 1 & 1 & 4-\lambda \end{vmatrix} = \begin{vmatrix} 4-\lambda & 4-\lambda & 4-\lambda \\ 2 & 4-\lambda & 2 \\ 1 & 1 & 4-\lambda \end{vmatrix}$

$$= (4-\lambda)\begin{vmatrix} 1 & 1 & 1 \\ 2 & 4-\lambda & 2 \\ 1 & 1 & 4-\lambda \end{vmatrix} = (4-\lambda)\begin{vmatrix} 1 & 0 & 0 \\ 2 & 2-\lambda & 0 \\ 1 & 0 & 3-\lambda \end{vmatrix}$$

$= (4-\lambda)(2-\lambda)(3-\lambda) = 0$　　これより，固有値は　$\lambda = 2,\ 3,\ 4$

$\lambda = 2$ のとき

$$\begin{pmatrix} 1-2 & -1 & -2 \\ 2 & 4-2 & 2 \\ 1 & 1 & 4-2 \end{pmatrix} = \begin{pmatrix} -1 & -1 & -2 \\ 2 & 2 & 2 \\ 1 & 1 & 2 \end{pmatrix} \xrightarrow{1\text{行目}\times(-1)} \begin{pmatrix} 1 & 1 & 2 \\ 2 & 2 & 2 \\ 1 & 1 & 2 \end{pmatrix}$$

$$\xrightarrow[3\text{行目}-1\text{行目}]{2\text{行目}-1\text{行目}\times 2} \begin{pmatrix} 1 & 1 & 2 \\ 0 & 0 & -2 \\ 0 & 0 & 0 \end{pmatrix} \xrightarrow[2\text{行目}\div(-2)]{1\text{行目}+2\text{行目}} \begin{pmatrix} 1 & 1 & 0 \\ 0 & 0 & 1 \\ 0 & 0 & 0 \end{pmatrix}$$

固有ベクトルは　$c_1\begin{pmatrix} -1 \\ 1 \\ 0 \end{pmatrix}$　$(c_1 \neq 0)$

$\lambda = 3$ のとき

$$\begin{pmatrix} 1-3 & -1 & -2 \\ 2 & 4-3 & 2 \\ 1 & 1 & 4-3 \end{pmatrix} = \begin{pmatrix} -2 & -1 & -2 \\ 2 & 1 & 2 \\ 1 & 1 & 1 \end{pmatrix} \xrightarrow{1\text{行目と}3\text{行目交換}} \begin{pmatrix} 1 & 1 & 1 \\ 2 & 1 & 2 \\ -2 & -1 & -2 \end{pmatrix}$$

$$\xrightarrow[2\text{行目}-1\text{行目}\times 2]{3\text{行目}+2\text{行目}} \begin{pmatrix} 1 & 1 & 1 \\ 0 & -1 & 0 \\ 0 & 0 & 0 \end{pmatrix} \xrightarrow[2\text{行目}\times(-1)]{1\text{行目}+2\text{行目}} \begin{pmatrix} 1 & 0 & 1 \\ 0 & 1 & 0 \\ 0 & 0 & 0 \end{pmatrix}$$

固有ベクトルは $c_2\begin{pmatrix} -1 \\ 0 \\ 1 \end{pmatrix}$ $(c_2 \neq 0)$

$\lambda = 4$ のとき

$$\begin{pmatrix} 1-4 & -1 & -2 \\ 2 & 4-4 & 2 \\ 1 & 1 & 4-4 \end{pmatrix} = \begin{pmatrix} -3 & -1 & -2 \\ 2 & 0 & 2 \\ 1 & 1 & 0 \end{pmatrix} \xrightarrow{\text{1 行目と 3 行目交換}} \begin{pmatrix} 1 & 1 & 0 \\ 2 & 0 & 2 \\ -3 & -1 & -2 \end{pmatrix}$$

$$\xrightarrow[\text{3 行目} + \text{1 行目} \times 3]{\text{2 行目} - \text{1 行目} \times 2} \begin{pmatrix} 1 & 1 & 0 \\ 0 & -2 & 2 \\ 0 & 2 & -2 \end{pmatrix} \xrightarrow[\text{2 行目} \div (-2)]{\text{3 行目} + \text{2 行目}} \begin{pmatrix} 1 & 1 & 0 \\ 0 & 1 & -1 \\ 0 & 0 & 0 \end{pmatrix}$$

$$\xrightarrow{\text{1 行目} - \text{2 行目}} \begin{pmatrix} 1 & 0 & 1 \\ 0 & 1 & -1 \\ 0 & 0 & 0 \end{pmatrix}$$

固有ベクトルは $c_3\begin{pmatrix} -1 \\ 1 \\ 1 \end{pmatrix}$ $(c_3 \neq 0)$

(2) 線形独立な 3 個の固有ベクトルをとれるから，対角化可能である．

例えば，$P = \begin{pmatrix} -1 & -1 & -1 \\ 1 & 0 & 1 \\ 0 & 1 & 1 \end{pmatrix}$ とすると $P^{-1}AP = \begin{pmatrix} 2 & 0 & 0 \\ 0 & 3 & 0 \\ 0 & 0 & 4 \end{pmatrix}$

(3) (2) の P について，逆行列 P^{-1} を求める．

$$\left(\begin{array}{ccc|ccc} -1 & -1 & -1 & 1 & 0 & 0 \\ 1 & 0 & 1 & 0 & 1 & 0 \\ 0 & 1 & 1 & 0 & 0 & 1 \end{array}\right) \longrightarrow \left(\begin{array}{ccc|ccc} 1 & 1 & 1 & -1 & 0 & 0 \\ 0 & -1 & 0 & 1 & 1 & 0 \\ 0 & 1 & 1 & 0 & 0 & 1 \end{array}\right)$$

$$\longrightarrow \left(\begin{array}{ccc|ccc} 1 & 0 & 0 & -1 & 0 & -1 \\ 0 & 1 & 0 & -1 & -1 & 0 \\ 0 & 0 & 1 & 1 & 1 & 1 \end{array}\right)$$

よって $P^{-1} = \begin{pmatrix} -1 & 0 & -1 \\ -1 & -1 & 0 \\ 1 & 1 & 1 \end{pmatrix}$

$$A^n = (P(P^{-1}AP)P^{-1})^n = P(P^{-1}AP)^n P^{-1}$$

$$= \begin{pmatrix} -1 & -1 & -1 \\ 1 & 0 & 1 \\ 0 & 1 & 1 \end{pmatrix}\begin{pmatrix} 2^n & 0 & 0 \\ 0 & 3^n & 0 \\ 0 & 0 & 4^n \end{pmatrix}\begin{pmatrix} -1 & 0 & -1 \\ -1 & -1 & 0 \\ 1 & 1 & 1 \end{pmatrix}$$

$$= \begin{pmatrix} -2^n & -3^n & -4^n \\ 2^n & 0 & 4^n \\ 0 & 3^n & 4^n \end{pmatrix}\begin{pmatrix} -1 & 0 & -1 \\ -1 & -1 & 0 \\ 1 & 1 & 1 \end{pmatrix}$$

$$= \begin{pmatrix} 2^n + 3^n - 4^n & 3^n - 4^n & 2^n - 4^n \\ -2^n + 4^n & 4^n & -2^n + 4^n \\ -3^n + 4^n & -3^n + 4^n & 4^n \end{pmatrix}$$

2　模擬試験第２回

307　(1) $\dfrac{dy}{dx}=\dfrac{(\cos x)'}{\cos x}=\dfrac{-\sin x}{\cos x}=-\tan x$

(2) $y=\tan^{-1}x$ のとき $x=\tan y$ だから　$\dfrac{dx}{dy}=\dfrac{1}{\cos^2 y}=1+\tan^2 y=1+x^2$

$\therefore\ \dfrac{dy}{dx}=\dfrac{1}{\dfrac{dx}{dy}}=\dfrac{1}{1+x^2}$

(3) $\displaystyle\lim_{x\to 0}\frac{\tan^{-1}x}{x}=\lim_{x\to 0}\frac{(\tan^{-1}x)'}{(x)'}=\lim_{x\to 0}\frac{\frac{1}{1+x^2}}{1}=1$

308　$u=x,\ v=2x-y$ とおく．$D:-1\leqq v\leqq 1,\ 0\leqq u\leqq 7$

$x=u,\ y=2u-v$ だから $J(u,\ v)=\begin{vmatrix}1 & 0\\ 2 & -1\end{vmatrix}=-1$

$\displaystyle\iint_D\frac{1}{(y+3)^2}\,dx\,dy=\int_0^7\left\{\int_{-1}^1\frac{1}{(2u-v+3)^2}|-1|\,dv\right\}du$

$\displaystyle=\int_0^7\left[\frac{1}{2u-v+3}\right]_{-1}^1du=\int_0^7\left(\frac{1}{2u+2}-\frac{1}{2u+4}\right)du$

$\displaystyle=\frac{1}{2}\Big[\log(u+1)-\log(u+2)\Big]_0^7=\frac{1}{2}(\log 8-\log 9-\log 1+\log 2)=2\log 2-\log 3$

〈注〉 $\log\dfrac{4}{3}$ でもよい．$\left(2\log 2-\log 3=\log\dfrac{4}{3}\right)$

309　(1) $y\dfrac{dy}{dx}=x+2$ の両辺を x で積分して　$\displaystyle\int y\,dy=\int(x+2)\,dx$

$\dfrac{1}{2}y^2=\dfrac{1}{2}x^2+2x+C_1$ より，一般解は　$y^2=x^2+4x+C$ （C は任意定数）

$x=0,\ y=3$ を代入すると　$9=C$　　特殊解は　$y^2=x^2+4x+9$

(2) $\dfrac{dy}{dx}-\dfrac{y}{x}=0$ の一般解は $y=Cx$　　$y=ux$ が解だとする．

微分方程式に代入すると　$u+x\dfrac{du}{dx}-u=\log_e x$

整理すると，$\dfrac{du}{dx}=\dfrac{\log_e x}{x}$ となるから　$\displaystyle u=\int\frac{\log_e x}{x}\,dx=\frac{1}{2}(\log_e x)^2+C$

一般解は　$y=\dfrac{1}{2}x(\log_e x)^2+Cx$ （C は任意定数）

$x=e,\ y=e$ を代入すると，$e=\dfrac{1}{2}e+Ce$ となるから　$C=\dfrac{1}{2}$

特殊解は　$y=\dfrac{1}{2}x(\log_e x)^2+\dfrac{1}{2}x$

310 (1) $|A| = \begin{vmatrix} a & a & a \\ a & a^2 & a^3 \\ a & a^3 & a^5 \end{vmatrix} = a^3 \begin{vmatrix} 1 & 1 & 1 \\ 1 & a & a^2 \\ 1 & a^2 & a^4 \end{vmatrix} = a^3 \begin{vmatrix} 1 & 1 & 1 \\ 0 & a-1 & a^2-1 \\ 0 & a^2-1 & a^4-1 \end{vmatrix}$

$= a^3(a-1)(a^2-1) \begin{vmatrix} 1 & a+1 \\ 1 & a^2+1 \end{vmatrix} = a^3(a-1)(a^2-1)(a^2-a)$

$= a^4(a-1)^3(a+1)$

(2) $a \neq 0,\ 1,\ -1$ のとき　$\mathrm{rank}A = 3$

$a = 0$ のとき　$A = O$ だから　$\mathrm{rank}A = 0$

$a = 1$ のとき　$A = \begin{pmatrix} 1 & 1 & 1 \\ 1 & 1 & 1 \\ 1 & 1 & 1 \end{pmatrix} \to \begin{pmatrix} 1 & 1 & 1 \\ 0 & 0 & 0 \\ 0 & 0 & 0 \end{pmatrix}$　$\mathrm{rank}A = 1$

$a = -1$ のとき　$A = \begin{pmatrix} -1 & -1 & -1 \\ -1 & 1 & -1 \\ -1 & -1 & -1 \end{pmatrix} \to \begin{pmatrix} -1 & -1 & -1 \\ 0 & 2 & 0 \\ 0 & 0 & 0 \end{pmatrix}$　$\mathrm{rank}A = 2$

$\therefore\ \mathrm{rank}\,A = \begin{cases} 0 & (a = 0) \\ 1 & (a = 1) \\ 2 & (a = -1) \\ 3 & (\text{それ以外}) \end{cases}$

3　模擬試験第３回

311 (1) $e^x=t$ とおく．$e^x\,dx=dt$ だから　$dx=\dfrac{1}{t}\,dt$

x	$0\ \to\ 1$
t	$1\ \to\ e$

$$\int_0^1 \frac{dx}{e^x+1}=\int_1^e \frac{1}{t+1}\cdot\frac{1}{t}\,dt=\int_1^e\left(\frac{1}{t}-\frac{1}{t+1}\right)dt=\Big[\log t-\log(t+1)\Big]_1^e$$

$$=\log e-\log(e+1)-\log 1+\log 2=1-\log(e+1)+\log 2$$

〈注〉 $=\left[\log\dfrac{t}{t+1}\right]_1^e=\log\dfrac{e}{e+1}-\log\dfrac{1}{2}=\log\dfrac{2e}{e+1}$ としてもよい．

(2) $$\int_1^e\frac{\log x}{x^2}\,dx=\Big[\log x\cdot(-x^{-1})\Big]_1^e+\int_1^e\frac{1}{x}\cdot\frac{1}{x}\,dx=-\frac{1}{e}+\Big[-x^{-1}\Big]_1^e$$

$$=-\frac{1}{e}-\frac{1}{e}+1=1-\frac{2}{e}$$

別解　$\log x=t$ とおく．$\dfrac{1}{x}\,dx=dt$ だから　$dx=e^t\,dt$

x	$1\ \to\ e$
t	$0\ \to\ 1$

$$\int_1^e\frac{\log x}{x^2}\,dx=\int_0^1\frac{t}{(e^t)^2}\,e^t\,dt=\int_0^1 te^{-t}\,dt=\Big[-te^{-t}\Big]_0^1+\int_0^1 e^{-t}\,dt$$

$$=-\frac{1}{e}+\Big[-e^{-t}\Big]_0^1=-\frac{1}{e}-\frac{1}{e}+1=1-\frac{2}{e}$$

312 (1) $f_x=(2x-4)y(y+4)=2(x-2)y(y+4)$ より　$x=2,\ y=0,\ -4$

$f_y=x(x-4)(2y+4)=2x(x-4)(y+2)$ より　$x=0,\ 4,\ y=-2$

両方を満たす点は　$(2,\ -2),\ (0,\ 0),\ (0,\ -4),\ (4,\ 0),\ (4,\ -4)$

$f(2,\ -2)=16,\ f(0,\ 0)=0,\ f(0,\ -4)=0,\ f(4,\ 0)=0,\ f(4,\ -4)=0$

(2) $\varphi(x,\ y)=(x-2)^2+(y+2)^2-18$ とおく．$\varphi_x=2(x-2),\ \varphi_y=2(y+2)$

$$\begin{cases}2(x-2)y(y+4)=\lambda\cdot 2(x-2)\\ 2x(x-4)(y+2)=\lambda\cdot 2(y+2)\\ (x-2)^2+(y+2)^2-18=0\end{cases}$$

$x=2$ のとき　$y=-2\pm3\sqrt{2}$　　$y=-2$ のとき　$x=2\pm3\sqrt{2}$

それ以外のときは $y(y+4)=\lambda=x(x-4)$ となるから

$(x-2)^2+(y+2)^2-18=\lambda+4+\lambda+4-18=2\lambda-10=0$ より　$\lambda=5$

$x^2-4x-5=0$ より　$x=-1,\ 5$　　$y^2+4y-5=0$ より　$y=1,\ -5$

候補となるのは

$(2,\ -2\pm3\sqrt{2}),\ (2\pm3\sqrt{2},\ -2),\ (-1,\ 1),\ (-1,\ -5),\ (5,\ 1),\ (5,\ -5)$ の８点

$f(2,\ -2\pm3\sqrt{2})=f(2\pm3\sqrt{2},\ -2)=-56$

310 (1) $|A| = \begin{vmatrix} a & a & a \\ a & a^2 & a^3 \\ a & a^3 & a^5 \end{vmatrix} = a^3 \begin{vmatrix} 1 & 1 & 1 \\ 1 & a & a^2 \\ 1 & a^2 & a^4 \end{vmatrix} = a^3 \begin{vmatrix} 1 & 1 & 1 \\ 0 & a-1 & a^2-1 \\ 0 & a^2-1 & a^4-1 \end{vmatrix}$

$= a^3(a-1)(a^2-1) \begin{vmatrix} 1 & a+1 \\ 1 & a^2+1 \end{vmatrix} = a^3(a-1)(a^2-1)(a^2-a)$

$= a^4(a-1)^3(a+1)$

(2) $a \fallingdotseq 0,\ 1,\ -1$ のとき　$\mathrm{rank}A = 3$

$a = 0$ のとき　$A = O$ だから　$\mathrm{rank}A = 0$

$a = 1$ のとき　$A = \begin{pmatrix} 1 & 1 & 1 \\ 1 & 1 & 1 \\ 1 & 1 & 1 \end{pmatrix} \to \begin{pmatrix} 1 & 1 & 1 \\ 0 & 0 & 0 \\ 0 & 0 & 0 \end{pmatrix}$　$\mathrm{rank}A = 1$

$a = -1$ のとき　$A = \begin{pmatrix} -1 & -1 & -1 \\ -1 & 1 & -1 \\ -1 & -1 & -1 \end{pmatrix} \to \begin{pmatrix} -1 & -1 & -1 \\ 0 & 2 & 0 \\ 0 & 0 & 0 \end{pmatrix}$　$\mathrm{rank}A = 2$

$\therefore\ \mathrm{rank}\,A = \begin{cases} 0 & (a = 0) \\ 1 & (a = 1) \\ 2 & (a = -1) \\ 3 & (\text{それ以外}) \end{cases}$

3 模擬試験第３回

311 (1) $e^x = t$ とおく．$e^x\,dx = dt$ だから　$dx = \dfrac{1}{t}\,dt$

x	$0 \to 1$
t	$1 \to e$

$$\int_0^1 \frac{dx}{e^x+1} = \int_1^e \frac{1}{t+1}\cdot\frac{1}{t}\,dt = \int_1^e \left(\frac{1}{t} - \frac{1}{t+1}\right)dt = \Big[\log t - \log(t+1)\Big]_1^e$$

$$= \log e - \log(e+1) - \log 1 + \log 2 = 1 - \log(e+1) + \log 2$$

〈注〉 $= \left[\log\dfrac{t}{t+1}\right]_1^e = \log\dfrac{e}{e+1} - \log\dfrac{1}{2} = \log\dfrac{2e}{e+1}$ としてもよい．

(2) $$\int_1^e \frac{\log x}{x^2}\,dx = \Big[\log x\cdot(-x^{-1})\Big]_1^e + \int_1^e \frac{1}{x}\cdot\frac{1}{x}\,dx = -\frac{1}{e} + \Big[-x^{-1}\Big]_1^e$$

$$= -\frac{1}{e} - \frac{1}{e} + 1 = 1 - \frac{2}{e}$$

別解　$\log x = t$ とおく．$\dfrac{1}{x}\,dx = dt$ だから　$dx = e^t\,dt$

x	$1 \to e$
t	$0 \to 1$

$$\int_1^e \frac{\log x}{x^2}\,dx = \int_0^1 \frac{t}{(e^t)^2}\,e^t\,dt = \int_0^1 te^{-t}\,dt = \Big[-te^{-t}\Big]_0^1 + \int_0^1 e^{-t}\,dt$$

$$= -\frac{1}{e} + \Big[-e^{-t}\Big]_0^1 = -\frac{1}{e} - \frac{1}{e} + 1 = 1 - \frac{2}{e}$$

312 (1) $f_x = (2x-4)y(y+4) = 2(x-2)y(y+4)$ より　$x = 2,\ y = 0,\ -4$

$f_y = x(x-4)(2y+4) = 2x(x-4)(y+2)$ より　$x = 0,\ 4,\ y = -2$

両方を満たす点は　$(2,\ -2),\ (0,\ 0),\ (0,\ -4),\ (4,\ 0),\ (4,\ -4)$

$f(2,\ -2) = 16,\ f(0,\ 0) = 0,\ f(0,\ -4) = 0,\ f(4,\ 0) = 0,\ f(4,\ -4) = 0$

(2) $\varphi(x,\ y) = (x-2)^2 + (y+2)^2 - 18$ とおく．$\varphi_x = 2(x-2),\ \varphi_y = 2(y+2)$

$$\begin{cases} 2(x-2)y(y+4) = \lambda\cdot 2(x-2) \\ 2x(x-4)(y+2) = \lambda\cdot 2(y+2) \\ (x-2)^2 + (y+2)^2 - 18 = 0 \end{cases}$$

$x = 2$ のとき　$y = -2 \pm 3\sqrt{2}$　　$y = -2$ のとき　$x = 2 \pm 3\sqrt{2}$

それ以外のときは $y(y+4) = \lambda = x(x-4)$ となるから

$(x-2)^2 + (y+2)^2 - 18 = \lambda + 4 + \lambda + 4 - 18 = 2\lambda - 10 = 0$ より　$\lambda = 5$

$x^2 - 4x - 5 = 0$ より　$x = -1,\ 5$　　$y^2 + 4y - 5 = 0$ より　$y = 1,\ -5$

候補となるのは

$(2,\ -2 \pm 3\sqrt{2}),\ (2 \pm 3\sqrt{2},\ -2),\ (-1,\ 1),\ (-1,\ -5),\ (5,\ 1),\ (5,\ -5)$ の８点

$f(2,\ -2 \pm 3\sqrt{2}) = f(2 \pm 3\sqrt{2},\ -2) = -56$

$f(-1,\ 1)=f(-1,\ -5)=f(5,\ 1)=f(5,\ -5)=25$

(3) 有界閉領域での最大値・最小値は内部の極値か境界上の最大値・最小値だから

$(-1,\ 1),\ (-1,\ -5),\ (5,\ 1),\ (5,\ -5)$ で最大値 25

$(2,\ -2\pm 3\sqrt{2}),\ (2\pm 3\sqrt{2},\ -2)$ で最小値 -56

313 (1) 特性方程式 $\lambda^2+4\lambda+5=0$ の解は $\lambda=-2\pm i$ だから

求める一般解は　$y=e^{-2x}(C_1\cos x+C_2\sin x)$　($C_1,\ C_2$ は任意定数)

(2) 1つの解を $y=Ae^{-x}$ と予想する．$y'=-Ae^{-x},\ y''=Ae^{-x}$ を代入すると

$Ae^{-x}-4Ae^{-x}+5Ae^{-x}=2e^{-x}$ より　$A=1$

求める一般解は　$y=e^{-x}+e^{-2x}(C_1\cos x+C_2\sin x)$　($C_1,\ C_2$ は任意定数)

(3) $y(0)=1+C_1=0$ より　$C_1=-1$

$y'=-e^{-x}-2e^{-2x}(C_1\cos x+C_2\sin x)+e^{-2x}(-C_1\sin x+C_2\cos x)$

$y'(0)=-1-2C_1+C_2=0$ より　$C_2=-1$

求める特殊解は　$y=e^{-x}-e^{-2x}(\cos x+\sin x)$

314 (1) $A^2=\begin{pmatrix}0&1\\-2&3\end{pmatrix}\begin{pmatrix}0&1\\-2&3\end{pmatrix}=\begin{pmatrix}-2&3\\-6&7\end{pmatrix}$

(2) $|A-\lambda E|=\begin{vmatrix}0-\lambda&1\\-2&3-\lambda\end{vmatrix}=\lambda^2-3\lambda+2=(\lambda-1)(\lambda-2)=0$ より　$\lambda=1,\ 2$

固有値 $\lambda=1$ のとき $\begin{pmatrix}0-1&1\\-2&3-1\end{pmatrix}$ 固有ベクトルは　$c_1\begin{pmatrix}1\\1\end{pmatrix}$ $(c_1\neq 0)$

固有値 $\lambda=2$ のとき $\begin{pmatrix}0-2&1\\-2&3-2\end{pmatrix}$ 固有ベクトルは　$c_2\begin{pmatrix}1\\2\end{pmatrix}$ $(c_2\neq 0)$

(3) $P=\begin{pmatrix}1&1\\1&2\end{pmatrix}$ とすると　$P^{-1}AP=\begin{pmatrix}1&0\\0&2\end{pmatrix}$

$A^{10}=P(P^{-1}AP)^{10}P^{-1}=\begin{pmatrix}1&1\\1&2\end{pmatrix}\begin{pmatrix}1&0\\0&2^{10}\end{pmatrix}\begin{pmatrix}2&-1\\-1&1\end{pmatrix}=\begin{pmatrix}-1022&1023\\-2046&2047\end{pmatrix}$

(4) $\begin{pmatrix}a_{n+1}\\a_{n+2}\end{pmatrix}=\begin{pmatrix}0&1\\-2&3\end{pmatrix}\begin{pmatrix}a_n\\a_{n+1}\end{pmatrix}=A\begin{pmatrix}a_n\\a_{n+1}\end{pmatrix}$ だから

$\begin{pmatrix}a_n\\a_{n+1}\end{pmatrix}=A^{n-1}\begin{pmatrix}a_1\\a_2\end{pmatrix}=\begin{pmatrix}1&1\\1&2\end{pmatrix}\begin{pmatrix}1&0\\0&2^{n-1}\end{pmatrix}\begin{pmatrix}2&-1\\-1&1\end{pmatrix}\begin{pmatrix}0\\1\end{pmatrix}=\begin{pmatrix}2^{n-1}-1\\2^n-1\end{pmatrix}$

$\therefore\ a_n=2^{n-1}-1$

執筆　群馬工業高等専門学校教授　碓氷　久
都立産業技術高等専門学校荒川キャンパス教授　齋藤　純一
都立産業技術高等専門学校品川キャンパス教授　篠原　知子
福島工業高等専門学校教授　西浦　孝治
鶴岡工業高等専門学校准教授　野々村　和晃
長野工業高等専門学校名誉教授　前田　善文
松江工業高等専門学校教授　村上　享
都立産業技術高等専門学校品川キャンパス准教授　山岸　弘幸

校閲　呉工業高等専門学校教授　赤池　祐次
木更津工業高等専門学校准教授　阿部　孝之
沼津工業高等専門学校教授　鈴木　正樹
石川工業高等専門学校教授　森田　健二
秋田工業高等専門学校准教授　森本　真理
鹿児島工業高等専門学校教授　拜田　稔
鹿児島工業高等専門学校准教授　松浦　將國

2025. 5 . 1 第 1 刷発行

表紙・カバー
田中　多恵子

大学編入のための数学問題集 改訂版

著作者　碓氷　久　ほか 7 名
発行者　大日本図書株式会社　　代表　中村　潤
印刷者　共同印刷株式会社
発行所　大日本図書株式会社
〒112-0012 東京都文京区大塚 3 － 11 － 6
電話 03-5940-8673（編集），8676（供給）

ISBN978-4-477-03535-2

●ホームページのご案内　https://www.dainippon-tosho.co.jp/college.html